Das Geheimnis der transzendenten Zahlen

Fridtjof Toenniessen

Das Geheimnis der transzendenten Zahlen

Eine etwas andere Einführung in die Mathematik

2. Auflage

Fridtjof Toenniessen
Hochschule der Medien
University of Applied Sciences
Stuttgart, Deutschland

ISBN 978-3-662-58325-8 ISBN 978-3-662-58326-5 (eBook)
https://doi.org/10.1007/978-3-662-58326-5

Die Deutsche Nationalbibliothek verzeichnet diese Publikation in der Deutschen Nationalbibliografie; detaillierte bibliografische Daten sind im Internet über http://dnb.d-nb.de abrufbar.

Einbandabbildung: © Yang MingQi / Fotolia.com
Planung/Lektorat: Andreas Rüdinger

Springer ist ein Imprint der eingetragenen Gesellschaft Springer-Verlag GmbH, DE und ist ein Teil von Springer Nature
Die Anschrift der Gesellschaft ist: Heidelberger Platz 3, 14197 Berlin, Germany

Vorwort zur ersten Auflage

Beim ersten Blick auf dieses Buch werden Sie sich vielleicht gewundert haben. Zum einen sind die transzendenten Zahlen als Teil der Zahlentheorie ein äußerst anspruchsvolles und schwieriges Gebiet der Mathematik. Andererseits besagt der Untertitel, dass es sich um eine Einführung in die Mathematik handelt, also keinerlei Vorkenntnisse erwartet werden. Wie passt das zusammen?

Das Buch ist in erster Linie eine Einführung in die Mathematik. Ein grundlegender Text, der nur die Kenntnis der natürlichen Zahlen und den elementaren Umgang mit einem Zirkel und einem Lineal voraussetzt. Diese Einführung ist aber getragen von dem Gedanken, Mathematik nicht als bloßes Regelwerk für den praktischen Gebrauch zu vermitteln, sondern als ein geistiges Abenteuer. Wie in einem richtigen Abenteuer geht es darum, am Ende einen geheimnisvollen Schatz zu finden – und auf dem Weg dahin viele Hindernisse und Fallstricke zu überwinden. Nicht weniger als etwa 2300 Jahre haben Mathematiker nach diesem Schatz gesucht, nach Antworten auf die großen mathematischen Fragen der griechischen Antike.

Diese Fragen führen schließlich zu den transzendenten Zahlen, die den Weg durch das Buch weisen. Sie erfahren in den ersten sieben Kapiteln etwas über den Aufbau des Zahlensystems und sammeln dabei wertvolles Rüstzeug für die weitere Expedition. Danach wird der Weg schwieriger, wir betreiben ein wenig klassische Algebra, blicken auf Themen der Schulmathematik von höherer Warte aus und können damit einige Sehenswürdigkeiten bestaunen. In den letzten vier Kapiteln begleite ich Sie in die gefährlichen Tiefen des Zahlenreichs – dorthin, wo der Jahrtausende alte Schatz verborgen liegt.

In wenigen Worten könnte man es auch so ausdrücken: Sie lernen in diesem Buch einen ausführlichen Beweis der Transzendenz von π kennen und wissen danach genau, warum die sprichwörtliche „Quadratur des Kreises" ein unmögliches Unterfangen ist. Das nötige Vorwissen dazu ist auf ein Minimum beschränkt, ergänzende Literatur brauchen Sie keine.

Natürlich darf dadurch jetzt nicht der Eindruck entstehen, dass ein einfacher Spaziergang vor Ihnen liegt. Immer wieder einmal, ganz besonders am Ende, wandern wir auch auf unwegsamen Pfaden. Wenn Sie jedoch etwas Neugier und Begeisterung für mathematische Tüfteleien mitbringen, werden Sie diese Stellen sicher meistern. Und selbst wenn Sie nicht alles bis zum großen Finale im Detail verfolgen, können Sie das Buch – so hoffe ich – trotzdem mit Gewinn lesen und ein wenig von der Faszination in der Mathematik erleben.

Die Arbeit an dem Buch hat mir viel Freude bereitet. Je weiter sie fortgeschritten war, desto mehr wurde mir bewusst, dass ich es eigentlich für mich selbst geschrieben habe. Für mich vor über 25 Jahren. Damals suchte ich in gespannter Erwartung meines ersten Semesters vergeblich einen leicht verständlichen, breit angelegten und dennoch fundierten Einblick in die Hochschulmathematik, teils zur

Vorbereitung und Einstimmung auf das, was mich erwartete, teils um während der ersten Semester einen Überblick über das große Ganze zu bekommen. Vielleicht geht es Ihnen gerade ähnlich.

In dem nun vorliegenden Nachdruck konnte ich einige Unstimmigkeiten beheben, auf die mich Wolfgang Grölz und Franz Lemmermeyer dankenswerterweise aufmerksam gemacht haben.

Mein Dank gilt ferner Andreas Rüdinger für die genaue und fachkundige Durchsicht aller Kapitel, Bianca Alton für das Lektorat, Thomas Epp für die Arbeit an den Bildern sowie Otto Forster und Stefan Müller-Stach für die freundlichen Worte und manchen Hinweis. Und nicht zuletzt meiner Familie, die viel Verständnis für die langen Abende des Vaters am Laptop aufbringen musste.

Stuttgart, im Juni 2010 Fridtjof Toenniessen

Vorwort zur zweiten Auflage

Die Nachricht von der Planung einer zweiten Auflage für das „Geheimnis der transzendenten Zahlen“ erfüllte mich mit großer Freude und gab mir gleichzeitig die Motivation, das Werk nach fast 10 Jahren vollständig zu überarbeiten. Einerseits stilistisch (der Ball ist bei diversen, allzu euphorischen Formulierungen etwas flacher gehalten) und typographisch (neue Begriffe sind nun im Fettdruck hervorgehoben und schneller erkennbar). Andererseits ist das Werk inhaltlich umfassend erweitert und vereinfacht worden, sodass sich nun für eine größere Leserschaft verschiedene Pfade durch das Buch ergeben (siehe unten).

Zu den inhaltlichen Vereinfachungen gehört die neue Einführung in die Exponentialfunktionen a^x (für $0 < a < 1$ oder $a > 1$). Hier ist die stetige Fortsetzung der Funktion für rationale Exponenten $x = p/q$, gegeben durch $a^{p/q} = \sqrt[q]{a^p}$, viel intuitiver als die eher abstrakte Definition über die Exponentialreihe, die an Hochschulen mittlerweile zwar üblich ist und mich während des Studiums durchaus beeindruckt hat, die aber für den Neuling zu sehr vom Himmel fällt und bestimmt nicht die wahre Entstehungsgeschichte dieser Funktion beschreibt. Die Exponentialreihe wird dafür etwas später streng hergeleitet und auch die verblüffende EULER-Formel $\mathrm{e}^{ix} = \cos x + i \sin x$ grafisch anschaulich motiviert und mit elementaren Mitteln aus der Schule bewiesen.

Die größte inhaltliche Erweiterung ist zweifellos die Aufnahme des berühmten „siebten HILBERTschen Problems“, gelöst 1934 im Satz von GELFOND-SCHNEIDER. Damit ist neben den Einzelresultaten zur Transzendenz der Zahlen e und π (aus letzterem folgte 1882 die Unmöglichkeit der Quadratur des Kreises) nun auch das erste universelle Transzendenzresultat der Geschichte vollständig enthalten. Aus ihm folgt zum Beispiel die Transzendenz der Zahlen $2^{\sqrt{2}}$ oder e^{π}. Es ist in der Tat ein kleines Wunder, dass dieses Jahrhundertresultat im Rahmen einer Einführung in die Mathematik Platz finden kann – stellte doch HILBERT selbst diese Frage anfangs auf eine Stufe mit der FERMATschen oder der RIEMANNschen Vermutung.

Möglich wurde die Erweiterung durch den konsequenten Ausbau der algebraischen Themen. So wurde bei der linearen Algebra der gesamte Themenkomplex rund um lineare Abbildungen, Matrizen und Determinanten aufgenommen und die klassische Algebra um Themen aus der algebraischen Zahlentheorie bereichert. Hier sind vor allem algebraische Zahlkörper, Diskriminanten und Ganzheitsringe hinzugekommen – alles mit dem Ziel, das wichtige SIEGELsche Lemma für den großen Transzendenzbeweis am Ende des Buches vorzubereiten. Der Schwierigkeitsgrad des Buches hat sich insgesamt aber nicht spürbar verändert und alle besprochenen Gebiete – sei es die lineare oder klassische Algebra, die algebraische Zahlentheorie oder die Funktionentheorie – spielen unverändert auf weitgehend elementarem Niveau zusammen. In etwa so weit, wie es dem Besuch der ersten 6–8 Wochen einer Einführungsvorlesung in diese Gebiete entsprechen würde.

Ein Aspekt, der mir durch viele Rückmeldungen in den vergangenen 10 Jahren deutlich wurde, ist ebenfalls erhalten geblieben. Das Buch ist inhaltlich ziemlich breit angelegt und spannt einen lückenlosen Bogen von elementarster Mathematik (blättern Sie einmal durch die Seiten 11–15) bis hin zu ausgewählten Forschungsaktivitäten des 20. Jahrhunderts – vielleicht wagen Sie dazu einen Blick auf die Seiten 410 ff. Dieser Bogen wirkt sich natürlich auch auf den Schreibstil aus: in der ersten Hälfte einfach und aufgelockert, mit einem Sinn für das Abenteuer, weiter hinten entsprechend knapper und wissenschaftlicher. Nicht zuletzt daraus ergeben sich mehrere Möglichkeiten, das Buch zu lesen (abhängig von Ihrem Vorwissen).

Für den **gänzlich unerfahrenen Leser** ist ein Studium der Kapitel 1–7 sinnvoll. Hier bewegen Sie sich auf vertrautem Terrain, einiges ist aus (vielleicht weit entfernten) Schultagen noch bekannt. Neu ist allerdings die Methodik, die Art und Weise, wie Mathematik nicht als fertiges, trockenes Regelwerk aufgetischt, sondern kreativ und spitzfindig „erforscht“ wird. Genau in dieser Gedankenwelt geht es dann auch weiter, nach Belieben bis hin zu den ganz großen Ergebnissen.

Der **mathematisch interessierte Leser**, der die reellen Zahlen genau kennt und möglichst schnell eine konkrete transzendente Zahl bestaunen möchte (die er in der Schulzeit nie zu Gesicht bekäme oder bekommen hat), beginnt mit der Definition der komplexen Zahlen auf Seite 112 und setzt die Reise über die Sektionen 8.1, 8.2, 10.1 und 10.3–10.5 fort. Da ihm anschaulich klar ist, dass Polynome mit ungeradem Grad (zum Beispiel $x^3 - 2x + 1$) mindestens eine reelle Nullstelle haben müssen, ist er auf das Kapitel 11 bestens vorbereitet. Ab Seite 235 ist es dann soweit! Das ist definitiv der kürzeste Weg zu konkreten transzendenten Zahlen.

Dem **allgemein von Mathematik Begeisterten**, der sich bei den Zahlen, dem Schulstoff und Grenzwerten sicher fühlt und wissen möchte, wohin das führen kann, bietet das Buch mit der EULER-Formel am Ende von Kapitel 12 einen großen Höhepunkt (Kapitel 9 ist dabei, wenn nötig, sehr hilfreich). Die EULER-Formel führt danach mit den algebraischen Grundlagen der Sektionen 8.1, 8.2 und 10.1–10.5 in Kapitel 13 zu schönen geometrischen Konstruktionen und bedeutenden Fragen der Antike. Sie erfahren dabei auch, warum die Quadratur des Kreises untrennbar mit der Frage nach der Transzendenz der Zahl π verbunden ist. Für die gleiche Lesergruppe ist auch das Kapitel 15 geeignet, in dem mit der Schulmathematik die Irrationalität der Zahlen e und π gezeigt wird.

Zu guter Letzt die **echten Experten**, die sich vielleicht schon professionell mit Mathematik beschäftigt haben oder Interesse haben, dies zu tun. Sie haben die mathematische Denkweise bereits gut verinnerlicht, weswegen die Kapitel 1–7 mit Sicherheit zu elementar sind. Je nach den Vorkenntnissen können sie die über den Schulstoff hinausgehenden Kapitel 8, 10, 12, 16 und 17 studieren, um dann in Kapitel 18 das Zusammenspiel verschiedener Gebiete zu erleben und die beiden großen Transzendenzresultate (Theorem I und II, Seite 400) herzuleiten.

Nun denn, dies alles sind natürlich nur grobe Wegweiser. Der beste Rat wird immer noch sein, das Inhaltsverzeichnis ein wenig auf sich wirken zu lassen, in dem Buch zu stöbern und dann die geeigneten Aufsetzpunkte zu finden.

Mein herzlicher Dank gilt wiederum A. Rüdinger und B. Alton für die fachliche Durchsicht und das Lektorat – und in erster Linie meiner Familie, die es mir geduldig ermöglicht hat, neben all den anderen Projekten auch an der Neuauflage des „Geheimnis-Buches“ zu arbeiten.

Stuttgart, im Januar 2019 Fridtjof Toenniessen

Inhaltsverzeichnis

1 Vorgeschichte

Herzlich willkommen auf einer Entdeckungsreise durch die Mathematik. Ganz zu Beginn möchte ich Ihnen ein wenig vom Wesen dieser faszinierenden Wissenschaft erzählen. Es soll Sie einstimmen auf das, was uns später in den Tiefen des Zahlenreichs erwartet.

Versetzen Sie sich einmal zurück in die Zeit um 600 v. Chr. – in das antike Griechenland, die Wiege der europäischen Kultur. Das geistige Leben war damals bestimmt von den Vorsokratikern. Es war die Blütezeit der Naturphilosophie, welche letztlich den Weg zu den modernen Naturwissenschaften bereitet hat. Zwei große Denker aus dieser Periode begründeten damals die Mathematik in ihrer heutigen Form, in der sie ohne Zweifel zu den größten geistigen Schätzen der Menschheit zählt. Es waren THALES VON MILET und PYTHAGORAS VON SAMOS, die Ihnen wahrscheinlich aus den mittleren Schulklassen bekannt sind.

Natürlich hat es Mathematik schon viel früher gegeben, die ersten Spuren reichen zurück bis zu den alten Ägyptern und Babyloniern. Warum beginnen wir bei den Griechen? Was haben sie anders gemacht als ihre Vorgänger?

1.1 Die Anfänge der Mathematik als Wissenschaft

Die Antwort ist einfach: Sie waren die ersten, von denen historisch nachgewiesen ist, dass sie nicht nur ein rein praktisches oder wirtschaftliches Interesse an der Mathematik hatten, sondern ein wissenschaftliches. Es ging ihnen darum, nicht nur Dinge des alltäglichen Lebens zu berechnen, sondern durch strenge logische Folgerungen allgemein gültige Gesetze herzuleiten. Sie führten dazu erstmals die **Methodik des Beweisens** ein, um Erkenntnisse von universaler Bedeutung zu gewinnen und sie auf sicheren Boden zu stellen. Den Wert dieser Art von Mathematik hat schon der große Denker Immanuel Kant zum Ausdruck gebracht, wonach „in jeder besonderen Naturlehre nur so viel eigentliche Wissenschaft angetroffen werden könne, als darin Mathematik anzutreffen ist“, [28].

Die Mathematik besitzt damit zweifellos auch Aspekte der Erkenntnistheorie und hat einen direkten Bezug zur Philosophie. Das Spannungsfeld, welches sich daraus aufbaut, gab es damals wie heute. Der Legende nach gab EUKLID einmal einem Schüler eine Münze in die Hand, der allzu oft nach dem späteren finanziellen Nutzen seiner Theorien fragte. EUKLID bat ihn, seinen Vorlesungen künftig fernzubleiben und verabschiedete ihn mit dem Hinweis, hier habe er etwas Geld für das Gelernte. Auch heute nutzen viele Praktiker die Mathematik meist nur als technisches Vehikel, um konkrete Aufgaben in Beruf und Alltag zu lösen.

Ihnen gegenüber stehen die Mathematiker, denen an der Entdeckung universaler Wahrheiten dieser Welt gelegen ist. Sie sind vom natürlichen Drang der Menschen nach mehr Erkenntnis angetrieben, von der Neugier, Geheimnisse zu lüften. Sie

F. Toenniessen, *Das Geheimnis der transzendenten Zahlen*,
https://doi.org/10.1007/978-3-662-58326-5_1

betreiben Mathematik als eine Form der Kunst, „wobei die Schönheit in den Symmetrien, Mustern und tief verwundenen Beziehungen liegt, die den Betrachter verzaubern“, [43].

Dabei wird Mathematik keinesfalls zum Selbstzweck. Sie ist in diesem Sinne eine echte Grundlagenwissenschaft. Oft finden sich – freilich erst Jahrzehnte oder Jahrhunderte später – praktische Anwendungen, die Wissenschaft und Technik revolutionieren. Wir werden auf unserer Reise zum Beispiel die Infinitesimalrechnung kennen lernen. Anfangs verschmäht, ist sie heute – gut 300 Jahre später – aus den Naturwissenschaften und Ingenieurdisziplinen nicht mehr wegzudenken. Oder halten Sie sich das duale Zahlensystem von LEIBNIZ vor Augen, das die Grundlage für den Bau moderner Computer bildete, die Zahlentheorie mit ihren vielfältigen Anwendungen bei der Verschlüsselung von elektronischen Daten oder die höhere Analysis für die Datenkompression. Ohne sie gäbe es weder MP3-Player, Smartphones, moderne Medizintechnik oder Filme in DVD-Qualität, ganz zu schweigen von Multimedia im Internet.

In diesem Buch wollen wir auf den Spuren der alten Griechen wandeln, sind also auf der Suche nach allgemein gültigen Gesetzmäßigkeiten und werden diese ganz im Stil eines richtigen Mathematikers auch lückenlos beweisen. Wir folgen dabei keinem Lehrplan, sondern erkunden das Terrain mit der fragenden und forschenden Neugier, welche die Wissenschaftler auszeichnet. Ich hoffe, Sie erleben an der ein oder anderen Stelle auch das erhabene Gefühl, einen wichtigen Satz bewiesen zu haben und ihn fortan zu Ihrem geistigen Eigentum zählen zu können.

1.2 Geometrische Konstruktionen in der Antike

Zurück zu THALES und PYTHAGORAS. Neben dem Rechnen mit Zahlen haben sie auch geometrische Fragen untersucht. Dabei sind die **Gerade** und der **Kreis** die zwei wichtigsten Elemente. Als Beweismittel waren bestimmte Konstruktionen mit Zirkel und Lineal zugelassen. Aus der Kombination von Geraden und Kreisen entdeckte THALES einen Zusammenhang, der in der Schule als der **Thaleskreis** besprochen wird. Versuchen Sie einmal, ein Dreieck zu bilden aus zwei diametral gegenüberliegenden Punkten eines Kreises sowie einem weiteren Punkt auf der Kreislinie. Hier ein paar Versuche:

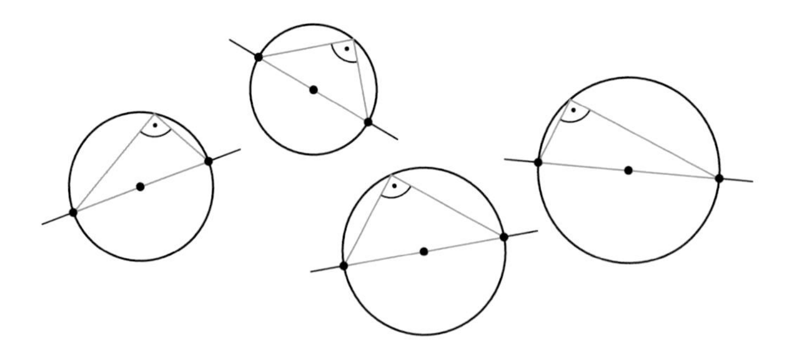

THALES stellte fest, dass diese Dreiecke alle **rechtwinklig** waren: Der Winkel, welcher dem Kreisdurchmesser gegenüber liegt, beträgt stets $90°$.

Einen Moment bitte, geht das so einfach? Genügt es, ein paar Beispiele zu zeichnen und den Winkel zu messen, um so etwas ganz allgemein behaupten zu dürfen? Nein, es genügt nicht. Denn Zeichnungen beweisen nichts, wenn es darin um exakte Zusammenhänge geht. Das hat auch THALES erkannt und somit einen der ersten bedeutenden mathematischen Sätze streng bewiesen.

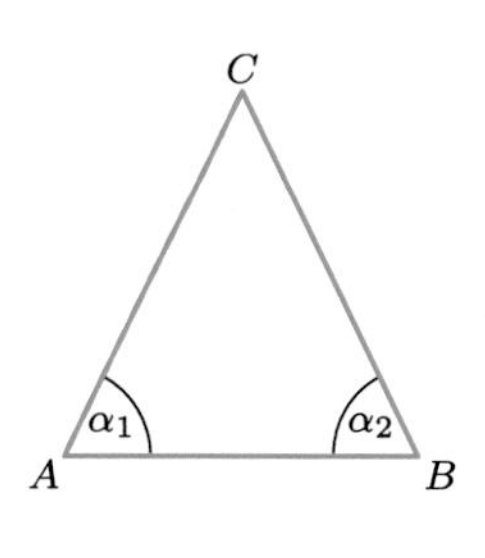

Wie hat er das getan? Er hat auf Basis des gesunden Menschenverstandes eine Argumentation gefunden, deren Eleganz sich bis heute niemand entziehen kann. Antike Mathematiker studierten die Dreiecke schon längere Zeit und entdeckten dabei zwei Gesetzmäßigkeiten, die THALES bekannt waren. Betrachten wir zunächst ein **gleichschenkliges** Dreieck ABC wie in der nebenstehenden Abbildung. Das ist ein Dreieck, in dem die beiden Seiten AC und BC (man nennt sie auch **Schenkel**) gleichlang sind. Wir schreiben dafür kurz $\overline{AC} = \overline{BC}$. Die Beobachtung war, dass in diesem Fall die **Basiswinkel** α_1 und α_2 gleich sein müssen.

Hilfssatz
Die Basiswinkel eines gleichschenkligen Dreiecks stimmen überein.

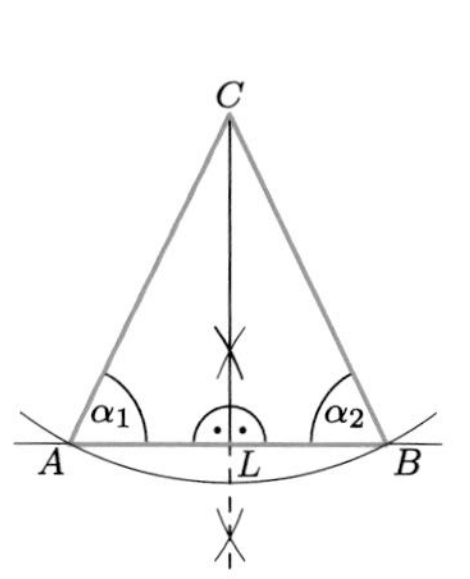

„Das ist doch intuitiv völlig klar", werden Sie vielleicht denken. Doch Vorsicht, können wir das wirklich mit Sicherheit behaupten? Es sind schließlich nur die beiden Schenkel gleichlang, wie können wir dabei auf die Winkel schließen, ohne uns in vage Behauptungen zu verstricken? Die Mathematiker wollten es genau wissen. Sie fällten mithilfe eines Zirkels und eines Lineals das Lot vom Punkt C auf die Basis AB des Dreiecks und fanden den Punkt L. Die Strecke LC definiert dann nichts anderes als die Höhe des Dreiecks.

Es waren nun die beiden Dreiecke ALC und LBC zu vergleichen. Wie Kriminalkommissare bei einem kniffligen Fall gingen die Entdecker vor und enthüllten drei wichtige Gemeinsamkeiten:

1. Beide Dreiecke haben die Seite LC gemeinsam.
2. Sie haben auch die Seite AC gemeinsam, da $\overline{AC} = \overline{BC}$.
3. Sie haben den rechten Winkel $90°$ beim Punkt L gemeinsam.

Damit konnten die Mathematiker exakt nachweisen, dass die beiden Dreiecke ALC und LBC übereinstimmen, also **kongruent** sind. Wie haben sie das getan?

Nun ja, sie benutzten wieder Zirkel und Lineal. Man begann mit dem Punkt L und konstruierte zunächst zwei Halbgeraden nach oben und nach links, welche den Winkel $90°$ einschlossen.

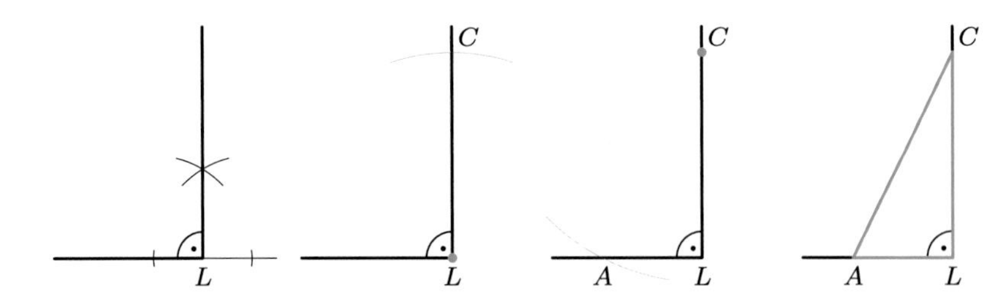

Die Höhe $\overline{LC}$ trug man mit dem Zirkel nach oben ab und bestimmte damit den Punkt C des Dreiecks ALC. Nun nahm man die Schenkellänge $\overline{AC}$ in den Zirkel und schlug damit einen Kreis um den Punkt C nach links. Der Schnittpunkt mit der horizontalen Halbgeraden muss dabei der gesuchte Punkt A des Dreiecks ALC sein. Dieses Dreieck lässt sich also auf eindeutige Weise aus den oben beschriebenen Gemeinsamkeiten konstruieren.

Nun liegt es klar vor uns. Selbstverständlich können wir die gleiche Konstruktion auch nach rechts ausführen, quasi am Lot LC gespiegelt. Wir erhalten dann das Dreieck LBC, welches folglich kongruent zu ALC ist. Der Winkel α_2 ist also das Spiegelbild von α_1 und damit gleichgroß. □

Eine zweite wichtige Beobachtung betraf die Summe der drei Innenwinkel eines beliebigen Dreiecks. Durch ein einfaches Experiment fand man heraus, dass diese Summe stets 180° betragen muss.

Hilfssatz
Die Summe der Innenwinkel eines Dreiecks beträgt stets 180°.

Warum ist das so? Stellen Sie sich vor, auf einem weiten Feld zu stehen, auf dem ein großes Dreieck aufgemalt ist. Sie stehen in der Mitte einer Seite und umrunden das Dreieck entgegen dem Uhrzeigersinn.

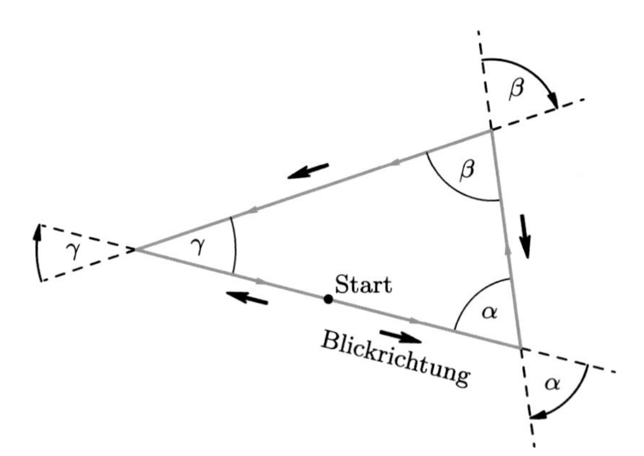

Sie blicken anfangs in Laufrichtung. An jeder Ecke drehen Sie sich im Uhrzeigersinn um genau den Winkel an dieser Ecke. Nach der ersten Ecke gehen Sie also ein Stück rückwärts. Nach der zweiten Ecke geht es mit Blick voraus und nach der dritten Ecke wieder rückwärts. Wenn Sie wieder am Ausgangspunkt ankommen, hat sich die Blickrichtung um genau 180° gedreht. Also gilt $\alpha + \beta + \gamma = 180°$. □

Mit diesen beiden Hilfssätzen gelang THALES schließlich der Beweis seines berühmten Satzes.

Satz von Thales
Konstruiert man ein Dreieck aus den beiden Endpunkten des Durchmessers eines Halbkreises (THALESkreis) und einem weiteren Punkt dieses Halbkreises, so erhält man immer ein rechtwinkliges Dreieck. In eleganter Kurzform kann man auch sagen: Alle Winkel am Halbkreisbogen sind rechte Winkel.

Wie hat THALES den Beweis geführt? Er hat die beiden vorigen Resultate auf geniale Weise kombiniert.

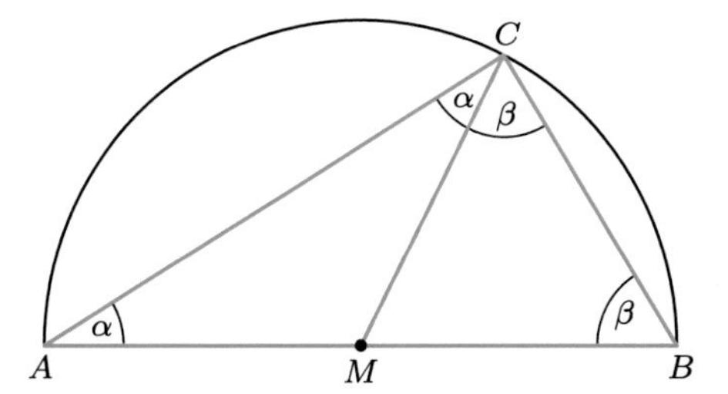

ABC ist das Dreieck innerhalb des Kreises, dessen Durchmesser wir mit $\overline{AB}$ annehmen. M ist der Mittelpunkt des Kreises. Die Dreiecke AMC und MBC sind gleichschenklig mit zugehörigen Basiswinkeln α und β. Für die Winkelsumme des Dreiecks ABC gilt

$$\alpha + \beta + (\alpha + \beta) \;=\; 2\alpha + 2\beta \;=\; 180°\,.$$

Teilt man die Gleichung durch 2, so erhält man

$$\alpha + \beta \;=\; 90°\,,$$

was zu zeigen war. □

Das war einer der ersten bekannten Sätze der Mathematik. THALES konnte nach seinem Beweis mit Fug und Recht dessen Richtigkeit behaupten, auch für die Fälle, in denen der Punkt auf dem Halbkreisbogen so nahe bei einem der Basispunkte A oder B liegt, dass jegliches Messen des Winkels aus Gründen der Genauigkeit unmöglich wird.

So beeindruckend die ersten mathematischen Beweise auch waren, ein wissenschaftliches Leben konnten sie natürlich nicht füllen. Dafür waren sie zu einfach. THALES war wie viele seiner Kollegen Universalgelehrter. Neben der Mathematik beschäftigte er sich auch mit Naturphilosophie, Politik, Astronomie und der Entwicklung technischer Geräte. Das ist ein großer Unterschied zu heute. Die

Mathematik ist so umfangreich und komplex geworden, dass sich ein Forscher oft nur noch in wenigen Teilgebieten der Mathematik wirklich gut auskennt.

Ähnlich wie bei THALES verhielt es sich auch bei PYTHAGORAS. Er war Mathematiker, Philosoph und Theologe. In der Schule wird sein berühmter Satz behandelt, der die Seitenlängen eines **rechtwinkligen** Dreiecks zueinander in Relation setzt. Dazu wird die längste Seite eines solchen Dreiecks als **Hypotenuse** bezeichnet, die Seiten, welche den rechten Winkel einschließen, sind die **Katheten**.

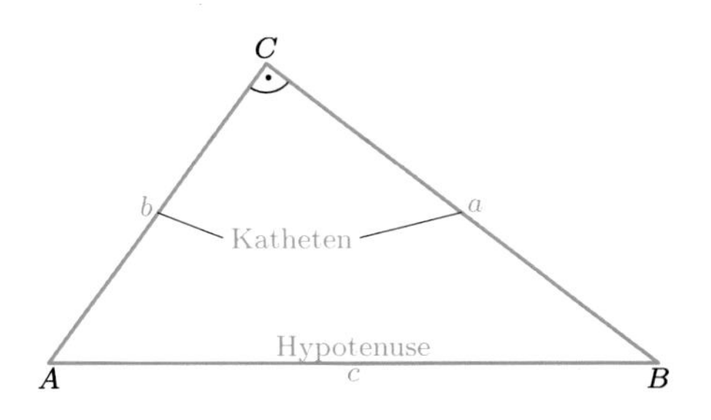

Die Entdeckung von PYTHAGORAS lautet nun:

Satz von Pythagoras
In einem rechtwinkligen Dreieck ist das Quadrat der Länge der Hypotenuse gleich der Summe der Quadrate der Längen der beiden Katheten. Mit den Bezeichnungen von oben gilt also

$$a^2 + b^2 = c^2 .$$

Dieser Satz ist insofern bemerkenswert, als er eine geometrische Figur mit einer algebraischen Gleichung in Verbindung bringt. Er wies damit den Weg in die Zukunft der Mathematik, wir werden diesem fundamentalen Ergebnis später auf unserer Reise noch begegnen.

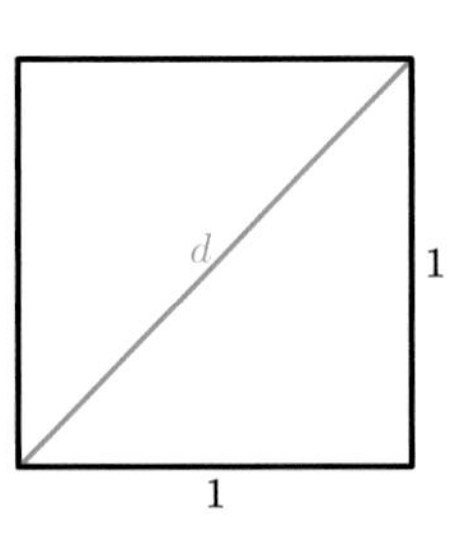

Sehen wir uns kurz eine Anwendung dieses Satzes an, die unter den Mathematikern der damaligen Zeit für große Aufregung gesorgt hat. Für die Länge d der Diagonale eines Quadrats mit Seitenlänge 1 gilt demnach $d^2 = 1^2 + 1^2 = 2$. Welchen Wert hat d? Die Zahl, die mit sich selbst multipliziert 2 ergibt, bezeichnen wir mit $\sqrt{2}$. Mit dieser Zahl, die nicht als Verhältnis zweier natürlicher Zahlen $n : m$ darstellbar ist – wir beweisen auch das in Kürze – hatten die Griechen zunächst Schwierigkeiten. Eine Zahl, die kein **Verhältnis** ist, entzog sich auch ihrem damaligen Begriff von Vernunft (beides entspricht im Lateinischen dem Wort *ratio*) und wird daher als **irrational** bezeichnet (mehr dazu später). Diese Entdeckung wird übrigens HIPPASOS VON METAPONT zugeschrieben, einem Mitglied der von PYTHAGORAS gegründeten Schule der Pythagoräer.

Wie beweist man nun den Satz von PYTHAGORAS? Die Frage stellt sich nach der Länge der Hypotenuse, wenn wir die Längen der Katheten kennen. Die Aufgabe ist auf den ersten Blick nicht einfach. Ähnlich wie beim Satz von THALES war auch hier ein Gedankenblitz nötig, eine geniale Idee. Wir fällen zunächst das Lot vom Punkt C auf die Strecke AB, der Auftreffpunkt sei mit L bezeichnet.

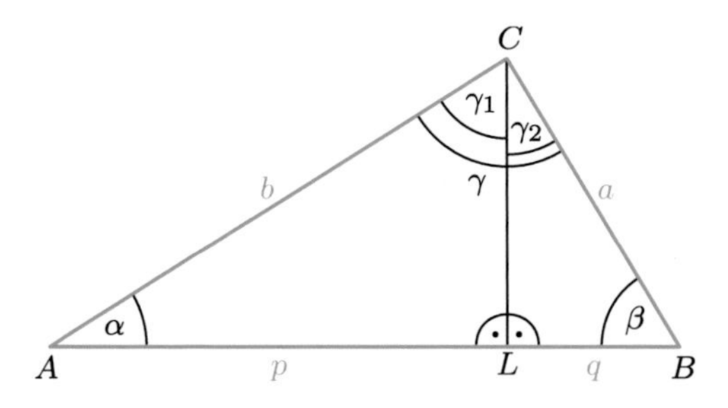

Das Lot teilt die Hypotenuse in zwei Teile der Längen p und q. Doch nicht nur das, die Winkel aller drei nun erkennbaren Dreiecke stimmen überein. Damit sind sich die Dreiecke ABC, ALC und LBC **ähnlich**. Sie sind nur in unterschiedlicher Lage und Vergrößerung zu sehen.

Warum ist das so? Wieder hilft uns die Erkenntnis über die Winkelsumme im Dreieck. Demnach ist

$$\alpha + \beta \ = \ 180^\circ - \gamma \ = \ 90^\circ .$$

Betrachten wir das Dreieck ALC, ergibt sich analog

$$\alpha + \gamma_1 \ = \ 90^\circ$$

und damit $\gamma_1 = \beta$. Beim Dreieck LBC können Sie auf die gleiche Weise vorgehen und erhalten $\gamma_2 = \alpha$. Also sind alle vorkommenden Dreiecke ähnlich, die entsprechenden Seiten befinden sich im gleichen Längenverhältnis. Schon liegt die Lösung vor uns. Es gilt

$$b : p \ = \ c : b \quad \text{und entsprechend} \quad a : q \ = \ c : a .$$

Damit ist $b^2 = c \cdot p$, $a^2 = c \cdot q$ und wegen $q + p = c$ ergibt sich schließlich

$$a^2 + b^2 \ = \ c \cdot q + c \cdot p \ = \ c \cdot (q + p) \ = \ c^2 . \qquad \square$$

So einfach kann es sein, wenn man den richtigen Weg gefunden hat. Die Suche nach den guten Ideen, die wie geistige Lichtschalter einen dunklen Raum plötzlich taghell machen und alles klar in Erscheinung treten lassen, macht seit Jahrtausenden den eigentlichen Reiz der mathematischen Forschung aus.

Etwa zweihundert Jahre später kombinierte EUKLID die bemerkenswerten Sätze von THALES und PYTHAGORAS zur Lösung einer kniffligeren Aufgabe. Hier zeigt sich die ganze Leuchtkraft der antiken Geometrie. Es ging darum, zu einem gegebenen Rechteck ein flächengleiches Quadrat zu konstruieren – ein Problem, welches unter dem Namen **Quadratur des Rechtecks** bekannt ist.

EUKLID entdeckte auf der Suche nach der Lösung einen weiteren Zusammenhang im rechtwinkligen Dreieck, der sich aus den bisherigen Überlegungen sofort ergibt. Es handelt sich um den sogenannten Höhensatz.

Höhensatz (Euklid)
Fällt man wie in obigem Bild in einem rechtwinkligen Dreieck vom Punkt C das Lot auf die Hypotenuse AB, so wird diese im Punkt L in zwei Teile der Längen p und q geteilt. Die Länge des Lotes bildet die Höhe h des Dreiecks. Es gilt dann

$$h^2 = p \cdot q\,.$$

Der Beweis ist einfach, da sowohl ALC als auch LBC rechtwinklige Dreiecke sind. Mit dem Satz von PYTHAGORAS ergibt sich $h^2 = b^2 - p^2$ und $h^2 = a^2 - q^2$. Die Addition der beiden Gleichungen zeigt

$$2\,h^2 = a^2 + b^2 - p^2 - q^2 = c^2 - p^2 - q^2 = (p+q)^2 - p^2 - q^2 = 2\,pq\,.$$

Es folgt $h^2 = p \cdot q$. □

Damit gelingt die Quadratur eines Rechtecks. Seine Seitenlängen seien mit c und q bezeichnet.

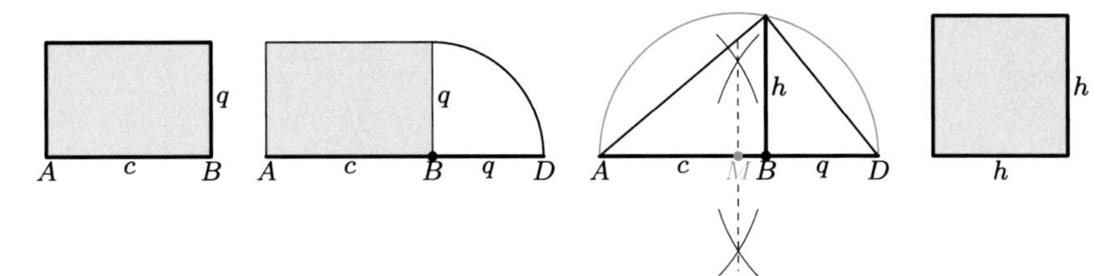

Wie im Bild klappen wir die Seite der Länge q nach rechts auf die Halbgerade der Strecke AB und erhalten den Punkt D. Wir verlängern dann die Seite der Länge q zu einem Lot über B. Nun bestimmen wir mit zwei gleichgroßen Kreisen um A und D den Mittelpunkt M der Strecke AD und schlagen um diesen den Thaleskreis. Dessen Schnittpunkt mit dem Lot über B definiert einen Punkt, der mit A und D ein rechtwinkliges Dreieck mit der Höhe h bildet. Nach dem Höhensatz gilt $h^2 = c \cdot q$, das gesuchte Quadrat ist also jenes mit Seitenlänge h. □

Nun kommt es in der Mathematik aber auch vor, dass Fragen auftauchen, die so schwer sind, dass sie lange Zeit nicht gelöst werden können. So auch bei den alten Griechen. Etwa 100 Jahre nach PYTHAGORAS wirkte in Athen ein weiterer Vorsokratiker, der aus Kleinasien stammende ANAXAGORAS. Er war einer der ersten, der sich eine geometrische Frage der besonderen Art stellte:

> Ist es möglich, durch eine ausgetüftelte Konstruktion mit Zirkel und Lineal zu einem vorgegebenen Kreis ein Quadrat zu bilden, welches den gleichen Flächeninhalt wie der Kreis besitzt?

Die Aufgabe ist jener von gerade eben sehr ähnlich, entpuppte sich aber als eines der größten mathematischen Rätsel aller Zeiten. Sie ging als die Frage nach der **Quadratur des Kreises** in die Geschichte ein und zieht sich wie ein roter Faden durch die mathematische Expedition, welche wir in diesem Buch unternehmen.

So wie in nebenstehendem Bild hatte sich ANAXAGORAS wohl das Ergebnis vorgestellt. Eine Lösung fand er nicht. Genau wie viele seiner Kollegen.

Einer von ihnen war HIPPOKRATES (das ist übrigens nicht der berühmte Arzt, der den hippokratischen Eid einführte). Er entdeckte bei seiner Suche immerhin eine schöne Anwendung des Satzes von PYTHAGORAS. Geometrisch besagt dieser nämlich, dass die Summe der Flächen der Quadrate über den Katheten gleich der Fläche des Quadrats über der Hypotenuse ist, wie das Bild zeigt: $F_c = F_a + F_b$.

Man kann den Satz verallgemeinern, denn er gilt aus Gründen der Ähnlichkeit auch für andere Figuren, zum Beispiel Halbkreise. Auch hier gilt die gleiche Summenformel.

Zeichnet man also Halbkreise statt Quadrate über den Dreiecksseiten, so ist die Fläche des großen Halbkreises gleich der Summe der Flächen der beiden kleineren Halbkreise: $K_c = K_a + K_b$. Klappt man dann den großen Halbkreis nach oben, so entstehen die bekannten **Möndchen des** HIPPOKRATES.

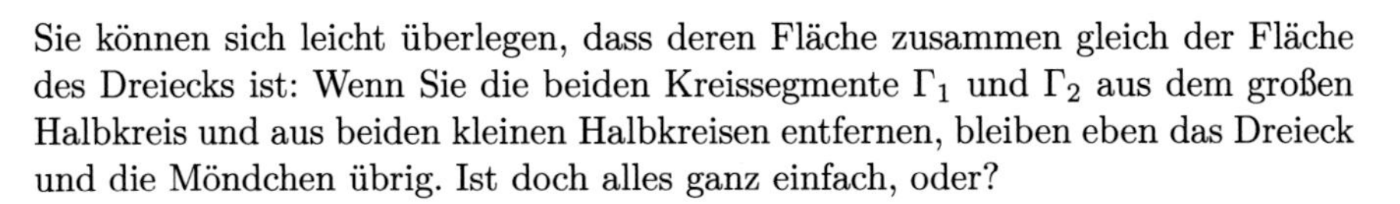

Sie können sich leicht überlegen, dass deren Fläche zusammen gleich der Fläche des Dreiecks ist: Wenn Sie die beiden Kreissegmente Γ_1 und Γ_2 aus dem großen Halbkreis und aus beiden kleinen Halbkreisen entfernen, bleiben eben das Dreieck und die Möndchen übrig. Ist doch alles ganz einfach, oder?

Nun ja, wieder sollten wir kurz verweilen. Ist diese Überlegung wirklich einwandfrei, oder haben wir vielleicht etwas vorausgesetzt, das nicht so selbstverständlich ist? In der Tat, woher wissen wir, dass der umgeklappte große Halbkreis genau durch den Punkt C des Dreiecks verläuft? Eine Spitzfindigkeit, zu der es nötig ist, die Umkehrung des Satzes von THALES zu beweisen.

Umkehrung des Satzes von Thales
Bei einem im Punkt C rechtwinkligen Dreieck ABC liegt der Punkt C immer auf dem Thaleskreis um die Hypotenuse AB.

Beachten Sie bitte, dass dies nicht der originäre Satz von THALES ist. Dieser garantiert nur einen rechten Winkel, wenn C auf dem Kreis liegt. Hier fragen wir nach der Umkehrung. Eine Möglichkeit, diese Umkehrung zu beweisen, führt uns wieder zum Satz von PYTHAGORAS.

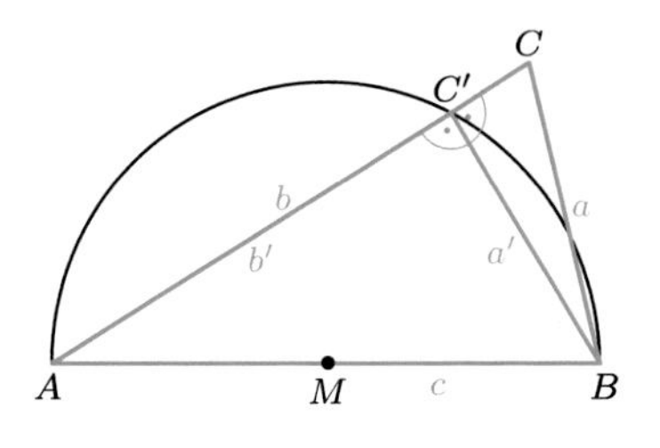

Nehmen wir also an, es gäbe einen solchen Ausreißer, also ein rechtwinkliges Dreieck, dessen Punkt C außerhalb des Kreises liegt. Der Punkt C' sei dann der Schnittpunkt der Strecke AC mit dem Kreis. Das Dreieck ABC' ist nach THALES rechtwinklig, also erfüllt es auch den Satz von PYTHAGORAS:

$$c^2 = a'^2 + b'^2.$$

Die entsprechende Gleichung kann aber für das Dreieck ABC nicht gelten, da sowohl $a > a'$ als auch $b > b'$ ist. Die Gleichung müsste aber bestehen, denn wir haben ABC als rechtwinklig angenommen. Das ist ein Widerspruch und wir müssen unsere Annahme verwerfen. ABC ist also nicht rechtwinklig. Mit einer ähnlichen Rechnung können Sie den Fall behandeln, bei dem der Punkt C innerhalb des Kreises liegt. Fassen wir zusammen: Wenn immer der Punkt C nicht auf der Kreislinie liegt, dann ist das Dreieck ABC auch nicht rechtwinklig. Das ist die Umkehrung des Satzes von THALES. □

Übrigens: Nicht selten gibt es für eine Aussage ganz verschiedene Beweise, so auch hier. Ein einfaches Argument mit dem Satz über die Winkelsumme im Dreieck führt auch ans Ziel, probieren Sie es einmal.

HIPPOKRATES gelang es also, durch Kreislinien begrenzte Flächen zu konstruieren, welche geradlinig begrenzten Flächen gleich sind. Das war natürlich Wasser auf den Mühlen all derer, die nach einer Konstruktion für die Quadratur des Kreises suchten. HIPPOKRATES und seine Zeitgenossen entdeckten noch weitere geometrische Fragestellungen, die sie nicht beantworten konnten. Eine davon war die Aufgabe, einen Würfel mit Zirkel und Lineal im Volumen zu verdoppeln. Eine andere richtete sich nach einem Verfahren, mit dem beliebige Winkel in drei gleich große Teilwinkel zerlegt werden.

Diese Probleme, allen voran die große Frage nach der Quadratur des Kreises, werden auf unserer Entdeckungsreise die Richtung vorgeben. Sie bilden den roten Faden, an dem wir uns entlang bewegen, um dem Geheimnis transzendenter Zahlen näher zu kommen. Viel Vergnügen auf den Spuren der großen Mathematiker, schauen wir ihnen bei der Arbeit über die Schulter.

2 Die natürlichen Zahlen

In diesem Kapitel wollen wir die Grundlagen für alles Weitere auf unserem Streifzug durch die Mathematik legen. Nach der kleinen Vorgeschichte geht es nun also richtig los. Sind Sie bereit? Um die großen Fragen der alten Griechen zu beantworten, begeben wir uns jetzt in das Reich der Zahlen.

Mathematik beginnt beim Rechnen mit Zahlen, und die Zahlen beginnen bei den **natürlichen Zahlen**. Sie erscheinen auf den ersten Blick vielleicht allzu einfach, fast schon langweilig. Aber Vorsicht, wir werden in diesem Kapitel eine ganze Reihe interessanter Tüfteleien erleben und Fragen aufwerfen, die uns bald zu mathematischen Sehenswürdigkeiten führen.

Die natürlichen Zahlen sind in der Tat natürlich. Schon Kinder im Säuglingsalter – so hat man festgestellt – entwickeln eine Vorstellung von „Zahlen“, in dem sie unterscheiden lernen zwischen

Sie entwickeln eine natürliche Vorstellung von einer „Mehrfachheit“ der Dinge des Lebens, und diese Abstraktion drückt sich in den natürlichen Zahlen aus: 1 Hand, 2 Hände, 3 Hände oder eben 1 Blume, 2 Blumen, 3 Blumen.

Schon der deutsche Mathematiker Leopold Kronecker hat gesagt:

> „Die natürlichen Zahlen sind von Gott geschaffen, der Rest ist Menschenwerk“.

In der Tat, die natürlichen Zahlen scheinen immer schon da gewesen zu sein. Nicht allein deswegen gehören Fragestellungen rund um die natürlichen Zahlen zu den spannendsten Problemen in der Mathematik. Einige werden wir auf unserem Streifzug kennen lernen.

Inzwischen wurde auch die 0 zu den natürlichen Zahlen hinzugenommen. Als unendliche Menge $\mathbb{N}$ stellen sie sich wie folgt dar:

$$\mathbb{N} = \{0, 1, 2, 3, 4, \ldots\}$$

F. Toenniessen, *Das Geheimnis der transzendenten Zahlen*,
https://doi.org/10.1007/978-3-662-58326-5_2

Ich verzichte bewusst auf eine formale Einführung in die natürlichen Zahlen, wie sie an anderer Stelle beschrieben ist, [29]. Die Intuition ist hier so klar, dass mir der Formalismus nicht notwendig erscheint. Beachten Sie auch, dass wir den Begriff einer **Menge** erst mal sehr unbekümmert verwenden. Die anschauliche Vorstellung werden wir aber im nächsten Kapitel auf sicheren Boden stellen.

Um mit den Zahlen etwas anfangen zu können, brauchen wir eine Struktur, die durch die Rechenoperationen gegeben wird. Die naheliegendste Operation ist die **Addition**, dargestellt durch das Symbol $+$. Sie hat eine anschauliche Interpretation, die wir Menschen schon seit Urzeiten entwickelt haben: Nimmt man die natürlichen Zahlen als Abstraktion für die Mehrfachheit von realen Dingen, werden zum Beispiel bei der Addition von 3 und 5 eben *drei* Dinge und *fünf* Dinge zusammengelegt, und das sind *acht* Dinge. So bringt man Kindern meist schon vor der Schulzeit das Rechnen bei. Die zugehörige Abstraktion lautet

$$3 + 5 \;=\; 8\,.$$

Wir nennen das Ganze eine **Summe** mit den zwei **Summanden** 3 und 5. Sofort erkennen Sie mit Hilfe dieser Vorstellung – durch einfaches Abzählen – die zwei fundamentalen Gesetze der Addition. Für alle natürlichen Zahlen $x, y, z \in \mathbb{N}$ gilt

$$\begin{aligned} x + y &= y + x && \text{(Kommutativgesetz)} \\ (x + y) + z &= x + (y + z) && \text{(Assoziativgesetz)}\,. \end{aligned}$$

Additionen, die durch runde Klammern zusammengefasst sind, werden in der zeitlichen Abfolge zuerst ausgeführt. Eine Bemerkung dazu: Stillschweigend haben wir hier erstmals eine Technik verwendet, welche die gesamte Mathematik wie ein roter Faden durchzieht. Wir haben Buchstaben an Stelle von Zahlen verwendet, aber nicht um Gleichungen aufzulösen (geschweige denn etwas auszurechnen), sondern um allgemeine Gesetze zu formulieren, die wir für die Rechenoperationen fordern (und die auch offensichtlich erfüllt sind, so ist zum Beispiel $3 + 5 = 5 + 3$ sofort plausibel). Es ist dabei gleichgültig, welche Buchstaben oder Symbole wir für die Platzhalter wählen, das Kommutativgesetz könnte also auch $a + b = b + a$ oder $\clubsuit + \heartsuit = \heartsuit + \clubsuit$ lauten – nun denn, Buchstaben sind aber leichter zu lesen.

Machen wir in dem Stil weiter, es gilt offenbar auch für jede natürliche Zahl x

$$x + 0 \;=\; x \qquad\qquad \text{(neutrales Element)}\,,$$

man sagt, die Null ist das **neutrale Element** bezüglich der Addition. Und ob Sie es glauben oder nicht: Wir haben mit den natürlichen Zahlen und der Addition eine erste sinnvolle **mathematische Struktur** entwickelt. Wir schreiben dafür

$$(\mathbb{N}, +, 0)\,.$$

$\mathbb{N}$ ist dabei die Menge, $+$ die Operation und 0 das neutrale Element. Zusammen mit dem Assoziativgesetz nennen die Mathematiker das ganze Gebilde ein **Monoid**. Dieses (sogar kommutative) Monoid der natürlichen Zahlen ist der absolute Anfang, gewissermaßen die Keimzelle der gesamten Mathematik.

Eine **Ordnung** können wir auf den natürlichen Zahlen auch festlegen. Wir sagen, die Zahl y ist **größer oder gleich** der Zahl x, in Zeichen

$$y \geq x,$$

wenn es eine natürliche Zahl z gibt mit der Eigenschaft

$$y = x + z.$$

Falls $z \neq 0$ ist, nennen wir y **größer** als x und schreiben $y > x$ dafür. Die Zeichen $\leq$ und $<$ stehen dann für die entsprechenden Beziehungen **kleiner oder gleich** und **kleiner**.

Auch wenn es selbstverständlich erscheint, sollten wir kurz innehalten und uns eine Besonderheit vor Augen führen. Das Monoid der natürlichen Zahlen ist **unendlich**. Es gibt unendlich viele natürliche Zahlen. Wenn immer wir uns eine natürliche Zahl x vorstellen, so können wir die Zahl $x + 1$ bilden, welche noch größer ist. Das nimmt nie ein Ende, es ist die erste Begegnung mit der Unendlichkeit, einem mathematischen Konzept, welches in der realen Welt nicht existiert. Die Physiker haben zum Beispiel herausgefunden, dass sogar die Zahl der Atome im Universum endlich ist, und schätzen diese Zahl ganz grob auf eine 1 mit 80 bis 85 Nullen dahinter. Eine unvorstellbar große Zahl.

Dennoch: In der Mathematik ist das gar nichts. Gegen die Unendlichkeit wird jede natürliche Zahl verschwindend klein. Das Unendliche nimmt als gedankliches Postulat, als Grundforderung, in der Mathematik eine zentrale Rolle ein.

Kommen wir zurück zu den irdischen Phänomenen. Viele Menschen behaupten von sich, sie wären von Natur aus faul. Statt zum Beispiel die 3 fünfmal hintereinander zu addieren,

$$3 + 3 + 3 + 3 + 3,$$

wollten sie lieber eine kürzere Schreibweise haben. So entstand das Bedürfnis nach einer höheren Rechenoperation, der **Multiplikation**, welche durch das Symbol $\cdot$ dargestellt ist, das manchmal auch weggelassen wird. Damit lässt sich diese Summe kürzer schreiben:

$$3 + 3 + 3 + 3 + 3 = 3 \cdot 5.$$

Für zwei natürliche Zahlen m und n definieren wir also die Kurzschreibweise

$$m \cdot n = \underbrace{m + m + \ldots + m}_{n-\text{mal}}.$$

m und n sind dabei die **Faktoren**, das Ganze nennt man ein **Produkt**. Offenbar gibt es auch für die Multiplikation ein neutrales Element, nämlich die 1:

$$n \cdot 1 = n.$$

Um die Null zu berücksichtigen, definieren wir für alle natürlichen Zahlen n

$$n \cdot 0 = 0 .$$

Welche weiteren Regeln gibt es nun für diese neue Operation? Natürlich kennt jeder auch hier das Kommutativ- und das Assoziativgesetz:

$$\begin{aligned} x \cdot y &= y \cdot x && \text{(Kommutativgesetz)} \\ (x \cdot y) \cdot z &= x \cdot (y \cdot z) && \text{(Assoziativgesetz)} \end{aligned}$$

Aber Vorsicht, haben Sie schon einmal kritisch hinterfragt, warum diese Gesetze eigentlich gelten? Man „lernt“ sie schon in der Grundschule, aber wie begründet man sie exakt? Warum ist denn $3 \cdot 5 = 5 \cdot 3$? Ich finde es – beim genauen Hinsehen – zunächst gar nicht selbstverständlich, dass

$$3 \cdot 5 = 3+3+3+3+3 = 5+5+5 = 5 \cdot 3$$

ist, oder anders ausgedrückt: Es ist nicht so ohne weiteres klar, dass sich die unterschiedlichen Teilsummen $3, 6, 9, 12, \ldots$ einerseits und $5, 10, \ldots$ andererseits schließlich doch bei der Zahl 15 treffen. Und das soll für alle natürlichen Zahlen gelten?

Auch wenn es im wahrsten Sinne des Wortes „kinderleicht“ ist: Machen Sie sich bewusst, dass wir diese Aussage nicht so einfach behaupten dürfen, sondern eine exakte Begründung liefern müssen: einen Beweis.

Nehmen wir dazu die Blumen. $3 \cdot 5$ lässt sich als Summe $3+3+3+3+3$ wie im Bild veranschaulichen, wobei eine 3 durch drei untereinander stehende Blumen dargestellt ist. Jetzt ist es sofort klar: Wenn Sie das Bild um 90° drehen, dann sehen Sie dreimal fünf Blumen untereinander stehen, und das ist in unserer Interpretation eben $5 + 5 + 5 = 5 \cdot 3$. Also stimmt es doch.

Das Assoziativgesetz $(x \cdot y) \cdot z = x \cdot (y \cdot z)$ kann man sich genauso überlegen. Sie müssen sich hier nur einen Quader aus lauter Blumen, also eine dreidimensionale Figur vorstellen. Probieren Sie es einmal.

Und schon haben wir eine weitere mathematische Struktur in der Tasche. Denn auch das Tripel

$$(\mathbb{N}, \cdot, 1)$$

ist mit den oben beschriebenen Regeln ein kommutatives Monoid.

Den Zusammenhang zwischen den beiden Operationen $+$ und $\cdot$ beschreibt das sogenannte **Distributivgesetz**. Sie können es sich als kleine Übung wie oben gerne selbst veranschaulichen:

$$x \cdot (y+z) \;=\; (x \cdot y) + (x \cdot z) \qquad \text{(Distributivgesetz)}$$

Mit den beiden Kommutativgesetzen ergibt sich eine zweite, äquivalente Form:

$$(x+y) \cdot z \;=\; (x \cdot z) + (y \cdot z)\,.$$

Wir verleihen ab jetzt der Multiplikation eine höhere Priorität bei der Berechnung als der Addition, um unnötige Klammern zu vermeiden. So ist zum Beispiel $3 + (4 \cdot 5)$ das Gleiche wie $3+4\cdot 5$. Das Distributivgesetz schreibt sich dann kürzer

$$x \cdot (y+z) \;=\; x \cdot y + x \cdot z\,.$$

Nun aber genug der trockenen Gesetze. Was kann man mit den natürlichen Zahlen schon alles anfangen? Sie glauben es vielleicht nicht, aber es ist eine ganze Menge. Lassen Sie uns einige interessante Aspekte beleuchten.

2.1 Die vollständige Induktion

Die vollständige Induktion ist eine interessante Technik aus der Trickkiste der Mathematik. Sie wird häufig angewendet, wenn Sätze über natürliche Zahlen zu beweisen sind. Wir werden sie später oft benutzen. Um was geht es?

Vielleicht kennen Sie die kleine Geschichte: Der berühmte Mathematiker Carl Friedrich Gauss war schon in der Grundschule als besonderes mathematisches Talent aufgefallen. Eines Tages stellte der Lehrer seinen Schülern die Aufgabe, die ersten 100 natürlichen Zahlen zu addieren. Also

$$1+2+3+4+5+ ... +99+100\,.$$

Probieren Sie es mal, es kann ganz schön mühsam sein, wenn man es nicht genial anpackt wie der kleine Gauss. Offenbar hat selbst sein Lehrer die tolle Lösung nicht gekannt und war höchst erstaunt, als Carl Friedrich nach kurzer Zeit stolz das Ergebnis präsentierte: 5050. Wie hat er das gemacht? Er hat ganz einfach die Zahlen in der richtigen Reihenfolge addiert, also nicht $1+2+3+4+\ldots$, sondern

$$(1+100)+(2+99)+(3+98)+\ldots+(50+51)\,.$$

Und das macht eben $101 \cdot 50 = 5050$. Dies kann man auch in einer eleganten Formel ausdrücken, wobei wir für den Ausdruck $1+2+3+4+\ldots+100$ kurz

$$1+2+3+4+\ldots+100 \;=\; \sum_{k=1}^{100} k$$

schreiben.

Das steht für „die Summe über alle k, wobei k von 1 bis 100 wandert". k nennt man den Laufindex oder die Laufvariable. Unter dem Summenzeichen steht der Startwert und darüber der Zielwert. Der Ausdruck rechts neben dem Summenzeichen ist der einzelne Summand, in den jeweils der aktuelle Laufindex einzusetzen ist. Beispiel: Für $1 \cdot 3 + 2 \cdot 4 + 3 \cdot 5 + 4 \cdot 6 + \ldots + 50 \cdot 52$ schreibt man dann kurz

$$\sum_{k=1}^{50} k(k+2)\,.$$

Es gilt nun ganz allgemein für jede natürliche Zahl n:

$$2 \cdot \sum_{k=1}^{n} k \;=\; n(n+1)\,.$$

Erkennen Sie den Gedankenblitz von Gauss darin? In der Tat, wir erhalten die Summe zweimal, wenn wir 100-mal die Zahl 101 addieren. Das würde als Beweis genügen, allerdings muss man ein wenig aufpassen, ob die obere Grenze gerade oder ungerade ist. Ein einwandfreier Beweis ohne diese Unterscheidung gelingt mit **vollständiger Induktion**. Sie besteht immer aus zwei Schritten:

1. Der **Induktionsanfang**: Wir prüfen die Aussage für die erste natürliche Zahl. Das ist formal die Null, kann aber zum besseren Verständnis auch die Eins sein. In beiden Fällen ist die Formel offenbar richtig.

2. Der **Induktionsschritt**: Das ist meist der schwierige Teil. Wir nehmen dabei an, die Formel gelte schon für alle natürlichen Zahlen von 1 bis n. Man nennt dies die **Induktionsvoraussetzung.** Wir müssen die Aussage jetzt für die Zahl $n+1$ beweisen. In unserem Beispiel geht das so:

$$2 \cdot \sum_{k=1}^{n+1} k \;=\; 2(n+1) + 2 \cdot \sum_{k=1}^{n} k\,,$$

das ist offensichtlich und folgt direkt aus dem Distributivgesetz der natürlichen Zahlen. Wir haben die Aussage damit zurückgeführt auf die Zahl n, und dort dürfen wir sie als gültig annehmen wegen der Induktionsvoraussetzung. Nun müssen wir noch ein wenig rechnen:

$$\begin{aligned} 2 \cdot \sum_{k=1}^{n+1} k &= 2(n+1) + 2 \cdot \sum_{k=1}^{n} k \\ &= 2n + 2 + \underbrace{n(n+1)}_{\text{Induktionsvoraussetzung}} = 2n + 2 + n \cdot n + n \\ &= n \cdot n + 3n + 2 = (n+1) \cdot (n+2)\,. \end{aligned}$$

Also stimmt die Aussage für $n+1$. Genau das war zu zeigen. □

Warum sind wir jetzt aber mit dem Beweis fertig, warum gilt die Formel automatisch für alle natürlichen Zahlen? Machen Sie sich das einfach so klar: Die Formel gilt für 0 oder 1, das haben wir im ersten Schritt geprüft. Da wir den Induktionsschritt ganz allgemein gehalten haben, also mit dem Buchstaben n gerechnet haben, können wir dort einfach $n = 1$ setzen. Die Rechnung beweist dann die Aussage für $n = 2$, indem sie sie für $n = 1$ benutzt. Bei $n = 1$ haben wir sie aber geprüft, also ist alles in Ordnung. Nun können wir auf der Leiter weiter klettern. Denn auf genau die gleiche Weise kommen wir von der 2 zur 3, dann von der 3 zur 4 und so weiter. Jedem ist klar, dass wir damit irgendwann bei jeder natürlichen Zahl n ankommen, ohne die einzelnen Schritte immer nachvollziehen zu müssen. Das ist das Elegante am Rechnen mit Buchstaben, die eben nur Platzhalter für konkrete Zahlen sind.

Eine Bemerkung noch: Vielen ist bestimmt die etwas eigenwillige Form aufgefallen, mit der wir die Formel notiert haben. Die meisten kennen die Formel als

$$\sum_{k=1}^{n} k \;=\; \frac{n(n+1)}{2}\,.$$

Warum also die Formel für die doppelte Summe? Nun ja, Sie haben bestimmt schon gemerkt, dass wir in diesem Buch alle Erkenntnisse mathematisch exakt herleiten wollen. Wir erleben dabei von den absoluten Anfängen, wie Mathematik wirklich funktioniert, wie Mathematiker denken und forschen. Als Preis müssen wir mit dem Manko leben, dass wir eben nichts verwenden dürfen, was noch nicht definiert oder bewiesen wurde. Und in diesem Fall fehlen uns eben noch die Division oder die Brüche. Aber keine Sorge, wir werden das schnell beheben.

2.2 Primzahlen

Nicht nur in den Naturwissenschaften interessiert man sich seit Urzeiten für den Aufbau der Materie aus kleinsten Teilchen, die nicht mehr weiter zerlegbar sind. Auch die Mathematik kennt seit der griechischen Antike dieses Phänomen. Man hat natürlich keine reale Materie zerlegt, sondern mathematische Gebilde wie die natürlichen Zahlen. Nehmen wir als Beispiel die Zahl 18. Eine sinnvolle Zerlegung in nicht weiter teilbare „Zahlatome" bezüglich der Addition ist relativ langweilig:

$$18 \;=\; 1+1+1+1+1+1+1+1+1+1+1+1+1+1+1+1+1+1\,.$$

Die 1 ist die einzige natürliche Zahl $\neq 0$, welche additiv nicht weiter zerlegbar ist.

Wie viel reichhaltiger ist da die Zerlegung bezüglich der Multiplikation. Diese Idee liefert seit der Antike den spannendsten Stoff für die reine Mathematik, man könnte ganze Bücher über die faszinierenden Erkenntnisse rund um die multiplikativen Zahlatome – man nennt sie **Primzahlen** – schreiben.

Jeder kennt Primzahlen. Das sind natürliche Zahlen $p > 0$, die sich bezüglich der Multiplikation nicht weiter zerlegen lassen: Falls für eine solche Zahl also eine Gleichung $p = m \cdot n$ mit natürlichen Zahlen m und n besteht, dann muss entweder m oder n gleich 1 sein und die andere Zahl gleich p. „Entweder oder" ist hier wörtlich gemeint, denn die 1 selbst gilt nicht als Primzahl.

Versuchen wir einmal, die 18 in diesem Sinne zu zerlegen:

$$18 = 2 \cdot 9 \quad \text{oder} \quad 18 = 3 \cdot 6 .$$

Sind die Zerlegungen verschieden? Nur scheinbar, denn sowohl die 9 als auch die 6 sind weiter zerlegbar. Führen wir die Zerlegung bis zum Ende durch, so erhalten wir auf beiden Wegen

$$18 = 2 \cdot 3 \cdot 3 .$$

Dabei haben wir das Kommutativgesetz der Multiplikation benützt. 18 besteht also aus den Primzahlen 2 und zweimal der 3. Versuchen Sie einmal zur Übung, die Zahl 247 225 in Primfaktoren zu zerlegen. Nach einigem Probieren, vielleicht mit einem Taschenrechner, erhalten Sie

$$247\,225 = 5 \cdot 5 \cdot 11 \cdot 29 \cdot 31 .$$

Das sieht schon etwas komplizierter aus, aber jedem von uns ist wohl klar, dass sich jede natürliche Zahl $n \geq 2$ in Primfaktoren zerlegen lässt, oder?

Die Frage ist berechtigt. Geht es tatsächlich bei jeder Zahl? Wenn Sie hier ein wenig zögern, dann haben Sie bereits ein sehr gutes, kritisches Verhältnis zur Mathematik gewonnen. Klar, der Beweis ist einfach, aber jeder sollte einmal kurz darüber nachgedacht haben. Es geht wieder mit vollständiger Induktion.

Klarerweise gilt die Aussage für die Zahl 2. Nun sei eine natürliche Zahl $N > 2$ vorgegeben. Wir dürfen (per Induktionsvoraussetzung) annehmen, dass sich alle natürlichen Zahlen $k < N$ wie gewünscht zerlegen lassen. Warum ist dann auch N zerlegbar? Nun ja, falls N selbst schon eine Primzahl ist, sind wir fertig, denn sie ist dann ihre eigene Primfaktorzerlegung. Andernfalls gibt es natürliche Zahlen $m, n \geq 2$ mit

$$N = m \cdot n .$$

Nun sind sowohl m als auch n kleiner als N, denn nach der Definition der Multiplikation erhalten wir zum Beispiel

$$N = m \cdot n = m + (m + \ldots + m) .$$

Da $n \geq 2$ war, haben wir in den Klammern noch mindestens einen Summanden, und nach der Definition der „kleiner"-Beziehung ist m tatsächlich kleiner als N. Genauso sehen Sie das für n.

Nach Induktionsvoraussetzung sind sowohl m als auch n in Primfaktoren zerlegbar:

$$m = p_1 \cdot \ldots \cdot p_r \quad \text{und} \quad n = q_1 \cdot \ldots \cdot q_s .$$

Und damit ist

$$N = p_1 \cdot \ldots \cdot p_r \cdot q_1 \cdot \ldots \cdot q_s$$

eine Zerlegung von N in Primfaktoren. Wir halten das Ergebnis fest:

Alle natürlichen Zahlen $n \geq 2$ haben eine Primfaktorzerlegung.

Beachten Sie bitte, wie ich bei dem Beweis ganz tief gegangen bin und sogar die „kleiner“-Beziehung genau begründet habe, obwohl sie bestimmt jedem anschaulich klar ist. Natürlich werde ich das in der Folge nicht mehr tun, genau wie es die Mathematiker auch machen. Es ging mir nur noch einmal darum, Sie sensibel dafür zu machen, dass in der Mathematik letztlich alles auf die einfachsten Grundforderungen (auch als **Axiome** bezeichnet) zurückzuführen ist, ohne dazwischen eine Lücke für den Fehlerteufel zu lassen. Mit der Zeit aber wird das gedankliche Gebäude mächtiger, und wir müssen nicht mehr alles so detailliert begründen.

Um die Zerlegungen in Primfaktoren etwas eleganter schreiben zu können, führen wir eine weitere Kurzschreibweise ein, die sogenannte **Potenz** zweier natürlicher Zahlen. Wir schreiben für ein Produkt aus $n > 0$ gleichen Faktoren kurz

$$\underbrace{x \cdot x \cdot \ldots \cdot x}_{n-\text{mal}} = x^n .$$

n heißt dabei der **Exponent**, x die **Basis** der Potenz. Für den Exponenten 0 definieren wir $x^0 = 1$. Als erstes einfaches Potenzgesetz können wir somit

$$x^m \cdot x^n = x^{m+n}$$

festhalten, welches unmittelbar aus der Definition einleuchtet. Die obigen Primfaktorzerlegungen schreiben sich dann etwas kürzer als

$$18 = 2 \cdot 3^2 \quad \text{oder} \quad 247\,225 = 5^2 \cdot 11 \cdot 29 \cdot 31 .$$

Mit den Potenzen können wir mathematische Sätze viel präziser formulieren, zum Beispiel unseren Satz von der Primfaktorzerlegung:

Satz von der Primfaktorzerlegung
Für jede natürliche Zahl $n \geq 2$ gibt es paarweise verschiedene Primzahlen $p_1, \ldots, p_r$ und natürliche Exponenten $e_1, \ldots, e_r > 0$ mit der Eigenschaft

$$n = p_1^{e_1} \cdot \ldots \cdot p_r^{e_r} = \prod_{\rho=1}^{r} p_\rho^{e_\rho} .$$

Beachten Sie das Symbol $\prod$, welches völlig analog zur Summe $\sum$ funktioniert, nur werden die Elemente diesmal nicht addiert, sondern multipliziert.

Wir haben ein schönes Ergebnis bewiesen. Aber machen wir es einmal wie die Mathematiker und denken weiter. Stellen wir uns ein paar Fragen, die sich sofort aufdrängen: Sind die Primfaktoren einer solchen Zerlegung denn eindeutig bestimmt? Wenn ja, sind die Exponenten bei den Primfaktoren eindeutig bestimmt? Und überhaupt: Wie viele Primzahlen gibt es eigentlich, sind es vielleicht sogar unendlich viele?

Schon ganz zu Beginn unserer Expedition erkennen wir das Wesen der Mathematik: Gerade eben gewonnene Erkenntnisse werfen meist sofort neue Fragen auf, der Kosmos der Mathematik ist unendlich. Und es ist die forschende Neugier der Wissenschaftler, die zu immer weiteren Ergebnissen und neuen Fragen führt.

Wir erleben hier auch ein weiteres Merkmal der mathematischen Arbeitsweise: So sehr Sie sich auch bemühen, mit unseren derzeitigen Mitteln können wir die oben gestellten Fragen nicht beantworten. Wir müssen die mathematischen Strukturen zuerst erweitern – teils in Bereiche, die sich der anschaulichen Vorstellung entziehen. Einstweilen müssen wir uns damit begnügen, Vermutungen zu äußern. Es ist übrigens nicht selten geschehen, dass große Mathematiker ihr Gebiet durch die richtigen Vermutungen weiter vorangebracht haben als durch Beweise von mathematischen Sätzen. Wir werden später einige Beispiele dafür erleben.

Vermutung 1
Es gibt unendlich viele Primzahlen.

Vermutung 2
In der Primfaktorzerlegung

$$n = p_1^{e_1} \cdot \ldots \cdot p_r^{e_r} = \prod_{\rho=1}^{r} p_\rho^{e_\rho}$$

einer natürlichen Zahl $n \geq 2$ sind die Primzahlen p_ρ und ihre Exponenten e_ρ, mithin alle Faktoren $p_\rho^{e_\rho}$ bis auf die Reihenfolge eindeutig bestimmt.

Wir werden diese Vermutungen im übernächsten Kapitel beweisen können, wenn wir die natürlichen Zahlen zu den ganzen Zahlen erweitert haben.

Die Primzahlen spielen auch in vielen bis heute offenen Vermutungen der Mathematik eine Rolle. Ein Beispiel ist die sogenannte GOLDBACH-Vermutung, wonach alle geraden natürlichen Zahlen ≥ 4 die Summe von zwei Primzahlen sein sollen. Es ist eines der ältesten ungelösten Probleme der Zahlentheorie und lässt sich – in abgeschwächter Form – bis in das Jahr 1742 zurückverfolgen. Probieren Sie es aus, Sie werden vermutlich kein Gegenbeispiel finden. Und wenn Sie eins fänden, wären Sie auf einen Schlag berühmt. Aber Vorsicht, bis heute wurde im Bereich bis zu 18-stelligen Zahlen kein Gegenbeispiel gefunden. Hier einige kleinere Beispiele für die GOLDBACH-Vermutung:

$$\begin{aligned} 4 &= 2+2 \\ 8 &= 3+5 \\ 10 &= 3+7 \\ 100 &= 29+71 \end{aligned}$$

Eine weitere ungelöste Frage ist die LEGENDRE-Vermutung, nach der für alle natürlichen Zahlen $n \geq 1$ zwischen n^2 und $(n+1)^2$ stets mindestens eine Primzahl zu finden ist.

Oder denken Sie an **Primzahlzwillinge**. Das sind zwei Primzahlen, welche sich nur um 2 unterscheiden. Beispiele gibt es zuhauf: 3 und 5, oder 5 und 7, oder 11 und 13, oder 29 und 31, oder 1997 und 1999. Es ist aber bis heute ungeklärt, ob es unendlich viele solcher Zwillinge gibt.

Fragen über Fragen, auf die es noch immer keine Antworten gibt. Sie sehen, die Mathematik ist keinesfalls langweilig, trocken oder „fertig ausgerechnet“, wie viele Menschen glauben. Es genügen schon ein paar Seiten, um an die Grenzen der menschlichen Erkenntnis zu gelangen und in ein großartiges Forschungsgebiet einzudringen. Die damit verbundene Faszination möchte ich Ihnen in diesem Buch etwas näher bringen.

2.3 Das Pascalsche Dreieck

Forschen wir weiter und machen ein paar Experimente mit Buchstaben und den Rechengesetzen in den natürlichen Zahlen. Für zwei natürliche Zahlen x und y können wir die bekannte Formel

$$(x+y)^2 \;=\; (x+y)\cdot(x+y) \;=\; x^2+2xy+y^2$$

festhalten. Probieren Sie einmal, sie mit dem Distributivgesetz, den Kommutativ- und Assoziativgesetzen in $\mathbb{N}$ nachzurechnen. Formeln dieser Art ermöglichen wahre Künste im Kopfrechnen. So können Sie mit ein wenig Übung bald Zahlen wie 37 quadrieren:

$$37^2 \;=\; (30+7)^2 \;=\; 900+2\cdot 210+49 \;=\; 1369\,.$$

Was passiert jetzt, wenn wir das ganze nochmal mit $(x+y)$ multiplizieren? Nun ja, es ergibt sich nach kurzer Rechnung

$$\begin{aligned}(x+y)^3 \;&=\; (x+y)^2\cdot(x+y) \;=\; (x^2+2xy+y^2)\cdot(x+y)\\ &=\; x^3+3x^2y+3xy^2+y^3\,.\end{aligned}$$

Interessant. Ganz abgesehen davon, dass Sie mit einem guten Kurzzeitgedächtnis jetzt 37^3 im Kopf bilden könnten, fallen uns sofort die konstanten Faktoren auf, die bei den Produkten aus x und y stehen. Sortieren wir die Summanden nach aufsteigenden Exponenten bei y, so ergeben sich bei diesen Faktoren, auch **Koeffizienten** genannt, die symmetrischen Sequenzen $(1\,2\,1)$ und $(1\,3\,3\,1)$.

Für $(x+y)^4$ erhalten wir als Ergebnis $x^4+4x^3y+6x^2y^2+4xy^3+y^4$ und damit die Sequenz $(1\,4\,6\,4\,1)$. Spätestens jetzt ist die Neugier geweckt. Welcher Gesetzmäßigkeit folgt diese Entwicklung?

Wenn wir noch die einfachen Fälle $(x+y)^0=1$ und $(x+y)^1=x+y$ hinzunehmen, so können wir die Sequenzen wie folgt in ein Dreieck schreiben.

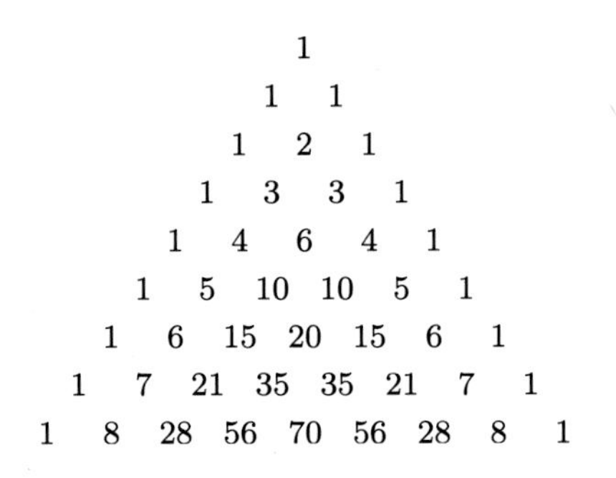

Fällt Ihnen etwas auf? Offenbar ist jede Zahl in diesem Dreieck gleich der Summe der beiden direkt darüber stehenden Zahlen. Der Franzose BLAISE PASCAL war der erste, dem das auffiel. Nach ihm ist dieses magische Zahlendreieck benannt. Setzen wir das Dreieck nach unten fort, können damit sofort die Formeln

$$(x+y)^5 \;=\; x^5 + 5x^4y + 10x^3y^2 + 10x^2y^3 + 5xy^4 + y^5$$

oder

$$(x+y)^6 \;=\; x^6 + 6x^5y + 15x^4y^2 + 20x^3y^3 + 15x^2y^4 + 6xy^5 + y^6$$

in den Raum gestellt werden. Nun ja, natürlich müssen wir die Gesetzmäßigkeit noch beweisen.

Auch das ist leider nicht so einfach. Wir müssen das Zahlensystem zu diesem Zweck sogar noch weiter ausbauen als bei den Vermutungen zu den Primzahlen. Aber formulieren wir die obige Aussage trotzdem in eine mathematische Formel:

Vermutung 3
Für alle natürlichen Zahlen x, y und n gilt die Formel

$$(x+y)^n \;=\; \sum_{k=0}^{n} \alpha_k(n) \cdot x^{n-k} y^k \,.$$

Für alle $n \geq 0$ ist dabei $\alpha_0(n) = \alpha_n(n) = 1$ und für alle $0 < k < n$ gilt stets

$$\alpha_{k+1}(n+1) \;=\; \alpha_k(n) + \alpha_{k+1}(n) \,.$$

So einfach, ja fast spielerisch das PASCALsche Dreieck anmutet, es ist ein ganz bedeutender Baustein der Mathematik. Dieses geheimnisvolle Gesetz der natürlichen Zahlen wird später eine zentrale Rolle spielen, wenn wir uns in wahrlich luftige Höhen schwingen, um große Erkenntnisse über transzendente Zahlen zu gewinnen. Lassen Sie sich überraschen.

2.4 Zahlenfolgen

Folgen von Zahlen werden uns in den nächsten Kapiteln ständig begleiten. Hier nur eine kurze Einführung dazu. Eine **Zahlenfolge** – unabhängig mit welchen Zahlen, natürliche, ganze, rationale, reelle oder gar komplexe Zahlen – ist eine unendliche, geordnete Sequenz von Zahlen, zum Beispiel

$$1,\ 2,\ 4,\ 8,\ 16,\ 32,\ 64,\ 128,\ \ldots$$

Man schreibt auch kurz $(a_n)_{n\in\mathbb{N}}$ dafür. Im Beispiel oben gilt demnach

$$a_0 = 1,\ a_1 = 2,\ a_2 = 4,\ a_3 = 8,\ a_4 = 16,\ \ldots.$$

Offenbar ist diese Folge allgemein definierbar durch die Festlegung $a_n = 2^n$.

Machen wir ein paar weitere Beispiele: Die FIBONACCI-Zahlen – benannt nach einem der bedeutendsten Mathematiker des Mittelalters, LEONARDO DA PISA, genannt FIBONACCI – sind definiert als Zahlenfolge $(a_n)_{n\in\mathbb{N}}$ mit

$$\begin{aligned} a_0 &= 0, \\ a_1 &= 1, \\ a_n &= a_{n-1} + a_{n-2} \qquad \text{für alle } n \geq 2. \end{aligned}$$

Jedes Element der Folge ist offenbar die Summe seiner beiden Vorgänger. Also ergibt sich die Folge

$$0, 1, 1, 2, 3, 5, 8, 13, 21, 34, 55, 89, 144, \ldots.$$

Die FIBONACCI-Folge wird uns in den folgenden Kapiteln noch bei vielen geheimnisvollen Beobachtungen in der Mathematik, in der Kunst und in der Natur begegnen, seien Sie gespannt.

Zuletzt noch eine ganz verrückte Folge, mit der Sie selbst – vielleicht an einem Computer – experimentieren können:

a_0 dürfen Sie beliebig wählen. Danach gilt für jedes $n \geq 0$:

$$a_{n+1} = \begin{cases} 3 \cdot a_n + 1 & \text{für ungerades } a_n \\ b_n\,, & \text{falls } a_n = 2 \cdot b_n \text{ gerade ist}. \end{cases}$$

Probieren Sie die Folge einmal aus: Nehmen Sie $a_0 = 3$, dann erhalten Sie

$$3, 10, 5, 16, 8, 4, 2, 1, 4, 2, 1, 4, 2, 1, \ldots.$$

Nun wiederholt sich die Folge in dem Muster 4,2,1, bis ins Unendliche. Wie steht es mit $a_0 = 288$? Eine nette Übung im Kopfrechnen:

$$288, 144, 72, 36, 18, 9, 28, 14, 7, 22, 11, 34, 17, 52, 26, 13, 40, 20, 10, 5, 16, 8, 4, 2, 1\,.$$

Wieder kommen wir beim gleichen Muster an. Was denken Sie: Kommt man immer bei diesem Muster an, egal, welchen Startwert man wählt?

Man weiß auch das bis heute nicht. LOTHAR COLLATZ hat die Frage im Jahre 1937 gestellt. Sie gilt als eine der härtesten Nüsse der modernen Mathematik, der bekannte Mathematiker PAUL ERDÖS wagte sogar den in Fachkreisen bekannten Satz: „Mathematics is not yet ready for such problems.“

Schließen wir damit dieses Kapitel. Wir haben unsere erste mathematische Struktur kennengelernt: Die natürlichen Zahlen, die mit der Addition und der Multiplikation jeweils ein kommutatives Monoid bilden. Ganz so langweilig war es hoffentlich nicht, gab es doch einige Sehenswürdigkeiten und spannende Fragen, denen wir nun nachgehen wollen. Zu den größten Schwächen der natürlichen Zahlen gehört zweifellos, dass die „reduzierenden“ Operationen fehlen. Mit der Addition und Multiplikation können wir zwar immer größere Zahlen bilden, kommen aber nicht mehr zu kleineren Zahlen zurück.

Betrachten Sie zum Beispiel die Operation $-$, die sogenannte **Subtraktion**. Sie wird schon in der ersten Schulklasse eingeführt, relativ unbekümmert. Sie ist beim genauen Hinsehen aber gefährlich, da für sie kein Assoziativgesetz gilt: Es ist

$$(10-4)-3 \neq 10-(4-3)\,.$$

Und beim Kommutativgesetz passiert sogar ein Unglück: $5-3$ ist bestimmt nicht gleich $3-5$, aber $3-5$ ergibt noch nicht einmal ein Element aus $\mathbb{N}$, führt uns also aus dem Monoid der natürlichen Zahlen heraus.

Es ist höchste Zeit, Abhilfe zu schaffen und die natürlichen Zahlen zu erweitern. Wir werden dies auf eine mathematisch sehr genaue Art machen. Das kostet anfangs etwas Arbeit, lohnt sich aber, denn wir können mit immer derselben Idee das gesamte Zahlensystem auf festem Boden errichten und diese Konzepte später gewinnbringend verwenden. Hierzu benötigen wir zunächst ein wenig Wissen über die Theorie von Mengen, Relationen und Abbildungen. Viel Spaß auf Ihrer weiteren Entdeckungsreise durch die Mathematik.

3 Elemente und Mengen

In diesem Kapitel geht es kurz und knapp um einige Aspekte der Mengenlehre. Das klingt zunächst trocken und abstrakt. Warum also die Mühe?

Nun ja, die Mengenlehre ist das Fundament der Mathematik, wichtiges Handwerkszeug für praktisch alle ihrer Teilgebiete. Sie werden sehen, dass Mengenlehre nicht nur trockene Gesetze enthält, sondern auch philosophische Fragen berührt, die bis an die Grenzen des menschlichen Verstandes reichen. Wir werden dazu eine verblüffende Logelei erleben und – als wichtigste Erkenntnis – ein universelles Zaubermittel kennen lernen, mit dessen Hilfe wir das gesamte Zahlensystem konstruieren. Wir benutzen dabei nur Kenntnisse, über die schon kleine Kinder verfügen. Wie schon angedeutet, das ist Mathematik, die vom Nullpunkt startet. Sind Sie neugierig geworden? Nur Mut, lassen Sie uns das Abenteuer fortsetzen.

3.1 Allgemeine Begriffe

Wir beginnen mit der zentralen Definition dieses Kapitels.

Elemente und Mengen
Eine **Menge** ist eine Sammlung von Objekten, die ihre **Elemente** genannt werden. Es können endlich viele oder unendlich viele Elemente sein. Man spricht in diesem Fall von **endlichen** oder **unendlichen** Mengen.

Das klingt zunächst alles logisch und einfach. Und doch gibt es dabei etwas zu bedenken: Wir haben eine Menge nicht für sich allein, sondern nur im Zusammenhang mit etwas anderem definiert, nämlich zusammen mit ihren Elementen. Was wiederum diese Elemente sind, haben wir auch nicht genau festgelegt.

Das hat seinen guten Grund, auch die Mathematiker definieren eine Menge auf diese Weise. Genauer geht es auch gar nicht: Alle Versuche, für Mengen oder Elemente logisch einwandfreie Einzeldefinitionen zu bilden, scheitern irgendwann an sprachlichen Ungenauigkeiten. Georg Cantor versuchte sich Ende des 19. Jahrhunderts mit der folgenden Definition:

> „Eine Menge ist eine Zusammenfassung bestimmter, wohlunterschiedener Objekte unserer Anschauung oder unseres Denkens zu einem Ganzen."

So schön dieser philosophisch anmutende Satz formuliert ist, er bringt uns nicht wesentlich weiter. Zu viele Begriffe kommen darin vor, für die wir zwar eine intuitive Vorstellung haben, nicht aber eine genaue Definition. Die moderne Mengentheorie wurde schließlich 1907 von Ernst Zermelo begründet und

F. Toenniessen, *Das Geheimnis der transzendenten Zahlen*,
https://doi.org/10.1007/978-3-662-58326-5_3

1921 von ABRAHAM ADOLF FRAENKEL zur sogenannten **Zermelo-Fraenkel-Mengenlehre** erweitert. Von da an entstanden viele Varianten und äquivalente Konzepte. Das bekannteste wurde im Jahre 1940 von JOHN VON NEUMANN, PAUL BERNAYS und KURT GÖDEL zu einem Axiomensystem vollendet, welches nach seinen Begründern die **Neumann-Bernays-Gödel-Mengenlehre** genannt wird.

Dies alles erwähne ich nicht, um jetzt tief in die Logik der Mengen einzusteigen. Es sollen vielmehr am Beginn unserer Reise die Personen genannt sein, die sich darum verdient gemacht haben, das mathematische Gebäude auf ein solides Fundament zu stellen. Dass dies nicht selbstverständlich ist, erleben wir schon bald. Und KURT GÖDEL wird uns in diesem Zusammenhang auch später noch einmal an ziemlich überraschender Stelle begegnen.

Zurück zu den Mengen. Um Mengen zu bezeichnen, verwenden wir Buchstaben, meist Großbuchstaben wie A, B, oder M. Hier ein Beispiel für eine Menge, bei dem wir auch schon erkennen, wie wir konkrete Exemplare dieser Spezies aufschreiben:

$$M = \{2, 3, a, b, \%\}.$$

Ziemlich durcheinander, diese Menge. Damit kann man in der Praxis sicher wenig anfangen. Aber nichts für ungut, es war ja nur ein Beispiel ...

Die Elemente dieser endlichen Menge sind also 2, 3, a, b und das %-Zeichen. Dabei spielt die Reihenfolge der Elemente keine Rolle, M hätten wir auch als

$$M = \{3, \%, a, 2, b\}$$

festlegen können. Hier gibt es schon etwas zum Nachdenken. Was ist eigentlich der Unterschied zwischen einem Element und einer Menge? Wie schon angedeutet, haben sogar Mathematiker keine genaue Vorstellung, was Elemente und Mengen als Einzelobjekte sind. Sie definieren aber einen präzisen logischen Zusammenhang zwischen Elementen und Mengen. Zur Veranschaulichung dazu noch eine Menge:

$$A = \{M, a, b\},$$

wobei M die Menge von vorhin bezeichnet, sie ist hier tatsächlich ein Element geworden und steht in einer Reihe mit ihren eigenen Elementen a und b. Nun ja, hiergegen ist nichts einzuwenden. Wir erkennen: Jede Menge ist auch ein Element. Worin besteht nun die magische Beziehung zwischen Elementen und Mengen? Das ist ganz einfach: Für jedes Element x und jede Menge A gilt genau eine der beiden Beziehungen:

$x \in A$, was ausdrücken soll, dass x Element von A ist, oder
$x \notin A$, was ausdrücken soll, dass x nicht Element von A ist.

So einfach und naheliegend das auf den ersten Blick erscheint, birgt es doch eine Menge Stoff für Diskussionen. Denken Sie einmal kurz über die folgende Frage nach: Von welcher Spezies gibt es mehr, Mengen oder Elemente?

Sicher haben Sie es gewusst: Es gibt natürlich mehr Elemente als Mengen, da jede Menge auch Element ist, wie wir oben gesehen haben. Andererseits gibt es aber Elemente, die ganz offenbar keine Mengen sind, zum Beispiel die Zahl 2 oder der Buchstabe a.

Unsere Logik geht aber noch erheblich weiter: Eine Menge kann sich sogar selbst als Element enthalten. Betrachten Sie dazu folgende, reichlich seltsame Menge:

$$B = \{B\}.$$

Auch wenn Sie die Hände über dem Kopf zusammenschlagen, gibt es dagegen nichts einzuwenden. B enthält sich selbst als Element und sonst nichts. Keine unserer bisherigen Regeln wird dabei verletzt. Solche Verrücktheiten haben in der Praxis sogar eine Bedeutung. Die zugehörige Idee, die sogenannte **rekursive** Definition (lat. *recurrere*, zurücklaufen), können Sie zum Beispiel bei wichtigen Datenstrukturen in der Informatik erleben. So ist zum Beispiel der bekannte Verzeichnisbaum eines Betriebssystems eine solch rekursive Struktur.

3.2 Die Russellsche Antinomie

Die Tatsache, dass sich Mengen selbst enthalten können, ohne einen Widerspruch herbeizuführen, wurde lange Zeit im 19. Jahrhundert unterschätzt. Wie schon angedeutet, ist man in dieser Zeit recht sorglos mit der Mengenlehre umgegangen, in dem festen Glauben, es würde schon nichts passieren. Der britische Philosoph und Mathematiker Bertrand Russell hat dann im Jahre 1903 in seiner berühmten Antinomie gezeigt, dass man mit mengentheoretischen Definitionen sehr vorsichtig sein muss. Um den Gedankengang zu verstehen, fange ich mit einer populären Variante dieser Antinomie an, mit der Geschichte vom Barbier.

Ein Barbier war auf der Suche nach einem markigen Werbespruch für seinen Salon. Er wollte zum Ausdruck bringen, dass jedermann zu ihm kommen könne, um sich rasieren zu lassen. Um es kurz und prägnant zu formulieren, schrieb er auf sein Türschild die Worte: „Ich rasiere jeden, der sich nicht selbst rasiert.“

Eines Tages kam einer seiner Kunden auf die Idee zu fragen, ob der Barbier sich denn selbst rasiere oder nicht. Die deutsche Sprache ist in ihrer Bedeutung leider nicht so eindeutig wie die mathematische Logik, aber wenn wir den obigen Satz in dem Sinn verstehen, dass der Barbier genau diejenigen Personen rasiert, welche sich nicht selbst rasieren, verstricken wir uns sofort in ein arges Dilemma: Die Frage des Kunden kann nicht beantwortet werden. Denn wenn wir annehmen, der Barbier würde sich rasieren, dann gehört er nach der Aussage auf dem Türschild zu den Personen, die das offenbar nicht tun. Unsere Annahme ist so nicht haltbar, also müssen wir vom Gegenteil ausgehen. Der Barbier rasiert sich also nicht selbst. Aber sofort sehen Sie, dass auch diese Annahme daneben geht: Auf dem Türschild steht nämlich, dass er es doch tut.

Ein ähnliches Problem entsteht bei dem Ausspruch „Ich lüge jetzt“. Aus dem gleichen Grund wie oben werden Sie nicht herausfinden können, ob er wahr ist oder nicht. Die bekannte Behauptung eines Kreters, wonach „alle Kreter lügen“, führt übrigens nicht zu einem Widerspruch, falls er lügt. Das wird häufig falsch verstanden. Versuchen Sie einmal selbst, logische Fallstricke dieser Art zu konstruieren. Es ist nicht schwer, Sie müssen nur selbstbezügliche Aussagen bilden, die eine Verneinung enthalten.

In der Mengenlehre ist ebenfalls Selbstbezüglichkeit möglich, denn wir haben die Definition

$$B = \{B\}$$

als legitim erkannt, und hier enthält eine Menge sich selbst. Genau damit muss man nun sehr vorsichtig sein. RUSSELL untersuchte Mengen, die er mithilfe sogenannter **Prädikate** definiert hat. Ein Prädikat ist, salopp formuliert, nichts anderes als eine Aussage, in der Unbestimmte vorkommen. Setzt man konkrete Elemente in die Unbestimmten ein, so ergibt sich ein Satz, der wahr oder falsch ist. Hier einige Beispiele, die Unbestimmten sind mit Kleinbuchstaben bezeichnet:

„x ist eine natürliche Zahl größer als 10."
„x ist ein See, der mindestens y km^2 Wasseroberfläche besitzt."

Mit Prädikaten kann man auf einfache Weise **Teilmengen** einer Menge definieren: Ein Element einer Menge ist genau dann in der Teilmenge enthalten, wenn es das Prädikat wahr werden lässt. Beispiel: Wir haben als Teilmenge von $\mathbb{N}$ die Menge

$$M = \{x \in \mathbb{N} : x > 10\},$$

also alle natürlichen Zahlen, die größer als 10 sind.

Für Teilmengen gibt es Symbole, die an jene für die Größer- und Kleinerbeziehung zwischen Zahlen erinnern: Wir schreiben $T \subseteq M$, wenn T Teilmenge von M ist. Ist dabei auch $T \neq M$, so nennt man das eine **echte Teilmenge** und schreibt dafür $T \subset M$. Sinngemäß funktionieren die Symbole $\supseteq$ und $\supset$ in die andere Richtung, man spricht dann von **Obermengen**.

Worin lag nun die besondere Entdeckung von RUSSELL? Nun ja, er stellte sich die Frage, ob es so etwas wie die „Menge aller Mengen" – nennen wir sie $\mathcal{M}$ – geben kann. Wenn das so wäre, dann bilden wir mit dem Prädikat „x enthält sich nicht selbst als Element" die Teilmenge

$$\mathcal{T} = \{x \in \mathcal{M} : x \notin x\} \subset \mathcal{M}.$$

Dieser Menge $\mathcal{T}$ können wir aber wie oben dem Barbier eine kritische Frage stellen: Enthält sie sich selbst als Element oder nicht? Eins von beiden muss bekanntlich gelten. Falls $\mathcal{T} \in \mathcal{T}$ ist, dann sagt das Prädikat aber genau das Gegenteil. Und bei der Annahme $\mathcal{T} \notin \mathcal{T}$ geht es uns nicht besser. Die Menge $\mathcal{T}$ führt also unweigerlich zu einem Widerspruch, wir können die essenzielle Frage nach der Elementbeziehung zu sich selbst nicht beantworten. Was ist hier passiert?

Weil das zu $\mathcal{T}$ gehörige Prädikat völlig in Ordnung ist, muss das Problem weiter vorne liegen: in der Annahme der Existenz der Menge $\mathcal{M}$. Wir haben schon zu Beginn gesehen, dass Mengen und Elemente für sich gesehen nicht einzeln definiert sind, sondern nur eine Beziehung zwischen den beiden Begriffen existiert. Die „Menge aller Mengen" benutzt in ihrer Definition aber den Begriff der Menge isoliert, was letztlich zu dem großen Durcheinander führt. $\mathcal{M}$ kann es also gar nicht geben.

Seit dieser Erkenntnis sind die Mathematiker und Logiker vorsichtiger geworden. Ihr Gedankengebäude steht vielleicht doch nicht so felsenfest, wie sie lange vermutet haben. Dieser Umstand rief dann Mathematiker wie ZERMELO und FRAENKEL auf den Plan, die den logischen Unterbau der Mathematik weitgehend abgesichert haben. Dennoch gab es in den 30-er Jahren des vorigen Jahrhunderts ein großes mathematisches Erdbeben. Warten Sie ein wenig ab. Wir werden in den Kapiteln über die reellen Zahlen und die lineare Algebra etwas näher darauf eingehen (Seiten 95 und 126).

Sie sehen, in der Mathematik liegen überall interessante Schätze vergraben: Dinge, die zum Nachdenken anregen, oder eine direkte Entsprechung im Alltag haben. Man muss regelrecht aufpassen, nicht abzuschweifen.

Wir haben in all diesen Beispielen – auch schon in den einführenden beiden Kapiteln – stillschweigend eine spezielle Technik für logische Schlussfolgerungen angewendet, die in der Mathematik häufig zum Zug kommt: Den *Beweis durch Widerspruch*. Er funktioniert, in dem man zunächst das Gegenteil annimmt von dem, was man eigentlich zeigen will. Dann hofft man, unter Verwendung der gegebenen Voraussetzungen des Satzes irgendwann in einen Widerspruch zu geraten. Wenn das gelingt, darf man die Annahme verwerfen und ihr Gegenteil ist bewiesen, also das ursprüngliche Ziel erreicht. So etwas gibt es übrigens auch in der Medizin, dort nennt man es Ausschlussdiagnostik. Dieser Methode liegt die Forderung der Logik zugrunde, dass man aus wahren Aussagen durch den klugen Menschenverstand niemals eine falsche Aussage oder einen Widerspruch herleiten kann.

3.3 Grundlegende Mengenoperationen

Nun aber werden wir etwas handwerklicher, wir wollen ein paar technische Fingerübungen machen. Hier einige wichtige Begriffe und Konstrukte der Mengenlehre: Wenn wir zwei Mengen A und B haben, dann können wir deren **Vereinigung** und deren **Durchschnitt** bilden. Ein kleines Beispiel dazu:

$$A = \{2,3,4\}, \quad B = \{4,5,6\}.$$

Dann ist die Vereinigung

$$A \cup B = \{2,3,4,5,6\}$$

und deren Durchschnitt

$$A \cap B = \{4\}.$$

Beachten Sie, dass die 4 in $A \cup B$ nur einmal notiert wird, obwohl sie in beiden Mengen vorkommt. Es gibt auch die Vereinigung und den Durchschnitt mehrerer Mengen, die wir durch einen Index k unterscheiden. Man definiert dann einfach

$$\bigcup_{k=1}^{n} A_k = A_1 \cup A_2 \cup \ldots \cup A_n$$

und

$$\bigcap_{k=1}^{n} A_k = A_1 \cap A_2 \cap \ldots \cap A_n \,.$$

Wenn wir zwei Mengen A und B haben, dann können wir auch nach der Menge all der Elemente Fragen, die in A, aber nicht in B enthalten sind. Dies ist tatsächlich etwas Ähnliches wie eine Subtraktion von Mengen, und wird $A \setminus B$ geschrieben. In unserem obigen Beispiel ist

$$A \setminus B = \{2, 3\} \,.$$

Lassen Sie mich Ihnen kurz die Mächtigkeit der mathematischen Symbolsprache zeigen, mit deren Hilfe man auch ohne lange Worte präzise Festlegungen treffen kann. Vereinigung, Durchschnitt und auch Differenz zweier Mengen lassen sich demnach mittels Prädikaten ohne lange Worte definieren als

$$\begin{aligned} A \cup B &= \{x : x \in A \vee x \in B\} \\ &\quad \text{(die Menge aller } x\text{, die Element von } A \text{ oder von } B \text{ sind)} \\ A \cap B &= \{x : x \in A \wedge x \in B\} \\ &\quad \text{(die Menge aller } x\text{, die Element von } A \text{ und von } B \text{ sind)} \\ A \setminus B &= \{x : x \in A \wedge x \notin B\} \end{aligned}$$

Mit ein wenig Übung hat man das schnell heraus und verliert auch das Unbehagen dabei, Sie werden sehen. Diese Mengenoperationen erfüllen die folgenden Gesetze, wie Sie sich leicht selbst klar machen können:

$$\begin{aligned} A \cap B &= B \cap A && \text{(Kommutativgesetz)} \\ (A \cap B) \cap C &= A \cap (B \cap C) && \text{(Assoziativgesetz)} \\ A \cap B \subseteq A &\;\text{ und }\; A \cap B \subseteq B \\ C \subseteq A \wedge C \subseteq B &\Rightarrow C \subseteq (A \cap B) \\ A \setminus B &= A \setminus (A \cap B) \\ A \setminus (A \setminus B) &= A \cap B \end{aligned}$$

Und schließlich noch etwas über die leere Menge $\{\}$ (oder auch $\emptyset$):

$$\begin{aligned} A \setminus \emptyset &= A \\ A \setminus A &= \emptyset \end{aligned}$$

Für die Vereinigung gibt es ganz ähnliche Regeln wie für den Durchschnitt, ich möchte Sie damit gar nicht plagen. Höchstens noch ein paar interessante Zusammenhänge zwischen den Operationen:

$$\begin{aligned} A \cap (B \cup C) &= (A \cap B) \cup (A \cap C) \\ A \cup (B \cap C) &= (A \cup B) \cap (A \cup C) \qquad \text{(Distributivgesetze)} \\ A \setminus (B \cap C) &= (A \setminus B) \cup (A \setminus C) \\ A \setminus (B \cup C) &= (A \setminus B) \cap (A \setminus C) \qquad \text{(de Morgansche Gesetze)} \end{aligned}$$

Ich gebe zu, es ist schon etwas langatmig gerade, aber vielleicht erkennen Sie eine interessante Analogie zum Rechnen mit den natürlichen Zahlen. Versuchen Sie einmal, Mengen mit Zahlen zu vergleichen und vergleichen Sie dabei die folgenden Operationen miteinander: $\cup$ mit $+$, $\cap$ mit $\cdot$, $\setminus$ mit $-$. Wenn Sie jetzt noch die leere Menge $\emptyset$ mit der 0 vergleichen, dann sind sich die Gesetze ziemlich ähnlich. Ist das nicht ein faszinierender Zusammenhang? Woher kommt er wohl?

Um ehrlich zu sein, es gibt einen tieferen Grund für diese Ähnlichkeit, aber so weit können wir nicht in die Grundlagen der Mathematik einsteigen, nur soviel sei gesagt: Die natürlichen Zahlen lassen sich tatsächlich aus den Grundlagen der Mengenlehre konstruieren, und aus den Gesetzen der Mengenlehre folgen dann die Rechenregeln bei den Zahlen, [29].

3.4 Das Produkt von Mengen

Nun wollen wir das **Produkt** zweier Mengen besprechen. Das ist sehr wichtig und wird in der Mathematik oft verwendet – zu meinem Erstaunen macht dies aber gerade Anfängern manchmal Schwierigkeiten. Wahrscheinlich, weil es in der Schule nicht häufig genug gebraucht wird. Dabei ist es ganz einfach und naheliegend: Stellen wir uns zwei Mengen A und B vor. Das Produkt dieser Mengen – in Zeichen $A \times B$ – wird dann definiert als

$$A \times B = \{(a, b) : a \in A \ \wedge \ b \in B\}.$$

In Worten ausgedrückt: $A \times B$ ist eine Menge, die aus Elementpärchen besteht, also Paaren (a, b), bei denen das erste Element a aus der Menge A und das zweite

Element b aus B stammt. Kleines Beispiel dazu: $A = \{1, 2\}$ und $B = \{x, y\}$. Dann ist

$$A \times B = \{(1, x), (1, y), (2, x), (2, y)\}.$$

Das Mengenprodukt kann erweitert werden auf drei Faktoren,

$$A \times B \times C = \{(a, b, c) : a \in A \wedge b \in B \wedge c \in C\},$$

oder sogar ganz allgemein auf $n \geq 1$ Faktoren

$$\prod_{i=1}^{n} A_i = A_1 \times A_2 \times \ldots \times A_n = \{(a_1, a_2, \ldots, a_n) : a_i \in A_i \text{ für alle } i\}.$$

Den Namen „Produkt von Mengen“ können Sie sich bestimmt vorstellen. Falls alle A_i endliche Mengen sind, so ist die Anzahl der Elemente der Produktmenge gleich dem Produkt der Anzahlen der Elemente in den einzelnen Mengen (oder Faktoren). Die Elemente von

$$\prod_{i=1}^{n} A_i$$

heißen **n-Tupel**. Die ersten Tupel haben sogar eigene Namen: Für $n = 2$ sind es **Paare**, für $n = 3$ **Tripel**, für $n = 4$ **Quadrupel** und für $n = 5$ **Quintupel**.

3.5 Relationen

Aus dem Produkt von Mengen können wir jetzt einen der wichtigsten Begriffe der Mathematik ableiten. Wir brauchen ihn im Folgenden auch bei der Konstruktion des Zahlensystems. Es handelt sich um **Relationen**. Betrachten wir dazu einfach zwei Mengen und bilden deren Produkt $A \times B$. Ein Relation in $A \times B$ ist dann nichts anderes als eine Teilmenge

$$\mathcal{R} \subseteq A \times B.$$

Man sagt, ein Element $a \in A$ „steht in Relation zu“ einem Element $b \in B$, wenn das Paar $(a, b) \in \mathcal{R}$ ist. Es gibt viele praktische Anwendungen davon. Vielleicht haben Sie schon einmal gehört, dass Datenbanken eines der zentralen Themen der praktischen Informatik sind. Und die erfolgreichsten Datenbanksysteme sind sogenannte relationale Datenbanksysteme, die ihr Datenmodell auf dem Kalkül solcher Relationen aufbauen. Vielleicht ahnen Sie jetzt, wie wichtig diese mathematischen Grundbegriffe sind.

Ein zentrales Beispiel für eine Relation ist die **Äquivalenzrelation**. Es ist dies die geniale Gedankenkonstruktion, mit deren Hilfe wir in den nächsten Kapiteln systematisch die ganzen, die rationalen, die reellen und die komplexen Zahlen konstruieren werden, fast wie im Baukasten. Was sind also Äquivalenzrelationen?

Stellen wir uns dazu wieder eine Menge A vor. Eine Äquivalenzrelation ist eine spezielle Relation $\mathcal{R}_e$ in $A \times A$, also dem Produkt von A mit sich selbst. Für alle Paare $(a,b) \in \mathcal{R}_e$ sagt man dann auch, a sei **äquivalent** zu b. Damit $\mathcal{R}_e$ sich Äquivalenzrelation nennen darf, muss es allerdings einige strenge Auflagen erfüllen. Diese ergeben sich aus dem gesunden Menschenverstand, wenn wir Äquivalenz als eine Art von Gleichwertigkeit ansehen:

Bedingungen für eine Äquivalenzrelation

1. Für jedes $a \in A$ ist $(a,a) \in \mathcal{R}_e$. Jedes Element muss also äquivalent zu sich selbst sein (**Reflexivität**).
2. Wenn ein Paar (a,b) in $\mathcal{R}_e$ liegt, dann auch das Paar (b,a). Auch das ist klar: Wenn a äquivalent zu b ist, dann auch umgekehrt (**Symmetrie**).
3. Wenn wir drei Elemente haben, a, b und c, dann gilt: Falls $(a,b) \in \mathcal{R}_e$ und $(b,c) \in \mathcal{R}_e$ ist, dann liegt auch (a,c) in $\mathcal{R}_e$ (**Transitivität**).

Auch letztere Bedingung ist sinnvoll für den Begriff der Äquivalenz: Wenn a zu b äquivalent ist und b zu c, dann sollte auch a zu c äquivalent sein. Äquivalenz soll schließlich eine Art Gleichwertigkeit ausdrücken.

Hier zwei einfache Beispiele für Äquivalenzrelationen: Die kleinste Äquivalenzrelation ist die exakte Gleichheit: Ein Paar (a,b) liegt genau dann in $\mathcal{R}_e$, wenn $a = b$ ist. Aber auch die gesamte Menge $\mathcal{R}_e = A \times A$ bildet eine Äquivalenzrelation. Sie können die obigen Eigenschaften in beiden Fällen schnell prüfen. Natürlich sind diese Beispiele nicht besonders spannend, das erste ist zu eng gefasst und die totale „Gleichmacherei" im zweiten Beispiel enthält gar keine Informationen mehr. Wir werden aber ab dem nächsten Kapitel erleben, zu was diese Äquivalenzrelationen alles fähig sind.

Eine weitere Art von Relationen sind die **Abbildungen**. Vielleicht erinnern Sie sich noch an Ihre Schulzeit und ganz vage daran, wie Abbildungen zwischen zwei Mengen A und B definiert sind? Eine Abbildung α von A nach B, in Zeichen

$$\alpha : A \to B$$

ist nichts anderes als eine Relation $\mathcal{R}_\alpha \subseteq A \times B$ mit einer speziellen Eigenschaft, nämlich:

Für alle $a \in A$ gibt es *genau ein* Paar $(a,b) \in \mathcal{R}_\alpha$. Man sagt dann, a werde durch α auf b abgebildet und schreibt dafür $\alpha(a) = b$ oder kurz $a \mapsto b$.

A nennt man dabei die **Definitionsmenge** oder kurz **Quelle** und B die **Zielmenge** oder das **Ziel** von α. Die Menge aller $b \in B$, die in Relation zu einem $a \in A$ stehen, heißt **Bild** von α und wird kurz als $\alpha(A)$ geschrieben. Die Menge aller $a \in A$, die auf eine Teilmenge $U \subseteq B$ abgebildet wird, heißt **Urbild** von U und wird $\alpha^{-1}(U)$ geschrieben. Besteht U nur aus einem Element $b \in B$, so schreibt man für dessen Urbild kurz $\alpha^{-1}(b)$. Hier eine Veranschaulichung dieser Begriffe:

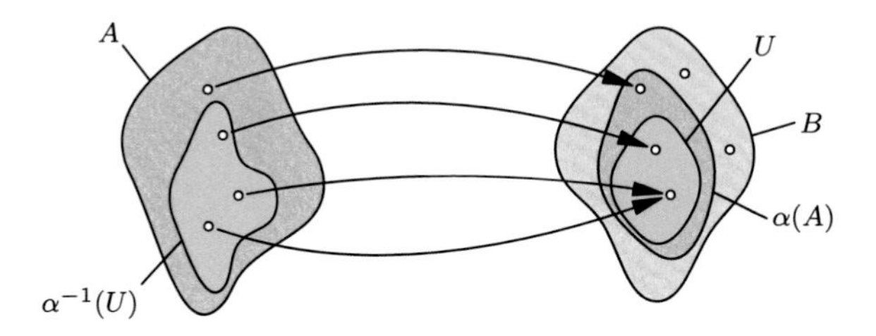

Auf Abbildungen, insbesondere auf **Funktionen**, ihre Anwendung in der Analysis, werden wir später noch genauer eingehen. Zunächst noch einige wichtige Begriffe rund um Abbildungen:

Falls $\alpha(A) = B$ ist, also jedes Element von B wenigstens ein Urbild hat, so nennt man α **surjektiv** oder eine **Surjektion**. Falls das Urbild eines jeden Elements $b \in B$ aus höchstens einem Element $a \in A$ besteht, so heißt die Abbildung **injektiv** oder eine **Injektion**. Eine Abbildung, die sowohl injektiv als auch surjektiv ist, nennt man **bijektiv** oder eine **Bijektion**.

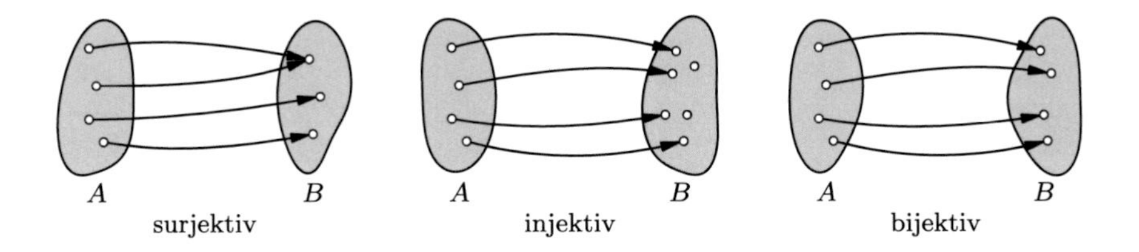

Injektionen werden beim systematischen Aufbau des Zahlensystems eine große Rolle spielen. Denn jede Injektion $\alpha : A \to B$ ergibt automatisch eine Bijektion

$$\alpha: \ A \to \alpha(A)$$

von A auf das Bild $\alpha(A) \subseteq B$. Mittels dieser Bijektion kann man A dann mit $\alpha(A)$ identifizieren und damit sogar als „Teilmenge" von B auffassen:

$$A \ \simeq \ \alpha(A) \ \subseteq \ B\,.$$

Versuchen Sie doch einmal, sich zur Übung einige Abbildungen $\alpha : \mathbb{N} \to \mathbb{N}$ zwischen den natürlichen Zahlen auszudenken. Prüfen Sie diese auf Injektivität, Surjektivität und Bijektivität.

Soviel zur Theorie der Mengen, Relationen und Abbildungen. Schön, dass Sie durchgehalten haben. Sie sind jetzt im Besitz des Baukastens, der uns bei der Konstruktion des Zahlensystems sehr hilfreich sein wird.

4 Die ganzen Zahlen

Willkommen auf dem nächsten Schritt unserer Reise durch die Mathematik. Wir wollen nun die natürlichen Zahlen erweitern, um uns insbesondere mit der **Subtraktion** anzufreunden und schließlich zu einer ersten bedeutenden algebraischen Struktur zu gelangen. Nicht zuletzt hilft uns die Erweiterung des Zahlenraumes dabei, zwei der drei Vermutungen zu beweisen, die wir im Kapitel über die natürlichen Zahlen aufgestellt haben.

4.1 Die Konstruktion der ganzen Zahlen

Es gibt verschiedene Möglichkeiten, die natürlichen Zahlen zu den ganzen Zahlen zu erweitern. In der Schule wird das häufig sehr salopp gemacht. Aber bei der Frage, warum letztlich $(-3) \cdot (-4) = +12$ ist, bekommt man selten eine befriedigende Antwort. „Weil es halt so ist“ gehört zu den schlechten Antworten. „Weil man sonst nicht vernünftig rechnen kann“ ist zwar besser, aber dennoch wenig genau. Nach längerem Überlegen habe ich mich darum für den mathematisch exakten, wenn auch ein wenig abstrakten Weg entschieden. Warum?

Nun ja, dieser Weg ist für viele von Ihnen völlig neu und daher in jedem Fall eine interessante Erweiterung Ihrer Sicht auf die Zahlen. Er bringt zudem eine überraschende logische Überlegung mit sich, eine Konstruktion, mit deren Hilfe wir das gesamte Zahlensystem aufbauen können. Sie erleben hierbei immer wieder eine schöne Analogie und erkennen eindrucksvoll die Mächtigkeit abstrakter Konzepte, ohne die es in der richtigen Mathematik eben nicht geht. Dass es sich letztlich „nur“ um Zahlen handelt, für die Sie schon eine anschauliche Vorstellung haben, erleichtert den Zugang erheblich. Also fast ein spielerischer Einstieg in die höheren Weihen der Mathematik, packen wir es an.

Um die ganzen Zahlen einzuführen, verwenden wir einige der Ideen aus dem Kapitel über die Mengen. Wir betrachten zunächst alle Zahlenpaare aus natürlichen Zahlen und nennen diese Menge symbolisch $\mathbb{N}^2 = \mathbb{N} \times \mathbb{N}$. Damit ist $\mathbb{N}^2 = \{(a,b) : a \in \mathbb{N} \land b \in \mathbb{N}\}$.

Betrachten wir einfach einmal einen kleinen Ausschnitt aus dieser Menge:

$$
\begin{array}{ccccccc}
 & & & & (2,3) & & \\
(16,17) & & (4,9) & & (18,19) & (101,148) & \\
 & (10,47) & & & & & \\
(2,2) & (12,12) & & (1,6) & & (4,5) & \\
 & & (23,60) & & (3,3) & &
\end{array}
$$

F. Toenniessen, *Das Geheimnis der transzendenten Zahlen*,
https://doi.org/10.1007/978-3-662-58326-5_4

Lauter Zahlenpaare. Wie bringen wir da Ordnung hinein? Nun ja, wir werden jetzt viele dieser Paare zusammenfassen, indem wir die zugehörigen Elemente als **äquivalent** ansehen. Hier sind zueinander äquivalenten Paare farblich gleich dargestellt:

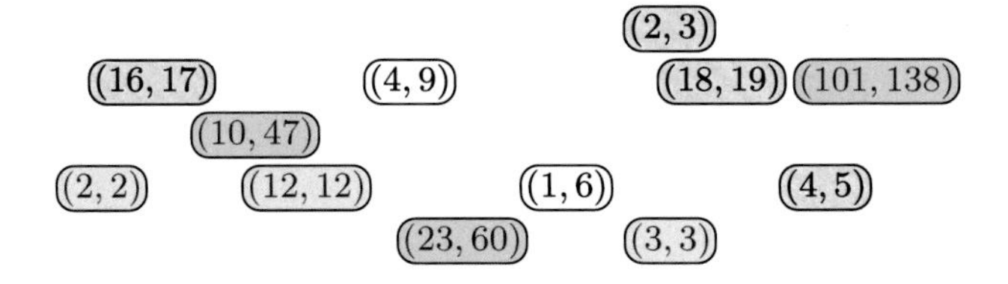

Haben Sie herausgefunden, nach welchem Kriterium wir die Paare gleichmachen? Wir haben offenbar diejenigen Paare zusammengefasst, bei denen der Unterschied der beiden Zahlen gleich ist: 2 und 3 unterscheiden sich in der gleichen Weise wie 4 und 5, 16 und 17 oder 18 und 19. Es ist also alles ganz einfach, oder? Ein Paar (a, b) ist äquivalent zu (c, d), wenn $a - b = c - d$ ist.

Aber Vorsicht, beim strengen Aufbau der Zahlen haben wir noch gar nicht genau gesagt, was „−" eigentlich bedeutet. Wir haben die Subtraktion bei den natürlichen Zahlen lediglich als gefährliche Operation erkannt, die sich offenbar an keine Gesetze hält. Bei einem formal sauberen Vorgehen dürfen wir sie noch gar nicht verwenden. Aber es gibt hier einen schnellen Ausweg: Statt $a - b = c - d$ können wir $a + d = b + c$ schreiben und alles ist wieder im Lot. Wir schreiben der Kürze wegen ab jetzt

$$(a, b) \sim (c, d) \quad \Leftrightarrow \quad a + d = b + c,$$

um auszudrücken, dass die beiden Paare äquivalent sind in obigem Sinne. Warum ist das nun eine Äquivalenzrelation? Erinnern Sie sich: Eine Äquivalenzrelation muss reflexiv, symmetrisch und transitiv sein (Seite 33).

Diese drei Bedingungen sind alle erfüllt. Schauen wir uns die „schwierige" dritte Bedingung an: Wenn $(a, b) \sim (c, d)$ und $(c, d) \sim (e, f)$ ist, dann gilt $a + d = b + c$ und $c + f = d + e$. Damit ergibt sich, indem wir die linken und rechten Seiten der beiden Gleichungen addieren und etwas anders sortieren, die Gleichung

$$a + f + (c + d) = b + e + (c + d).$$

Nun gebrauchen wir wieder die intuitive Vorstellung der Addition natürlicher Zahlen. Diese führt uns ganz offenbar zu der Erkenntnis:

> Wenn man zu zwei natürlichen Zahlen a und b jeweils die gleiche natürliche Zahl n addiert und dabei zwei gleiche Ergebnisse erhält, so muss $a = b$ gewesen sein.

Die Vorstellung ist klar, denken Sie an die Blumen oder Hände aus Kapitel 2. Ich erwähne das hier nur deshalb, weil es mathematische Strukturen gibt, in denen so etwas nicht gilt (Seite 50). Man nennt diese Eigenschaft eine **Kürzungsregel**, weil man den Abschnitt „$+n$“ durch die legitime Schlussfolgerung

$$a + n = b + n \quad \Rightarrow \quad a = b$$

kürzen kann.

Sie sehen sofort, dass mit der Kürzungsregel schließlich $a + f = b + e$ folgt, mithin ist auch $(a, b) \sim (e, f)$. Die beiden anderen Bedingungen für Äquivalenzrelationen sind sehr leicht geprüft, vielleicht probieren Sie es selbst einmal.

Nachdem wir also viele unserer Zahlenpaare zusammenfassen können, machen wir eine wahrlich spannende Konstruktion. Sie wird uns an den verschiedensten Stellen begegnen. Wir abstrahieren die Menge $\mathbb{N}^2$ und machen gar keinen Unterschied mehr zwischen äquivalenten Paaren. Konkret sieht das so aus:

Für jedes Paar $(a, b) \in \mathbb{N}^2$ definieren wir die Menge

$$\overline{(a,b)} = \{(x,y) \in \mathbb{N}^2 : (x,y) \sim (a,b)\}.$$

Das ist also die Menge aller Paare, die äquivalent zu (a, b) sind. Man nennt diese Menge auch die **Äquivalenzklasse** von (a, b) bezüglich der Relation $\sim$ und (a, b) einen **Repräsentanten** dieser Klasse. Wenn Ihnen das zunächst Schwierigkeiten bereitet, dann nehmen Sie als Beispiel alle Städte dieser Welt und die Äquivalenzrelation „liegt im gleichen Staat“. Ein Repräsentant aller Städte eines Staates könnte dann die Hauptstadt sein, oder auch jede beliebige andere Stadt in dem Staat. Die Klasse von „Berlin“ ist dann identisch mit der Klasse von „Kempten“, einer kleineren Stadt im schönen Allgäu.

Sie können sich schnell überlegen, dass dies eine sinnvolle Konstruktion ist, denn es ist $(a, b) \sim (a, b)$, ein Repräsentant ist also immer in seiner Klasse enthalten. Und – noch viel wichtiger – eine solche Äquivalenzklasse ist unabhängig von ihrem Repräsentanten immer gleich: Wenn wir einen anderen Repräsentanten wählen, also ein Paar $(x, y) \in \overline{(a, b)}$, dann ist $(x, y) \sim (a, b)$. Wegen der Transitivität ist aber alles, was zu (a, b) äquivalent ist, dann eben auch zu (x, y) äquivalent und umgekehrt. Also ist $\overline{(a, b)} = \overline{(x, y)}$.

Einmal kräftig durchatmen. Keine Sorge, das klingt alles viel komplizierter, als es ist. Halten Sie gerne kurz an und denken Sie darüber nach.

Nun geht es munter weiter. Wir betrachten jede Äquivalenzklasse $\overline{(a, b)}$ selbst als Element einer neuen Menge: der Menge aller Äquivalenzklassen von $\mathbb{N}^2$ bezüglich der Relation $\sim$, kurz geschrieben $\mathbb{N}^2/\sim$. Diese Menge bezeichnen wir mit $\mathbb{Z}$:

$$\mathbb{Z} = \mathbb{N}^2/\sim \; = \{\overline{(a,b)} : a \in \mathbb{N} \wedge b \in \mathbb{N}\}.$$

Wir werden gleich sehen, dass dieses abenteuerliche Gebilde tatsächlich die ganzen Zahlen sind. Aber haben Sie noch ein wenig Geduld, wir müssen erst eine Addition und eine Multiplikation auf dieser Menge definieren. Wie „addieren" wir nun zwei Elemente von $\mathbb{Z}$, also zwei Klassen? Nun ja, wir haben alle Freiheiten, dies festzulegen. Sinnvoll wird es, wenn wir festlegen:

$$\overline{(a,b)} + \overline{(c,d)} = \overline{(a+c, b+d)} .$$

Das ist relativ einfach, wir bilden einfach für jede der beiden Zahlen eines Repräsentanten die entsprechende Summe. Aber eines müssen wir dringend noch prüfen. Wir müssen zeigen, dass diese Addition **wohldefiniert** ist: Sie darf nicht abhängig sein von den Repräsentanten (a, b) und (c, d).

Diese einfache Rechnung überlasse ich Ihnen als eine kleine Übung. Sie müssen nur nachrechnen, dass im Falle $(a, b) \sim (a', b')$ und $(c, d) \sim (c', d')$ eben auch $(a+c, b+d) \sim (a'+c', b'+d')$ ist. Die Rechnung verläuft ganz ähnlich derjenigen beim obigen Beweis der Transitivität von $\sim$.

Wir haben auf $\mathbb{Z}$ also eine vernünftige Addition gefunden. Und jetzt können Sie leicht überprüfen, dass diese Addition auch das Kommutativ- und das Assoziativgesetz erfüllt. Diese Gesetze sind direkt auf die entsprechenden Gesetze bei der Addition in $\mathbb{N}$ zurückzuführen.

Die nächste Frage richtet sich nach dem neutralen Element in $\mathbb{Z}$. Dieses ist offensichtlich das Element $\overline{(0,0)}$, denn es gilt

$$\overline{(a,b)} + \overline{(0,0)} = \overline{(a+0, b+0)} = \overline{(a,b)} .$$

Achtung, jetzt kommt das Besondere an dieser Konstruktion. Jedes Element in $\mathbb{Z}$ hat auch ein **inverses Element** bezüglich der Addition, denn es gilt offensichtlich $\overline{(a,b)} + \overline{(b,a)} = \overline{(0,0)}$.

Damit wird

$$\left(\mathbb{Z}, +, \overline{(0,0)}\right) ,$$

also die Menge $\mathbb{Z}$ zusammen mit der eben definierten Addition und dem neutralen Element $\overline{(0,0)}$ zu einer wichtigen algebraischen Struktur, einer sogenannten **kommutativen** oder auch **abelschen Gruppe**, benannt nach dem norwegischen Mathematiker NIELS HENRIK ABEL.

Ein kurzes Wort zu ABEL, dessen Leben 1829 im Alter von nur 26 Jahren viel zu früh endete. Er war einer der hoffnungsvollsten Mathematiker seiner Zeit und wirkte in Berlin, Paris und Freiberg in Sachsen. Seine Theorien wiesen weit in die Zukunft und waren auch im 20. Jahrhundert noch Gegenstand intensiver Forschung. Aus seiner Schulzeit existiert ein Klassenbuch mit dem Eintrag eines

Lehrers, wonach „er der größte Mathematiker der Welt werden kann, wenn er lange genug lebt“. Als einer der Begründer der Gruppentheorie fiel ihm die Ehre zu, dass kommutative Gruppen nach ihm benannt sind.

Zurück zu unserem Thema. Das allgemeine Verfahren, welches wir gerade angewendet haben, eignet sich immer dafür, um aus einem kommutativen Monoid eine abelsche Gruppe zu machen, welche das ursprüngliche Monoid als Teil enthält – oder anders ausgedrückt, wenn man ein kommutatives Monoid zu einer abelschen Gruppe erweitern will.

Wie? Moment mal. Haben wir die natürlichen Zahlen wirklich erweitert, ist $\mathbb{N}$ etwa in $\mathbb{Z}$ enthalten? Tatsächlich: $\mathbb{N}$ ist in $\mathbb{Z}$ enthalten, wenn auch ein wenig versteckt, man muss es gewissermaßen suchen. Zunächst stellen wir fest, dass es für jede Äquivalenzklasse $\overline{(a,b)} \in \mathbb{Z}$ einen besonderen, man sagt auch **ausgezeichneten**, Repräsentanten gibt. Nämlich den mit den kleinstmöglichen Zahlen a und b. Dies ist genau dann der Fall, wenn wenigstens eine der beiden Zahlen a, b gleich 0 ist. So hat $\overline{(25{,}34)}$ das Paar (0,9) als einen solchen „minimalen“ Repräsentanten, oder $\overline{(133{,}12)}$ das Paar (121,0).

Nun können wir die Menge $\mathbb{Z}$ auch ganz anders schreiben:

$$\mathbb{Z} \;=\; \{\overline{(0,0)}, \overline{(1,0)}, \overline{(2,0)}, \overline{(3,0)}, \ldots\} \;\cup\; \{\overline{(0,1)}, \overline{(0,2)}, \overline{(0,3)}, \overline{(0,4)}, \ldots\}\,.$$

Langsam erkennen wir etwas im Nebel. Sehen wir uns dazu eine spezielle Abbildung an.

$$\alpha : \mathbb{N} \to \mathbb{Z}\,, \quad n \mapsto \overline{(n,0)}\,.$$

Diese Abbildung ist injektiv und verträgt sich auch mit der Addition in $\mathbb{N}$ und in $\mathbb{Z}$. Denn Sie können leicht prüfen, dass für alle natürlichen Zahlen a und b

$$\alpha(a+b) \;=\; \alpha(a) + \alpha(b)$$

ist. Eine solche Abbildung, welche die Rechenoperationen bewahrt, nennt man einen **Morphismus**. Und wenn die Abbildung injektiv ist, sagt man **Monomorphismus** dazu. α ist also ein Monomorphismus von $\mathbb{N}$ in die ganzen Zahlen $\mathbb{Z}$. Im vorigen Kapitel haben wir gesehen (Seite 34), dass wir dann $\mathbb{N}$ mit seinem Bild

$$\alpha(\mathbb{N}) \;=\; \{\overline{(0,0)}, \overline{(1,0)}, \overline{(2,0)}, \overline{(3,0)}, \ldots\}$$

in $\mathbb{Z}$ identifizieren dürfen. Wir tun das ganz frech, indem wir jetzt für $\overline{(n,0)}$ einfach wieder kurz n schreiben und erhalten die Darstellung

$$\mathbb{Z} \;=\; \mathbb{N} \;\cup\; \{\overline{(0,1)}, \overline{(0,2)}, \overline{(0,3)}, \overline{(0,4)}, \ldots\}\,.$$

Damit haben wir $\mathbb{N}$ innerhalb unserer Menge $\mathbb{Z}$ gefunden. Für die inversen Elementen $\overline{(0,n)}$ schreiben wir kurz $-n$ und befinden uns wieder auf vertrautem Terrain:

$$\mathbb{Z} \;=\; \mathbb{N} \;\cup\; \{-1, -2, -3, -4, \ldots\}\,.$$

Generell bezeichnen wir das inverse Element eines Elements $a \in \mathbb{Z}$ mit $-a$. Damit gilt $-(-a) = a$, denn a ist das eindeutig bestimmte Inverse zu $-a$.

Nun fühlen wir uns schon wieder zuhause, die ganze Konstruktion war also gar nicht so schlimm. Da wir alle Elemente von $\mathbb{Z}$ fest im Griff haben, können wir jetzt auch die Subtraktion einführen, ohne wie im vorigen Kapitel auf Glatteis zu kommen: Wir definieren für zwei ganze Zahlen $m, n \in \mathbb{Z}$ einfach

$$m - n \;=\; m + (-n)\,.$$

Damit können wir auf die Assoziativ- und Kommutativgesetze zurückgreifen. Bedenken Sie einfach, das die Operation „$-$“ nur eine abkürzende Schreibweise für die Addition eines inversen Elements ist. Und diese Addition genügt allen nötigen Gesetzen.

Halten wir kurz inne. Auch wenn Sie die ganzen Zahlen schon vorher kannten, haben wir doch eine beachtliche Abstraktion erbracht. Wir haben Zahlen gefunden, die sich der anschaulichen Vorstellung entziehen. Versuchen Sie einmal, einem kleinen Kind die Zahl -3 zu erklären:

> „Wenn in einem Korb -3 Äpfel liegen, dann musst Du drei Äpfel hineinlegen, damit in dem Korb kein Apfel mehr ist.“

Das klingt verdächtig nach Antimaterie, das Kind wird Sie fragend anschauen. Ich erwähne das nur, weil mit den ganzen Zahlen der Moment gekommen ist, ab dem wir es in der Mathematik mit rein gedanklichen Objekten zu tun haben, die keine materielle Entsprechung mehr haben. Umso wichtiger ist es dann, diese Objekte genau zu kennen und deren Verhalten präzise zu beweisen. Die Rätselhaftigkeit der negativen Zahlen wird auch durch folgende Tatsache belegt: Der Mathematiker, Theologe und Reformator MICHAEL STIFEL erwähnte diese Zahlen erstmals im Jahr 1544 und bezeichnete sie als *numeri absurdi* – ein Name, der alles sagt.

Machen wir mit der Konstruktion weiter. Wie steht es mit der Multiplikation? Wir definieren (und lassen ab jetzt wie üblich den Malpunkt $\cdot$ weg, wenn keine Missverständnisse auftreten: statt $a \cdot b$ schreiben wir nun kurz ab)

$$\overline{(a,b)} \cdot \overline{(c,d)} \;=\; \overline{(a,b)}\,\overline{(c,d)} \;=\; \overline{(ac+bd, ad+bc)}\,.$$

Aha, das ist schon etwas verschlungener. Das Zahlenpaar im Ergebnis ist ein wenig komplizierter aufgebaut. Sie fragen sich bestimmt, wie ich eigentlich auf eine solch verquere Definition komme. Vielleicht haben einige von Ihnen schon intuitiv eine Vorstellung entwickelt, was so eine Klasse $\overline{(a,b)}$ anschaulich bedeutet? Sie bedeutet in der Anschauung so etwas wie „$a - b$“, und damit die Konstruktion später funktioniert, müssen wir die Multiplikation so definieren, dass sie mit dieser Vorstellung konform geht. Denn es ist $(a-b)\,(c-d) = (ac+bd) - (ad+bc)$.

Um Sie jetzt nicht zu lange aufzuhalten, fasse ich mich kurz: Sie können anhand dieser Definition leicht nachrechnen, dass

1. die Multiplikation wohldefiniert ist, sie hängt also nicht von der Wahl der Repräsentanten ab,
2. für sie das Kommutativ- und das Assoziativgesetz gelten,
3. für sie und die vorher definierte Addition die Distributivgesetze gelten und
4. sie verträglich ist mit der Multiplikation in $\mathbb{N}$, wenn wir wieder $n \in \mathbb{N}$ mit $\overline{(n,0)} \in \mathbb{Z}$ identifizieren.

Letztere Beobachtung ergibt sich schnell aus der beispielhaften Rechnung

$$3 \cdot 4 = 12 = \overline{(12,0)} = \overline{(3 \cdot 4 + 0 \cdot 0, 3 \cdot 0 + 0 \cdot 4)} = \overline{(3,0)}\,\overline{(4,0)}\,.$$

Bezüglich der Multiplikation ist natürlich die 1 oder eben $\overline{(1,0)}$ das neutrale Element. Die insgesamt resultierende algebraische Struktur

$$(\mathbb{Z}, +, \cdot, 0, 1)$$

welche all den obigen Gesetzen genügt, nennt man in der Algebra einen **Ring** (mit Einselement). Es ist der **kommutative Ring** der ganzen Zahlen.

Aus dieser Konstruktion heraus wenden wir uns der eingangs gestellten Frage zu. Was ist eigentlich $(-3) \cdot (-4)$? Wir nutzen dazu einfach die Definition und bestätigen

$$(-3) \cdot (-4) = \overline{(0,3)}\,\overline{(0,4)} = \overline{(0 \cdot 0 + 3 \cdot 4, 0 \cdot 4 + 3 \cdot 0)} = \overline{(12,0)} = 12\,.$$

Die berühmte Regel „Minus mal Minus gibt Plus“ ist also nichts anderes als eine Folge unserer Kurzschreibweisen in dem zuvor definierten Ring $\mathbb{Z}$.

Wir sind einen großen Schritt weiter. Wieder einmal haben wir die typische Arbeitsweise der Mathematiker erlebt. Sie führen eine zunächst abstrakte Konstruktion aus, um hinterher die (teils bekannte) Anschauung wieder herzustellen. Altbewährtes wird dabei in die neue Struktur eingebettet und kann sich dort besser entfalten – wie wir gleich sehen werden.

4.2 Beweise für die Primzahlvermutungen

Der Ausflug in die ganzen Zahlen beschert uns jetzt die Möglichkeit, beide Vermutungen zu den Primzahlen aus dem Kapitel über die natürlichen Zahlen (Seite 20) zu beweisen. Der erste Beweis geht auf EUKLID zurück.

Satz (Euklid)
Es gibt unendlich viele Primzahlen.

Wie hat er das bewiesen? Nun ja, er hat zunächst das Gegenteil angenommen – Sie sehen, jetzt kommt wieder ein Widerspruchsbeweis.

Annahme: Es gibt nur endlich viele Primzahlen, nennen wir sie $p_1, p_2, \ldots, p_n$. Was ist dann aber mit der Zahl

$$m = p_1 p_2 \ldots p_n + 1\,?$$

Das ist wirklich ein raffinierter Schachzug, eine glänzende Idee. Warum?

Wir wissen bereits, dass jede natürliche Zahl $k > 1$ wenigstens eine Primzahl als Teiler hat (Seite 19). Also hat auch unser m eine unserer Primzahlen als Teiler, sagen wir mal p_1. Es ist dann

$$m = p_1 p_2 \cdots p_n + 1 = p_1 k \qquad \text{mit einem } k \in \mathbb{N}\,.$$

Subtrahieren wir auf beiden Seiten der Gleichung das Produkt $p_1 p_2 \cdots p_n$, so erhalten wir mit dem Distributivgesetz die Gleichung

$$1 = p_1 (k - p_2 \cdots p_n)\,,$$

welche offenbar grober Unfug ist, denn das Produkt einer Primzahl, die bekanntlich stets ≥ 2 ist, mit einer natürlichen Zahl ist entweder 0 oder eine Zahl $\neq 1$. Wir haben den Widerspruch gefunden, es gibt unendlich viele Primzahlen. □

Ein wunderbarer Beweis, eine große Leistung von EUKLID, der damit vor über 2300 Jahren einen der ersten Sätze der Zahlentheorie manifestiert hat. Als Forscher drängte es EUKLID natürlich weiter, und es wird heute kaum mehr angezweifelt, dass er auch von der Eindeutigkeit der Primfaktorzerlegung wusste. Dies ist allerdings etwas trickreicher, der erste einwandfreie Beweis dafür findet sich bei GAUSS in seinem berühmtesten Buch, den *Disquisitiones Arithmeticae* aus dem Jahr 1801, [19]. Der Satz trägt zu Recht den Namen **Fundamentalsatz**, er ist ein Juwel der Mathematik, das wir auch ganz am Ende dieses Buches noch gewinnbringend einsetzen werden.

Fundamentalsatz der elementaren Zahlentheorie
Für jede natürliche Zahl $n \geq 2$ gibt es paarweise verschiedene Primzahlen $p_1, \ldots, p_r$ und natürliche Exponenten $e_1, \ldots, e_r > 0$ mit der Eigenschaft

$$n = p_1^{e_1} \cdots p_r^{e_r} = \prod_{\rho=1}^{r} p_\rho^{e_\rho}\,.$$

Dabei sind die Primzahlen p_ρ und ihre Exponenten e_ρ, mithin alle Faktoren $p_\rho^{e_\rho}$ bis auf ihre Reihenfolge eindeutig bestimmt.

Dieser Satz hebt die Bedeutung der Primzahlen als eindeutige, atomare Bestandteile der natürlichen Zahlen in besonderer Weise hervor.

Nach den Beobachtungen aus dem Kapitel über die natürlichen Zahlen müssen wir nur noch die Eindeutigkeit der Zerlegung beweisen. Die Eindeutigkeit ist sehr wichtig und auch ein mächtiges Instrument. Immerhin ist eine mathematische Weltsensation, der Beweis der berühmten FERMATschen Vermutung, Mitte des 19. Jahrhunderts spektakulär gescheitert, weil bei den dort verwendeten „Zahlen" eine solche Eindeutigkeit der Zerlegung in Zahlatome nicht existierte und genau dies versehentlich nicht bemerkt wurde. Die Mathematik musste dann fast 150 Jahre lang auf den richtigen Beweis warten. Wir werden noch genauer darauf zurückkommen (Seite 174).

Bei den natürlichen Zahlen ist die Eindeutigkeit aber gegeben. Warum? Hier gibt es einen sehr schönen und trickreichen Beweis, der keine besonderen Vorarbeiten verlangt. Wir verdanken ihn dem uns schon bekannten Mathematiker ERNST ZERMELO. Auch er benutzte einen Widerspruchsbeweis und nahm an, dass es natürliche Zahlen ≥ 2 gibt mit verschiedenen Primfaktorzerlegungen. Wir nehmen nun an, n sei die kleinste dieser Zahlen. Dann haben wir also zwei verschiedene Zerlegungen von n:

$$n = p_1 p_2 \cdots p_r \quad \text{und} \quad n = q_1 q_2 \cdots q_s \,.$$

Die p_i und q_i müssen untereinander nicht verschieden sein, wir verwenden für diese Darstellung hier einmal keine Exponenten. Da n die kleinste Zahl mit mehreren Zerlegungen ist, hat das linke und rechte Produkt keinen Faktor gemeinsam, es ist also $p_i \neq q_j$ für alle i und j. Warum ist das so? Nun ja, falls ein gemeinsamer Faktor existieren würde, sagen wir $p_1 = q_1$, dann bekämen wir nach dem Distributivgesetz die Gleichung

$$p_1 \,(p_2 \cdots p_r \;-\; q_2 \cdots q_s) \;=\; 0\,.$$

Da im Ring $\mathbb{Z}$ das Produkt aus Zahlen $\neq 0$ niemals 0 wird, muss damit die Differenz in der Klammer verschwinden. Die beiden Zahlen in der Klammer wären dann kleiner als n und hätten dennoch verschiedene Zerlegungen, was aber nicht sein darf. Also gibt es in den beiden Zerlegungen von n keine gemeinsamen Primfaktoren.

Der erste Schritt wäre geschafft. Wir nehmen nun an, dass $p_1 < q_1$ ist, andernfalls müssten wir die Zerlegungen vertauschen. Nun definieren wir eine neue natürliche Zahl, nämlich

$$m \;=\; (q_1 - p_1)\, q_2 \,\cdots\, q_s\,.$$

Das sieht wieder nach so einem genialen Trick aus, mal sehen, was sich daraus entwickelt. m ist offenbar kleiner als n und hat daher eine eindeutige Zerlegung in Primfaktoren. Genau dazu wollen wir nun einen Widerspruch herbeiführen.

Es gilt nach dem Distributivgesetz

$$\begin{aligned} m &= n - p_1\, q_2 \cdots q_s \\ &= p_1\, p_2 \cdots p_r - p_1\, q_2 \cdots q_s \\ &= p_1\,(p_2 \cdots p_r - q_2 \cdots q_s)\,. \end{aligned}$$

Damit haben wir zunächst zwei Produktdarstellungen für m gewonnen:

$$m = (q_1 - p_1)\, q_2 \cdots q_s \quad \text{und} \quad m = p_1\, (p_2 \cdots p_r - q_2 \cdots q_s)\,.$$

Die erste Darstellung enthält die Primfaktoren q_2 bis q_s sowie das, was bei der Zerlegung von $q_1 - p_1$ herauskommt. Die zweite Darstellung enthält p_1 und das, was bei der Zerlegung von $p_2 \cdots p_r - q_2 \cdots q_s$ herauskommt. Da diese beiden Zerlegungen gleich sein müssen (denn m hat nur eine Zerlegung), muss p_1 bei der Zerlegung von $q_1 - p_1$ dabei sein, denn es ist verschieden zu allen q_j.

Das bedeutet aber die Existenz eines $k \in \mathbb{N}$ mit $q_1 - p_1 = p_1\, k$. Nach kurzer Rechnung erhalten wir

$$q_1 = p_1\, (k+1)$$

und damit ist q_1 plötzlich keine Primzahl mehr, das ist ein Widerspruch.

Hut ab, welch eine Raffinesse. Das ist tatsächlich wie bei einem genialen Schachzug, dessen Wirkung sich erst viel später zeigt. Wir dürfen nun also die anfängliche Annahme, es gäbe doch Zahlen mit mehreren Primfaktorzerlegungen, verwerfen und der Satz ist bewiesen. □

Gratulation, Sie haben einen ersten richtig folgenschweren mathematischen Satz bewiesen. Wie geht es Ihnen? Vielleicht empfinden Sie auch das erhabene Gefühl des Mathematikers, eine neue Erkenntnis „bewältigt“ zu haben. Wenn das so ist, dann haben Sie richtig Feuer gefangen und können sich noch auf viele erhellende Momente in diesem Buch freuen. Der Fundamentalsatz spielt eine überragende Rolle nicht nur beim Aufbau der Mathematik, sondern hat auch praktische Anwendungen. So wird die Zerlegung in Primfaktoren von einem bekannten Verschlüsselungsverfahren für elektronische Daten verwendet, dem sogenannten RSA-Verfahren, benannt nach seinen Erfindern RIVEST, SHAMIR und ADLEMAN.

Doch wenden wir uns der weiteren Erkundung des neuen Terrains zu. Mit den ganzen Zahlen kann man einiges anstellen.

4.3 Die Anordnung von $\mathbb{Z}$ auf dem Zahlenstrahl

$\mathbb{Z}$ ist nicht nur ein kommutativer Ring, sondern hat noch viel mehr zu bieten. Zuerst wollen wir die Ordnung der natürlichen Zahlen auf $\mathbb{Z}$ ausdehnen: Wir sagen, eine ganze Zahl a ist kleiner oder gleich einer ganzen Zahl b, in Zeichen $a \leq b$, wenn es eine natürliche Zahl c gibt mit $a + c = b$. Die natürlichen Zahlen sind genau die Zahlen $a \in \mathbb{Z}$ mit der Eigenschaft $0 \leq a$. Die Symbole $<$, $\geq$ und $>$ definieren wir sinngemäß genauso wie bei den natürlichen Zahlen (Seite 13). Es gelten folgende Gesetze:

1. Für alle $a \in \mathbb{Z}$ gilt $a \leq a$. (**Reflexivität**)
2. Für alle $a, b \in \mathbb{Z}$ gilt: Wenn $a \leq b$ und $b \leq a$ ist, dann muss $a = b$ gelten. (**Antisymmetrie**)
3. Für alle $a, b, c \in \mathbb{Z}$ gilt: Wenn $a \leq b$ und $b \leq c$ ist, dann ist auch $a \leq c$. (**Transitivität**)

Erkennen Sie, was wir hier haben? In der Tat: Eine Ordnung ist nichts anderes als eine spezielle Relation. Sie hat sogar verblüffende Ähnlichkeit mit der Äquivalenzrelation, nur die Symmetrie ist durch ihr Gegenteil – eine Antisymmetrie – ersetzt. Die Ähnlichkeit mathematischer Grundkonzepte ist immer wieder erstaunlich. Äquivalenz- und Ordnungsrelationen gehören zu den wichtigsten Beispielen für Relationen. Es gibt eine Menge Gesetzmäßigkeiten rund um diese Relation, hier ein Beispiel:

Für alle $a, b, c \in \mathbb{Z}$ gilt: Mit $c > 0$ ist

$$a \leq b \quad \Leftrightarrow \quad ac \leq bc\,.$$

Der Doppelpfeil $\Leftrightarrow$ ist eine Kurzschreibweise für die logische Äquivalenz, die rechte Seite folgt aus der linken Seite und umgekehrt. Falls $c < 0$ ist, dann dreht sich das Relationszeichen um:

$$a \leq b \quad \Leftrightarrow \quad ac \geq bc\,.$$

Probieren Sie doch einmal zur Übung, diese kleinen Sätze zu beweisen. Zum Beweis brauchen Sie die Distributivgesetze sowie die Widerspruchstechnik, Sie können aber auch einen Induktionsbeweis konstruieren. Das müssten Sie zweimal tun, nämlich für die Schritte von a nach $a + 1$ und von b nach $b + 1$.

Mit diesem Wissen können wir eine anschauliche Vorstellung von den ganzen Zahlen entwickeln, den berühmten **Zahlenstrahl**, bei dem die Zahlen von links nach rechts in aufsteigender Größe angeordnet sind:

$\mathbb{Z}$

−3 −2 −1 0 1 2 3 4 5 6 7 8 9 10 11

Was uns auch noch interessiert, ist der **Abstand** einer ganzen Zahl vom „Mittelpunkt" des Zahlenstrahls, also von der ausgezeichneten Zahl 0. Dies nennen wir auch den **absoluten Betrag** einer Zahl: Für ein $a \in \mathbb{Z}$ wird der Betrag von a, in Zeichen $|a|$, definiert als

$$|a| \;=\; \begin{cases} a\,, & \text{falls } a \geq 0 \\ -a\,, & \text{falls } a < 0 \end{cases}\,.$$

Der Betrag hat folgende drei Eigenschaften:

1. $|a| \;=\; 0 \quad \Leftrightarrow \quad a \;=\; 0\,,$
2. $|\,ab\,| \;=\; |a|\,|b|\,,$
3. $|\,a+b\,| \;\leq\; |a| + |b|\,.$

All diese Eigenschaften können Sie leicht nachprüfen. Die dritte Eigenschaft heißt **Dreiecksungleichung**. Der Name rührt von der Vektorrechnung her. In einem Dreieck sind zwei Seiten zusammen immer länger als die dritte Seite, wie Sie an nebenstehender Abbildung erkennen.

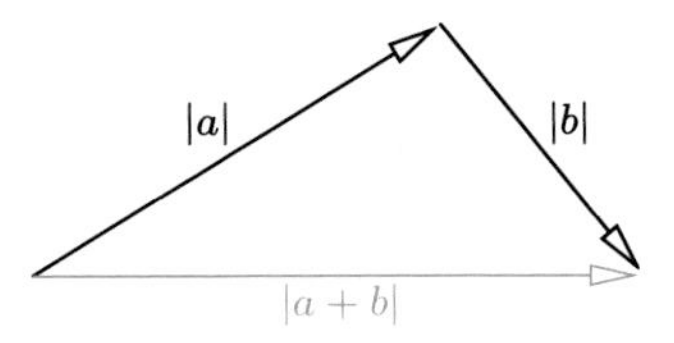

Erinnern Sie sich noch an das vorige Kapitel? Wir haben dort die Abbildungen eingeführt. Der absolute Betrag liefert ein Beispiel für eine solche surjektive (aber nicht injektive) Abbildung

$$\text{abs} : \mathbb{Z} \to \mathbb{N}, \qquad a \mapsto |a|.$$

Eine weitere Abbildung beschreibt den Abstand zweier ganzer Zahlen zueinander, quasi die Länge der Strecke von a nach b. Es ist eine Abbildung, die zwei Variablen entgegennimmt, also ein Produkt von Mengen als Definitionsmenge hat:

$$\text{dist} : \mathbb{Z} \times \mathbb{Z} \to \mathbb{N}, \qquad (a, b) \mapsto |\, a - b\, |.$$

Dieser anschauliche Distanzbegriff wird später erweitert und uns an vielen Stellen nützlich sein. Sie können aus den Eigenschaften des Betrags sofort ableiten, dass

1. $\text{dist}(a, b) = 0 \quad \Leftrightarrow \quad a = b,$
2. $\text{dist}(a, b) = \text{dist}(b, a),$
3. $\text{dist}(a, c) \leq \text{dist}(a, b) + \text{dist}(b, c).$

4.4 Die Abzählbarkeit unendlicher Mengen

Da wir gerade bei den Abbildungen sind, möchte ich noch kurz einen weiteren Begriff einführen, der damit eng zusammenhängt. Er stammt aus der Theorie der Mengen und betrifft die **Mächtigkeit** einer Menge, also die Anzahl ihrer Elemente. Wir werden später sehen, dass Georg Cantor mit dieser einfachen Betrachtung die Existenz ganz geheimnisvoller Exemplare im Reich der Zahlen nachweisen konnte: die sogenannten **transzendenten Zahlen**. Um zu verstehen, was deren großes Geheimnis ist, müssen Sie sich noch ein wenig gedulden.

Interessant ist die Mächtigkeit von Mengen vor allem bei unendlichen Mengen. Sind sie alle gleich mächtig? Dazu definieren wir eine unendliche Menge A als **abzählbar**, wenn es eine Surjektion $\alpha : \mathbb{N} \to A$ gibt. Das bedeutet anschaulich, dass $\mathbb{N}$, welches der Urtyp aller abzählbar unendlichen Mengen ist, „mindestens genauso viele" Elemente enthält wie A. Wir können dann A nämlich abzählen durch die Folge

$$\alpha(0), \alpha(1), \alpha(2), \alpha(3), \ldots .$$

Dass dabei möglicherweise Elemente mehrfach aufgezählt werden, ist für diese Betrachtung nicht von Belang.

Wenn Sie ein wenig darüber nachdenken, drängen sich sofort zwei Fragen auf: Gibt es unendliche Mengen, die nicht abzählbar sind, die also derart mächtig sind, dass selbst die Unendlichkeit der natürlichen Zahlen nicht ausreicht, um all ihre Elemente zu erfassen? Ist vielleicht $\mathbb{Z}$ eine solche Menge, oder ist $\mathbb{Z}$ abzählbar?

Die erste Frage werden wir im übernächsten Kapitel beantworten können. Die zweite – die nach der Abzählbarkeit von $\mathbb{Z}$ – ist einfach, obwohl es ein kleines Hindernis gibt. Wenn wir die Ordnung $\leq$ in einer Abzählung von $\mathbb{Z}$ aufrechterhalten wollen, geht es schief, denn in der naheliegenden Abzählung

$$\ldots, -5, -4, -3, -2, -1, 0, 1, 2, 3, 4, \ldots$$

gibt es keinen Anfang. Ein kleiner Trick genügt aber. Er besteht darin, immer die positiven und negativen Elemente nebeneinander zu stellen. Es ergibt sich die Abzählung

$$0, 1, -1, 2, -2, 3, -3, 4, -4, \ldots .$$

Die zugehörige surjektive Abbildung $\alpha : \mathbb{N} \to \mathbb{Z}$ können wir definieren als

$$\alpha(a) = \begin{cases} -b\,, & \text{falls } a = 2b \text{ gerade ist} \\ b+1\,, & \text{falls } a = 2b+1 \text{ ungerade ist}\,. \end{cases}$$

Prüfen Sie zur Übung einmal kurz nach, dass α tatsächlich die obige Abzählung von $\mathbb{Z}$ ergibt. Die Abbildung ist sogar bijektiv.

Aber belassen wir es jetzt mit diesen eher handwerklichen Eigenschaften der ganzen Zahlen. Zum Abschluss dieses Kapitels wollen wir noch ein wenig tiefer in die algebraische Struktur von $\mathbb{Z}$ blicken. Diese ist wirklich spannend und gibt uns die Gelegenheit, einen ersten Kontakt zur Algebra aufzunehmen, einem Teilgebiet der Mathematik, welches durch glasklare Schlussfolgerungen besticht und auf unserer weiteren Reise unentbehrlich wird. Lassen Sie uns sehen, welch wunderbare Mathematik gewissermaßen schon in der Grundschule anfängt.

4.5 Die algebraische Struktur von $\mathbb{Z}$

$\mathbb{Z}$ ist im Gegensatz zu den natürlichen Zahlen eine sehr reichhaltige Struktur, ein **kommutativer Ring** mit Einselement. Nochmal kurz zur Wiederholung: Das ist bezüglich einer Addition $(+)$ eine **kommutative Gruppe**, in der es ein neutrales Element 0 gibt und zu jedem anderen Element a ein eindeutig definiertes inverses Element $-a$. Bezüglich der Multiplikation $(\cdot)$ ist es ein **kommutatives Monoid** mit neutralem Element 1. Es gelten außerdem die bekannten Distributivgesetze.

Damit ist $\mathbb{Z}$ die Keimzelle der **kommutativen Algebra**. Beginnen wir dieses Abenteuer in der Grundschule. Ohne es zu wissen, betreiben die Kleinen dort schon spannende Mathematik. Fragen Sie zum Beispiel einen Gymnasiasten, was denn 23 geteilt durch 4 sei, so wird er wie aus der Pistole geschossen antworten: „5,75“. Das ist zwar richtig, aber nicht sehr erhellend. Seine kleine Schwester – nennen wir sie einfach Emmy – sitzt schüchtern daneben und hat heimlich „5 Rest 3“ auf einen Zettel geschrieben. Und da steckt viel mehr dahinter. Was ist es genau?

Nun ja, dahinter verbirgt sich eine besondere Eigenschaft von $\mathbb{Z}$, nämlich die **Division mit Rest**. Wir müssen wieder vorsichtig sein, denn eine Division haben wir noch gar nicht eingeführt. Doch der entsprechende Satz lässt sich auch so formulieren.

Division mit Rest
Für ganze Zahlen $a, b \in \mathbb{Z}$, wobei $b > 0$ ist, gibt es eindeutige ganze Zahlen $q, r \in \mathbb{Z}$ mit $0 \leq r < b$, sodass die folgende Gleichung erfüllt ist:

$$a = qb + r .$$

Wenn man noch den absoluten Betrag auf $\mathbb{Z}$ berücksichtigt, wird $\mathbb{Z}$ damit zu einem **euklidischen Ring**. Interessant, offenbar war schon EUKLID mit diesen Untersuchungen beschäftigt. Der wahre Wert der Division mit Rest tritt aber erst dann hervor, wenn wir uns daran machen, sie zu beweisen. Emmy hört aufmerksam zu, was wir jetzt alles mit ihrer Idee anstellen.

Betrachten wir dazu eine besondere Teilmenge von $\mathbb{Z}$, nämlich alle Vielfachen von b. Wir schreiben dafür kurz

$$b\mathbb{Z} = \{n \in \mathbb{Z} : \text{ es gibt ein } m \in \mathbb{Z} \text{ mit } n = mb\} .$$

Da $\mathbb{Z}$ mittels seiner totalen Ordnung $\leq$ in der Form

$$\ldots \leq -4 \leq -3 \leq -2 \leq -1 \leq 0 \leq 1 \leq 2 \leq 3 \leq 4 \ldots$$

der Größe nach angeordnet werden kann, gibt es zu jeder ganzen Zahl a genau eine *größte* Zahl $p = qb \in b\mathbb{Z}$ mit der Eigenschaft

$$p \leq a .$$

Das folgende Bild macht dies klar.

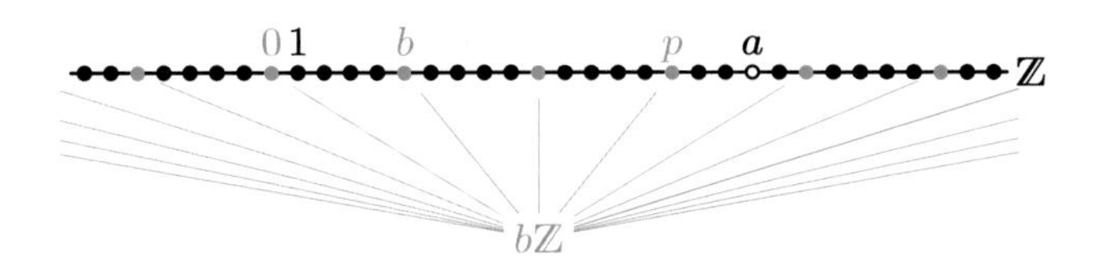

Die Menge $b\mathbb{Z}$ liegt wie ein Gitter auf dem Zahlenstrahl, und die Zahl a fällt in eines dieser Intervalle. Damit ist bereits alles klar, denn wegen $p \leq a$ gibt es genau eine Zahl $0 \leq r$ mit der gewünschten Eigenschaft

$$a = p + r = qb + r .$$

Sie überlegen sich leicht, dass auch $r < b$ gelten muss, da sonst p nicht die größte Zahl in $b\mathbb{Z}$ wäre, welche $\leq a$ ist. □

Was, glauben Sie, war nun der richtig spannende Teil dieses Beweises? Nun ja, es war die ominöse Menge $b\,\mathbb{Z} \subseteq \mathbb{Z}$. Sie hat eine ganz besondere Eigenschaft: Wenn Sie zwei Elemente von $b\,\mathbb{Z}$ addieren oder multiplizieren, so bleiben Sie damit innerhalb dieser Menge. Auch wenn die 1 in der Regel fehlt, ist die Menge also immer noch ein Ring, ein **Unterring** von $\mathbb{Z}$. Es gilt aber noch mehr. Denn Sie können ein Element aus $b\,\mathbb{Z}$ sogar mit einer beliebigen ganzen Zahl multiplizieren, ohne den Unterring zu verlassen. Dieses „ideale" Verhalten drückt sich auch in der Bezeichnung einer solchen Teilmenge aus. Man nennt sie ein **Ideal**. Wir halten fest:

Ideale in einem Ring R

Eine Teilmenge $I \subseteq R$ eines Rings R heißt ein **Ideal**, wenn I ein Unterring von R ist und für alle $r \in R$ und $a \in I$ das Produkt $ra \in I$ ist.

Ideale erlauben eine sehr schöne Konstruktion, um Ringe zu verkleinern. Dies geschieht über geschickte Äquivalenzklassen. Betrachten wir dazu als Beispiel wieder den Ring $\mathbb{Z}$ der ganzen Zahlen und darin das Ideal $b\,\mathbb{Z}$ wie oben. Zwei Zahlen $m, n \in \mathbb{Z}$ definieren wir als äquivalent, wenn ihre Differenz $m - n$ in $b\,\mathbb{Z}$ liegt, also ein Vielfaches von b ist.

Jetzt meldet sich Emmy zu Wort: „Das ist der Fall, wenn $m - n$ beim Teilen durch b den Rest 0 lässt." Sie wird langsam mutig. Immerhin hat sie plötzlich mehr Aufmerksamkeit als ihr großer Bruder, was selten passiert. Schnell denkt sie nach und fügt hinzu: „Oder wenn m und n beim Teilen durch b den gleichen Rest lassen." Sie hat recht. Die zweite Formulierung belegt eindrucksvoll, dass dies eine Äquivalenzrelation ist, die Rechnungen dazu können wir uns jetzt sparen.

Lassen Sie sich übrigens durch diese Grundschülerin nicht demotivieren. Die Überlegungen sind teils gar nicht so einfach und Emmy ohne Zweifel hochbegabt. Assoziationen zu der berühmten Mathematikerin Emmy Noether sind zwar historisch nicht korrekt (sie hatte nur jüngere Brüder und interessierte sich in der Jugend mehr für Musik und Tanzen), aber dennoch erlaubt.

Emmy ist ganz bei der Sache. Sie fragt sich, welche Äquivalenzklassen es wohl gibt? Das ist einfach, denn sie werden offensichtlich durch die Repräsentanten

$$0, 1, 2, \ldots, b-1$$

gegeben. Das sind die möglichen Reste beim Teilen durch b. Und jetzt wird es ganz spannend: Wenn wir die Äquivalenzklasse von $r \in \mathbb{Z}$ mit $\overline{r}$ bezeichnen, so erzeugt die Ringstruktur von $\mathbb{Z}$ auch auf der Menge

$$\mathbb{Z}_b \;=\; \mathbb{Z}/b\,\mathbb{Z} \;=\; \{\overline{0}, \overline{1}, \ldots, \overline{b-1}\}$$

eine Rechenstruktur. Die Addition ist gegeben durch

$$\overline{m} + \overline{n} \;=\; \overline{m+n}$$

und die Multiplikation durch

$$\overline{m} \cdot \overline{n} = \overline{m}\,\overline{n} = \overline{mn},$$

wobei alle bekannten Rechengesetze gelten.

Mit diesen Überlegungen haben wir das Gebiet der **kommutativen Algebra** betreten. Bei aller Euphorie erkennen Sie natürlich sofort, dass wir die Wohldefiniertheit und die Rechengesetze für diese Operationen noch nachweisen müssen. Das ist aber ganz einfach.

Zum Beispiel bei der Addition. Man muss nur zeigen, dass im Falle $\overline{m} = \overline{m'}$ und $\overline{n} = \overline{n'}$ die Zahlen $m+n$ und $m'+n'$ beim Teilen durch b der gleichen Rest lassen. Emmy hat die Ausführungen aufmerksam verfolgt und rechnet stolz vor:

Da $m = m' + br_1$ und $n = n' + br_2$ sind, wobei r_1 und r_2 ganze Zahlen sind, gilt

$$m+n = m'+n'+b\,(r_1+r_2)\,.$$

Also ergeben $m+n$ und $m'+n'$ tatsächlich den gleichen Rest. Probieren Sie einmal selbst, dies auch bei der Multiplikation zu prüfen. Da die Rechengesetze direkt von $\mathbb{Z}$ vererbt werden, ist $\mathbb{Z}_b$ ein kommutativer Ring mit Einselement $\overline{1}$.

Diese endlichen Ringe sind ein spannendes Feld. Emmy möchte jetzt konkrete Beispiele sehen. Also dann, nehmen wir $b = 6$. Dann ist

$$\mathbb{Z}_6 = \{\overline{0}, \overline{1}, \overline{2}, \overline{3}, \overline{4}, \overline{5}\}$$

ein endlicher Ring mit sechs Elementen. Es gilt dort zum Beispiel $\overline{1} + \overline{2} = \overline{3}$ oder $\overline{3} + \overline{4} = \overline{1}$. Bei der Multiplikation ergibt sich $\overline{2} \cdot \overline{2} = \overline{4}$ oder $\overline{2} \cdot \overline{3} = \overline{0}$.

Aha, die letzte Gleichung ist interessant. Wir multiplizieren zwei Elemente, die ungleich 0 sind, und erhalten als Ergebnis 0. $\overline{2}$ und $\overline{3}$ sind sogenannte **Nullteiler**. So etwas kann in $\mathbb{Z}$ nicht passieren. Man sagt, $\mathbb{Z}$ ist **nullteilerfrei** oder ein **Integritätsring**. In den seltsamen Ringen wie $\mathbb{Z}_6$ muss man aber sehr aufpassen. Man kann dort nicht aus $ab = ac$ mit $a \neq 0$ einfach $b = c$ schließen. Denn diese Kürzungsregel läuft immer über die Argumentation

$$ab = ac \quad \Leftrightarrow \quad 0 = ab - ac = a\,(b-c)\,.$$

Um jetzt $b - c = 0$ folgern zu können, braucht man die Eigenschaft des Ringes, nullteilerfrei zu sein.

Emmy läuft jetzt zu Hochform auf, es macht ihr richtig Spaß: „Wenn p eine Primzahl ist, dann ist $\mathbb{Z}_p$ doch nullteilerfrei. Aber wirklich nur, wenn es eine Primzahl ist, sonst gibt es immer Nullteiler.“ Ganz schön clever, finden Sie nicht auch? Können Sie ihre Gedanken nachvollziehen?

Emmy ist kaum mehr zu bremsen, ihr Bruder hat sich längst in sein Zimmer verkrochen. Sie möchte wissen, wie denn die Ideale von $\mathbb{Z}$ aussehen? Haben Sie alle die Gestalt $b\,\mathbb{Z}$ oder gibt es noch ganz andere?

Gehen wir dieser Frage nach. Wir schreiben für das Ideal $b\,\mathbb{Z}$ jetzt kurz (b), das ist das von b erzeugte Ideal in $\mathbb{Z}$. Allgemein schreiben wir für das von endlich vielen Elementen $b_1, \ldots, b_n$ erzeugte Ideal kurz

$$(b_1, \ldots, b_n) \;=\; b_1\mathbb{Z} + \ldots + b_n\mathbb{Z}\,.$$

Ein Ideal, das von (nur) einem Element erzeugt wird, heißt **Hauptideal**. Emmys Frage lautet also, ob es noch andere Ideale in $\mathbb{Z}$ gibt als solche Hauptideale.

Gibt es nicht. Alle Ideale in $\mathbb{Z}$ sind Hauptideale, man nennt $\mathbb{Z}$ daher einen **Hauptidealring**. Emmy wird uns bei dem Beweis helfen können. Wir betrachten dazu ein Ideal $I \subseteq \mathbb{Z}$ und wählen darin das kleinste Element $b > 0$. Wenn I nicht das Nullideal (0) ist, gibt es ein solches b. Sie ahnen schon, dass I von diesem Element erzeugt wird. Falls ein $a \in I$ liegt, müssen wir dazu ein passendes $q \in \mathbb{Z}$ finden mit $a = qb$. Emmy ruft begeistert: „Dann teilen wir a doch einfach durch b, da wird kein Rest mehr bleiben." In der Tat. Wir haben

$$a \;=\; qb + r$$

mit einem $0 \leq r < b$ (Seite 48). Durch einfache Umformung ergibt sich $r = a - qb$ und damit $r \in I$. Dabei ging entscheidend ein, dass I ein Ideal ist. Nur deshalb können wir behaupten, dass qb und damit auch $a - qb$ ein Element von I ist. Da $r < b$ und b das kleinste Element von I war, welches größer als 0 ist, muss $r = 0$ gewesen sein. □

Eine elegante Schlussfolgerung. Der Trick mit einem kleinsten Element wird auch in anderen Beweisen immer wieder erfolgreich eingesetzt.

$\mathbb{Z}$ ist also Hauptidealring. Wir werden später an ganz prominenter Stelle noch einmal auf dieses Ergebnis zurückkommen. Die Argumentation funktioniert nämlich auch in anderen Ringen, in denen wir mit Rest teilen können, und wird uns zu ganz großen Erkenntnissen führen. Wir wissen jetzt schon eine ganze Menge von $\mathbb{Z}$. Welchen Nutzen können wir daraus ziehen? Wieder treibt uns Emmy voran, sie will einige konkrete Beispiele rechnen. Also, legen wir los.

Schauen wir uns einmal das Ideal (27, 63) an, also $I = 27\,\mathbb{Z} + 63\,\mathbb{Z}$. Da es ein Hauptideal ist – in $\mathbb{Z}$ sind alle Ideale Hauptideale – gibt es also eine Zahl b mit

$$(b) \;=\; (27, 63)\,.$$

Ganz offenbar existieren dann zwei Zahlen r_1 und r_2 mit

$$27 \;=\; br_1 \quad \text{und} \quad 63 \;=\; br_2\,.$$

b ist also ein **gemeinsamer Teiler** von 27 und 63. Wenn wir jetzt einen Blick auf die Primfaktorzerlegungen von 27 und 63 werfen,

$$27 \;=\; 3^3 \quad \text{und} \quad 63 \;=\; 3^2 \cdot 7\,,$$

so erkennen wir, dass es mehrere gemeinsame Teiler gibt, nämlich 3 und 9.

Haben Sie etwas bemerkt? Richtig, wir durften diese kühne Behauptung nur deshalb in den Raum stellen, da wir von der Eindeutigkeit der Primfaktorzerlegung wissen (Seite 42). Dies ist die erste Stelle, an der der Fundamentalsatz seine große Bedeutung zeigt.

3 oder 9, das ist hier die Frage. Emmy tippt auf 9, den **größten gemeinsamen Teiler**, in Zeichen ggT(27, 63). Denn dieser steckt als Faktor in jeder Zahl der Form $27r_1 + 63r_2$, man kann ihn durch das Distributivgesetz ausklammern:

$$27r_1 + 63r_2 \;=\; 3^2\,(3r_1 + 7r_2)\,.$$

Die tolle Erkenntnis von Emmy kann man natürlich auch allgemein beweisen. Für ein Ideal $(m,n) \subseteq \mathbb{Z}$ können wir mit der eindeutigen Primfaktorzerlegung

$$m \;=\; \mathrm{ggT}(m,n)\, p_1^{d_1}\cdots p_s^{d_s} \qquad \text{und} \qquad n \;=\; \mathrm{ggT}(m,n)\, q_1^{e_1}\cdots q_t^{e_t}$$

schreiben, wobei die Primfaktoren $p_1,\ldots,p_s,q_1,\ldots,q_t$ alle paarweise verschieden sind. Aus einer beliebigen Summe $mr_1 + nr_2$ lässt sich dann immer der größte gemeinsame Teiler ausklammern:

$$mr_1 + nr_2 \;=\; \mathrm{ggT}(m,n)\,\big(r_1p_1^{d_1}\cdots p_s^{d_s} + r_2q_1^{e_1}\cdots q_t^{e_t}\big)\,.$$

Das gleiche Argument gilt natürlich auch für Ideale, die von mehreren Elementen erzeugt sind. Halten wir fest:

$\mathbb{Z}$ ist Hauptidealring

$\mathbb{Z}$ ist ein Hauptidealring, jedes Ideal $I \subseteq \mathbb{Z}$ ist also von einem einzigen Element erzeugt. Für zwei oder mehrere ganze Zahlen $m_1,m_2,\ldots,m_k$ ist

$$(m_1,m_2,\ldots,m_k) \;=\; \Big(\mathrm{ggT}(m_1,m_2,\ldots,m_k)\Big)\,.$$

Wir schließen dieses Kapitel mit zwei spannenden Beobachtungen, die sich direkt daraus ergeben. Wenn immer wir zwei ganze Zahlen m und n haben, die keinen Primfaktor gemeinsam haben, man nennt sie dann **teilerfremd**, ist

$$(m,n) \;=\; (1) \;=\; \mathbb{Z}\,.$$

Es gibt dann also ganze Zahlen r_1 und r_2 mit $mr_1 + nr_2 = 1$, was direkt aus obigem Satz folgt. Und jetzt fällt Emmy noch etwas Wichtiges auf: „Wenn p eine Primzahl ist, dann gibt es in $\mathbb{Z}_p$ für jedes Element $\overline{a}$ ungleich 0 ein Element $\overline{b}$ mit $\overline{a}\,\overline{b} = \overline{1}$."

Emmy ist wirklich auf Zack. Wie hat sie denn das gesehen? Nun ja, weil p eine Primzahl ist, hat Sie mit keiner anderen Zahl einen gemeinsamen Teiler. Es ist also $(a,p) = (1)$ und damit gibt es ganze Zahlen r_1 und r_2 mit

$$ar_1 + pr_2 \;=\; 1\,.$$

Damit ergibt ar_1 beim Teilen durch p den Rest 1 und es ist $\overline{r_1}\,\overline{a} = \overline{1}$. □

Diese Ringe $\mathbb{Z}_p$ haben es wirklich in sich. Sie sind nicht nur nullteilerfrei – und damit so schön zu behandeln wie $\mathbb{Z}$ – sondern es gibt dort sogar zu jedem Element $a \neq 0$ ein Inverses bezüglich der Multiplikation.

Das ist ein enormer Vorteil gegenüber den ganzen Zahlen. Im nächsten Kapitel werden wir mehr über solche Strukturen erfahren, man nennt sie **Körper**. Ein Körper ist nichts anderes als ein kommutativer Ring mit Einselement, bei dem es zu jedem Element $a \neq 0$ ein Element b gibt mit $ab = 1$. Sie können sich leicht überlegen, dass ein Körper stets nullteilerfrei ist und die multiplikativen Inversen eindeutig bestimmt sind.

Ich möchte Sie einladen, ein wenig mit diesen Ringen zu experimentieren. Sie lassen sich in der Tat vollständig erforschen. Welche Fragen drängen sich Ihnen auf? Nun ja, wir haben schon gesehen, dass es manchmal Nullteiler gibt. Aber auch das andere Extrem kommt vor, nämlich Elemente, die ein Inverses bezüglich der Multiplikation haben. Man nennt diese Elemente auch **Einheiten** eines Rings.

Gibt es denn noch andere Elemente $\neq 0$, die weder das eine noch das andere sind, also irgendwie dazwischen liegen? Versuchen Sie einmal, dieser Frage durch Experimente näher zu kommen, suchen Sie ein Beispiel $\mathbb{Z}_n$ und ein Element $\neq 0$ darin, welches weder ein Nullteiler noch eine Einheit ist.

Ich gebe zu, es ist ein wenig gemein, Sie derart auf den Holzweg zu schicken. Aber vielleicht haben Sie bei den Experimenten gemerkt, dass es keine Elemente zwischen diesen Extremen geben kann. Wir formulieren daher:

In $\mathbb{Z}_n \setminus \{0\}$ gibt es ausschließlich Nullteiler oder Einheiten. Die Restklasse einer Zahl $0 < k < n$ ist eine Einheit, falls sie teilerfremd zu n ist. Andernfalls ist sie ein Nullteiler.

Insbesondere ist $\mathbb{Z}_n$ genau dann ein Körper, wenn n eine Primzahl ist.

Wir müssen nur die erste Aussage beweisen. Das ist nicht schwer. Wenn k teilerfremd zu n ist, dann haben wir oben gesehen, dass $(k, n) = (1)$ und damit k eine Einheit ist. Der zweite Teil lässt uns vielleicht kurz stocken. Wenn k und n einen gemeinsamen Teiler haben, dann haben sie einen gemeinsamen Primfaktor p:

$$k = m_1 p \quad \text{und} \quad n = m_2 p\,.$$

Aus verständlichen Gründen ist dann $m_2 < n$ und mit

$$k m_2 = m_1 p m_2 = m_1 n$$

ergibt sich sofort $\overline{k}\,\overline{m_2} = \overline{0}$. □

All diese Überlegungen sind nicht umsonst. Sie werden eine wichtige Rolle spielen, wenn wir später auf den Spuren der antiken Geometer wandeln und die Frage nach der Konstruierbarkeit regelmäßiger n-Ecke mit Zirkel und Lineal untersuchen (Seite 299).

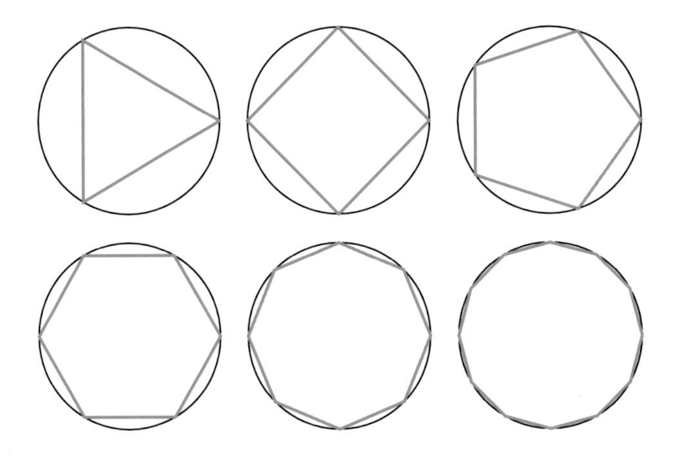

Sie werden staunen, welch verblüffende Zusammenhänge sich dann zeigen. Ich hoffe, Sie sind schon neugierig geworden.

Aber machen wir hier einen Punkt. Wir sind in diesem Kapitel schon sehr weit gekommen. Die ersten großen Sätze wurden bewiesen, und mit den endlichen Restklassenringen $\mathbb{Z}_n$ wurde eine wahrlich spannende mathematische Struktur erforscht. Gehen wir jetzt an die Aufgabe, die ganzen Zahlen in einen Körper einzubetten und begegnen wir dabei erstmals dem Phänomen der Unendlichkeit bei ganz kleinen Zahlen.

5 Die rationalen Zahlen

Nachdem wir auf dem Weg zu den ganzen Zahlen so schwer gearbeitet haben, können wir nun die Früchte ernten. Denn die rationalen Zahlen entstehen durch die gleiche Konstruktion, welche uns von den natürlichen zu den ganzen Zahlen geführt hat. Merken Sie den Vorteil? Einmal richtig investiert, bekommt man später vieles geschenkt. Das werden wir auf unserer Reise durch die Mathematik noch mehrmals erleben.

5.1 Die Konstruktion der rationalen Zahlen

Wir schreiben jetzt der Kürze wegen $\mathbb{Z}^*$ für $\mathbb{Z}\backslash\{0\}$ und wenden besagte Konstruktion auf das Monoid $(\mathbb{Z}^*, \cdot, 1)$ an. Betrachten wir also Paare $(a, b) \in \mathbb{Z}^* \times \mathbb{Z}^*$ und definieren die folgende Äquivalenzrelation auf ihnen:

$$(a,b) \sim (c,d) \quad \Leftrightarrow \quad ad = bc\,.$$

Kommt Ihnen das bekannt vor? Sehen Sie einmal auf Seite 36 nach. Wir haben nur die Addition durch die Multiplikation ersetzt, die restliche Konstruktion bleibt unverändert. Und da $(\mathbb{Z}^*, \cdot, 1)$ genauso wie $(\mathbb{N}, +, 0)$ ein kommutatives Monoid ist, können wir sofort behaupten, dass dies eine Äquivalenzrelation ist.

Jetzt geht es ganz schnell. Wir definieren wieder die Menge der zugehörigen Äquivalenzklassen,

$$\mathbb{Q}^* = \{\overline{(a,b)} : a \in \mathbb{Z}^* \wedge b \in \mathbb{Z}^*\}$$

und nennen diese Menge die **rationalen Zahlen** ohne die Zahl 0. Keine Sorge, die 0 werden wir später leicht integrieren können. Eine Multiplikation $\cdot$ in $\mathbb{Q}^*$ ist auch gleich definiert, erinnern Sie sich an das vorige Kapitel:

$$\overline{(a,b)}\,\overline{(c,d)} = \overline{(ac,bd)}\,,$$

und damit wird $(\mathbb{Q}^*, \cdot, \overline{(1,1)})$ in Windeseile zu einer abelschen Gruppe, welche die ganzen Zahlen ohne die 0, also die Menge $\mathbb{Z}^*$ enthält, und zwar über den natürlichen Monomorphismus

$$\alpha : \mathbb{Z}^* \to \mathbb{Q}^*\,, \quad a \mapsto \overline{(a,1)}\,.$$

Die Klasse $\overline{(1,1)}$ ist das neutrale Element bezüglich der Multiplikation in $\mathbb{Q}^*$.

Halten wir kurz inne. Das ist ja ein wahres Feuerwerk an Behauptungen. Hätten Sie geglaubt, dass man schon nach wenigen Kapiteln Mathematik auf diesem Niveau betreiben kann?

F. Toenniessen, *Das Geheimnis der transzendenten Zahlen*,
https://doi.org/10.1007/978-3-662-58326-5_5

Sie können es. Bis jetzt haben wir nichts anderes gemacht haben als im vorigen Kapitel. Dort wurden die natürlichen Zahlen zu den ganzen Zahlen erweitert, lediglich mit anderen Symbolen. Wir haben jetzt $\mathbb{Z}^*$ statt $\mathbb{N}$ geschrieben, 1 statt 0 und $\cdot$ statt $+$. Wir müssen also nichts mehr beweisen. Sie erleben hier zum ersten Mal den Vorteil, sich einer Fragestellung systematisch und mit einem höheren Abstraktionsgrad zu nähern.

Zwei Probleme haben wir aber noch:

1. Wir haben uns bisher nicht um die 0 gekümmert, und
2. uns fehlt noch eine Addition.

Beginnen wir mit dem zweiten Problem. Wir brauchen eine Addition auf $\mathbb{Q}^*$, die sich mit der Addition der ganzen Zahlen verträgt. Zusätzlich müssen auch die Kommutativ-, Assoziativ- und die Distributivgesetze gelten, sonst können wir in $\mathbb{Q}^*$ nicht vernünftig rechnen.

Damit die Addition funktioniert, muss also zunächst

$$\overline{(a,1)} + \overline{(b,1)} = \overline{(a+b,1)}$$

gelten, sonst finden wir die Addition der ganzen Zahlen nicht mehr wieder. So weit so gut, das können wir sicher garantieren.

Nehmen wir jetzt eine andere Zahl als die 1 als zweite Komponente: Was soll denn ein Ausdruck der Form $\overline{(a,c)} + \overline{(b,c)}$ ergeben? Hier verlangt nun das Distributivgesetz seinen Zoll, denn es muss ja

$$\begin{aligned} \overline{(a,c)} + \overline{(b,c)} &= \overline{(a,1)}\,\overline{(1,c)} + \overline{(b,1)}\,\overline{(1,c)} \\ &= \left(\overline{(a,1)} + \overline{(b,1)}\right)\overline{(1,c)} = \overline{(a+b,c)} \end{aligned}$$

sein. Also müssen wir festlegen, dass gilt:

$$\overline{(a,c)} + \overline{(b,c)} = \overline{(a+b,c)}\,.$$

Ok, auch das können wir unterschreiben.

Nun haben wir die Sicherheit, uns an das allgemeine Problem $\overline{(a,c)} + \overline{(b,d)}$ zu wagen. Es ist offenbar $\overline{(a,c)} = \overline{(ad,cd)}$ und $\overline{(b,d)} = \overline{(bc,cd)}$.

Wieder erfordert das Distributivgesetz also

$$\overline{(a,c)} + \overline{(b,d)} = \overline{(ad,cd)} + \overline{(bc,cd)} = \overline{(ad+bc,cd)}\,,$$

und damit muss die Addition allgemein als

$$\overline{(a,c)} + \overline{(b,d)} = \overline{(ad+bc,cd)}$$

definiert werden. Wir konnten tatsächlich gar nicht anders. Aber wir haben Glück: Sie können leicht prüfen, dass diese Definition unabhängig von der Wahl der Repräsentanten ist und alle bekannten Rechengesetze auch in $\mathbb{Q}^*$ erhalten bleiben.

Es wird höchste Zeit für eine kürzere Schreibweise. Wir schreiben ab jetzt für $\overline{(a,b)}$ kurz

$$\overline{(a,b)} \;=\; \frac{a}{b} \quad \text{oder auch} \quad a/b\,,$$

nennen dies einen **Bruch** aus Elementen in $\mathbb{Z}^*$. a ist der **Zähler**, b der **Nenner** des Bruches. Eine ganze Zahl $a \in \mathbb{Z}^*$ identifizieren wir also mit $a/1$.

Nun kommt uns alles wieder vertrauter vor, denn die Addition schreibt sich als

$$\frac{a}{c} + \frac{b}{d} \;=\; \frac{ad + bc}{cd}$$

und wir sind mittendrin im Bruchrechnen. Leider ist hier kein Platz für umfangreiche Übungen, daher nur ein kleines Beispiel. Wir berechnen

$$\frac{7}{18}\left(\frac{4}{27} + \frac{32}{63}\right).$$

Um den Ausdruck in der Klammer zu berechnen, bilden wir den **Hauptnenner** aus den Nennern 27 und 63. Dieser ergibt sich mittels der Primfaktorzerlegung als das **kleinste gemeinsame Vielfache** der beiden Zahlen,

$$\mathrm{kgV}(27{,}63) \;=\; \mathrm{kgV}(3^3{,}3^2 \cdot 7) \;=\; 3^3 \cdot 7 = 189\,.$$

Erweitern wir die Brüche in der Klammer entsprechend, so ergibt sich

$$\frac{7}{18}\left(\frac{4}{27} + \frac{32}{63}\right) \;=\; \frac{7}{18}\left(\frac{28}{189} + \frac{96}{189}\right) \;=\; \frac{7}{18}\,\frac{124}{189} \;=\; \frac{868}{3402} \;=\; \frac{62}{243}\,.$$

In der letzten Gleichung haben wir den Bruch 868/3402 gekürzt, da beide Zahlen die 2 und die 7 als gemeinsame Primfaktoren haben. Die enorme Bedeutung der eindeutigen Primfaktorzerlegung bestätigt sich auch hier wieder.

Gehen wir voran, wir ergänzen $\mathbb{Q}^*$ noch um den Nullpunkt 0/1 und erhalten die **rationalen Zahlen** als

$$\mathbb{Q} \;=\; \mathbb{Q}^* \cup \left\{\frac{0}{1}\right\}.$$

Die Definition der Addition und Multiplikation übernehmen wir auch für die Null. Beachten Sie bitte, dass wir nur im Zähler die 0 zulassen dürfen, die obige Äquivalenzrelation also maximal auf die Menge $\mathbb{Z} \times \mathbb{Z}^*$ ausweiten dürfen. Überlegen Sie einmal, was passiert wäre, wenn wir die Äquivalenz unvorsichtigerweise auf $\mathbb{Z} \times \mathbb{Z}$ definiert hätten. Wie sähe dann die Äquivalenzklasse von (0,0) aus? Sie können schnell prüfen, dass jedes Paar $(a, b) \in \mathbb{Z} \times \mathbb{Z}$ äquivalent zu (0,0) wäre, denn es ist

$$a \cdot 0 = 0 \cdot b$$

für alle Paare $(a, b) \in \mathbb{Z} \times \mathbb{Z}$. Unsere Menge $\mathbb{Q}$ hätte dann nur ein einziges Element, und damit lässt sich natürlich nichts anfangen. Dies ist der tieferliegende Grund dafür, dass die „Division durch 0" nicht sinnvoll ist. Wenn wir aber die 0 im Nenner ausschließen, erhalten wir die volle Pracht der rationalen Zahlen. Machen wir uns daran, dieses Werk zu erforschen.

Welches sind nun die Eigenschaften der rationalen Zahlen und wir können wir sie uns vorstellen? Zunächst halten wir fest, dass es in $\mathbb{Q}$ nicht nur bezüglich der Addition, sondern (mit Ausnahme der 0) bezüglich der Multiplikation für jedes Element ein eindeutiges inverses Element gibt, denn für $a/b \in \mathbb{Q}^*$ gilt

$$\frac{a}{b} \cdot \frac{b}{a} = 1 .$$

Und damit besitzt $(\mathbb{Q}, +, \cdot, 0, 1)$ die mächtigste algebraische Struktur, die wir im Zahlensystem kennen. $\mathbb{Q}$ ist ein **Körper**. Wir haben schon im vorigen Kapitel endliche Körper in Form der Restklassenkörper $\mathbb{Z}_p$ kennen gelernt. Nun haben wir einen unendlichen Körper definiert, der die ganzen Zahlen enthält. An der Konstruktion erkennt man auch sofort, dass $\mathbb{Q}$ der kleinste Körper ist, der die ganzen Zahlen enthält, denn wir brauchen zumindest für jede ganze Zahl $a \neq 0$ ein multiplikatives Inverses $1/a$. Die ganzzahligen Vielfachen von $1/a$ ergeben dann alle Brüche mit dem Nenner a. Mehr Elemente als diese unbedingt notwendigen haben wir den ganzen Zahlen auch gar nicht hinzugefügt.

Das allgemeine Verfahren, um aus dem Ring $\mathbb{Z}$ den Körper $\mathbb{Q}$ zu machen, nennt man die Bildung des **Quotientenkörpers**. $\mathbb{Q}$ ist also der Quotientenkörper von $\mathbb{Z}$. Wir werden diese wichtige Konstruktion später noch mit anderen Ringen erleben, welche wir zu einem Körper erweitern.

5.2 Der absolute Betrag und die Division in $\mathbb{Q}$

Eine ganz zentrale Frage lautet jetzt: Welche anschauliche Vorstellung können wir uns von $\mathbb{Q}$ machen? Wo liegen diese Zahlen, können sie auf dem Zahlenstrahl platziert werden? Um hier weiter zu kommen, brauchen wir eine Ordnung, einen absoluten Betrag und einen Distanzbegriff. Und zwar so, dass sich die alten Begriffe für $\mathbb{Z}$ darin wiederfinden.

Für jede rationale Zahl $r \in \mathbb{Q}$ gibt es einen Repräsentanten a/c mit $c > 0$. Das ist klar und ergibt sich direkt aus der Definition von $\mathbb{Q}$. Wenn wir nun zwei rationale

Zahlen a/c und b/d mit $c, d > 0$ haben, so definieren wir die Ordnungsrelation wie folgt:

$$\frac{a}{c} \leq \frac{b}{d} \qquad \Leftrightarrow \qquad ad \leq bc\,.$$

Natürlich habe ich mich bei dieser Definition der intuitiven Anschauung des Bruchrechnens bedient, und daher möchte ich auch gar nicht die ganzen Einzelheiten beweisen, um zu zeigen, dass hier tatsächlich eine totale Ordnung auf $\mathbb{Q}$ herauskommt. Wir müssten zuerst zeigen, dass die Definition nicht von der Wahl des Repräsentanten abhängt, danach die Gesetze der Reflexivität, Antisymmetrie und die Transitivität verifizieren. Und dann sollte es auch noch eine sinnvolle Erweiterung der Definition auf $\mathbb{Z}$ sein: Dessen bekannte Ordnung sollte bei der Identifikation von $a \in \mathbb{Z}$ mit $a/1$ erhalten bleiben.

Mit all diesen einfachen und lästig technischen Dingen wollen wir uns nicht aufhalten, sondern uns gleich dem Abstands- oder Distanzbegriff zuwenden. Erst dann nämlich können wir die Elemente von $\mathbb{Q}$ anschaulich auf dem Zahlenstrahl anordnen, was uns zu einer wahrlich verblüffenden Erkenntnis führen wird. Wir definieren zunächst einen absoluten Betrag auf $\mathbb{Q}$:

$$\text{abs} : \mathbb{Q} \to \mathbb{Q}_+ = \{r \in \mathbb{Q} : r \geq 0\}\,, \qquad \frac{a}{c} \mapsto \frac{|a|}{|c|}\,.$$

Auch hier ist leicht zu prüfen, dass der Betrag nicht von der Wahl des Repräsentanten abhängt und dass die nötigen Gesetze gelten. Ich zeige das kurz bei der Dreiecksungleichung: Wir müssen beweisen, dass

$$\left|\frac{a}{c} + \frac{b}{d}\right| \leq \left|\frac{a}{c}\right| + \left|\frac{b}{d}\right|$$

ist. Das ist einfach:

$$\left|\frac{a}{c} + \frac{b}{d}\right| = \left|\frac{ad + bc}{cd}\right| = \frac{|ad + bc|}{|cd|} \leq \frac{|ad| + |bc|}{|cd|}$$

wegen des Betrags in $\mathbb{Z}$ und der Ordnungsrelation in $\mathbb{Q}$. Und weiter:

$$\frac{|ad| + |bc|}{|cd|} = \frac{|ad|}{|cd|} + \frac{|bc|}{|cd|} = \left|\frac{ad}{cd}\right| + \left|\frac{bc}{cd}\right| = \left|\frac{a}{c}\right| + \left|\frac{b}{d}\right|\,.$$

Also gilt die Dreiecksungleichung für den Betrag in $\mathbb{Q}$. Die Distanz zweier Elemente $x, y \in \mathbb{Q}$ wird dann definiert als

$$\text{dist}(x, y) = |\,x - y\,|\,.$$

Wenn wir daraus jetzt eine anschauliches Bild von $\mathbb{Q}$ entwickeln, wird etwas Unvorstellbares zu Tage treten. Schauen wir uns einfach die Menge $\mathbb{Q}$ zwischen den ganzen Zahlen 0 und 1 an. Betrachten wir dazu die Zahl 1/2. Offenbar gilt

$$0 = \frac{0}{1} < \frac{1}{2} < \frac{1}{1} = 1\,.$$

Dazu müssen Sie nur ganz stur die Ordnungsrelation von oben anwenden. Auf der Zahlengeraden liegt 1/2 also irgendwo zwischen 0 und 1. Aber wo zeichnen wir es genau hin? Schauen wir uns einmal den Abstand zwischen 0 und 1/2 an:

$$\operatorname{dist}\left(0, \frac{1}{2}\right) = \left|0 - \frac{1}{2}\right| = \left|-\frac{1}{2}\right| = \frac{1}{2}\,.$$

Genauso ergibt sich:

$$\operatorname{dist}\left(1, \frac{1}{2}\right) = \left|1 - \frac{1}{2}\right| = \left|\frac{1}{2}\right| = \frac{1}{2}\,.$$

Also hat 1/2 den gleichen Abstand zu 0 wie zu 1 und liegt damit genau in der Mitte:

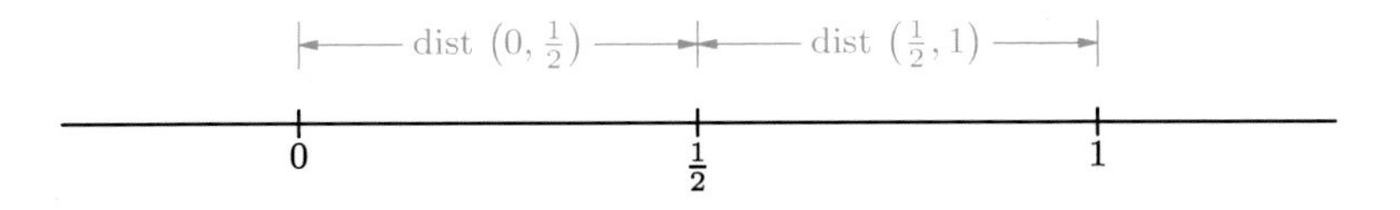

Nun rundet sich das Bild. Sie sehen ganz schnell, dass zum Beispiel

$$0 < \frac{1}{3} < \frac{2}{3} < 1$$

ist und dass

$$\operatorname{dist}\left(0, \frac{1}{3}\right) = \operatorname{dist}\left(\frac{1}{3}, \frac{2}{3}\right) = \operatorname{dist}\left(\frac{2}{3}, 1\right)$$

ist. Daher ist es sinnvoll, diese „Drittel" abstandsgleich zwischen 0 und 1 zu platzieren:

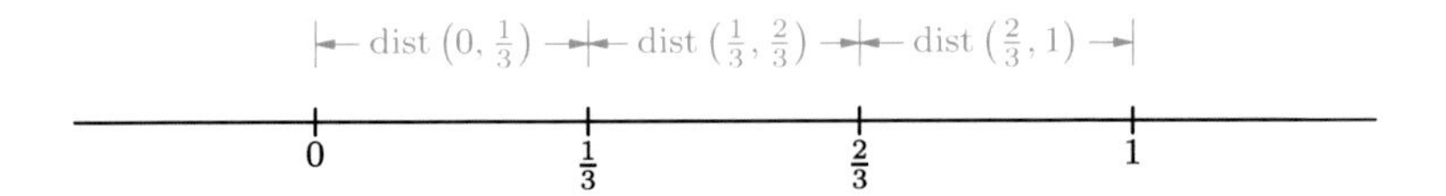

Ganz allgemein gilt für alle $n \in \mathbb{N}$ mit $n > 0$:

$$0 < \frac{1}{n} < \frac{2}{n} < \ldots < \frac{n-1}{n} < 1$$

und

$$\text{dist}\left(0, \frac{1}{n}\right) = \text{dist}\left(\frac{1}{n}, \frac{2}{n}\right) = \ldots = \text{dist}\left(\frac{n-1}{n}, 1\right).$$

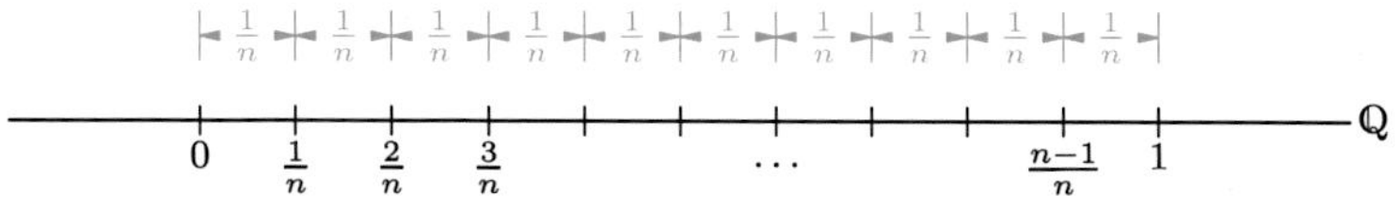

$\frac{1}{n}$ $\frac{1}{n}$ $\frac{1}{n}$ $\frac{1}{n}$ $\frac{1}{n}$ $\frac{1}{n}$ $\frac{1}{n}$ $\frac{1}{n}$ $\frac{1}{n}$ $\frac{1}{n}$

$0 \quad \frac{1}{n} \quad \frac{2}{n} \quad \frac{3}{n} \quad \ldots \quad \frac{n-1}{n} \quad 1 \quad \mathbb{Q}$

Damit ist die Anschauung klar. Wir sehen, dass mit zunehmendem n die rationalen Zahlen zwischen 0 und 1 immer dichter liegen und dieses Intervall scheinbar komplett ausfüllen. Zwischen je zwei verschiedenen rationalen Zahlen liegen also unendlich viele andere Zahlen aus $\mathbb{Q}$. Wenn wir $\mathbb{Z}$ wie auf Seite 45 dargestellt haben, so müssten wir $\mathbb{Q}$ jetzt auf dem Zahlenstrahl wie folgt zeichnen:

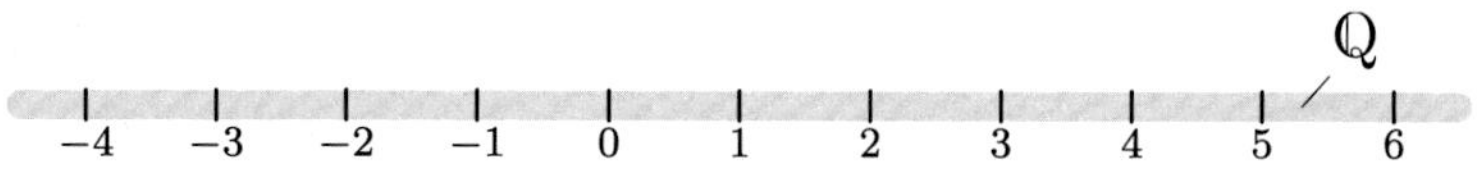

$\mathbb{Q}$

$-4 \quad -3 \quad -2 \quad -1 \quad 0 \quad 1 \quad 2 \quad 3 \quad 4 \quad 5 \quad 6$

Mir ist noch heute die Schulstunde deutlich in Erinnerung, in der mein Lehrer behauptete, es lägen auf einer endlichen Strecke unendlich viele Punkte. Dies überstieg damals meine Vorstellung. Wir verlassen damit endgültig die reale Welt, was für Kinder nicht leicht zu verstehen ist. Denn niemals können unendlich viele materielle Teilchen in einem endlichen Raum Platz finden.

Wir sollten uns immer wieder bewusst machen, dass die Mathematik hier eine Idealisierung der Wirklichkeit liefert. Ein Punkt hat eben – und das hat schon EUKLID postuliert – keine Ausdehnung, er bezeichnet nur eine Stelle im Raum. Wir begegnen hier erstmals der Unendlichkeit im Kleinen, einem Phänomen, welches die Mathematik im 17. Jahrhundert revolutioniert hat. Wir erleben diese aufregende Entwicklung mit all ihren Konsequenzen später auf unserer Reise, seien Sie gespannt.

Haben Sie Lust auf eine kleine Überraschung? Ok, eine solche Riesenmenge an Zahlen, die quasi unendlich dicht liegt, kann doch bestimmt nicht mehr abgezählt werden, oder? Wo soll man denn anfangen, und dass man keine Zahl dabei vergisst.

Auch wenn es auf den ersten Blick unmöglich erscheint, es geht doch. $\mathbb{Q}$ ist tatsächlich abzählbar. Wir beschränken uns auf die positiven rationalen Zahlen, die Negativen bekommt man dann mit dem gleichen Trick wie bei den ganzen Zahlen: Wir fassen immer das Pärchen aus einer Zahl und ihrem Negativen zusammen.

Der geniale Trick liegt nun darin, die Brüche diagonal durchzuzählen. Stellen Sie sich die Brüche als Teilmenge der Ebene vor. In der Richtung von links nach rechts sind die Nenner, von oben nach unten die Zähler angebracht.

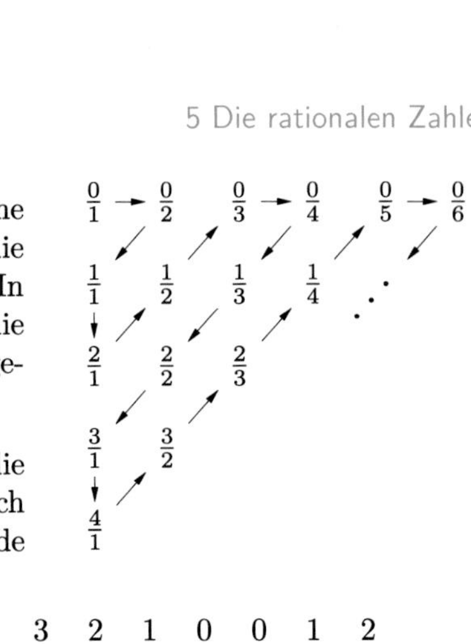

Wenn wir uns nun in Pfeilrichtung durch die Ebene schlängeln, so erreichen wir tatsächlich jeden Bruch und erhalten damit die folgende Abzählung aller Brüche:

$$\frac{0}{1}, \frac{0}{2}, \frac{1}{1}, \frac{2}{1}, \frac{1}{2}, \frac{0}{3}, \frac{0}{4}, \frac{1}{3}, \frac{2}{2}, \frac{3}{1}, \frac{4}{1}, \frac{3}{2}, \frac{2}{3}, \frac{1}{4}, \frac{0}{5}, \frac{0}{6}, \frac{1}{5}, \frac{2}{4}, \ldots .$$

Dass dabei viele Zahlen mehrfach aufgezählt werden, stört uns nicht. Das ändert nichts an der gesuchten surjektiven Abbildung $\alpha : \mathbb{N} \to \mathbb{Q}$, die durch die obige Zahlenfolge definiert wird.

Nachdem wir eine Vorstellung von den rationalen Zahlen auf der Zahlengeraden gewonnen haben, können wir nun, ähnlich der Subtraktion, eine inverse Operation zur Multiplikation definieren, die **Division**: Für alle rationalen Zahlen $p, q \in \mathbb{Q}$ mit $q \neq 0$ sei die Division von p durch q mit $p : q$ bezeichnet und definiert als

$$p : q = pq^{-1}.$$

Dabei bezeichnet q^{-1} das inverse Element von q bezüglich der Multiplikation. Falls demnach $q = a/b$ ist, dann ist $q^{-1} = b/a$. Den Sinn der etwas seltsamen Schreibweise mit dem negativen Exponenten werden wir bald verstehen.

Den Ausdruck $p : q$ nennen wir einen **Quotienten**, p ist der **Dividend** und q der **Divisor**. Nun tritt die uns allen bekannte Anschauung nach und nach stärker in Erscheinung: Machen wir ein kleines Beispiel. Identifizieren wir 3 mit 3/1 und 5 mit 5/1, dann können wir schreiben:

$$3 : 5 = \frac{3}{1}\left(\frac{5}{1}\right)^{-1} = \frac{3}{1}\frac{1}{5} = \frac{3}{5}.$$

Dies ist die bekannte Äquivalenz einer Division mit einem Bruch. Wir können jetzt die Bruchschreibweise erweitern auf rationale Zähler und Nenner. Für zwei Brüche mit ganzzahligen Zählern und Nennern a/b und c/d definieren wir einfach

$$\frac{a/b}{c/d} = \frac{a}{b} : \frac{c}{d} = \frac{a}{b}\left(\frac{c}{d}\right)^{-1} = \frac{ad}{bc}.$$

Man teilt eine Zahl also durch einen Bruch c/d, indem man sie mit dem Kehrwert d/c multipliziert. Addition und Multiplikation dieser erweiterten Brüche behalten dabei sinngemäß ihre Gültigkeit, und die Definition verträgt sich mit den Rechengesetzen in $\mathbb{Q}$. Mit der allgemeinen Festlegung $p/q = p : q$ für rationale p und $q \neq 0$ können wir jetzt also beliebige rationale Zahlen in Zähler und Nenner zulassen.

5.3 Der binomische Lehrsatz

Nun, da wir endlich das Teilen gelernt haben, können wir die dritte Vermutung aus dem Kapitel über die natürlichen Zahlen beweisen. Sie erinnern sich gewiss an die Potenzen $(x+y)^n$ und das PASCALsche Dreieck (Seite 22).

Haben Sie schon einmal Ihr Glück im Lotto versucht? Oder sich zumindest gefragt, wie groß die Gewinnwahrscheinlichkeit ist? Dabei landen wir bei der Frage nach der Anzahl der Möglichkeiten, 6 Zahlen aus den Zahlen $1, 2, \ldots, 49$ auszuwählen.

Warum fange ich plötzlich vom Lotto an? Nun ja, die Antwort auf die obige Frage beim Glücksspiel führt uns zu einer wichtigen mathematischen Größe, den sogenannten **Binomialkoeffizienten**. Diese Zahlen – und eine damit verbundene Formel – werden nicht nur das Geheimnis des PASCALschen Dreiecks lüften, sondern später ein wichtiger Baustein auf der Suche nach transzendenten Zahlen sein, die unser Jahrtausendrätsel von der Quadratur des Kreises lösen. Gehen wir daran, uns diesen Baustein zu erarbeiten.

Also: Wie viele Möglichkeiten gibt es, 6 verschiedene Zahlen im Lotto zu tippen? Die Antwort ist nicht schwer, man muss nur systematisch abzählen. Für das erste Kreuz haben Sie alle 49 Möglichkeiten: $M_1 = 49$. Danach haben Sie für das zweite Kreuz noch 48 Möglichkeiten. Und zwar 48 Möglichkeiten für jede Auswahl des ersten Kreuzes. Das macht zusammen $M_2 = 49 \cdot 48$ Möglichkeiten für die ersten zwei Kreuze. Fahren wir fort: Für jede der M_2 Möglichkeiten bei den ersten beiden Kreuzen bieten sich Ihnen noch 47 Möglichkeiten, das dritte Kreuz zu setzen. Nun erkennen Sie: Insgesamt gibt es

$$M_6 = 49 \cdot 48 \cdot 47 \cdot 46 \cdot 45 \cdot 44$$

Möglichkeiten, die 6 Kreuze zu setzen.

Aber Vorsicht, bei dieser Art der Abzählung wurde die Reihenfolge berücksichtigt, in der Sie die Kreuze gesetzt haben. Auf dem Lottoschein sehen gleiche Kreuze aber immer gleich aus, unabhängig in welcher Reihenfolge Sie gesetzt wurden.

Wir haben also zu viele Möglichkeiten gezählt. Versuchen wir, uns anhand von drei Zahlen klar zu machen, wie sehr wir daneben liegen. Die Frage lautet, in wie viel verschiedenen Reihenfolgen wir drei vorher fixierte Zahlen, sagen wir 3, 17, und 42, ankreuzen können. Es gibt offenbar die $6 = 3 \cdot 2 \cdot 1$ Möglichkeiten

$$\begin{array}{ll} (3,17,42)\,, & (3,42,17) \\ (17,3,42)\,, & (17,42,3) \quad \text{und} \\ (42,3,17)\,, & (42,17,3)\,. \end{array}$$

Können wir dafür auch eine allgemeine Formel finden? Auf wie viele Arten kann man n verschiedene Zahlen in ein n-Tupel schreiben? Auch das ist einfach. Für die erste Stelle in dem Tupel gibt es n Möglichkeiten, für jede dieser n Möglichkeiten gibt es dann noch $n-1$ Möglichkeiten bei der zweiten Stelle. Am Ende kommen dabei immer $n \cdot (n-1) \cdot (n-2) \cdot \ldots \cdot 2 \cdot 1$ Möglichkeiten heraus.

Wir führen jetzt für dieses Produkt eine neue Schreibweise ein, die sogenannte **Fakultät** einer Zahl:

$$n! \;=\; n\,(n-1)\,(n-2)\cdots 2\cdot 1\,.$$

Dabei wird 0! formal auf den Wert 1 festgesetzt.

Wir haben bei der Lottofrage also jede Variante $6! = 720$-fach gezählt und müssen das nun korrigieren, indem wir die M_6 Möglichkeiten durch genau diese Zahl dividieren. Wir erhalten also

$$\frac{49\cdot 48\cdot 47\cdot 46\cdot 45\cdot 44}{6!} \;=\; \frac{49!}{6!\cdot(49-6)!}$$

Möglichkeiten, im Lotto eine Kombination „6 aus 49“ zu tippen. Das ergibt eine Chance von etwa 1 : 14 Millionen, die richtige Kombination zu raten.

Unabhängig von diesem ernüchternden Ergebnis – man muss derzeit etwa 70 Millionen Euro für Lottoscheine ausgeben, um ernsthaft mit einem „Sechser“ rechnen zu können – führt uns dieser Gedankengang zu den bekannten Binomialkoeffizienten.

Binomialkoeffizienten

Für zwei natürliche Zahlen $n \geq k$ definiert man den Binomialkoeffizienten „n über k“ (oder auch „k aus n“) als

$$\binom{n}{k} \;=\; \frac{n!}{k!(n-k)!}\,.$$

Dieser Wert gibt die Anzahl der Möglichkeiten an, aus einer n-elementigen Menge k verschiedene Elemente auszuwählen.

Falls $n < k$ oder $k < 0$ ist, wird $\binom{n}{k} = 0$ festgesetzt. Damit gilt

$$\binom{n}{k} \;=\; \binom{n}{n-k} \quad \text{und}$$

$$\binom{n}{k} \;=\; \binom{n-1}{k-1} + \binom{n-1}{k} \quad (\text{für } n > 0)\,.$$

Wir müssen nur noch die Regeln beweisen. Die erste ist ganz einfach, ich überlasse sie Ihnen. Die zweite ist durch eine einfache Rechnung sofort zu sehen, denn für $n < k$ oder $k < 0$ ist sie richtig, und für den interessanten Fall $0 < k \leq n$ gilt

$$\binom{n-1}{k-1} + \binom{n-1}{k} \;=\; \frac{(n-1)!}{(k-1)!(n-k)!)} + \frac{(n-1)!}{k!(n-k-1)!)}$$

$$\;=\; \frac{k(n-1)! + (n-k)(n-1)!}{k!(n-k!)} \;=\; \binom{n}{k}\,. \qquad \square$$

Nun beweisen wir den binomischen Lehrsatz. Die dritte Vermutung sowie die Form des PASCALschen Dreiecks aus dem Kapitel über die natürlichen Zahlen (Seite 22) folgen dann sofort daraus.

Binomischer Lehrsatz
Für zwei beliebige Zahlen x und y und eine natürliche Zahl n gilt

$$(x+y)^n = \sum_{k=0}^{n} \binom{n}{k} x^{n-k} y^k .$$

Der Beweis wird üblicherweise formal durch vollständige Induktion nach n geführt. Der Induktionsschritt ist dabei eine etwas längliche Rechnung, in der die obigen Regeln für die Binomialkoeffizienten eingehen. Ich möchte Ihnen die Rechnung ersparen, in diesem Fall halte ich auch einen anschaulichen Beweis für legitim.

Wir schreiben die Potenz als

$$(x+y)^n = \underbrace{(x+y)\,(x+y)\,\cdots\,(x+y)}_{n-\text{mal}} .$$

Wenn wir dieses Produkt vollständig ausmultiplizieren, so erhalten wir lauter Summanden der Form $x^{n-k}y^k$ für $0 \leq k \leq n$. Die Frage ist nur, wie viele Summanden es von jedem Typ gibt. Hier hilft nun die anschauliche Vorstellung. Um für ein festes k den Summanden $x^{n-k}y^k$ zu erhalten, müssen wir aus den n Faktoren genau k-mal das y auswählen. Zwangsläufig wird dann $(n-k)$-mal das x genommen. Hierbei werden alle Möglichkeiten durchgegangen. Und diese Anzahl der Möglichkeiten ist gleich $\binom{n}{k}$, wie wir oben beim Lotto festgestellt haben. □

Falls dieses Argument etwas zu schnell gegangen ist, probieren Sie es doch zur Übung einmal mit $n = 3$ oder $n = 4$ aus, um den Mechanismus dahinter zu verstehen.

5.4 Die Folge der Fibonacci-Brüche

Machen wir eine kleine Gedankenpause, es ist Zeit für etwas Unterhaltsames. Gleichzeitig können wir damit elementares Bruchrechnen üben. Schauen Sie sich einmal den Bruch

$$\frac{1}{1+1}$$

an, der ganz offensichtlich den Wert $1/2$ hat. Wir sind jetzt so frei und ersetzen die zweite 1 im Nenner durch den gleichen Bruch und landen bei

$$\frac{1}{1+\frac{1}{1+1}} .$$

Eine kleine Übung im Bruchrechnen ergibt gemäß den Gesetzen und Definitionen, die wir erarbeitet haben:

$$\frac{1}{1+\frac{1}{1+1}} = \frac{1}{1+\frac{1}{2}} = \frac{1}{\frac{3}{2}} = \frac{2}{3}.$$

Treiben wir das Spiel weiter. Wir berechnen

$$\frac{1}{1+\frac{1}{1+\frac{1}{1+1}}} = \frac{1}{1+\frac{2}{3}} = \frac{1}{\frac{5}{3}} = \frac{3}{5}.$$

Na, haben Sie das Prinzip schon erkannt? Üben Sie kurz selbst den nächsten Schritt und berechnen

$$\frac{1}{1+\frac{1}{1+\frac{1}{1+\frac{1}{1+1}}}} = \frac{5}{8}.$$

Spätestens jetzt sehen Sie das Konstruktionsprinzip: Der bis ins Unendliche fortgesetzte geschachtelte Bruch, man nennt ihn einen **Kettenbruch**, definiert offenbar die Zahlenfolge

$$\frac{1}{2}, \frac{2}{3}, \frac{3}{5}, \frac{5}{8}, \frac{8}{13}, \frac{13}{21}, \ldots,$$

in der wir die FIBONACCI-Zahlen wiederfinden, die wir schon bei den natürlichen Zahlen erlebt haben (Seite 23). Welches Geheimnis hat es mit dieser Folge auf sich?

Einige von Ihnen haben wahrscheinlich schon den Taschenrechner gezückt und die ersten Elemente dieser Folge ausprobiert. Dabei haben Sie festgestellt, dass die Quotienten nicht wild umherspringen, sondern sich um immer weniger unterscheiden. Auf rätselhafte Weise scheinen Sie sich bei einem Wert von ungefähr 0,618 einzupendeln. Mein Taschenrechner sagt mir Folgendes:

$$\begin{aligned}
\frac{1}{2} &= 0{,}5 & \frac{2}{3} &= 0{,}666666\ldots \\
\frac{3}{5} &= 0{,}6 & \frac{5}{8} &= 0{,}625 \\
\frac{8}{13} &= 0{,}615384\ldots & \frac{13}{21} &= 0{,}619047\ldots \\
\frac{21}{34} &= 0{,}617647\ldots & \frac{34}{55} &= 0{,}618181\ldots \\
\frac{55}{89} &= 0{,}617977\ldots & \frac{89}{144} &= 0{,}618055\ldots \\
\frac{144}{233} &= 0{,}618025\ldots & \frac{233}{377} &= 0{,}618037\ldots
\end{aligned}$$

Sehen wir uns jetzt einmal folgende Bilder aus Architektur und Natur an:

Die eingezeichneten Längen m und M stehen alle etwa in diesem Verhältnis zueinander: 0,618... . Wir werden später sehen, dass dies der Kehrwert des **goldenen Schnitts** 1,618... ist (auch **goldene Zahl** genannt) – eine Proportion, die dem natürlichen Wachstum in der Natur entspricht und von den Menschen seit Urzeiten als besonders ausgewogen und ästhetisch empfunden wird. Auch JOHANNES KEPLER hat seine Bedeutung in der Natur und der Kunst gewürdigt:

> „Die Geometrie birgt zwei große Schätze: der eine ist der Satz von Pythagoras, der andere der Goldene Schnitt. Den ersten können wir mit einem Scheffel Gold vergleichen, den zweiten können wir ein kostbares Juwel nennen."

Es handelt sich um eines der schönsten mathematischen Geheimnisse, dass sich die Folge der FIBONACCI-Brüche diesem Verhältnis anzunähern scheint.

Doch langsam, immer der Reihe nach. Lassen wir der Folge zunächst ihr Geheimnis. Wir sollten zuerst einmal genau verstehen, was hier eigentlich passiert ist. Was möchte uns der Taschenrechner sagen?

5.5 Die Dezimaldarstellung rationaler Zahlen, Teil I

Widmen wir uns also etwas Grundsätzlichem. Beim systematischen Aufbau des Zahlensystems wurde bisher immer stillschweigend eine bestimmte Darstellung der natürlichen Zahlen verwendet, die **Dezimaldarstellung**. Ohne mit der Wimper zu zucken, haben wir bereits natürliche Zahlen wie 247 225 untersucht und ihre Primfaktorzerlegung angegeben. Diese Darstellung der ganzen Zahlen sei hier vorausgesetzt:

$$247\,225 \;=\; \mathbf{2}\cdot 10^5 + \mathbf{4}\cdot 10^4 + \mathbf{7}\cdot 10^3 + \mathbf{2}\cdot 10^2 + \mathbf{2}\cdot 10^1 + \mathbf{5}\cdot 10^0\,.$$

Die Faktoren bei den Zehnerpotenzen sind die Ziffern des Zehnersystems $0, 1, \ldots, 9$ und damit ist eine solche Darstellung auch eindeutig: Sie können sich durch Größenvergleiche leicht überlegen, dass die Änderung einer Dezimalstelle durch die anderen Stellen niemals ausgeglichen werden kann. Um die rationalen Zahlen auf ähnliche Weise zu notieren, müssen wir zunächst die Potenzrechnung auf negative ganze Exponenten ausweiten.

Wir definieren für ganze Zahlen $n \geq 0$ sowie rationale Zahlen $q = a/b$, $a, b \in \mathbb{Z}^*$,

$$q^{-n} = \frac{1}{q^n} = \frac{b^n}{a^n}.$$

Diese Definition ist keinesfalls aus der Luft gegriffen. Sie ist sogar zwingend notwendig, damit die geläufigen Potenzgesetze weiter gelten. So ist mit dieser Definition tatsächlich

$$q^m\, q^{-m} = q^m \frac{1}{q^m} = 1 = q^0 = q^{m+(-m)}.$$

Sie überprüfen nun schnell, dass alle bekannten Potenzgesetze auch für negative Exponenten gelten. Das ist schon sehr lange bekannt. Vor fast 500 Jahren wurden die negativen Zahlen und auch die negativen Exponenten erstmals von dem deutschen Mathematiker MICHAEL STIFEL erwähnt.

Damit können wir die Dezimaldarstellung auf negative Exponenten erweitern. Betrachten Sie als Beispiel die rationale Zahl

$$25 + \frac{3}{10} + \frac{7}{100} + \frac{1}{1000} = \mathbf{2} \cdot 10^1 + \mathbf{5} \cdot 10^0 + \mathbf{3} \cdot 10^{-1} + \mathbf{7} \cdot 10^{-2} + \mathbf{1} \cdot 10^{-3}.$$

Um den Übergang zu den negativen Exponenten zu kennzeichnen, verwendet man in der Dezimalschreibweise ein Trennzeichen, im europäischen Raum ist es das Komma, im anglo-amerikanischen Bereich ein Punkt. Die obige Zahl schreibt sich dann kurz als

$$25{,}371$$

und man nennt das einen **Dezimalbruch**, da er als Bruch $25371/1000$ eine Zehnerpotenz im Nenner stehen hat.

Forschen wir ein wenig weiter. Können wir denn jede rationale Zahl so darstellen? Das ist – man ahnt es anfangs vielleicht gar nicht – wieder eine ziemlich spannende Frage. Probieren wir doch mal, die rationale Zahl $3/7$ so darzustellen.

Kann das überhaupt gehen? Nun ja, falls es einen Dezimalbruch wie oben dafür gäbe, mit n Stellen nach dem Komma (wobei n so unvorstellbar groß sein könnte, dass alle Bücher dieser Welt nicht ausreichen, die Zahl hinzuschreiben), dann würde es also eine natürliche Zahl m geben mit

$$\frac{3}{7} = \frac{m}{10^n}.$$

Die Definition der rationalen Zahlen ergibt dann die Gleichung $3 \cdot 10^n = 7m$. Kann das gehen?

Wieder liefert der berühmte Satz von der eindeutigen Primfaktorzerlegung (Seite 42) die Antwort. Wenn die Gleichung erfüllt wäre, so käme die Primzahl 7 in der Primfaktorzerlegung von $3 \cdot 10^n$ vor. Das kann aber nicht sein, denn man sieht sofort, dass $2^n \cdot 3 \cdot 5^n$ die Primfaktorzerlegung von $3 \cdot 10^n$ ist. Mal wieder haben wir einen Widerspruch entdeckt. Wir können also $3/7$ nicht als einen Dezimalbruch wie oben schreiben. Aber machen wir das Beste aus diesem Schlamassel und formulieren daraus einen Satz.

Dezimalbrüche
Eine rationale Zahl a/b ist genau dann durch einen Dezimalbruch wie oben darstellbar, wenn sämtliche Primfaktoren von b, die ungleich 2 oder 5 sind, auch in a vorkommen, sich also herauskürzen lassen.

Der Beweis ist sehr einfach. Probieren Sie doch mal selbst, ihn mit Hilfe der eindeutigen Primfaktorzerlegung herzuleiten. So ist $21/35 = 0{,}6$, da der Primfaktor 7 von 35 auch in der Zerlegung von 21 vorkommt. Aber bei $3/7$ geht leider gar nichts mehr, tut mir leid. Was nun? Müssen wir uns von der schönen Idee mit den Dezimalbrüchen verabschieden?

Nein, das müssen wir nicht. Es ist sogar gut so. Denn die Lösung dieser Frage führt uns weiter zu ganz neuen Ufern. Wir entdecken dabei ein fundamentales Konzept in der Mathematik, die sogenannten **Grenzwerte** von Zahlenfolgen. Ein interessantes Thema, das schon den Anfang der **Infinitesimalrechnung** begründet, quasi den Umgang mit der Unendlichkeit im Kleinen. Wagen wir uns an dieses Abenteuer heran.

5.6 Folgen, Reihen, Konvergenz und Grenzwerte

Unendliche Zahlenfolgen haben wir schon kennen gelernt: Der Kettenbruch von Seite 66 definiert eine, die FIBONACCI-Zahlen selbst oder die natürlichste aller Folgen, die natürlichen Zahlen, also $a_n = n$, sind Beispiele dafür. Sie ahnen vielleicht schon, dass es zwischen der Folge der natürlichen Zahlen und der Folge der Kettenbrüche einen ganz fundamentalen Unterschied gibt. Die natürlichen Zahlen werden immer größer, wachsen ins Unendliche, während die Kettenbrüche sich ständig zwischen 0 und 1 bewegen, da in diesen Brüchen stets die Nenner größer sind als die Zähler.

Wir werden und bald um diesen Unterschied kümmern, wenden uns jetzt aber einer weiteren Möglichkeit zu, Zahlenfolgen zu konstruieren: den sogenannten **Reihen**. Eine Reihe ist nichts anderes als eine unendliche Summe, die man bequem mit der Kurzschreibweise notieren kann, die wir schon kennen. Beispiele für Reihen sind

$$\sum_{k=1}^{\infty} k = 1+2+3+4+\ldots \quad \text{oder} \quad \sum_{k=1}^{\infty} \frac{1}{k} = 1+\frac{1}{2}+\frac{1}{3}+\frac{1}{4}+\ldots .$$

Solch unendliche Summen sind beim genauen Hinsehen eigentlich nur Spezialfälle von Zahlenfolgen, nämlich die Folgen ihrer endlichen Teilsummen oder auch **Partialsummen**. Wir definieren die Folge der Partialsummen zu einer Reihe $\sum a_k$ als $(s_n)_{n \in \mathbb{N}}$ mit

$$s_n = \sum_{k=0}^{n} a_k ,$$

das sind einfach die ersten $n+1$ Summanden der Reihe.

Die linke der obigen Reihen definiert also die Folge 1 3 6 10 15 ..., die rechte Reihe ergibt mit dem Taschenrechner die Folge

$$1 \quad 1{,}5 \quad 1{,}83333\ldots \quad 2{,}083333\ldots \quad 2{,}2833333\ldots \quad 2{,}45 \quad 2{,}592857\ldots .$$

Die zweite Reihe hat einen schönen Namen. Sie heißt **harmonische Reihe**. In der Tat hat sie etwas mit Musik zu tun. Jedes Musikinstrument erzeugt nicht nur einzelne Frequenzen im Sinne eines physikalischen Schwingungsgenerators (die reinen Sinustöne klingen schauderhaft!), sondern es schwingen zu einem gespielten Ton immer viele Obertöne mit. Das macht letztlich die Schönheit des Klangs von Musikinstrumenten aus. Und die Wellenlängen dieser Obertonreihe verhalten sich zu der des Grundtons eben wie $1/2$, $1/3$, $1/4, \ldots$.

Die Folge der Teilsummen der harmonischen Reihe ist wirklich rätselhaft. Sie hat eine gewisse Ähnlichkeit mit unserer FIBONACCI-Bruch-Folge: Die aufeinander folgenden Elemente unterscheiden sich immer weniger. Aber im Gegensatz zur FIBONACCI-Bruch-Folge werden die Teilsummen immer größer, wenn auch immer langsamer. Wo geht sie hin, diese Folge? Strebt sie gegen unendlich, oder hat sie eine obere Schranke?

Diese Frage können wir durch eine geschickte Gruppierung der Summanden beantworten. Wir schreiben die harmonische Reihe als

$$1 + \left(\frac{1}{2} + \frac{1}{3}\right) + \left(\frac{1}{4} + \frac{1}{5} + \frac{1}{6} + \frac{1}{7}\right) + \left(\frac{1}{8} + \frac{1}{9} + \ldots + \frac{1}{15}\right) + \ldots .$$

Für die geklammerten Ausdrücke gilt allgemein

$$\frac{1}{2^n} + \frac{1}{2^n+1} + \ldots + \frac{1}{2^{n+1}-1} > \frac{2^n}{2^{n+1}-1} > \frac{2^n}{2^{n+1}} = \frac{1}{2} .$$

Da insgesamt unendlich viele solche Klammern vorkommen, wächst die harmonische Reihe tatsächlich gegen unendlich, wenn auch sehr langsam.

Eine der wichtigsten Reihen ist die **geometrische Reihe**. Nehmen wir hierzu eine beliebige Zahl $b \in \mathbb{Q}$ mit $|b| < 1$ und betrachten die Reihe

$$S = \sum_{n=0}^{\infty} b^n = 1 + b + b^2 + b^3 + \ldots .$$

Auch hier können wir die Frage stellen, wo uns diese Reihe hinführt. Ähnlich wie bei der harmonischen Reihe stellen wir fest, dass die Summanden betragsmäßig immer kleiner werden und sich schließlich der 0 immer mehr annähern.

Aha, Moment mal, ist das wirklich klar? Wenn $0 < |b| < 1$ ist, dann werden die Summanden b^n vom Betrag her zwar immer kleiner, das leuchtet wegen

$$|b^n| > |b^n|\,|b| = |b^{n+1}|$$

unmittelbar ein. Aber warum wird $|b^n|$ dabei kleiner als jede andere rationale Zahl $q > 0$, strebt also gegen 0? Nun ja, mit einem Taschenrechner können Sie zwar ein wenig herumprobieren, aber ein exakter Beweis ist das nicht.

Liebe Leserinnen und Leser, die Aussage ist so wichtig, dass wir hier nicht schlampen dürfen. Formulieren wir also einen Satz.

Summanden der geometrischen Reihe
Betrachten wir eine rationale Zahl $b \in \mathbb{Q}$ mit $|b| < 1$. Dann strebt die Folge $(b^n)_{n\in\mathbb{N}}$ gegen 0. Das bedeutet, für jede beliebige rationale Zahl $q > 0$ liegen alle Zahlen b^n ab einem bestimmten Index n_0 zwischen $-q$ und q.

Der Beweis beginnt ganz einfach, hat es dann aber in sich. Wenn zwei rationale Zahlen $s, t > 0$ gegeben sind, so finden wir stets eine natürliche Zahl n mit

$$t < sn\,.$$

Dies ist sofort anschaulich klar, denn t/s ist eine rationale Zahl, liegt also irgendwo auf der Zahlengeraden. Natürlich gibt es dann eine natürliche Zahl n, welche größer als t/s ist, es gilt also $t/s < n$. Diese Eigenschaft gilt übrigens nicht für alle Körper. Daher nennt man einen Körper mit einer Ordnungsrelation, in dem die obige Aussage gilt, einen **archimedisch angeordneten Körper**. $\mathbb{Q}$ ist also ein archimedisch angeordneter Körper.

Der zweite Schritt des Beweises führt uns zu einer wichtigen Ungleichung, der sogenannten BERNOULLIschen Ungleichung, benannt nach dem Schweizer JAKOB BERNOULLI. Dieses kleine, aber wichtige Ergebnis besagt, dass im Falle $x \geq -1$ stets

$$(1+x)^n \geq 1+nx$$

ist. Hierfür können wir mal wieder einen Induktionsbeweis probieren: Für $n = 0$ ist die Aussage klar. Es sei die Aussage nun für n gültig. Dann bekommen wir

$$\begin{aligned}
(1+x)^{n+1} &= (1+x)\,(1+x)^n \\
&\geq (1+x)\,(1+nx) \\
&= 1+x+nx+nx^2 \\
&= 1+(n+1)x+nx^2 \geq 1+(n+1)x\,.
\end{aligned}$$

Das war zu zeigen. Mit der BERNOULLIschen Ungleichung schaffen wir nun den dritten Schritt des Beweises.

Wenn eine rationale Zahl $r > 1$ und $K \in \mathbb{Q}$ beliebig ist, dann gibt es ein $n \in \mathbb{N}$, ab dem stets

$$r^n > K$$

ist. Der Beweis hierfür ist jetzt nicht mehr schwer. Wir setzen $x = r - 1$. Dann ist $x > 0$ und daher

$$r^n = (1+x)^n \geq 1 + nx\,.$$

Wir wählen nun gemäß dem ersten Schritt ein n so groß, dass $nx > K - 1$ ist und erhalten

$$r^n \geq 1 + nx > K\,,$$

was wir zeigen wollten.

Wir dürfen nun $b \neq 0$ voraussetzen, denn der Satz gilt auf jeden Fall für $b = 0$. Wenn also $0 < |b| < 1$ und $q > 0$ eine beliebige rationale Zahl ist, dann gilt für den Kehrwert $|1/b| > 1$ und nach dem dritten Schritt gibt es ein $n \in \mathbb{N}$, ab dem $|(1/b)|^n > 1/q$ ist. Das bedeutet aber

$$|b^n| < q\,,$$

und wir sind mit dem Beweis fertig. □

Zugegeben, das war gar nicht so einfach. Halten Sie kurz inne und lesen Sie den Beweis gerne nochmal durch. Eine scheinbar so einfache Aussage macht manchmal mehr Mühe, als man anfangs denkt.

Lassen Sie uns jetzt aber das obige Verhalten der Folge $(b^n)_{n\in\mathbb{N}}$ genauer definieren. Wir kommen zu einem der wichtigsten Begriffe der höheren Mathematik. Dazu führen wir in $\mathbb{Q}$ den Begriff der ϵ-Umgebung einer Zahl ein: Für jede Zahl $q \in \mathbb{Q}$ und jede rationale Zahl $\epsilon > 0$ definieren wir die ϵ-Umgebung von q als

$$B(q,\epsilon) = \{r \in \mathbb{Q} : |\,r - q\,| < \epsilon\}\,.$$

$B(q,\epsilon)$ sind also alle rationalen Zahlen, die von q einen Abstand kleiner als ϵ haben, und davon gibt es ja immer unendlich viele, wie wir gesehen haben (Seite 61). Wir definieren nun den Begriff der Konvergenz und des Grenzwerts.

Konvergenz und Grenzwert

Eine beliebige Folge $(a_n)_{n\in\mathbb{N}}$ rationaler Zahlen a_n **konvergiert** gegen einen **Grenzwert** $c \in \mathbb{Q}$, in Zeichen

$$\lim_{n\to\infty} a_n = c\,,$$

wenn es für jedes $\epsilon > 0$ einen Index n_0 gibt, sodass für alle $n \geq n_0$ die Zahl a_n in der ϵ-Umgebung $B(c,\epsilon)$ von c liegt.

Die suggestive Kurzbezeichnung lim, welche wir ab jetzt verwenden wollen, kommt von *limes* (lat. für *Grenze*). Anschaulich bedeutet das: Egal wie klein wir die Umgebung um den Punkt c wählen, ab einem bestimmten Index liegen alle Folgenelemente a_n innerhalb dieser Umgebung. Damit ist auch sofort klar, dass Grenzwerte, wenn sie denn existieren, stets eindeutig sind.

Beachten Sie dabei, dass es für die Konvergenz nicht genügt, wenn unendlich viele Folgenelemente in $B(c, \epsilon)$ liegen. Kleines Beispiel: Die alternierende Folge $a_n = (-1)^n$ konvergiert nicht gegen 1, obwohl unendlich viele Folgenelemente sogar gleich 1 sind.

Da wir nun einen wichtigen neuen Begriff erarbeitet haben, sollten wir uns um einige Gesetzmäßigkeiten kümmern. Es ist eine leichte Übung.

Grenzwertregeln
Wenn wir die **Summenfolge** zweier konvergenter Folgen bilden, dann gilt:

$$\lim_{n\to\infty} (a_n + b_n) = \lim_{n\to\infty} a_n + \lim_{n\to\infty} b_n \,.$$

Gleiches gilt für das Produkt mit einer rationalen Konstanten λ:

$$\lim_{n\to\infty} (\lambda a_n) = \lambda \lim_{n\to\infty} a_n$$

oder für eine **Produktfolge**:

$$\lim_{n\to\infty} (a_n b_n) = \lim_{n\to\infty} a_n \lim_{n\to\infty} b_n \,.$$

Und falls alle $a_n \neq 0$ sind und auch $\lim\limits_{n\to\infty} a_n \neq 0$ ist, dann gilt:

$$\lim_{n\to\infty} \frac{1}{a_n} = \frac{1}{\lim\limits_{n\to\infty} a_n} \,.$$

Wir erleben nun zum ersten Mal eine typische Beweisform der Analysis, die auch unter dem Namen **Epsilontik** bekannt ist. Im Prinzip ist sie nicht sehr spannend, eher technisch, aber für den Neuling sicher etwas gewöhnungsbedürftig. Versuchen wir einmal den ganz einfachen ersten Fall.

Es sei also $\lim_{n\to\infty} a_n = a$ und $\lim_{n\to\infty} b_n = b$. Wir geben nun ein $\epsilon > 0$ vor, genau wie es die Definition der Konvergenz verlangt. Wir wissen bereits, dass wir ab einem bestimmten Index n_0 sowohl

$$|a_n - a| < \epsilon \quad \text{als auch} \quad |b_n - b| < \epsilon$$

annehmen dürfen. Damit ist aber nach der Dreiecksungleichung

$$\begin{aligned} \big|(a_n + b_n) - (a + b)\big| &= \big|(a_n - a) + (b_n - b)\big| \\ &\leq |a_n - a| + |b_n - b| < 2\epsilon \,. \end{aligned}$$

Damit sind wir fertig mit der ersten Aussage, denn wir dürfen ja ϵ beliebig klein vorgeben, kommen also auch mit dem Ausdruck 2ϵ beliebig nahe an die 0 heran.

Hierzu eine kleine Bemerkung. Beweise wie dieser werden oft im Nachgang „bereinigt", damit am Ende der Rechnung genau die Zahl ϵ herauskommt, die man anfangs vorgegeben hat. In unserem Fall hätten wir dazu den Index n_0 so wählen müssen, dass

$$|a_n - a| < \frac{\epsilon}{2} \quad \text{und} \quad |b_n - b| < \frac{\epsilon}{2}$$

ist. Damit ließe sich exakt $\big|(a_n + b_n) - (a + b)\big| < \epsilon$ herleiten.

Mir persönlich gefällt das weniger, da die künstlichen oberen Schranken irgendwie vom Himmel zu fallen scheinen und man erst am Ende des Beweises erkennt, warum sie so gewählt wurden. Der natürliche Gedankengang der Herleitung wird dadurch genauso wenig wiedergegeben wie ein intuitives Gefühl für Grenzwerte von Rechenausdrücken entwickelt.

Zeigen wir das noch an der dritten Regel, dort ist es ein wenig schwieriger. Wir gehen wieder aus von

$$|a_n - a| < \epsilon \quad \text{und} \quad |b_n - b| < \epsilon$$

für alle $n \geq n_0$ und müssen $|\, a_n b_n - ab \,|$ nach oben abschätzen. Wir formulieren ein wenig um und behaupten, dass für alle $n \geq n_0$

$$a_n = a + \alpha_n \quad \text{und} \quad b_n = b + \beta_n$$

ist, wobei die Beträge der Korrekturen α_n und β_n kleiner als ϵ sind. Das führt uns ans Ziel, denn es ist dann

$$\begin{aligned} |\, a_n b_n - ab \,| &= \big|\, (ab + \alpha_n b + \beta_n a + \alpha_n \beta_n) - ab \,\big| \\ &= |\, \alpha_n b + \beta_n a + \alpha_n \beta_n | \\ &\leq |\alpha_n|\,|b| + |\beta_n|\,|a| + |\alpha_n|\,|\beta_n| < \epsilon\big(|b| + |a| + \epsilon\big)\,. \end{aligned}$$

Wir sind fertig, denn mit beliebig kleinem ϵ kommen wir auch mit dieser Abschätzung der 0 beliebig nahe. Sie können zur Übung gerne versuchen, die beiden anderen Regeln zu beweisen, es geht genauso. □

Einen herzlichen Glückwunsch. Wenn Sie die obigen Zeilen verstanden haben, dann sind Sie schon richtig eingestiegen in einem der wesentlichen Bausteine der Analysis, der **Grenzwertrechnung**. Auf unserer weiteren Reise wird sie eine ganz wichtige Rolle spielen.

Wenden wir uns noch einmal der geometrischen Reihe zu,

$$S = \sum_{n=0}^{\infty} b^n = 1 + b + b^2 + b^3 + \ldots\,,$$

wobei $|b| < 1$ war. Wir können jetzt ihren Grenzwert bestimmen. S konvergiert nach den obigen Regeln genau dann, wenn auch $(1-b)\,S$ konvergiert, also die Folge der Teilsummen

$$(1-b)\,S_n \;=\; (1-b)\sum_{k=0}^{n} b^k \;=\; (1-b)\,(1+b+b^2+\ldots+b^n) \;=\; 1-b^{n+1}\,.$$

Es ist bemerkenswert, wie sich in dem Ausdruck $(1-b)\,S_n$ nach dem Ausmultiplizieren alle bis auf zwei Summanden gegenseitig aufheben. Da wir nach der Beobachtung von Seite 71 wissen, dass $\lim_{n\to\infty} b^n = 0$ ist, erhalten wir das berühmte Resultat

$$\sum_{n=0}^{\infty} b^n \;=\; \frac{1}{1-b} \quad \text{für } |b| < 1\,.$$

Eine Formel von besonderer Ästhetik. Sie können gerne ein paar konkrete Beispiele konstruieren. Hier sind welche:

$$1+\frac{1}{2}+\frac{1}{4}+\frac{1}{8}+\frac{1}{16}+\frac{1}{32}+\ldots \;=\; \sum_{n=0}^{\infty}\left(\frac{1}{2}\right)^n \;=\; \frac{1}{1-\frac{1}{2}} \;=\; 2\,,$$

oder

$$1+\frac{1}{3}+\frac{1}{9}+\frac{1}{27}+\frac{1}{81}+\frac{1}{243}+\ldots \;=\; \sum_{n=0}^{\infty}\left(\frac{1}{3}\right)^n \;=\; \frac{1}{1-\frac{1}{3}} \;=\; 1{,}5\,,$$

oder

$$1-\frac{1}{2}+\frac{1}{4}-\frac{1}{8}+\frac{1}{16}-\frac{1}{32}\pm\ldots \;=\; \sum_{n=0}^{\infty}\left(-\frac{1}{2}\right)^n \;=\; \frac{1}{1+\frac{1}{2}} \;=\; \frac{2}{3}\,.$$

Halten wir kurz inne. Für diese Formel haben wir nun schon über vier Seiten voll mit mathematischen Überlegungen gebraucht.

Warum erwähne ich das? Nun ja, es ist ein Beispiel dafür, wie richtige Mathematik funktioniert. Schritt für Schritt wird ein Baustein auf den anderen geschichtet, eine Gedankenkonstruktion nach der anderen miteinander verknüpft, bis schließlich ein wunderbares Netzwerk aus logischen Zusammenhängen entsteht. Ein Netzwerk, in dem alles wasserdicht sein muss, sonst bricht das ganze Gebäude zusammen. Dabei sind es immer noch die ungelösten Rätsel der Mathematik, welche dieses Netzwerk vorantreiben, das nun schon seit Jahrhunderten wächst und Millionen und Abermillionen von Seiten enthält. Die Bibliotheken der mathematischen Institute dieser Welt legen ein lebendiges Zeugnis dafür ab.

5.7 Die Dezimaldarstellung rationaler Zahlen, Teil II

Nachdem wir schon ein wenig von analytischen Grundkonzepten erlebt haben, kommen wir auf die grundlegende Fragestellung zurück, wegen der wir den ganzen Aufwand betrieben haben. Erinnern Sie sich?

Es ging um diesen verhexten Bruch 3/7, der nach dem Satz von der eindeutigen Primfaktorzerlegung keine Darstellung als Dezimalbruch haben kann wie zum Beispiel der Bruch $3/8 = 0{,}375$. Wir haben uns damals die Frage gestellt, ob wir deswegen die ganze Idee von der Dezimalbruchdarstellung verwerfen müssen. Das ist zum Glück nicht der Fall, und jetzt haben wir auch die mathematischen Mittel dazu in der Hand.

Versuchen wir zunächst, 3/7 auf herkömmliche Weise als Dezimalbruch zu entwickeln. Dabei wenden wir ein spezielles Verfahren an, bei dem 3/7 immer weiter eingekreist wird. Sie kennen es als die herkömmliche handschriftliche Division. Wenn als Raster zu Beginn die Zehntel genommen werden, so erkennen wir schnell, dass

$$\frac{\mathbf{4}}{10} \leq \frac{3}{7} < \frac{5}{10}$$

ist, also starten wir mit

$$\frac{3}{7} = 0,\mathbf{4} + R_1 .$$

Da $0 < R_1 < 0{,}1$ ist, stimmt die erste Nachkommastelle bereits.

Setzen wir unsere Arbeit fort und ziehen die Schlinge um 3/7 noch enger, indem wir der Rest R_1 einkreisen. Es ist

$$R_1 = \frac{3}{7} - \frac{4}{10} = \frac{30-28}{70} = \frac{2}{70} = \frac{1}{10}\,\frac{2}{7} .$$

Wir machen nun mit dem Bruch ganz rechts, mit 2/7, genau dasselbe wie vorher:

$$\frac{\mathbf{2}}{10} \leq \frac{2}{7} < \frac{3}{10} .$$

Also ist

$$R_1 = \frac{1}{10}\,\frac{\mathbf{2}}{7} = \frac{1}{10}\,(0,\mathbf{2} + R_2') = 0{,}0\mathbf{2} + R_2$$

mit $0 < R_2' < 0{,}1$, also $0 < R_2 < 0{,}01$. Damit ist

$$\frac{3}{7} = 0,\mathbf{4} + 0{,}0\mathbf{2} + R_2 = 0,\mathbf{42} + R_2$$

und es sind schon zwei Nachkommastellen bekannt. Machen wir noch einen weiteren Schritt, dann wird es endgültig klar. Wir berechnen

$$R_2 = \frac{3}{7} - \frac{42}{100} = \frac{300-294}{700} = \frac{6}{700} = \frac{1}{10^2}\,\frac{6}{7} .$$

Nun ist die Einkreisung von 6/7 dran:

$$\frac{\mathbf{8}}{10} \leq \frac{6}{7} < \frac{9}{10}.$$

Damit halten wir bei

$$R_2 = \frac{1}{10^2}\frac{\mathbf{6}}{7} = \frac{1}{10^2}(0,\mathbf{8} + R_3') = 0{,}00\mathbf{8} + R_3$$

mit $0 < R_3' < 0{,}1$. Es ergibt sich schließlich

$$\frac{3}{7} = 0,\mathbf{4} + 0{,}0\mathbf{2} + 0{,}00\mathbf{8} + R_3 = 0,\mathbf{428} + R_3\,,$$

mit $0 < R_3 < 0{,}001$: Auch die dritte Nachkommastelle ist gefunden. Wir wollen das nicht endlos weiterführen, Sie erkennen bei diesem Vorgehen aber eine Gesetzmäßigkeit: Offenbar ist stets

$$0 < R_n < 10^{-n}\,,$$

und die genaue Berechnung von R_n ergibt immer ein Resultat der Form

$$R_n = \frac{1}{10^n}\frac{r}{7}\,,$$

wobei $0 \leq r < 7$ ist. Die nächste Stelle **s** ergibt sich danach aus der Einschließung

$$\frac{\mathbf{s}}{10} \leq \frac{r}{7} < \frac{\mathbf{s}+1}{10}.$$

Wenn Sie das als Übung weiter ausführen, so werden Sie erhalten:

$$R_3 = \frac{1}{10^3}\frac{4}{7}; \quad R_4 = \frac{1}{10^4}\frac{5}{7}; \quad R_5 = \frac{1}{10^5}\frac{1}{7}; \quad R_6 = \frac{1}{10^6}\frac{3}{7}\,,$$

was der Stellenfolge 571 entspricht. Wir sind jetzt wieder bei der Berechnung von 3/7 angelangt. Ab diesem Zeitpunkt drehen wir uns im Kreis, die Stellen wiederholen sich in genau der gleichen Reihenfolge bis ins Unendliche.

Wir können festhalten: Ab der siebten Stelle nach dem Komma wiederholt sich unser Verfahren – der Versuch, 3/7 als Dezimalbruch darzustellen, führt zu der endlosen Schleife

$$\frac{3}{7} = 0{,}428571\,428571\,428571\,42\ldots.$$

Was ist das für ein Ungeheuer? Nun ja, wir sind gut vorbereitet, denn wir können diese **unendliche Dezimalbruchentwicklung** inzwischen mathematisch genau interpretieren: Als Grenzwert einer Reihe. Wir schreiben dazu einfach

$$\frac{3}{7} = 0\cdot 10^0 + 4\cdot 10^{-1} + 2\cdot 10^{-2} + 8\cdot 10^{-3} + 5\cdot 10^{-4} + 7\cdot 10^{-5} + 1\cdot 10^{-6} + 4\cdot 10^{-7} + \ldots.$$

Aus der Definition des Grenzwerts ist klar, dass diese Reihe gegen $3/7$ konvergiert, denn die Reste R_n, welche die Differenzen der jeweiligen Teilsummen zu $3/7$ angeben, streben gegen 0.

Der Kürze halber verwenden wir jetzt statt des sperrigen Begriffs „Dezimalbruchentwicklung" auch im Falle unendlich vieler Nachkommastellen die einfachere Bezeichnung „Dezimalbruch" – so hat sich das auch in der Mathematik durchgesetzt. Um Missverständnisse auszuschließen, spricht man manchmal von **endlichen** oder **unendlichen Dezimalbrüchen**, je nachdem, ob rechts vom Komma endlich oder unendlich viele Ziffern stehen.

Wir müssen also die Dezimalbrüche nicht über Bord werfen, wenn wir eine anschauliche, an die ganzen Zahlen angelehnte Darstellung der rationalen Zahlen haben wollen. Wir müssen uns nur klar werden darüber, dass die meisten rationalen Zahlen nur durch einen unendlichen Dezimalbruch darstellbar sind, jede endliche Darstellung bedeutet dabei nur einen Näherungswert.

In der Schule lernt man einen kleinen Trick. Man setzt über die erste Periode der Zahl einen Strich und belässt es einfach dabei:

$$\frac{3}{7} = 0,\overline{428571}\,.$$

Wir haben uns nicht umsonst so viel Mühe gemacht. Durch die systematische Konstruktion in diesem Kapitel haben wir nicht nur viel Übung im Umgang mit Bruchrechnen gewonnen, sondern können eine wichtige Beobachtung festhalten:

Für jede rationale Zahl ist die Dezimalbruchentwicklung ab einer bestimmten Stelle nach dem Komma periodisch. Dabei kann auch jede endliche Entwicklung als periodisch angesehen werden, denn sie hat am Ende die Periode $\overline{0}$.

Zum Beweis führen wir uns beispielhaft die Konstruktion bei $3/7$ vor Augen: Wenn wir eine rationale Zahl a/b mit ganzzahligem und teilerfremdem Zähler und Nenner haben, so hat die Restgliedabschätzung bei dem Verfahren immer die Form

$$R_n = \frac{1}{10^n}\,\frac{r}{b} \quad \text{mit } 0 \le r < b\,.$$

Die Zahl r bestimmt eindeutig die nächste Dezimalziffer zwischen 0 und 9 durch die Einschließung

$$\frac{\mathbf{s}}{10} \le \frac{r}{b} < \frac{\mathbf{s}+1}{10}\,.$$

Spätestens nach b Schritten muss sich r dabei wiederholt haben und das Verfahren in eine Periode gemündet sein. □

Falls übrigens r einmal 0 werden sollte, dann bricht die Dezimalbruchentwicklung ab, sie ist endlich. Eine weitere Erkenntnis gewinnen wir noch dazu. Die Periode besteht niemals aus mehr als $b-1$ Stellen, kann aber deutlich weniger umfassen. So hat $3/11 = 0,\overline{27}$ eine Periodenlänge von nur 2.

Ihr mathematischer Spürsinn lässt uns natürlich noch keine Ruhe, es drängt sich sofort das nächste Rätsel auf. Gilt denn auch die Umkehrung? Konvergiert denn jede periodische Dezimalbruchentwicklung gegen eine rationale Zahl?

Auch das ist richtig. Damit können wir die folgende Charakterisierung der rationalen Zahlen formulieren.

Charakterisierung der rationalen Zahlen mit Dezimalbrüchen
Jede rationale Zahl hat eine periodische Dezimalbruchentwicklung. Umgekehrt konvergiert jede periodische Dezimalbruchentwicklung gegen eine rationale Zahl.

Wir müssen nur noch den zweiten Teil beweisen. Nehmen wir an, wir hätten eine dezimal dargestellte Zahl der Gestalt

$$z = a + 0, c_1 \ldots c_m \overline{d_1 ... d_n}$$

mit $a \in \mathbb{Z}$. Die c's und d's seien Ziffern zwischen 0 und 9. Ab der Stelle $m+1$ nach dem Komma wird die Zahl also periodisch. Nun definieren wir eine neue Zahl

$$z' = \big(z - (a + 0, c_1 \ldots c_m)\big) \cdot 10^m ,$$

also $z' = 0, \overline{d_1 \ldots d_n}$.

Es genügt nun zu zeigen, dass z' rational ist. Dies folgt schnell mit der Formel für die geometrische Reihe (Seite 75), denn es ist

$$z' = 0, \overline{d_1 \ldots d_n} = \sum_{k=1}^{\infty} \frac{d_1 \ldots d_n}{(10^n)^k} = \frac{d_1 \ldots d_n}{1 - 10^{-n}} - d_1 \ldots d_n ,$$

was zweifellos eine rationale Zahl ist. □

Eine abschließende Bemerkung noch. Durch das analytische Konzept der Grenzwerte können wir zwar für jede rationale Zahl einen Dezimalbruch angeben, jedoch ist diese Darstellung nicht mehr eindeutig. Sie können sich schnell davon überzeugen, dass zum Beispiel

$$1{,}0 = 0{,}99999999\ldots = 0, \overline{9}$$

ist. Wir nennen dabei $\overline{9}$ eine **Neunerperiode**. Diese Perioden werden im nächsten Kapitel eine wichtige Rolle spielen.

Sie haben es geschafft. Wir haben den Körper der rationalen Zahlen $\mathbb{Q}$ sehr umfassend kennen gelernt – und nicht nur das. Wir haben eine Menge mathematischer Tricks, Ideen und Konzepte erlebt, die uns später hilfreich werden.

Aber bleiben wir auf dem Boden. Ein etwas mulmiges Gefühl breitet sich aus. Zwar haben wir einen schönen Zahlenraum gefunden, einen archimedisch angeordneten Körper mit absolutem Betrag. Ein Zahlenreich, dass unendlich dicht auf dem Zahlenstrahl liegt, und dennoch: Das Ergebnis am Schluss beunruhigt uns ein wenig, oder?

Die rationalen Zahlen sind auf rätselhafte Weise unvollständig. Als Dezimalbrüche gesehen sind das nämlich genau diejenigen, welche irgendwann periodisch werden. Was ist dann aber mit der folgenden „Zahl", nämlich der offenbar niemals periodischen Dezimalbruchentwicklung

$$\rho = 0{,}10\,100\,1000\,10000\,100000\,1000000\,10000000\,100000000\,\ldots ?$$

Betrachten wir sie wieder als unendliche Reihe, so sind deren Teilsummen zwar alle rational, aber der Grenzwert? Was ist das überhaupt, dieser Grenzwert? Ganz offenbar ist es keine rationale Zahl.

Also scheint es noch viel mehr Zahlen zu geben, als bisher vermutet. Mit den rationalen Zahlen können wir diese zwar beliebig genau einkreisen, aber niemals ganz erreichen. Setzen Sie Ihre Entdeckungsreise fort, um diesem Rätsel auf die Spur zu kommen.

6 Die reellen Zahlen

Wir haben im vergangenen Kapitel den Körper der rationalen Zahlen kennen gelernt. Salopp gesprochen, sind das die ganzzahligen Brüche, und diese liegen dicht auf dem Zahlenstrahl. Am Ende bemerkten wir durch die Darstellung der rationalen Zahlen als Dezimalbrüche, dass noch sehr viele „Zahlen“ fehlen, nämlich genau die nicht periodischen Dezimalbrüche wie zum Beispiel

$$0{,}10\,100\,1000\,10000\,100000\,1000000\,10000000\,100\ldots.$$

Dieser Dezimalbruch nähert sich einer Stelle auf dem Zahlenstrahl an, die offenbar keiner rationalen Zahl entspricht. Schon die alten Griechen stießen mit den rationalen Zahlen an Grenzen, als sie die Länge $\sqrt{2}$ der Diagonale im Einheitsquadrat bestimmen wollten (Seite 6).

Wir betrachten dieses Problem jetzt von einem allgemeineren Standpunkt aus und wenden uns wieder der Potenzrechnung zu. Im vorigen Kapitel wurde diese Rechenoperation ausgeweitet auf negative ganzzahlige Exponenten:

$$q^{n-m} \;=\; \frac{q^n}{q^m}\,.$$

Wir würden gerne noch einen Schritt weiter gehen und auch rationale Zahlen im Exponenten zulassen. Aber was könnte ein sinnvoller Wert von $2^{1/2}$ sein? Wie können wir die Zahl 2 denn $1/2$-mal mit sich selbst multiplizieren?

Hier helfen die Potenzgesetze weiter, denn unter der Voraussetzung, dass diese weiter Gültigkeit haben, können wir $2^{1/2}$ in eine Formel bringen:

$$2^{1/2}\cdot 2^{1/2} \;=\; 2^{1/2+1/2} \;=\; 2^1 \;=\; 2\,.$$

Wenn wir nun $2^{1/2}$ irgendeinem Wert x zuordnen wollen, dann muss offenbar $x^2 = 2$ gelten. Das kann auf keinen Fall eine rationale Zahl sein: Falls nämlich $x = a/b$ mit zwei ganzen Zahlen $a, b \in \mathbb{Z}^*$ wäre, dann hätten wir

$$\frac{a^2}{b^2} \;=\; 2 \quad \text{oder} \quad a^2 \;=\; 2b^2\,.$$

Wieder verhilft uns der schöne Satz über die eindeutige Primfaktorzerlegung (Seite 42) zu einer eleganten Schlussfolgerung: Diese Gleichung kann nicht erfüllt sein, da die Anzahl von Primfaktoren auf der linken Seite gerade ist und auf der rechten Seite ungerade. Der Widerspruch zeigt, dass $2^{1/2}$ nicht zu $\mathbb{Q}$ gehört. Ähnlich wie bei der Subtraktion natürlicher Zahlen oder der Division ganzer Zahlen führt uns nun also die Potenzbildung rationaler Zahlen aus der bisher untersuchten Zahlenmenge heraus. Die spannende Frage ist, mit welcher Konstruktion wir das Problem diesmal lösen können.

F. Toenniessen, *Das Geheimnis der transzendenten Zahlen*,
https://doi.org/10.1007/978-3-662-58326-5_6

6.1 Die Konstruktion der reellen Zahlen

Werfen wir noch einmal einen Blick auf den nicht periodischen Dezimalbruch von oben. Da der Grenzwert keine rationale Zahl ist, können wir nicht von einer Konvergenz im bisherigen Sinne sprechen.

Der Franzose A. L. CAUCHY hatte die zündende Idee, [7]. Er untersuchte Folgen, die sich eigentlich wie konvergente Folgen verhalten, aber mangels Grenzwert doch nicht wirklich konvergent sind. Damit werden wir die Unvollständigkeit von $\mathbb{Q}$ in den Griff bekommen.

Cauchy-Folgen
Eine Folge $(a_n)_{n\in\mathbb{N}}$ in $\mathbb{Q}$ heißt eine CAUCHY-Folge, wenn es für jedes (rationale) $\epsilon > 0$ einen Index n_0 gibt, sodass für alle Indizes $m, n \geq n_0$ gilt:

$$|\, a_n - a_m \,| < \epsilon .$$

Das sieht ganz ähnlich aus wie die Definition der Konvergenz – nur diesmal ohne einen Grenzwert. Anschaulich gesprochen ist eine CAUCHY-Folge eine Folge, bei der alle Elemente ab einem gewissen Index beliebig wenig voneinander abweichen.

Achtung, eine kleine Bemerkung gegen ein häufiges Missverständnis. Eine Folge, bei der je zwei aufeinander folgende Elemente a_n und a_{n+1} ab einem gewissen Index n_0 beliebig wenig voneinander abweichen, ist im Allgemeinen noch keine CAUCHY-Folge.

Nein, es muss mehr erfüllt sein: Die Ungleichung $|\, a_n - a_m \,| < \epsilon$ muss für alle Elemente ab einem gewissen Index n_0 gelten. Insbesondere sind alle konvergenten Folgen CAUCHY-Folgen. Die Umkehrung gilt aber nicht, wie wir am Beispiel der nicht periodischen Dezimalbrüche sehen werden.

Beobachten wir zunächst, dass jeder Dezimalbruch, egal ob endlich, periodisch oder nicht periodisch, durch seine Folge der Teilsummen eine CAUCHY-Folge definiert. Warum ist das so? Betrachten wir dazu einen Dezimalbruch

$$d = a, d_1 d_2 d_3 d_4 \ldots d_k \ldots = a + \sum_{k=1}^{\infty} d_k \cdot 10^{-k} ,$$

wobei $a \in \mathbb{N}$ und $0 \leq d_k \leq 9$ die Dezimalziffern sind. Für die Folge der Teilsummen $(s_n)_{n\in\mathbb{N}}$ gilt für $n \geq m$

$$|\, s_n - s_m \,| = \sum_{k=m+1}^{n} d_k \cdot 10^{-k} \leq \sum_{k=m+1}^{\infty} d_k \cdot 10^{-k} = 10^{-m-1} \sum_{k=0}^{\infty} d_{k+m+1} \cdot 10^{-k} .$$

Nun hat die geometrische Reihe (Seite 75) wieder einen großen Auftritt. Mit ihrer Hilfe können wir die rechte Seite nach oben abschätzen. Da die Ziffern sich zwischen 0 und 9 bewegen, gilt offenbar

$$
\begin{aligned}
10^{-m-1}\sum_{k=0}^{\infty} d_{k+m+1}\cdot 10^{-k} &\leq 10^{-m-1}\sum_{k=0}^{\infty} 9\cdot 10^{-k} \\
&= 9\cdot 10^{-m-1}\sum_{k=0}^{\infty} 10^{-k} = 9\cdot 10^{-m-1}\frac{1}{1-\frac{1}{10}} \\
&= 9\cdot 10^{-m-1}\frac{10}{9} = 10^{-m}.
\end{aligned}
$$

Also erhalten wir insgesamt die Abschätzung

$$
|\, s_n - s_m \,| \leq 10^{-m}
$$

und haben tatsächlich eine CAUCHY-Folge vor uns, da 10^{-m} für wachsendes m kleiner als jedes vorgegebene $\epsilon > 0$ wird. Dieses Resultat mutet fast selbstverständlich an. Beachten Sie dabei aber, dass der Grenzwert der geometrischen Reihe – also ein nicht ganz banales Ergebnis – entscheidend eingeht und letztlich dazu beiträgt, dass die allen so vertrauten Dezimalbrüche richtig funktionieren.

Da die periodischen Dezimalbrüche gegen rationale Zahlen konvergieren und die nicht periodischen das nicht tun (Seite 83), können wir festhalten:

Die Folge der Teilsummen eines periodischen Dezimalbruchs ist eine in $\mathbb{Q}$ konvergente Folge. Die Folge der Teilsummen eines nicht periodischen Dezimalbruchs ist eine CAUCHY-Folge in $\mathbb{Q}$, welche nicht konvergent ist.

Nun ist es endlich soweit, wir können die Erweiterung der rationalen Zahlen konstruieren, welche das Problem der Unvollständigkeit löst. Dabei helfen uns wieder einmal die Äquivalenzrelationen. Das Prinzip bleibt also erhalten, wenn auch hier ein Unterschied insofern zu bemerken ist, als wir nicht $\mathbb{Q} \times \mathbb{Q}$ als Ausgangspunkt nehmen, sondern die Menge

$$
\mathcal{CF} = \{(a_n)_{n\in\mathbb{N}} : a_n \in \mathbb{Q} \wedge (a_n)_{n\in\mathbb{N}} \text{ ist CAUCHY-Folge}\}
$$

aller CAUCHY-Folgen mit Elementen aus $\mathbb{Q}$. Auf der Menge $\mathcal{CF}$ sind elementweise eine Addition und eine Multiplikation definiert. Es gelte einfach

$$
(a_n)_{n\in\mathbb{N}} + (b_n)_{n\in\mathbb{N}} = (a_n + b_n)_{n\in\mathbb{N}}
$$

und

$$
(a_n)_{n\in\mathbb{N}}\,(b_n)_{n\in\mathbb{N}} = (a_n b_n)_{n\in\mathbb{N}}\,.
$$

Mit ähnlichen Abschätzungen wie bei den Grenzwertsätzen im vorigen Kapitel kann man zeigen, dass die Summe oder das Produkt zweier CAUCHY-Folgen wieder eine CAUCHY-Folge ist. Die Kommutativ-, Assoziativ- und Distributivgesetze werden uns ebenfalls geschenkt.

Wir haben also fast alles, was wir brauchen. Ein Problem müssen wir noch lösen: Die Menge $\mathcal{CF}$ ist viel zu groß. Wir unterscheiden dabei unnötig zwei CAUCHY-Folgen, die sich – im Extremfall – nur in einem einzigen Folgenelement unterscheiden und daher die gleiche Stelle auf dem Zahlenstrahl einkreisen. Das kann so nicht sinnvoll sein und widerspricht der anschaulichen Idee, die eingeschlossene Stelle selbst als einziges Kriterium für die Gleichheit anzusehen.

Wir bezeichnen dazu Folgen, welche gegen 0 konvergieren, kurz als **Nullfolgen** und definieren eine Äquivalenzrelation auf $\mathcal{CF}$ wie folgt: Zwei CAUCHY-Folgen $(a_n)_{n\in\mathbb{N}}$ und $(b_n)_{n\in\mathbb{N}}$ heißen äquivalent, wenn ihre Differenz eine Nullfolge bildet:

$$(a_n)_{n\in\mathbb{N}} \sim (b_n)_{n\in\mathbb{N}} \quad\Leftrightarrow\quad \lim_{n\to\infty}(a_n - b_n) = 0\,.$$

Aus den Grenzwertsätzen folgt sofort, dass dies eine Äquivalenzrelation auf $\mathcal{CF}$ ist. Die Menge der **reellen Zahlen** wird nun definiert als die Menge der Äquivalenzklassen von $\mathcal{CF}$ bezüglich der eben definierten Äquivalenzrelation:

$$\mathbb{R} = \mathcal{CF}/\sim\; = \{\,\overline{(a_n)_{n\in\mathbb{N}}} : (a_n)_{n\in\mathbb{N}} \in \mathcal{CF}\,\}\,.$$

Wieder erkennen wir den gleichen Gedanken bei der Erweiterung des Zahlensystems. Beachten Sie aber einen Unterschied. Während $\mathbb{Z}$ aus $\mathbb{N}$ und $\mathbb{Q}$ aus $\mathbb{Z}$ jeweils durch Äquivalenzrelationen konstruiert wurden, die einzig die algebraischen Rechenoperationen $+$ und $\cdot$ nutzen, liegt im Falle $\mathbb{R}$ der Fokus auf dem analytischen Konzept der Grenzwerte. Insofern ist $\mathbb{R}$ mit all seinen Erweiterungen, die wir noch untersuchen werden, unzweifelhaft ein Produkt der Analysis.

Das weitere Vorgehen ist für uns mittlerweile schon fast Routine: Eine rationale Zahl q kann als reelle Zahl interpretiert werden, und zwar als Äquivalenzklasse der konstanten Folge $(q)_{n\in\mathbb{N}}$, in der alle Elemente gleich q sind. Damit ist $\mathbb{Q}$ Teilmenge von $\mathbb{R}$.

Wie wir auf $\mathbb{R}$ eine Addition und Multiplikation definieren, wissen Sie auch schon aus den beiden vorangegangenen Kapiteln. Wir wählen für zwei Elemente $x, y \in \mathbb{R}$ je einen Repräsentanten in $\mathcal{CF}$, führen die Operation wie oben definiert in $\mathcal{CF}$ aus und bilden von der Ergebnis-Folge die Äquivalenzklasse in $\mathbb{R}$. Sie können wieder leicht überprüfen, dass diese Definition nicht von der Wahl der Repräsentanten abhängt und auch mit den Operationen in $\mathbb{Q}$ verträglich ist. Wir erhalten somit einen kommutativen Ring mit dem Nullelement $0 = \overline{(0)_{n\in\mathbb{N}}}$ und einem Einselement $1 = \overline{(1)_{n\in\mathbb{N}}}$.

Überprüfen wir kurz, dass der so definierte Ring $(\mathbb{R}, +, \cdot, 0, 1)$ sogar ein Körper ist. Wir müssen zeigen, dass es für jedes Element $x \in \mathbb{R} \setminus \{0\} = \mathbb{R}^*$ ein bezüglich der Multiplikation inverses Element gibt. Sei dazu x repräsentiert durch eine CAUCHY-Folge $(x_n)_{n\in\mathbb{N}}$, welche nicht gegen 0 konvergiert. Was bedeutet das?

Nun ja, wir wissen, was eine Nullfolge $(a_n)_{n\in\mathbb{N}}$ ist. Dort gibt es für jedes $\epsilon > 0$ einen Index n_0, ab dem stets $|a_n| < \epsilon$ ist. Nun müssen wir die Logik bemühen. „Keine Nullfolge“ bedeutet das Gegenteil dieser Aussage. Wir müssen die Bedingung also „von links nach rechts“ umkehren. Dies ist für Anfänger keine leichte Übung. Denken Sie vielleicht selbst kurz darüber nach, bevor Sie weiterlesen.

Die Umkehrung der Aussage für die Nicht-Nullfolge (x_n) lautet: Es gibt ein $\epsilon > 0$, sodass für alle $n \in \mathbb{N}$ stets ein $n' \geq n$ existiert mit der Eigenschaft $|x_{n'}| \geq \epsilon$.

Salopp ausgedrückt, hüpft die Folge also immer wieder (insgesamt unendlich oft) aus der ϵ-Umgebung um die 0 heraus. Das hilft uns weiter. Denn jetzt kommt entscheidend ins Spiel, dass (x_n) eine CAUCHY-Folge ist. Ihre Elemente unterscheiden sich ab einem gewissen Index n_0 nur noch sehr wenig, sagen wir um höchstens $\epsilon/2$. Die Folge kann ab diesem Index nicht mehr beliebig nach beiden Seiten aus $B(0,\epsilon)$ heraushüpfen, sondern muss sich endgültig für eine Seite entschieden haben. Das bedeutet insgesamt, dass ab einem Index $n_1 \geq n_0$ stets

$$|x_n| \geq \frac{\epsilon}{2}$$

ist. Das Bild veranschaulicht die Lage.

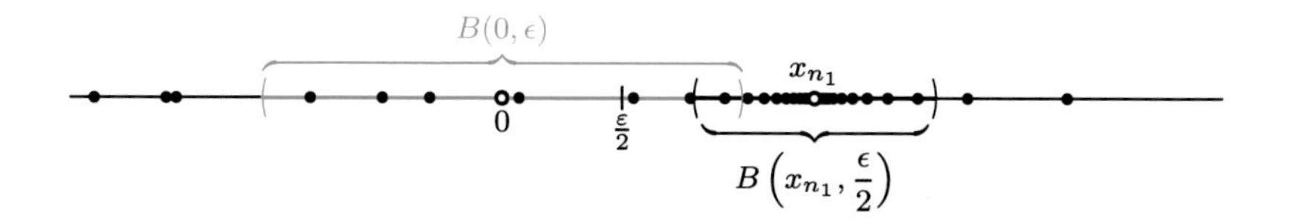

Klarerweise wird x auch durch die Folge $(x_n)_{n\geq n_1}$ repräsentiert und damit ist die Klasse

$$y = \overline{\left(\frac{1}{x_n}\right)_{n\geq n_1}}$$

das gesuchte inverse Element: Man sieht leicht, dass y durch eine CAUCHY-Folge repräsentiert wird, denn (x_n) ist eine solche und $(1/x_n)$ ist für alle $n \geq n_1$ beschränkt. Schließlich gilt

$$xy = \overline{\left(x_n \frac{1}{x_n}\right)_{n\geq n_1}} = \overline{(1)_{n\geq n_1}} = 1 \in \mathbb{R}.$$

Damit ist $\mathbb{R}$ also ein Körper. Was noch fehlt, ist ein absoluter Betrag, eine Distanz und eine Ordnung auf $\mathbb{R}$. Der Betrag ist einfach, er wird direkt von den rationalen Zahlen „vererbt“. Wenn x durch die Folge $(x_n)_{n\in\mathbb{N}}$ repräsentiert wird, definieren wir

$$|x| = \overline{(|x_n|)_{n\in\mathbb{N}}} \in \mathbb{R},$$

woraus sich sofort die Distanz $\operatorname{dist}(x,y) = |x-y|$ ergibt.

Nun müssen wir noch die Ordnungsrelation $<$ von $\mathbb{Q}$ auf $\mathbb{R}$ übertragen. Das ist ein wenig trickreich, denn wir brauchen auch hier analytische Untersuchungen rund um die Grenzwerte.

Betrachten wir für zwei Elemente aus $\mathbb{R}$,

$$x = \overline{(x_n)_{n\in\mathbb{N}}} \quad \text{und} \quad y = \overline{(y_n)_{n\in\mathbb{N}}},$$

die Differenz

$$x - y = \overline{(x_n - y_n)_{n\in\mathbb{N}}}.$$

Falls $(x_n - y_n)_{n\in\mathbb{N}}$ eine Nullfolge ist, dann war ja $x = y$ nach Definition der reellen Zahlen. Es sei jetzt also $x - y$ nicht durch eine Nullfolge repräsentiert. Genauso wie vorhin heißt das: Es gibt ein $\epsilon > 0$ und ein $n_0 \in \mathbb{N}$, sodass für alle $n \geq n_0$ entweder $x_n - y_n \leq -\epsilon/2$ ist oder $x_n - y_n \geq \epsilon/2$. Im ersten Fall sagen wir, dass $x < y$ ist, im zweiten Fall ist es umgekehrt.

Es ist vollbracht. Vor uns liegt der angeordnete Körper $\mathbb{R}$ der reellen Zahlen, der zentrale Grundbaustein der Analysis. Da in der Mathematik immer wieder die Rückkehr zur anschaulichen Vorstellung wichtig ist, werden wir $\mathbb{R}$ nun auf dem Zahlenstrahl verteilen. Dabei steuern wir auf ein fundamental wichtiges Resultat zu.

6.2 Die Vollständigkeit der reellen Zahlen

Wir betrachten jetzt die Menge aller Dezimalbrüche, mit Ausnahme derjenigen, die in einer Periode aus lauter 9-ern enden. Diese seltsamen Exemplare müssen wir tatsächlich ausschließen, da im Sinne der konvergenten Reihen zum Beispiel

$$1 = 0{,}999999999\ldots \qquad \text{oder} \qquad 0{,}12345 = 0{,}12344999999999\ldots$$

ist und damit die Zahldarstellung bei ihnen zweideutig wird. Wir definieren also

$$\mathcal{D} = \text{Menge aller Dezimalbrüche ohne Neunerperiode}.$$

Das Ergebnis, welches uns bei $\mathbb{R}$ wieder zur Anschauung zurückführt und gleichzeitig eines der zentralen Resultate der Mathematik vorbereitet, lautet nun:

Reelle Zahlen und Dezimalbrüche
Es gibt eine bijektive Abbildung

$$\varphi : \mathcal{D} \to \mathbb{R}.$$

Die reellen Zahlen sind also vorstellbar als die Menge aller Dezimalbrüche ohne Neunerperiode.

Die Abbildung selbst ist naheliegend. Denn ein Element $d \in \mathcal{D}$ ist ein Dezimalbruch und definiert daher eine CAUCHY-Folge $(d_n)_{n\in\mathbb{N}}$ mit Elementen in $\mathbb{Q}$. Dabei bezeichnet d_n die Entwicklung von d bis zur n-ten Stelle nach dem Komma. Das Bild von d ist dann einfach die zugehörige Äquivalenzklasse in $\mathbb{R}$,

$$\varphi(d) = \overline{(d_n)_{n\in\mathbb{N}}}\,.$$

Um ein Gefühl für diese Konstruktion zu bekommen, hier ein kleines Beispiel. Der Dezimalbruch $d = 0{,}53427\ldots$ definiert die Cauchy-Folge $(d_n)_{n\in\mathbb{N}}$ mit

$$d_0 = 0 \quad d_1 = 0{,}5 \quad d_2 = 0{,}53 \quad d_3 = 0{,}534 \quad d_4 = 0{,}5342 \quad d_5 = 0{,}53427 \quad \ldots\,.$$

Wir müssen nun zeigen, dass die Abbildung φ injektiv und surjektiv ist. Im ersten Schritt zeigen wir die Injektivität. Das könnte sehr einfach sein. Denn der einzige Dezimalbruch, welcher in obigem Sinne über seine Teilsummen eine Nullfolge definiert, ist klarerweise die Zahl $0 = 0{,}000000000\ldots$. Demnach wird ausschließlich die $0 \in \mathcal{D}$ auf die $0 \in \mathbb{R}$ abgebildet. Wir könnten jetzt aus $\varphi(x) = \varphi(y)$ ganz einfach

$$0 = \varphi(x) - \varphi(y) = \varphi(x-y) \quad \Leftrightarrow \quad x - y = 0 \quad \Leftrightarrow \quad x = y$$

schließen, also die Injektivität von φ. So wird das generell bei **Homomorphismen** gemacht, Abbildungen also, die sich mit den Rechenoperationen vertragen.

Doch wir haben hier kein Glück. Die Menge $\mathcal{D}$ ist ein ziemlich amorphes Gebilde, bis jetzt ohne jegliche Rechenoperationen. Wir wissen zwar, dass die Teilmenge der periodischen Entwicklungen identisch mit dem Körper $\mathbb{Q}$ ist, aber das lässt keinerlei Rückschlüsse auf den mysteriösen Rest dieser Menge zu.

Wir müssen die Ärmel hochkrempeln. Zwei verschiedene Elemente $a, b \in \mathcal{D}$ seien durch die Reihen

$$a = \sum_{k=-M}^{\infty} \alpha_k \cdot 10^{-k} \quad \text{und} \quad b = \sum_{k=-N}^{\infty} \beta_k \cdot 10^{-k}$$

mit den Ziffern $0 \leq \alpha_k, \beta_k \leq 9$ dargestellt. Nun ist nachzuweisen, dass sie zwei verschiedene Elemente in $\mathbb{R}$ definieren – also die Differenz der beiden CAUCHY-Folgen keine Nullfolge ist.

Es sei dazu K der kleinste Index der Stellen, bei dem $\alpha_K \neq \beta_K$ ist. Dann zeigt eine einfache Prüfung

$$a_K = \sum_{k=-M}^{K} \alpha_k \cdot 10^{-k} \neq \sum_{k=-N}^{K} \beta_k \cdot 10^{-k} = b_K\,.$$

Es ist $|a_K - b_K| = |\alpha_K - \beta_K| \cdot 10^{-K}$, also

$$|a_K - b_K| \geq 10^{-K}\,.$$

Die Differenz $(a_n - b_n)_{n\in\mathbb{N}}$ der beiden CAUCHY-Folgen hat sich also beim K-ten Element um einen Betrag von mindestens 10^{-K} von der 0 entfernt. Wie verläuft diese Differenzenfolge weiter?

Es ist für alle $n \geq K+1$

$$a_n - b_n \;=\; a_K - b_K + \sum_{k=K+1}^{n} (\alpha_k - \beta_k)\cdot 10^{-k}\,.$$

Die Summe auf der rechten Seite wird der Schlüssel zum Erfolg. Kann sie die Folge $(a_n - b_n)_{n\geq K+1}$ noch zu einer Nullfolge machen, also das Manko bei K ausgleichen?

Die Antwort ist nein. Denn die Elemente in $\mathcal{D}$ enthalten keine Neunerperioden. Es gibt also einen Index $K_0 \geq K+1$, bei dem $|\alpha_{K_0} - \beta_{K_0}| < 9$ ist. Die geometrische Reihe ergibt dann für alle $n > K_0$

$$\begin{aligned}
\left|\sum_{k=K+1}^{n} (\alpha_k - \beta_k)\cdot 10^{-k}\right| &\leq \sum_{k=K+1}^{n} |\alpha_k - \beta_k|\cdot 10^{-k} \\
&\leq \sum_{k=K+1}^{n} \left(9\cdot 10^{-k}\right) - 1\cdot 10^{-K_0} \\
&\leq 10^{-K} - 10^{-K_0}\,.
\end{aligned}$$

Wegen $|a_K - b_K| \geq 10^{-K}$ kann also $(a_n - b_n)_{n\geq K+1}$ keine Nullfolge sein, die Elemente bleiben vom Betrag her immer um mindestens 10^{-K_0} von der 0 entfernt. Daher definieren a und b zwei verschiedene Elemente in $\mathbb{R}$.

Das war in der Tat nicht einfach. Einmal tief durchatmen und nochmal in Ruhe nachlesen. Warum war es so schwierig? Nun ja, es liegt daran, dass wir für einen nicht periodischen Dezimalbruch noch keine „Zahl“ im eigentlichen Sinne zur Verfügung haben, mit der wir vernünftig rechnen könnten. Wir müssen die CAUCHY-Folgen noch regelrecht mit Schutzhandschuhen anfassen. Einzig die etwas sperrigen Grenzwertbetrachtungen helfen hier weiter.

Nun zur Surjektivität der Abbildung. Es sei also ein Element $c \in \mathbb{R}$ vorgegeben, repräsentiert durch eine CAUCHY-Folge $(c_n)_{n\in\mathbb{N}}$ mit Elementen aus $\mathbb{Q}$. Wir müssen einen Dezimalbruch $\delta \in \mathcal{D}$ finden, welcher durch die Abbildung φ auf eine Folge abgebildet wird, die sich nur um eine Nullfolge von $(c_n)_{n\in\mathbb{N}}$ unterscheidet. Dann ist nämlich $\varphi(\delta) = c$ und die Surjektivität ist bewiesen. Zunächst bilden wir dazu für jedes Folgenelement $c_n \in \mathbb{Q}$ wie im vorigen Kapitel den (periodischen) Dezimalbruch und nennen ihn γ_n. Dieses γ_n konvergiert – als unendliche Reihe interpretiert – gegen c_n. Soweit ist alles klar, die Idee ist nun ganz einfach.

Da $(\gamma_n)_{n\in\mathbb{N}} = (c_n)_{n\in\mathbb{N}}$ eine CAUCHY-Folge ist, unterscheiden sich die Folgenelemente ab einem bestimmten Index um immer weniger voneinander. Was bedeutet das für die Gestalt der γ_n?

Nun ja, es liegt die Vermutung nahe, dass sich mit wachsendem n immer mehr Stellen „stabilisieren" und einen festen Wert annehmen. Hier ein Beispiel, wie wir uns das etwa vorstellen könnten:

$$\begin{aligned}
\gamma_1 &= \mathbf{4{,}5}09283631\ldots \\
\gamma_2 &= \mathbf{4{,}53}9436839\ldots \\
\gamma_3 &= \mathbf{4{,}536}001127\ldots \\
\gamma_4 &= \mathbf{4{,}536}873296\ldots \\
\gamma_5 &= \mathbf{4{,}536\,891}190\ldots \\
\gamma_6 &= \mathbf{4{,}536\,891\,533}\ldots \\
\gamma_7 &= \mathbf{4{,}536\,891\,574}\ldots \\
&\ldots
\end{aligned}$$

Die fettgedruckten Stellen haben sich bereits eingependelt, bleiben also für den Rest der Folge konstant. Mit fortlaufendem n werden damit immer mehr Stellen fixiert und definieren schließlich einen Dezimalbruch δ, der durch φ auf die Folge $(c_n)_{n\in\mathbb{N}} = (\gamma_n)_{n\in\mathbb{N}}$ abgebildet wird. Machen wir uns kurz klar, warum das so ist:

Die Folge $(\delta_n)_{n\in\mathbb{N}}$ der Teilsummen des Dezimalbruchs δ unterscheidet sich für $n > k$ von allen γ_i, bei denen sich die ersten k Nachkommastellen schon stabilisiert haben, um höchstens 10^{-k}. Klar, denn bei allen beteiligten Dezimalbrüchen stimmen die ersten k Nachkommastellen überein. Also ist die Differenzfolge $(\delta_n - \gamma_n)_{n\in\mathbb{N}}$ eine Nullfolge, was zu zeigen war.

Wir wären mit dem Beweis fertig, wenn es nicht noch einen technischen Haken gäbe. Überlegen Sie sich als Beispiel eine Folge $(c_n)_{n\in\mathbb{N}} = (\gamma_n)_{n\in\mathbb{N}}$ der Form

$$\gamma_0 = 0{,}9 \quad \gamma_1 = 1{,}01 \quad \gamma_2 = 0{,}999 \quad \gamma_3 = 1{,}0001 \quad \gamma_4 = 0{,}99999 \quad \gamma_5 = 1{,}000001 \quad \ldots$$

mit Elementen aus $\mathbb{Q}$. Erkennen Sie das Problem? Obwohl wir ohne Schwierigkeiten sehen, dass

$$\delta = 1{,}0000\ldots = 1$$

der gesuchte Dezimalbruch ist, können wir ihn nicht im obigen Sinne konstruieren, da sämtliche Stellen permanent zwischen verschiedenen Werten hin- und herspringen. Da kristallisiert sich also keinesfalls ein Dezimalbruch wie von selbst heraus. Ein lästiges Problem, dass uns ein wenig technische Arbeit abverlangt, gleichzeitig aber demonstriert, wie man durch formale Logik solche Unebenheiten elegant beseitigen kann.

Die k-te Stelle des Dezimalbruchs γ_n bezeichnen wir dazu mit $\gamma_n(k)$. Es ist also

$$\gamma_n = \sum_{k=-K(n)}^{\infty} \gamma_n(k) \cdot 10^{-k}\,.$$

Eine Stabilisierung aller Stellen lässt sich dann wie folgt formalisieren:

Für alle $k \in \mathbb{Z}$ existiert ein $n \in \mathbb{N}$, sodass für alle $n_1, n_2 \geq n$ gilt:

$$\gamma_{n_1}(k) = \gamma_{n_2}(k).$$

In diesen Fällen funktioniert unsere Konstruktion. Was passiert, wenn diese Bedingung nicht erfüllt ist? Wir wandeln sie dazu von links nach rechts in ihr logisches Gegenteil um:

Es gibt ein $k \in \mathbb{Z}$, sodass für alle $n \in \mathbb{N}$ zwei natürliche Zahlen $n_1, n_2 \geq n$ existieren mit der Eigenschaft

$$\gamma_{n_1}(k) \neq \gamma_{n_2}(k).$$

Die k-te Stelle springt also dauerhaft zwischen verschiedenen Werten hin und her. Nun machen wir uns klar, was das genau bedeutet. Denn wir haben die Eigenschaft einer CAUCHY-Folge bei $(\gamma_n)_{n\in\mathbb{N}}$ noch gar nicht ausgenützt. Betrachten wir dazu das kleinste k mit der obigen Eigenschaft und bezeichnen es als k_0. Links davon (mit Index $< k_0$) sind also alle Stellen irgendwann konstant:

$$\begin{aligned}
\gamma_n &= \mathbf{4,}\overbrace{\mathbf{536\,891\,57}}^{k_0-1\ \text{Stellen}}\,d_0\ldots \\
\gamma_{n+1} &= \mathbf{4{,}536\,891\,57}\,d_1\ldots \\
\gamma_{n+2} &= \mathbf{4{,}536\,891\,57}\,d_2\ldots \\
\gamma_{n+3} &= \mathbf{4{,}536\,891\,57}\,d_3\ldots \\
\ldots
\end{aligned}$$

Bleiben wir bei diesem Beispiel. Welche Werte können die d_i annehmen, wie sehr kann die k_0-te Stelle auf Dauer springen? Die Antwort ist beruhigend: Maximal zwischen zwei benachbarten Ziffern. Denn würde sie unendlich oft um einen Betrag ≥ 2 springen, wäre $(\gamma_n)_{n\in\mathbb{N}}$ keine CAUCHY-Folge mehr.

Das sehen Sie genauso wie im Beweis der Injektivität von φ: Die Stellen $\gamma_n(k)$ für $k > k_0$ können höchstens einen Beitrag von etwa $1 \cdot 10^{-k_0}$ leisten. Das reicht nicht aus, eine Oszillation um mindestens $2 \cdot 10^{-k_0}$ auszugleichen. Hier also am Beispiel demonstriert, wie das Hin- und Herschwingen der γ_n maximal aussehen könnte:

$$\begin{aligned}
\ldots \\
\gamma_n &= \mathbf{4{,}536\,891\,57}\,8\ldots \\
\gamma_{n+1} &= \mathbf{4{,}536\,891\,57}\,7\ldots \\
\gamma_{n+2} &= \mathbf{4{,}536\,891\,57}\,8\ldots \\
\gamma_{n+3} &= \mathbf{4{,}536\,891\,57}\,7\ldots \\
\ldots
\end{aligned}$$

Und siehe da, die Lösung springt fast schon ins Auge, oder? Wir kümmern uns nicht mehr um die Stellen $\gamma_n(k)$ mit $k > k_0$ und setzen einfach

$$\delta = \mathbf{4{,}536\,891\,578}.$$

Ich behaupte jetzt, die Folge $(\gamma_n)_{n\in\mathbb{N}}$ konvergiert gegen δ. Hier geht nochmal entscheidend ein, dass $(c_n)_{n\in\mathbb{N}}$ und damit auch $(\gamma_n)_{n\in\mathbb{N}}$ eine CAUCHY-Folge ist. Deren Elemente unterscheiden sich ab einem bestimmten Index immer weniger, und wegen

$$\mathbf{4{,}536\,891\,57}\,7\ldots \leq \delta \leq \mathbf{4{,}536\,891\,57}\,8\ldots$$

müssen die Folgenelemente mit der 7 von unten gegen δ konvergieren und die mit der 8 von oben. Die Oszillation kann also für große Indizes n nur so aussehen:

$$\begin{aligned}
&\ldots \\
\gamma_n &= \mathbf{4{,}536\,891\,57}\,8\,0000000000\ldots \\
\gamma_{n+1} &= \mathbf{4{,}536\,891\,57}\,7\,999999999\ldots \\
\gamma_{n+2} &= \mathbf{4{,}536\,891\,57}\,8\,0000000000\ldots \\
\gamma_{n+3} &= \mathbf{4{,}536\,891\,57}\,7\,9999999999\ldots \\
&\ldots
\end{aligned}$$

Wer hätte das gedacht? Die problematischen Fälle, in denen die Stellen ad infinitum oszillieren, entpuppen sich beim genauen Hinsehen sogar als ganz harmlose Exemplare. Es sind in $\mathbb{Q}$ konvergente Folgen, die gegen einen endlichen Dezimalbruch konvergieren. Wir sind mit dem Beweis fertig. □

Es bleibt noch abschließend zu bemerken, dass bei diesem Verfahren rein formal auch Dezimalbrüche mit Neunerperioden entstehen können, so im Falle der Folge

$$\gamma_0 = 0{,}9 \quad \gamma_1 = 0{,}99 \quad \gamma_2 = 0{,}999 \quad \gamma_3 = 0{,}9999 \quad \gamma_4 = 0{,}99999 \quad \gamma_5 = 0{,}999999 \quad \ldots,$$

die sich in obigem Sinne sogar optimal verhält. Da solche Entwicklungen nicht in $\mathcal{D}$ enthalten sind, ersetzen wir sie durch den zugehörigen endlichen Dezimalbruch. In diesem Fall also ist 1,0 das gesuchte Urbild in $\mathcal{D}$.

Halten wir noch einmal das bedeutende Resultat fest:

Es gibt eine bijektive Abbildung

$$\varphi : \mathcal{D} \to \mathbb{R}$$

zwischen den Dezimalbrüchen (ohne Neunerperioden) und den reellen Zahlen.

Diese Bijektion induziert jetzt auch die Ordnungsrelation $<$ sowie die algebraische Struktur eines Körpers auf $\mathcal{D}$, damit wir mit den Dezimalbrüchen endlich vernünftig rechnen können. Auch der absolute Betrag wird von $\mathbb{Q}$ übernommen,

$$|x| = \begin{cases} x\,, & \text{falls } x \geq 0 \\ -x\,, & \text{falls } x < 0\,, \end{cases}$$

womit sich über $\text{dist}(x,y) = |x - y|$ auch wieder ein vernünftiger Distanzbegriff ergibt. Mit den reellen Zahlen haben wir also einen Körper konstruiert, den wir als Menge aller Dezimalbrüche auf der Zahlengeraden platzieren können.

Die anstrengenden technischen Betrachtungen rund um CAUCHY-Folgen, geometrische Reihen und oszillierende Dezimalstellen haben sich gelohnt. Denn beim genauen Hinsehen haben wir noch viel mehr bewiesen als nur die Bijektivität der Abbildung $\varphi : \mathcal{D} \to \mathbb{R}$. Wir haben eine für die Mathematik immens wichtige Eigenschaft der reellen Zahlen abgeleitet.

Die Vollständigkeit der reellen Zahlen
Jede CAUCHY-Folge mit Elementen in $\mathbb{R}$ ist konvergent, strebt also gegen einen Grenzwert in $\mathbb{R}$.

Diese Eigenschaft ist später von fundamentaler Bedeutung für die Analysis, die sich ständig um Grenzwerte von Folgen und Reihen kümmert. Mal ehrlich: Wo kämen wir denn hin, wenn wir Grenzwerte auf einem Körper untersuchen würden und nie genau wüssten, ob sie überhaupt existieren? Da möchte man schon Sicherheit haben, und darum ist der Vollständigkeitssatz so wichtig.

Kommen wir zum Beweis dieses Satzes. Wie schon angedeutet, erleben wir hier etwas, was manchmal vorkommt in der Mathematik und das Herz regelrecht höher schlagen lässt. Wir haben den Beweis, ohne dass wir es ahnten, schon erbracht. Haben Sie eine Idee, wie das zugegangen ist?

Ganz einfach: Ihnen ist sicher der technische Beweis von gerade eben noch in lebhafter Erinnerung, der Beweis der Surjektivität von $\varphi : \mathcal{D} \to \mathbb{R}$. Dort sind wir von einer CAUCHY-Folge $(c_n)_{n \in \mathbb{N}}$ mit $c_n \in \mathbb{Q}$ ausgegangen und haben einen Dezimalbruch konstruiert, dessen Teilsummen sich von $(c_n)_{n \in \mathbb{N}}$ nur um eine Nullfolge unterscheiden.

Nun sehen Sie nochmal genau hin: Wir haben an keiner Stelle des Beweises davon Gebrauch gemacht, dass die c_n Elemente von $\mathbb{Q}$ waren, die γ_n also periodisch waren. Wenn wir jetzt von einer CAUCHY-Folge $(x_n)_{n \in \mathbb{N}}$ mit Elementen $x_n \in \mathbb{R}$ ausgehen, können wir jedes x_n gemäß der Bijektion φ als Dezimalbruch

$$\xi_n \in \mathcal{D}$$

auffassen und mit exakt der gleichen Methode wie oben einen Grenzwert $\delta \in \mathcal{D}$ konstruieren. Damit bekommen wir den Vollständigkeitssatz tatsächlich geschenkt. □

Nach einem so bedeutenden Resultat sollte Platz sein für einen kurzen Rückblick. Zwei Bemerkungen mögen das Erreichte abrunden.

1. Der Körper der reellen Zahlen $\mathbb{R}$ ist der kleinste vollständige Körper, der die natürlichen Zahlen $\mathbb{N}$ enthält. Dies ist klar. Denn wenn wir nur einen Dezimalbruch d aus $\mathcal{D}$ weglassen, so definiert dieser sofort eine nicht konvergente CAUCHY-Folge in $\mathbb{R} \setminus \{\varphi(d)\}$. Also ist $\mathbb{R}$ die kleinste vollständige Erweiterung von $\mathbb{Q}$. Da auch $\mathbb{Q}$ und zuvor $\mathbb{Z}$ sich jeweils als kleinste Erweiterungen herausgestellt haben, folgt die Behauptung.

2. Wir befinden uns jetzt an genau dem Punkt, an dem ich vor vielen Jahren an der Universität München das Studium der Mathematik begann. Im ersten Kurs zur Analysis wurden damals die reellen Zahlen mit der damit verbundenen Anschauung als gegeben vorausgesetzt und deren Vollständigkeit einfach postuliert (Vollständigkeitsaxiom). Dieser Ansatz ist durchaus legitim, spart er doch einiges an Zeit und das Bild von einem lückenlosen Zahlenstrahl strapaziert die Vorstellungskraft nicht übermäßig. Mein Lehrer OTTO FORSTER schreibt dazu in seinem bekannten Lehrbuch:

> „Während wir hier die reellen Zahlen als gegeben betrachtet haben, kann man auch, ausgehend von den natürlichen Zahlen ... nacheinander die ganzen Zahlen, die rationalen Zahlen und die reellen Zahlen konstruieren und dann die Axiome beweisen. Diesen Aufbau des Zahlensystems sollte jeder Mathematik-Student im Verlaufe seines Studiums kennenlernen.“

Ich gebe zu, dass ich dieser Aufforderung damals nicht nachgekommen bin, das aus der Schulzeit Bekannte erschien mir allzu selbstverständlich. Nun ist es nachgeholt. Die spannende Erkenntnis für mich war, dass es durchaus lohnend sein kann, viele Grundlagen wie Produktmengen, Äquivalenzrelationen, Gruppen, Ringe, Ideale, Körper, Homomorphismen, Grenzwerte oder auch CAUCHY-Folgen schrittweise entlang einer präzisen Konstruktion des Zahlensystems zu motivieren.

6.3 Sind die reellen Zahlen abzählbar?

Mit der nun gewonnenen anschaulichen Vorstellung von $\mathbb{R}$ stellt sich sofort die Frage nach der Abzählbarkeit dieser Menge. Nun ja, Sie ahnen es vielleicht schon, dass wir diesmal vor der Vielzahl der reellen Zahlen kapitulieren müssen. Sie sind nicht mehr abzählbar und damit stoßen wir erstmals in eine neue Dimension der Unendlichkeit vor. GEORG CANTOR fand im 19. Jahrhundert einen sehr schönen Beweis dafür, dass die Menge der reellen Zahlen nicht abzählbar ist, oder eben „überabzählbar“, wie man sagt, [4]. Stellen Sie sich vor, wir hätten eine Aufzählung der reellen Zahlen – Sie merken, wir argumentieren wieder mit einem Widerspruch. Die Aufzählung könnte wie folgt beginnen:

$$\begin{aligned} a_1 &= 0{,}5362894783651453289947355 22\ldots \\ a_2 &= 0{,}837363534231224354895490372\ldots \\ a_3 &= 0{,}789456729832655629843664391\ldots \\ a_4 &= 0{,}000006687958567434398579649\ldots \\ &\ldots \end{aligned}$$

Dann können wir aber sofort eine reelle Zahl angeben, die nicht in der Aufzählung enthalten ist. Der geniale Einfall von CANTOR beruht auf einer besonderen Beweisidee, welche in der Mengentheorie und der mathematischen Logik vielfach Anwendung gefunden hat. Es handelt sich um ein **Diagonalverfahren**.

Betrachten wir dazu die erste Nachkommastelle von a_1, die zweite Nachkommastelle von a_2 und so weiter. Diese Stellen in der Diagonalen nennen wir d_1, d_2 und so fort. Wir definieren jetzt die Zahl

$$x = 0{,}x_1x_2x_3x_4\ldots,$$

wobei

$$x_i = \begin{cases} 5, & \text{falls } d_i < 5 \\ 4, & \text{falls } d_i \geq 5. \end{cases}$$

Im obigen Beispiel ist also $x = 0{,}45455\ldots$. Diese Zahl werden wir vergeblich in unserer Aufzählung suchen. Denn unter der Annahme, dass $z = a_n$ wäre für irgendein $n > 0$, werden wir sofort enttäuscht: z kann nach unserer Konstruktion an der n-ten Nachkommastelle nicht mit a_n übereinstimmen. Also fehlt die Zahl in der Aufzählung, $\mathbb{R}$ ist überabzählbar.

Die rationalen Zahlen, die nach den Untersuchungen des vorigen Kapitels unendlich dicht auf der Zahlengeraden liegen, sind in Wirklichkeit total spärlich und dünn gesät, es gibt unvorstellbar viel mehr **irrationale Zahlen** in den „Lücken" dazwischen. In der Schule wird auf diese erstaunliche Tatsache oft zu wenig eingegangen. Das Zahlenwunder $\mathbb{R}$ wird als bloße Tatsache hingenommen, der Zahlenstrahl meist kommentarlos als langweiliger Strich auf einem Blatt Papier dargestellt.

Die Untersuchungen von verschiedenen Arten der Unendlichkeit – wir kennen jetzt zwei davon – gab CANTOR im Jahre 1878 Anlass zu einer berühmten Hypothese, der sogenannten **Kontinuumshypothese**. Der große Mathematiker DAVID HILBERT, der durch seine Vermutungen der Mathematik unschätzbaren Wert erwiesen hat, formulierte sie im Jahre 1900 sogar als das erste seiner berühmten 23 Jahrhundert-Probleme:

Kontinuumshypothese (Cantor)
Es gibt keine Menge, deren Mächtigkeit zwischen der Mächtigkeit der natürlichen Zahlen und der Mächtigkeit der reellen Zahlen liegt.

Diese sehr tief gehende mengentheoretische Vermutung besagt, anders formuliert, dass jede überabzählbare Teilmenge von $\mathbb{R}$ gleichmächtig zu $\mathbb{R}$ ist, sich also bijektiv auf $\mathbb{R}$ abbilden lässt. Die scheinbar so harmlose Aussage stellte sich im Jahre 1963 als äußerst brisant heraus. Der amerikanische Mathematiker PAUL COHEN zeigte, dass sich die Kontinuumshypothese innerhalb der gültigen ZERMELO-FRAENKEL-Mengenlehre (Seite 26) nicht beweisen lässt, [9][10]. Und wenn sich etwas nicht beweisen lässt, ist es doch falsch, oder?

Nein, das ist nicht notwendig der Fall. Tatsächlich konnte bereits Jahrzehnte zuvor der Österreicher Kurt Gödel beweisen, dass die Vermutung auch nicht widerlegbar ist, [23]. Damit wurde die Frage von Cantor und Hilbert beantwortet, wenn auch mit einem völlig unerwarteten Resultat: Die Kontinuumshypothese ist **unentscheidbar** – man kann sie frei nach Gusto als Axiom hinzunehmen oder nicht.

Hätten Sie geglaubt, dass Mathematik so vage sein kann – dass es dort Dinge gibt, von denen man nicht sagen kann, ob sie wahr oder falsch sind? Wir werden auf dieses verblüffende logische Phänomen später nochmals etwas ausführlicher eingehen.

Für seine fundamentale Erkenntnis wurde Cohen im Jahr 1966 mit der höchsten Auszeichnung in der Mathematik geehrt, der Fields-Medaille, benannt nach dem Kanadier John Charles Fields. Die Fields-Medaille wurde erstmals 1936 und dann ab 1950 alle vier Jahre an zwei bis vier herausragende Mathematiker verliehen. Sie gilt als Ersatz für den Nobelpreis, der ja für Mathematik nicht verliehen wird.

Doch kommen wir zurück auf festen Boden, zu den reellen Zahlen.

6.4 Potenzen mit rationalen Exponenten

Mithilfe des Vollständigkeitssatzes und der anschaulichen Vorstellung als Dezimalbrüche können wir uns jetzt einer früher gestellten Frage widmen. Erinnern Sie sich? Es ging um die rätselhafte Potenz $x = 2^{1/2}$.

Laut den Potenzgesetzen müsste dann $x^2 = 2$ gelten, was mit einer rationalen Zahl unmöglich ist. Der Vollständigkeitssatz ermöglicht aber ein spezielles Vorgehen, um eine Lösung innerhalb $\mathbb{R}$ zu finden: Eine **Intervallschachtelung**. Offenbar ist $1 < x < 2$, denn $1^2 < 2 < 2^2$. Wir verfahren jetzt ähnlich wie bei der Dezimalbruchdarstellung von 3/7 im vorigen Kapitel (Seite 76).

Auf der Suche nach der ersten Nachkommastelle finden wir durch Probieren heraus, dass $1{,}4^2 < 2 < 1{,}5^2$ ist. Danach ergibt sich $1{,}41^2 < 2 < 1{,}42^2$ und immer so weiter. Das ist eine Aufgabe, die sich sehr leicht auf einem Computer programmieren lässt. Nach acht Schritten haben wir eine Näherung von

$$x \approx 1{,}414\,213\,56$$

errechnet. Der auf diese Weise entstehende unendliche (und niemals periodische!) Dezimalbruch definiert eine Cauchy-Folge in $\mathbb{Q}$. Dank des Vollständigkeitssatzes existiert dafür ein (eindeutiger) Grenzwert x in $\mathbb{R}$.

Sie alle wissen bestimmt, dass die Mathematiker für die Zahl x die Schreibweise $\sqrt{2}$, die **Quadratwurzel** oder kurz **Wurzel** aus 2, eingeführt haben. Damit können wir den nächsten Schritt gehen und die Potenzrechnung ausweiten. Wir kommen zu einer allgemeinen Definition der Potenzen mit rationalen Exponenten.

Für eine reelle Zahl $x \geq 0$ und eine rationale Zahl $q = a/b$ mit $a, b \in \mathbb{Z}$, $b > 0$ definiert man

$$x^q = \sqrt[b]{x^a}.$$

Dabei steht das Symbol $\sqrt[b]{y}$ für die b-te Wurzel einer Zahl y, das ist die Zahl $z \geq 0$ mit $z^b = y$. Beachten Sie, dass wir die b-ten Wurzeln für eine reelle Zahl genauso konstruieren können wie die Quadratwurzeln: Mit einer Intervallschachtelung, bei der wir nach und nach immer mehr Dezimalstellen nach dem Komma bestimmen.

Halten wir fest: Wir können ab jetzt rationale Zahlen in den Exponenten einer Potenz schreiben. Ein beachtlicher Fortschritt. Sämtliche Potenzgesetze bleiben dabei erhalten. Einige Beispiele dazu sehen so aus:

$$25^{1/2} = 5 \qquad \text{oder} \qquad 8^{2/3} = 64^{1/3} = 4.$$

Es liegt ist der Natur des Menschen, mit dem Erreichten meist nicht zufrieden zu sein, man will immer mehr. Natürlich würden wir jetzt gerne alle reellen Zahlen als Exponenten zulassen. Die Idee dafür ist naheliegend: Die Definition der reellen Zahlen zusammen mit dem Vollständigkeitssatz ergibt, dass sich jede irrationale Zahl durch rationale Zahlen beliebig genau annähern lässt. Man nehme dann für einen irrationalen Exponenten x einfach eine Folge $(x_n)_{n \in \mathbb{N}}$ aus rationalen Zahlen, welche gegen x konvergiert und „definiere“ für alle reellen $r \geq 0$

$$r^x = \lim_{n \to \infty} r^{x_n}.$$

Wir könnten in der Tat mit etwas Aufwand schon jetzt zeigen, dass r^x damit für alle reellen Exponenten wohldefiniert ist. Da ich Ihnen in diesem Kapitel aber schon recht viel Technik zugemutet habe, verschieben wir das auf einen späteren Zeitpunkt (Seite 159), üben uns einfach in Geduld und belassen es vorerst bei den rationalen Exponenten.

6.5 Das Geheimnis der Fibonacci-Bruch-Folge

Blicken wir noch etwas weiter zurück. Im Kapitel über die rationalen Zahlen haben wir einen speziellen Kettenbruch diskutiert (Seite 65):

$$\frac{1}{1+\frac{1}{1+\frac{1}{1+\frac{1}{1+\ldots}}}},$$

den wir uns bis ins Unendliche fortgesetzt denken können. Er führte uns auf die FIBONACCI-Bruch-Folge

$$\frac{1}{2}, \frac{2}{3}, \frac{3}{5}, \frac{5}{8}, \frac{8}{13}, \frac{13}{21}, \frac{21}{34}, \frac{34}{55}, \ldots .$$

Lassen Sie uns das Geheimnis dieser Folge lüften. Zunächst stellen wir fest, dass diese Folge eine CAUCHY-Folge in $\mathbb{Q}$ ist. Dazu müssen wir ein wenig Arbeit investieren. Wir tun das in zwei Schritten.

Schritt 1: Die Folge ist **alternierend**, das heißt, die aufeinanderfolgenden Elemente der Folge tun abwechselnd einen Schritt nach oben und dann wieder einen nach unten:

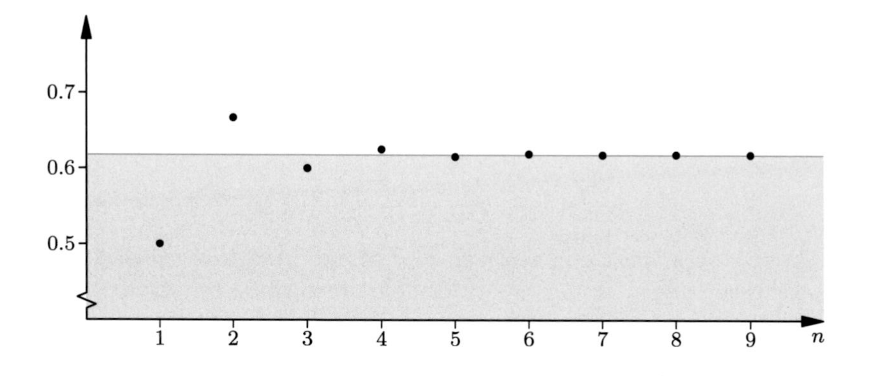

Wir sehen diese Eigenschaft sehr schnell durch eine elementare Rechnung, bei der wir wieder ein wenig Bruchrechnen üben können. Die Folge ist offenbar so aufgebaut, dass zwei benachbarte Elemente die Gestalt p/q und $q/(p+q)$ haben. Falls nun $p/q < q/(p+q)$ ist, was gilt dann für das nächste Paar $q/(p+q)$ und $(p+q)/(p+2q)$?

Wir erhalten

$$\frac{p}{q} - \frac{q}{p+q} < 0 \quad \Leftrightarrow \quad \frac{p(p+q) - q^2}{q(p+q)} < 0 \quad \Leftrightarrow \quad p(p+q) - q^2 < 0\,.$$

Einfache Umformungen ergeben auf die gleiche Weise für die nächste Differenz

$$\frac{q}{p+q} - \frac{p+q}{p+2q} = -\frac{p(p+q) - q^2}{(p+q)(p+2q)} > 0\,.$$

Genau das wollten wir haben. Wir sehen

$$\frac{p}{q} < \frac{q}{p+q} \quad \Leftrightarrow \quad \frac{q}{p+q} > \frac{p+q}{p+2q}\,.$$

Die Folge ist also alternierend.

2. Schritt: Der Abstand von je zwei aufeinanderfolgenden Elementen wird **streng monoton** – also mit jedem Schritt – kleiner und strebt schließlich gegen 0. Denn wenn wir zwei aufeinanderfolgende Elemente voneinander subtrahieren, so erhalten wir immer Brüche, die 1 oder -1 im Zähler stehen haben und deren Nenner streng monoton gegen Unendlich wachsen. Dies beweisen wir mit vollständiger Induktion.

Am Anfang sehen wir $2/3 - 1/2 = 1/6$ und $3/5 - 2/3 = -1/15$. Das reicht schon. Es sei die Aussage nun für alle Folgenelemente bis einschließlich einem bestimmten Paar aufeinanderfolgender Elemente wahr (Induktionsvoraussetzung). Diese beiden Elemente seien wieder mit p/q und $q/(p+q)$ bezeichnet. Die Rechnung oben zeigt uns

$$\frac{p}{q} - \frac{q}{p+q} = \frac{p(p+q)-q^2}{q(p+q)} \quad \Rightarrow \quad p(p+q)-q^2 \in \{1,-1\},$$

wobei wir bei der Folgerung $\Rightarrow$ die Induktionsvoraussetzung genutzt haben. Im nächsten Schritt ergibt sich dann

$$\frac{q}{p+q} - \frac{p+q}{p+2q} = -\frac{p(p+q)-q^2}{(p+q)(p+2q)}.$$

Damit ergibt sich auch beim nächsten Paar die gewünschte Eigenschaft, nur mit umgekehrtem Vorzeichen. Da die Nenner dabei streng monoton größer werden, ist Schritt 2 bewiesen.

Nun folgt ein Kombinationsschluss aus den Ergebnissen von Schritt 1 und 2. Wenn eine Folge alternierend ist und der Abstand zweier aufeinanderfolgender Elemente streng monoton gegen 0 strebt, dann ist diese Folge eine CAUCHY-Folge. Wir formulieren das als Satz.

Falls $(c_n)_{n\in\mathbb{N}}$ eine alternierende Folge ist, bei welcher der Abstand zweier aufeinanderfolgender Elemente streng monoton gegen 0 strebt, so gilt:

$$|\,c_n - c_{n+1}\,| < \epsilon \qquad \Rightarrow \qquad |\,c_k - c_l\,| < \epsilon \quad \text{für alle } k, l \geq n\,.$$

Insbesondere ist $(c_n)_{n\in\mathbb{N}}$ dann eine CAUCHY-Folge.

Es ist eine leichte Übung, dies zu beweisen. Folgende Zeichnung hilft Ihren Gedanken vielleicht auf die Sprünge:

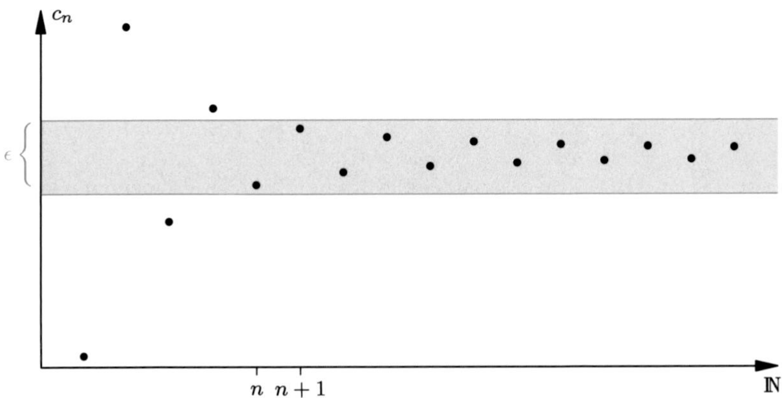

Wegen der beiden Eigenschaften der Folge liegt c_{n+2} immer zwischen seinen beiden Vorgängern c_n und c_{n+1}. Da diese Aussage unabhängig von n richtig ist, gilt das auch für alle Nachfolger c_k, c_l von c_n. □

Der Taschenrechner hat uns also nichts vorgegaukelt: Die FIBONACCI-Bruch-Folge ist eine CAUCHY-Folge und hat daher einen reellen Grenzwert $\alpha \approx 0{,}618$. Können wir diesen Wert genauer bestimmen?

Natürlich. Aus der Darstellung von α als Kettenbruch erkennen wir die folgende wichtige Beziehung:

$$\alpha = \frac{1}{1+\frac{1}{1+\frac{1}{1+\frac{1}{1+\dots}}}} \quad \Rightarrow \quad \alpha = \frac{1}{1+\alpha} \quad \Rightarrow \quad (1+\alpha):1 = 1:\alpha\,.$$

Schon die alten Griechen haben erkannt, dass viele Gebäude oder künstlerische Werke ihre Schönheit aus einem ganz bestimmten Verhältnis von Strecken beziehen, eben dem **goldenen Schnitt** $\Phi = 1/\alpha = 1+\alpha \approx 1{,}618$.

1 α

Die Gesamtstrecke $\Phi = 1+\alpha$ verhält sich zum längeren Teilstück 1 wie das längere Teilstück zum kürzeren Teilstück α. Ist der goldene Schnitt Φ rational oder irrational? Im antiken Griechenland wurde lange Zeit vermutet, Φ wäre rational. Das ist aber nicht der Fall – eine Erkenntnis, die damals als Enttäuschung angesehen wurde. Eine für die Ästhetik und auch für natürliche Wachstumsvorgänge so wichtige Zahl ist nicht als Quotient zweier natürlicher Zahlen darstellbar.

Warum ist Φ irrational? Nun ja, nach den obigen Überlegungen gilt $\Phi = 1/(\Phi-1)$, der goldene Schnitt erfüllt offenbar die **quadratische Gleichung**

$$\Phi^2 - \Phi - 1 = 0\,.$$

Und damit sind wir bei einem Lieblingsthema vieler Schüler der Mittelstufe angelangt, den quadratischen Gleichungen und ihren Lösungen. Die einfache Regel

$$(x+y)^2 = x^2 + 2xy + y^2\,,$$

die wir schon beim PASCALschen Dreieck kennen lernten, verhilft uns zu einem kleinen Trick: Wir erweitern die Gleichung für Φ zu

$$\Phi^2 - \Phi + \left(\frac{1}{2}\right)^2 - 1 - \left(\frac{1}{2}\right)^2 = 0 \quad \Leftrightarrow \quad \left(\Phi - \frac{1}{2}\right)^2 = \frac{5}{4}\,,$$

und erkennen damit genau zwei Lösungen der quadratischen Gleichung, nämlich

$$\Phi_1 \; = \; \frac{1+\sqrt{5}}{2} \qquad \text{und} \qquad \Phi_2 \; = \; \frac{1-\sqrt{5}}{2}\,,$$

von denen die zweite wegen $\Phi_2 < 0$ für uns keinen Sinn macht. Wir sehen die Irrationalität von Φ, da $\sqrt{5}$ nicht rational ist. Ein Taschenrechner liefert

$$\Phi \; = \; 1{,}618\,033\,988\,749\,894\ldots$$

als genaueren Näherungswert für den goldenen Schnitt. Auch den Grenzwert α der FIBONACCI-Bruch-Folge (Seite 66) können wir damit exakter bestimmen. Es ergibt sich $\alpha = \Phi - 1 = 0{,}618\,033\,988\,749\,894\ldots$.

Die obige Erweiterung einer quadratischen Gleichung der Form $x^2 + px + q \; = \; 0$ mit $p, q \in \mathbb{Q}$ zu

$$x^2 + px + \left(\frac{p}{2}\right)^2 + q - \left(\frac{p}{2}\right)^2 \; = \; 0$$

nennt man übrigens **quadratische Ergänzung**. Sie führt auf die schöne Lösungsformel

$$x_{1,2} \; = \; \frac{-p \pm \sqrt{p^2 - 4q}}{2}\,,$$

die schon im alten Griechenland bekannt war. Viele von der Mathematik geplagte Schüler müssen sie auswendig lernen. Eigentlich schade darum. Denn diese Formel wirft eine Menge neuer Fragen auf, die uns im Reich der Zahlen in ungeahnte Tiefen bringen. Seien Sie gespannt auf die nun folgenden Entdeckungen.

6.6 Algebraische Zahlen in $\mathbb{R}$

Im Reich der reellen Zahlen tummeln sich ganz verschiedene Elemente. Da gibt es leicht zu fassende Elemente wie die ganzen oder die rationalen Zahlen, oder aber die etwas unheimlichen irrationalen Zahlen. Welche irrationalen Zahlen haben wir bis jetzt kennengelernt? So viele sind es gar nicht, im Wesentlichen waren das die Wurzeln wie $\sqrt{2}$ oder der goldene Schnitt.

Denken wir kurz darüber nach – und schon sind wir einem weiteren Geheimnis auf der Spur. Diese irrationalen Zahlen nämlich haben eine Gemeinsamkeit. So ist $\sqrt{2}$ eine Lösung der Gleichung

$$x^2 - 2 \; = \; 0$$

und der goldene Schnitt eine Lösung der Gleichung

$$x^2 - x - 1 \; = \; 0\,.$$

Die Ausdrücke auf der linken Seite nennt man **Polynome** in einer **Unbestimmten** x. Denn dort kommen natürliche Potenzen einer Unbestimmten x vor, die – mit **Koeffizienten** multipliziert – zu einer endlichen Summe vereint sind. Setzt man in die Unbestimmte eine reelle Zahl ein und es ergibt sich 0, so heißt diese Zahl eine **Nullstelle** des Polynoms.

Die bisher gefundenen irrationalen Zahlen sind also Nullstellen von Polynomen in einer Unbestimmten mit rationalen Koeffizienten. Im Falle $\sqrt{2}$ ist es das Polynom $x^2 - 2$, beim goldenen Schnitt ist es das Polynom $x^2 - x - 1$. Da jedes Polynom aus den algebraischen Rechenoperationen $+$, $-$ und $\cdot$ gebildet wird, nennt man eine Zahl, die Nullstelle irgendeines Polynoms ist, **algebraisch** über dem Körper K der Koeffizienten. In unserem speziellen Fall $K = \mathbb{Q}$ spricht man der Kürze wegen einfach nur von einer **algebraischen Zahl**.

Sofort drängt sich eine spannende Frage auf, die letztlich auch den Leitfaden dieses Buches bildet:

Ist jede irrationale Zahl algebraisch? Oder gibt es reelle Zahlen, die noch schwerer zu erfassen sind, die also nicht einmal mehr Nullstelle eines Polynoms mit rationalen Koeffizienten sind?

Das ist nicht nur aus zahlentheoretischer Sicht, sondern vor allem durch einen erstaunlichen Zusammenhang zu geometrischen Konstruktionen interessant. Wir erleben diese Faszination später und werden damit die großen Fragen der Antike beantworten können.

Doch gehen wir jetzt systematisch an die Polynome heran. Wir betrachten ganz allgemein einen Ring R sowie eine Unbestimmte x. Damit erzeugen wir einen neuen Ring $R[x]$, den **Polynomring** über R in einer Unbestimmten x. Er besteht aus allen Polynomen in x mit Koeffizienten aus R:

$$R[x] \;=\; \{a_n x^n + a_{n-1}x^{n-1} + \ldots + a_1 x + a_0 : n \in \mathbb{N} \wedge \text{ alle } a_i \in R\}\,.$$

Typische Elemente von $R[x]$ sind beispielsweise

$$x + 1\,, \quad x^3 + 5x - 7 \quad \text{oder} \quad x^7 - 517x^4 + 83\,,$$

wenn wir für R den Ring $\mathbb{Z}$ nehmen. Wir müssen noch eine Addition und Multiplikation auf $R[x]$ definieren und zeigen, dass tatsächlich ein Ring dabei herauskommt. Wir ordnen dazu die Potenzen von x der Größe nach, wie in den Beispielen oben, und addieren zwei Polynome, indem wir die Koeffizienten potenzweise addieren. Hier ein Beispiel:

$$(2x + 1) + (x^3 + 5x - 7) \;=\; x^3 + (2 + 5)x + (1 - 7) \;=\; x^3 + 7x - 6\,.$$

Die Multiplikation zweier Polynome wird ebenfalls auf Bekanntes zurückgeführt. Sie erfolgt durch klassisches Ausmultiplizieren von Summen gemäß der

Kommutativ-, Assoziativ- und Distributivgesetze, wobei auf die Potenzen von x die bekannten Potenzgesetze angewendet werden. Auch hier hilft ein Beispiel:

$$\begin{aligned}(2x+1)(x^3+5x-7) &= (2x\,x^3+2x\,5x-2x\cdot 7)+(x^3+5x-7)\\ &= (2x^4+10x^2-14x)+(x^3+5x-7)\\ &= 2x^4+x^3+10x^2-9x-7\,.\end{aligned}$$

Sie können nun leicht nachprüfen, dass mit Hilfe der Gesetze in R sowie der Potenzgesetze für x auch $R[x]$ zu einem Ring wird.

Kommen wir zurück zu den algebraischen Zahlen. Es wäre ein wahrlich phänomenales Ergebnis, wenn alle reellen Zahlen algebraisch wären, sich also wenigstens als Nullstellen von Polynomen in $\mathbb{Q}[x]$ einfangen ließen. Aber leider ist die Realität oft von unseren Wünschen weit entfernt, so auch diesmal. Es gibt eine unüberschaubare Menge von Zahlen in $\mathbb{R}$, welche nicht algebraisch sind. Dies sind die **transzendenten Zahlen**, das kommt von dem Lateinischen *transcendere* und bedeutet „überschreiten". Es wird bei den transzendenten Zahlen gewissermaßen eine universale Grenze überschritten, nämlich die der Darstellbarkeit als Nullstelle eines Polynoms mit rationalen Koeffizienten.

Es ist natürlich eine kühne Behauptung, hier ganz lapidar die Existenz transzendenter Zahlen zu proklamieren. Und wenn Sie bis hierher durchgehalten haben, sind Sie bestimmt so anspruchsvoll geworden, dass Sie mir diese Aussage nicht einfach durchgehen lassen. Zumal es wirklich nicht leicht ist, bei einer irrationalen Zahl zu zeigen, sie sei nicht algebraisch. Schließlich gibt es eine unendliche Zahl von Polynomen, die bei ihr nicht Null werden dürfen, wie in aller Welt prüft man so etwas?

Dies, liebe Leserinnen und Leser, ist der Einstieg in die faszinierenden Tiefen unserer Expedition. Wir werden die Suche nach transzendenten Zahlen, welche die Mathematiker seit Jahrhunderten beschäftigt, ausführlich behandeln. Dabei bauen wir nicht nur das Zahlensystem weiter aus, sondern erleben eine Eigenart der Mathematik, die oft zu beobachten ist: Während allgemeine, eher theoretische Existenzaussagen relativ einfach zu gewinnen sind, ist es viel schwieriger, konkrete Beispiele zu finden. Das hat aber auch etwas Gutes. Denn auf dem Weg dahin enthüllen wir eine Menge praktisch relevanter Techniken in der Mathematik.

Doch lassen Sie uns mit der relativ einfachen Aufgabe beginnen. Warum muss es sie geben, die geheimnisvollen transzendenten Zahlen?

6.7 Ein Beweis für die Existenz transzendenter Zahlen

Ausgangspunkt ist die kühne Vermutung, dass es transzendente Zahlen gibt. Wir wollen die Frage zunächst ganz abstrakt angehen und zeigen, dass es solche Zahlen geben muss, freilich ohne jemals eine solche Zahl gesehen zu haben.

Dass es transzendente Zahlen geben muss, ist – und das ist überraschend – ziemlich einfach. Es ist eine Folge davon, dass auch die algebraischen Zahlen abzählbar sind. Da die reellen Zahlen überabzählbar sind (Seite 94), gibt es folglich sogar überabzählbar viele transzendente Zahlen, also „unendlich" viel mehr als algebraische Zahlen.

Existenz transzendenter Zahlen in $\mathbb{R}$
Es gibt in $\mathbb{R}$ nur abzählbar viele algebraische Zahlen und folglich überabzählbar viele transzendente Zahlen.

Der Beweis führt uns wieder zu GEORG CANTOR und seinen berühmten Abzählverfahren. Erinnern Sie sich, wie wir die Abzählbarkeit der rationalen Zahlen $\mathbb{Q}$ gezeigt haben? Wir haben dort gezeigt, dass die Menge aller Paare $(a,b) \in \mathbb{N}^* \times \mathbb{N}^*$ abzählbar ist (Seite 62).

Das lässt sich verallgemeinern: Man kann mit genau dem gleichen Verfahren zeigen, dass das Produkt zweier abzählbarer Mengen wieder abzählbar ist und mit vollständiger Induktion ergibt sich dann sofort, dass jedes endliche Produkt

$$A_1 \times A_2 \times \ldots \times A_n \;=\; \big(A_1 \times A_2 \times \ldots \times A_{n-1}\big) \times A_n$$

abzählbarer Mengen abzählbar ist. Ich führe das hier nicht weiter aus.

Wenden wir uns nun der genaueren Untersuchung von Polynomen zu. Ein paar Begriffe dazu: Man nennt bei einem Polynom P den Koeffizienten bei der höchsten Potenz von x seinen **Leitkoeffizienten**. Die höchste Potenz selbst heißt **Grad** des Polynoms P, in Zeichen $\deg(P)$. Ein Beispiel: Bei $P(x) = 4x^3 + x + 3$ ist der Leitkoeffizient 4 und der Grad $\deg(P) = 3$.

Man sieht nun sofort, dass es offenbar eine bijektive Abbildung gibt zwischen der Menge aller Polynome (mit rationalen Koeffizienten) von einem festen Grad $n \geq 0$ und dem $(n+1)$-fachen Produkt $\mathbb{Q}^* \times \mathbb{Q}^n$. Ganz einfach: Ein $(n+1)$-Tupel steht für die Menge aller Koeffizienten eines solchen Polynoms vom Grad n, wobei der Leitkoeffizient $\neq 0$ sein muss. Die Menge aller in Frage kommenden Polynome vom Grad n ist also abzählbar. Das war ein wichtiger Schritt.

Nennen wir diese Menge nun $\mathcal{P}_n$, dann ist die Menge aller Polynome mit rationalen Koeffizienten offenbar

$$\mathcal{P} \;=\; \{0\} \cup \mathcal{P}_0 \cup \mathcal{P}_1 \cup \mathcal{P}_2 \cup \mathcal{P}_3 \cup \ldots .$$

Das ist eine unendliche Vereinigung aus abzählbaren Mengen. Da sich die Vereinigung aber nur über abzählbar viele Mengen erstreckt, können wir die einzelnen Abzählungen wieder untereinander schreiben:

$$\begin{aligned}
\mathcal{P}_0 &= \{P_{0,0},\, P_{0,1},\, P_{0,2},\, P_{0,3},\, \ldots\} \\
\mathcal{P}_1 &= \{P_{1,0},\, P_{1,1},\, P_{1,2},\, P_{1,3},\, \ldots\} \\
\mathcal{P}_2 &= \{P_{2,0},\, P_{2,1},\, P_{2,2},\, P_{2,3},\, \ldots\} \\
\mathcal{P}_3 &= \{P_{3,0},\, P_{3,1},\, P_{3,2},\, P_{3,3},\, \ldots\} \\
&\ldots\ .
\end{aligned}$$

Und siehe da, es ergibt sich – genau wie bei der Abzählung der rationalen Zahlen – durch eine diagonal verlaufende Schlangenlinie die Abzählung

$$P_{0,0} \to P_{0,1} \to P_{1,0} \to P_{2,0} \to P_{1,1} \to P_{0,2} \to P_{0,3} \to P_{1,2} \to P_{2,1} \to \ldots .$$

Ein weiterer wichtiger Schritt. Es gibt also nur abzählbar viele Polynome, deren Nullstellen als algebraische Zahlen in Frage kommen. Wenn wir jetzt ein solches Polynom betrachten, so wissen Sie wahrscheinlich von früher, dass es nur endlich viele Nullstellen haben kann. Damit wären wir fertig, wir müssten in der Abzählung oben nur jedes $P_{i,j}$ durch die endliche Anzahl seiner Nullstellen ersetzen. Es macht gar nichts, dass wir viele algebraische Zahlen mehrfach aufzählen – nur auslassen dürfen wir eben keine.

Warum hat jedes Polynom endlich viele Nullstellen? Die Begründung ist sehr einfach und führt uns zu einer wichtigen Technik, der **Polynomdivision**. Genauso wie wir ganze Zahlen mit Rest dividieren können, geht das auch mit Polynomen.

Division von Polynomen mit Rest
Betrachten wir einen Körper K und zwei Polynome $F, G \in K[x]$ mit $G \neq 0$. Dann gibt es eindeutig bestimmte Polynome $H, R \in K[x]$, sodass gilt:

$$F(x) \;=\; H(x)\,G(x) + R(x)\,,$$

wobei $\deg(R) < \deg(G)$ ist.

Der Beweis ist nicht schwer. Zunächst zur Eindeutigkeit der Darstellung. Falls es zwei solche Darstellungen mit Polynomen H_1, H_2, R_1, R_2 geben sollte, dann ergibt sich durch Subtraktion sofort

$$0 \;=\; \big(H_1(x) - H_2(x)\big)\,G(x) + \big(R_1(x) - R_2(x)\big)\,.$$

Da $\deg(R_1 - R_2) < \deg(G)$ ist, muss zwangsläufig $H_1 - H_2 = 0$ sein und damit folgt $H_1 = H_2$ und $R_1 = R_2$.

Nun zur Existenz dieser Darstellung. Falls $\deg(F) < \deg(G)$ ist, wählen wir einfach $H = 0$ und $R = G$. Bleibt der Fall $\deg(F) \geq \deg(G)$. Wir lösen das Problem durch vollständige Induktion nach $n = \deg(F)$, wobei der Leitkoeffizient von F mit a_F und der von G mit a_G bezeichnet sei. Falls $n = 0$ ist, dann ist $F, G \in K$ und der Fall ist klar.

Falls $n > 0$ ist, dann betrachten wir das Polynom

$$H(x) \;=\; F(x) \;-\; \frac{a_F}{a_G} x^{\deg(F)-\deg(G)}\,G(x)\,.$$

Sie prüfen schnell, dass $\deg(H) < \deg(F)$ ist, da sich die höchste Potenz bei der Differenz gerade aufhebt. Daher greift für H die Induktionsvoraussetzung und es gibt zwei Polynome $h, r \in K[x]$ mit

$$H(x) \;=\; h(x)\,G(x) + r(x)\,,$$

wobei $\deg(r) < \deg(G)$ ist. Tragen wir dies in die obige Gleichung ein, ergibt sich

$$F(x) = \Big(h(x) + \frac{a_F}{a_G} x^{\deg(F)-\deg(G)}\Big)\, G(x) + r(x)$$

und das ist die Behauptung. □

Versuchen Sie einmal als kleines Beispiel das Polynom $F(x) = x^5 - x + 1$ durch $G(x) = x^2 - 1$ zu teilen. Ein Algorithmus ähnlich der handschriftlichen Division ganzer Zahlen liefert dann das folgende Schema:

$$\begin{array}{l}
x^5 \qquad - x + 1 = \big(x^2 - 1\big)\,\big(x^3 + x\big)\, + 1 \\
\underline{- x^5 + x^3} \\
\qquad x^3 - x \\
\quad \underline{- x^3 + x}
\end{array}$$

Kommen wir zurück zu der letzten Aussage, die uns für den Beweis der Abzählbarkeit der algebraischen Zahlen noch fehlt.

Nullstellen von Polynomen
Wir betrachten wieder einen Körper K. Ein Polynom $F \in K[x]$ mit $F \neq 0$ hat dann höchstens

$$n = \deg(F)$$

Nullstellen in K.

Der Beweis ist jetzt ganz einfach und benützt vollständige Induktion nach n und die Division mit Rest. Falls $n = 0$ ist, so ist $F \neq 0$ ein konstantes Element in K und die Aussage stimmt. Falls $n > 0$ ist und $a \in K$ eine Nullstelle von F ist, dann teilen wir F mit Rest durch $x - a$ und erhalten

$$F(x) = H(x)\,(x - a) + R(x)\,.$$

Da a eine Nullstelle von F ist, muss $R = 0$ sein und damit können wir die Nullstelle quasi „herausfaktorisieren“:

$$F(x) = H(x)\,(x - a)\,.$$

Da $\deg(H) = n - 1$ ist, greift die Induktionsvoraussetzung und H hat höchstens $n - 1$ Nullstellen. F hat also höchstens n Nullstellen. □

Damit folgt schlussendlich die Abzählbarkeit der algebraischen Zahlen. Ein schöner, trickreicher Beweis, der sich über eine längere logische Kette erstreckt hat.

Nun wissen wir also, dass $\mathbb{R}$ zu einem großen Teil aus transzendenten Zahlen besteht – aber wir kennen noch keine einzige von ihnen. So geht es manchmal in der Mathematik. Man beweist die Existenz von etwas auf abstraktem Weg, was zweifellos ein schöner Erfolg ist. Aber dann möchte man konkrete Exemplare der seltsamen Spezies finden, um sie genauer studieren und verstehen zu können. Das ist oftmals viel schwerer. Mathematik ist aber nur dann lebendig, wenn man für die abstrakten Konzepte auch Beispiele findet.

Leider ist es oft schwierig, konkret zu werden – so auch im Fall der transzendenten Zahlen. Es ist schon verrückt: Da haben wir die Existenz von überabzählbar vielen transzendenten Zahlen bewiesen, und die Suche nach einem einzigen Beispiel stellt sich dann als ein so schwieriges Unterfangen heraus.

Aber lassen wir uns nicht abschrecken, machen wir uns auf in die Tiefe der reellen Zahlen, versuchen wir, eine transzendente Zahl zu finden. Der erste, der diesen Tauchgang erfolgreich unternommen hat, war im Jahre 1844 der große französische Mathematiker JOSEPH LIOUVILLE. Das Tauchboot, welches er benutzt hat, ist Jahre zuvor von GAUSS konstruiert worden und stellt eine der vollkommensten und schönsten Strukturen in der Mathematik dar. Wir werden uns diesem Phänomen im nächsten Kapitel annähern.

Eine kleine Bemerkung, um die historische Entwicklung richtig wiederzugeben. CANTOR hat erst über 30 Jahre nach der Entdeckung der ersten transzendenten Zahl durch LIOUVILLE seine mengentheoretischen Untersuchungen angestellt und den Existenzbeweis mit der Abzählbarkeit veröffentlicht. Diese Methoden waren Anfang des 19. Jahrhunderts noch unbekannt.

Als Motivation für die weitere Reise sei hier noch eine Unvollkommenheit bei den reellen Zahlen erwähnt. Sie führt uns wieder zur Potenzrechnung. Bei gebrochen rationalen Exponenten wie zum Beispiel $1/2$ waren wir darauf angewiesen, nur Basen ≥ 0 zuzulassen, denn die „Zahl“

$$\alpha = (-1)^{1/2}$$

ist bestimmt keine reelle Zahl – sie sind etwas absolut Unvorstellbares, etwas Irreales: Wir haben bereits bei den ganzen Zahlen die große Wahrheit gelernt, dass die Multiplikation einer Zahl mit sich selbst immer einen Wert ≥ 0 ergibt. α verletzt diese Regeln aber, denn es müsste nach den Potenzgesetzen

$$\alpha \cdot \alpha = (-1)^{1/2+1/2} = (-1)^1 = -1$$

sein. Können wir solch widersinnigen „Zahlen“ etwa auch einen Sinn geben?

Wir können es. Auf geht's, begeben wir uns im nächsten Kapitel auf eine Reise in das Unvorstellbare.

7 Die komplexen Zahlen

Die komplexen Zahlen wurden schon vor mehr als 200 Jahren entdeckt und etwa zeitgleich von dem Franzosen AUGUSTIN LOUIS CAUCHY und CARL FRIEDRICH GAUSS systematisch eingeführt. Vor allem durch GAUSS haben sie ihre große Bedeutung entfaltet, viele von Ihnen haben bestimmt schon von der „GAUSSschen Zahlenebene" gehört oder gelesen. Die komplexen Zahlen sind ein wunderbares Beispiel dafür, wie man in der Mathematik reich belohnt wird für den Mut, das Vorstellbare zu verlassen. Wir gewinnen wichtige Erkenntnisse von praktischer Bedeutung, diese Zahlen sind aus der Physik und den modernen Ingenieurwissenschaften nicht mehr wegzudenken.

7.1 Die Konstruktion der komplexen Zahlen

Genauso, wie wir das Zahlensystem bisher aufgebaut haben, werden wir auch hier weiter machen: Bei dieser letzten und entscheidenden Erweiterung des Zahlensystems wird ebenfalls eine Äquivalenzrelation die zentrale Rolle spielen.

Betrachten wir dazu das Polynom

$$P(x) = x^2 + 1,$$

welches offenbar keine reellen Nullstellen besitzt. Denn für eine solche Nullstelle α müsste $\alpha^2 = -1$ gelten, und das haben wir schon am Ende des vorigen Kapitels als unsinnig erkannt.

Nun erinnern wir uns an eine wichtige Konstruktion aus dem Kapitel über die ganzen Zahlen. Es handelt sich um die **Ideale** in einem Ring, sowie die dazu passende Äquivalenzrelation (Seite 49). Damals haben wir dieses Konzept ganz allgemein für Ringe definiert, können es jetzt also auf den Polynomring $\mathbb{R}[x]$ anwenden.

Betrachten wir also den Polynomring $\mathbb{R}[x]$ aller Polynome mit reellen Koeffizienten und darin das Ideal I aller Vielfachen von $x^2 + 1$. Wir schreiben für dieses Ideal wie früher kurz

$$(x^2 + 1) = \{P(x)\,(x^2 + 1) : P \in \mathbb{R}[x]\}$$

und definieren die Äquivalenzrelation auf $\mathbb{R}[x]$ wie folgt:

$$F \sim G \quad \Leftrightarrow \quad F - G \in (x^2 + 1).$$

F und G sind also äquivalent, wenn ihre Differenz ein Vielfaches von $x^2 + 1$ ist. Wir können jetzt die **komplexen Zahlen** konstruieren. Es ist – das wird für Sie inzwischen nicht mehr vollkommen überraschend sein – der Ring der Äquivalenzklassen

F. Toenniessen, *Das Geheimnis der transzendenten Zahlen*,
https://doi.org/10.1007/978-3-662-58326-5_7

$$\mathbb{C} \;=\; \mathbb{R}[x]/(x^2+1) \;=\; \left\{\overline{P} : P \in \mathbb{R}[x]\right\}.$$

Keine Angst, wir werden bald eine anschaulichere Vorstellung von $\mathbb{C}$ entwickeln, müssen aber zunächst mathematisch auf der sicheren Seite sein. Die komplexen Zahlen sind damit ein Ring, in dem die reellen Zahlen als Teilmenge enthalten sind. Diese **Einbettung** geschieht wieder über den bekannten Ring-Monomorphismus

$$\alpha : \mathbb{R} \to \mathbb{C}, \quad r \mapsto \overline{r},$$

nach dem jeder Ring R in seinem Polynomring $R[x]$ enthalten ist. Sie prüfen leicht nach, dass diese Abbildung tatsächlich injektiv ist und sich mit den Rechenoperationen eines Rings verträgt.

Nun gehen wir daran, den komplexen Zahlen die Struktur eines Körpers zu attestieren. Wir müssen zeigen, dass jedes Element $\neq 0$ ein inverses Element bezüglich der Multiplikation hat – und generell wollen wir natürlich die abstrakt gehaltene Definition veranschaulichen. Warum also ist $\mathbb{C} = \mathbb{R}[x]/(x^2+1)$ tatsächlich ein Körper? Steigen wir dazu ein wenig tiefer in die Algebra ein.

7.2 Irreduzible Polynome und maximale Ideale

Betrachten wir als Beispiel das Polynom $F(x) = x^3+3x^2-x-3$. Es sieht zwar auf den ersten Blick komplizierter aus als x^2+1, verhält sich aber viel zahmer. Denn es kann als Produkt von zwei Polynomen in $\mathbb{R}[x]$ mit positivem Grad geschrieben werden:

$$x^3+3x^2-x-3 \;=\; (x^2-1)\,(x+3).$$

Ein solches Polynom nennt man **reduzibel**. Es zerfällt sogar vollständig in **Linearfaktoren**, die Faktoren haben letztlich alle den Grad 1:

$$(x^2-1)\,(x+3) \;=\; (x+1)\,(x-1)\,(x+3).$$

Es gibt aber auch Polynome, die **irreduzibel** sind, sich also nicht in ein Produkt von Polynomen vom Grad ≥ 1 zerlegen lassen. Versuchen wir einmal, x^2+1 zu zerlegen. Aufgrund seines Grades müsste es dann in zwei Polynome vom Grad 1 zerfallen, es gäbe also zwei reelle Zahlen a und b mit

$$x^2+1 \;=\; (x+a)\,(x+b).$$

Dies macht keinen Sinn, denn damit wären $-a$ und $-b$ zwei reelle Nullstellen, die es nach den Überlegungen am Ende des vorigen Kapitels nicht geben kann.

Irreduzible Polynome in $\mathbb{R}[x]$ erzeugen nun ganz besondere Ideale, man nennt sie **maximale Ideale**. Das sind Ideale, zwischen die und ganz $\mathbb{R}[x]$ kein weiteres echtes Ideal $I \subset \mathbb{R}[x]$ mehr passt. Mathematisch exakt ausgedrückt, heißt das:

Ein Ideal I in einem Ring R heißt **maximales Ideal** oder kurz **maximal**, wenn für jedes weitere Ideal J mit

$$I \subset J \subseteq R$$

bereits $J = R$ gelten muss.

Warum ist also $(x^2 + 1)$ ein maximales Ideal, und was lässt sich daraus für den Ring $\mathbb{R}[x]/(x^2+1)$ folgern? Lassen Sie uns dazu erstmals die Eleganz algebraischer Methoden erleben und aus dieser Frage ein ganz allgemeines Resultat herleiten.

Irreduzible Elemente, maximale Ideale und Körper
Wir betrachten einen kommutativen Ring R. Falls $I \subset R$ ein maximales Ideal ist, dann ist der Äquivalenzklassenring R/I ein Körper. Falls R zusätzlich ein Hauptidealring ist, dann erzeugt jedes irreduzible Element $a \in R$ ein maximales Ideal $(a) \subset R$.

Ein wichtiges Ergebnis. Bevor wir es beweisen, sehen wir uns an, wie damit $\mathbb{C}$ zu einem Körper wird. Erkennen Sie, was dazu noch fehlt?

Richtig, wir müssen nur noch zeigen, dass wir den Satz auf $\mathbb{R}[x]$ anwenden dürfen, dieser Ring also ein Hauptidealring ist. Dazu erinnern wir uns an die Polynomdivision mit Rest (Seite 104) und den Beweis, dass $\mathbb{Z}$ Hauptidealring ist (Seite 51). Er kann vollständig kopiert werden, wir müssen in der Argumentation nur die Eigenschaft $0 \leq r < b$ des Restes r bei Division durch ein $b \in \mathbb{Z}$ ersetzen durch die Eigenschaft

$$0 \leq \deg(R) < \deg(G)$$

bei der Division durch ein Polynom G. Es sei also $I \subset \mathbb{R}[x]$ ein Ideal. Wir nehmen jetzt ein Polynom $P \neq 0$ von kleinstem Grad in I. Ich behaupte $I = (P)$.

Das ist einfach, wir müssen nur $I \subseteq (P)$ zeigen. Falls also ein Polynom $F \in I$ ist, dann ergibt die Division von F durch P eine Darstellung

$$F(x) \;=\; H(x)\,P(x) + R(x)$$

mit $\deg(R) < \deg(P)$. Erinnern Sie sich an den Beweis bei $\mathbb{Z}$? Da I ein Ideal ist, ist auch HP ein Element von I und damit auch R. Da der Grad von R kleiner als der kleinstmögliche Grad eines Elements $\neq 0$ in I ist, muss $R = 0$ gelten und damit haben wir $F \in (P)$.

Eine Argumentation von besonderer Ästhetik. Sie lässt sich in jedem Ring durchführen, der ein Teilen mit Rest erlaubt. Spätestens jetzt erkennen Sie, warum die kleine Emmy mit ihrem Wissen aus der Grundschule so viel mehr Aufmerksamkeit bekommen hat als ihr großer Bruder ...

$\mathbb{C}$ ist also ein Körper, wenn wir den obigen Satz verwenden. Sein Beweis ist auch einfach und elegant. Wir müssen noch kurz sagen, was Irreduzibilität in einem allgemeinen kommutativen Ring bedeutet.

Ein Element a eines kommutativen Ringes R heißt **Einheit**, wenn es ein Element $b \in R$ gibt mit $ab = 1$. Ein Element $c \in R$ heißt **irreduzibel**, wenn aus einer Darstellung $c = de$ stets folgt, dass d oder e eine Einheit ist.

Sie beobachten sofort: Enthält ein Ideal I eine Einheit, so ist es bereits identisch mit dem ganzen Ring. Die Einheiten in einem Polynomring $K[x]$ über einem Körper K sind genau die Elemente aus $K^* = K \setminus \{0\}$.

Kommen wir zur ersten Aussage des obigen Satzes. Warum ist R/I ein Körper, wenn I maximal ist? Betrachten wir dazu ein Element $\overline{r} \neq 0$ in R/I. Das bedeutet $r \notin I$, also ist $I \subset (r, I) = R$, da I maximal war. Damit existiert ein $q \in I$ und ein $b \in R$ mit

$$br + q \;=\; 1\,.$$

Bilden wir über diese Gleichung wieder die Äquivalenzklassen, so erhalten wir $\overline{b}\,\overline{r} = \overline{1}$ und damit ist $\overline{b}$ ein multiplikatives Inverses von $\overline{r}$, fertig.

Kommen wir zur zweiten Aussage des Satzes und betrachten ein irreduzibles Element r eines Hauptidealrings R. Warum ist (r) dann maximal? Nehmen wir an, es wäre nicht maximal, dann gibt es ein echt größeres Ideal $I \subset R$, welches von einem Element q erzeugt wird, das keine Einheit ist. Also ist

$$(r) \;\subset\; (q) \;\subset\; R$$

und damit $r = sq$ für ein $s \in R$. Dabei kann auch s keine Einheit sein, da sonst $(r) = (q)$ wäre. Wir haben einen Widerspruch, denn r war irreduzibel. □

Wir befinden uns ganz unvermittelt im Teilgebiet der Algebra. Vielleicht haben Sie einen kleinen Eindruck von der Eleganz dieses bedeutenden Teilgebietes der Mathematik gewinnen können. Wir werden auf unserer Reise noch häufig erleben, dass zahlentheoretische, analytische und algebraische Methoden zu einem Ganzen verschmelzen. Die häufig beobachtete Trennung dieser Gebiete ist künstlich.

Um ein praktisches Beispiel dieser Überlegungen zu bekommen, versuchen Sie doch einmal, das multiplikativ inverse Element zu

$$\overline{x^3 + 3x^2 - x - 5} \;\in\; \mathbb{R}[x]/(x^2+1)$$

zu bestimmen. Wir benötigen dazu ein Polynom G, sodass

$$G(x)\,(x^3 + 3x^2 - x - 5) \;-\; 1$$

ein Vielfaches von $x^2 + 1$ wird. Das klingt zunächst sehr schwierig. Die algebraischen Überlegungen von oben aber weisen den Weg.

Zunächst müssen wir versuchen, einen einfacheren Repräsentanten der Klasse $\overline{x^3 + 3x^2 - x - 5}$ zu konstruieren.

Dazu teilen wir das Polynom mit Rest durch $x^2 + 1$:

$$\begin{array}{rl} x^3 + 3x^2 - x - 5 = \left(x^2+1\right)\left(x+3\right) - 2x - 8 \\ -\, x^3 \qquad\quad - x \\ \hline 3x^2 - 2x - 5 \\ -\, 3x^2 \qquad - 3 \\ \hline -\, 2x - 8 \end{array}$$

Wir müssen also nur noch das Inverse zum Rest $-2x-8 = -2\,(x+4)$ bestimmen. Das geht, indem wir zuerst $x+4$ invertieren und dann das Ergebnis mit $-1/2$ multiplizieren. Wie lautet also das multiplikative Inverse zu $x+4$ in $\mathbb{C}$?

Hier hilft ein einfacher Trick, die binomische Formel $(a+b)\,(a-b) = a^2 - b^2$. Damit erhalten wir

$$(x+4)\,(x-4) \;=\; x^2 - 16 \;=\; (x^2+1) - 17\,.$$

Es ist also $\overline{(x+4)}\,\overline{(x-4)} = -17$ und daher $-1/17\,\overline{(x-4)}$ das Inverse zu $\overline{(x+4)}$. Die Multiplikation mit $-1/2$ liefert schließlich den Repräsentanten

$$\frac{1}{34}\,(x-4)$$

des multiplikativen Inversen zu $\overline{x^3 + 3x^2 - x - 5}$.

Lassen Sie sich gerne ein wenig Zeit, diese Überlegungen in Ruhe noch einmal anzusehen. Beim ersten Mal ist es gewöhnungsbedürftig. Machen Sie einmal die Probe und rechnen nach, dass tatsächlich

$$(x^3 + 3x^2 - x - 5)\,\frac{1}{34}\,(x-4)$$

bei der Division durch x^2+1 den Rest 1 ergibt.

Wir haben einen kleinen Streifzug durch die Algebra gemacht und gesehen, dass unsere etwas seltsame Definition von $\mathbb{C}$ als $\mathbb{R}[x]/(x^2+1)$ tatsächlich ein Körper ist. Warum diese Konstruktion? Nun ja, wir werden ihr an ganz entscheidender Stelle auf der Suche nach transzendenten Zahlen wieder begegnen. Es ist immer wieder faszinierend, wie scheinbar so unterschiedliche Gebiete der Mathematik zusammenhängen. Wenn man nur genügend tief blickt, entdeckt man eine Menge wunderbarer und rätselhafter Zusammenhänge. Seien Sie gespannt, was Sie noch alles erwartet.

7.3 Die imaginäre Einheit $i = \sqrt{-1}$

Wir wollen jetzt eine anschauliche Vorstellung von $\mathbb{C}$ gewinnen. Der Polynomring $\mathbb{R}[x]$ mag viel größer als $\mathbb{R}$ sein, aber durch die Restklassenbildung bezüglich des Ideals (x^2+1) schrumpft das Ganze gewaltig zusammen.

Denn wenn wir ein beliebiges Polynom F mit $\deg(F) > 0$ nehmen, führt uns die Polynomdivision durch $x^2 + 1$ zu einem überraschenden Ergebnis: F wird in $\mathbb{R}[x]/(x^2+1)$ bereits durch ein Polynom vom Grad ≤ 1 repräsentiert. Das ist klar, denn wir haben eindeutige Polynome $H, R \in \mathbb{R}[x]$ mit $\deg(R) \leq 1$ und

$$F(x) \;=\; H(x)\,(x^2+1) + R(x)\,.$$

Der Rest R ist dann klarerweise auch ein Repräsentant von $\overline{F}$. Da sich alle Polynome vom Grad ≤ 1 schreiben lassen als

$$P(x) \;=\; r_1 + r_2 x$$

mit $r_1, r_2 \in \mathbb{R}$, brauchen wir also nur das Element $\overline{x}$ zur Menge $\mathbb{R}$ hinzuzunehmen, und schon erhalten wir $\mathbb{C}$. Wir müssen jetzt noch beschreiben, wie dieses neue Element sich in die Körperoperationen von $\mathbb{R}$ einfügt, damit es auch „mitspielen" darf. Nun ja, das ist eigentlich schon alles vorgezeichnet. $\overline{x}$ wird mit einer reellen Zahl ganz einfach multipliziert:

$$r\overline{x} \;=\; \overline{rx}\,.$$

Und was ergibt $\overline{x}\,\overline{x}$? Jetzt wird es spannend. Es gilt offenbar $\overline{x^2+1} = 0$. Daher ist $\overline{x}\,\overline{x} + 1 = 0$ oder anders geschrieben

$$\overline{x}\,\overline{x} \;=\; -1\,.$$

Fällt Ihnen etwas auf? Das ist doch genau das, was wir am Ende des vorigen Kapitels gesucht haben. Ein Element, welches mit sich selbst multipliziert -1 ergibt. Wir haben die ominöse Zahl

$$(-1)^{1/2} \;=\; \sqrt{-1}$$

entdeckt. Und zwar auf sicherem Boden, als Element eines wohldefinierten Körpers, der $\mathbb{R}$ erweitert. (Beachten Sie bitte, dass $\sqrt{-1}$ nur eine populäre Schreibweise für das Element $\overline{x}$ ist. Sie dürfen auf keinen Fall die Wurzelgesetze darauf anwenden, denn es ist $\sqrt{-1}\,\sqrt{-1} \neq \sqrt{(-1)\,(-1)} = 1$.)

Das Unvorstellbare ist also doch konstruiert worden, dank des allgemeinen Prinzips einer anfänglichen Vergrößerung mit anschließender Reduktion durch Äquivalenzklassen. Das Element $\overline{x} = \sqrt{-1}$ nennen wir jetzt die **imaginäre Einheit** und bezeichnen diese kurz mit dem Buchstaben i. Halten wir fest:

Der Körper $\mathbb{C}$ und die imaginäre Einheit $i = \sqrt{-1}$
Der Körper $\mathbb{C}$ besteht aus allen Elementen der Form

$$z \;=\; r_1 + i\,r_2\,,$$

wobei r_1 und r_2 reelle Zahlen sind. Dabei bezeichnet i die **imaginäre Einheit**, für die

$$i^2 \;=\; -1 \qquad \text{und} \qquad i\,(-i) \;=\; 1$$

gilt.

Die Zahl i kann daher im übertragenen Sinne als $\sqrt{-1}$ interpretiert werden und nimmt an allen Rechengesetzen teil, erfüllt also im Zusammenspiel mit den reellen Zahlen das Kommutativ-, das Assoziativ- und das Distributivgesetz.

In der obigen Darstellung nennt man r_1 den **Realteil** und r_2 den **Imaginärteil** von z. In Zeichen

$$r_1 = \mathrm{Re}(z) \quad \text{und} \quad r_2 = \mathrm{Im}(z).$$

Mit den Regeln für die imaginäre Einheit können wir Berechnungen in $\mathbb{C}$ immer auf Rechnungen in $\mathbb{R}$ zurückführen. Denn es gelten für beliebige Zahlen $z_1 = r_1 + i\,r_2$ und $z_2 = s_1 + i\,s_2$ die folgenden Regeln:

$$\begin{aligned} z_1 + z_2 &= (r_1 + s_1) + i\,(r_2 + s_2) \\ z_1\,z_2 &= (r_1 s_1 - r_2 s_2) + i\,(r_1 s_2 + r_2 s_1). \end{aligned}$$

Sie fragen sich jetzt bestimmt, was das multiplikativ inverse Element zu einer komplexen Zahl $z = r_1 + i\,r_2 \neq 0$ ist, oder? Kein Problem, eine ähnlich Rechnung haben wir schon im vorigen Abschnitt gemacht, als wir das Inverse zu $\overline{x+4}$ konstruiert haben. Wenn wir diese Konstruktion übertragen, erhalten wir die verblüffend einfache Darstellung

$$z^{-1} = \frac{1}{r_1 + i\,r_2}\,\frac{r_1 - i\,r_2}{r_1 - i\,r_2} = \frac{r_1 - i\,r_2}{r_1^2 + r_2^2}.$$

Beim genauen Hinsehen fällt dabei der Nenner $r_1^2 + r_2^2$ auf. Er erinnert an eine Formel aus der griechischen Antike, an den Satz von PYTHAGORAS (Seite 6). Das ist kein Zufall, wie wir gleich sehen werden.

7.4 Die komplexe Zahlenebene

$\mathbb{C}$ ist als Menge bijektiv auf $\mathbb{R} \times \mathbb{R}$ abbildbar, das zeigt die natürliche Abbildung

$$r_1 + i\,r_2 \mapsto (r_1, r_2).$$

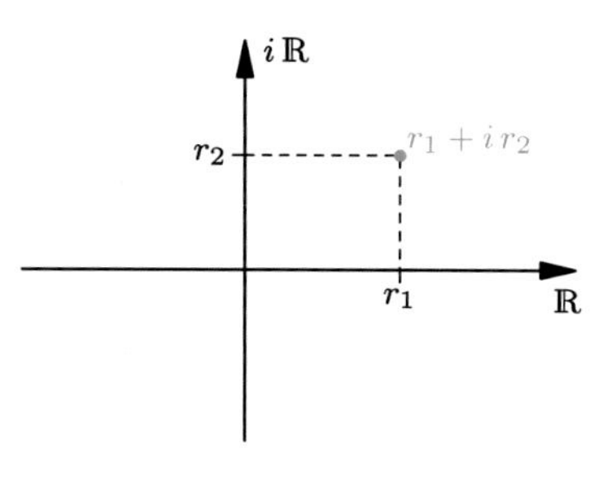

Die Produktmenge $\mathbb{R} \times \mathbb{R}$ können wir uns als die **komplexe** oder GAUSS**sche Zahlenebene** vorstellen, wie in nebenstehendem Bild ersichtlich. Jeder Punkt dieser Ebene entspricht genau einer komplexen Zahl, und die reellen Zahlen sind darin eingebettet in Form der x-Achse. Mit dieser Anschauung definieren wir jetzt eine einfache und äußerst praktische Operation in $\mathbb{C}$.

Komplexe Konjugation
Für eine komplexe Zahl $z = r_1 + i\,r_2$ ist ihre **komplex konjugierte Zahl** $\overline{z}$ definiert als

$$\overline{z} = r_1 - i\,r_2\,,$$

das bedeutet, $\overline{z}$ geht aus z durch Spiegelung an der (reellen) x-Achse hervor. Es gelten die folgenden Gesetze für beliebige $z, z_1, z_2 \in \mathbb{C}$:

$$\begin{aligned} z + \overline{z} &= 2\,\mathrm{Re}(z) \in \mathbb{R} \\ \overline{z_1 + z_2} &= \overline{z_1} + \overline{z_2} \\ \overline{z_1 z_2} &= \overline{z_1}\,\overline{z_2} \\ \overline{\left(\frac{1}{z}\right)} &= \frac{1}{\overline{z}}\,. \end{aligned}$$

Ein Beweis ist nicht nötig, Sie können die einfachen Rechnungen zur Übung gerne selbst probieren. Seien Sie bitte nicht verwirrt von der Bezeichnung $\overline{z}$, die verdächtig an Äquivalenzklassen erinnert. Hier sind keine Äquivalenzklassen mehr im Spiel, die Notation mit dem Überstrich hat sich historisch entwickelt und gleicht nur zufällig der kurzen Schreibweise für Äquivalenzklassen.

Wir verwenden die komplexe Konjugation jetzt bei der Einführung eines absoluten Betrags in $\mathbb{C}$. Eine sinnvolle Definition ist auch hier der **Abstand** eines Punktes in $\mathbb{C}$ vom Nullpunkt (0,0) der Zahlenebene. Für eine komplexe Zahl $z = r_1 + i\,r_2$ ergibt sich aus dem Satz von PYTHAGORAS (Seite 6) dann die Formel

$$|z| = |\,r_1 + i\,r_2\,| = \sqrt{r_1^2 + r_2^2}\,.$$

Sie können sich leicht überzeugen, dass sich dieser Betrag ganz kurz auch als

$$|z|^2 = z\overline{z} \quad \text{oder} \quad |z| = \sqrt{z\overline{z}}$$

schreiben lässt. Und das multiplikative Inverse einer komplexen Zahl z ist damit auch leichter darstellbar:

$$z^{-1} = \frac{\overline{z}}{|z|^2}\,.$$

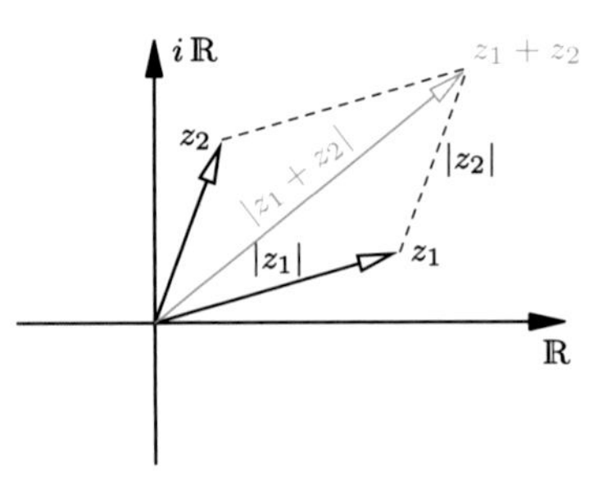

Versichern wir uns kurz, dass der oben definierte Betrag $|z|$ die notwendigen Bedingungen erfüllt. Klarerweise ist $|z| = 0$ genau dann, wenn $z = 0$ ist. Die Gleichung

$$|z_1\,z_2| = |z_1|\,|z_2|$$

folgt unmittelbar aus der Darstellung $|z|^2 = z\overline{z}$. Und die Dreiecksungleichung sehen wir aus dem Bild, aus dem sie letztlich ihren Namen bezogen hat. Klarerweise ist eine Seite eines Dreiecks immer kürzer als die Summe der beiden anderen Seitenlängen. Gleichheit kann höchstens dann eintreten, wenn das Dreieck zu eine Linie wird. Dieses anschauliche Argument möge genügen.

Natürlich könnten Sie die Dreiecksungleichung auch formal ausrechnen. Probieren Sie das vielleicht als Übung, um sich mit den komplexen Zahlen anzufreunden. Die Ungleichung ergibt sich mit $z_1 = r_1 + i\,r_2$ und $z_2 = s_1 + i\,s_2$ als einfache Konsequenz aus den beiden Beziehungen

$$|z_1 + z_2|^2 \;\leq\; |z_1|^2 + |z_2|^2 + |z_1\,\overline{z_2} + \overline{z_1}\,z_2|$$

und

$$|z_1\,\overline{z_2} + \overline{z_1}\,z_2|^2 \;=\; \bigl(2\,|z_1|\,|z_2|\bigr)^2 \;-\; (r_1\,s_2 - r_2\,s_1)^2\,.$$

Mit diesem absoluten Betrag ausgestattet, definieren wir den Abstand zweier komplexer Zahlen z_1 und z_2 als

$$\mathrm{dist}(z_1, z_2) \;=\; |z_1 - z_2|\,.$$

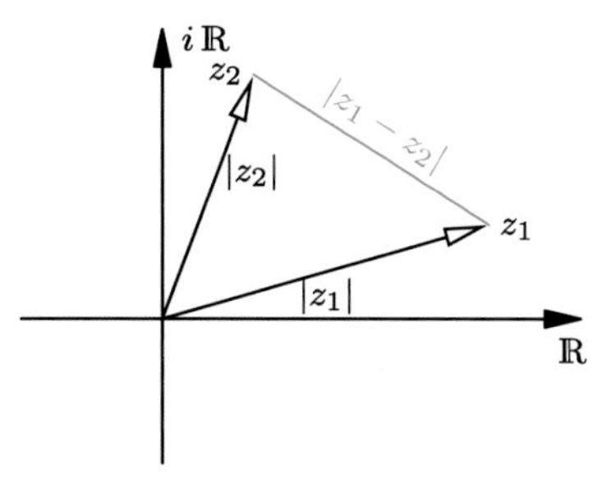

Dies ist mit der klassischen Geometrie von Euklid in der Zahlenebene verträglich, der Abstand zweier komplexer Zahlen ist genau die Länge der Strecke zwischen den beiden Zahlen.

Wir können aufatmen. Aus der anfangs doch etwas abstrakten Definition von $\mathbb{C}$ haben wir eine anschauliche mathematische Struktur gewonnen. Natürlich interessiert auch hier sofort die nächste Frage, die für die Analysis von entscheidender Bedeutung ist, die Frage nach der **Vollständigkeit** der komplexen Zahlen. Sie erinnern sich, der Körper $\mathbb{R}$ ist vollständig, da dort jede Cauchy-Folge konvergiert, also einen Grenzwert hat (Seite 92).

Wir haben aber auch in $\mathbb{C}$ einen vernünftigen Distanzbegriff und können daher Cauchy-Folgen $(c_n)_{n\in\mathbb{N}}$ mit Elementen $c_n \in \mathbb{C}$ untersuchen. Was meinen Sie, ist $\mathbb{C}$ auch vollständig? Nun ja, ich glaube, Sie können sich die Antwort schnell selbst geben. Die Frage ist einfach. Natürlich ist $\mathbb{C}$ auch vollständig. Das ist einfach zurückzuführen auf die entsprechende Eigenschaft von $\mathbb{R}$: Nehmen wir an, $(c_n)_{n\in\mathbb{N}}$ sei eine Cauchy-Folge in $\mathbb{C}$. Aus der Definition des absoluten Betrags folgt dann sofort, dass sowohl $\bigl(\mathrm{Re}(c_n)\bigr)_{n\in\mathbb{N}}$ als auch $\bigl(\mathrm{Im}(c_n)\bigr)_{n\in\mathbb{N}}$, also die Folgen der Real- und Imaginärteile von c_n, Cauchy-Folgen in $\mathbb{R}$ sind mit den jeweiligen Grenzwerten c_{Re} und c_{Im}. Dann ist $c = c_{\mathrm{Re}} + i\,c_{\mathrm{Im}}$ der gesuchte Grenzwert in $\mathbb{C}$.

7.5 Glückwunsch, das Zahlensystem ist komplett.

Sie haben es geschafft. Mit $\mathbb{C}$ halten Sie einen vollständigen, mit einem absoluten Betrag versehenen Körper in Händen, der die reellen Zahlen auf harmonische

Weise erweitert und das dort identifizierte Problem löst. Denn über $\mathbb{C}$ zerfällt das verhexte Polynom $x^2 + 1$ tatsächlich in Linearfaktoren, hat also zwei Nullstellen:

$$x^2 + 1 \;=\; (x + i)\,(x - i)\,.$$

Wir haben aber noch viel mehr erreicht. Können Sie erkennen, was es ist? Wir haben mit der vollständigen, also lückenlosen Zahlenebene genau den Untergrund gefunden, auf dem vor Jahrtausenden in der Antike die Arbeit mit Zirkel und Lineal begonnen wurde. Insofern ist die komplexe Zahlenebene eine universale Zeichenebene, die zusätzlich mit einer mächtigen algebraischen und analytischen Struktur versehen ist, deren wahre Größe wir bald erkennen werden. Diese Struktur liefert schlussendlich das Fundament für die großen Sätze, mit denen die antiken Probleme gelöst werden können.

Wir sind an einem bedeutenden Teilziel unserer Reise durch die Mathematik angelangt. Das Zahlensystem ist aufgebaut, wir können jetzt damit arbeiten.

Aber was ist das? Der mathematische Zahlenteufel hat uns schon wieder im Griff. Beim genauen Hinsehen lauern erneut Fragen über Fragen, und verwunderliche Dinge allemal. Betrachten wir einmal das Polynom $x^4 - 1$. Auch das zerfällt über $\mathbb{C}$ in Linearfaktoren:

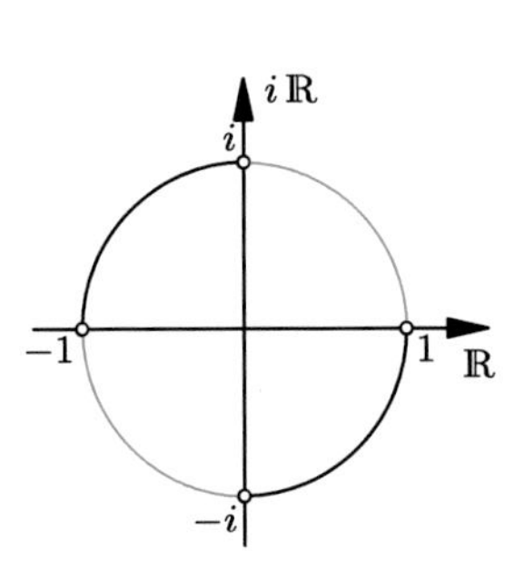

$$\begin{aligned} x^4 - 1 \;&=\; (x^2 + 1)\,(x^2 - 1) \\ &=\; (x + i)\,(x - i)\,(x + 1)\,(x - 1)\,. \end{aligned}$$

Die Nullstellen dieses Polynoms liegen schön gleichmäßig auf dem Einheitskreis verteilt, wie das nebenstehende Bild zeigt.

Sofort werden wir hellwach. Warum liegen die Nullstellen so gleichmäßig verteilt, dass der Kreis in vier gleiche Teile zerlegt wird? Bei

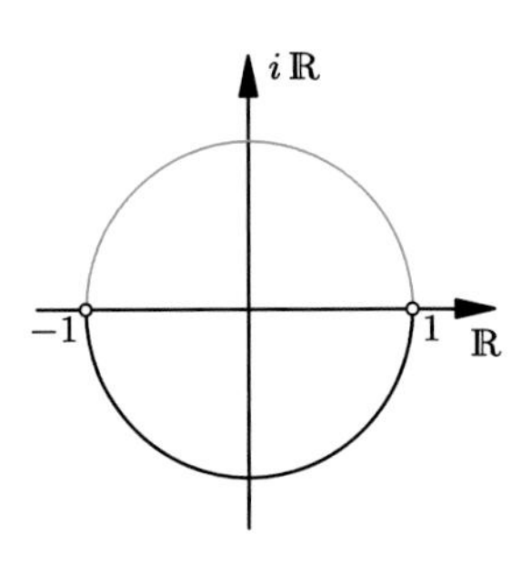

$$x^2 - 1 \;=\; (x + 1)\,(x - 1)$$

wird er offenbar in zwei gleiche Teile zerlegt.

Rätselhaft. Und gibt es denn eine Lösung der Gleichung $x^2 - i = 0$, was der Existenz von $\sqrt{i}$ entspräche? Gibt es vielleicht geheimnisvolle Polynome in $\mathbb{C}[x]$, welche über $\mathbb{C}$ nicht in Linearfaktoren zerfallen? Welche Bedeutung hätten Sie denn? Oder zerfallen Sie allesamt? Sie sehen: Fragen über Fragen.

Lassen Sie uns diese Fragen in den nächsten Kapiteln lösen. Wir werden dabei Schritt für Schritt nicht nur dem Geheimnis der transzendenten Zahlen auf die Spur kommen, sondern eine Menge mathematischer Wunder erleben. Sind Sie bereit? Dann lassen Sie uns aufbrechen.

8 Elemente der linearen Algebra

Sie haben den Streifzug durch den Zahlen-Dschungel erfolgreich hinter sich gebracht, herzlichen Glückwunsch! In diesem Kapitel fangen wir damit an, unser Wissen auszubauen und spannende Zusammenhänge zu entdecken. Wir beginnen mit der linearen Algebra und werden dabei einen wichtigen Baustein finden, um den transzendenten Zahlen auf die Spur zu kommen. Lassen Sie mich dieses Teilgebiet der Mathematik kurz motivieren.

Bei den komplexen Zahlen sind wir Polynomen in einer Unbestimmten begegnet. Man kann jetzt auf die Idee kommen, mehrere Unbestimmte einzuführen und Polynome der Art

$$x^3 y + x y^2 + y - 2$$

auf Nullstellen untersuchen. Diese Nullstellen bestehen dann aus Punktpaaren (a, b) und stellen in ihrer Gesamtheit eine gekrümmte **Kurve** in $\mathbb{R} \times \mathbb{R}$ oder $\mathbb{C} \times \mathbb{C}$ dar. Die Nullstellen von $x^2 + y^2 - 1$ beschreiben zum Beispiel den Einheitskreis in $\mathbb{R} \times \mathbb{R}$, wie Sie leicht mit dem Satz von PYTHAGORAS aus der Vorgeschichte sehen können (Seite 6).

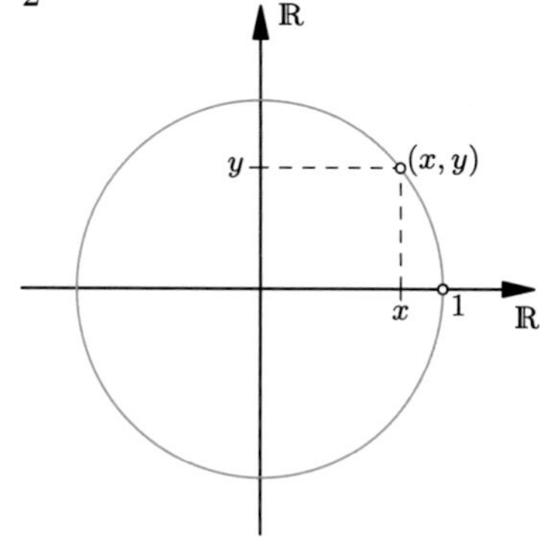

Die allgemeine Untersuchung solcher Gebilde würde uns allerdings zu weit führen, nämlich zur **algebraischen Geometrie**, welche seit dem 20. Jahrhundert eine bedeutende Rolle in der mathematischen Forschung spielt. Wenn wir uns aber beschränken auf den einfachen Fall, dass jeder Summand des Polynoms einen Gesamtgrad von 1 nicht übersteigen darf, so kommen wir auf die **linearen Gleichungen** – und diese werden in der **linearen Algebra** untersucht. Die geometrischen Gebilde, die dann als Nullstellen vorkommen, sind zum Beispiel **Geraden** und **Ebenen**. So stellen die Nullstellen von $x + y - 1$ in $\mathbb{R} \times \mathbb{R}$ die folgende Gerade dar:

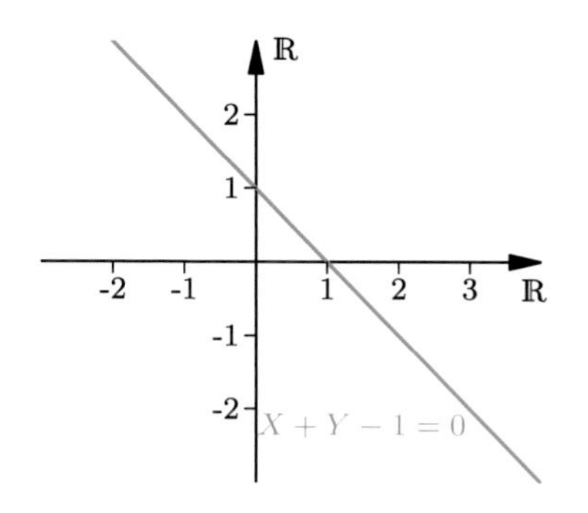

F. Toenniessen, *Das Geheimnis der transzendenten Zahlen*,
https://doi.org/10.1007/978-3-662-58326-5_8

Wenn wir den Schnittpunkt zweier Geraden bestimmen wollen, so muss dieser Punkt zwei lineare Gleichungen erfüllen. Auch hier ein kleines Beispiel:

$$x + y - 1 = 0 \quad \text{und} \quad x - y = 0 \,.$$

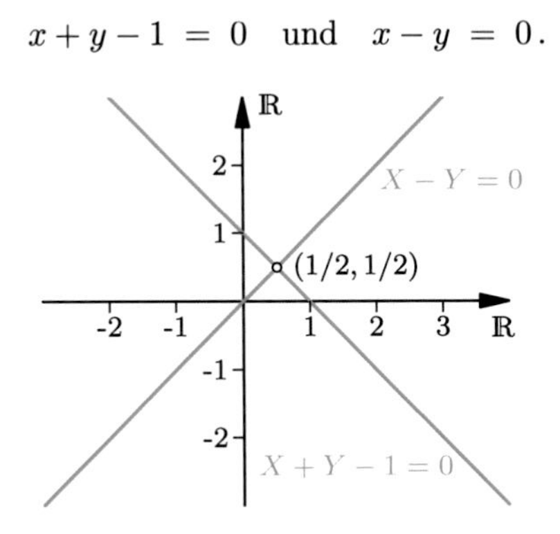

Den Schnittpunkt können Sie leicht errechnen: Nur der Punkt $(1/2, 1/2)$ erfüllt beide Gleichungen. Die Lösungsverfahren für solche **linearen Gleichungssysteme** können mit **Vektorräumen** systematisch behandelt werden.

Die lineare Algebra ist also die Theorie der Vektorräume. Wir können dabei leider keinen auch nur annähernd vollständigen Streifzug durch dieses Feld unternehmen und müssen große Lücken lassen. Der Fokus in diesem themenorientierten Buch liegt naturgemäß auf den Ergebnissen, die uns später beim Aufspüren transzendenter Zahlen hilfreich sind. Gewürzt wird das Kapitel durch einige kuriose Beispiele und dicke Überraschungen, seien Sie gespannt.

8.1 Vektorräume

Gehen wir gleich „in medias res", hier die zentrale Definition dieses Kapitels.

Definition (Vektorraum über einem Körper K)
Ein **Vektorraum** besteht aus einem Körper K und einer Menge V, deren Elemente **Vektoren** genannt werden. Dazu gehört eine Addition $+$ in V, ein bezüglich der Addition neutrales Element $\mathbf{0} \in V$, mit der $(V, +, \mathbf{0})$ eine kommutative Gruppe wird, sowie eine **skalare Multiplikation**

$$K \times V \longrightarrow V \,, \qquad (k, \mathbf{v}) \mapsto k\mathbf{v} \,,$$

welche die Elemente aus K und V zu einem Vektor verknüpft, sodass für alle $k, k_1, k_2 \in K$ und alle $\mathbf{v}, \mathbf{v}_1, \mathbf{v}_2 \in V$ die folgenden Gesetze gelten:

$$\begin{aligned} k\,(\mathbf{v}_1 + \mathbf{v}_2) &= k\mathbf{v}_1 + k\mathbf{v}_2 \\ (k_1 + k_2)\,\mathbf{v} &= k_1\mathbf{v} + k_2\mathbf{v} \\ (k_1 k_2)\,\mathbf{v} &= k_1\,(k_2\mathbf{v}) \\ 1 \cdot \mathbf{v} &= \mathbf{v} \,. \end{aligned}$$

Sie haben bestimmt gemerkt, dass wir der einfacheren Lesbarkeit halber die Vektoren immer mit fetten Buchstaben bezeichnen. Soweit diese reichlich theoretische Definition, die natürlich erst durch Beispiele lebendiger wird. Sie können übrigens in einer kleinen Übung nachweisen, dass aus den obigen Gesetzen sofort

$$0 \cdot \mathbf{v} = \mathbf{0}$$

folgt. Probieren Sie es einmal. Schauen wir uns aber in aller Ruhe einige interessante Exemplare von Vektorräumen an.

Das klassische Beispiel eines Vektorraums, vielen noch aus der Schule bekannt, ist das n-fache Produkt eines Körpers, sagen wir $\mathbb{R}$, mit sich selbst:

$$V = \mathbb{R}^n \quad \text{mit zugehörigem Skalarenkörper } \mathbb{R}.$$

Die Vektoren sind n-Tupel $(a_1, a_2, \ldots, a_n)$ mit $a_i \in \mathbb{R}$. Die Addition in V geschieht komponentenweise, ebenso wie die Multiplikation mit den Skalaren:

$$(a_1, a_2, \ldots, a_n) + (b_1, b_2, \ldots, b_n) = (a_1 + b_1, a_2 + b_2, \ldots, a_n + b_n)$$

$$r\,(a_1, a_2, \ldots, a_n) = (ra_1, ra_2, \ldots, ra_n).$$

Klarerweise ist V ein Vektorraum über dem Körper $\mathbb{R}$. Die oben verlangten Gesetze folgen sofort aus den entsprechenden Gesetzen in $\mathbb{R}$. Das folgende Bild zeigt die anschauliche Vorstellung für $n = 2$, bei dem sich die bekannten Bilder für die Addition und Skalarenmultiplikation in einer Ebene ergeben.

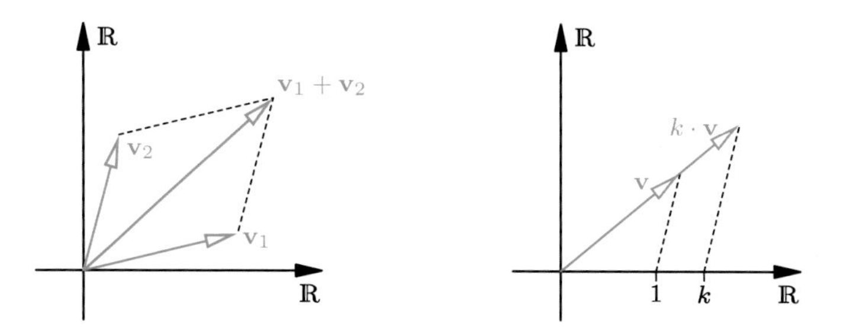

Wir erkennen die GAUSSsche Zahlenebene wieder. So gesehen können auch die komplexen Zahlen als $\mathbb{R}$-Vektorraum interpretiert werden.

Ein weiteres Beispiel für einen Vektorraum ist der Polynomring $\mathbb{R}[x]$. Die Polynome bilden eine kommutative Gruppe bezüglich der Addition und die skalare Multiplikation mit Elementen aus dem Körper $\mathbb{R}$ ist auch klar.

Zu den kuriosesten Beispielen für Vektorräume – in der Schule leider nicht behandelt – gehören fraglos die algebraischen Erweiterungen der rationalen Zahlen, welche wir später noch systematisch kennen lernen werden. Hier wählen wir zunächst einen einfachen und anschaulichen Zugang. Stellen Sie sich vor, Sie erweitern $\mathbb{Q}$ zu einem „Polynom"-Ring, verwenden aber keine Unbestimmte x, sondern eine reelle oder komplexe Zahl, welche nicht in $\mathbb{Q}$ enthalten ist, zum Beispiel die Zahl $\sqrt{2}$. Es entsteht der Vektorraum

$$V = \mathbb{Q}\left[\sqrt{2}\right],$$

über $\mathbb{Q}$, dessen Vektoren alle die Gestalt $r_1 + r_2\sqrt{2}$ mit $r_1, r_2 \in \mathbb{Q}$ haben. Warum ist das so? Nun ja, um ein typisches Element in $\mathbb{Q}\left[\sqrt{2}\right]$ zu erhalten, beginnen wir mit einem Polynom

$$P[x] = r_n x^n + r_{n-1} x^{n-1} + \ldots + a_1 x + a_0,$$

in das wir für x die Zahl $\sqrt{2}$ eintragen. Wir erhalten

$$P(\sqrt{2}) = r_n \sqrt{2}^n + r_{n-1} \sqrt{2}^{n-1} + \ldots + a_1 \sqrt{2} + a_0$$

als Element in $\mathbb{Q}\left[\sqrt{2}\right]$. Die Potenzen von $\sqrt{2}$ werden zu rationalen Zahlen $2^{n/2}$, falls n gerade ist, und zu $2^{(n-1)/2}\sqrt{2}$, falls n ungerade ist. Wenn Sie die Terme zusammenfassen, so kommen Sie zu einem Ausdruck der Form $r_1 + r_2\sqrt{2}$. Die Vektorraumgesetze sind ganz einfach nachzurechnen.

Wir kommen also nicht allzu weit aus $\mathbb{Q}$ heraus mit dieser Konstruktion. Und wenn Sie genau hinsehen, ist V sogar selbst wieder ein Körper. Versuchen Sie einmal, das bezüglich der Multiplikation inverse Element zu $r_1 + r_2\sqrt{2}$ zu finden. Kleiner Tipp: Denken Sie an die bekannte Regel $(a+b)(a-b) = a^2 - b^2$.

Wenn wir allgemein die n-te Wurzel aus 2 betrachten, so erhalten wir

$$V = \mathbb{Q}\left[\sqrt[n]{2}\right],$$

dessen Elemente alle von der Gestalt

$$r_1 + r_2\sqrt[3]{2} + \ldots + r_n\left(\sqrt[n]{2}\right)^{n-1}$$

sind, denn die nächste Potenz $\left(\sqrt[n]{2}\right)^n$ liegt bereits wieder in $\mathbb{Q}$. Auch dieser Vektorraum ist ein Körper, was allerdings nicht mehr so einfach nachzuweisen ist wie im Fall $\mathbb{Q}\left[\sqrt{2}\right]$. Wir werden im Kapitel über die Algebra sehen, warum all diese Erweiterungen der rationalen Zahlen sogar Körper sind (Seite 167 ff).

8.2 Lineare Unabhängigkeit, Basis und Dimension

Nachdem wir eine Reihe von Beispielen gefunden haben, wollen wir uns weiteren wichtigen Begriffen zuwenden. Bei jedem Vektorraum V interessiert natürlich die Frage, ob es eine Teilmenge $U \subseteq V$ gibt, welche den Vektorraum „aufspannt", sich also jedes Element $v \in V$ schreiben lässt als eine **Linearkombination** aus Elementen in U. Das ist eine endliche Summe der Gestalt

$$\mathbf{v} = k_1\mathbf{u}_1 + k_2\mathbf{u}_2 + \ldots + k_n\mathbf{u}_n$$

mit Vektoren $\mathbf{u}_i \in U$. Man nennt U dann ein **Erzeugendensystem** von V. Besonders interessant ist U, wenn eine solche Darstellung auch noch eindeutig ist. In diesem Fall nennt man U eine **Basis** von V.

Was bedeutet es genau, dass eine solche Darstellung eindeutig ist? Nun ja, das ist äquivalent zu der Aussage: Wenn immer eine Linearkombination von Elementen aus U den Nullvektor $\mathbf{0}$ ergibt, zum Beispiel

$$k_1\mathbf{u}_1 + k_2\mathbf{u}_2 + \ldots + k_n\mathbf{u}_n \;=\; \mathbf{0}\,,$$

dann müssen alle skalaren Koeffizienten $k_i = 0$ sein. Diese Umdeutung der linearen Unabhängigkeit ist ganz schnell zu sehen: Falls ein solches $k_i \neq 0$ wäre, nehmen wir nach einer eventuellen Vertauschung der Vektoren an, dass $k_1 \neq 0$ ist. Dann könnten wir

$$\mathbf{u}_1 \;=\; -\left(\frac{k_2}{k_1}\mathbf{u}_2 + \frac{k_3}{k_1}\mathbf{u}_3 + \ldots + \frac{k_n}{k_1}\mathbf{u}_n\right)$$

schreiben und erhalten zwei verschiedene Darstellungen von $\mathbf{u}_1$ mit Elementen aus U, Widerspruch. Umgekehrt sehen Sie auch sofort: Wenn es zwei verschiedene Darstellungen eines Vektors $\mathbf{v} \in V$ mit Vektoren aus U gibt, so erhalten Sie durch die Subtraktion dieser Darstellungen eine Darstellung des Nullvektors mit Koeffizienten, welche nicht allesamt gleich 0 sind. □

Lineare Unabhängigkeit

Wir nennen jetzt eine Teilmenge $U \subseteq V$ **linear unabhängig**, wenn bei beliebiger Auswahl von endlich vielen Vektoren $\mathbf{u}_1, \mathbf{u}_2, \ldots, \mathbf{u}_n \in U$ sich der Nullvektor nur durch die triviale Linearkombination

$$\mathbf{0} \;=\; 0 \cdot \mathbf{u}_1 + 0 \cdot \mathbf{u}_2 + \ldots + 0 \cdot \mathbf{u}_n$$

darstellen lässt.

Wenn wir uns auf die Suche nach einer **Basis** machen, so suchen wir also nichts anderes als ein **linear unabhängiges Erzeugendensystem**.

Wenden wir uns wieder den obigen Beispielen zu. $\mathbb{R}^n$ besitzt eine ganz natürliche Basis, bestehend aus den Vektoren

$$\begin{aligned}
\mathbf{e}_1 &= (1, 0, 0, \ldots, 0) \\
\mathbf{e}_2 &= (0, 1, 0, \ldots, 0) \\
&\;\;\vdots \\
\mathbf{e}_n &= (0, 0, 0, \ldots, 1)\,.
\end{aligned}$$

Es gibt nämlich für jeden Vektor $\mathbf{v} = (a_1, ..., a_n) \in V$ die eindeutige Darstellung $\mathbf{v} = a_1\mathbf{e}_1 + a_2\mathbf{e}_2 + \ldots + a_n\mathbf{e}_n$.

Können Sie sich denken, welches eine Basis des Polynomrings $\mathbb{R}[x]$ ist? Nun ja, jedes solche Polynom ist eindeutig definiert durch seine Koeffizienten aus $\mathbb{R}$ und stellt daher für sich schon eine Linearkombination aus Potenzen von x dar. Betrachten Sie dazu folgendes Beispiel:

$$P(x) \;=\; 10\,\mathbf{x}^{14} + 7\,\mathbf{x}^9 - 2\,\mathbf{x}^5 + 3\,\mathbf{x}^2 - 7 \cdot \mathbf{1}\,.$$

Ganz absichtlich habe ich hier die Potenzen und auch die 1 am Schluss fett gesetzt. Jedes Polynom ist auf diese Weise als eindeutige Linearkombination der Potenzen von x darstellbar. Also ist die unendliche Menge

$$B = \{\mathbf{1}, \mathbf{x}, \mathbf{x}^2, \mathbf{x}^3, \ldots\}$$

eine Basis des Vektorraums $\mathbb{R}[x]$ über $\mathbb{R}$.

Haben Sie einen Unterschied zwischen den beiden Beispielen bemerkt? Im ersten Fall haben wir eine **endliche Basis** gefunden, im zweiten Fall nicht. Zu der entscheidenden Frage, wie viele Elemente die Basen eines Vektorraums haben können, kommen wir gleich.

Wie sieht es mit den algebraischen Erweiterungen von $\mathbb{Q}$ aus, zum Beispiel bei $\mathbb{Q}\left[\sqrt{2}\right]$? Dieser Vektorraum verhält sich natürlich viel zahmer als der Polynomring oben, denn offenbar ist $E = \{1, \sqrt{2}\}$ ein Erzeugendensystem. E ist aber auch linear unabhängig, denn falls wir eine Linearkombination $p+q\sqrt{2} = 0$ haben, dann ist das nur mit $p = 0$ und $q = 0$ möglich. Sonst wäre nämlich $\sqrt{2} = -p/q \in \mathbb{Q}$ und wir haben einen Widerspruch. Die Menge E ist also eine Basis von $\mathbb{Q}\left[\sqrt{2}\right]$ über $\mathbb{Q}$.

Schwieriger wird es beim Übergang zu höheren Wurzeln wie im Beispiel $\mathbb{Q}\left[\sqrt[n]{2}\right]$. Nach den Überlegungen von oben ist

$$E = \left\{1, \sqrt[n]{2}, \ldots, \left(\sqrt[n]{2}\right)^{n-1}\right\}$$

ein Erzeugendensystem über $\mathbb{Q}$. Aber ist E auch linear unabhängig? Das ist, ähnlich wie die schon angesprochene Frage nach der Körpereigenschaft von $\mathbb{Q}\left[\sqrt[n]{2}\right]$, nicht mehr so leicht zu beantworten.

Wir erkennen, dass es im Reich der Zahlen eben manche tiefere Geheimnisse gibt, manche Probleme, die zunächst unlösbar erscheinen. Es werden dann etwas tiefer gehende algebraische Überlegungen sein, die zu einer eleganten Lösung führen, mehr dazu bei den Elementen der klassischen Algebra (Seite 167 ff).

Wir stellen uns jetzt die eher theoretische Frage, wie viele Elemente eine Basis eines Vektorraumes haben kann. Gibt es vielleicht Basen ein und desselben Vektorraumes, die unterschiedlich viele Elemente haben? Einer der zentralen Sätze der linearen Algebra besagt, dass dies nicht der Fall ist.

Satz (Basis und Dimension)
Wir betrachten einen Vektorraum V über einem Körper K. Falls V eine endliche Basis mit n Vektoren besitzt, so hat jede andere Basis ebenfalls n Elemente. Die Zahl n heißt **Dimension** des Vektorraums, in Zeichen $\dim_K(V)$ oder kurz $\dim(V)$. Falls ein Vektorraum keine endliche Basis besitzt, ist seine Dimension unendlich.

Da alle Basen eines endlichdimensionalen Vektorraumes die gleiche Anzahl an Elementen haben, ist die Dimension eine wohldefinierte Größe, hängt also nicht von der Auswahl der Basis ab.

Kommen wir zum Beweis des Satzes. Er ist etwas technisch, aber nicht schwierig. Wir benutzen dazu ein Ersetzungsprinzip des deutschen Mathematikers ERNST STEINITZ. Stellen wir uns dazu eine Basis $B = \{\mathbf{b}_1, \mathbf{b}_2, ..., \mathbf{b}_n\}$ von V vor, das ist ein linear unabhängiges Erzeugendensystem von V. Jetzt betrachten wir einen beliebigen Vektor $\mathbf{v} \in V$ und seine eindeutige Darstellung als Linearkombination mit Elementen der Basis B:

$$\mathbf{v} \;=\; r_1\,\mathbf{b}_1 + r_2\,\mathbf{b}_2 + \ldots + r_n\,\mathbf{b}_n\,.$$

Falls dabei ein $r_k \neq 0$ ist, können wir anschaulich sagen, dass $\mathbf{v}$ „einen Beitrag in Richtung $\mathbf{b}_k$ leistet". Wir können dann tatsächlich $\mathbf{b}_k$ in der Basis B durch $\mathbf{v}$ ersetzen, und die daraus entstehende Menge

$$B' \;=\; \{\mathbf{b}_1, \ldots, \mathbf{b}_{k-1}, \mathbf{v}, \mathbf{b}_{k+1}, \ldots, \mathbf{b}_n\}$$

ist wieder eine Basis von V. Das ist schnell gezeigt: Um zu sehen, dass B' auch ein Erzeugendensystem ist, müssen wir nur den fehlenden Vektor $\mathbf{b}_k$ zurückgewinnen. Dies ist aber sofort klar, da $r_k \neq 0$ war:

$$\mathbf{b}_k \;=\; -\frac{r_1}{r_k}\,\mathbf{b}_1 - \ldots - \frac{r_{k-1}}{r_k}\,\mathbf{b}_{k-1} + \frac{1}{r_k}\,\mathbf{v} - \frac{r_{k+1}}{r_k}\,\mathbf{b}_{k+1} - \ldots - \frac{r_n}{r_k}\,\mathbf{b}_n\,.$$

Mit der linearen Unabhängigkeit von B' ist es auch nicht weit her, denn nehmen wir einmal an, B' wäre linear abhängig. Dann hätten wir eine Darstellung

$$\mathbf{0} \;=\; r_1\,\mathbf{b}_1 + \ldots + r_{k-1}\,\mathbf{b}_{k-1} + r\,\mathbf{v} + r_{k+1}\,\mathbf{b}_{k+1} + \ldots + r_n\,\mathbf{b}_n\,,$$

in der nicht alle skalaren Faktoren verschwinden. Klarerweise muss dann der Faktor $r \neq 0$ sein, sonst wäre ja schon B linear abhängig gewesen. Lösen wir die obige Gleichung dann nach $\mathbf{v}$ auf, so erhalten wir eine neue Darstellung von $\mathbf{v}$ aus Elementen in B, bei der $\mathbf{b}_k$ nicht vorkommt, der skalare Faktor dort also verschwindet. Wir haben dann zwei verschiedene Darstellungen von $\mathbf{v}$ mit Elementen aus B, was einen Widerspruch zur linearen Unabhängigkeit von B bedeutet. Also muss auch B' linear unabhängig gewesen sein. □

STEINITZ hat nun eine Verallgemeinerung dieses Austauschprinzips entdeckt:

Steinitzscher Austauschsatz
Wir betrachten einen Vektorraum V mit einer Basis $B = \{\mathbf{b}_1, \mathbf{b}_2, ..., \mathbf{b}_n\}$. Wenn immer wir linear unabhängige Vektoren $\mathbf{v}_1, \ldots, \mathbf{v}_k \in V$ haben, so muss zwangsläufig $k \leq n$ gelten. Außerdem ist dann bei geeigneter Nummerierung der Vektoren von B die Menge

$$B' \;=\; \{\mathbf{v}_1, \ldots, \mathbf{v}_k, \mathbf{b}_{k+1}, \ldots, \mathbf{b}_n\}$$

eine Basis. Insbesondere gilt das im Fall $k = n$ für die Menge $\{\mathbf{v}_1, \ldots, \mathbf{v}_k\}$.

Anschaulich gesprochen, können wir also jede linear unabhängige Teilmenge in V mit geeigneten Vektoren aus B zu einer neuen Basis „auffüllen".

Halten wir kurz inne, um zu sehen, was uns dieser Satz bringt. Er zeigt uns tatsächlich, dass alle Basen eines endlichdimensionalen Vektorraumes die gleiche Elementzahl haben müssen: Wenn es eine Basis B mit n Elementen gibt, so hat jede weitere Basis höchstens n Elemente, da sie als Teilmenge von V linear unabhängig ist. Das folgt aus dem ersten Teil des Satzes ($k \leq n$). Andererseits kann eine linear unabhängige Teilmenge von V mit weniger als n Elementen niemals eine Basis sein, da sie erst durch Hinzunahme von weiteren Elementen aus B zu einer solchen ergänzt wird. (□)

STEINITZ hat seinen Beweis durch vollständige Induktion nach k erbracht: Im Falle $k = 0$ ist nichts zu tun. Nun nehmen wir an, der Satz stimmt für $k - 1$. Wir nehmen dann von den k linear unabhängigen Vektoren $\mathbf{v}_1, \ldots, \mathbf{v}_k \in V$ die ersten $k - 1$ Exemplare $\mathbf{v}_1, \ldots, \mathbf{v}_{k-1}$. Nach Induktionsvoraussetzung gilt also zunächst $k - 1 \leq n$ und wir kommen nach geeigneter Nummerierung der Basisvektoren zu einer neuen Basis

$$C = \{\mathbf{v}_1, \ldots, \mathbf{v}_{k-1}, \mathbf{b}_k, \ldots, \mathbf{b}_n\}.$$

Schauen wir uns die Ungleichung $k-1 \leq n$ etwas genauer an. Es gilt nämlich sogar $k - 1 < n$, also $k \leq n$, denn falls $k - 1 = n$ wäre, dann wäre $C = \{\mathbf{v}_1, \ldots, \mathbf{v}_{k-1}\}$ nach Induktionsvoraussetzung bereits eine komplett aufgefüllte Basis, und $\mathbf{v}_k$ wäre als Linearkombination in C darstellbar: ein Widerspruch zur linearen Unabhängigkeit der $\mathbf{v}_1, \ldots, \mathbf{v}_k$. Damit haben wir die Ungleichung $k \leq n$ etabliert.

Nun stellen wir den noch fehlenden Vektor $\mathbf{v}_k$ als Linearkombination in C dar:

$$\mathbf{v}_k = r_1 \mathbf{v}_1 + \ldots + r_{k-1} \mathbf{v}_{k-1} + r_k \mathbf{b}_k + \ldots + r_n \mathbf{b}_n .$$

Dabei muss ein Faktor bei den Vektoren $\mathbf{b}_k, \ldots, \mathbf{b}_n$ ungleich 0 sein, sonst würden wir wieder bei der linearen Abhängigkeit der Vektoren $\mathbf{v}_1, \ldots, \mathbf{v}_k$ landen. Bei geeigneter Nummerierung können wir annehmen, dass $r_k \neq 0$ ist.

Es ist jetzt einfach, den Beweis abzuschließen. $\mathbf{v}_k$ leistet einen Beitrag in Richtung $\mathbf{b}_k$, weswegen wir $\mathbf{b}_k$ in der Basis C durch $\mathbf{v}_k$ ersetzen dürfen. Es ist also

$$B' = \{\mathbf{v}_1, \ldots, \mathbf{v}_k, \mathbf{b}_{k+1}, \ldots, \mathbf{b}_n\}$$

eine Basis von V, und damit ist der Induktionsschritt fertig. □

Sie sehen, die Beweise in der linearen Algebra sind nicht trickreich, meist kommt man mit einfachen Widersprüchen oder vollständiger Induktion ans Ziel. Nicht selten enthalten die Beweise aber viel technische Arbeit. Wir haben es mit solidem Handwerkszeug zu tun, dessen Nutzen wir noch zur Genüge erleben werden.

8.3 Eine mysteriöse Frage

Es gibt im Bereich der linearen Algebra auch Geheimnisvolles, ja regelrecht Mysteriöses zu entdecken. Eine Basis ist offenbar das Rückgrat eines jeden Vektorraumes. Damit stellt sich sofort eine wichtige Frage: Hat jeder Vektorraum eine Basis? Oder gibt es vielleicht ganz schräge Vektorräume, die keine Basis besitzen? Und wie beweist man, dass ein Vektorraum keine Basis hat?

Machen wir uns einmal an den Versuch, für jeden Vektorraum die Existenz einer Basis zu beweisen, das ist schließlich eine naheliegende Vermutung. Basen sind ja linear unabhängige Erzeugendensysteme (Seite 121). Man kann aber auch sagen, dass jede maximale linear unabhängige Teilmenge eines Vektorraumes eine Basis ist. Maximal heißt in diesem Fall, dass bei Hinzufügen eines beliebigen Vektors die Menge nicht mehr linear unabhängig ist. Versuchen Sie einmal als einfache Übung, sich diesen kleinen Sachverhalt klar zu machen.

Wir wollen nun für einen beliebigen Vektorraum V eine Basis, also eine maximale linear unabhängige Teilmenge konstruieren und gehen dabei ganz geradlinig vor. Wir betrachten dazu die Menge aller linear unabhängigen Teilmengen von V,

$$\mathcal{U} = \{U \subseteq V : U \text{ ist linear unabhängig}\},$$

und suchen ein maximales Element dieser Menge, also eine linear unabhängige Teilmenge, die bei Hinzunahme eines einzigen weiteren Elements nicht mehr in $\mathcal{U}$ liegt, das heißt linear abhängig wird.

Die Menge $\mathcal{U}$ hat eine vielversprechende Eigenschaft. Betrachten wir dazu eine **Kette** $\mathcal{K}$ in $\mathcal{U}$, das ist eine Teilmenge $\mathcal{K} \subset \mathcal{U}$, in der Folgendes gilt: Für je zwei verschiedene Elemente $K_1, K_2 \in \mathcal{K}$ gilt entweder $K_1 \subset K_2$ oder $K_2 \subset K_1$. Man kann sich eine Kette wie in nebenstehendem Bild vorstellen.

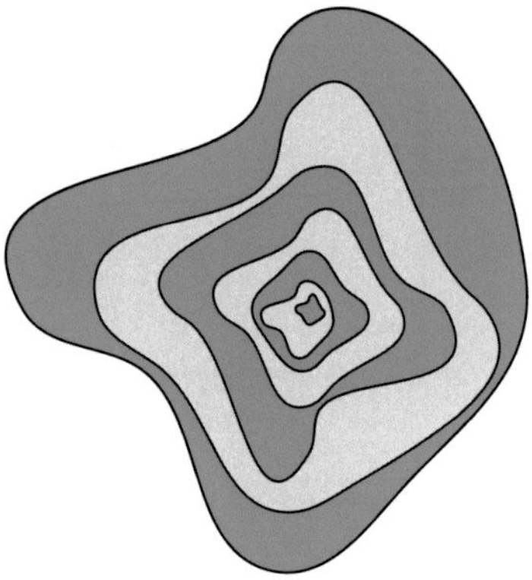

Die Elemente einer Kette liegen also ineinander wie die Schalen einer Zwiebel, oder wie die einzelnen Matrjoschkas bei den bekannten russischen Holzsteckpuppen. Nur dass eine solche Kette auch aus (überabzählbar) unendlich vielen Elementen bestehen kann.

Die Menge $\mathcal{U}$ verhält sich nun bezüglich solcher Ketten auf eine besondere Weise. Bilden wir nämlich die Vereinigung über alle Elemente einer Kette, so ist das Ergebnis wieder ein Element aus $\mathcal{U}$. Wir können das auch mathematisch exakt ausdrücken:

Für alle Ketten $\mathcal{K} \subset \mathcal{U}$ gilt:

$$\bigcup_{K \in \mathcal{K}} K \in \mathcal{U}.$$

Es ist einfach, das zu prüfen. Wir müssen zeigen, dass $\bigcup_{K \in \mathcal{K}} K$ linear unabhängig ist. Nehmen wir dazu endlich viele Elemente

$$\mathbf{v}_1, \ldots, \mathbf{v}_n \in \bigcup_{K \in \mathcal{K}} K.$$

Wir müssen zeigen, dass die $\mathbf{v}_i$ linear unabhängig sind. Es gibt n Elemente $K_1, \ldots, K_n \in \mathcal{K}$ mit $\mathbf{v}_i \in K_i$. Wegen der Ketteneigenschaft können wir die K_i wie Matrjoschkas ineinander stecken und erhalten so eine größte Holzpuppe unter ihnen, nehmen wir an, diese Puppe wäre K_ν. Dann gilt $\mathbf{v}_1, ..., \mathbf{v}_n \in K_\nu$, also sind die $\mathbf{v}_i$ linear unabhängig. Endlich viele Elemente aus $\bigcup\limits_{K \in \mathcal{K}} K$ sind also stets linear unabhängig, also ist diese Menge linear unabhängig und ein Element von $\mathcal{U}$.

Nun sind wir schon sehr weit, möchte man meinen. Denn für jede Kette $\mathcal{K}$ aus linear unabhängigen Mengen ist die „gesamte Hülle“ wieder linear unabhängig. $\mathcal{K}$ darf dabei sogar überabzählbar viele Mengen enthalten. Das müsste der Weg sein, um ans Ziel zu kommen, oder? Damit müsste es doch gelingen, durch immer größere Ketten schließlich in jedem Vektorraum zu einer maximalen Menge in $\mathcal{U}$ zu kommen, zu einer maximalen linear unabhängigen Teilmenge, zu einer Basis.

An den fast schon beschwörenden Formulierungen erkennen Sie vielleicht, dass sich der Himmel verdunkelt und sich ein gewaltiges Gewitter zusammenbraut.

Denn der Beweis wird sich nicht vollenden lassen, wir stecken fest und kommen nicht von der Stelle. Und nicht nur das, selbst wenn wir einen Widerspruch konstruieren wollten, wären unsere Bemühungen vergeblich. Wir sind an einem Punkt in der Mathematik angekommen, für den es keine Lösung gibt.

Kein Wunder, haben wir uns wieder einmal in die Untiefen der Mengenlehre gewagt. Nur diesmal ist es noch schlimmer als bei der RUSSELLschen Antinomie (Seite 29). Hier konnten wir wenigstens beweisen, dass es die Menge

$$R = \{\mathcal{M} : \mathcal{M} \text{ ist eine Menge, die sich nicht selbst als Element enthält}\}$$

nicht geben kann, wir haben einen Widerspruch gefunden, der uns eine klare Aussage bescherte. Doch hier kommen wir weder vor noch zurück. Die Frage, ob jeder Vektorraum eine Basis besitzt, kann nicht beantwortet werden.

Dieses Phänomen ist uns schon bei der Kontinuumshypothese (Seite 94) begegnet. Tatsächlich ist die Mathematik, wie wir sie bisher definiert haben, unvollständig. In der ersten Hälfte des 20. Jahrhunderts haben viele Mengentheoretiker und Logiker diese Grundfesten untersucht. Der Österreicher KURT GÖDEL hat dann im Jahre 1931 den alten Traum des großen DAVID HILBERT von einer vollständigen und widerspruchsfreien Mathematik jäh beendet, [22]. Er hat in seinem Unvollständigkeitssatz bewiesen, dass kein Axiomensystem, welches die Regeln der natürlichen Zahlen enthält, vollständig sein kann in dem Sinne, dass man bei jeder Aussage entscheiden kann, ob sie wahr oder falsch ist. Und die Frage nach der Existenz einer Basis für Vektorräume ist eine solch unentscheidbare Frage.

Wie haben sich die Mathematiker aus dem Dilemma befreit? Der Logiker und Mathematiker MAX AUGUST ZORN hat eine Lösung gefunden, indem er in der verfahrenen Situation von oben einfach die Existenz eines maximalen Elementes fordert, quasi als **Axiom**. Das nach ihm benannte ZORNsche Lemma besagt:

Zornsches Lemma
Wenn immer wir ein System von Mengen $\mathcal{M}$ haben, in der die Vereinigung über jede Kette $\mathcal{K} \subset \mathcal{M}$ wieder ein Element in $\mathcal{M}$ ist, dann besitzt $\mathcal{M}$ ein maximales Element.

Der Name „Lemma" – was so etwas wie ein kleiner Satz ist – rührt daher, dass ZORN die Äquivalenz dieser Aussage zu einem „echten" Axiom, dem sogenannten **Auswahlaxiom**, bewiesen hat. Ich möchte das hier nicht genauer beschreiben, aber betonen, dass man solche Aussagen natürlich nicht einfach fordern darf. Die große Leistung bestand in dem Beweis, dass dadurch innerhalb des mathematischen Gebäudes kein Widerspruch entsteht. Im 20. Jahrhundert war dies lange Zeit in Diskussion. 1938 bewies GÖDEL, dass das Auswahlaxiom tatsächlich keinen Widerspruch erzeugt, [23]. Aber erst 1963 konnte PAUL COHEN zeigen, dass auch die gegenteilige Aussage zu keinem Widerspruch führt, [9][10]. Somit werden beide Varianten heute als akzeptabel angesehen.

Wie wollen Sie es mit dem Dilemma halten? Nun ja, das dürfen Sie selbst entscheiden. Sie können in der Mathematik auf das ZORNsche Lemma verzichten, wenn Ihnen die darin enthaltene Formulierung zu unheimlich erscheint. Dann müssten Sie auf die allgemeine Existenz einer Basis in Vektorräumen verzichten, doch damit kann man leben. Es gibt einige Mathematiker, die bewusst darauf verzichten und Mathematik in einem kleineren Rahmen betreiben. Nicht ohne Grund. Denn aus dem Auswahlaxiom lassen sich neben nützlichen Existenzsätzen auch völlig paradoxe Mengenkonstruktionen folgern.

Die polnischen Mathematiker STEFAN BANACH und ALFRED TARSKI zum Beispiel konnten damit im Jahre 1924 beweisen, dass man eine Kugel in fünf ganz schräge, vom Volumen her nicht mehr fassbare Teile zerlegen kann, die sich danach zu zwei Kugeln des gleichen Durchmessers zusammensetzen lassen: Aus eins mach zwei. Das klingt fast wie das Hexen-Einmal-Eins von Goethe, ist aber in der so erweiterten Mathematik erklärbar, [2][57]. Auf das sogenannte BANACH-TARSKI-Paradoxon kann ich hier nicht näher eingehen. Das Beispiel soll nur zeigen, dass die Hinzunahme (widerspruchsfreier) Axiome nicht immer unumstritten ist.

Der folgende Abschnitt behandelt ein sehr wichtiges Thema der linearen Algebra, ist aber nur für die großen Transzendenzbeweise am Ende des Buches wichtig.

8.4 Matrizen und Determinanten

Werden wir nun wieder bodenständiger – egal, ob Sie das ZORNsche Lemma akzeptieren oder nicht. Wir steuern auf ein zentrales Hilfsmittel der Mathematik zu, das auch bei der Suche nach transzendenten Zahlen nützlich sein wird. Dazu führen wir zunächst die **Koordinaten** eines Vektors in einem endlichdimensionalen Vektorraum V ein. Wenn $B = \{\mathbf{b}_1, \mathbf{b}_2, \ldots \mathbf{b}_n\}$ eine Basis von V ist, dann hat jeder Vektor $\mathbf{v} \in V$ eine eindeutige Darstellung als Linearkombination in B:

$$\mathbf{v} \;=\; a_1\,\mathbf{b}_1 + a_2\,\mathbf{b}_2 + \ldots + a_n\,\mathbf{b}_n\,.$$

Da die skalaren Faktoren a_i eindeutig bestimmt sind, können wir für $\mathbf{v}$ eine sehr einprägsame Kurzschreibweise einführen. Wir schreiben kurz

$$\mathbf{v} = \begin{pmatrix} a_1 \\ a_2 \\ \vdots \\ a_n \end{pmatrix}$$

und nennen die a_i jetzt die **Koordinaten** von $\mathbf{v}$ bezüglich der Basis B. Diese Darstellung nennt man auch die **Spaltenschreibweise** für Vektoren. Man kann einen Vektor auch in der **Zeilenschreibweise** notieren, also $\mathbf{v} = \big(a_1, a_2, \ldots, a_n\big)$. Das ist Geschmackssache. Wir wollen hier als allgemeine Konvention die Spaltenschreibweise verwenden, um Verwechslungen mit gewöhnlichen n-Tupeln zu vermeiden. Bezüglich der Standardbasis des Vektorraumes $V = \mathbb{R}^n$ ist dann der obige **Koordinatenvektor v** identisch mit dem Vektor selbst.

Wir haben schon beim Austauschsatz von STEINITZ erlebt, dass ein Wechsel der Basis in einem Vektorraum eine wichtige Angelegenheit ist. Im Hinblick auf das, was uns noch erwartet, hat es tatsächlich zentrale Bedeutung. Betrachten wir dazu einmal die (trivialen) Koordinaten der Basisvektoren selbst, und schreiben diese in einer **Matrix** direkt nebeneinander hin. Es entsteht die **Einheitsmatrix**

$$E = \begin{pmatrix} 1 & 0 & \ldots & 0 \\ 0 & 1 & \ldots & 0 \\ \vdots & \vdots & \ddots & \vdots \\ 0 & 0 & \ldots & 1 \end{pmatrix}.$$

Auf diese Weise können wir ganz allgemein die Koordinatenvektoren von n beliebigen Vektoren

$$\begin{aligned} \mathbf{v}_1 &= a_{11}\,\mathbf{b}_1 + a_{12}\,\mathbf{b}_2 + \ldots + a_{1n}\,\mathbf{b}_n \\ \mathbf{v}_2 &= a_{21}\,\mathbf{b}_1 + a_{22}\,\mathbf{b}_2 + \ldots + a_{2n}\,\mathbf{b}_n \\ &\;\vdots \\ \mathbf{v}_n &= a_{n1}\,\mathbf{b}_1 + a_{n2}\,\mathbf{b}_2 + \ldots + a_{nn}\,\mathbf{b}_n \end{aligned}$$

in einer Matrix M bezüglich der Basis B wie folgt nebeneinander stellen:

$$M = \begin{pmatrix} a_{11} & a_{12} & \ldots & a_{1n} \\ a_{21} & a_{22} & \ldots & a_{2n} \\ \vdots & \vdots & \ddots & \vdots \\ a_{n1} & a_{n2} & \ldots & a_{nn} \end{pmatrix}.$$

Eine zentrale Frage lautet nun, unter welcher Bedingung die Werte a_{ij} Vektoren beschreiben, die ebenfalls eine Basis von V bilden.

Die Antwort kennen viele von Ihnen vielleicht aus der Schule – freilich ohne je einen exakten Beweis gesehen zu haben: Die Matrix M beschreibt genau dann eine Basis von V, wenn ihre **Determinante** $\det(M) \neq 0$ ist. Die Determinante einer quadratischen Matrix ist ein kombinatorisches Meisterwerk und errechnet sich aus einer komplizierten Formel. Wir wollen die Idee hier schrittweise motivieren und betrachten als Beispiel den Vektorraum $V = \mathbb{R}^2$ mit Skalarenkörper $K = \mathbb{R}$. Wann besteht also die Matrix

$$M = \begin{pmatrix} a_{11} & a_{12} \\ a_{21} & a_{22} \end{pmatrix}$$

aus zwei Basisvektoren? Nun denn, es ist genau dann der Fall, wenn diese Vektoren linear unabhängig sind – oder einfacher ausgedrückt: wenn sie nicht Vielfache voneinander sind. Der italienische Universalgelehrte GEROLAMO CARDANO war Ende des 16. Jahrhunderts vermutlich einer der ersten, der hierfür eine kurze Formel verwendete, nämlich die Beziehung

$$\det(M) = a_{11}a_{22} - a_{12}a_{21} \neq 0 .$$

Probieren Sie zur **Übung**, die Äquivalenz dieser Bedingung zur linearen Unabhängigkeit der beiden Spaltenvektoren zu verifizieren (es ist ganz einfach). Das Bemerkenswerte an dieser im Prinzip einfachen Beobachtung ist, dass die Basiseigenschaft der Spaltenvektoren auf eine einzige Zahl im Skalarenkörper $\mathbb{R}$ zurückgeführt wird, in deren Berechnung alle Matrixelemente eingehen.

Versuchen wir, eine Systematik in der Formel $a_{11}a_{22} - a_{12}a_{21}$ zu finden. Beide Summanden bestehen aus dem Produkt von zwei Matrixelementen, bei denen der erste Faktor als ersten Index die 1 und der zweite Faktor als ersten Index die 2 hat. Im ersten Summanden lauten die jeweils zweiten Indizes dann 1 und 2, im zweiten Summanden umgekehrt 2 und 1. Zusätzlich geht der zweite Summand mit negativem Vorzeichen ein.

Der Schlüssel für eine allgemeine Determinantenformel (vermutlich von LEIBNIZ Ende des 17. Jahrhunderts erstmals formuliert) ist dann der Ansatz

$$\det(M) = a_{1\sigma(1)}a_{2\sigma(2)} - a_{1\tau(1)}a_{2\tau(2)} ,$$

wobei σ und τ für die beiden **Permutationen** $(\,1\;2\,)$ und $(\,2\;1\,)$ der Menge $\{1, 2\}$ stehen. Lassen Sie uns also ein wenig tiefer eintauchen in das kombinatorische Wunderwerk der Permutationen und Determinanten. Es sei dazu $n \geq 1$.

Eine **Permutation** ist eine bijektive Abbildung $\sigma : \{1, \ldots, n\} \to \{1, \ldots, n\}$, die durch ein n-**Tupel** beschrieben wird, in dem der Reihe nach die Bilder $\sigma(i)$ der Zahlen von 1 bis n stehen (trennende Kommata sind nicht nötig und werden der Kürze wegen nicht notiert). So ist zum Beispiel $(\,1\;2\;3\;4\;5\,)$ die identische Permutation und $(\,2\;1\;5\;4\;3\,)$ die Permutation mit $\sigma(1) = 2$, $\sigma(2) = 1$, $\sigma(3) = 5$, $\sigma(4) = 4$ und $\sigma(5) = 3$. Die Menge der Permutationen auf $\{1, \ldots, n\}$ bildet eine (für $n \geq 3$ nicht abelsche) Gruppe bezüglich der Verkettung $\sigma \circ \tau$ von Abbildungen. Sie wird mit S_n bezeichnet und heißt **symmetrische Gruppe**.

Das **Signum** $\mathrm{sgn}(\sigma)$ einer Permutation σ ist definiert als $(-1)^{f(\sigma)}$, wobei $f(\sigma)$ die Anzahl der Fehlstände von σ ist. Ein **Fehlstand** ist ein Paar (i,j) mit $i < j$ und $\sigma(i) > \sigma(j)$. So hat zum Beispiel $\sigma = (\,2\ 1\ 5\ 4\ 3\,)$ insgesamt 4 Fehlstände in Form der Paare (1, 2), (3, 4), (3, 5) und (4, 5), was $\mathrm{sgn}(\sigma) = 1$ bedeutet. Es gibt spezielle Permutationen, die **Vertauschungen** τ_{ij}, welche nur i und j vertauschen $(i < j)$ und alle übrigen Zahlen unverändert lassen. In S_5 sind das zum Beispiel die Vertauschungen $\tau_{12} = (\,2\ 1\ 3\ 4\ 5\,)$, $\tau_{24} = (\,1\ 4\ 3\ 2\ 5\,)$ oder $\tau_{45} = (\,1\ 2\ 3\ 5\ 4\,)$.

Satz (Vertauschungen und Signum von Permutationen)
Für jede Vertauschung τ_{ij} und jede Permutation σ gilt $\mathrm{sgn}(\tau_{ij} \circ \sigma) = -\mathrm{sgn}(\sigma)$. Jede Permutation ist eine Verkettung von endlich vielen Vertauschungen. Für Permutationen σ_1 und σ_2 gilt $\mathrm{sgn}(\sigma_1 \circ \sigma_2) = \mathrm{sgn}(\sigma_1)\,\mathrm{sgn}(\sigma_2)$.

Alle Vertauschungen τ_{ij} haben nach dem Satz das Signum $\mathrm{sgn}(\tau_{ij}) = -1$, denn es gilt $\mathrm{sgn}(\tau_{ab}) = \mathrm{sgn}\big(\tau_{ab} \circ \mathrm{id}_{\{1,\ldots,n\}}\big)$ und $\mathrm{sgn}\big(\mathrm{id}_{\{1,\ldots,n\}}\big) = 1$. Insbesondere ist die Zahl der Vertauschungen einer Permutation eindeutig modulo 2. Im Fall einer geraden Zahl von Vertauschungen spricht man von einer **geraden** Permutation, sonst von einer **ungeraden** Permutation. Eine einfache **Übung** zeigt, dass S_n damit in die zwei gleichmächtigen Teilmengen der geraden und ungeraden Permutationen **partitioniert** ist (nehmen Sie τ_{ij} und die Bijektion $\sigma \mapsto \tau_{ij} \circ \sigma$).

Zum Beweis des Satzes: Zunächst ist klar, dass jede Permutation das Produkt endlich vieler Vertauschungen ist. Für $n \le 2$ ist dies trivial, und im Fall $n > 2$ betrachte für ein $\sigma \in S_n$ die Permutation $\sigma' = \tau_{1\sigma(1)} \circ \sigma$, die wegen $\sigma'(1) = 1$ auf eine Permutation der Menge $\{2, \ldots, n\}$ reduziert werden kann, die wir (mit Induktion nach n) als eine Verkettung von endlich vielen Vertauschungen τ_{ij} annehmen dürfen, mit $1 < i < j \le n$. Wegen $\sigma = \tau_{1\sigma(1)} \circ \sigma'$ folgt die Behauptung.

Die Hauptarbeit des Beweises steckt in der ersten Aussage. Hierfür betrachten wir eine Vertauschung τ_{ab} und notieren (exemplarisch für $1 < a < b < n$)

$$\begin{aligned} \sigma &= \big(\sigma(1) \ \cdots \ \sigma(a) \ \cdots \ \sigma(b) \ \cdots \ \sigma(n)\big) \quad \text{und} \\ \tau_{ab} \circ \sigma &= \big(\sigma(1) \ \cdots \ \sigma(b) \ \cdots \ \sigma(a) \ \cdots \ \sigma(n)\big)\,. \end{aligned}$$

Was passiert mit den Fehlständen beim Übergang von σ zu $\tau_{ab} \circ \sigma$? Ein Fehlstand war gegeben durch ein Paar (i,j) mit $i < j$ und $\sigma(i) > \sigma(j)$. Wir müssen nun alle diese Paare (i,j) systematisch erfassen und sehen, ob in puncto der Frage „Fehlstand ja oder nein?“ bei $\tau_{ab} \circ \sigma$ etwas anderes herauskommt als bei σ.

Es ändert sich nichts bei Paaren (i,j) mit $\{i,j\} \cap \{a,b\} = \varnothing$, denn diese Zahlen werden von τ_{ab} gar nicht berührt. Auch bei den Paaren (i,a) und (i,b) mit $i < a$ ändert sich nichts, da die relative Positionierung der Zahlen bei der Vertauschung erhalten bleibt. Dito für alle Paare (a,j) und (b,j) mit $j > b$. In all diesen Fällen beobachten wir bei $\tau_{ab} \circ \sigma$ also genau dieselben Fehlstände wie bei σ.

Kritisch wird es erstmals bei den Paaren der Form (a,j) mit $j < b$, also Paaren, bei denen der Index j zwischen a und b liegt:

$$\sigma = \big(\,\cdots \sigma(a) \cdots \sigma(j) \cdots \sigma(b) \cdots\,\big)\,, \quad \tau_{ab} \circ \sigma = \big(\,\cdots \sigma(b) \cdots \sigma(j) \cdots \sigma(a) \cdots\,\big)\,.$$

Es gibt $k = b - a - 1$ Paare der Form (a, j) mit $j < b$, die insgesamt α Fehlstände und $k - \alpha$ Nicht-Fehlstände liefern. Beim genauen Hinsehen erkennen Sie, dass sich diese Situation durch τ_{ab} genau umkehrt, da bei der Vertauschung das Element $\sigma(a)$ nach rechts über alle k Indizes auf die Stelle b springt. Wir haben durch die Vertauschung also α weniger Fehlstände als vorher und $k - \alpha$ neue Fehlstände, was eine Veränderung von $\delta = -\alpha + (k - \alpha) = k - 2\alpha$ bewirkt.

Für die Paare (i, b) mit $a < i$ ergibt sich auf dieselbe Weise ein Unterschied von $\delta' = -\beta + (k - \beta) = k - 2\beta$, wenn β die Zahl der Fehlstände ist, die von diesen Paaren herrührt. Zusammengefasst bewirken alle Paare mit genau einem Index in $\{a, b\}$ eine Veränderung der Zahl von Fehlständen um $\delta + \delta' = 2k - 2(\alpha + \beta)$. Dies ist eine gerade Zahl, weswegen sich das Signum der Permutation bis hierher nicht geändert hat.

Es fehlt nur noch das Paar (a, b), das durch τ_{ab} direkt vertauscht wird. Die Zahl der Fehlstände wird dabei offensichtlich um ± 1 geändert. Insgesamt ergibt sich $\operatorname{sgn}(\tau_{ab} \circ \sigma) = -\operatorname{sgn}(\sigma)$ und damit die erste Aussage. Die dritte Behauptung $\operatorname{sgn}(\sigma_1 \circ \sigma_2) = \operatorname{sgn}(\sigma_1) \operatorname{sgn}(\sigma_2)$ folgt aus den beiden ersten Aussagen und der Bemerkung, dass Vertauschungen das Signum -1 haben. □

Aus dem Satz folgt übrigens auch $\operatorname{sgn}(\sigma) = \operatorname{sgn}(\sigma^{-1})$, wenn σ^{-1} die zu σ inverse Permutation ist. Soweit die Grundlagen zu Permutationen. Wir können uns jetzt systematisch den Determinanten zuwenden.

Definition (Determinante einer $(n \times n)$-Matrix)
Für eine quadratische Matrix

$$M = \begin{pmatrix} a_{11} & \cdots & a_{1n} \\ \vdots & \ddots & \vdots \\ a_{n1} & \cdots & a_{nn} \end{pmatrix}$$

ist deren **Determinante** definiert durch die Formel

$$\det(M) = \sum_{\sigma \in \mathcal{S}_n} \left(\operatorname{sgn}(\sigma) \prod_{i=1}^{n} a_{i\sigma(i)} \right).$$

Sehen wir uns zu dieser etwas monströsen Formel zwei Beispiele an. Zunächst der obige Fall $n = 2$. Sie erkennen sofort $\det(M) = a_{11}a_{22} - a_{12}a_{21}$. Für die Determinante einer (3×3)-Matrix

$$M = \begin{pmatrix} a_{11} & a_{12} & a_{13} \\ a_{21} & a_{22} & a_{23} \\ a_{31} & a_{32} & a_{33} \end{pmatrix}$$

bestimmen wir zunächst die Permutationen der Menge $\{1, 2, 3\}$ und ihre Signum-Werte.

Wir erhalten

$$\begin{array}{lcccccc} \sigma \in \mathcal{S}_3: & (\mathbf{1\ 2\ 3}) & (\mathbf{1\ 3\ 2}) & (\mathbf{2\ 1\ 3}) & (\mathbf{2\ 3\ 1}) & (\mathbf{3\ 1\ 2}) & (\mathbf{3\ 2\ 1}) \\ \operatorname{sgn}(\sigma): & 1 & -1 & -1 & 1 & 1 & -1\,. \end{array}$$

Damit erhält man durch Hinschreiben und Ausklammern (beachten Sie die fettgedruckten Indizes $\sigma(i)$) die bekannte Formel

$$\begin{aligned} \det(M) &= a_{1\mathbf{1}}a_{2\mathbf{2}}a_{3\mathbf{3}} - a_{1\mathbf{1}}a_{2\mathbf{3}}a_{3\mathbf{2}} - a_{1\mathbf{2}}a_{2\mathbf{1}}a_{3\mathbf{3}} + a_{1\mathbf{2}}a_{2\mathbf{3}}a_{3\mathbf{1}} + \\ &\quad a_{1\mathbf{3}}a_{2\mathbf{1}}a_{3\mathbf{2}} - a_{1\mathbf{3}}a_{2\mathbf{2}}a_{3\mathbf{1}} \\ &= a_{11}(a_{22}a_{33} - a_{23}a_{32}) - a_{12}(a_{21}a_{33} - a_{23}a_{31}) + a_{13}(a_{21}a_{32} - a_{22}a_{31})\,. \end{aligned}$$

Man erkennt: Wenn wir die (2×2)-Matrix, welche durch Streichen der i-ten Zeile und j-ten Spalte aus M entsteht, mit M_{ij} bezeichnen, so gilt:

$$\det(M) = a_{11}\det(M_{11}) - a_{12}\det(M_{12}) + a_{13}\det(M_{13})\,.$$

Man spricht hier davon, die Determinante **nach der 1. Zeile** $(a_{11}\ a_{12}\ a_{13})$ zu **entwickeln**. Genauso kann man die Determinante einer $(n \times n)$-Matrix (mit insgesamt $n!$ Summanden) berechnen. Das Entwickeln nach einer Zeile oder Spalte geht in obigem Sinne immer: Die **Entwicklung nach der i-ten Zeile** lautet

$$\det(M) = \sum_{j=1}^{n} (-1)^{i+j} a_{ij} \det(M_{ij})$$

und die **Entwicklung nach der j-ten Spalte** geschieht mit

$$\det(M) = \sum_{i=1}^{n} (-1)^{i+j} a_{ij} \det(M_{ij})\,.$$

Die (Unter-)Determinanten $\det(M_{ij})$ nennt man auch die **Minoren** von $\det(M)$.

Welche Eigenschaften hat diese Größe, die auf mysteriöse Weise aus n^2 in einer Matrix angeordneten Zahlen eine einzige Zahl macht? Nun denn, bezeichnen wir die n Spaltenvektoren der Matrix M mit $\mathbf{v}_1, \ldots, \mathbf{v}_n$ und schreiben für $\det(M)$ etwas ausführlicher $\det(\mathbf{v}_1, \ldots, \mathbf{v}_n)$, so können wir ein zentrales Ergebnis herleiten (wobei der Skalarenkörper der Einfachheit halber wieder $\mathbb{R}$ sei, obwohl der Satz natürlich für beliebige Körper K gilt).

Satz (Eigenschaften der Determinante)
Mit den obigen Bezeichnungen gilt für alle $1 \le k \le n$ und $r \in \mathbb{R}$

$$\begin{aligned} \det(\ldots, \mathbf{v}_k + \mathbf{v}'_k, \ldots) &= \det(\ldots, \mathbf{v}_k, \ldots) + \det(\ldots, \mathbf{v}'_k, \ldots)\,, \\ \det(\ldots, r\mathbf{v}_k, \ldots) &= r\det(\ldots, \mathbf{v}_k, \ldots) \end{aligned}$$

sowie für alle $1 \le k < l \le n$

$$\det(\ldots, \mathbf{v}_k, \ldots, \mathbf{v}_l, \ldots) = 0\,,$$

falls $\mathbf{v}_k = \mathbf{v}_l$ ist. Die Determinante wird damit zu einer **alternierenden multilinearen** Abbildung, auch **alternierende Multilinearform** genannt.

Vor dem Beweis kurz zwei elementare Folgerungen, die den Namenszusatz „alternierend" erklären: Erstens ändert die Determinante ihren Wert nicht, wenn zu einem $\mathbf{v}_k$ ein beliebiges Vielfaches $r\mathbf{v}_l$ addiert wird, falls $k \neq l$ ist. Dies folgt einfach aus

$$\begin{aligned}\det(\ldots,\mathbf{v}_k + r\mathbf{v}_l,\ldots,\mathbf{v}_l,\ldots) &= \det(\ldots,\mathbf{v}_k,\ldots) + r\det(\ldots,\mathbf{v}_l,\ldots,\mathbf{v}_l,\ldots) \\ &= \det(\ldots,\mathbf{v}_k,\ldots),\end{aligned}$$

denn nach der dritten Eigenschaft oben ist $\det(\ldots,\mathbf{v}_l,\ldots,\mathbf{v}_l,\ldots) = 0$.

Und damit bewirkt das Vertauschen von zwei Vektoren $\mathbf{v}_k$ und $\mathbf{v}_l$ schlussendlich die **alternierende** Beziehung

$$\det(\ldots,\mathbf{v}_k,\ldots,\mathbf{v}_l,\ldots) = -\det(\ldots,\mathbf{v}_l,\ldots,\mathbf{v}_k,\ldots),$$

wie Sie schnell überprüfen können:

$$\begin{aligned}\det(\ldots,\mathbf{v}_k,\ldots,\mathbf{v}_l,\ldots) &= \det(\ldots,\mathbf{v}_k,\ldots,\mathbf{v}_l + \mathbf{v}_k,\ldots) \\ &= \det(\ldots,\mathbf{v}_k - (\mathbf{v}_l + \mathbf{v}_k),\ldots,\mathbf{v}_l + \mathbf{v}_k,\ldots) \\ &= \det(\ldots,-\mathbf{v}_l,\ldots,\mathbf{v}_l + \mathbf{v}_k,\ldots) \\ &= -\det(\ldots,\mathbf{v}_l,\ldots,\mathbf{v}_l + \mathbf{v}_k,\ldots) \\ &= -\det(\ldots,\mathbf{v}_l,\ldots,\mathbf{v}_l + \mathbf{v}_k - \mathbf{v}_l,\ldots) \\ &= -\det(\ldots,\mathbf{v}_l,\ldots,\mathbf{v}_k,\ldots).\end{aligned}$$

Der Beweis des Satzes ist eine direkte Folgerung aus der definierenden Formel

$$\det(M) = \sum_{\sigma\in\mathcal{S}_n}\left(\operatorname{sgn}(\sigma)\prod_{i=1}^{n} a_{i\sigma(i)}\right),$$

es ist in der Tat einfacher als man vermutet: Die Multilinearität folgt durch Anwendung des Distributivgesetzes $w(x+y)z = wxz + wyz$ im Körper $\mathbb{R}$, denn die Komponenten $a_{ik}(\mathbf{v}_k + \mathbf{v}'_k)$ des Summenvektors $\mathbf{v}_k + \mathbf{v}'_k$ berechnen sich als $a_{ik}(\mathbf{v}_k) + a_{ik}(\mathbf{v}'_k)$. Analog dazu ist $a_{ik}(r\mathbf{v}_k) = ra_{ik}(\mathbf{v}_k)$ und in jedem Summanden der Determinante das Gesetz $x(ry)z = r(xyz)$ anzuwenden. Warum ist schließlich $\det(M) = 0$, wenn zwei identische Vektoren $\mathbf{v}_k = \mathbf{v}_l$, $k \neq l$, darin vorkommen?

Nun denn, für jede Permutation σ gibt es Zahlen $1 \leq i,j \leq n$ mit $\sigma(i) = k$ und $\sigma(j) = l$. Den zu σ gehörenden Summanden in der Determinante von M bildet dann das Produkt $a_{1\sigma(1)}\cdots a_{ik}\cdots a_{jl}\cdots a_{n\sigma(n)}$, wobei hier der Einfachheit halber $1 < i < j < n$ angenommen sei (die anderen Fälle gelten sinngemäß). Die Permutation $\sigma' = \tau_{kl}\circ\sigma$, die aus σ mit anschließender Vertauschung des k-ten und l-ten Elements entsteht, hat dann $\operatorname{sgn}(\sigma') = -\operatorname{sgn}(\sigma)$. Zu obigem Summanden gesellt sich in der Determinante also immer ein Summand der Form

$$-a_{1\sigma'(1)}\cdots a_{il}\cdots a_{jk}\cdots a_{n\sigma'(n)} = -a_{1\sigma(1)}\cdots a_{il}\cdots a_{jk}\cdots a_{n\sigma(n)}.$$

Die rechte Seite ist aber identisch zu $-a_{1\sigma(1)}\cdots a_{ik}\cdots a_{jl}\cdots a_{n\sigma(n)}$, denn es gelten wegen $\mathbf{v}_k = \mathbf{v}_l$ die Identitäten $a_{il} = a_{ik}$ und $a_{jk} = a_{jl}$. Es heben sich in $\det(M)$ also die Summanden paarweise auf, woraus $\det(M) = 0$ folgt. □

Wie geht es Ihnen? An die anfangs etwas kompliziert anmutende Formel für die Determinante haben Sie sich inzwischen (hoffentlich) gewöhnt. Nun entstehen fast wie von selbst neue Gesetzmäßigkeiten: Vertauscht man in einer Matrix M die Zeilen und Spalten, so entsteht die **transponierte Matrix** M^T, hier am Beispiel einer (3×3)-Matrix demonstriert.

$$M = \begin{pmatrix} a_{11} & a_{12} & a_{13} \\ a_{21} & a_{22} & a_{23} \\ a_{31} & a_{32} & a_{33} \end{pmatrix} \qquad M^T = \begin{pmatrix} a_{11} & a_{21} & a_{31} \\ a_{12} & a_{22} & a_{32} \\ a_{13} & a_{23} & a_{33} \end{pmatrix}$$

Spaltenindizes und Zeilenindizes tauschen hier einfach die Rolle. Es überrascht nicht, dass die Determinante bei der Transposition unverändert bleibt.

Satz (Transposition und Determinanten)
Für eine $(n \times n)$-Matrix M gilt stets $\det(M) = \det(M^T)$. Insbesondere ist $\det(M) = 0$, falls in der Matrix zwei Zeilen identisch sind, und das Vertauschen zweier Zeilen bewirkt einen Vorzeichenwechsel der Determinante.

Ferner ist die Determinante multilinear auch bezüglich der in M enthaltenen Zeilenvektoren und $\det(M)$ ändert sich nicht, wenn zu einer Zeile ein Vielfaches einer anderen Zeile addiert wird.

Der Beweis beruht darauf, dass alle Zeilenoperationen in M einer identisch verlaufenden Spaltenoperation in M^T entsprechen. Daher ist nur die Formel $\det(M) = \det(M^T)$ zu zeigen, und dafür genügt ein Blick auf die Definition.

Die Einträge in M seien mit a_{ij} bezeichnet, die in M^T mit b_{ij}. Es gilt dann für alle $1 \leq i, j \leq n$ die Beziehung $a_{ij} = b_{ji}$. Für eine Permutation σ sei σ^{-1} die inverse Permutation, wir haben also $\sigma^{-1}(j) = i$, falls $\sigma(i) = j$ ist. Betrachten wir jetzt einen Summanden $a_{1\sigma(1)} \cdots a_{n\sigma(n)}$ in $\det(M)$. Er taucht auch in $\det(M^T)$ auf, mit vertauschten Faktoren und an einer anderen Position in der Summe:

$$a_{1\sigma(1)} \cdots a_{n\sigma(n)} = b_{\sigma(1)1} \cdots b_{\sigma(n)n} = b_{1\sigma^{-1}(1)} \cdots b_{n\sigma^{-1}(n)} .$$

Da die σ^{-1} alle Permutationen durchlaufen, wenn das die σ tun, stehen in $\det(M)$ bis auf die Reihenfolge die gleichen Summanden wie in $\det(M^T)$. □

Nun können wir einen Satz über Determinanten beweisen, der als eines der Hauptergebnisse dieses Abschnitts gelten kann.

Satz (Basen und Determinanten)
Es sei M eine $(n \times n)$-Matrix mit den Spaltenvektoren $\mathbf{v}_1, \ldots, \mathbf{v}_n$. Dann sind die Vektoren $\mathbf{v}_1, \ldots, \mathbf{v}_n$ genau dann linear unabhängig, bilden also eine Basis, wenn $\det(M) \neq 0$ ist.

Der Beweis ist nach all den Vorarbeiten nicht schwierig. Die einfache Richtung der Äquivalenz geht von $\det(M) \neq 0$ aus. Falls dann $\mathbf{v}_1, \ldots, \mathbf{v}_n$ linear abhängig wären, so gäbe es einen Vektor davon, sagen wir $\mathbf{v}_1$, der eine Linearkombination der Vektoren $\mathbf{v}_2, \ldots, \mathbf{v}_n$ ist. Damit könnten wir über die Addition geeigneter Vielfacher dieser Vektoren $\mathbf{v}_2, \ldots, \mathbf{v}_n$ eine Nullspalte in M erzeugen. Da sich die Determinante bei diesen Operationen nicht ändert, folgt $\det(M) = 0$, ein Widerspruch. (Beachten Sie, dass wegen der Multilinearität die Determinante stets verschwindet, wenn sich eine Nullspalte oder Nullzeile darin befindet).

Die andere Richtung ist technischer, sie führt uns aber auf ein äußerst praktisches Rechenschema, das wir noch gut brauchen werden. Es seien dazu die Vektoren $\mathbf{v}_1, \ldots, \mathbf{v}_n$ linear unabhängig. Für die zugehörige Matrix

$$M = \begin{pmatrix} a_{11} & a_{12} & \cdots & a_{1n} \\ a_{21} & a_{22} & \cdots & a_{2n} \\ \vdots & \vdots & \ddots & \vdots \\ a_{n1} & a_{n2} & \cdots & a_{nn} \end{pmatrix}$$

definieren wir nun ein schrittweises Vorgehen mit Spaltenoperationen, um M zu einer **Diagonalmatrix** zu machen: Das ist eine Matrix, bei der alle Einträge außerhalb der Diagonalen verschwinden, also $a_{ij} = 0$ für alle $i \neq j$. Wir verwenden dabei als Spaltenoperationen nur Vertauschungen von Spalten oder das Addieren von Vielfachen einer Spalte zu einer anderen Spalte. Auf diese Weise ändert sich höchstens das Vorzeichen der Determinante.

Im ersten Schritt stellt man sicher, eventuell durch Spaltentausch, dass $a_{11} \neq 0$ ist. Das geht, denn falls alle $a_{1j} = 0$ wären, wären die Spaltenvektoren nicht linear unabhängig (sie wären dann keine Basis des $\mathbb{R}^n$). Wir bezeichnen die Einträge der Matrix nach dieser Vertauschung der Einfachheit halber immer noch mit a_{ij}.

Durch Addition eines geeigneten Vielfachen der ersten Spalte kann man dann erreichen, dass $a_{1j} = 0$ ist, für alle $2 \leq j \leq n$. Die geänderte Matrix sieht dann so aus:

$$M^{(1)} = \begin{pmatrix} a_{11} & 0 & \cdots & 0 \\ a_{21} & a_{22}^{(1)} & \cdots & a_{2n}^{(1)} \\ \vdots & \vdots & \ddots & \vdots \\ a_{n1} & a_{n2}^{(1)} & \cdots & a_{nn}^{(1)} \end{pmatrix}.$$

Nun würde es sich anbieten, mit der blau dargestellten Untermatrix

$$A^{(1)} = \begin{pmatrix} a_{22}^{(1)} & \cdots & a_{2n}^{(1)} \\ \vdots & \ddots & \vdots \\ a_{n2}^{(1)} & \cdots & a_{nn}^{(1)} \end{pmatrix}$$

genauso zu verfahren. Aber Moment bitte – dürfen wir das?

Ja, wir dürfen es. Auch in $A^{(1)}$ sind die Spaltenvektoren linear unabhängig, denn andernfalls wären die Spaltenvektoren von $M^{(1)}$ linear abhängig: Jede nichttriviale Linearkombination der $\mathbf{0}$ mit den Spaltenvektoren aus $A^{(1)}$ ist (durch Hinzufügen der oberen Zeile) automatisch eine nichttriviale Linearkombination der $\mathbf{0}$ mit den

Spaltenvektoren aus $M^{(1)}$. Lassen Sie sich vielleicht ein wenig Zeit für diese Überlegung, entscheidend ist die spezielle Gestalt der ersten Zeile von $M^{(1)}$.

Damit haben wir aber einen Widerspruch, denn die Spaltenoperationen auf dem Weg von M zu $M^{(1)}$ waren alle „zulässig" in dem Sinne, dass sie die Basiseigenschaft der Spaltenvektoren von M nicht zerstört haben (vergleichen Sie dazu die Ausführungen zum Austauschprinzip von Basisvektoren, Seite 123). Also kann es keine nichttriviale Linearkombination der $\mathbf{0}$ mit den Spalten aus $A^{(1)}$ geben.

Da nun $A^{(1)}$ auch nur aus linear unabhängigen Spaltenvektoren besteht, können wir das gleiche Verfahren wieder anwenden. Nach eventuellem Vertauschen von zwei blauen Spalten (bei dem die Bezeichnung $a_{ij}^{(1)}$ wieder beibehalten wird) erreichen wir $a_{22}^{(1)} \neq 0$ und schließlich durch zulässige Spaltenoperationen die Matrix

$$M^{(2)} = \begin{pmatrix} a_{11} & 0 & \cdots & \cdots & 0 \\ a_{21} & a_{22}^{(1)} & 0 & \cdots & 0 \\ a_{31} & a_{32}^{(1)} & a_{33}^{(2)} & \cdots & a_{3n}^{(2)} \\ \vdots & \vdots & \vdots & \ddots & \vdots \\ a_{n1} & a_{n2}^{(1)} & a_{n3}^{(2)} & \cdots & a_{nn}^{(2)} \end{pmatrix}.$$

Wieder sind die blauen Spalten linear unabhängig (aus den gleichen Gründen wie oben) und wir können das Verfahren fortsetzen, bis wir bei einer **unteren Dreiecksmatrix**

$$M^{(n-1)} = \begin{pmatrix} a_{11} & 0 & \cdots & 0 \\ a_{21} & a_{22}^{(1)} & \ddots & \vdots \\ \vdots & \ddots & \ddots & 0 \\ a_{n1} & a_{n2}^{(1)} & \cdots & a_{nn}^{(n-1)} \end{pmatrix}$$

angekommen sind. Nach Konstruktion sind alle Diagonalelemente $a_{ii}^{(i)} \neq 0$. Schon jetzt sehen wir damit $\det(M^{(n-1)}) \neq 0$, denn nach Definition ist $\det(M^{(n-1)})$ das Produkt der Diagonalelemente: Jede Permutation $\sigma \neq \mathrm{id}_{\{1,\ldots,n\}}$ besitzt einen Index i mit $\sigma(i) > i$. Dies führt auf einen Matrixeintrag, bei dem der Spaltenindex größer ist als der Zeilenindex, also auf einen Faktor 0. Daher verschwindet jeder Summand in $\det(M^{(n-1)})$ bis auf das Produkt der Diagonalelemente.

Da $M^{(n-1)}$ durch endlich viele zulässige Spaltenoperationen aus M entstanden ist, ist auch $\det(M) = \pm \det(M^{(n-1)})$ von Null verschieden und der Satz bewiesen. Es ist klar, dass sich $M^{(n-1)}$ durch weitere zulässige Spaltenoperationen auf eine reine Diagonalmatrix bringen lässt, denn alle Diagonalelemente sind $\neq 0$. □

Aus dem Satz folgt, dass die Zeilenvektoren einer $(n \times n)$-Matrix genau dann linear unabhängig (also eine Basis) sind, wenn dies für die Spaltenvektoren gilt. Das ist eine einfache Beobachtung wegen $\det(M) = \det(M^T)$. Sie erkennen langsam, welch wichtige Größe die Determinante einer Matrix ist. Insgesamt sind damit sowohl die Zeilen und Spalten als auch die zugehörigen Operationen äquivalent.

In der Tat kann sogar jede Matrix mit (gemischten) Zeilen- und Spaltenoperationen auf Diagonalform gebracht werden, die höchstens das Vorzeichen der Determinante ändern. Probieren Sie vielleicht als kleine **Übung** selbst einmal, auch eine Matrix mit $\det(M) = 0$ in Diagonalform zu bringen. Die Spaltenvektoren sind dann linear abhängig und es kann sein, dass die blauen Untermatrizen ab einem bestimmten Schritt gar keine Elemente $\neq 0$ mehr enthalten. Sie können das Verfahren dann abbrechen, denn wegen $\det(M) = 0$ ist es klar, dass mindestens ein Diagonalelement verschwinden muss.

Hier eine **Übung** für Sie: In dem Beweis haben wir M mit Spaltenoperationen auf eine untere Dreiecksform gebracht. Das geht auch mit Zeilenoperationen. Sie müssen nur in der untersten Zeile dafür sorgen, dass $a_{nn} \neq 0$ ist, falls in der letzten Spalte ein Eintrag $\neq 0$ existiert. Dann sorgen Sie mit Zeilenoperationen dafür, dass alle $a_{in}^{(1)} = 0$ werden, für $1 \leq i < n$, und arbeiten sich anschließend von rechts nach links weiter, im Vergleich zu vorhin quasi spiegelbildlich zu der Diagonale von links unten nach rechts oben.

Bevor wir Matrizen und Determinanten auf lineare Gleichungssysteme anwenden können, brauchen wir noch eine Erweiterung der Theorie über Matrizen. Offensichtlich bilden für alle $n \geq 1$ die $(n \times n)$-Matrizen eine abelsche Gruppe bezüglich der Addition

$$\begin{pmatrix} a_{11} & \cdots & a_{1n} \\ \vdots & \ddots & \vdots \\ a_{n1} & \cdots & a_{nn} \end{pmatrix} + \begin{pmatrix} b_{11} & \cdots & b_{1n} \\ \vdots & \ddots & \vdots \\ b_{n1} & \cdots & b_{nn} \end{pmatrix} = \begin{pmatrix} a_{11} + b_{11} & \cdots & a_{1n} + b_{1n} \\ \vdots & \ddots & \vdots \\ a_{n1} + b_{n1} & \cdots & a_{nn} + b_{nn} \end{pmatrix}.$$

Wir können diese Gruppe sogar zu einem Ring machen mit der Festlegung

$$\begin{pmatrix} a_{11} & \cdots & a_{1n} \\ \vdots & \ddots & \vdots \\ a_{n1} & \cdots & a_{nn} \end{pmatrix} \cdot \begin{pmatrix} b_{11} & \cdots & b_{1n} \\ \vdots & \ddots & \vdots \\ b_{n1} & \cdots & b_{nn} \end{pmatrix} = \begin{pmatrix} c_{11} & \cdots & c_{1n} \\ \vdots & \ddots & \vdots \\ c_{n1} & \cdots & c_{nn} \end{pmatrix},$$

wobei für die c_{ij} die etwas kompliziert anmutende Formel

$$c_{ij} = \sum_{k=1}^{n} a_{ik} b_{kj}$$

gilt.

Das sieht schwieriger aus als es ist, denn Sie erhalten den Eintrag c_{ij} in der i-ten Zeile und j-ten Spalte des Produkts dadurch, indem Sie die i-te Zeile des ersten Faktors mit der j-ten Spalte des zweiten Faktors **skalar multiplizieren**, also den Ausdruck

$$(a_{i1}, \ldots, a_{in}) \cdot (b_{1j}, \ldots, b_{nj})^T = a_{i1} b_{1j} + \ldots + a_{in} b_{nj}$$

bilden. Es ist klar, dass diese Multiplikation von Matrizen das Assoziativgesetz $(A \cdot B) \cdot C = A \cdot (B \cdot C)$ und die Distributivgesetze $(A + B) \cdot C = A \cdot C + B \cdot C$ sowie $C \cdot (A + B) = C \cdot A + C \cdot B$ erfüllt. Das neutrale Element ist dabei die Einheitsmatrix E_n (oder auch $\mathbf{1}_n$), bei der alle n Diagonalelemente $e_{ii} = 1$ sind und sämtliche anderen Einträge verschwinden.

Drei **Bemerkungen** dazu. Erstens lassen wir nun den Malpunkt weg, um die Formeln einfacher zu gestalten, wir schreiben also für $A \cdot B$ kürzer AB. Zweitens ist zu beachten, dass diese Multiplikation für $n \geq 2$ nicht kommutativ ist, der Matrizenring also kein kommutativer Ring ist. Ein einfaches Beispiel hierfür ist

$$\begin{pmatrix} 0 & 1 \\ 1 & 1 \end{pmatrix} \begin{pmatrix} 1 & 1 \\ 0 & 0 \end{pmatrix} = \begin{pmatrix} 0 & 0 \\ 1 & 1 \end{pmatrix}$$

und

$$\begin{pmatrix} 1 & 1 \\ 0 & 0 \end{pmatrix} \begin{pmatrix} 0 & 1 \\ 1 & 1 \end{pmatrix} = \begin{pmatrix} 1 & 2 \\ 0 & 0 \end{pmatrix}.$$

Und drittens soll hier kurz etwas über die Hintergründe dieser Multiplikation gesagt sein. Warum kommt man auf eine solche Idee?

Nun denn, wir streifen hier ein zentrales Thema der linearen Algebra, das auch später in diesem Kapitel noch aufleuchtet (Seite 143). Die $(n \times n)$-Matrizen stehen in einer ein-eindeutigen Beziehung zu den **linearen Abbildungen** $f : \mathbb{R}^n \to \mathbb{R}^n$. Für eine lineare Abbildung bestehen die Forderungen $f(\mathbf{v} + \mathbf{w}) = f(\mathbf{v}) + f(\mathbf{w})$ und $f(r\mathbf{v}) = rf(\mathbf{v})$, also eine Verträglichkeit mit der Vektorraumstruktur von $\mathbb{R}^n$. Anschaulich erhält man die Matrix A_f der Abbildung f, indem man die Bilder $f(\mathbf{e}_j)$ der Standard-Basisvektoren $\mathbf{e}_1, \ldots, \mathbf{e}_n$ von $\mathbb{R}^n$ als Spaltenvektoren nebeneinander hinschreibt. Es berechnet sich dann $f(\mathbf{v}) = A_f \mathbf{v}$ für einen beliebigen Vektor $\mathbf{v} = (v_1, \ldots, v_n)^T$ nach dem einfachen Schema

$$\begin{pmatrix} a_{11} & \ldots & a_{1n} \\ \vdots & \ddots & \vdots \\ a_{n1} & \ldots & a_{nn} \end{pmatrix} \begin{pmatrix} v_1 \\ \vdots \\ v_n \end{pmatrix} = \begin{pmatrix} a_{11}v_1 + \ldots + a_{1n}v_n \\ \vdots \\ a_{n1}v_1 + \ldots + a_{nn}v_n \end{pmatrix},$$

eine Formel, die nicht zufällig der Matrixmultiplikation ähnelt. Sie prüfen ohne Schwierigkeiten, dass sich dieses Rechenschema wegen

$$f(v_1\mathbf{e}_1 + \ldots + v_n\mathbf{e}_n) = v_1 f(\mathbf{e}_1) + \ldots + v_n f(\mathbf{e}_n)$$

und

$$v_j f(\mathbf{e}_j) = \begin{pmatrix} v_j a_{1j} \\ \vdots \\ v_j a_{nj} \end{pmatrix}$$

zwingend ergibt. Die Matrixmultiplikation ist dann so festgelegt, dass bei zwei linearen Abbildungen $f, g : \mathbb{R}^n \to \mathbb{R}^n$ die Beziehung $A_{g \circ f} = A_g A_f$ gilt, also sich auf suggestive Weise die Matrix der Komposition $g \circ f$ aus den Matrizen der einzelnen Abbildungen ergibt. Auch dies wird schnell plausibel, denn falls $A_f = (a_{kj})$ und $A_g = (b_{ik})$ ist, erhält man für die j-te Spalte der Matrix $A_{g \circ f}$

$$g \circ f(\mathbf{e}_j) = \begin{pmatrix} b_{11} f(\mathbf{e}_j)_1 + \ldots + b_{1n} f(\mathbf{e}_j)_n \\ \vdots \\ b_{n1} f(\mathbf{e}_j)_1 + \ldots + b_{nn} f(\mathbf{e}_j)_n \end{pmatrix} = \begin{pmatrix} b_{11} a_{1j} + \ldots + b_{1n} a_{nj} \\ \vdots \\ b_{n1} a_{1j} + \ldots + b_{nn} a_{nj} \end{pmatrix}.$$

In der i-ten Zeile und j-ten Spalte von $A_{g \circ f}$ steht damit die Summe $\sum_{k=1}^{n} b_{ik} a_{kj}$. Dies ist genau das Element zum Index ij in der Matrix $A_g A_f$, was zu zeigen war.

Leider können wir hier nicht näher auf lineare Abbildungen eingehen. Die Theorie um dieses Thema würde übrigens auch lineare Abbildungen $\mathbb{R}^m \to \mathbb{R}^n$ mit $m \neq n$ erlauben, wobei die Matrizen nicht mehr quadratisch sind und $(n \times m)$-Matrizen mit $(m \times k)$-Matrizen multipliziert werden können. So kann man Projektionen $\mathbb{R}^3 \to \mathbb{R}^2$ mit vorgeschalteten Rotationen im $\mathbb{R}^3$ als Komposition linearer Abbildungen behandeln, was in der Computergrafik praktische Anwendung findet.

Für den weiteren Verlauf des Buches brauchen wir aber tatsächlich nicht mehr als diesen elementaren Einstieg in die Welt der linearen Abbildungen. Sie begegnen uns, wie schon angedeutet, gleich noch bei der **Spur** von Matrizen (Seite 143) und dann im Kapitel über die algebraische Zahlentheorie (Seite 214 ff).

Vielleicht versuchen Sie selbst, sich kleine **Übungen** auszudenken, um mit dem Rechenschema bei linearen Abbildungen vertrauter zu werden. Nehmen Sie zum Beispiel die linearen Abbildungen $f, g : \mathbb{R}^3 \to \mathbb{R}^3$, deren Matrizen die Gestalt

$$A_f = \begin{pmatrix} 3 & 2 & 6 \\ 1 & 1 & 3 \\ 3 & -2 & 5 \end{pmatrix} \qquad \text{und} \qquad A_g = \begin{pmatrix} 0 & 1 & -2 \\ 1 & -1 & 4 \\ -1 & 2 & 1 \end{pmatrix}$$

haben. Welche Koordinaten hat dann $(g \circ f)(1,\, 2,\, 2)^T$? Die Produktmatrix $A_g A_f$ errechnet sich als

$$\begin{pmatrix} 3 & 2 & 6 \\ 1 & 1 & 3 \\ 3 & -2 & 5 \end{pmatrix} \begin{pmatrix} 0 & 1 & -2 \\ 1 & -1 & 4 \\ -1 & 2 & 1 \end{pmatrix} =$$

$$\begin{pmatrix} 3 \cdot 0 + 2 \cdot 1 + 6 \cdot (-1) & 3 \cdot 1 + 2 \cdot (-1) + 6 \cdot 2 & 3 \cdot (-2) + 2 \cdot 4 + 6 \cdot 1 \\ 1 \cdot 0 + 1 \cdot 1 + 3 \cdot (-1) & 1 \cdot 1 + 1 \cdot (-1) + 3 \cdot 2 & 1 \cdot (-2) + 1 \cdot 4 + 3 \cdot 1 \\ 3 \cdot 0 + -2 \cdot 1 + 5 \cdot (-1) & 3 \cdot 1 + -2 \cdot (-1) + 5 \cdot 2 & 3 \cdot (-2) + -2 \cdot 4 + 5 \cdot 1 \end{pmatrix} =$$

$$\begin{pmatrix} -4 & 13 & 8 \\ -2 & 6 & 5 \\ -7 & 15 & -9 \end{pmatrix}, \text{ also ist } (g \circ f) \begin{pmatrix} 1 \\ 2 \\ 2 \end{pmatrix} = \begin{pmatrix} -4 & 13 & 8 \\ -2 & 6 & 5 \\ -7 & 15 & -9 \end{pmatrix} \begin{pmatrix} 1 \\ 2 \\ 2 \end{pmatrix} = \begin{pmatrix} 38 \\ 20 \\ 5 \end{pmatrix}.$$

Zurück zu den quadratischen Matrizen und Determinanten. Ein weiteres, ganz zentrales Resultat ist ohne Zweifel der folgende Produktsatz.

Satz (Produktsatz für Determinanten)
Für zwei $(n \times n)$-Matrizen A und B gilt stets $\det(AB) = \det(A) \det(B)$.

Einfacher geht es kaum, aus dem komplizierten Summen-, Produkt-, Vorzeichen- und Index-Dschungel der Matrizen und Determinanten entsteht eine wunderbar suggestive und einfach zu merkende Formel.

Für den Beweis sehen wir uns die Matrix-Multiplikation noch einmal genauer an. Wir hatten die Darstellung

$$\begin{pmatrix} a_{11} & \dots & a_{1n} \\ \vdots & \ddots & \vdots \\ a_{n1} & \dots & a_{nn} \end{pmatrix} \begin{pmatrix} b_{11} & \dots & b_{1n} \\ \vdots & \ddots & \vdots \\ b_{n1} & \dots & b_{nn} \end{pmatrix} = \begin{pmatrix} c_{11} & \dots & c_{1n} \\ \vdots & \ddots & \vdots \\ c_{n1} & \dots & c_{nn} \end{pmatrix},$$

mit

$$c_{ij} = \sum_{k=1}^{n} a_{ik} b_{kj} .$$

Wenn Sie nun in dem linken Faktor A eine Zeilenoperation vornehmen, zum Beispiel das Doppelte der zweiten Zeile zur ersten Zeile addieren, so verändert sich A zu A' mit $a'_{1j} = a_{1j} + 2a_{2j}$, bei gleichbleibenden Einträgen a_{ij}, falls $i \geq 2$. Im Produkt wirkt sich das so aus, dass

$$c'_{ij} = \sum_{k=1}^{n} a'_{ik} b_{kj} = \begin{cases} \sum_{k=1}^{n} (a_{1k} + 2a_{2k}) b_{kj} = c_{1j} + 2c_{2j} & \text{für } i = 1 \\ \sum_{k=1}^{n} a_{ik} b_{kj} = c_{ij} & \text{für } i \geq 2 \end{cases}$$

gilt. Im Produkt wird also die gleiche Zeilenoperation bewirkt. Auch das Vertauschen von Zeilen in A bewirkt das Vertauschen von Zeilen im Produkt $C = AB$. Auf dieselbe Weise können Sie zeigen (versuchen Sie dies als kleine **Übung**), dass sich alle Spaltenoperationen im zweiten Faktor B als identische Spaltenoperationen im Produkt $C = AB$ auswirken.

Damit gelingt der Beweis des Multiplikationssatzes fast mühelos. Wir bringen zunächst die Matrix A mit Zeilenoperationen in eine untere Dreiecksform D_A mit $\det(D_A) = (-1)^\alpha \det(A)$. Im Produkt C entsteht dabei durch die gleichen Zeilenoperationen eine Matrix C_A mit $\det(C_A) = (-1)^\alpha \det(C)$. Im zweiten Schritt bringen wir B mit Spaltenoperationen ebenfalls in eine untere Dreiecksform D_B mit $\det(D_B) = (-1)^\beta \det(B)$. Dabei verändert sich C_A (über die gleichen Spaltenoperationen) zu einer Matrix C_{AB}, die als Produkt von zwei unteren Dreiecksmatrizen auch eine untere Dreiecksmatrix ist (einfache **Übung**).

Für untere Dreiecksmatrizen ist der Produktsatz trivialerweise erfüllt, weswegen $\det(C_{AB}) = \det(D_A)\det(D_B)$ ist. Die Behauptung folgt dann unmittelbar aus $\det(C_{AB}) = (-1)^{\alpha+\beta} \det(C)$, denn auf dem Weg von C nach C_{AB} sind zuerst α Zeilenvertauschungen und danach β Spaltenvertauschungen erfolgt. □

Im Rahmen der Thematik rund um den Matrizenring kann man sich noch die Frage nach den Einheiten fragen. Welche $(n \times n)$-Matrizen M sind invertierbar im Sinne der Existenz einer $(n \times n)$-Matrix M^{-1} mit $MM^{-1} = \mathbf{1}_n$ und $M^{-1}M = \mathbf{1}_n$.

Die vorhin erwähnte Entsprechung zu linearen Abbildungen legt die Antwort nahe: Eine lineare Abbildung f ist genau dann umkehrbar, wenn die Bilder der Basisvektoren auch eine Basis bilden, mithin die Spalten in A_f linear unabhängig sind, also $\det(A_f) \neq 0$ ist.

Satz (Inverse Matrizen, allgemeine lineare Gruppe)
Für eine $(n \times n)$-Matrix M existiert genau dann eine **inverse Matrix** M^{-1} mit $MM^{-1} = M^{-1}M = \mathbf{1}_n$, wenn $\det(M) \neq 0$ ist. Nach dem Produktsatz bilden die invertierbaren $(n \times n)$-Matrizen damit eine multiplikative Gruppe, die als **allgemeine lineare Gruppe** $\mathrm{GL}(n, \mathbb{R})$ bezeichnet wird.

Die zweite Aussage ist klar, denn mit $A, B \in \mathrm{GL}(n, \mathbb{R})$ ist auch $AB \in \mathrm{GL}(n, \mathbb{R})$, wegen $(AB)^{-1} = B^{-1}A^{-1}$. Dito für die Richtung $MM^{-1} = \mathbf{1}_n \Rightarrow \det(M) \neq 0$, denn das ist der Produktsatz für Determinanten mit $\det(\mathbf{1}_n) = 1$. Für die Umkehrung geben wir ein konstruktives Verfahren zur Bestimmung der inversen Matrix zu M an, falls $\det(M) \neq 0$ ist: Die Spalten von M sind linear unabhängig und können mit Zeilenoperationen in Diagonalform gebracht werden. Da alle Diagonalelemente $a_{ii} \neq 0$ sind, entsteht nach Multiplikation der i-ten Spalte mit $1/a_{ii}$ die Einheitsmatrix $\mathbf{1}_n$. Wir führen nun jede dieser Spaltenoperationen parallel an der Einheitsmatrix aus und erhalten am Ende die Matrix M^{-1}.

Der Grund hierfür ist einfach. Die Gleichung $M\mathbf{1}_n = M$ ist der Ausgangspunkt des Verfahrens. Jede Spaltenoperation in M auf der rechten Seite rührt von derselben Spaltenoperation im zweiten Faktor der linken Seite her, und das ist anfangs die Matrix $\mathbf{1}_n$. Wenn wir mit der Umwandlung von M fertig sind, wurde links aus $\mathbf{1}_n$ eine Matrix X mit der Gleichung $MX = \mathbf{1}_n$. Dies ist die bestimmende Gleichung für die inverse Matrix, mithin haben wir $X = M^{-1}$.

Es bleiben noch die Eindeutigkeitsaussage und die Tatsache, dass zueinander inverse Matrizen stets kommutieren. Nun denn, das ist reine Gruppentheorie. Zunächst zur Kommutativität. Falls wie oben $MM^{-1} = \mathbf{1}_n$ etabliert wurde, so ist nach dem Produktsatz auch $\det(M^{-1}) \neq 0$ und wir erhalten nach dem gleichen Verfahren eine Matrix $(M^{-1})^{-1}$ mit $M^{-1}(M^{-1})^{-1} = \mathbf{1}_n$. Damit ist auch

$$\begin{aligned} M^{-1}M &= M^{-1}M\mathbf{1}_n = M^{-1}M\big(M^{-1}(M^{-1})^{-1}\big) \\ &= M^{-1}\big(MM^{-1}\big)(M^{-1})^{-1} = M^{-1}(M^{-1})^{-1} = \mathbf{1}_n\,. \end{aligned}$$

Die Eindeutigkeit der Inversen ist klar, denn aus $MX = \mathbf{1}_n$ folgt durch Links-Multiplikation mit M^{-1} die Gleichung $X = M^{-1}$. □

Es ist an der Zeit, ein Beispiel zu präsentieren. Wir betrachten dazu

$$M = \begin{pmatrix} 3 & 2 & 6 \\ 1 & 1 & 3 \\ -3 & -2 & -5 \end{pmatrix}$$

und fragen, ob M invertierbar ist. Die Determinante $\det(M)$ über die Entwicklung (zum Beispiel) nach der ersten, blau markierten Zeile lautet

$$\begin{aligned} \det(M) &= 3\det\begin{pmatrix} 1 & 3 \\ -2 & -5 \end{pmatrix} - 2\det\begin{pmatrix} 1 & 3 \\ -3 & -5 \end{pmatrix} + 6\det\begin{pmatrix} 1 & 1 \\ -3 & -2 \end{pmatrix} \\ &= 3(-5+6) - 2(-5+9) + 6(-2+3) = 3 - 8 + 6 = 1\,. \end{aligned}$$

Wegen $\det(M) \neq 0$ ist $M \in \mathrm{GL}(3, \mathbb{R})$, also invertierbar und ihre Spalten (oder Zeilen) sind linear unabhängig, mithin eine Basis des $\mathbb{R}^3$. Für die Berechnung der Inversen M^{-1} bringen wir M mit Spaltenoperationen in Diagonalform und danach auf die Einheitsmatrix E_3. Rechts daneben führen wir parallel die gleichen Operationen mit E_3 durch. Die Spalten seien mit (I), (II) und (III) bezeichnet.

$$\begin{pmatrix} 3 & 2 & 6 \\ 1 & 1 & 3 \\ -3 & -2 & -5 \end{pmatrix} \quad \begin{pmatrix} 1 & 0 & 0 \\ 0 & 1 & 0 \\ 0 & 0 & 1 \end{pmatrix} \qquad \text{(II)} \to 3\text{(II) führt zu}$$

$$\begin{pmatrix} 3 & 6 & 6 \\ 1 & 3 & 3 \\ -3 & -6 & -5 \end{pmatrix} \quad \begin{pmatrix} 1 & 0 & 0 \\ 0 & 3 & 0 \\ 0 & 0 & 1 \end{pmatrix} \qquad \text{(II)} \to \text{(II)} - 2\text{(I) führt zu}$$

$$\begin{pmatrix} 3 & 0 & 6 \\ 1 & 1 & 3 \\ -3 & 0 & -5 \end{pmatrix} \quad \begin{pmatrix} 1 & -2 & 0 \\ 0 & 3 & 0 \\ 0 & 0 & 1 \end{pmatrix} \qquad \text{(III)} \to \text{(III)} - 2\text{(I) führt zu}$$

$$\begin{pmatrix} 3 & 0 & 0 \\ 1 & 1 & 1 \\ -3 & 0 & 1 \end{pmatrix} \quad \begin{pmatrix} 1 & -2 & -2 \\ 0 & 3 & 0 \\ 0 & 0 & 1 \end{pmatrix} \qquad \text{(III)} \to \text{(III)} - \text{(II) führt zu}$$

$$\begin{pmatrix} 3 & 0 & 0 \\ 1 & 1 & 0 \\ -3 & 0 & 1 \end{pmatrix} \quad \begin{pmatrix} 1 & -2 & 0 \\ 0 & 3 & -3 \\ 0 & 0 & 1 \end{pmatrix}.$$

Wir haben M damit in eine (untere) Dreiecksmatrix umgewandelt. Nun machen wir weiter zu einer Diagonalmatrix und anschließend zu E_3.

$$\begin{pmatrix} 3 & 0 & 0 \\ 1 & 1 & 0 \\ -3 & 0 & 1 \end{pmatrix} \quad \begin{pmatrix} 1 & -2 & 0 \\ 0 & 3 & -3 \\ 0 & 0 & 1 \end{pmatrix} \qquad \text{(I)} \to \text{(I)} + 3\text{(III) führt zu}$$

$$\begin{pmatrix} 3 & 0 & 0 \\ 1 & 1 & 0 \\ 0 & 0 & 1 \end{pmatrix} \quad \begin{pmatrix} 1 & -2 & 0 \\ -9 & 3 & -3 \\ 3 & 0 & 1 \end{pmatrix} \qquad \text{(I)} \to \text{(I)} - \text{(II) führt zu}$$

$$\begin{pmatrix} 3 & 0 & 0 \\ 0 & 1 & 0 \\ 0 & 0 & 1 \end{pmatrix} \quad \begin{pmatrix} 3 & -2 & 0 \\ -12 & 3 & -3 \\ 3 & 0 & 1 \end{pmatrix} \qquad \text{(I)} \to \text{(I)}/3 \text{ führt zu}$$

$$\begin{pmatrix} 1 & 0 & 0 \\ 0 & 1 & 0 \\ 0 & 0 & 1 \end{pmatrix} \quad \begin{pmatrix} 1 & -2 & 0 \\ -4 & 3 & -3 \\ 1 & 0 & 1 \end{pmatrix} \qquad = M^{-1}.$$

Für den weiteren Verlauf des Buches, insbesondere bei den Anwendungen in der algebraischen Zahlentheorie (Seite 215 f) und bei den großen Transzendenzbeweisen am Ende (Seite 400 ff), benötigen wir noch etwas mehr Technik.

8.5 Basiswechsel und Spur von Matrizen

Zunächst ein Standardresultat. Wenn Sie zu den linearen Abbildungen zurückblättern (Seite 138), bemerken Sie, dass die Matrix einer solchen Abbildung von der Basis abhängt. Der folgende Hilfssatz erklärt, wie das geschieht.

Hilfssatz: Determinanten und Basiswechsel
Es seien zwei Basen $B = \{\mathbf{b}_1, \ldots, \mathbf{b}_m\}$ und $B' = \{\mathbf{b}'_1, \ldots, \mathbf{b}'_m\}$ eines Vektorraums gegeben sowie S als die Matrix der linearen Abbildung $\mathbf{b}_i \mapsto \mathbf{b}'_i$ $(i = 1, \ldots, n)$ bezüglich der Basis B. Man nennt sie die **Transformationsmatrix** des Basiswechsels von B zu B'. Falls dann eine lineare Abbildung bezüglich der Basis B die Matrix M_B besitzt, so hat sie bezüglich der Basis B' die Matrix $M_{B'} = S^{-1} M_B S$. Aus dem Multiplikationssatz für Determinanten (Seite 139) ergibt sich insbesondere $\det(M_B) = \det(M_{B'})$.

Der Beweis ist nicht schwierig: Wenn ein Koordinatenvektor $\mathbf{v}' = (v'_1, \ldots, v'_m)^T$ bezüglich B' gegeben ist, so hat er bezüglich der Basis B die Koordinaten $\mathbf{v} = S\mathbf{v}'$ (einfache **Übung**). Umgekehrt lauten die B'-Koordinaten eines in B gegebenen Vektors $\mathbf{v} = (v_1, \ldots, v_m)^T$ dann eben $\mathbf{v}' = S^{-1}\mathbf{v}$. Falls nun ein Vektor $\mathbf{v}$ in Koordinaten bezüglich B gegeben ist, sind die B'-Koordinaten des Bildvektors $M_B\mathbf{v}$ gegeben durch $S^{-1}M_B\mathbf{v} = S^{-1}M_B S\mathbf{v}'$. Dies ist aber genau die Definition der Matrix $M_{B'}$, weswegen $M_{B'} = S^{-1}M_B S$ ist. □

Der Hilfssatz wirft eine neue Frage auf. Gibt es noch weitere (numerische) Größen für lineare Abbildungen und deren Matrizen, die nicht von der Basis abhängen? In der Tat, es gibt solche Größen – und eine davon wird später noch wichtig. Es handelt sich um die Summe der Diagonalelemente einer Matrix $M = (a_{ij})_{1 \le i,j \le n}$, von links oben nach rechts unten gebildet. Man nennt diese Summe

$$\mathrm{Tr}(M) = \sum_{i=1}^{n} a_{ii}$$

die **Spur** von M. Die international übliche Bezeichnung „Tr" kommt aus dem Englischen *trace* für den Begriff *Spur*. Die Tatsache, dass auch die Spur einer Matrix nicht von der Basis abhängt, ist zunächst überraschend. Es gibt dort nämlich keinen Multiplikationssatz wie bei Determinanten – aber einen anderen, wirklich bemerkenswerten Trick.

Beobachtung: Die Spur $\mathrm{Tr}(M)$ ist unabhängig von der gewählten Basis.

Der Trick im Beweis besteht darin, für beliebige $t \in \mathbb{C}$ die lineare Abbildung $tE_n - f_M$ zu betrachten, wobei f_M die lineare Abbildung sei, welche durch M bezüglich der Basis B definiert wird. Vom t-fachen der Identität wird f_M subtrahiert. Klarerweise ist das auch eine lineare Abbildung, mit der Matrix

$$t \begin{pmatrix} 1 & \cdots & 0 \\ \vdots & \ddots & \vdots \\ 0 & \cdots & 1 \end{pmatrix} - \begin{pmatrix} a_{11} & \cdots & a_{1n} \\ \vdots & \ddots & \vdots \\ a_{n1} & \cdots & a_{nn} \end{pmatrix} = \begin{pmatrix} t - a_{11} & \cdots & -a_{1n} \\ \vdots & \ddots & \vdots \\ -a_{n1} & \cdots & t - a_{nn} \end{pmatrix}.$$

Aus der Definition der Determinante (Seite 131) mit Permutationen ergibt sich

$$\det(tE_n - f_M) \;=\; t^n + a_{n-1}t^{n-1} + \ldots + a_1 t + a_0\,,$$

und dieses Polynom (man nennt es auch das **charakteristische Polynom** der Abbildung f_M) ist nach dem obigen Hilfssatz unabhängig von der Wahl einer Basis. Das konstante Glied a_0 entsteht dabei durch Einsetzen von $t = 0$, was offensichtlich auf $\det(-f_M) = (-1)^n \det(f_M)$ führt, und die Potenz t^{n-1} entsteht, indem bei dem Summanden mit der identischen Permutation beim Ausmultiplizieren von $(t - a_{11}) \cdots (t - a_{nn})$ genau $(n-1)$-mal t gewählt wird und einmal $-a_{ii}$. Damit erhält man bei t^{n-1} den Koeffizienten $a_{n-1} = -\mathrm{Tr}(M)$. □

Wenden wir all diese Erkenntnisse nun an auf ein praktisches Thema der linearen Algebra: auf lineare Gleichungssysteme. Im Finale des Buches werden wir damit bedeutende Transzendenzresultate beweisen, unter anderem die Transzendenz der Kreiszahl π und damit die Unmöglichkeit der Quadratur des Kreises.

8.6 Lineare Gleichungssysteme

In diesem Abschnitt geht es um ein Thema der Mathematik, das bis heute vielleicht den größten praktischen Nutzen aller Themen dieses Buches hat (vor allem im Bereich der praktischen Informatik, speziell der Computeranimation). Es geht um **lineare Gleichungssysteme** (kurz: **LGS**), die einen engen Bezug zu Matrizen haben. Lassen Sie uns mit einem kleinen Rätsel beginnen: Ein Vater und ein Sohn sind zusammen 62 Jahre alt. Vor sechs Jahren war der Vater viermal so alt wie sein Sohn. Wie alt sind die beiden jetzt?

Lösung: Der Vater sei x Jahre alt und der Sohn y Jahre. Die erste Aussage ergibt $x + y = 62$. Die zweite Aussage liefert die Gleichung $(x-6) = 4(y-6)$. Zusammen entsteht nach einfacher Umformung der zweiten Gleichung das LGS

$$\begin{array}{rcrcr} x & + & y & = & 62 \\ x & - & 4y & = & -18\,. \end{array}$$

Lösen durch Einsetzen von $x = 4y - 18$ in die erste Gleichung liefert $y = 16$ (und damit $x = 46$).

Hat man aber es nun aber mit mehreren Unbestimmten zu tun, so ist das Einsetzen der Gleichungen ineinander viel zu aufwändig. Die Theorie des vorigen Abschnitts liefert hier aber einige elegante Lösungsansätze.

Definition

Ein **lineares Gleichungssystem** über einem Körper K mit m Gleichungen und n Unbestimmten $x_1, \dots, x_n$ hat die Gestalt

$$\begin{array}{ccccccccc} a_{11}x_1 & + & a_{12}x_2 & + & \dots & + & a_{1n}x_n & = & b_1 \\ a_{21}x_1 & + & a_{22}x_2 & + & \dots & + & a_{2n}x_n & = & b_2 \\ \vdots & & \vdots & & & & \vdots & & \vdots \\ a_{m1}x_1 & + & a_{m2}x_2 & + & \dots & + & a_{mn}x_n & = & b_m\,, \end{array}$$

wobei alle $a_{ij}, b_i \in K$ sind.

Falls die rechten Seiten, also die $b_1, \dots b_m$ alle 0 sind, so nennt man das LGS **homogen**, ansonsten **inhomogen**. Ein homogenes LGS hat immer die triviale Lösung $x_1 = \dots = x_n = 0$.

Von besonderer Wichtigkeit ist in der linearen Algebra der Fall $m = n$, wenn also die Zahl der Gleichungen und die Zahl der Unbestimmten identisch ist. In diesem Fall nennt man das Gleichungssystem ein **quadratisches LGS**. Durch Auffüllen mit trivialen Zeilen oder Spalten kann man aus jedem LGS ein quadratisches LGS machen. Für den Rest des Buches wollen wir daher nur den Fall $m = n$ untersuchen.

Generalvoraussetzung

Es seien ab jetzt (der Einfachheit halber) nur quadratische Gleichungssysteme mit n Unbestimmten und daher quadratische $(n \times n)$-Matrizen betrachtet.

Zu jedem LGS gibt es dann eine elegante Matrixschreibweise. Mit

$$M = \begin{pmatrix} a_{11} & a_{12} & \cdots & a_{1n} \\ a_{21} & a_{22} & \cdots & a_{2n} \\ \vdots & \vdots & \ddots & \vdots \\ a_{n1} & a_{n2} & \cdots & a_{nn} \end{pmatrix}, \quad \mathbf{x} = \begin{pmatrix} x_1 \\ x_2 \\ \vdots \\ x_n \end{pmatrix} \quad \text{und} \quad \mathbf{b} = \begin{pmatrix} b_1 \\ b_2 \\ \vdots \\ b_n \end{pmatrix}$$

können wir das System auch als $M\mathbf{x} = \mathbf{b}$ notieren. Dies bedeutet nämlich, gemäß den Regeln der Matrixmultiplikation (Seite 137 f) oder dem Bezug zu linearen Abbildungen (Seite 138), dass wir in jeder Zeile von $\mathbf{b}$, also für alle Zeilenindizes $1 \leq i \leq n$ die Formel $b_i = \sum_{j=1}^{n} a_{ij}x_j$ erhalten – und das ist genau unser obiges Gleichungssystem. In der Sprache der linearen Abbildungen könnte man sagen, mit dem LGS wird der Vektor $\mathbf{x}$ gesucht, der durch die lineare Abbildung f_M mit Matrix M auf $\mathbf{b}$ abgebildet wird.

In diesem Kontext haben wir im vorigen Abschnitt ein effizientes Verfahren zur Lösung linearer Gleichungssysteme bereits kennengelernt, ohne es vorher zu wissen: Bei der Bestimmung der inversen Matrix M^{-1} (Seite 141) haben wir M über Spaltenoperationen in eine Diagonalform gebracht. Genau dies ist natürlich auch über Zeilenoperationen möglich. Sehen wir uns dazu das Beispiel mit der (3×3)-Matrix M von vorhin noch einmal an (Seite 141).

$$M = \begin{pmatrix} 3 & 2 & 6 \\ 1 & 1 & 3 \\ -3 & -2 & -5 \end{pmatrix}$$

Das Gleichungssystem $M\mathbf{x} = \mathbf{b}$ hat dann die Form

$$\begin{array}{rcrcrcl} 3x_1 & + & 2x_2 & + & 6x_3 & = & b_1 \\ x_1 & + & x_2 & + & 3x_3 & = & b_2 \\ -3x_1 & - & 2x_2 & - & 5x_3 & = & b_3\,. \end{array}$$

Wir starten mit dem Übergang von M zu einer **oberen Dreieckmatrix** (dort sind die Einträge $a_{ij} = 0$ für alle $i > j$) und müssen uns dabei auf Zeilenoperationen beschränken, um die Reihenfolge der Unbestimmten x_i beizubehalten. Man beginnt mit der Multiplikation der zweiten Gleichung mit 3 und subtrahiert die erste Zeile davon. Nach anschließender Addition der ersten Zeile zur dritten Zeile erhalten wir das äquivalente Gleichungssystem

$$\begin{array}{rcrcrcrcrcr} 3x_1 & + & 2x_2 & + & 6x_3 & = & b_1 & & & & \\ & & x_2 & + & 3x_3 & = & -b_1 & + & 3b_2 & & \\ & & & & x_3 & = & b_1 & & & + & b_3\,. \end{array}$$

Die Bestimmung von M^{-1} endete damals (mit Spaltenoperationen) bei der Einheitsmatrix E_3 und führt hier (über Zeilenoperationen) zu dem LGS

$$\begin{array}{ccccrcrcr} x_1 & & & = & b_1 & - & 2b_2 & & \\ & x_2 & & = & -4b_1 & + & 3b_2 & - & 3b_3 \\ & & x_3 & = & b_1 & & & + & b_3\,. \end{array}$$

Es überrascht nicht, dass dieses System in Kurzschreibweise $\mathbf{x} = M^{-1}\mathbf{b}$ lautet, wir haben die ursprüngliche Gleichung $M\mathbf{x} = \mathbf{b}$ nur von links mit M^{-1} multipliziert. Das obige Verfahren geht auf Carl Friedrich Gauss zurück und heißt das **Gaußsche Eliminationsverfahren**. Kurz formuliert, „eliminiert“ man dabei alle störenden Koeffizienten bei den Unbestimmten x_i durch die bekannten Zeilenoperationen, bis man die Lösung wie oben direkt ablesen kann. Wichtig ist nur, dass man alle Zeilenoperationen parallel auf der rechten Seite kopiert, also auch in den Komponenten b_i des Vektors $\mathbf{b}$ durchführt.

Abschließend sei noch gesagt, dass das Gaussche Eliminationsverfahren sinngemäß auch für nicht-quadratische Gleichungssysteme angewendet werden kann. Man denkt sich dann einfach zusätzliche triviale Zeilen und Spalten, um zu einem quadratischen System zu kommen.

Es gibt übrigens auch Fälle, die keine Lösung besitzen (das merkt man daran, dass unlösbare Zeilen entstehen wie zum Beispiel $0x_1 + 0x_2 + \ldots + 0x_n = 5$), oder Fälle, die unendlich viele Lösungen besitzen. Diese nennt man **unterbestimmt** und man erkennt sie an Zeilen wie $0x_1 + 0x_2 + \ldots + 0x_n = 0$. Im Normalfall eines quadratischen LGS mit $\det(M) \neq 0$ gibt es zu jedem Vektor $\mathbf{b}$ genau einen Lösungsvektor $\mathbf{x}$, effizient berechenbar (wie oben besprochen) durch $\mathbf{x} = M^{-1}\mathbf{b}$.

Die Cramersche Regel

Wir erreichen nun den für die späteren Transzendenzbeweise wichtigsten Satz dieses Exkurses über die lineare Algebra. Die **Cramersche Regel** gibt für ein lineares Gleichungssystem $M\mathbf{x} = \mathbf{b}$ mit invertierbarer Matrix M eine direkte Berechnungsformel für die Lösung $\mathbf{x}$. Sie geht zurück auf eine Publikation von GABRIEL CRAMER aus dem Jahr 1750, [11], obwohl sich die Historiker nicht ganz einig sind, ob nicht bereits COLIN MACLAURIN oder GOTTFRIED WILHELM LEIBNIZ sie gekannt haben.

Im Unterschied zum GAUSSschen Verfahren wird durch die CRAMERsche Regel kein Algorithmus beschrieben, also kein Berechnungsverfahren für die Lösung $\mathbf{x}$, sondern eine explizite Formel für $\mathbf{x}$ angegeben, in die M und $\mathbf{b}$ eingehen. Dieses kleine Wunder wird durch Determinanten möglich. Sehen wir uns an, wie.

Satz (Cramersche Regel)
Es sei (mit der Notation von oben) das lineare Gleichungssystem $M\mathbf{x} = \mathbf{b}$ gegeben. Zusätzlich gelte $\det M \neq 0$, das LGS besitze also für alle $\mathbf{b}$ immer eine eindeutige Lösung. Mit M_i sei nun die Matrix bezeichnet, welche aus M entsteht, wenn man die i-te Spalte durch den Spaltenvektor $\mathbf{b}$ ersetzt. Es ist also für alle $1 \leq i \leq n$

$$M_i = \begin{pmatrix} a_{11} & \cdots & a_{1(i-1)} & b_1 & a_{1(i+1)} & \cdots & a_{1n} \\ a_{21} & \cdots & a_{2(i-1)} & b_2 & a_{2(i+1)} & \cdots & a_{2n} \\ \vdots & & \vdots & \vdots & \vdots & & \vdots \\ a_{n1} & \cdots & a_{n(i-1)} & b_n & a_{n(i+1)} & \cdots & a_{nn} \end{pmatrix}$$

Dann gilt für alle $1 \leq i \leq n$

$$x_i = \frac{\det M_i}{\det M}.$$

Der Beweis ist verblüffend einfach und verwendet einen kleinen Trick. Man definiert eine Matrix X_i der Form

$$X_i = \begin{pmatrix} 1 & 0 & \cdots & 0 & x_1 & 0 & \cdots & 0 & 0 \\ 0 & 1 & \cdots & 0 & x_2 & 0 & \cdots & 0 & 0 \\ \vdots & \vdots & & \vdots & \vdots & \vdots & & \vdots & \vdots \\ 0 & 0 & \cdots & 0 & x_{n-1} & 0 & \cdots & 1 & 0 \\ 0 & 0 & \cdots & 0 & x_n & 0 & \cdots & 0 & 1 \end{pmatrix}.$$

Das sieht komplizierter aus als es ist. Es wird einfach in der i-ten Spalte der Einheitsmatrix $\mathbf{1}_n$ der Vektor $\mathbf{x}$ eingetragen. Die Entwicklung der Determinante nach der i-ten Spalte liefert dann offensichtlich $\det(X_i) = (-1)^{i+i} x_i = x_i$.

Wenn Sie nun ein wenig Matrixmultiplikation betreiben, erkennen Sie

$$MX_i = \begin{pmatrix} a_{11} & \cdots & a_{1(i-1)} & \sum_{j=1}^n a_{1j}x_j & a_{1(i+1)} & \cdots & a_{1n} \\ a_{21} & \cdots & a_{2(i-1)} & \sum_{j=1}^n a_{2j}x_j & a_{2(i+1)} & \cdots & a_{2n} \\ \vdots & & \vdots & \vdots & \vdots & & \vdots \\ a_{n1} & \cdots & a_{n(i-1)} & \sum_{j=1}^n a_{nj}x_j & a_{n(i+1)} & \cdots & a_{nn} \end{pmatrix},$$

und diese Matrix stimmt genau dann mit M_i überein, wenn $\mathbf{x}$ eine Lösung von $M\mathbf{x} = \mathbf{b}$ ist. Genau dann nämlich muss $b_i = \sum_{j=1}^n a_{ij}x_j$ sein, für alle $1 \leq i \leq n$. Die Behauptung folgt nun mit dem Produktsatz (Seite 139) für Determinanten, gemäß dem $\det(M_i) = \det(MX_i) = \det(M)\det(X_i) = \det(M)x_i$ ist. □

Zwei Bemerkungen noch zu diesem Satz. Die Bezeichnung „Regel“ suggeriert den meisten Schülern zunächst, dass es sich um eine vergleichbar simple Angelegenheit handeln müsste, ähnlich zu Regeln von Kartenspielen oder dem Regelwerk im Sport. Das ist natürlich eine starke Untertreibung. Wir haben uns in dem Beweis auf schwierige Resultate über n-dimensionale Determinanten gestützt und mussten uns auf den vergangenen gut 18 Seiten intensiv mit **multilinearer Algebra** beschäftigen. So gesehen ist die CRAMERsche Regel zwar elementare Mathematik, aber keinesfalls einfach (das wird häufig verwechselt).

Schließlich noch zur Bedeutung dieser Regel. Sie ist weniger praktischer Natur, denn dafür ist die Berechnung der $n + 1$ Determinanten zu aufwändig (schon bei $n = 4$ sind zum Beispiel 360 Multiplikationen, 115 Additionen und 4 Divisionen notwendig). Hier bekam das GAUSSsche Eliminationsverfahren in vielen Programmbibliotheken für Computer den Vorzug, da es effizienter ist. Die theoretische Bedeutung der CRAMERschen Regel ist aber nicht zu unterschätzen. Wir werden sie an entscheidender Stelle bei den großen Transzendenzresultaten am Ende des Buches einsetzen, weswegen sie hier ausführlich behandelt wurde.

Unsere Visite bei der linearen Algebra muss nun aus Platzgründen enden und natürlich große Lücken zurücklassen. Nicht umsonst heißt dieses Kapitel nur „Elemente der linearen Algebra“. Leider war kein Raum für das große Thema der linearen Abbildungen, der Rotationen, der (auch in der Luftfahrt eingesetzten) EULER-Winkel oder für Eigenwertberechnungen von Matrizen (um nur wenige Punkte zu nennen, die Studenten in den ersten Semestern lernen).

Dennoch: Wir sind bei unserer Expedition auf der Suche nach transzendenten Zahlen ein großes Stück vorangekommen. Im nächsten Kapitel werden wir erstmals aus der Vollständigkeit der reellen Zahlen Kapital schlagen und einem der wichtigsten Gebiete der Mathematik begegnen, der Analysis. Viel Freude damit.

9 Funktionen und Stetigkeit

Nachdem wir einige algebraische Grundlagen kennen gelernt haben, wenden wir uns erstmals systematisch der **Analysis** zu. Es ist das Gebiet der Mathematik, welches sich mit den reellen und komplexen Zahlen beschäftigt, mit dem Mysterium der Grenzwerte und der Unendlichkeit. Mit der Unendlichkeit haben wir schon früher erste Bekanntschaft gemacht. Sie ist einerseits unvorstellbar, unfassbar – aber wenn wir bereit sind, uns auf das Abenteuer einzulassen, ernten wir wenig später reiche Früchte.

Ich erinnere hier auch an eine schmerzliche Lücke unseres Zahlensystems. Im Kapitel über die reellen Zahlen haben wir darüber nachgedacht, auch reelle Zahlen als Exponenten eines Ausdrucks der Form a^x zuzulassen (Seite 96), das Problem aber aufgeschoben. In diesem Kapitel werden wir es auf elegante Weise lösen.

Wir besprechen jetzt die Funktionen und die Stetigkeit und werden einige wichtige Resultate rund um dieses Thema sammeln. Zu Beginn warten einige technische Hürden, am Ende verspreche ich Ihnen aber eine der schönsten Perlen der Analysis, welche wir in den weiteren Kapiteln ausbauen werden zum entscheidenden Schlüssel auf unserer mathematischen Expedition.

9.1 Funktionen

Was also ist eine Funktion? Wir betrachten dazu eine Teilmenge $D \subset \mathbb{R}$. Eine **reellwertige (oder reelle) Funktion** auf D ist dann eine Abbildung (Seite 33)

$$f : D \to \mathbb{R} .$$

Die Menge D heißt der Definitionsbereich von f und der Graph von f ist die Menge

$$\Gamma_f = \{(x,y) \in D \times \mathbb{R} : f(x) = y\} .$$

Für $f(x) = y$, wir meinen damit „x wird durch f auf y abgebildet“, schreibt man auch $x \mapsto y$.

Machen wir uns diese Begriffe an einer Reihe von Beispielen klar:

1. Die **identische Abbildung** $\mathrm{id}_\mathbb{R} : \mathbb{R} \to \mathbb{R}$ mit $x \mapsto x$.

2. Der **absolute Betrag** $\mathrm{abs} : \mathbb{R} \to \mathbb{R}$ mit $x \mapsto |x|$.

3. Die **quadratische Funktion** $\mathrm{quad} : \mathbb{R} \to \mathbb{R}$ mit $x \mapsto x^2$.

F. Toenniessen, *Das Geheimnis der transzendenten Zahlen*,
https://doi.org/10.1007/978-3-662-58326-5_9

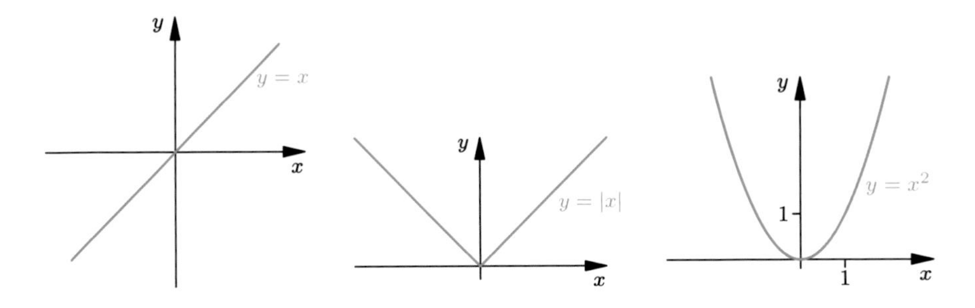

4. Die **Quadratwurzelfunktion** sqrt : $\mathbb{R}_+ \to \mathbb{R}$ mit $x \mapsto \sqrt{x}$.
5. Die **Polynomfunktionen** $f : \mathbb{R} \to \mathbb{R}$ mit

$$x \mapsto P(x) \;=\; a_n x^n + a_{n-1} x^{n-1} + ... + a_1 x + a_0$$

für $a_0, a_1, ..., a_n \in \mathbb{R}$.

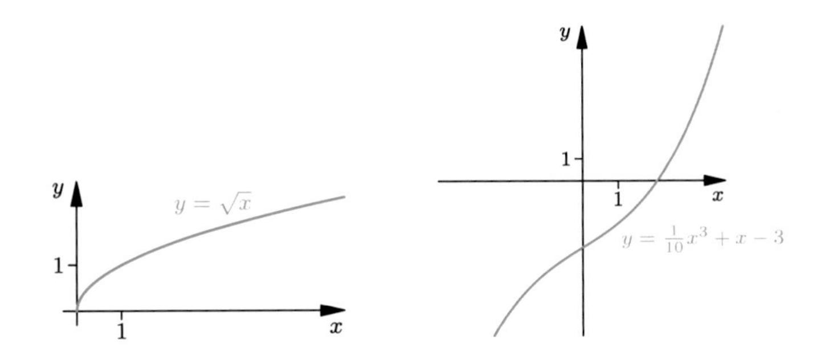

6. Die **rationalen Funktionen** $f : D \to \mathbb{R}$ mit

$$x \mapsto \frac{P(x)}{Q(x)} \;=\; \frac{a_n x^n + a_{n-1} x^{n-1} + ... + a_1 x + a_0}{b_m x^m + b_{m-1} x^{m-1} + ... + b_1 x + b_0}$$

für a_i, $b_j \in \mathbb{R}$. Dabei ist $D \subseteq \mathbb{R}$ die Menge, auf der der Nenner $\neq 0$ ist:

$$D \;=\; \{x \in \mathbb{R} : Q(x) \neq 0\}$$

7. Die **Ganzzahl-Funktion**, welche jede reelle Zahl c auf die größte ganze Zahl abbildet, welche $\leq c$ ist:

$$f : \mathbb{R} \;\to\; \mathbb{R}\,, \quad x \;\mapsto\; [x]$$

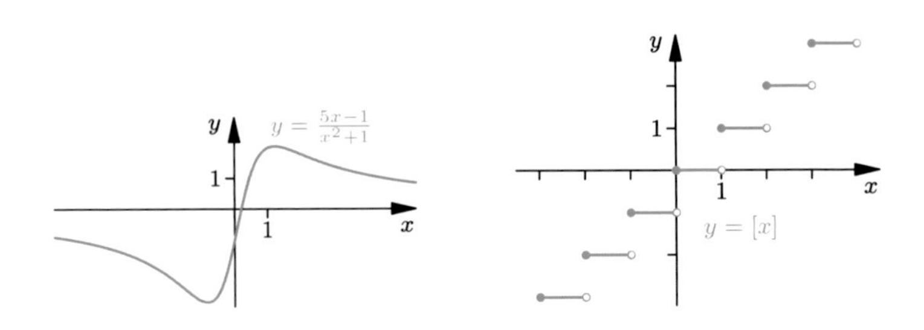

Sie sehen, auch die bisherigen algebraischen Konstrukte, hauptsächlich die Polynome und deren Quotienten, lassen sich als solche reellwertigen Funktionen zeichnen und bieten uns einen reichen Schatz an Beispielen. Eine Frage sei hier erlaubt: Haben Sie bei den Beispielen Gemeinsamkeiten und Unterschiede bemerkt? Vor allem, wenn Sie daran denken, den Graph mit einem Bleistift zu zeichnen? Denken Sie kurz darüber nach.

Sicher ist Ihnen aufgefallen, dass die ersten sechs Beispiele sich fundamental vom letzten unterscheiden: Sie können die Graphen zeichnen, ohne den Bleistift absetzen zu müssen, während das bei der Ganzzahl-Funktion nicht der Fall war. Salopp ausgedrückt, macht die Ganzzahl-Funktion Sprünge, die ein Absetzen des Stiftes erfordern. Genau dieses Phänomen wollen wir nun mit dem Begriff der **Stetigkeit** ausschließen. Stetige Funktionen sind – anschaulich gesprochen – Funktionen, deren Graph sich ohne Absetzen des Bleistiftes zeichnen lässt.

9.2 Die Stetigkeit von Funktionen

Wie können wir die obige Anschauung einer Funktion, die „keine Sprünge macht", konkret mathematisch fassen? Es hilft uns hier der bereits eingeführte Begriff des Grenzwertes. Wir sagen, eine Funktion

$$f : D \to \mathbb{R}$$

ist **stetig** in einem Punkt $x \in D$, wenn für jede Folge $(x_n)_{n\in\mathbb{N}}$, die gegen x konvergiert, die zugehörige Folge der Funktionswerte $(f(x_n))_{n\in\mathbb{N}}$ gegen $f(x)$ konvergiert. In Zeichen kurz ausgedrückt heißt das

$$\lim_{n\to\infty} x_n = x \quad \Rightarrow \quad \lim_{n\to\infty} f(x_n) = f(x)\,.$$

Falls die Bedingung für alle $x \in D$ gilt, so nennen wir f stetig in ganz D.

Unser Bleistift-Kriterium ist damit mathematisch genau erfasst. An der nebenstehenden Zeichnung erkennen Sie, wie man sich die Definition im Falle der quadratischen Funktion quad vorstellen kann. Natürlich müssen wir die Stetigkeit von quad auch formal prüfen, denn eine Zeichnung hilft zwar der Vorstellung, ist aber kein Beweis. Keine Sorge, diese formale Prüfung ist einfach, da wir für die Grenzwerte Regeln haben. Es sei also $x \in \mathbb{R}$ und $(x_n)_{n\in\mathbb{N}}$ eine beliebige Folge mit

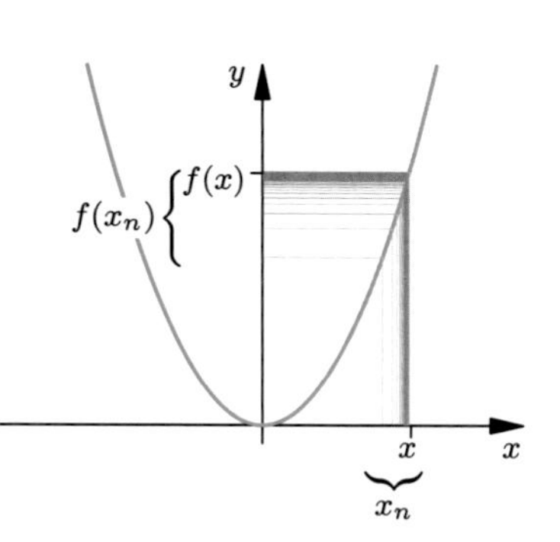

$$\lim_{n\to\infty} x_n = x\,.$$

Dann sehen wir

$$\lim_{n\to\infty} \mathrm{quad}(x_n) = \lim_{n\to\infty} {x_n}^2 = \left(\lim_{n\to\infty} x_n\right)^2 = x^2 = \mathrm{quad}(x)\,.$$

Also ist diese Funktion in jedem Punkt stetig.

Und wie sieht das nun bei der Ganzzahl-Funktion aus? Tatsächlich, bei der Ganzzahl-Funktion geht es schief: Nehmen wir als Beispiel den Punkt $x = 2$ und die Folge $(x_n)_{n\in\mathbb{N}}$ mit $x_n = 2 - 1/n$. Klarerweise gilt

$$\lim_{n\to\infty} x_n = 2,$$

aber es ist

$$\lim_{n\to\infty} [x_n] = \lim_{n\to\infty} \left[2 - \frac{1}{n}\right] = \lim_{n\to\infty} 1 = 1 \neq 2 = [2].$$

Die Ganzzahl-Funktion ist also bei allen ganzen Zahlen unstetig.

Sie möchten bestimmt wissen, ob die übrigen Funktionen, die wir ohne Absetzen des Bleistiftes zeichnen konnten, ebenfalls diesem formalen Kriterium genügen. Nun ja, Sie können schnell selbst prüfen, dass die identische Funktion und der absolute Betrag in jedem Punkt ihres Definitionsbereiches stetig sind. Die Rechnungen sind sogar einfacher als bei der quadratischen Funktion. Vielleicht ahnen Sie auch schon, dass die Polynomfunktionen und die rationalen Funktionen ebenfalls stetig sind, da wir auch hier erfolgreich die Grenzwertregeln einsetzen können. In der Tat, lassen Sie uns daraus zunächst die Stetigkeitsregeln formulieren:

Stetigkeitsregeln

Wenn zwei Funktionen $f, g : D \to \mathbb{R}$ in einem Punkt x stetig sind, dann gilt das auch für die Funktionen $f + g, f - g$ und $f \cdot g$. Und wenn $g(x) \neq 0$ ist, dann ist auch f/g in x stetig.

Falls $f : D_1 \to \mathbb{R}$ und $g : D_2 \to \mathbb{R}$ zwei Funktionen sind mit der Eigenschaft, dass $g(D_2) \subseteq D_1$, so lassen sich diese Funktionen hintereinander ausführen. Wir definieren also

$$f \circ g(x) : D_2 \to \mathbb{R}, \quad f \circ g(x) = f\big(g(x)\big).$$

Dann ist $f \circ g$ im Punkt x stetig, falls g in x und f in $y = g(x)$ stetig ist.

Die Beweise dieser Aussagen sind denkbar einfach, da wir die Stetigkeit geeignet definiert haben. Wir sehen das beispielhaft an dem Fall der Hintereinanderausführung. Sei dazu g in x stetig und f in $y = g(x)$. Wenn wir dann eine beliebige Folge $(x_n)_{n\in\mathbb{N}}$ haben, welche gegen x konvergiert, dann konvergiert die Folge $\big(g(x_n)\big)_{n\in\mathbb{N}}$ gegen $y = g(x)$, da g in x stetig ist. Wir sehen nun sofort

$$\lim_{n\to\infty} f \circ g(x_n) = \lim_{n\to\infty} f\big(g(x_n)\big) \overset{f \text{ stetig}}{=} f\Big(\lim_{n\to\infty} g(x_n)\Big) = f(y) = f \circ g(x).$$

Ganz ähnlich gehen auch die anderen Beweise, Sie müssen nur die bekannten Gesetze für die Grenzwerte benutzen. Und damit haben wir tatsächlich die Stetigkeit auch der Polynom- und der rationalen Funktionen bewiesen, da diese durch mehrmalige Anwendung der obigen Operationen entstehen.

Als nächstes fragen wir nach der Stetigkeit der Wurzelfunktion $\operatorname{sqrt}(x) = \sqrt{x}$. Wie können wir hier vorgehen? Ein Versuch wäre zu behaupten, das Produkt von sqrt mit sich selbst sei schließlich stetig: $\operatorname{sqrt} \cdot \operatorname{sqrt} = \operatorname{id}_{\mathbb{R}_+}$. Doch Vorsicht, wir haben die Regel für stetige Funktionen in der falschen Richtung angewendet. Wir wissen nur, dass falls zwei Funktionen stetig sind, es auch ihr Produkt ist. Aber hier bräuchten wir die Umkehrung dieses Schlusses, und die gilt leider nicht.

Sehen Sie, da haben wir uns brav durch ein wenig Technik und ein paar Regeln gearbeitet, und schon sind wir wieder bei einer dieser kniffligen Fragen angekommen. In der Tat, mit unseren derzeitigen Mitteln können wir die Stetigkeit der Wurzelfunktion zwar anschaulich plausibel machen – da fallen Ihnen bestimmt tausend Argumente ein – aber mit einem exakten Beweis tun wir uns schwer.

Wir könnten es mit einem zeichnerischen Argument versuchen. Der Graph von sqrt entsteht dadurch, dass man den Graphen der (stetigen!) quadratischen Funktion quad an der Winkelhalbierenden im ersten Quadranten spiegelt. In der Schule hat man dieses Verfahren das Bilden der **Umkehrfunktion** genannt, und offenbar ist sqrt die Umkehrfunktion von quad. Leider ist eine Zeichnung kein exakter Beweis, wenn sie ohne Zirkel und Lineal entsteht. Wenn es um die Unendlichkeit geht, sind Bleistiftstriche viel zu grob.

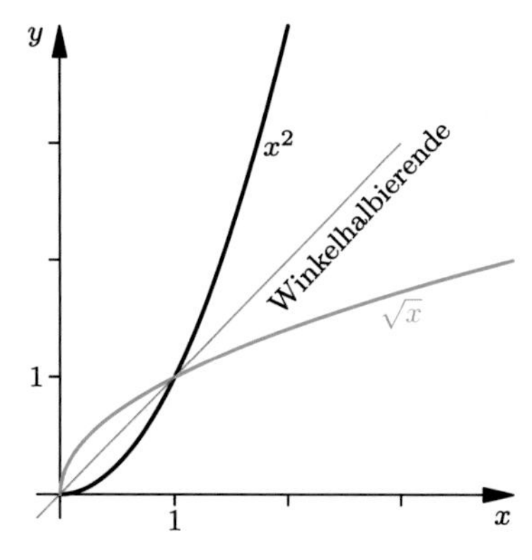

Wir wenden uns nun also systematisch dem Problem der Stetigkeit der Wurzelfunktion zu. Wie oft in der Mathematik werden wir dafür reich belohnt, denn bei der Untersuchung dieser Frage wird ein Teilergebnis entstehen, welches uns sogar eine Tür in das Reich der transzendenten Zahlen öffnet.

Zwei Mathematiker, die sich um die nötige Exaktheit in der Analysis gekümmert haben, waren der Italiener Bernard Bolzano und der Deutsche Karl Weierstrass. Zusammen mit Cauchy schufen sie Anfang des 19. Jahrhunderts festen Boden für die Analysis, indem sie einen exakten Grenzwertbegriff einführten.

Bolzano und Weierstrass haben sich eine scheinbar einfache Frage gestellt. Machen Sie einmal ein kleines Gedankenexperiment und stellen sich vor, auf einem beschränkten **Zahlenintervall**

$$[a, b] = \{x \in \mathbb{R} : a \leq x \leq b\} \subset \mathbb{R}$$

unendlich viele Punkte zu platzieren, die eine Zahlenfolge $(x_n)_{n \in \mathbb{N}}$ in $[a, b]$ darstellen sollen. Ich behaupte, dass Sie das nicht machen können, ohne dass sich die Punkte wenigstens an einer Stelle „häufen“: Es muss mindestens einen Punkt in dem Intervall geben, der „unendlich dicht“ von Ihren Punkten angenähert wird.

Wieder so eine Aussage, die doch eigentlich anschaulich klar ist. Und wieder diese Zweifel, ob das anschauliche Argument wirklich sticht. Nun ja, es ist nicht stichhaltig, wie eben jede Zeichnung. Der exakte Beweis ist aber nicht schwer und beschert uns ein wichtiges Fundament der Analysis, das aufgrund seiner Bedeutung nach seinen Entdeckern benannt ist:

Satz von Bolzano-Weierstraß
Jede beschränkte Folge in $\mathbb{R}$ besitzt mindestens eine konvergente Teilfolge.

Unter einer **Teilfolge** der Folge $(x_n)_{n\in\mathbb{N}}$ verstehen wir etwas Ähnliches wie eine Teilmenge. Teilfolgen entstehen durch eine unendliche Abfolge von natürlichen Zahlen $n_1 < n_2 < n_3 < n_4 < \ldots$. Wählen wir dann die neue Folge in der Form $(x_{n_k})_{k\in\mathbb{N}}$, so sprechen wir von einer Teilfolge der Folge $(x_n)_{n\in\mathbb{N}}$.

Ein kleines Beispiel macht das deutlich: Die Folge 1, 2, 3, 4, 5, 6, 7, 8, ... der natürlichen Zahlen hat klarerweise die Folge 1, 3, 5, 7, 9, 11, 13, ... oder die Primzahlfolge 2, 3, 5, 7, 11, 13, 17, 19, 23, 29, 31, ... als Teilfolgen.

Nun verstehen Sie den obigen Satz sicher in dem Zusammenhang der unendlich vielen Punkte, die Sie vorhin gesetzt haben. Unter Ihren Punkten lässt sich mindestens eine Teilfolge auswählen, welche konvergent ist, sich also einem Punkt in $\mathbb{R}$ beliebig genau annähert.

Dieser Satz ist ungeheuer wichtig in der Analysis. Und sein Beweis ist einfach. Nehmen wir einmal an, Sie hätten Ihre unendlich vielen Punkte in Form der Zahlenfolge $(x_n)_{n\in\mathbb{N}}$ gesetzt. Dann wählen wir für unsere Teilfolge – nennen wir sie $(a_n)_{n\in\mathbb{N}}$ – als erstes Element einfach $a_0 = x_0$.

Da konnten wir nichts falsch machen. Aber jetzt wird es interessant. Der entscheidende Trick besteht darin, das Intervall $[a, b]$ in zwei gleiche Hälften H_1 und H_2 zu teilen. In wenigstens einer dieser Hälften müssen sich unendliche viele Punkte der Folge befinden. Nehmen wir an, dies sei Hälfte H_1. Wir wählen also einen Punkt aus H_1, $a_1 = x_{n_1}$, wobei $n_1 > 0$ sein muss. Das war auch noch einfach. Nun fahren wir immer so fort. H_1 wird wieder in zwei Hälften geteilt, nennen wir Sie H_{11} und H_{12}, von der vielleicht H_{12} unendlich viele Punkte der Folge enthält. Wir können dann einen Punkt $a_2 = x_{n_2}$ aus H_{12} nehmen, sodass $n_1 < n_2$ ist. Das geht immer, da wir unendlich viele Punkte in H_{12} zur Auswahl haben.

Nun reicht es, Sie erkennen natürlich, wie es weitergeht. Die Hälfte H_{12} wird wieder geteilt, in H_{121} und H_{122}, und es seien zum Beispiel in H_{121} unendlich viele Punkte. Dann können wir

$$a_3 = x_{n_3} \in H_{121}$$

so wählen, dass $n_2 < n_3$. Die Hälften werden nun immer weiter geteilt. Wir erhalten letztlich eine unendliche Intervallschachtelung, bei der die Länge der Intervalle im Grenzwert gegen 0 geht. Das ist klar, denn die Länge des Intervalls beim n-ten Schritt ist offenbar

$$L = \frac{b-a}{2^n}.$$

Da alle diese Intervalle ineinander geschachtelt sind, unterscheiden sich die Elemente der Teilfolge $(a_n)_{n\in\mathbb{N}}$ ab einem gewissen Index um beliebig wenig voneinander. In der Tat, wenn $\epsilon > 0$ vorgegeben ist, so wähle n_ϵ so groß, dass

$$L = \frac{b-a}{2^{n_\epsilon}} < \epsilon$$

ist. Alle Folgenglieder ab dem Index n_ϵ weichen dann um weniger als ϵ voneinander ab und daher ist $(a_n)_{n\in\mathbb{N}}$ eine CAUCHY-Folge. Wegen der Vollständigkeit von $\mathbb{R}$ (Seite 92) besitzt sie einen Grenzwert in $\mathbb{R}$. □

Gewappnet mit diesem Satz schreiten wir nun weiter voran. Ausgangspunkt war ja die verflixte Funktion

$$\mathrm{sqrt}: \mathbb{R}_+ \to \mathbb{R}_+, \quad x \mapsto \sqrt{x},$$

deren Stetigkeit wir prüfen wollten. Sie ist offenbar die Umkehrfunktion der Funktion

$$\mathrm{quad}: \mathbb{R}_+ \to \mathbb{R}_+, \quad x \mapsto x^2.$$

Nun gehen wir vor wie richtige Mathematiker und untersuchen das Problem in einem allgemeineren Zusammenhang. Oft entstehen dabei Erkenntnisse, die auch bei anderen Fragen nützlich werden. Die Idee beruht auf dem Gedanken der Umkehrfunktion. Wir werden zeigen, dass Umkehrfunktionen von stetigen Funktionen ebenfalls stetig sind.

Klarerweise sind sowohl quad als auch sqrt in $\mathbb{R}_+$ **streng monoton steigend**: Aus $x < y$ folgt stets $f(x) < f(y)$.

Wie sieht es also aus mit einer stetigen Funktion f, welche auf einem abgeschlossenen Intervall $[a, b]$ streng monoton steigend ist? Wenn wir das Bild betrachten, dann tendieren wir gefühlsmäßig zu der Aussage, f würde das Intervall $[a, b]$ bijektiv auf das Intervall $[f(a), f(b)]$ abbilden. Die Injektivität ist klar wegen der strengen Monotonie. Aber die Surjektivität? Gibt es für jeden Wert c in $[f(a), f(b)]$ tatsächlich einen Punkt in $[a, b]$, der durch f auf eben diesen Wert abgebildet wird?

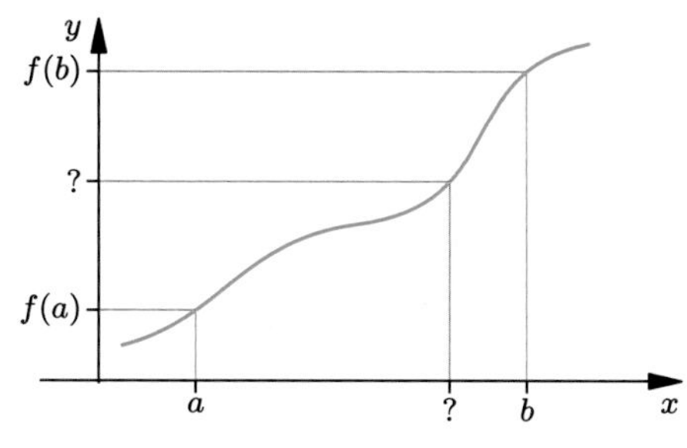

„Intuitiv völlig klar!“, werden Sie sagen. Man darf den Bleistift nie absetzen, also kommt man zwangsläufig bei jedem Wert im Bildbereich $[f(a), f(b)]$ vorbei, oder? In der Tat, das ist schon naheliegend. Aber merken Sie, was hier passiert ist? Wieder versuchen wir, eine analytische Aussage mit einer Freihandzeichnung zu beweisen. Das dürfen wir nicht.

Wir wollen es genau wissen, denn das Ergebnis wird später an entscheidender Stelle nochmals gebraucht und wir errichten unser mathematisches Gebäude mit soliden Steinen. Das Prinzip ist nicht schwer und Ihnen schon bekannt: Wir benötigen eine Intervallschachtelung.

Hilfssatz
Jede streng monoton steigende Funktion f bildet ein Intervall $[a,b]$ **bijektiv** auf das Intervall $[f(a), f(b)]$ ab. Es existiert in diesem Fall also eine Umkehrfunktion $\varphi : [f(a), f(b)] \to [a,b]$.

Der Satz gilt natürlich sinngemäß auch für streng monoton fallende Funktionen. Wir nehmen nun einen beliebigen Wert $c \in [f(a), f(b)]$ und starten mit dem Intervall $I_0 = [a_0, b_0] = [a,b]$. Es gilt somit $f(a_0) \le c \le f(b_0)$. Dann betrachten wir den Punkt genau in der Mitte von I_0, also den Wert

$$\tau \;=\; \frac{b_0 + a_0}{2}\,.$$

Falls $f(\tau) \le c$, wählen wir das nächste Intervall $I_1 = [\tau, b_0]$, ansonsten $I_1 = [a_0, \tau]$. In jedem Fall gilt für das neue Intervall I_1, welches wir jetzt mit $[a_1, b_1]$ bezeichnen, wieder die wichtige Ungleichung $f(a_1) \le c \le f(b_1)$.

Wir fahren nun induktiv immer weiter so fort, bis ins Unendliche. Wir erhalten also eine Kette von Intervallen

$$I_n \;=\; [a_n, b_n]\,,$$

deren Länge $b_n - a_n$ sich mit wachsendem n immer mehr zusammenzieht und gegen 0 konvergiert. Außerdem gilt $I_0 \supset I_1 \supset I_2 \supset I_3 \supset \ldots$. Das bedeutet letztlich, dass die Folge $(a_n)_{n\in\mathbb{N}}$ monoton steigend und $(b_n)_{n\in\mathbb{N}}$ monoton fallend ist.

Und schon können wir das berühmte Ergebnis von Bolzano und Weierstrass verwenden. Beide Folgen sind offenbar beschränkt und haben daher eine konvergente Teilfolge. Nennen wir die eine Teilfolge $(a_{n_k})_{k\in\mathbb{N}}$, bei den b_n geht das Argument genauso. Es gibt also ein $x \in \mathbb{R}$ mit $\lim\limits_{k\to\infty} a_{n_k} = x$. Anders ausgedrückt: Für jedes $\epsilon > 0$ gibt es ein $k_0 > 0$, sodass für alle $k \ge k_0$ gilt:

$$|x - a_{n_k}| \;=\; x - a_{n_k} \;<\; \epsilon\,.$$

Da die Folge $(a_n)_{n\in\mathbb{N}}$ monoton wächst und sich von unten dem Wert x nähert, gilt die obige Ungleichung sogar für alle $n \ge n_k$:

$$|x - a_n| \;=\; x - a_n \;\le\; x - a_{n_k} \;<\; \epsilon\,.$$

Damit haben wir

$$\lim_{n\to\infty} a_n \;=\; x\,,$$

und da $(a_n - b_n)_{n\in\mathbb{N}}$ eine Nullfolge ist, gilt auch

$$\lim_{n\to\infty} b_n \;=\; x\,.$$

Nun sind wir am Ziel, es kommt endlich die Stetigkeit von f ins Spiel. Es gilt

$$f(x) \;=\; f\left(\lim_{n\to\infty} a_n\right) \;=\; \lim_{n\to\infty} f(a_n) \;\le\; c$$

und gleichzeitig

$$f(x) = f\left(\lim_{n\to\infty} b_n\right) = \lim_{n\to\infty} f(b_n) \geq c\,.$$

Zusammen ergibt sich $f(x) = c$. □

Beim genauen Hinsehen haben wir sogar ein Stückchen mehr bewiesen. Das Ergebnis lässt sich verallgemeinern. Wenn wir – unabhängig von strenger Monotonie und Bijektivität – nur die Existenz eines Punktes $x \in [a,b]$ mit $f(x) = c \in [f(a), f(b)]$ beweisen wollen, so lässt sich die obige Intervallschachtelung auch durchführen. Wir erhalten sofort einen der bekanntesten und wichtigsten Sätze der Analysis.

Zwischenwertsatz für stetige Funktionen
Für jede in einem Intervall $[a,b]$ stetige Funktion f mit $f(a) \leq f(b)$ gilt: Falls $c \in [f(a), f(b)]$ ist, dann gibt es mindestens ein $x \in [a,b]$ mit $f(x) = c$.

Bildlich ausgedrückt, sieht der Satz aus wie auf nebenstehendem Bild. So einfach er auch erscheinen mag, er wird uns bei der Suche nach den transzendenten Zahlen – und darüber hinaus noch an vielen anderen Stellen – wertvolle Dienste leisten. Man kann geradezu sagen, er ist das Rückgrat der ganzen Analysis. Lassen Sie ihn vielleicht noch einmal Revue passieren. Denken Sie daran, was das entscheidende Moment in dem Beweis war. Es war der Satz von BOLZANO-WEIERSTRASS (Seite 154), und für diesen haben wir die Vollständigkeit der reellen Zahlen gebraucht (Seite 92). Vielleicht bekommen Sie nun ein wenig das Gefühl dafür, wie wichtig diese grundlegende Eigenschaft der reellen Zahlen ist.

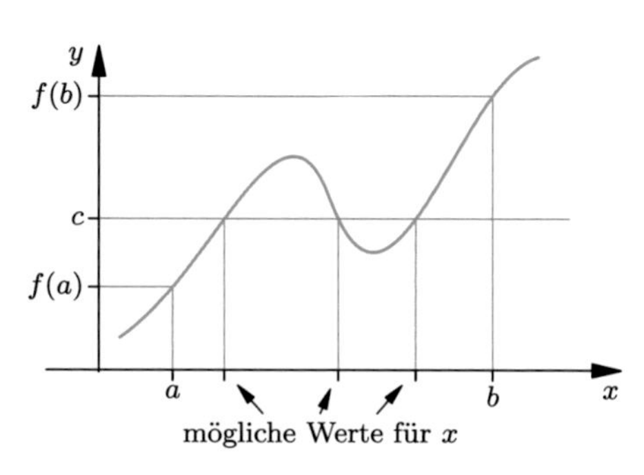

Wenden wir uns nun aber dem zentralen Ergebnis zu, mit dessen Hilfe wir endlich die Stetigkeit der Wurzelfunktion beweisen können. Als Satz formuliert lautet es:

Stetigkeit der Umkehrfunktion
Jede stetige, streng monoton steigende Funktion $f : [a,b] \to \mathbb{R}$ bildet das Intervall $[a,b]$ bijektiv auf das Intervall $[f(a), f(b)]$ ab und hat eine Umkehrfunktion $\varphi : [f(a), f(b)] \to [a,b]$, welche ebenfalls streng monoton steigend und stetig ist. Der Satz gilt sinngemäß auch für streng monoton fallende Funktionen.

Wir haben schon eine Menge davon bewiesen, der erste Teil war obiger Hilfssatz. Wir müssen nur noch die Monotonie und die Stetigkeit von φ in jedem Punkt $y \in [f(a), f(b)]$ zeigen. Die Monotonie ist eine ganz einfache Folgerung aus der entsprechenden Eigenschaft von f. Bei der Stetigkeit müssen wir etwas arbeiten.

Nehmen wir $y \in [f(a), f(b)]$ und eine Folge $(y_n)_{n\in\mathbb{N}}$, die gegen y konvergiert. Dann behaupte ich ganz frech, es gilt auch

$$\lim_{n\to\infty} \varphi(y_n) = \varphi(y),$$

womit die Behauptung bewiesen wäre. Ok, wenn Sie das Gegenteil unterstellen, werde ich Ihnen einen Widerspruch konstruieren. Zunächst würde das Gegenteil folgendes bedeuten: Es gibt ein $\epsilon > 0$ und unendlich viele Indizes n mit der Eigenschaft $|\varphi(y_n) - \varphi(y)| \geq \epsilon$.

Diese unendlich vielen n bilden also eine Teilfolge $(\varphi(y_{n_k}))_{k\in\mathbb{N}}$ mit der Eigenschaft

$$|\varphi(y_{n_k}) - \varphi(y)| \geq \epsilon$$

für alle $k \in \mathbb{N}$. Da die Folge $(\varphi(y_{n_k}))_{k\in\mathbb{N}}$ beschränkt ist, greifen wir wieder nach dem großen Rettungsanker, dem Satz von BOLZANO-WEIERSTRASS. (Sie sehen, wie zentral diese Erkenntnis für die ganze Analysis ist!) Wir dürfen also – nachdem wir vielleicht zu einer weiteren Teilfolge unserer Teilfolge übergegangen sind – annehmen, dass $(\varphi(y_{n_k}))_{k\in\mathbb{N}}$ sogar konvergiert, sagen wir gegen $c \in [a, b]$:

$$\lim_{k\to\infty} \varphi(y_{n_k}) = c.$$

Da alle Folgenglieder vom Wert $\varphi(y)$ einen gebührlichen Abstand von mindestens ϵ einhalten, gilt das offensichtlich auch für den Grenzwert c:

$$|c - \varphi(y)| \geq \epsilon.$$

Nun folgt aber aus der Stetigkeit von f sofort

$$y = \lim_{k\to\infty} y_{n_k} = \lim_{k\to\infty} f\big(\varphi(y_{n_k})\big) = f(c).$$

Wenden wir auf die Ausdrücke ganz links und ganz rechts dieser Gleichung die Funktion φ an, so entsteht

$$\varphi(y) = \varphi\big(f(c)\big) = c.$$

Dies ist aber ein Widerspruch, denn wir hatten $|c - \varphi(y)| \geq \epsilon$ hergeleitet. □

Damit haben wir es geschafft. Die Wurzelfunktion ist tatsächlich stetig, da ihre Umkehrfunktion quad stetig ist. Wir können sogar noch allgemeiner festhalten, dass alle k-ten Wurzeln ($k \in \mathbb{N}$)

$$f : \mathbb{R}_+ \to \mathbb{R}_+, \quad x \mapsto \sqrt[k]{x}$$

stetige Funktionen sind, denn sie sind die Umkehrfunktionen von $x \mapsto x^k$.

Durch dieses spezielle Problem und die damit verbundene allgemeine Betrachtung haben wir sehr wichtige Erkenntnisse gewonnen, die völlig unerwartet an anderer Stelle erfolgreich eingesetzt werden können. Ich meine dabei konkret den Zwischenwertsatz, der im nächsten Kapitel einen großen Auftritt in der Algebra über dem Körper $\mathbb{C}$ haben wird.

Genauso funktioniert Mathematik und das macht ihren Reiz aus. Wer hätte gedacht, dass die hartnäckig verfolgte Frage nach der Stetigkeit der Wurzelfunktion letztlich zu Erkenntnissen führt, die mit der Entdeckung von transzendenten Zahlen zu tun haben – und das auch noch im Brückenschlag mit der Algebra?

Bevor wir jedoch in diese Tiefen vordringen, werden wir eine der wichtigsten Funktionen der Analysis kennen lernen und damit die letzte Lücke im Zahlensystem schließen.

9.3 Exponentialfunktion und Logarithmus

Neben den Wurzelfunktionen und den Potenz- oder Polynomfunktionen werden in der Schule auch die Exponentialfunktionen $x \mapsto a^x$ besprochen, für Basiswerte $a > 0$, wobei häufig auch noch $a \neq 1$ gefordert wird, weil sonst keine umkehrbare Funktion entstehen würde. Das Problem ist, dass wir derzeit noch keine Definition von a^x für reelle, aber irrationale x haben (vergleichen Sie mit Seite 96). Das müssen wir jetzt nachholen.

Die Idee ist aber naheliegend. Wir approximieren eine reelle Zahl x durch eine Folge $(x_n)_{n\in\mathbb{N}}$ rationaler Zahlen und setzen

$$a^x = \lim_{n\to\infty} a^{x_n} .$$

Auf den ersten Blick ist diese Festlegung unproblematisch, denn für rationale Zahlen p/q ist $a^{p/q} = \sqrt[q]{a^p}$ wohldefiniert. Auf den zweiten Blick erkennen Sie aber doch eine Schwierigkeit. Woher weiß man, dass die Folge $(a^{x_n})_{n\in\mathbb{N}}$ eine CAUCHY-Folge ist (Seite 82), also einen wohldefinierten Grenzwert in $\mathbb{R}$ hat?

Nun denn, wir müssen ein wenig rechnen. Wir wählen also eine Folge $(x_n)_{n\in\mathbb{N}}$ rationaler Zahlen, die gegen x konvergiert. Diese Folge ist insbesondere eine CAUCHY-Folge, ab einem Index n_ϵ ist also $|x_n - x_m| < \epsilon$, wobei $\epsilon > 0$ vorher beliebig klein gewählt werden konnte. Damit ist für $a > 1$

$$\frac{a^{x_n}}{a^{x_m}} = a^{x_n - x_m} \in \left]a^{-\epsilon}, a^{\epsilon}\right[,$$

oder analog dazu $a^{x_n}/a^{x_m} \in]a^{\epsilon}, a^{-\epsilon}[$ für $0 < a < 1$, denn es ist a^x streng monoton für alle $x \in \mathbb{Q}$, was Sie direkt anhand der Monotonie der Wurzel- und Potenzfunktionen prüfen können (kleine **Übung**, beachten Sie nur, dass a^x für $0 < a < 1$ fallend und für $a > 1$ steigend ist). Sie sehen dann schnell, dass für rationale Zahlen $q_n \to 0$ der Wert a^{q_n} gegen 1 konvergiert: Es sei zunächst $a > 1$ und die $q_n = 1/n$. Angenommen, es wäre die monoton fallende Folge $(a^{1/n})_{n\in\mathbb{N}}$ stets größer als $1 + \delta$, für ein $\delta > 0$, dann hätten wir $a > (1+\delta)^n > 1 + n\delta$ für alle $n \in \mathbb{N}$ und damit einen Widerspruch. Also ist in diesem Fall

$$\lim_{n\to\infty} a^{1/n} = 1 .$$

Aus Gründen der Monotonie erhalten Sie die Aussage dann auch für beliebige Folgen $q_n \to 0$ mit $0 \leq q_n \leq 1$, denn jedes solche q_n kann eingekreist werden zwischen zwei Stammbrüchen $1/(m+1)$ und $1/m$.

Für $0 < a < 1$ ist die Folge $a^{1/n}$ steigend. Die Annahme $a^{1/n} < 1 - \delta$ für alle $n \in \mathbb{N}$ führt dann zu $a < (1-\delta)^n$ für $n \in \mathbb{N}$ und wegen $(1-\delta)^n \to 0$ gemäß einer früheren Beobachtung (Seite 71) zu $a = 0$, auch das ist ein Widerspruch. Insgesamt ist daher

$$\lim_{n\to\infty} a^{q_n} = 1$$

für alle $a > 0$ und rationale Nullfolgen mit $q_n \geq 0$. Falls schließlich auch negative Exponenten q_n vorkommen, kann man die Situation wegen $a^{q_n} = (1/a)^{-q_n}$ und dem Wechsel von a zu $1/a$ stets auf den Fall positiver Exponenten zurückführen. Das Intervall $]a^{-\epsilon}, a^{\epsilon}[$ (oder $]a^{\epsilon}, a^{-\epsilon}[$), in dem $a^{x_n - x_m}$ liegt, zieht sich also auf die Punktmenge $\{1\}$ zusammen, sobald $|x_n - x_m|$ genügend klein ist. Das bedeutet, der Quotient a^{x_n}/a^{x_m} liegt für genügend große Indizes m, n beliebig nahe bei 1.

Nun kommt eine entscheidende Frage: Können wir aus der CAUCHY-„Konvergenz" $a^{x_n}/a^{x_m} \to 1$ folgern, dass $(a^{x_n})_{n\in\mathbb{N}}$ selbst eine CAUCHY-Folge ist? Nun denn, wir können wieder das Gegenteil annehmen, dass es beliebig große Indizes m und n gibt mit $|a^{x_n} - a^{x_m}| > \delta$ für ein vorgegebenes $\delta > 0$. Ein Gedankenexperiment zeigt dann, dass der Quotient a^{x_n}/a^{x_m} nur dann beliebig nahe bei 1 liegen kann, wenn man beliebig große Zahlen a^{x_m} und a^{x_n} zulässt. Das ist klar, denn bei beschränkten Zählern und Nennern kann ein Unterschied $\delta > 0$ zwischen beiden in dem Bruch nicht mehr ausgeglichen werden: Der Quotient bleibt von der 1 entfernt. Offensichtlich ist die Folge $(a^{x_n})_{n\in\mathbb{N}}$ aber beschränkt wegen $x_n \to x$, das ist ein Widerspruch. Also bilden die a^{x_n} eine CAUCHY-Folge. Mit genau dem gleichen Argument können Sie als **Übung** zeigen (ich möchte das nicht zu sehr ausdehnen), dass bei verschiedenen Folgen $x_n, y_n \to x$ die Differenzen $a^{x_n} - a^{y_n}$ eine Nullfolge bilden. Dies alles führt zu der folgenden Definition.

Definition und Satz (allgemeine Exponentialfunktion)
Es sei $a > 0$ und $x \in \mathbb{R}$. Mit einer Folge $(x_n)_{n\in\mathbb{N}}$ rationaler Zahlen ist dann

$$a^x = \lim_{n\to\infty} a^{x_n}$$

wohldefiniert. Auf diese Weise entsteht eine Funktion $\mathbb{R} \longrightarrow \mathbb{R}^*_+$, $x \mapsto a^x$, die **(allgemeine) Exponentialfunktion zur Basis** a. Für rationale Exponenten p/q gilt $a^{p/q} = \sqrt[q]{a^p}$ und allgemein erfüllt a^x eine Funktionalgleichung der Form $a^{x+y} = a^x a^y$. Ferner gilt für alle $x, y \in \mathbb{R}$ die Gleichung $(a^x)^y = a^{xy}$.

Es ist nichts mehr zu beweisen, denn für rationale Exponenten kann man die identische Folge $x_n = p/q$ wählen. Die Rechenregeln gelten offensichtlich für rationale Exponenten (dort sind es die Potenz- und Wurzelgesetze) und die Grenzwertsätze liefern sie auch für reelle Exponenten. □

Es ist durchaus bemerkenswert, dass die Definition von a^x für irrationale x nicht trivial ist (das wird in der Schule meist unterschlagen). Die elegante Argumentation mit Potenzen und Wurzeln funktioniert eben nur bei rationalen Exponenten, weswegen man auf eine sorgfältige Untersuchung von Grenzwerten angewiesen ist. Hier waren wiederum CAUCHY-Folgen sehr hilfreich, ein Konzept, das den Pionieren im 18. Jahrhundert übrigens noch gar nicht zur Verfügung stand.

Stetigkeit der (allgemeinen) Exponentialfunktion
Die Exponentialfunktion a^x ist überall in ihrem Definitionsbereich stetig, für $0 < a < 1$ streng monoton fallend, für $a > 1$ streng monoton steigend und bildet die reellen Zahlen daher bijektiv auf die positiven reellen Zahlen $\mathbb{R}_+^*$ ab.

Der Beweis ist einfach. Für eine reelle Zahlenfolge $x_n \to x$ gilt $x_n - x \to 0$ und daher mit der Funktionalgleichung

$$\begin{aligned}\lim_{n\to\infty} a^{x_n} &= \lim_{n\to\infty} a^{(x_n-x)+x} = \lim_{n\to\infty} a^{x_n-x}a^x \\ &= \lim_{n\to\infty} a^{x_n-x} \lim_{n\to\infty} a^x = a^0 a^x = a^x,\end{aligned}$$

denn es ist offensichtlich $a^0 = 1$. Die Monotonieaussagen ergeben sich direkt aus der Stetigkeit und der Tatsache $a^{p/q} = \sqrt[q]{a^p}$ für rationale Koeffizienten, die ja alle reellen Werte der Funktion beliebig genau annähern können. Auch die Bijektivität ist klar, denn es gilt $a^x \to \infty$ für $a > 1$ und $x \to \infty$ sowie $a^x \to 0$ für $0 < a < 1$ und $x \to \infty$, wieder wegen der Grenzwertaussage auf Seite 71. □

Es ist Zeit für Beispiele. In der Graphik sehen Sie die Graphen der Funktionen a^x für $a = 1{,}5$, $a = 2$ und $a = 5$. Anschaulich verlaufen die Graphen umso steiler, je größer die Basis wird (bei $a > 1$).

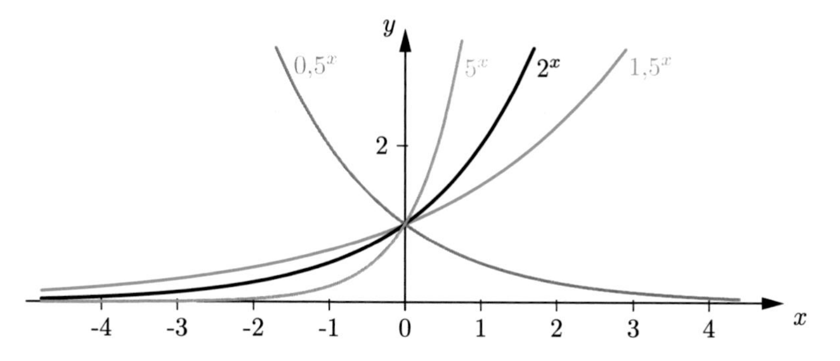

Die Fälle $0 < a < 1$ erhalten Sie durch Übergang zu den Basen $1/a$, und wegen $(1/a)^x = a^{-x}$ ergeben sich die Graphen durch Spiegelung an der y-Achse. In der Graphik ist das am Beispiel $a = 1/2$ gezeigt. Die bekannteste Basis ist ohne Zweifel die **Eulersche Zahl** $\mathrm{e} = 2{,}7182\ldots$, die Sie exakt durch die Reihendarstellung

$$\mathrm{e} = 1 + 1 + \frac{1}{2!} + \frac{1}{3!} + \frac{1}{4!} + \ldots$$

erhalten. Sie gehört zu den wichtigsten Zahlen in der Mathematik, und gleiches gilt auch für *die* Exponentialfunktion e^x. Leider muss sie zu diesem Zeitpunkt in gewisser Weise vom Himmel fallen, ohne Zweifel eine unbefriedigende Situation für Sie als neugierige und kritische Leser. Erst mit der *Differentialrechnung* werden wir all die Wunder um diese Zahl enthüllen können (Seite 260 ff).

Ein Geheimnis sei aber schon hier gelüftet. Worin besteht der zentrale Unterschied der Basis e zu allen anderen Basen $a > 1$? Nun denn, je größer die Basen, desto steiler der Anstieg des Graphen. Die e-Funktion, wie sie auch kurz genannt wird, ist dann genau der Grenzfall, der in der Nähe des Punktes (0,1) von allen Exponentialfunktionen am besten durch die Funktion $x \mapsto x+1$ angenähert wird.

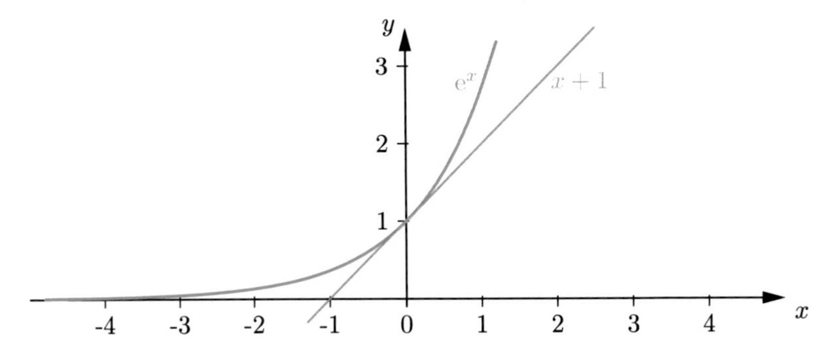

Die Funktion $x+1$ hat überall die **Steigung** 1, wie wir später sehen werden, in der Geographie entspricht dem ein 100%-iger Geländeanstieg. Die Funktion e^x ist also gegenüber allen anderen Exponentialfunktionen dadurch ausgezeichnet, dass sie im Punkt (0,1) die **Tangentensteigung** 1 hat: für mich die einfachste und anschaulichste Definition der Zahl e, mathematisch exakt darstellbar aber eben erst mit der Differentialrechnung – haben Sie also noch ein wenig Geduld.

Die Funktion e^x als natürliche Wachstumsfunktion

Um noch ein wenig die Motivation (und vielleicht auch Neugier) zu erhöhen, sei an einem Beispiel aus der *Finanzmathematik* erläutert, was e^x mit einem „natürlichen" Wachstum verbindet. Es geht um Geldanlagen und Verzinsung, also um eine Frage des Kapitalwachstums.

Stellen Sie sich vor, ein Anfangsvermögen von V_a zu besitzen, welches Sie zu einem Prozentsatz von $z\%$ jährlich verzinsen, zum Beispiel zu 3%. Wenn wir zur Vereinfachung der Formeln noch die Größe $x = z/100$ einführen, dann besitzen Sie nach einem Jahr durch die Zinsen das Endvermögen $V_e = V_a\,(1+x)$. Die jährliche Verzinsung ist zwar üblich, jedoch für den Anleger nicht optimal. Bei einer halbjährlichen Verzinsung zum halben Zinssatz hätten Sie nach den ersten sechs Monaten bereits

$$V_1 \;=\; V_a\left(1+\frac{x}{2}\right)$$

und ausgehend von diesem Startvermögen nach dem zweiten Halbjahr ein Endvermögen in der Höhe

$$V_e \;=\; V_1\left(1+\frac{x}{2}\right) \;=\; V_a\left(1+\frac{x}{2}\right)^2$$

auf dem Konto. Das ist mehr, wie Sie leicht errechnen können. Nun könnte man natürlich auf die Idee kommen, in immer kleineren Zeitabständen seine Zinsen einzufordern – vierteljährlich, monatlich oder sogar täglich:

$$V_e \;=\; V_a\left(1+\frac{x}{365}\right)^{365}.$$

Der magische Faktor, um den sich das Geld vermehrt, ist ganz allgemein also von der Form

$$a_n = \left(1 + \frac{x}{n}\right)^n .$$

In einem Kapitel über die ersten Elemente der Analysis müssen wir uns natürlich die Frage stellen, was passiert, wenn wir das Geld **momentan** verzinsen, also jeden Augenblick die Zinsen einfordern und den Grenzwert dieser Folge für $n \to \infty$ betrachten. In der Tat, dieser Prozess – im wirklichen Finanzgeschäft natürlich unrealistisch – beschreibt einen **kontinuierlichen Wachstumsprozess**, dessen Geschwindigkeit durch den Parameter x gesteuert wird.

Um es vorwegzunehmen: Im Kapitel über die Differentialrechnung werden wir beweisen, dass die Folge $(a_n)_{n \in \mathbb{N}}$ in der Tat einen Grenzwert besitzt, und zwar

$$\lim_{n \to \infty} \left(1 + \frac{x}{n}\right)^n = \mathrm{e}^x .$$

Bei der momentanen Verzinsung beträgt das Endvermögen also genau $V_e = \mathrm{e}^x V_a$. Hierbei ergibt sich auch eine andere Darstellung der Zahl e, nämlich

$$\mathrm{e} = \lim_{n \to \infty} \left(1 + \frac{1}{n}\right)^n .$$

Dieser Grenzwert, wie auch die Summendarstellung (Seite 161) von e gehören zu den wunderbaren Formeln, die LEONHARD EULER entdeckt hat (weswegen diese Zahl auch nach ihm benannt ist).

Die Logarithmusfunktionen

Alle Funktionen a^x waren bijektive Funktionen $\mathbb{R} \to \mathbb{R}_+^*$. Aus dem Satz über die Umkehrfunktion (Seite 157) ergeben sich dann sofort stetige, streng monotone Umkehrfunktionen, die sogenannten **Logarithmusfunktionen** $\log_a x$.

Definition der allgemeinen Logarithmusfunktion
Für jedes reelle $a > 0$, $a \neq 1$, wird die Umkehrfunktion der allgemeinen Exponentialfunktion a^x als **Logarithmus zur Basis** a bezeichnet:

$$\log_a : \mathbb{R}_+^* \to \mathbb{R}, \quad x \mapsto \log_a x .$$

Die Logarithmusfunktionen sind stetig, bijektiv, für $0 < a < 1$ streng monoton fallend und für $a > 1$ streng monoton steigend. Es gilt $\log_a 1 = 0$ und $\log_a a = 1$. Für $b, c \in \mathbb{R}_+^*$ und $d \in \mathbb{R}$ gelten die Regeln

$$\log_a(bc) = \log_a b + \log_a c \quad \text{und} \quad \log_a(b^d) = d \log_a b .$$

Zum Beweis ist fast nichts mehr zu sagen, die Aussagen im zweiten Absatz folgen direkt aus den entsprechenden Sätzen über die Exponentialfunktion. So ist

$$a^{\log_a(bc)} = bc = a^{\log_a b} a^{\log_a c},$$

woraus die erste Regel aus $a^x a^y = a^{x+y}$ folgt. Probieren Sie die zweite Regel vielleicht als **Übung** (hier müssen Sie die d-te Wurzel aus $a^{\log_a(b^d)}$ ziehen und $(a^x)^y = a^{xy}$ verwenden). □

Der Logarithmus zur Basis e wird übrigens **natürlicher Logarithmus** genannt und $\ln x$ geschrieben (von lat. *naturalis*). Die Bezeichnung *Logarithmus* stammt aus dem Griechischen, *Logos* bedeutet das Verständnis oder die Lehre, *Arithmos* ist die Zahl. Logarithmen wurden erstmals im 2. Jahrhundert v. Chr. in Indien erwähnt. Ab dem 13. Jahrhundert kannte man logarithmische Tabellenwerke, die frühesten Exemplare stammen von arabischen Mathematikern. Der Nutzen lag in einer Vereinfachung der höheren Rechenoperationen wie dem Potenzieren oder dem Wurzelziehen. Diese können wegen $\log_a(b^d) = d \log_a b$ auf Multiplikationen und Divisionen zurückgeführt werden.

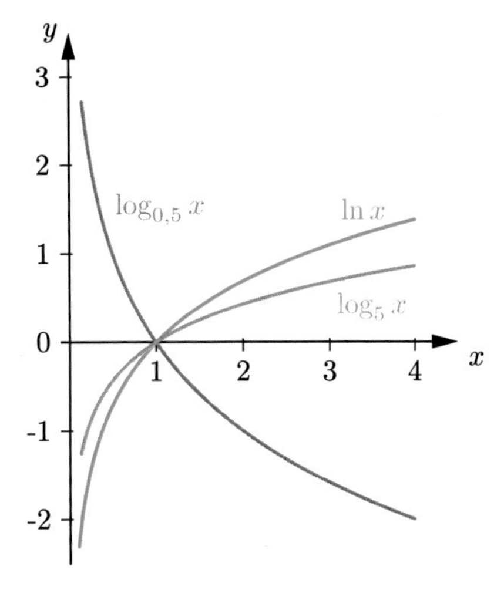

Nehmen wir als Beispiel den Wert $x = \sqrt[5]{237}$. In einer Tabelle zum **dekadischen Logarithmus** $\lg = \log_{10}$ erkennt man $\lg(2{,}37) \approx 0{,}3747$ und es ergibt sich

$$\lg\left(\sqrt[5]{237}\right) = 0{,}2 \lg(100 \cdot 2{,}37) \approx 0{,}2\,(2 + 0{,}3747) = 0{,}47494\,.$$

Benutzt man die Tabellen in der anderen Richtung, erhält man einen Näherungswert für x in der Form $10^{0,47494} \approx 2{,}9849702$, mit einem Fehler kleiner als $7 \cdot 10^{-5}$, denn der exakte Wert lautet $x = 2{,}98503666015\ldots$

Eine Beobachtung noch zu den Logarithmen verschiedener Basen $a, b > 0$. Aus $x = a^{\log_a x}$ für reelles $x > 0$ folgt mit den Rechengesetzen des Logarithmus

$$\log_b x = \log_b\left(a^{\log_a x}\right) = \log_a x \cdot \log_b a\,.$$

Wir erhalten somit die interessante Aussage, dass sich Logarithmen zu verschiedenen Basen nur durch einen konstanten Faktor unterscheiden:

$$\log_a x = \frac{\log_b x}{\log_b a}\,.$$

Damit lässt sich jeder Logarithmus durch $\log_a x = (\ln x)/(\ln a)$ ausdrücken, eine einfach zu merkende Formel, weswegen wir im Folgenden nur noch die Basis e behandeln. Sie steht stellvertretend für alle Logarithmen, modulo einem konstanten Faktor $c > 0$ für Basen $a > 1$ und $c < 0$ für Basen $0 < a < 1$.

Das Wachstumsverhalten von e^x und $\ln x$

Ebenfalls zum Wissen aus der Schule gehört der im Unterricht oft vernommene Satz, die Funktion e^x würde „schneller steigen" als jede Potenzfunktion x^n, was für große n eine starke Aussage ist. Als Konsequenz steigt dann die Umkehrfunktion $\ln x$ langsamer als jede noch so kleine Potenz x^b mit $b > 0$, oder anders ausgedrückt: langsamer als jede noch so hohe Wurzelfunktion $\sqrt[n]{x}$. Lassen Sie uns das präzisieren und genau begründen.

Wachstum von e^x und $\ln x$

Für alle $n \in \mathbb{N}$ gelten die Grenzwerte

$$\lim_{x\to\infty} \frac{e^x}{x^n} = \infty \qquad \text{und} \qquad \lim_{x\to\infty} \frac{\ln x}{\sqrt[n]{x}} = 0\,.$$

Für den Beweis müssen wir nur die erste Aussage zeigen. Der zweite Grenzwert folgt durch Wechsel zu den jeweiligen Umkehrfunktionen und einer Spiegelung der Graphen an der Winkelhalbierenden $x \mapsto x$. Wir logarithmieren dazu für die erste Aussage den Quotienten zu

$$\ln\left(\frac{e^x}{x^n}\right) = \ln e^x - \ln x^n = x - n\ln x\,.$$

Da der Logarithmus bijektiv und monoton steigend ist, genügt es zu zeigen, dass die Funktion $x - n\ln x$ für $x \to \infty$ über alle Grenzen wächst. Das ist zunächst nicht so selbstverständlich, wie es aussieht. Nehmen Sie eine unvorstellbar große Zahl n, zum Beispiel $n = 10^{10^{10}}$, dann steigt $n\ln x$ bei $x = 1$ quasi senkrecht in die Höhe, fast wie eine Parallele zur y-Achse.

Nun gilt aber mit der Substitution $x = e^t$, wobei wir auch $t \to \infty$ betrachten,

$$\big(e^{t+1} - n(t+1)\big) - \big(e^t - nt\big) = e^t(e-1) - n \geq \delta > 0\,,$$

wenn nur t groß genug ist. Damit folgt $\lim_{x\to\infty}(x - n\ln x) = \infty$. □

Einige Anwendungen von e^x und $\ln x$

Der Logarithmus und die Exponentialfunktion kommen in vielen mathematisch-naturwissenschaftlichen Bereichen vor. In diesem kleinen Abschnitt möchte ich einen Ausschnitt dieser Vielfalt zeigen.

In der Informatik spielen diese Funktionen eine besondere Rolle bei der qualitativen Betrachtung von Algorithmen: Von einer **exponentiellen Zeitkomplexität** spricht man dann, wenn die Laufzeit λ eines Algorithmus' beim Anwachsen der Aufgabengröße N (zum Beispiel der Anzahl der Datensätze) exponentiell mit N zunimmt: $\lambda(N) \approx e^N$. Solche Algorithmen sind in der Praxis unbrauchbar. Viel besser sind die Algorithmen mit **logarithmischer Zeitkomplexität**. Hier gilt $\lambda(N) \approx \ln N$. Das bedeutet, dass falls sich die Laufzeit bei Verzehnfachung der Datenmenge um einen Wert Δ erhöht, sie sich bei Verhundertfachung nur um 2Δ erhöht, bei Vertausendfachung nur um 3Δ und so fort.

Solche Algorithmen sind sehr effizient. Ein Ergebnis der theoretischen Informatik lautet, dass es Sortieralgorithmen gibt, die die Elemente einer N-elementigen linear angeordneten Liste mit einer Zeitkomplexität von $N \ln N$ der Größe nach sortieren, es aber grundsätzlich keine besseren Algorithmen geben kann. Mit besseren Datenstrukturen (Bäumen) kann man aber Algorithmen finden, die sowohl das sortierte Einfügen, das Löschen und das Auffinden von Elementen mit logarithmischer Zeitkomplexität erledigen.

In der Physik finden wir den Verlauf des **radioaktiven Zerfalls** in Form der Funktion $N(t) = N_0 \mathrm{e}^{-\lambda t}$, wobei N_0 die Anzahl instabiler Atome zum Zeitpunkt $t = 0$ bedeutet und $N(t)$ den zeitlichen Verlauf für $t > 0$ anzeigt. Je größer der Parameter λ ist, desto schneller verläuft der Zerfall. Die **Halbwertszeit** t_h ist der Zeitpunkt mit $N(t_h) = N_0/2$. Eine einfache Rechnung ergibt $t_h = (\ln 2)/\lambda$.

Auch in der Biologie findet sich der Logarithmus. Das **Gesetz von Weber-Fechner** in der Psychophysik besagt dort, dass die Sinnesorgane logarithmisch empfindlich sind, eine Vervielfachung der Reizstärke führt nur zu einem linearen Anstieg der Wahrnehmung. Daher ist beispielsweise die Lautstärkeskala auf Basis der Einheit **Dezibel** eine logarithmische Skala.

Sehr schön sind auch die **logarithmischen Spiralen**. Sie beschreiben kontinuierliche Wachstumsprozesse, zum Beispiel das von Schneckenhäusern. Die logarithmische Spirale zeichnet sich dadurch aus, dass sie mit jeder Umdrehung den Abstand vom Nullpunkt kontinuierlich um den gleichen Faktor vergrößert. Genau so kann man sich in der Tat einen natürlichen Wachstumsprozess vorstellen: Je mehr (biologische) Zellen vorhanden sind, desto größer ist auch der Längen- oder Volumenzuwachs pro Zeiteinheit.

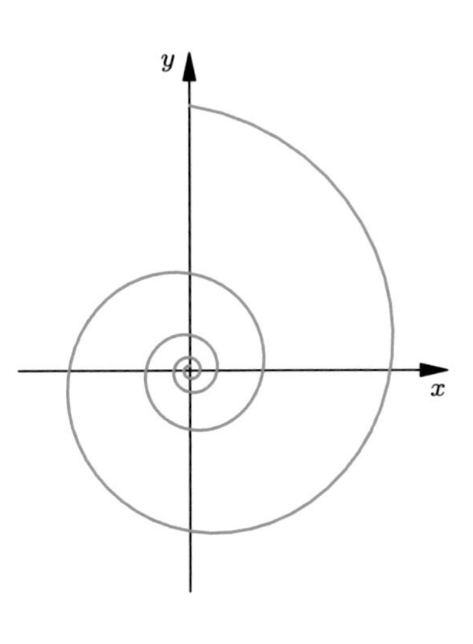

Die Formel für die logarithmische Spirale lässt sich am besten darstellen, wenn man den Abstand r vom Nullpunkt als Funktion des Winkels φ angibt: $r(\varphi) = a\,\mathrm{e}^{k\varphi}$, oder nach φ aufgelöst $\varphi = \ln(r/a)/k$. Von dieser Formel hat die Spirale ihren Namen erhalten.

Leider ist nun die Zeit gekommen, die Analysis wieder für eine Weile zu verlassen. Wir müssen voranschreiten auf unserer Suche nach den transzendenten Zahlen, zumal wir den ersten Exemplaren dieser sonderlichen Spezies jetzt schon sehr nahe sind. Hierzu werden wir im nächsten Kapitel eine weitere Frage beantworten, die wir bis dato offen lassen mussten. Wir tun das mit einem der wichtigsten Sätze der gesamten Mathematik.

10 Algebra und algebraische Zahlentheorie

Nach den Abstechern in die lineare Algebra und die Analysis haben wir bereits alle Mittel zur Hand, um richtig spannende Algebra zu betreiben. Dieses Gebiet spielt eine Schlüsselrolle bei der Suche nach transzendenten Zahlen.

Sie erinnern sich bestimmt an eine ganze Reihe von Fragen, die wir unbeantwortet lassen mussten. Zunächst tauchte das große Rätsel auf, welches sich um die Nullstellen von Polynomen in $\mathbb{C}[x]$ drehte (Seite 116). Die Zerlegung $x^2 + 1 = (x + i)\,(x - i)$ machte uns Hoffnung, dass möglicherweise alle Polynome über dem Körper $\mathbb{C}$ vollständig in Linearfaktoren zerfallen.

Danach entstand die Frage nach der Dimension des Vektorraums $\mathbb{Q}[\sqrt[n]{2}]$ über dem Körper $\mathbb{Q}$. Wir konnten dieses Problem bisher nur für $n = 2$ lösen, dort war es fast trivial (Seite 122). Es blieben aber die brennenden Fragen, ob für alle natürlichen Zahlen $n > 3$ der Vektorraum $\mathbb{Q}[\sqrt[n]{2}]$ ein Körper ist und das Erzeugendensystem

$$E \;=\; \{1,\,\sqrt[n]{2},\ldots,\big(\sqrt[n]{2}\big)^{n-1}\}$$

eine Basis von $\mathbb{Q}[\sqrt[n]{2}]$ über dem Körper der rationalen Zahlen bildet.

Diese Fragen werden wir jetzt beantworten und dabei die Schönheit einer Disziplin erleben, die Anfang des 19. Jahrhunderts zu voller Blüte kam und die Mathematik revolutionierte.

10.1 Die Dimension algebraischer Erweiterungen von $\mathbb{Q}$

Lassen Sie uns zunächst auf die schönen Beispiele für Vektorräume eingehen, die sich aus algebraischen Erweiterungen der rationalen Zahlen ergeben. Wir erkennen dabei, dass die lineare Algebra auf natürliche Weise in die höhere Algebra mündet, was schnell zu eleganten Konstruktionen führt, die im späteren Verlauf unserer Expedition wichtig werden.

Es geht also um die schwierige Frage (Seite 120), warum $\mathbb{Q}[\sqrt[n]{2}]$ ein Körper ist, und warum dieser Körper als Vektorraum über $\mathbb{Q}$ die Basis

$$B = \left\{1,\,\sqrt[n]{2},\ldots,\big(\sqrt[n]{2}\big)^{n-1}\right\}$$

besitzt, also n-dimensional ist?

Um uns den algebraischen Methoden hierfür zu nähern, gehen wir langsam an das Problem heran und betrachten den Fall $n = 3$. Wir schreiben für $\sqrt[3]{2}$ kurz α. Da wir schon gesehen haben, dass $\{1, \alpha, \alpha^2\}$ ein Erzeugendensystem ist (Seite 122), müssen wir nur noch dessen lineare Unabhängigkeit zeigen.

Dazu beobachten wir zunächst, dass α Nullstelle des Polynoms

$$F(x) \;=\; x^3 - 2$$

F. Toenniessen, *Das Geheimnis der transzendenten Zahlen*,
https://doi.org/10.1007/978-3-662-58326-5_10

ist. Nun müssen Sie sich kurz erinnern. Wissen Sie noch, was ein irreduzibles Element in einem Ring ist? Das war ein Element, das sich nur dann multiplikativ zerlegen lässt in ein Produkt, wenn einer der beiden Faktoren eine Einheit ist (Seite 110). Beispiel: Die Einheiten in $\mathbb{Q}[x]$ sind genau die rationalen Zahlen $\neq 0$.

Wie steht es also mit dem Polynom $x^3 - 2$? Ist es reduzibel oder irreduzibel in $\mathbb{Q}[x]$? Vorsicht, es sieht zwar ziemlich irreduzibel aus, aber zum Beispiel sieht $x^2 - 4$ ähnlich aus und ist bekanntlich reduzibel: $x^2 - 4 = (x+2)(x-2)$.

Wir wollen es nicht auf die Spitze treiben mit der Geheimniskrämerei, $x^3 - 2$ ist tatsächlich irreduzibel. Denn nehmen Sie an, es wäre doch ein reduzibles Polynom, dann müsste es eine Zerlegung der Form

$$x^3 - 2 = (x + a)(x^2 + bx + c)$$

mit $a, b, c \in \mathbb{Q}$ geben. Wenn Sie die rechte Seite ausmultiplizieren und anschließend die Koeffizienten auf der linken und rechten Seite miteinander vergleichen, so kommen Sie schnell auf den gewünschten Widerspruch. Probieren Sie es zur Übung einmal aus. Sie erhalten am Schluss $a^3 = -2$, was im Widerspruch dazu steht, dass $a \in \mathbb{Q}$ ist (was Sie wieder mit dem Satz über die eindeutige Primfaktorzerlegung sehen, genau wie bei der Irrationalität von $\sqrt{2}$ auf Seite 81).

Die Tatsache, dass $x^3 - 2$ irreduzibel über $\mathbb{Q}$ und α eine Nullstelle davon ist, bedeutet nun, dass wir es hier mit dem sogenannten **Minimalpolynom** von α über dem Körper $\mathbb{Q}$ zu tun haben. Und das hat erstaunliche Konsequenzen.

Doch langsam, immer schön der Reihe nach. Was ist eigentlich das Minimalpolynom einer algebraischen Zahl α über $\mathbb{Q}$? Ganz einfach: Da α Nullstelle eines Polynoms $F(x) \in \mathbb{Q}[x]$ ist, wird schnell klar, dass es ein solches Polynom von kleinstem Grad gibt, bei dem außerdem der Leitkoeffizient gleich 1 ist – man nennt es dann ein **normiertes Polynom**. Mit diesen Eigenschaften ist das Polynom sogar eindeutig definiert. Denn angenommen, es gäbe zwei verschiedene normierte Polynome minimalen Grades, die auf α verschwinden, so wäre die Differenz der beiden Polynome ein Polynom $\neq 0$ von echt kleinerem Grad, welches auch α als Nullstelle hätte, Widerspruch.

Dieses eindeutig definierte **Minimalpolynom** von α über $\mathbb{Q}$ bezeichnen wir nun mit $F_\alpha(x)$. Was hat es damit auf sich? Nun denn, hierfür haben die Algebraiker einen sehr interessanten Zusammenhang entdeckt.

Das Minimalpolynom einer algebraischen Zahl

Betrachten wir eine algebraische Zahl α. Dann sind die folgenden Aussagen für ein normiertes Polynom $F \in \mathbb{Q}[x]$ äquivalent:

1. $F(\alpha) = 0$ und F ist irreduzibel über $\mathbb{Q}$.
2. F ist das Minimalpolynom von α über $\mathbb{Q}$.

Um diese zentrale Beobachtung nachzuweisen, betreiben wir einmal richtig spannende Algebra. Wir führen für α eine spezielle Abbildung φ_α ein,

$$\begin{aligned}\varphi_\alpha : \mathbb{Q}[x] &\to \mathbb{Q}[\alpha]\\ P &\mapsto P(\alpha).\end{aligned}$$

Das ist nichts anderes als die Abbildung „setze α in das Polynom P ein". Insgesamt ist sie aber eine besondere Abbildung, denn sie respektiert alle mathematischen Strukturen, welche wir auf $\mathbb{Q}[x]$ und $\mathbb{Q}[\alpha]$ gefunden haben: die Ringstruktur und die Vektorraumstruktur. Sie können leicht nachprüfen, dass zum Beispiel $\varphi_\alpha(F+G) = \varphi_\alpha(F) + \varphi_\alpha(G)$ ist, und genauso für alle anderen Ring- und Vektorraumgesetze. Damit wird φ_α zu einem sogenannten **Homomorphismus**, und wenn wir jetzt die Menge all der Polynome in $\mathbb{Q}[x]$ betrachten, die dabei auf 0 abgebildet werden, so sprechen wir vom **Kern** des Homomorphismus und schreiben dafür $\mathrm{Ker}(\varphi_\alpha)$. Dieser Kern besteht also aus allen Polynomen, welche α als Nullstelle haben. Er hat eine besondere Eigenschaft, die wir schon von früher kennen: Der Kern ist ein Ideal in $\mathbb{Q}[x]$, was Sie ganz leicht prüfen können. Wir gehen also wie früher schon einmal zu dem Ring der Äquivalenzklassen

$$\mathbb{Q}[x]/\mathrm{Ker}(\varphi_\alpha)$$

über, und beginnen eine abenteuerliche Konstruktion. Durch φ_α wird nämlich eine Abbildung

$$\begin{aligned}\overline{\varphi_\alpha} : \mathbb{Q}[x]/\mathrm{Ker}(\varphi_\alpha) &\to \mathbb{Q}[\alpha]\\ \overline{P} &\mapsto P(\alpha).\end{aligned}$$

definiert, indem wir als Bild einer Äquivalenzklasse einfach das Bild eines ihrer Repräsentanten bei φ_α nehmen. Das ergibt eine wohldefinierte Abbildung, denn das Bild eines Polynoms bei φ_α ändert sich nicht, wenn wir ein dazu äquivalentes Polynom wählen: Aus $F - G \in \mathrm{Ker}(\varphi_\alpha)$ folgt

$$\varphi_\alpha(F) - \varphi_\alpha(G) = \varphi_\alpha(F-G) = 0 \quad \Rightarrow \quad \varphi_\alpha(F) = \varphi_\alpha(G).$$

Mit einer ganz ähnlichen Überlegung können Sie feststellen, dass $\overline{\varphi_\alpha}$ injektiv ist. Und da φ_α selbst schon surjektiv war, ist klarerweise auch $\overline{\varphi_\alpha}$ surjektiv, also bijektiv und damit ein **Isomorphismus** von Ringen oder Vektorräumen.

Das, was wir gerade festgestellt haben, ist einer der bekannten **Homomorphiesätze**. Er macht sogar Mathematikstudenten im ersten Semester manchmal Schwierigkeiten, also verzweifeln Sie nicht, wenn Sie eine Weile an dieser Klippe verweilen müssen.

Machen wir zur Übung ein kleines Beispiel dazu. Betrachten wir für eine ganze Zahl $n \geq 2$ das Ideal $(n) \subset \mathbb{Z}[x]$. Das sind alle Vielfachen von n in $\mathbb{Z}[x]$. Wie können wir uns dann den Restklassenring $\mathbb{Z}[x]/(n)$ vorstellen? Da hilft der Homomorphiesatz, denn wir haben einen natürlichen Ring-**Epimorphismus** (also einen surjektiven Homomorphismus)

$$\varphi : \mathbb{Z}[x] \to \big(\mathbb{Z}/n\mathbb{Z}\big)[x].$$

Bei φ werden einfach die Koeffizienten des Polynoms modulo n betrachtet. Welches ist der Kern dieser Abbildung? Nun ja, ein Polynom wird genau dann auf 0 abgebildet, wenn alle seine Koeffizienten modulo n verschwinden, also Vielfache von n sind. Das ist genau unser Ideal $(n) \subset \mathbb{Z}[x]$. Also ist

$$\overline{\varphi} : \mathbb{Z}[x]/(n) \;\to\; \big(\mathbb{Z}/n\mathbb{Z}\big)[x]$$

ein Isomorphismus von Ringen. Wir werden das später noch verwenden.

Jetzt aber genug der abstrakten Überlegungen. Wir haben den Weg gefunden, um den Satz über das Minimalpolynom (Seite 168) beweisen zu können. Denn wir wissen schon von früher, dass $\mathbb{Q}[x]$ ein Hauptidealring ist (Seite 52). Es gibt also ein Polynom $G(x)$, welches $\mathrm{Ker}(\varphi_\alpha)$ erzeugt. G sei dabei so gewählt, dass es normiert ist. Das ist leicht erreichbar durch Multiplikation mit einer rationalen Zahl $\neq 0$.

Starten wir mit der Richtung $1 \Rightarrow 2$: Wir stellen fest, dass $F \in \mathrm{Ker}(\varphi)$ ist. Da $\mathrm{Ker}(\varphi_\alpha) = (G)$ ist, gibt es ein Polynom H mit der Eigenschaft $F = HG$. Da F irreduzibel war, muss zwangsläufig $\deg(H) = 0$ sein und damit ist $F = G$, da beide Polynome normiert sind. Weil alle Polynome im Kern von φ mindestens den Grad von G haben müssen, gibt es auch kein Polynom kleineren Grades in $\mathrm{Ker}(\varphi_\alpha)$, oder anders ausgedrückt: Es gibt kein Polynom kleineren Grades, welches α als Nullstelle hat. Damit ist F das Minimalpolynom von α.

Die Umkehrung $2 \Rightarrow 1$ ist noch einfacher. Denn wenn F das Minimalpolynom von α ist, dann ist natürlich $F(\alpha) = 0$. Außerdem ist F klarerweise irreduzibel, denn sonst gäbe es ein Polynom von echt kleinerem Grad, welches auf α Null wird. Das ist eine einfache Konsequenz aus der Tatsache, dass ein Produkt aus rationalen Zahlen nur dann 0 sein kann, wenn mindestens einer der Faktoren 0 ist – jeder Körper ist ein Integritätsring. □

Gratulation, wir haben einen fundamentalen Zusammenhang gezeigt. Genau genommen haben wir sogar – durch einen Ringschluss – noch mehr gezeigt: 1. und 2. sind beide äquivalent zu einer dritten Aussage, nämlich dass $\mathrm{Ker}(\varphi_\alpha) = (F)$ ist, doch das brauchen wir nicht weiter.

Jetzt wird es spannend, Sie werden sehen, dass man durch abstrakte Überlegungen plötzlich die Herrschaft gewinnt über Fragen, die einem vorher unlösbar erschienen. Erinnern Sie sich, was ursprünglich mit α gemeint war? Richtig: Wir haben α als Kurzschreibweise für $\sqrt[3]{2}$ benutzt. Wir wissen, dass $x^3 - 2$ irreduzibel ist. Mit der schönen Äquivalenz von eben bedeutet das, dass $x^3 - 2$ das Minimalpolynom von $\sqrt[3]{2}$ ist. Daraus ergeben sich jetzt sofort zwei wichtige Antworten:

Kein Polynom $P \neq 0$ mit $\deg(P) \leq 2$ kann beim Einsetzen von $\sqrt[3]{2}$ den Wert 0 haben. Also ist das Erzeugendensystem

$$E = \left\{1, \sqrt[3]{2}, \left(\sqrt[3]{2}\right)^2 \right\}$$

tatsächlich linear unabhängig, mithin eine Basis des Vektorraums $\mathbb{Q}[\sqrt[3]{2}\,]$. Wir sehen aber noch mehr: Wir können aus unseren Beobachtungen ableiten, dass $\mathbb{Q}[\sqrt[3]{2}\,]$ sogar ein Körper ist. Und das, ohne explizit ein inverses Element zu konstruieren. Denn der obige Homomorphiesatz zeigt, dass die Abbildung φ_α einen Isomorphismus

$$\overline{\varphi_\alpha} : \mathbb{Q}[x]/(x^3 - 2) \to \mathbb{Q}[\sqrt[3]{2}\,]$$

induziert. Und da $x^3 - 2$ irreduzibel ist, schließt sich wieder ein Kreis der Erkenntnis für uns. Erinnern Sie sich? Schon früher haben wir gesehen, dass das Ideal $(x^3 - 2)$ ein maximales Ideal und damit die Menge der Äquivalenzklassen ein Körper ist (Seite 109). Jede dazu isomorphe Struktur ist dann zwangsläufig auch ein Körper, in diesem Fall also $\mathbb{Q}[\sqrt[3]{2}\,]$.

Die Überlegungen von gerade eben lassen sich noch zu einem sehr schönen und allgemeinen Satz über algebraische Erweiterungen von $\mathbb{Q}$ ausdehnen.

Die Dimension einer algebraischen Erweiterung $\mathbb{Q}[\alpha]$ über $\mathbb{Q}$

Wenn immer wir eine algebraische Zahl α haben, deren Minimalpolynom F_α den Grad n hat, so ist der Vektorraum $\mathbb{Q}[\alpha]$ selbst wieder ein Körper. Als Vektorraum über $\mathbb{Q}$ besitzt er die Basis

$$B = \{1, \alpha, \alpha^2, \ldots, \alpha^{n-1}\}.$$

Also ist $\dim_{\mathbb{Q}}(\mathbb{Q}[\alpha]) = n$.

Die Körpereigenschaft folgt direkt aus den gleichen Überlegungen wie oben. Auch die zweite Aussage ist naheliegend, denn B ist klarerweise linear unabhängig, sonst hätten wir sofort ein Polynom G mit $\deg(G) < \deg(F_\alpha)$ und $G(\alpha) = 0$. Warum erzeugt B nun ganz $\mathbb{Q}[\alpha]$? Das Minimalpolynom selbst ergibt sofort eine Linearkombination von α^n mit Vektoren aus B, denn mit

$$F_\alpha(\alpha) = \alpha^n + a_{n-1}\,\alpha^{n-1} + \ldots + a_1\,\alpha + a_0 = 0$$

haben wir

$$\alpha^n = -a_{n-1}\,\alpha^{n-1} - \ldots - a_1\,\alpha - a_0\,.$$

Jede höhere Potenz von α lässt sich nun schrittweise zurückführen auf eine Darstellung in B. Sie sehen das hier am Beispiel α^{n+1}:

$$\alpha^{n+1} = \alpha\,\alpha^n = -a_{n-1}\,\alpha^n - \ldots - a_1\,\alpha^2 - a_0\,\alpha\,.$$

Da sich α^n aus B erzeugen lässt, ergibt dies durch Einsetzen auch eine Darstellung von α^{n+1} mit Elementen aus B. Indem man induktiv immer so weiter macht, sind alle Potenzen von α letztlich Linearkombinationen mit Elementen aus B. Also ist B auch ein Erzeugendensystem von $\mathbb{Q}[\alpha]$. □

Doch halten wir kurz inne nach so viel Schwerarbeit. Wir ruhen uns aus, fast wie auf einem Berggipfel, und stellen wieder einmal fest, dass Abstraktion in der Mathematik etwas sehr Lohnendes ist. Im nächsten Abschnitt werden wir die Thematik noch einmal systematisch aufgreifen und damit die Fragen rund um $\mathbb{Q}[\sqrt[n]{2}\,]$ auch für alle $n > 3$ beantworten können.

Haben Sie Interesse an etwas Mathematik-Geschichte? Dann lassen Sie die restlichen Seiten dieses Abschnitts als kleine Erholung auf sich wirken.

Diese algebraischen Körpererweiterungen von $\mathbb{Q}$ sind fürwahr ein toller Spielplatz, man kann eine Menge schräger Dinge mit ihnen konstruieren. So zum Beispiel einen der größten Stolpersteine der Mathematik-Geschichte. Lassen Sie uns noch kurz an dieser Sehenswürdigkeit verweilen. Vielleicht haben Sie schon gehört von einer der kniffligsten Fragen der Mathematik in den vergangenen Jahrhunderten? Es geht um das große Problem des französischen Mathematikers PIERRE DE FERMAT. Er hat schon um das Jahr 1640 vermutet, dass die berühmte Gleichung

$$x^n + y^n = z^n$$

für $n \geq 3$ keine ganzzahligen Lösungen besitzt, in denen alle drei Variablen > 0 sind. Für $n = 2$ gibt es bekanntlich derartige Lösungen, zum Beispiel die Tripel $(3, 4, 5)$ oder $(5, 12, 13)$.

Erst im Jahre 1994 konnte ANDREW WILES aus Oxford unter Mithilfe seines Schülers RICHARD TAYLOR diese Vermutung bestätigen, nach einem wahren Mathematik-Krimi mit vielen Korrekturen, Zweifeln und schließlich doch dem durchschlagenden Erfolg. Er tat das in einem der schwierigsten Beweise aller Zeiten, und benutzte zusätzlich wichtige Resultate und Ideen einer ganzen Reihe von Vorgängern. Unter anderem von KEN RIBET aus Berkeley, der 1990 zeigte, dass eine Idee von GERHARD FREY aus Saarbrücken funktionieren könnte, welche dieser Mitte der 80er-Jahre veröffentlicht hatte. Die Originalarbeit von WILES umfasst über 100 Seiten. Um sie zu verstehen, muss man vorher abertausende von weiteren Seiten verstanden haben – letztlich sind es nur ganz wenige Mathematiker auf dieser Welt, die den Beweis vollständig überblicken. Auch so kann Mathematik sein. Aber warum erzähle ich das?

Am 1. März 1847, über 200 Jahre nachdem FERMAT seine Vermutung aufgestellt hat, kündigte der Franzose GABRIEL LAMÉ einen Beweis dafür an. Beim Vortrag hat schließlich JOSEPH LIOUVILLE einen kleinen, aber schwerwiegenden Fehler entdeckt, der den ganzen Beweis zunichte machte. Auch der Deutsche ERNST EDUARD KUMMER belegte diesen Fehler. Er hat etwas mit der eindeutigen Primfaktorzerlegung zu tun. Worum geht es genau?

Wenn Sie heute jemanden in der Schule fragen, was eine Primzahl ist, so bekommen Sie vielleicht die folgende Antwort: „Das ist eine Zahl, die sich nur durch 1 und sich selbst teilen lässt". Das bedeutet im strengen mathematischen Sinne aber, dass die Zahl **irreduzibel** ist. In Wirklichkeit ist die Eigenschaft, prim zu sein, anders definiert. Die Mathematiker sprechen bei einem Ring R von einem **Primelement** p, wenn Folgendes gilt:

Falls p Teiler eines Produktes ab ist, dann ist es auch Teiler wenigstens einer der beiden Faktoren.

Diese Definition ist stärker als die vorangehende, wenn das Produkt zweier Elemente $a, b \neq 0$ in dem Ring niemals 0 ist. Denn jedes Primelement ist in einem solchen **nullteilerfreien Ring** tatsächlich irreduzibel: Falls für ein Primelement p eine Darstellung der Form $p = ab$ existieren würde, dann würde p nach Definition wenigstens einen der Faktoren teilen, sagen wir a. Aus $a = pc$ folgt dann aber $p = pcb$ und damit $0 = p(1 - cb)$. Da R nullteilerfrei war, ist $cb = 1$ und damit b eine Einheit in R. Also war $p = ab$ gar keine „echte“ Zerlegung, p ist tatsächlich irreduzibel.

Keine Angst, unsere altbekannte Definition aus der Schule ist schon richtig, solange wir uns im Bereich der ganzen Zahlen bewegen. Das liegt daran, dass $\mathbb{Z}$ ein **faktorieller Ring** ist, in dem jede Zahl sich eindeutig als ein Produkt aus solch irreduziblen Faktoren schreiben lässt. Sie erinnern sich bestimmt an diesen Satz, den Hauptsatz der elementaren Zahlentheorie (Seite 42). Sie können in einer einfachen Übung selbst zeigen, dass bei eindeutiger Zerlegung in irreduzible Faktoren tatsächlich jedes irreduzible Element auch ein Primelement ist.

LAMÉ hat nun geglaubt, dass die Äquivalenz immer gilt, dass also in allen Ringen die irreduziblen Elemente gleich den Primelementen sind. Als diese Annahme im Beweisversuch auftauchte, wurde das Malheur sofort aufgedeckt. Es gibt nämlich ganz schräge Ringe, in denen nicht jedes irreduzible Element prim ist. Auf unserem Spielplatz finden sich solche Ringe.

Nehmen wir dazu ein algebraisches Element in der Menge der komplexen Zahlen, nämlich $\sqrt{-5}$, und betrachten den Ring $\mathbb{Z}[\sqrt{-5}\,]$, einen Unterring von $\mathbb{Q}[\sqrt{-5}\,]$. Dies ist nichts anderes als der Polynomring mit ganzzahligen Koeffizienten und der „Unbestimmten“ $\sqrt{-5}$, dessen Elemente sich als $a_1 + a_2\sqrt{-5}$ mit $a_1, a_2 \in \mathbb{Z}$ schreiben.

Man prüft nun sehr schnell, dass die Zahl 2 in diesem Ring irreduzibel ist. Im Falle einer Zerlegung gibt es ganze Zahlen a_1, a_2, b_1, b_2 mit der Eigenschaft

$$(a_1 + a_2\sqrt{-5})\,(b_1 + b_2\sqrt{-5}) \;=\; 2\,.$$

Wenden wir hier auf beiden Seiten den absoluten Betrag in $\mathbb{C}$ an, so erhalten wir

$$(a_1^2 + 5\,a_2^2)\,(b_1^2 + 5\,b_2^2) \;=\; 4\,,$$

was natürlich nur dann möglich ist, wenn $a_2 = b_2 = 0$ ist, und dann muss entweder $a_1 = 2$ und $b_1 = 1$ gelten oder umgekehrt. Also ist 2 irreduzibel in $\mathbb{Z}[\sqrt{-5}\,]$. Auf genau die gleiche Weise können Sie auch sehen, dass die 3 sowie $1 + \sqrt{-5}$ und $1 - \sqrt{-5}$ irreduzibel sind.

Und nun kommt die böse Überraschung, sie ereilt uns bei der Zahl 6, denn wir haben mit

$$\begin{aligned} 6 &\;=\; 2 \cdot 3 \quad \text{und} \\ 6 &\;=\; (1 + \sqrt{-5})\,(1 - \sqrt{-5}) \end{aligned}$$

zwei verschiedene Zerlegungen der 6 in irreduzible Faktoren. In $\mathbb{Z}[\sqrt{-5}\,]$ gibt es also keine eindeutige Zerlegung in irreduzible Faktoren wie etwa in $\mathbb{Z}$. Darum gibt es dort auch irreduzible Zahlen, welche nicht prim sind, zum Beispiel die 2. Sie ist keine Primzahl in $\mathbb{Z}[\sqrt{-5}\,]$, denn sie teilt das Produkt $(1 + \sqrt{-5})\,(1 - \sqrt{-5})$, aber keinen der Faktoren, was Sie wieder durch ganz einfache Rechnungen mit dem Betrag in $\mathbb{C}$ prüfen können.

Damit war der Beweisversuch von LAMÉ gescheitert, es gab keine wirksamen Reparaturen. Auch lange Zeit danach wurden immer nur Teilerfolge in dieser Frage erzielt, obwohl sich viele der berühmtesten Mathematiker ihrer Zeit daran versuchten. Erst Ende des 20. Jahrhunderts gelang der Durchbruch. Mathematik ist manchmal Detektivarbeit, die sich über Generationen von Forschern erstrecken kann. Nicht zuletzt das macht sie so spannend. Ringe wie $\mathbb{Z}[\sqrt{-5}]$ haben übrigens nicht nur einen Versuch zum Scheitern gebracht, die FERMATsche Vermutung zu beweisen, sie markierten im 19. Jahrhundert auch den Beginn der modernen Algebra.

Lassen Sie uns nach diesem Abstecher in die Geschichte zu der Frage nach einer Basis (und nach der Körpereigenschaft) des $\mathbb{Q}$-Vektorraums $\mathbb{Q}[\sqrt[n]{2}]$ zurückkehren.

10.2 Die Irreduzibilität von Polynomen

Wir haben im vorigen Abschnitt bemerkt, dass die Irreduzibilität von Polynomen in $\mathbb{Q}[x]$ bei der Dimension algebraischer Erweiterungen von $\mathbb{Q}$ eine zentrale Rolle spielt. In der Tat, wenn wir nachweisen könnten, dass für alle $n \geq 1$ das Polynom $x^n - 2$ irreduzibel wäre, dann wäre es nach dem Satz von Seite 168 das Minimalpolynom von $\sqrt[n]{2}$ über $\mathbb{Q}$ und damit hätten wir die Fragen nach der Körpereigenschaft von $\mathbb{Q}[\sqrt[n]{2}]$ und der linearen Unabhängigkeit von

$$E = \{1, \sqrt[n]{2}, \ldots, (\sqrt[n]{2})^{n-1}\}$$

positiv beantwortet – auf die gleiche Art, wie das im Spezialfall $n = 3$ möglich war (Seite 171). Wir wagen daher die

Vermutung
Für alle $n \geq 1$ ist das Polynom $x^n - 2$ irreduzibel in $\mathbb{Q}[x]$.

CARL FRIEDRICH GAUSS war es, der mit bahnbrechenden Untersuchungen den Weg zum Beweis dieser Vermutung ebnete. Er hat gezeigt, dass die Irreduzibilität eines Polynoms mit ganzzahligen Koeffizienten in $\mathbb{Z}[x]$ auch dessen Irreduzibilität in $\mathbb{Q}[x]$ impliziert. Oder anders formuliert: Wenn ein Polynom $P \in \mathbb{Z}[x]$ liegt und in ein Produkt zweier nicht konstanter Polynome G und H mit rationalen Koeffizienten zerlegt werden kann, dann kann es auch in ein Produkt zweier nicht konstanter Polynome mit ganzzahligen Koeffizienten zerlegt werden. Ein bemerkenswerter Satz.

Wir betrachten dazu wieder die Ideale I in einem Ring R, der nun $\mathbb{Z}$ oder der Polynomring $\mathbb{Z}[x]$ sein kann. Ein **Primelement** eines solchen Ringes war ja ein Element p, für das folgende Eigenschaft gilt: Wenn p ein Produkt ab teilt, dann teilt es wenigstens einen der beiden Faktoren (Seite 172).

Was bedeutet das nun für den Restklassenring R/I, wenn das Ideal I von einem Primelement p erzeugt ist? Ganz einfach: Es bedeutet, dass wenn immer wir zwei von 0 verschiedene Elemente $\overline{a}, \overline{b} \in R/(p)$ haben, so ist auch das Produkt $\overline{a}\,\overline{b} \neq 0$. Das ist klar. Denn wenn $\overline{a}\,\overline{b} = \overline{ab}$ Null wäre, so würde p das Produkt ab teilen.

Dann würde es einen der beiden Faktoren teilen, sagen wir a, und wir hätten $a \in (p)$ oder eben $\overline{a} = 0$, Widerspruch. Man nennt einen Ring, bei dem das Produkt von zwei Elementen $\neq 0$ niemals verschwindet, **nullteilerfrei** oder einen **Integritätsring**.

Wir nennen ein Ideal I eines Ringes R jetzt **Primideal**, wenn R/I ein Integritätsring ist. Das bedeutet, mit einem Produkt ab ist stets wenigstens einer der beiden Faktoren ein Element von I. Weiter nennen wir ein Polynom $P \in \mathbb{Z}[x]$ **primitiv**, wenn seine Koeffizienten keinen gemeinsamen Teiler $t \geq 2$ haben.

Mit diesen Begriffen können wir die Frage nach der Irreduzibilität von Polynomen angehen. Die erste wichtige Beobachtung von GAUSS dazu war das

Lemma von Gauß
Das Produkt von zwei primitiven Polynomen $F, G \in \mathbb{Z}[x]$ ist wieder primitiv.

So einfach die Aussage anmutet, sie ist nicht trivial. Denn in dem Produkt kommen Koeffizienten vor, die ihrerseits wieder längliche Summen sein können. Mit den Begriffen von vorhin kommen wir aber weiter.

Nehmen wir dazu an, FG sei nicht primitiv. Dann gibt es eine Primzahl $p \in \mathbb{Z}$, die gemeinsamer Teiler aller Koeffizienten von FG ist. Das Ideal $(p) \subset \mathbb{Z}$ ist dann ein Primideal und es gilt $FG \in (p)[x]$.

Mit dem Homomorphiesatz haben wir früher bereits einen Isomorphismus von Ringen

$$\overline{\varphi}: \mathbb{Z}[x]/(p)[x] \to \big(\mathbb{Z}/(p)\big)[x].$$

hergeleitet (Seite 170). Da $\mathbb{Z}/(p)$ ein Integritätsring ist, gilt das auch für $\big(\mathbb{Z}/(p)\big)[x]$ und wegen des Isomorphismus $\overline{\varphi}$ auch für $\mathbb{Z}[x]/(p)[x]$.

Damit ist aber $(p)[x]$ ein Primideal in $\mathbb{Z}[x]$. Mit $FG \in (p)[x]$ muss also einer der beiden Faktoren in $(p)[x]$ liegen. Dieser Faktor ist dann nicht primitiv und wir haben den gewünschten Widerspruch. □

Ein netter Beweis. Wieder einmal ein Beleg dafür, wie hilfreich ein wenig Abstraktion und das Konzept der Äquivalenzrelationen sein kann, das wir schon ganz zu Beginn unserer Expedition kennen gelernt haben. Nun können wir den wichtigen Satz beweisen.

Teilbarkeit und Irreduzibilität von Polynomen
Sind $F, G \in \mathbb{Z}[x]$ mit $\deg(F) > 0$ und $G \neq 0$, so gelten die folgenden beiden Äquivalenzen:

$$F \text{ ist primitiv und teilt } G \text{ in } \mathbb{Z}[x] \quad \Leftrightarrow \quad F \text{ ist primitiv und teilt } G \text{ in } \mathbb{Q}[x]$$

$$F \text{ ist irreduzibel in } \mathbb{Z}[x] \quad \Leftrightarrow \quad F \text{ ist irreduzibel in } \mathbb{Q}[x]$$

Ein Satz mit enormen Konsequenzen. Sein Beweis ist nicht schwer. Beide Äquivalenzen sind nur in einer Richtung zu beweisen.

Zur ersten Äquivalenz: Falls $G = FH$ mit einem $H \in \mathbb{Q}[x]$, so wählen wir ein $r \in \mathbb{Q}$ derart, dass

$$H_1 = r\,H \in \mathbb{Z}[x]$$

liegt und primitiv ist. Dies ist immer möglich: Sie müssen H nur mit dem Hauptnenner aller Koeffizienten multiplizieren. Es gilt dann

$$G = \frac{1}{r} F H_1 .$$

Nach dem Lemma von GAUSS ist dann FH_1 primitiv. Ich stelle nun die kühne Behauptung auf, dass $1/r$ ganzzahlig ist. Denn falls es das nicht wäre, hätten wir $1/r = s/t$ mit zwei teilerfremden $s, t \in \mathbb{Z}$ und $t \geq 2$. Es gilt dann

$$t\,G = s\,F H_1 .$$

Es sei p nun ein Primfaktor von t. Da FH_1 primitiv ist, teilt p nicht alle Koeffizienten von FH_1. Weil s und t teilerfremd waren, ergibt dies einen Widerspruch. Beachten Sie, dass diese Teilerakrobatik erst durch den Satz von der eindeutigen Primfaktorzerlegung möglich wird (Seite 42). Die bedeutende Erkenntnis aus der Antike wird häufig gar nicht mehr richtig wahrgenommen – darum sei sie hier einmal mit Nachdruck erwähnt.

Zur zweiten Äquivalenz: F sei irreduzibel in $\mathbb{Z}[x]$. Angenommen, das wäre in $\mathbb{Q}[x]$ anders, dann hätte F einen echten Teiler $G \in \mathbb{Q}[x]$ mit $0 < \deg(G) < \deg(F)$. Wir finden wieder ein geeignetes $r \in \mathbb{Q}$, so dass

$$G_1 = r\,G \in \mathbb{Z}[x]$$

primitiv ist. Da G_1 das Polynom F in $\mathbb{Q}[x]$ immer noch teilt, gilt dies nach der ersten Äquivalenz auch in $\mathbb{Z}[x]$. Es gibt also ein $H \in \mathbb{Z}[x]$ mit

$$F = G_1 H .$$

F war aber irreduzibel in $\mathbb{Z}[x]$. Da G und damit auch G_1 positiven Grad haben, muss H eine Einheit in $\mathbb{Z}[x]$ sein, also ± 1. Damit ist

$$F = \pm\, r\, G ,$$

im Widerspruch zu $0 < \deg(G) < \deg(F)$. □

Ein wunderbarer Satz, Algebra in ihrer vollen suggestiven Klarheit. Dieses Ergebnis mündete in ein Kriterium für die Irreduzibilität von Polynomen, mit dessen Hilfe wir unsere erste Frage beantworten können. Es ist nach FERDINAND GOTTHOLD EISENSTEIN benannt. Er verfasste dazu im Jahre 1850 eine sehr publikumswirksame Arbeit, [15], nachdem das Kriterium schon 1846 zum ersten Mal von T. SCHÖNEMANN veröffentlicht wurde.

Ein Kriterium für die Irreduzibilität von Polynomen (Eisenstein)
Ein Polynom

$$P(x) = a_n x^n + a_{n-1} x^{n-1} + \ldots + a_1 x + a_0 \in \mathbb{Z}[x]$$

ist irreduzibel im Ring $\mathbb{Q}[x]$, wenn es eine Primzahl p gibt, welche die folgenden Bedingungen erfüllt:

p ist kein Teiler des Leitkoeffizienten a_n, aber Teiler aller übrigen Koeffizienten $a_{n-1}, \ldots, a_0$. Außerdem ist p^2 kein Teiler des konstanten Gliedes a_0.

Das Kriterium greift nicht nur bei Polynomen der Gestalt $x^n - 2$, sondern allgemein bei $x^n - p$, falls p eine Primzahl ist. Diese Polynome sind daher irreduzibel in $\mathbb{Q}[x]$, also Minimalpolynome von $\sqrt[n]{p}$. Daher sind alle Ringe $\mathbb{Q}[\sqrt[n]{2}]$ sogar Körper und die Erzeugendensysteme der Form

$$E = \{1, \sqrt[n]{p}, \ldots, \left(\sqrt[n]{p}\right)^{n-1}\}$$

linear unabhängig über $\mathbb{Q}$ – unsere erste Frage ist damit umfassend beantwortet.

Der Beweis des EISENSTEIN-Kriteriums ist genial einfach – man braucht nur die richtige Idee. Wir gehen aus von einem Polynom $P \in \mathbb{Z}[x]$,

$$P(x) = a_n x^n + a_{n-1} x^{n-1} + \ldots + a_1 x + a_0 ,$$

welches alle drei Bedingungen des Kriteriums erfüllt, und nehmen an, es gäbe eine Zerlegung $P = FG$ in nicht konstante Polynome mit rationalen Koeffizienten. Nach dem vorigen Satz können wir es einrichten, dass F und G sogar ganzzahlige Koeffizienten haben. Nun kommt wieder die geniale Konstruktion, die wir schon beim Lemma von GAUSS gesehen haben. Wir betrachten das von p erzeugte Ideal $(p) \subset \mathbb{Z}[x]$ und den bekannten Ring-Homomorphismus

$$\varphi : \mathbb{Z}[x] \to \mathbb{Z}[x]/(p) ,$$

der jedes Polynom auf seine Äquivalenzklasse modulo p abbildet. Wegen des im Lemma von GAUSS benutzten Isomorphismus (Seite 175) ist klar, dass P dabei auf

$$\overline{P(x)} = \overline{a_n}\, x^n + \overline{a_{n-1}}\, x^{n-1} + \ldots + \overline{a_1}\, x + \overline{a_0}$$

abgebildet wird, also letztlich nur die Koeffizienten modulo p betrachtet werden. Damit ergeben sich also Polynome in $\big(\mathbb{Z}/(p)\big)[x]$, dem Polynomring über dem Körper $\mathbb{Z}/(p)$. Diese Konstruktion wenden wir nun auf die Zerlegung $P = FG$ an.

Wegen der ersten beiden Kriterien ist $\overline{P(x)} = \overline{a_n}\, x^n \neq 0$, und daher auch

$$\overline{G(x)}\,\overline{H(x)} = \overline{a_n}\, x^n .$$

Also müssen $\overline{G(x)}$ und $\overline{H(x)}$ von der Gestalt $\overline{G(x)} = \overline{b}x^k$ und $\overline{H(x)} = \overline{c}x^{n-k}$ sein, für ganze Zahlen b, c und ein $k > 0$.

Gehen wir jetzt zurück zu $\mathbb{Z}[x]$. Die farbig markierte Zeile besagt, dass die konstanten Glieder von G und H ebenfalls Vielfache von p sein müssen, da sie sonst modulo p nicht wegfallen würden. Das konstante Glied a_0 von P ist das Produkt dieser beiden und daher ein Vielfaches von p^2, was im Widerspruch zur dritten Bedingung steht. □

Der Widerspruch am Schluss beruht auf der Tatsache, dass p^2 ein Teiler des Produktes zweier ganzer Zahlen ist, die beide von p geteilt werden. Das mutet uns wieder selbstverständlich an, ist aber ebenfalls Konsequenz der eindeutigen Primfaktorzerlegung in $\mathbb{Z}$.

Das EISENSTEIN-Kriterium ist hinreichend, aber nicht notwendig für die Irreduzibilität eines Polynoms. Zum Beispiel ist $x^2 + 4$ kein EISENSTEIN-Polynom, aber dennoch irreduzibel in $\mathbb{Q}[x]$. Andererseits kann man mit dem EISENSTEIN-Kriterium die Irreduzibilität im Ring $\mathbb{Q}[x]$ auch von komplizierteren Polynomen wie etwa

$$P(x) = 2x^5 - 3x^4 + 9x^2 + 6x - 3$$

nachweisen, ein ganz und gar nicht triviales Resultat. Wir wollen jetzt ein weiteres, wichtiges Ergebnis aus der Algebra besprechen, in dessen Beweis die lineare Algebra eine entscheidende Rolle spielt.

10.3 Der Hauptsatz über elementarsymmetrische Polynome

In diesem Abschnitt geht es um ein tiefliegendes Resultat aus der Algebra. Der Beweis ist nicht einfach, ich habe aber versucht, ihn so verständlich wie möglich zu gestalten und mit vielen Beispielen zu veranschaulichen. Interessant daran ist, dass der Satz mit Hilfe der linearen Algebra bewiesen werden kann, was wieder einmal zeigt, wie eng die Teilgebiete der Mathematik beieinander liegen.

Um was geht es? Bestimmt erinnern Sie sich an die Frage, welche wir uns am Ende des Kapitels über die komplexen Zahlen gestellt haben (Seite 116). Es ging um Polynome und deren Nullstellen oder die Frage, ob im Ring $\mathbb{C}[x]$ jedes Polynom vollständig in Linearfaktoren zerfällt oder nicht. Wenn ja, dann hätte jedes solche Polynom vom Grad $n \geq 1$ eine Zerlegung

$$P(x) = (x - \alpha_1)(x - \alpha_2) \cdots (x - \alpha_n)$$

mit seinen Nullstellen $\alpha_1, \ldots, \alpha_n \in \mathbb{C}$. Das wäre eine Aussage mit ungeheuer weitreichenden Konsequenzen. Und wir haben noch kein Gegenbeispiel gefunden, zumal der kritische Kandidat $x^2 + 1$ tatsächlich in das Produkt $(x + i)(x - i)$ zerfällt. Es gibt also Hoffnung.

Nehmen wir einmal an, wir hätten ein solches Polynom P und machen uns daran, seine Zerlegung in Linearfaktoren wieder auszumultiplizieren:

$$\begin{aligned} P(x) &= x^n - (\alpha_1 + \alpha_2 + \ldots + \alpha_n)\, x^{n-1} + \\ &\quad (\alpha_1 \alpha_2 + \alpha_1 \alpha_3 + \ldots + \alpha_{n-1} \alpha_n)\, x^{n-2} + \ldots \end{aligned}$$

Ich halte hier an, da es droht, länglich zu werden. Bestimmt haben Sie bemerkt, wie das Gesetz lautet, nach dem die Koeffizienten zu den Potenzen von x gebildet werden. Wenn nicht, dann empfehle ich, es einmal für $n = 3$ oder $n = 4$ ganz konkret auszuprobieren. Das Prinzip ist einfach: Sie müssen beim Ausmultiplizieren jeden Linearfaktor durchgehen und bei x^k k-mal x wählen und $(n-k)$-mal eine der Nullstellen α_i. Dabei müssen Sie jede Kombination an Auswahlmöglichkeiten genau einmal berücksichtigen. Wie gesagt, wenn es zu schwer wird mit der Vorstellung, dann probieren Sie ein kleines Beispiel.

Die allgemeinen Formeln für die Koeffizienten c_k bei x^{n-k} lauten

$$c_1 = -\sum_{i=1}^n \alpha_i\,, \qquad c_2 = \sum_{1\le i<j\le n} \alpha_i\,\alpha_j\,,$$

$$c_3 = -\sum_{1\le i<j<k\le n} \alpha_i\,\alpha_j\,\alpha_k \quad \ldots \quad c_n = (-1)^n \prod_{i=1}^n \alpha_i = (-1)^n\,\alpha_1\,\alpha_2\cdots\alpha_n\,.$$

Der faszinierende Gedanke besteht nun darin, die Koeffizienten c_i selbst wieder als Polynome in den Unbestimmten $\alpha_1,\ldots,\alpha_n$ zu interpretieren. Und als solche Polynome haben sie eine verblüffende Eigenschaft. Ihnen ist sicherlich eine gewisse Symmetrie schon aufgefallen, und tatsächlich: Die c_i bleiben als Polynome allesamt unverändert, wenn Sie die α_i beliebig vertauschen. Das ist klar, denn das ausmultiplizierte Polynom

$$P(x) \;=\; (x-\alpha_1)\,(x-\alpha_2)\,\cdots\,(x-\alpha_n)$$

hat eindeutig definierte Koeffizienten, egal in welcher Reihenfolge die Linearfaktoren stehen. Da die Polynome c_i alle auf eine „elementare“ Weise entstehen, bezeichnet man sie – ohne Berücksichtigung des alternierenden Vorzeichens – als **elementarsymmetrische Polynome**. Sie werden mit dem Buchstaben s geschrieben und lauten also wie folgt:

Elementarsymmetrische Polynome in $\alpha_1,\ldots,\alpha_n$

$$s_1 \;=\; \sum_{i=1}^n \alpha_i$$

$$s_2 \;=\; \sum_{1\le i<j\le n} \alpha_i\,\alpha_j$$

$$s_3 \;=\; \sum_{1\le i<j<k\le n} \alpha_i\,\alpha_j\,\alpha_k$$

$$\vdots$$

$$s_n \;=\; \prod_{i=1}^n \alpha_i \;=\; \alpha_1\,\alpha_2\cdots\alpha_n\,.$$

Gibt es denn noch andere Beispiele für symmetrische Polynome, die sich bei Vertauschung der α_i nicht verändern? Natürlich, schauen wir einige einfache Exemplare für $n = 2$ an:

$$\alpha_1^2 + \alpha_2^2$$

ist sicher ein symmetrisches Polynom, genau wie

$$\alpha_1 + \alpha_2 - \alpha_1^3 - \alpha_2^3$$

oder auch

$$\alpha_1 + \alpha_2 - 2\,\alpha_1\,\alpha_2 + \alpha_1^5 + \alpha_2^5\,.$$

$\alpha_1 + \alpha_2^2$ ist hingegen nicht symmetrisch, denn $\alpha_1 + \alpha_2^2 \neq \alpha_2 + \alpha_1^2$. Blicken wir etwas genauer auf das erste Beispiel. $\alpha_1^2 + \alpha_2^2$ ist zwar selbst kein elementarsymmetrisches Polynom, kann aber aus ihnen in einer bestimmten Weise kombiniert werden. Die elementarsymmetrischen Polynome für $n = 2$ lauten nämlich

$$s_1 \;=\; \alpha_1 + \alpha_2 \quad \text{und} \quad s_2 \;=\; \alpha_1\,\alpha_2\,,$$

und damit können wir schreiben

$$\alpha_1^2 + \alpha_2^2 \;=\; s_1^2 - 2\,s_2\,.$$

Das ist eine sehr interessante Beobachtung. $\alpha_1^2 + \alpha_2^2$ lässt sich als ein Polynom darstellen, dessen „Unbestimmte" die elementarsymmetrischen Polynome s_1 und s_2 sind. Experimentieren Sie einmal mit den anderen Beispielen von oben als kleine Knobelei zwischendurch. Versuchen Sie, diese auch als Polynome in den Polynomen s_1 und s_2 darzustellen. Das zentrale Resultat ist nun, dass eine solche Darstellung immer möglich ist, und zwar auf eindeutige Weise.

Hauptsatz über elementarsymmetrische Polynome (1. Version)
Wir betrachten einen Körper K, der $\mathbb{Q}$ enthält. Jedes symmetrische Polynom

$$P(\alpha_1, \ldots, \alpha_n) \;\in\; K[\alpha_1, \ldots, \alpha_n]$$

lässt sich dann eindeutig darstellen als ein Polynom $S \in K[s_1, \ldots, s_n]$, wobei $s_1, \ldots, s_n$ die elementarsymmetrischen Polynome über den α_ν sind.

Ein mächtiger Satz. Das Hauptproblem im Beweis wird sein, eine genaue Vorstellung von dieser Aussage zu bekommen, um sie richtig anpacken zu können.

Ich habe auf den folgenden Seiten versucht, das Vorgehen durch zahlreiche Beispiele zu verdeutlichen, was den Beweis natürlich etwas in die Länge zieht. Wenn es Ihnen zu mühsam ist, die nächsten Seiten zu verfolgen, können Sie gerne auf Seite 190 weiterlesen und später vielleicht noch einmal hierher zurückkehren.

Wir gehen also zunächst aus von einem Körper K und dem Polynomring $R = K[\alpha_1, \alpha_2, \ldots, \alpha_n]$ in den Unbestimmten $\alpha_1, \ldots, \alpha_n$. Klarerweise ist auch R ein Vektorraum über K, und das wollen wir in dem Beweis ausnutzen. Ähnlich wie für den Polynomring in einer Unbestimmten haben einzelne Summanden eines solchen Polynoms die Gestalt

$$k\, \alpha_1^{p_1}\, \alpha_2^{p_2} \cdots \alpha_n^{p_n}$$

mit $k \in K$ und $p_1, \ldots, p_n \in \mathbb{N}$. Diese Summanden nennt man **Monome**, die Summe der Potenzen p_i heißt der **Gesamtgrad** eines solchen Monoms. R hat nun als K-Vektorraum offenbar die Basis

$$B = \{\, \alpha_1^{p_1}\, \alpha_2^{p_2} \cdots \alpha_n^{p_n} : p_1, \ldots, p_n \in \mathbb{N} \,\},$$

bestehend aus allen normierten Monomen, die aus den Unbestimmten $\alpha_1, \ldots, \alpha_n$ gebildet werden können. Um den Beweis richtig anpacken zu können, müssen wir uns zunächst den genauen Bauplan der symmetrischen Polynome ansehen und quasi wie die Genforscher deren „DNA-Gerüst“ untersuchen. Betrachten wir dazu ein etwas komplizierteres Beispiel, bei dem wir drei Unbestimmte haben:

$$\begin{aligned} P(\alpha_1, \alpha_2, \alpha_3) &= \alpha_1 + \alpha_2 + \alpha_3 + 2\,\alpha_1^2 + 2\,\alpha_2^2 + 2\,\alpha_3^2 + \\ &\quad \alpha_1\, \alpha_2^2 + \alpha_1\, \alpha_3^2 + \alpha_2\, \alpha_3^2 + \alpha_1^2\, \alpha_2 + \alpha_1^2\, \alpha_3 + \alpha_2^2\, \alpha_3\,. \end{aligned}$$

P ist offenbar ein symmetrisches Polynom. Beim genauen Hinsehen bemerken Sie vielleicht, dass es aus drei wesentlichen Bausteinen besteht, nämlich

$$\begin{aligned} H_1(\alpha_1, \alpha_2, \alpha_3) &= \alpha_1 + \alpha_2 + \alpha_3 \\ H_2(\alpha_1, \alpha_2, \alpha_3) &= 2\,\alpha_1^2 + 2\,\alpha_2^2 + 2\,\alpha_3^2 \\ H_3(\alpha_1, \alpha_2, \alpha_3) &= \alpha_1\, \alpha_2^2 + \alpha_1\, \alpha_3^2 + \alpha_2\, \alpha_3^2 + \alpha_1^2\, \alpha_2 + \alpha_1^2\, \alpha_3 + \alpha_2^2\, \alpha_3\,. \end{aligned}$$

In der Tat ist $P = H_1 + H_2 + H_3$. Dabei sind die Teile H_k in dem Sinne **homogen**, als sie sich genau die Monome von Gesamtgrad k aus P herauspicken. Diese Zerlegung ist nun ganz wichtig für die weiteren Betrachtungen. Denn wir erkennen sofort, dass die H_k ebenfalls symmetrisch sein müssen: Weil sich die verschiedenen H_k allesamt aus verschiedenen Basisvektoren von R zusammensetzen, kann eine Asymmetrie in einem der H_k niemals durch ein anderes $H_{k'}$ ausgeglichen werden. Wir halten also fest, dass bei der Zerlegung eines symmetrischen Polynoms P alle seine homogenen Teile ebenfalls symmetrisch sind.

Damit haben wir einen wichtigen Schritt getan. Wir können uns nun bei der Konstruktion des gesuchten Polynoms in den elementarsymmetrischen Polynomen darauf beschränken, dass das ursprüngliche Polynom P homogen ist, also nur aus Monomen eines bestimmten Gesamtgrads k besteht. Diese Einschränkung ist klarerweise erlaubt, denn wir müssten ein inhomogenes Ausgangs-Polynom P nur in seine homogenen Teile zerlegen. Da diese auch symmetrisch sind, hätten wir für jedes dieser Teile eine Darstellung in der Tasche. Wir müssen dann diese Darstellungen nur addieren, um zu einer Darstellung von P zu kommen.

Nun dürfen wir also von einem homogenen symmetrischen Polynom P ausgehen, welches nur aus Monomen vom Gesamtgrad k besteht. Wir bezeichnen die Menge all dieser Polynome jetzt mit $\mathcal{SH}_k(n)$. $\mathcal{S}$ steht dabei für „symmetrisch", $\mathcal{H}$ für „homogen", k für den Gesamtgrad und n für die Anzahl der Unbestimmten. Die erste wichtige Beobachtung besteht nun darin, dass $\mathcal{SH}_k(n)$ selbst wieder ein Vektorraum über K ist und damit einen **Untervektorraum** von R darstellt. In der Tat, die Addition zweier Vektoren aus $\mathcal{SH}_k(n)$ ist wieder ein Element von $\mathcal{SH}_k(n)$, und die Multiplikation eines Elements aus $\mathcal{SH}_k(n)$ mit einem skalaren Faktor aus K ebenfalls. Die übrigen Gesetze für Vektorräume ergeben sich direkt aus denen des umfassenden Vektorraumes R.

Welches ist nun eine Basis des Vektorraumes $\mathcal{SH}_k(n)$ über K? Dazu müssen wir den Bauplan der Vektoren in $\mathcal{SH}_k(n)$ genauer ansehen. Wie ist ein solches homogenes symmetrisches Polynom vom Grad k aufgebaut? Sehen wir uns dazu wieder ein Beispiel an. Wir wählen $\mathcal{SH}_3(3)$, also 3 Unbestimmte mit Gesamtgrad 3:

$$\begin{aligned} P(\alpha_1, \alpha_2, \alpha_3) &= 2\,\alpha_1^3 + 2\,\alpha_2^3 + 2\,\alpha_3^3 + \\ &\quad \alpha_1^2\,\alpha_2 + \alpha_1^2\,\alpha_3 + \alpha_2^2\,\alpha_3 + \alpha_1\,\alpha_2^2 + \alpha_1\,\alpha_3^2 + \alpha_2\,\alpha_3^2\,. \end{aligned}$$

Sofort erkennen Sie die beiden Bestandteile unterschiedlicher Bauart in P:

$$\begin{aligned} T_1(\alpha_1, \alpha_2, \alpha_3) &= \alpha_1^3 + \alpha_2^3 + \alpha_3^3 \\ T_2(\alpha_1, \alpha_2, \alpha_3) &= \alpha_1^2\,\alpha_2 + \alpha_1^2\,\alpha_3 + \alpha_2^2\,\alpha_3 + \alpha_1\,\alpha_2^2 + \alpha_1\,\alpha_3^2 + \alpha_2\,\alpha_3^2\,. \end{aligned}$$

Es gilt offenbar

$$P = 2\,T_1 + T_2\,.$$

T_1 enthält die reinen Potenzen von nur einer Unbestimmten, während T_2 aus gemischten Gliedern besteht, welche aber alle auf eine bestimmte Weise gemischt sind. Es kommt nämlich eine Unbestimmte quadratisch und die andere Unbestimmte linear vor. Wir sehen uns nun jeweils den ganz links stehenden Summanden von T_1 und T_2 an:

$$S_1 = \alpha_1^3 \quad \text{und} \quad S_2 = \alpha_1^2\,\alpha_2\,.$$

Diese beiden Monome bestimmen exakt den Bauplan von T_1 und T_2. Sie können daher als deren Keimzellen angesehen werden. Denn T_1 entsteht dadurch, dass zu S_1 alle weiteren Summanden addiert werden, welche aus S_1 durch Vertauschung der Unbestimmten entstehen. Analog für T_2 und S_2.

Wir kommen nun zum zentralen Begriff in diesem Beweis. Man nennt die Summe aus einer solchen Keimzelle mit allen ihren durch Vertauschung entstehenden Mutationen den **Orbit** der Keimzelle. Wir bezeichnen Orbits mit $\mathcal{O}$. Damit können wir festhalten:

$$T_1 = \mathcal{O}(\alpha_1^3) \quad \text{und} \quad T_2 = \mathcal{O}(\alpha_1^2\,\alpha_2)\,.$$

Aber Vorsicht, es gilt auch $T_1 = \mathcal{O}(\alpha_2^3)$ und $T_2 = \mathcal{O}(\alpha_2^2\,\alpha_3)$, die Darstellung ist also nicht eindeutig.

Wichtig ist daher, dass wir uns für genau eine Keimzelle eines Orbits entscheiden, damit wir nachher nicht durcheinander kommen. Wir legen daher fest, dass wir immer den Summanden nehmen, bei dem die Potenzen „am weitesten links", also bei den kleinen Indizes konzentriert sind. Für die gültige Keimzelle eines Orbits $\mathcal{O}(\alpha_1^{p_1}\,\alpha_2^{p_2}\cdots\alpha_n^{p_n})$ muss also stets $p_1 \geq p_2 \geq \ldots \geq p_n$ gelten. Da jeder Orbit alle möglichen Vertauschungen der Indizes enthält, gibt es darin immer genau einen Summanden, welcher diese Bedingung erfüllt.

In unserem obigen Beispiel lassen wir also nur noch die Bezeichnungen

$$T_1 \;=\; \mathcal{O}(\alpha_1^3) \quad \text{und} \quad T_2 \;=\; \mathcal{O}(\alpha_1^2\,\alpha_2)\,.$$

zu. Fassen wir zusammen: Wir haben in $\mathcal{SH}_3(3)$ das Element

$$\begin{aligned} P(\alpha_1,\alpha_2,\alpha_3) \;&=\; 2\,\alpha_1^3 + 2\,\alpha_2^3 + 2\,\alpha_3^3 + \\ &\quad\; \alpha_1^2\,\alpha_2 + \alpha_1^2\,\alpha_3 + \alpha_2^2\,\alpha_3 + \alpha_1\,\alpha_2^2 + \alpha_1\,\alpha_3^2 + \alpha_2\,\alpha_3^2 \end{aligned}$$

untersucht und festgestellt, dass offenbar gilt:

$$P(\alpha_1,\alpha_2,\alpha_3) \;=\; 2\,\mathcal{O}(\alpha_1^3) + \mathcal{O}(\alpha_1^2\,\alpha_2)\,.$$

P ist also eine Linearkombination der beiden Orbits $\mathcal{O}(\alpha_1^3)$ und $\mathcal{O}(\alpha_1^2\,\alpha_2)$. Nun erreichen wir einen entscheidenden Schritt unserer DNA-Analyse. Ich behaupte, dass jeder Vektor in $\mathcal{SH}_k(n)$ sich als eine Linearkombination solcher Orbits schreiben lässt. Nach kurzem Nachdenken wird es uns klar: Wenn immer ein beliebiges Monom $k\,\alpha_1^{p_1}\,\alpha_2^{p_2}\cdots\alpha_n^{p_n}$ in einem Polynom aus $\mathcal{SH}_k(n)$ vorkommt, so muss das Polynom auch alle Mutationen des Monoms enthalten, welche durch Vertauschung der Indizes entstehen, und zwar mit exakt dem gleichen skalaren Faktor k versehen. Ansonsten wäre das Polynom nämlich nicht symmetrisch. Also ist der zu diesem Monom gehörige Orbit, versehen mit dem (gemeinsamen) skalaren Faktor, in dem Polynom enthalten. Wenn Sie ein Verständnisproblem haben, sehen Sie sich nur das Monom $\alpha_2^2\,\alpha_3$ in dem obigen Beispiel an. Es hat den skalaren Faktor 1. Dieser muss zwangsläufig auch bei allen Mutationen von $\alpha_2^2\,\alpha_3$ stehen. Denn falls zum Beispiel $\alpha_1^2\,\alpha_3$ einen anderen Faktor hätte, dann bliebe das Polynom nicht mehr unverändert bei Vertauschung der Unbestimmten α_1 und α_2.

Die Orbits vom Grad k bilden also ein Erzeugendensystem des Vektorraumes $\mathcal{SH}_k(n)$. Und sogar noch mehr: Sie sind eine Basis, also linear unabhängig, denn ein beliebiges normiertes Monom $\alpha_1^{p_1}\,\alpha_2^{p_2}\cdots\alpha_n^{p_n}$ kann nur in genau einem Orbit vorkommen. Eine Linearkombination von Orbits, in welcher der skalare Faktor bei $\alpha_1^{p_1}\,\alpha_2^{p_2}\cdots\alpha_n^{p_n}$ nicht verschwindet, kann daher niemals den Nullvektor darstellen.

Damit haben wir einen ganz wichtigen Meilenstein in unserem Beweis erreicht. Wir kennen nun $\mathcal{SH}_k(n)$ ziemlich genau, indem wir eine Basis dieses Vektorraumes gefunden haben.

In unserem obigen Beispiel $\mathcal{SH}_3(3)$ lautet diese Basis

$$B = \{\mathcal{O}(\alpha_1^3), \mathcal{O}(\alpha_1^2\,\alpha_2), \mathcal{O}(\alpha_1\,\alpha_2\,\alpha_3)\}.$$

Das sind einfach alle möglichen Orbits vom Grad 3, die wir aus den Unbestimmten $\alpha_1, \alpha_2, \alpha_3$ bilden können. Wir nennen diese auf natürliche Weise entstehende Basis die **kanonische Basis** von $\mathcal{SH}_3(3)$.

Jetzt müssen wir feststellen, wie viele Elemente die kanonische Basis von $\mathcal{SH}_k(n)$ hat. Danach werden wir ihre Elemente in eine bestimmte Reihenfolge bringen, um auf eindeutige Weise von den Koordinaten eines Elements in $\mathcal{SH}_k(n)$ sprechen zu können. Zuerst zur Anzahl der Elemente der kanonischen Basis. Wie viele Orbits von Grad k mit n Unbestimmten gibt es? Oder anders herum, wie viele Monome $\alpha_1^{p_1}\,\alpha_2^{p_2}\cdots\alpha_n^{p_n}$ gibt es mit den beiden Eigenschaften

$$p_1 \geq p_2 \geq \ldots \geq p_n \quad \text{und} \quad \sum_{i=1}^{n} p_i = k\,.$$

Wir haben die Frage nach der Dimension von $\mathcal{SH}_k(n)$ also auf ein Abzählproblem zurückgeführt: Wie viele Zahlentupel $(p_1, p_2, \ldots, p_n) \in \mathbb{N}^n$ gibt es mit den beiden obigen Eigenschaften? Im Beispiel $\mathcal{SH}_3(3)$ waren es die Tupel (3,0,0), (2,1,0) und (1,1,1), welche die drei Basis-Orbits definiert haben. Andere gibt es nicht. Wir können uns im allgemeinen Fall den Aufbau eines solchen Zahlentupels in folgender Grafik veranschaulichen:

α_1	α_2	α_3	α_4	$\cdots$	α_{n-2}	α_{n-1}	α_n
•	•	•	•		•	○	
•	•	•	•		○		
•	○						
•	○						
○							

Das geht fast wie bei einem Gesellschaftsspiel: Jeder Punkt steht für eine Potenz, sodass wir bei einem Gesamtgrad von k insgesamt k Punkte auf die Variablen verteilen dürfen. Wir tun das, indem wir die Punkte unter die entsprechende Variable setzen. Offene Punkte (Randpunkte) in der Spalte von α_ν bedeuten, dass sich die Potenz bei α_ν gegenüber der bei $\alpha_{\nu+1}$ um genau die Anzahl dieser offenen Punkte erhöht. Die Regel $p_1 \geq p_2 \geq \ldots \geq p_n$ zwingt uns dazu, links von jedem offenen Punkt die Zeilen mit geschlossenen Punkten aufzufüllen. Hier als Beispiel die drei Basistupel für $\mathcal{SH}_3(3)$:

α_1	α_2	α_3
○		
○		
○		

α_1	α_2	α_3
•	○	
○		

α_1	α_2	α_3
•	•	○

Wenn wir die Potenz bei α_ν gegenüber der bei $\alpha_{\nu+1}$ um b erhöhen, müssen wir dort b offene Punkte setzen und dann nach links noch $(\nu-1)\,b$ geschlossene Punkte auffüllen. Insgesamt müssen wir bei diesem Zug also $b + (\nu - 1)\,b = \nu\,b$ Punkte setzen. Die Anzahl der Möglichkeiten, insgesamt k Punkte in einem solchen Diagramm anzubringen, entspricht also genau der Anzahl der Möglichkeiten, die Zahl k als Summe

$$k \;=\; b_1 + 2\,b_2 + 3\,b_3 + \ldots + n\,b_n$$

mit natürlichen Zahlen $b_1, \ldots, b_n$ darzustellen. Dabei dürfen die b_ν auch 0 sein, wenn unter α_ν gar kein Randpunkt liegt, sich die Potenz dort also nicht erhöht. Wir werden diese Anzahl nicht in eine Formel ausdrücken, sondern dafür kurz $D_k(n)$ schreiben. Die Dimension von $\mathcal{SH}_k(n)$ ist also

$$D_k(n) \;=\; \#\Big\{(p_1, \ldots, p_n) \in \mathbb{N}^n : p_1 \geq p_2 \geq \ldots \geq p_n \text{ und } \sum_{i=1}^{n} p_i = k\Big\}.$$

Dabei bedeutet das Symbol # die Anzahl der Elemente einer Menge. Nun haben wir schon sehr viel geleistet. Unser eigentliches Ziel war ja, für jedes Polynom aus $\mathcal{SH}_k(n)$ eine Darstellung als Polynom in den elementarsymmetrischen Polynomen $s_1, s_2, \ldots, s_n$ zu finden.

Wir erkennen sofort, dass alle s_ν selbst die Form eines Orbits haben. Eines sehr ausgewogenen Orbits sogar, in dem die Potenzen gerecht auf die Unbestimmten verteilt sind. Versuchen wir einmal, Monome mit ihnen zu bilden, die nach Ausmultiplizieren den Grad k haben, also ein Element in $\mathcal{SH}_k(n)$ ergeben. Sicher ist s_1^k ein solches Monom, da jeder Summand in s_1 den Gesamtgrad 1 hat. Für $n = 2$ und $k = 2$ ergäbe sich damit

$$s_1^2 \;=\; \alpha_1^2 + 2\,\alpha_1\alpha_2 + \alpha_2^2 \;\in\; \mathcal{SH}_2(2)\,.$$

Aber auch $s_1^{k-2}\,s_2$ ergibt ein Element in $\mathcal{SH}_k(n)$, sofern $k \geq 2$ ist. Dies liegt daran, dass s_2 aus Monomen vom Gesamtgrad 2 besteht. Und ein weiteres Beispiel wäre dann natürlich $s_1^{k-5}\,s_2\,s_3$ für $k \geq 5$.

Wie viele solche Monome gibt es bei vorgegebenen k und n? Vielleicht ahnen Sie schon etwas – der weitere Verlauf des Beweises zeichnet sich ab. Wenn wir ein allgemeines Monom in den s_ν als $s_1^{b_1}\,s_2^{b_2}\,\ldots\,s_n^{b_n}$ schreiben, dann haben wir genau so viele Möglichkeiten, bei dem Produkt einen Grad k zu erreichen, wie es ...

Sicher können Sie den Satz selbst fortsetzen. Eine faszinierende Beobachtung. Da der Gesamtgrad von s_ν gleich ν ist, haben wir tatsächlich so viele Möglichkeiten, wie die Zahl k als Summe $k = b_1 + 2\,b_2 + 3\,b_3 + \ldots + n\,b_n$ mit natürlichen Zahlen b_ν dargestellt werden kann. Das exakt gleiche Ergebnis wie bei der Abzählung der kanonischen Basis. Es gibt also $D_k(n)$ Monome $s_1^{b_1}\,s_2^{b_2}\,\ldots\,s_n^{b_n}$, die ausmultipliziert ein Element in $\mathcal{SH}_k(n)$ ergeben.

Jetzt wäre es zu schön, wenn diese Monome auch eine Basis von $\mathcal{SH}_k(n)$ bilden würden, dann wären wir mit dem Beweis fertig. Denn ein beliebiges Polynom in $\mathcal{SH}_k(n)$ würde sich damit auf eindeutige Weise als Linearkombination dieser Monome $s_1^{b_1} s_2^{b_2} \ldots s_n^{b_n}$ schreiben lassen, und diese Linearkombination wäre nichts anderes als das gesuchte Polynom S in den elementarsymmetrischen Polynomen.

Es gibt jedoch noch ein Hindernis zu überwinden. Verschiedene Monome in den Unbestimmten $s_1, \ldots, s_n$ können nach Ausmultiplizieren durchaus gleichartige Monome in den Unbestimmten $\alpha_1, \ldots, \alpha_n$ enthalten. Denken Sie nur an das Beispiel $\mathcal{SH}_2(2)$ und die Monome s_1^2 und s_2. Beide enthalten das Monom $\alpha_1\alpha_2$. Woher können wir also die Gewissheit nehmen, dass die Monome in den s_ν linear unabhängig sind? Haben wir also noch ein wenig Geduld. Vorher sprach ich von einer Reihenfolge der kanonischen Basisvektoren von $\mathcal{SH}_k(n)$. Das wird jetzt wichtig.

Wir versuchen einmal, die in $\mathcal{SH}_3(3)$ gefundenen kanonischen Basisvektoren $b_1 = \mathcal{O}(\alpha_1^3)$, $b_2 = \mathcal{O}(\alpha_1^2\,\alpha_2)$ und $b_3 = \mathcal{O}(\alpha_1\,\alpha_2\,\alpha_3)$ in eine Reihenfolge zu bringen. Die zugehörigen Zahlentripel der Potenzen lauten (3, 0, 0), (2, 1, 0) und (1, 1, 1). Eine Reihenfolge ist dadurch bestimmt, dass sich das Gewicht der Potenzen von ganz links (α_1^3) Schritt für Schritt nach rechts verlagert, um schließlich bei der ausgewogensten Verteilung zu enden, bei $\alpha_1\,\alpha_2\,\alpha_3$. Dies können wir exakt ausdrücken, indem wir die Zahlen des Tripels einfach hintereinander schreiben und als natürliche Zahlen vergleichen: $300 > 210 > 111$. Die Basisvektoren werden also in genau der Form angeordnet, dass die zugehörigen natürlichen Zahlen eine abnehmende Folge bilden.

Ein klein wenig müssen wir dabei noch aufpassen, denn unsere Methode geht schief, wenn wir zum Beispiel zwei Basisvektoren in $\mathcal{SH}_{20}(2)$ betrachten: $\mathcal{O}(\alpha_1^{11}\,\alpha_2^9)$ und $\mathcal{O}(\alpha_1^{10}\,\alpha_2^{10})$. Klarerweise steht der erste der beiden Vektoren vor dem zweiten. Aber das Aneinanderreihen der Exponenten liefert die natürlichen Zahlen 119 und 1010, was eine falsche Reihenfolge ergäbe. Das ist aber schnell behoben: Wir müssen nur alle Exponenten mit der gleichen Stellenzahl schreiben, also statt der 9 schreiben wir 09. Dann ergibt sich $1109 > 1010$ und alles ist wieder im Lot. Die allgemeine Regel lautet wie folgt:

Für zwei Orbits $\mathcal{O}_1 = \mathcal{O}(\alpha_1^{p_1}\,\alpha_2^{p_2}\,\ldots\,\alpha_n^{p_n})$ und $\mathcal{O}_2 = \mathcal{O}(\alpha_1^{q_1}\,\alpha_2^{q_2}\,\ldots\,\alpha_n^{q_n})$ bestimmt man zunächst die maximale Stellenzahl der Exponenten p_ν und q_ν bringt alle Exponenten durch führende Nullen auf diese Stellenzahl.

Dann werden die Exponenten (auch die Nullen!) aneinander gereiht und auf diese Weise zwei natürlichen Zahlen

$$n_1 = p_1\,|\,p_2\,|\,\ldots\,|\,p_n \quad \text{und} \quad n_2 = q_1\,|\,q_2\,|\,\ldots\,|\,q_n$$

gebildet. $\mathcal{O}_1$ kommt in der Reihenfolge dann vor $\mathcal{O}_2$, wenn $n_1 > n_2$ ist. Andernfalls kommt es danach.

Auf diese Weise ist garantiert, dass die Potenzen bei der Aufzählung der kanonischen Basisvektoren „so langsam wie möglich“ von links nach rechts wandern.

Zur Veranschaulichung hier ein kleines Beispiel für $\mathcal{SH}_5(7)$:

$$\begin{aligned}
\mathbf{b}_1 &= \mathcal{O}(\alpha_1^5) \\
\mathbf{b}_2 &= \mathcal{O}(\alpha_1^4\,\alpha_2) \\
\mathbf{b}_3 &= \mathcal{O}(\alpha_1^3\,\alpha_2^2) \\
\mathbf{b}_4 &= \mathcal{O}(\alpha_1^3\,\alpha_2\,\alpha_3) \\
\mathbf{b}_5 &= \mathcal{O}(\alpha_1^2\,\alpha_2^2\,\alpha_3) \\
\mathbf{b}_6 &= \mathcal{O}(\alpha_1^2\,\alpha_2\,\alpha_3\,\alpha_4) \\
\mathbf{b}_7 &= \mathcal{O}(\alpha_1\,\alpha_2\,\alpha_3\,\alpha_4\,\alpha_5)\,.
\end{aligned}$$

Gerne können Sie sich ein paar Aufgaben selbst stellen, um diesen Vorgang zu üben. Nun nähern wir uns in großen Schritten dem Ende des Beweises. Da wir eine wohldefinierte kanonische Basis von $\mathcal{SH}_k(n)$ kennen, können wir von **kanonischen Koordinaten** bezüglich dieser Basis sprechen.

Wir werden jetzt der Reihe nach alle kanonischen Basisvektoren durch eines der Monome in den elementarsymmetrischen Polynomen ersetzen. Beginnen wir beim ersten kanonischen Basisvektor $\mathcal{O}(\alpha_1^k)$. Das Monom s_1^k ist der einzige geeignete Ersatz, da es als einziges Exemplar ebenfalls den Summanden α_1^k enthält. Es gilt $s_1^k = \mathcal{O}(\alpha_1^k)+\mathbf{R}$, wobei der Restausdruck $\mathbf{R}$ nur aus Summanden besteht, in denen der Exponent bei α_1 kleiner als k ist. Wenn wir nun die kanonischen Koordinaten der Menge

$$\mathcal{B}_1 = \{s_1^k, \mathbf{b}_2, \mathbf{b}_3, \ldots \mathbf{b}_{D_k(n)}\}$$

als Matrix darstellen, so ergibt sich

$$B_1 = \begin{pmatrix} 1 & 0 & \cdots & \cdots & 0 \\ * & 1 & \ddots & & \vdots \\ \vdots & 0 & \ddots & \ddots & 0 \\ \vdots & \vdots & \ddots & \ddots & 0 \\ * & 0 & \cdots & 0 & 1 \end{pmatrix},$$

wobei die Sterne $*$ für ganze Zahlen stehen, da beim Ausmultiplizieren der elementarsymmetrischen Polynome nur ganzzahlige Koeffizienten entstehen können.

Einmal tief durchatmen. Auch $\mathcal{B}_1$ ist noch eine Basis von $\mathcal{SH}_k(n)$, da B_1 eine untere Dreiecksmatrix ist (Seite 134, Sie können die Eigenschaft eines linear unabhängigen Erzeugendensystems aber durch eine einfache **Übung** auch direkt nachweisen).

Wagen wir uns an einen weiteren Schritt und versuchen, $\mathbf{b}_2 = \mathcal{O}(\alpha_1^{k-1}\,\alpha_2)$ zu ersetzen. Hier ist $s_1^{k-2}\,s_2$ der richtige Kandidat, denn er enthält den Orbit von $\alpha_1^{k-1}\,\alpha_2$, aber keinen weiteren Orbit, der in der Reihenfolge vorher kommt. Denn es ist wieder $s_1^{k-2}\,s_2 = \mathcal{O}(\alpha_1^{k-1}\,\alpha_2)+\mathbf{R}$, wobei alle Orbits in $\mathbf{R}$ hinter $\mathbf{b}_2$ kommen.

Es wird spannend, denn bilden wir die Matrix zu

$$\mathcal{B}_2 = \{s_1^k, s_1^{k-2} s_2, \mathbf{b}_3, \ldots \mathbf{b}_{D_k(n)}\},$$

so erhalten wir

$$B_2 = \begin{pmatrix} 1 & 0 & \cdots & \cdots & \cdots & 0 \\ * & 1 & \ddots & & & \vdots \\ \vdots & * & 1 & \ddots & & \vdots \\ \vdots & \vdots & 0 & \ddots & \ddots & \vdots \\ \vdots & \vdots & \vdots & \ddots & \ddots & 0 \\ * & * & 0 & \cdots & 0 & 1 \end{pmatrix}.$$

Auch das ist eine untere Dreiecksmatrix, $\mathcal{B}_2$ bleibt also eine Basis (wieder mit dem Satz auf Seite 134, oder die gleiche einfache **Übung** wie oben).

Nun fällt es uns wie Schuppen von den Augen: Wir können Schritt für Schritt so weiter machen und erhalten immer wieder eine Spalte, welche unter der 1 in der Diagonalen lauter Sterne hat und darüber nur Nullen. Die große Frage ist nur, wie wir zu einem vorgegebenen Orbit das geeignete Monom aus den elementarsymmetrischen Polynomen s_ν definieren. Geht das denn immer?

Nun ja, um jetzt nicht in grausame Indexgymnastik zu verfallen, erläutere ich Ihnen das Vorgehen an einem konkreten Beispiel. Wählen wir dazu den Orbit

$$\mathcal{O} = \mathcal{O}(\alpha_1^7 \alpha_2^3 \alpha_3^2 \alpha_4^2) \in \mathcal{SH}_{14}(7).$$

Wir sehen, dass der höchste Index 4 ist und mit dem Exponenten 2 versehen ist. Nun wählen wir das elementarsymmetrische Polynom zu diesem Index 4,

$$s_4 = \sum_{1 \leq i < j < k < l \leq 7} \alpha_i \alpha_j \alpha_k \alpha_l,$$

versehen es mit dem Exponent 2 und erhalten somit s_4^2 als ersten Faktor des gesuchten Monoms. Was bleibt von dem ursprünglichen Orbit $\mathcal{O}$ dann noch übrig? Wenn wir das Produkt s_4^2 ausmultiplizieren, so erhalten wir ein Polynom, bei dem der erste Summand $\alpha_1^2 \alpha_2^2 \alpha_3^2 \alpha_4^2$ lautet. Nehmen wir diese Potenzen aus dem Orbit heraus, so bleibt noch $\alpha_1^5 \alpha_2$ übrig. Mit diesem Restmonom verfahren wir nun genauso: Es reicht bis zum Index 2 und hat dort einen Exponenten von 1, das passt genau zu

$$s_2 = \sum_{1 \leq i < j \leq 7} \alpha_i \alpha_j,$$

dem nächsten Faktor für unser gesuchtes Monom. Wir halten also bei dem Zwischenergebnis $s_2 s_4^2$. Nun bleibt von $\alpha_1^5 \alpha_2$ nach Wegnahme der Potenzen von s_2 nur noch α_1^4 übrig und wir finden s_1^4 als nächsten Faktor. Danach bleibt von $\mathcal{O}$ nichts mehr übrig und wir sind fertig. Beachten Sie bitte die zentrale Forderung an die Exponenten unserer Keimzelle $\alpha_1^7 \alpha_2^3 \alpha_3^2 \alpha_4^2$, von links nach rechts auf keinen Fall zu wachsen. Nur deshalb funktioniert dieses Verfahren immer.

Das gesuchte Monom zu $\mathcal{O}(\alpha_1^7\,\alpha_2^3\,\alpha_3^2\,\alpha_4^2)$ lautet also $s_1^4\,s_2\,s_4^2$. Aus welchen Orbits besteht dieses Element? Probieren Sie, das Monom auszumultiplizieren. Sie erkennen, dass das Produkt der jeweils ersten Summanden in den Faktoren genau die Keimzelle $\alpha_1^7\,\alpha_2^3\,\alpha_3^2\,\alpha_4^2$ unseres Orbits ergibt:

$$s_1^4\,s_2\,s_4^2 \;=\; \mathcal{O}(\alpha_1^7\,\alpha_2^3\,\alpha_3^2\,\alpha_4^2) + \mathbf{R}\,.$$

Wieder besteht der Restausdruck nur aus Orbits, die in der Reihenfolge hinter $\mathcal{O}(\alpha_1^7\,\alpha_2^3\,\alpha_3^2\,\alpha_4^2)$ stehen. Das liegt daran, das in allen elementarsymmetrischen Polynomen der erste Summand die niedrigsten Indizes der α_ν enthält und die Potenzen bei Multiplikation dieser ersten Summanden folgerichtig am weitesten links bei den kleinen Indizes konzentriert sein müssen.

Sie sehen es nun klar vor sich: Wenn wir nach und nach alle kanonischen Basisvektoren $\mathbf{b}_\nu$ durch das eindeutig zugeordnete Monom in den s_ν ersetzen – die Anzahl dieser Monome entsprach ja genau der Anzahl der kanonischen Basisvektoren, nämlich $D_k(n)$ – so kommen wir zu einer abschließenden Menge von Vektoren

$$\mathcal{B}_{D_k(n)} \;=\; \left\{ s_1^k,\, s_1^{k-2}\,s_2,\, \ldots\, \right\},$$

welche nur Monome in den elementarsymmetrischen Polynomen enthält und in der Koordinatendarstellung ebenfalls eine untere Dreiecksmatrix ergibt. Damit ist $\mathcal{B}_{D_k(n)}$ eine Basis von $\mathcal{SH}_k(n)$ und wir sind mit dem Beweis fertig. □

Wie fühlen Sie sich? Wahrscheinlich ein wenig niedergeschlagen, aber dennoch zufrieden. Sie haben den ersten richtig komplizierten Beweis dieses Buches geschafft, herzlichen Glückwunsch!

Doch damit nicht genug. Wenn Sie mit den Augen eines Mathematikers auf das Ergebnis blicken, so werden Sie feststellen, dass wir die Früchte unserer mühevollen Arbeit noch gar nicht voll geerntet haben. Erinnern Sie sich, so ähnlich ist es uns schon einmal ergangen, nämlich beim Beweis der Vollständigkeit der reellen Zahlen. Wir haben tatsächlich auch hier etwas verschenkt und eigentlich viel mehr bewiesen. Um was geht es?

Die untere Dreiecksmatrix am Ende hat eine besondere Gestalt: Alle Elemente in der Diagonalen haben den Wert 1. Und die Sterne darunter sind allesamt ganze Zahlen. Welchen Schluss können wir daraus ziehen? Ganz einfach: Falls ein symmetrisches homogenes Polynom $P(\alpha_1, \ldots, \alpha_n)$ ganzzahlige Koeffizienten hat, dann hat auch das gesuchte Polynom $S(s_1, \ldots, s_n)$ in den elementarsymmetrischen Polynomen ganzzahlige Koeffizienten. Eine wichtige Verbesserung unseres Resultats, wie wir noch sehen werden. Warum ist das so? Wir sehen es wieder Schritt für Schritt. Das Argument ähnelt dem im Beweis, dass Dreiecksmatrizen wieder Basen beschreiben (Seite 134).

Wenn also $P \in \mathbb{Z}[\alpha_1, \ldots, \alpha_n]$ symmetrisch und homogen mit ganzzahligen Koeffizienten ist, können wir P mittels der kanonischen Basis schreiben als

$$P \;=\; a_1\,\mathbf{b}_1 + a_2\,\mathbf{b}_2 + \ldots + a_{D_k(n)}\,\mathbf{b}_{D_k(n)}$$

mit ganzen Zahlen a_ν.

Fangen wir an mit dem Koeffizienten a_1 bei $\mathbf{b}_1 = \mathcal{O}(\alpha_1^k)$. Da der ersetzende Basisvektor s_1^k als erste Koordinate eine 1 hat, können wir in dem gesuchten Polynom S einfach a_1 als Koeffizient bei s_1^k wählen und schreiben dann

$$P(\alpha_1, \ldots, \alpha_n) = a_1 s_1^k + \mathbf{L}_1 ,$$

wobei in $\mathbf{L}_1$ nur mehr die Basisvektoren $\mathbf{b}_2, \ldots, \mathbf{b}_{D_k(n)}$ mit ganzzahligen Koeffizienten vorkommen. Denn die Koeffizienten in $\mathbf{L}_1$ sind die $a_2, \ldots, a_{D_k(n)}$, korrigiert um die Koeffizienten, welche s_1^k bei diesen Basisvektoren hat. Das sind genau die Sterne unter der 1 in der ersten Spalte der Matrix, also ganze Zahlen.

Machen wir zur Klarheit noch den zweiten Schritt. Wenn Sie s_1^k ausmultiplizieren, gilt

$$s_1^k = \mathcal{O}(\alpha_1^k) + k\,\mathcal{O}(\alpha_1^{k-1}\,\alpha_2) + \ldots .$$

Daher schreibt sich die oben erwähnte Korrektur des Koeffizienten a_2 als

$$P(\alpha_1, \ldots, \alpha_n) = a_1 s_1^k + (a_2 - a_1 k)\,\mathbf{b}_2 + \mathbf{L}_2 ,$$

wobei in $\mathbf{L}_2$ nur noch die Basisvektoren $\mathbf{b}_3, \ldots, \mathbf{b}_{D_k(n)}$ vorkommen. Da der zweite neue Basisvektor $s_1^{k-2}\,s_2$ in der Matrix an der Diagonale auch eine 1 stehen hat und darüber eine 0, können wir mit $a_2' = a_2 - a_1 k$

$$P(\alpha_1, \ldots, \alpha_n) = a_1 s_1^k + a_2' s_1^{k-2} s_2 + \mathbf{L}_3$$

schreiben, wobei in $\mathbf{L}_3$ nur die Basisvektoren $\mathbf{b}_3, \ldots, \mathbf{b}_{D_k(n)}$ vorkommen, und zwar wieder mit ganzzahligen, gegenüber $\mathbf{L}_2$ korrigierten Koeffizienten.

Klarerweise können wir induktiv so fortfahren, da die Matrix dreiecksförmig aufgebaut ist: In jeder Spalte steht an der „richtigen" Stelle eine 1 und darüber nur Nullen. Wir kommen schließlich zu einer Darstellung

$$P(\alpha_1, \ldots, \alpha_n) = c_1 s_1^k + c_2 s_1^{k-2} s_2 + \ldots ,$$

mit den Vektoren aus der Basis $\mathcal{B}_{D_k(n)}$, bei der alle Koeffizienten c_ν ganzzahlig sind. □

Damit haben wir das Resultat in seiner vollen Schönheit erreicht. Fassen wir noch einmal diese zweite, stärkere Version zusammen.

Hauptsatz über elementarsymmetrische Polynome
Wir betrachten einen Körper K, der $\mathbb{Q}$ enthält. Jedes symmetrische Polynom

$$P(\alpha_1, \ldots, \alpha_n) \in K[\alpha_1, \ldots, \alpha_n]$$

lässt sich eindeutig darstellen als ein Polynom $S \in K[s_1, \ldots, s_n]$, wobei $s_1, \ldots, s_n$ die elementarsymmetrischen Polynome über den α_ν sind. Hat dabei P nur ganzzahlige Koeffizienten, so gilt das auch für S.

Dieser Satz wird große Dienste leisten. Ein abschließendes Wort noch zu seinem Beweis. Im Gegensatz zu einigen anderen eher abstrakten Beweisen – denken Sie nur an den Beweis der Existenz von transzendenten Zahlen (Seite 103) – hat dieser Beweis den großen Vorteil, dass er **konstruktiv** ist. Er beweist nicht nur die pure Existenz einer bestimmten Darstellung, sondern gibt direkt ein Verfahren an, eine solche Darstellung zu konstruieren. In der Informatik würde man sagen, wir haben einen Algorithmus zur Berechnung der gesuchten Darstellung beschrieben und gleichzeitig seine Korrektheit bewiesen. In der Tat, man könnte nun einen Computer so programmieren, dass er die Aufgabe für konkrete Fälle in Sekundenbruchteilen erledigt. Es sind dies zwar oft Beweise mit hohem technischen Aufwand, aber auch mit der größten Relevanz für die Praxis. Leider gibt es nicht zu jeder mathematischen Existenzaussage die Möglichkeit, ein direktes Berechnungsverfahren anzugeben.

Kommen wir jetzt zu einem weiteren Meilenstein. Es geht um die zweiten Frage, die uns anfangs begegnet ist, die Frage nach der Zerlegbarkeit von Polynomen über dem Körper $\mathbb{C}$ in Linearfaktoren.

10.4 Der Fundamentalsatz der Algebra

Carl Friedrich Gauss hat 1799 in seiner Dissertation ein phänomenales Ergebnis gefunden. Er gab dafür gleich mehrere Beweise an, [20]. Viele Mathematiker haben nach ihm versucht, alternative Beweise zu finden, mit Erfolg. Dieser Satz heißt **Fundamentalsatz der Algebra** und wird seinem Namen wahrlich gerecht. Im Jahr 1999 wurde aus Anlass des Jahrtausendwechsels eine Liste der 100 wichtigsten Sätze der Mathematik veröffentlicht, er belegt dort Platz 2. Natürlich muss man solchen Hitlisten, die zu der Zeit auch für andere Bereiche entstanden sind, mit Vorsicht begegnen. Dennoch sagt seine Platzierung einiges aus, es handelt sich um eine der größten Entdeckungen der Mathematik.

Fundamentalsatz der Algebra (Gauß)
Jedes Polynom $P \in \mathbb{C}[x]$ zerfällt vollständig in Linearfaktoren:

$$P(x) \;=\; c\,(x-\alpha_1)\,(x-\alpha_2)\,\cdots\,(x-\alpha_n)\,.$$

Dabei ist n der Grad des Polynoms und c sowie alle α_i sind Elemente von $\mathbb{C}$. Man sagt dazu auch, der Körper $\mathbb{C}$ ist **algebraisch abgeschlossen**.

Ein in jeder Hinsicht bemerkenswerter Satz. Es genügt das Hinzufügen eines einzigen Elements, der imaginären Einheit i, um alle Polynome über $\mathbb{C} = \mathbb{R}[i]$ vollständig zerfallen zu lassen.

Der Beweis des Fundamentalsatzes von Gauss, den wir hier zeigen, geht auf Ideen von Joseph-Louis Lagrange zurück, einen italienischen (!) Mathematiker, was man bei diesem Namen in der Tat gar nicht vermuten würde. Er wurde in Turin als Giuseppe Ludovico Lagrangia geboren. Der Beweis zeichnet sich dadurch aus, dass er mit minimalen Mitteln der Analysis auskommt – wir werden nur den Zwischenwertsatz aus dem vorangegangenen Kapitel benötigen. Ganz ohne Grenzwerte kann es nicht gehen, da der Körper $\mathbb{C}$ ein Produkt der Analysis ist.

Betrachten wir nun also einen allgemeinen Körper K und ein Polynom $P \in K[x]$. Falls P in K keine Nullstelle hat, so behaupte ich, dass es dann einen **Oberkörper** $L \supset K$ gibt, in dem das Polynom eben doch eine Nullstelle hat. Denken Sie zum Beispiel an das Polynom $x^2 - 2 \in \mathbb{Q}[x]$. Es hat keine Nullstelle in $\mathbb{Q}$, aber eine in dem Oberkörper $\mathbb{Q}[\sqrt{2}\,] \supset \mathbb{Q}$.

Um die Behauptung allgemein zu beweisen, können wir davon ausgehen, dass P in $K[x]$ irreduzibel ist. Falls nicht, dann ersetzen wir es einfach durch einen seiner irreduziblen Faktoren. Eine Nullstelle eines solchen Faktors ist dann automatisch auch eine von P.

Wir bilden nun wieder, wie auch schon in früheren Kapiteln, das Ideal von P, in Zeichen

$$(P) \subset K[x] \,.$$

Schon im Kapitel über die lineare Algebra wurde deutlich (Seite 109), dass (P) ein maximales Ideal und damit der Ring der Äquivalenzklassen $K[x]/(P)$ ein Körper ist. Klarerweise gilt nun

$$K \subset K[x]/(P) \,,$$

denn die Abbildung

$$\iota : K \to K[x]/(P) \,, \quad k \mapsto \overline{k}$$

ist injektiv.

Die Restklasse von x, in Zeichen $\overline{x}$, ist aber eine Nullstelle des Polynoms P in $K[x]/(P)$. Denn es gilt

$$P(\overline{x}) \;=\; \overline{P(x)} \;=\; 0 \;\in\; K[x]/(P) \,.$$

Damit ist

$$L \;=\; K[x]/(P)$$

der gesuchte Oberkörper. Wir können also behaupten, dass P, als Element von $L[x]$ aufgefasst, mindestens eine Nullstelle besitzt. Diese Nullstelle, nennen wir sie jetzt allgemein $\alpha \in L$, können wir wie früher (Seite 105) herausfaktorisieren, es gibt also ein Polynom $G \in L[x]$ mit der Eigenschaft

$$P(x) \;=\; (x - \alpha)\, G(x) \,.$$

Sie sehen, dass wir nun mit G genau im gleichen Stil fortfahren können. Es gibt also, falls G nicht noch weitere Nullstellen in L hat, wieder eine Körpererweiterung (diesmal von L), über der sich auch aus G weitere Linearfaktoren abspalten lassen. Nach endlich vielen Schritten wären wir dann fertig und haben (letztlich durch vollständige Induktion nach n) den folgenden Satz bewiesen.

Hilfssatz
Für jedes Polynom $P \in K[x]$ existiert eine Körpererweiterung $L \supseteq K$, über der das Polynom vollständig in Linearfaktoren zerfällt:

$$P(x) = c\,(x - \alpha_1)\,(x - \alpha_2)\,\cdots\,(x - \alpha_n)\,.$$

Dabei ist n der Grad des Polynoms, $c \in K$ und alle α_i sind Elemente des Oberkörpers L.

Sie spüren wahrscheinlich, dass wir auf dem richtigen Weg sind. Die zentrale Idee im Beweis des Fundamentalsatzes besteht nun in dem Nachweis, dass für $K = \mathbb{C}$ die α_i des Hilfssatzes allesamt auch in $\mathbb{C}$ liegen. Machen wir uns an die Arbeit.

Wenn Mathematiker sich einer großen Aussage nähern, deren Beweis wahrlich nicht auf der Hand liegt, dann versuchen Sie in der Regel, zunächst einfache Spezialfälle zu beweisen. Manchmal ergibt sich dann auch schnell ein Widerspruch, also ein Gegenbeispiel zu dem vermuteten Resultat, worauf man die Arbeit einstellen kann. Dies natürlich mit gemischten Gefühlen, denn einerseits hat man die Fragestellung zwar gelöst, aber eben leider keinen schönen Satz beweisen können. Nun ja, im nun folgenden Fall werden wir die Sonnenseite der Mathematik kennen lernen.

Welches wäre denn ein solcher Spezialfall, den wir ganz zu Beginn einmal untersuchen könnten? Eigentlich klar, wir können den Grad des besagten Polynoms einschränken, zum Beispiel auf 2. Versuchen wir also, den folgenden Hilfssatz zu zeigen:

Polynome über $\mathbb{C}$ vom Grad 2
Jedes Polynom $P \in \mathbb{C}[x]$ mit einem Grad $\deg(P) = 2$ zerfällt über $\mathbb{C}$ in zwei Linearfaktoren:

$$P(x) = c\,(x - \alpha_1)\,(x - \alpha_2)\,.$$

Dabei sind $c, \alpha_1, \alpha_2 \in \mathbb{C}$.

Der Beweis startet mit einer Vereinfachung der Problemstellung. Denn es genügt, normierte Polynome zu betrachten. Sei also $P \in \mathbb{C}[x]$ normiert und vom Grad 2:

$$P(x) = x^2 + px + q$$

mit $p, q \in \mathbb{C}$. Versuchen wir einmal, blind die Formel für die Nullstellen anzuwenden, die wir früher schon für reelle Polynome gefunden haben (Seite 100). Dann würden wir rein formal als „Nullstellen“

$$\alpha_1 = \frac{-p + \sqrt{p^2 - 4q}}{2} \qquad \text{und} \qquad \alpha_2 = \frac{-p - \sqrt{p^2 - 4q}}{2}\,.$$

erhalten. Leider ist $p^2 - 4q$ im Allgemeinen keine reelle Zahl, sondern eine komplexe Zahl von der Form $a + ib$. Wir können aber mit dieser Darstellung experimentieren und versuchen, eine Wurzel für komplexe Zahlen zu finden. Und tatsächlich ist man dabei erfolgreich.

Falls $b \geq 0$ ist, dann gilt mit

$$z \;=\; \sqrt{\frac{a+\sqrt{a^2+b^2}}{2}} \;+\; i\sqrt{\frac{-a+\sqrt{a^2+b^2}}{2}}$$

offenbar die Gleichung $z^2 = a + ib$. Beachten Sie bei der Formel, dass wir stets Wurzeln aus reellen Zahlen ≥ 0 ziehen, uns also auf zulässigem Terrain bewegen. Falls nun $b < 0$ ist, dann gilt, wie Sie leicht nachrechnen können, $\overline{z}^{\,2} = a + ib$.

Halten wir also die wichtige Beobachtung fest, dass wir tatsächlich auch für komplexe Zahlen z eine Wurzel in dem Sinne definieren können, als die gefundene Zahl, mit sich selbst multipliziert, z ergibt.

Wir haben den ersten Schritt geschafft. Wir können dem Ausdruck $\sqrt{p^2-4q}$ tatsächlich einen wohldefinierten komplexen Wert zuweisen und erhalten durch die obige Festlegung zwei Nullstellen $\alpha_1, \alpha_2 \in \mathbb{C}$ unseres Polynoms P, womit dieses Teilresultat bewiesen ist. □

Kommen wir nun zum Beweis des Fundamentalsatzes. Wir gehen aus von einem Polynom $P \in \mathbb{C}[x]$, welches wir als normiert annehmen dürfen. Es genügt außerdem, dem Polynom die Existenz wenigstens einer komplexen Nullstelle nachzuweisen. Diese können wir nämlich als Linearfaktor herausteilen und dann sukzessive mit dem Rest weiter machen, bis wir die gewünschte Zerlegung haben.

Wir können unsere Voraussetzung sogar noch mehr einschränken – und zwar ganz entscheidend. Es genügt, den Fall $P \in \mathbb{R}[x]$ zu betrachten, P hat also nur reelle Koeffizienten, denn falls $P \in \mathbb{C}[x]$ ist, bilden wir einfach das komplex konjugierte Polynom $\overline{P}$. Es entsteht aus P, indem wir alle Koeffizienten komplex konjugieren. Setzen wir dann in $P\,\overline{P}$ ein $a \in \mathbb{R}$ ein, ergibt sich

$$P(a)\,\overline{P}(a) \;=\; P(a)\,\overline{P}(\overline{a}) \;=\; P(a)\,\overline{P(a)} \;=\; |P(a)|^2\,.$$

Und dieser Wert liegt in $\mathbb{R}$. Das Polynom $P\,\overline{P}$ hat also auf allen reellen Zahlen reelle Werte. Ein solches Polynom hat dann zwingend lauter reelle Koeffizienten: Wenn für ein Polynom $Q \in \mathbb{C}[x]$ gilt, dass $Q(\mathbb{R}) \subseteq \mathbb{R}$, dann betrachte das imaginäre Teilpolynom $Q_{\mathrm{im}} \in \mathbb{R}[x]$, welches aus Q entsteht, indem nur die Imaginärteile der Koeffizienten genommen werden. Für jedes $a \in \mathbb{R}$ ist dann der Imaginärteil von $Q(a)$ gleich $Q_{\mathrm{im}}(a)$ und wir erhalten $Q_{\mathrm{im}}(a) = \mathrm{Im}(Q(a)) = 0$ für alle $a \in \mathbb{R}$. Damit gilt aber $Q_{\mathrm{im}} = 0$, also hat Q nur reelle Koeffizienten.

Zurück zum Absatz davor. Das Polynom $P\,\overline{P}$ hat also nur reelle Koeffizienten. Wenn wir nun zeigen, dass dieses Produkt eine komplexe Nullstelle α hat, so ist $P(\alpha) = 0$ oder $\overline{P}(\alpha) = 0$. Im ersten Fall wären wir sofort am Ziel, im zweiten Fall tut es dann die Nullstelle $\beta = \overline{\alpha}$ wegen $P(\beta) = P(\overline{\alpha}) = \overline{\overline{P}(\alpha)} = 0$.

Machen wir eine Verschnaufpause. Die Vereinfachungen unserer Voraussetzungen sind ja schon ein ganzer Beweis für sich. Nicht selten verlaufen große Beweise nach diesem Muster. Man beweist eigentlich einfachere Sätze und führt die großen Resultate dann auf die Vereinfachungen zurück. Um den Überblick nicht zu verlieren, halten wir als Teilresultat fest, dass der Fundamentalsatz aus der folgenden vereinfachten Aussage folgt, die wir noch zeigen müssen.

Light-Variante des Fundamentalsatzes
Jedes normierte reelle Polynom $P \in \mathbb{R}[x]$ von positivem Grad hat eine komplexe Nullstelle.

Die Zeit der Vereinfachungen ist vorbei. Wir brauchen einen genialen Einfall. Was nun folgt, ist eine wahrhaft wunderbare Konstruktion. Monate, manchmal Jahre dauerndes Probieren, Experimentieren und schließlich eine unvergleichliche Intuition sind nötig, solche Ideen zu verwirklichen. CARL LUDWIG SIEGEL, der sich übrigens auch sehr um die transzendenten Zahlen verdient machte, hat solche Beweise geschätzt und liebte die Klarheit eines GAUSS oder LAGRANGE. Er meinte einmal in einem anderen Fall, man könne solche Beweise nur „wie einen Kristall vor sich her tragen" (Seite 427).

Schauen wir uns also diesen Beweis an. Der Grad des Polynoms P sei n. Wir faktorisieren alle geraden Bestandteile aus n heraus und erhalten eine Darstellung der Form

$$\deg(P) = n = 2^l m \qquad \text{mit einem ungeraden } m \in \mathbb{N}\,.$$

Der Weg zum Ziel führt nun über einen Induktionsbeweis nach l. Es sei für den Induktionsanfang $l = 0$, $\deg(P)$ also ungerade. An dieser Stelle (und nur hier!) brauchen wir das Stückchen Analysis, welches ich angesprochen habe. Es gilt nämlich für normierte Polynome ungeraden Grades

$$\lim_{x\to\infty} P(x) = \infty \qquad \text{und} \qquad \lim_{x\to-\infty} P(x) = -\infty\,.$$

Daraus folgt die Existenz zweier Zahlen $x_1, x_2 \in \mathbb{R}$ mit

$$P(x_1) < 0 \qquad \text{und} \qquad P(x_2) > 0\,.$$

Aus dem Zwischenwertsatz der Analysis (Seite 157) folgt also die Existenz wenigstens einer (sogar reellen!) Nullstelle. Im Induktionsschritt gelte die Behauptung für $l - 1$. Der Hilfssatz ganz zu Beginn dieses Kapitels liefert uns eine Körpererweiterung $L \supseteq \mathbb{C}$ und eine Zerlegung

$$P(x) = (x - \alpha_1)(x - \alpha_2) \cdots (x - \alpha_n)$$

mit $\alpha_i \in L$. Wir definieren nun in L für $1 \leq r, s \leq n$ und jedes $\lambda \in \mathbb{R}$ die Werte

$$\beta_{rs}(\lambda) = \alpha_r + \alpha_s + \lambda\,\alpha_r\alpha_s\,.$$

Wir werden später die spezielle Gestalt der $\beta_{rs}(\lambda)$ noch entscheidend benutzen. Nun definieren wir ein Polynom, welches dadurch entsteht, dass ein Produkt über $(x - \beta_{rs}(\lambda))$ gebildet wird, und zwar über alle $1 \leq r \leq s \leq n$:

$$P_\lambda(x) = \prod_{1\leq r\leq s\leq n} (x - \beta_{rs}(\lambda))\,.$$

Es gilt $P_\lambda(x) \in L[x]$. Welche Eigenschaften hat nun dieses Polynom $P_\lambda(x)$?

Zunächst zu seinem Grad. Die Frage lautet, wie viele Indexkombinationen (r, s) es gibt mit $r \leq s$. Bei $r = 1$ haben wir n Möglichkeiten für s, bei $r = 2$ sind es $n - 1$ Möglichkeiten für s und so weiter, also insgesamt

$$\deg(P_\lambda(x)) \; = \; \frac{n(n+1)}{2} \; = \; 2^{l-1}m(n+1)$$

Möglichkeiten. Schauen wir uns den Wert auf der rechten Seite genauer an. Da $l > 0$, ist $n = 2^l\, m$ offenbar gerade. Damit ist $n + 1$ ungerade, mithin auch das Produkt $m(n + 1)$.

Es nimmt langsam Formen an. $P_\lambda(x)$ hat also einen Grad von der Form

$$\deg(P_\lambda(x)) \; = \; 2^{l-1}k$$

mit einem ungeraden k. Wenn wir jetzt noch erreichen könnten, dass P_λ nur reelle Koeffizienten hat, könnten wir die Induktionsvoraussetzung einsetzen und eine komplexe Nullstelle von P_λ fordern. Lassen Sie uns zunächst besprechen, warum dies den Beweis vollenden würde und erst am Ende zeigen, dass P_λ reelle Koeffizienten hat. Wenn also P_λ tatsächlich eine komplexe Nullstelle hat, dann ist diese Nullstelle identisch mit einem der Werte $\beta_{rs}(\lambda)$, also gilt für ein $r \leq s$:

$$\beta_{rs}(\lambda) \; = \; \alpha_r + \alpha_s + \lambda\, \alpha_r \alpha_s \; \in \; \mathbb{C}\, .$$

Das ist immerhin etwas. Wir haben zwar noch nicht gezeigt, dass eines der α_i in $\mathbb{C}$ liegt, aber wenigstens eine Kombination tut es. Nun erleben wir ein neues Beweisprinzip, das sich nicht nur hier, sondern auch später in diesem Buch als sehr nützlich erweisen wird. Es ist das sogenannte **Schubfachprinzip**, [13], dem eine einfache anschauliche Aussage entspricht:

Das Schubfachprinzip

Stellen Sie sich vor, Sie haben n Objekte und müssen diese auf m Schubfächer verteilen. Wenn dann $n > m$ ist, so enthält am Ende wenigstens ein Schubfach mindestens zwei Objekte.

Ein Beweis dieses Prinzips ist nicht nötig, da die Aussage unmittelbar einleuchtet. Jeder, der zuhause ein paar Socken und eine Kommode hat, kann sie leicht ausprobieren. Wo sind nun in obigen Beweis die Objekte und Schubfächer versteckt? Nun denn, es wird Zeit, dass die Zahl λ ins Spiel kommt. Diese Werte für λ, es sind sogar unendlich viele, sind unsere Objekte. Oben haben wir gesehen, dass es für jedes solche λ ein Indexpaar (r, s) mit $1 \leq r \leq s \leq n$ gibt, sodass $\beta_{rs}(\lambda)$ eine komplexe Zahl ist. Diese Indexpaare werden die Rolle der Schubfächer übernehmen.

Wir haben also $\frac{n(n+1)}{2}$ Schubfächer. Das obige Prinzip sagt uns nun, dass es ein Schubfach gibt, in dem mindestens zwei verschiedene Werte von λ liegen, sagen wir λ_1 und λ_2. Übersetzt in unser Problem bedeutet das die Existenz eines Indexpaares (r, s) mit $\alpha_r + \alpha_s + \lambda_1\, \alpha_r\alpha_s \in \mathbb{C}$ und $\alpha_r + \alpha_s + \lambda_2\, \alpha_r\alpha_s \in \mathbb{C}$. Wenn wir beide Gleichungen voneinander subtrahieren, so erhalten wir $\alpha_r\alpha_s \in \mathbb{C}$ und als unmittelbare Folge auch $\alpha_r + \alpha_s \in \mathbb{C}$.

So langsam kommen wir dem Ziel immer näher. Wenn wir das Polynom

$$Q(x) = (x + \alpha_r)(x + \alpha_s) = x^2 + (\alpha_r + \alpha_s)x + \alpha_r\alpha_s$$

betrachten, so hat es offenbar komplexe Koeffizienten und den Grad 2. Das Ergebnis von Seite 193 garantiert uns damit eine komplexe Nullstelle von Q, und damit gilt sowohl $\alpha_r \in \mathbb{C}$ als auch $\alpha_s \in \mathbb{C}$. Dies ist mehr, als wir haben wollten. Wir haben gezeigt, dass

$$P(x) = (x - \alpha_1)(x - \alpha_2) \cdots (x - \alpha_n)$$

sogar mindestens zwei komplexe Nullstellen besitzt. Damit wären wir mit dem Beweis fertig. Es bleibt nur noch zu zeigen, dass wir die Induktionsvoraussetzung benutzen durften, dass also P_λ tatsächlich nur reelle Koeffizienten hat.

Wir erleben hier den ersten großen Auftritt des Fundamentalsatzes über elementarsymmetrische Polynome (Seite 190), für den wir uns vorhin so viel Mühe gegeben haben. Die große Frage ist, was mit

$$P_\lambda(x) = \prod_{1 \le r \le s \le n} (x - \beta_{rs}(\lambda))$$

passiert, wenn wir die α_i untereinander vertauschen. Da offenbar $\beta_{rs}(\lambda) = \beta_{sr}(\lambda)$ ist, besteht das Tupel $\Omega = (\beta_{rs}(\lambda))_{1 \le r,s \le n}$ aus n^2 Elementen, von denen im Fall $r \neq s$ stets die zwei Elemente $\beta_{rs}(\lambda)$ und $\beta_{sr}(\lambda)$ zu einem Pärchen gleicher Elemente zusammengefasst werden können. In dem Produkt P_λ kommen dann einerseits die Einzelgänger $\beta_{rr}(\lambda)$ vor und andererseits immer ein Vertreter eines solchen Pärchens, nämlich der mit $r < s$.

Wenn wir nun die α_i untereinander vertauschen, so entsteht zwar ein anderes Tupel $\Omega' = (\beta'_{rs}(\lambda))_{1 \le r,s \le n}$, doch dieses unterscheidet sich von Ω nur durch die Reihenfolge seiner Elemente. Insbesondere lassen sich auch alle Pärchen wieder erkennen. Das bedeutet schlussendlich, dass sich lediglich die Reihenfolge der Faktoren von P_λ ändert, das Polynom P_λ also bei Vertauschung der α_i unverändert bleibt.

Damit sind die Koeffizienten von P_λ symmetrische Polynome in den α_i, also (nach dem Fundamentalsatz, Seite 190) als Polynome in den elementarsymmetrischen Polynomen der α_i darstellbar, die ja (bis auf das Vorzeichen) identisch mit den Koeffizienten des ursprünglichen Polynoms P sind. Nach Voraussetzung hatte P aber reelle Koeffizienten und daher gilt das auch für P_λ. □

Wir haben einen der wichtigsten Sätze der Mathematik bewiesen. Der Name „Fundamentalsatz“ ist wohl für kaum einen anderen Satz in größerem Maße berechtigt. Er hebt auch die komplexen Zahlen auf den Thron, sie gehören zu den vollkommensten Entdeckungen der exakten Wissenschaften. Wenn die vollständige Zerlegung eines Polynoms in Linearfaktoren immer möglich ist, erhalten wir ein starkes Instrument, um algebraische oder analytische Fragestellungen im Bereich der komplexen Zahlen anpacken zu können.

Der Satz, zusammen mit dem trickreichen Beweis von GAUSS und LAGRANGE, ist so wertvoll, dass wir noch einmal Rückschau halten wollen.

Nachbetrachtungen zum Beweis

Geniale Schachpartien werden nicht selten ausführlich analysiert. Der obige Beweis ist vergleichbar mit einer Schachpartie, in der es ein Menge raffinierter Züge gab. Lassen Sie mich einige bemerkenswerte Züge daraus analysieren. Warum hat sich alles so wunderbar ineinander gefügt?

Zum ersten halten wir noch einmal fest, dass es sich um einen Induktionsbeweis handelte. Der Grad des Polynoms wurde als $\deg(P) = 2^l\, m$ mit ungeradem $m \in \mathbb{N}$ angegeben. Die Induktion erstreckte sich über den Exponenten l.

Beim genauen Lesen des Beweises könnte man sich die Frage stellen, warum wir von P verlangt haben, reelle Koeffizienten zu haben. In der Tat, der ganze Induktionsschritt würde auch mit komplexen Koeffizienten von P funktionieren. Wir hätten dann ja auch eine stärkere Induktionsvoraussetzung, nämlich eine für $P \in \mathbb{C}[x]$. Der Knackpunkt ist, dass für komplexe Koeffizienten der Induktionsanfang nicht geht. Für den Induktionsanfang haben wir den Zwischenwertsatz der Analysis gebraucht, und der benötigt reelle Koeffizienten. Wir haben uns das Leben mit den ausführlichen Vorarbeiten also nicht unnötig schwer gemacht. Sie haben hier einen Fall kennen gelernt, in dem ein Induktionsschritt möglich ist, nicht aber ein Induktionsanfang. Sehr oft ist es umgekehrt.

Zum zweiten bestaunen wir den Grund, warum überhaupt eine Induktion möglich war, also im Induktionsschritt die Aussage von l auf $l-1$ zurückgeführt werden konnte. Der Grund liegt in der Formel, die rund um die Geschichte des kleinen Gauss in der Grundschule erwähnt wird. Die einfache Summenformel

$$\sum_{k=1}^{n} k = \frac{n(n+1)}{2}$$

hat eine 2 im Nenner stehen. Genau diese 2 reduziert letztlich die Zweierpotenz im Grad von P_λ um eins und wir durften die Induktionsvoraussetzung einsetzen.

Und nicht zuletzt die wundersame Eingebung, die zur Definition der Zahlen $\beta_{rs}(\lambda)$, des magischen Polynoms P_λ und zu dem eleganten Einsatz des Schubfachprinzips geführt hat. Hier geht es wie mit großen Schachpartien: Die entscheidenden Züge sind der Intuition großer Spieler vorbehalten, der normale Mensch kann sie nur im Nachhinein bewundern. Im Fall der Mathematik ist das Spiel noch um einiges komplizierter, dauern die Züge hier doch um ein Vielfaches länger.

10.5 Anwendungen des Fundamentalsatzes

Der Hauptsatz der Algebra ist bereits das dritte Fundamentalresultat, dem wir begegnet sind. Zusammen mit dem Hauptsatz über elementarsymmetrische Polynome (Seite 190) bildet er ein sehr starkes Gespann. Die nun folgenden Anwendungen gehören ohne Zweifel zu den erhabenen Momenten in der Mathematik, sie bestechen durch außergewöhnliche Eleganz und Klarheit. Ganz zu schweigen von ihrer Bedeutung: Sie werden am Ende unserer Reise die entscheidenden Türen zu den großen Transzendenzbeweisen öffnen.

Sicher erinnern Sie sich noch an den Begriff einer algebraischen Zahl: Das waren die Zahlen in $\mathbb{C}$, welche Nullstelle eines Polynoms P mit rationalen Koeffizienten sind. Wir können dabei stets annehmen, dass der Leitkoeffizient 1 und damit P normiert ist. Das erreichen wir gegebenenfalls durch Multiplikation des Polynoms mit einer rationalen Zahl $\neq 0$.

Ein besonderer Fall algebraischer Zahlen wird später noch sehr wichtig. Das sind diejenigen algebraischen Zahlen, welche Nullstelle eines normierten Polynoms mit ganzzahligen Koeffizienten sind, also eines Polynoms

$$P(x) \;=\; x^n + a_{n-1}\,x^{n-1} + \ldots + a_1\,x + a_0$$

mit $a_\nu \in \mathbb{Z}$. Man nennt diese Zahlen **ganz-algebraisch** oder kurz **ganz**. Es ist eine einfache Konsequenz des GAUSSschen Satzes über Teilbarkeit und Irreduzibilität von Polynomen (Seite 175), dass auch das Minimalpolynom F einer ganz-algebraischen Zahl nur ganzzahlige Koeffizienten hat: Es hat auf jeden Fall rationale Koeffizienten. Nach Multiplikation mit dem Hauptnenner $r > 0$ liegt es in $\mathbb{Z}[x]$ und ist primitiv. F und damit auch rF teilen P in $\mathbb{Q}[x]$, also nach dem GAUSSschen Satz auch in $\mathbb{Z}[x]$. Da P normiert war, muss der Leitkoeffizient von rF gleich 1 sein. Da auch F normiert war, ergibt sich $r = 1$, was zu zeigen war.

Für ganz-algebraische und algebraische Zahlen existiert eine schöne Analogie zur Arithmetik der ganzen und rationalen Zahlen. Denn wenn Sie das Minimalpolynom einer algebraischen Zahl ξ mit dem Hauptnenner seiner Koeffizienten multiplizieren, so erhalten Sie ein eindeutig bestimmtes primitives Polynom mit ganzzahligen Koeffizienten a_ν. Dessen Leitkoeffizient a_n wird als **Nenner** der algebraischen Zahl ξ bezeichnet. Sie erkennen die Analogie: Algebraische Zahlen mit Nenner 1 sind damit genau die ganz-algebraischen Zahlen.

Die Analogie wäre natürlich nichts wert, wenn man sie nicht auf elementare Überlegungen wie die Bildung von Hauptnennern ausdehnen kann. Genau das tun wir jetzt mit dem folgenden Hilfssatz.

Hilfssatz über die Nenner algebraischer Zahlen

Wir betrachten eine algebraische Zahl ξ mit Minimalpolynom

$$P(x) \;=\; x^n + r_{n-1}x^{n-1} + \ldots + r_1 x + r_0 \;\in\; \mathbb{Q}[x]\,.$$

Ist dann $a \in \mathbb{Z}$ ein ganzzahliges Vielfaches des Nenners von ξ, also des Hauptnenners der Koeffizienten r_ν, so ist die Zahl $a\,\xi$ ganz-algebraisch.

Die Nenner von algebraischen Zahlen verhalten sich also sinngemäß ähnlich zu denen von rationalen Zahlen.

Der Beweis ist einfach: Nach Multiplikation von P mit a erhalten wir das Polynom $Q(x) \;=\; ax^n + a_{n-1}x^{n-1} + \ldots + a_1 x + a_0 \;\in\; \mathbb{Z}[x]$, welches ebenfalls auf ξ verschwindet: $0 = a\xi^n + a_{n-1}\xi^{n-1} + \ldots + a_1\xi + a_0$.

Wir multiplizieren die Gleichung mit a^{n-1} und erhalten

$$\begin{aligned} 0 &= a^{n-1}(a\xi^n + a_{n-1}\xi^{n-1} + \ldots + a_1\xi + a_0) \\ &= (a\xi)^n + a_{n-1}(a\xi)^{n-1} + \ldots + a_1 a^{n-2}(a\xi) + a^{n-1}a_0\,. \quad \square \end{aligned}$$

Nach dieser einfachen Beobachtung versuchen wir weitere Analogien zu finden. Welche Struktur haben die algebraischen oder ganz-algebraischen Zahlen? Wir wissen, dass die ganzen Zahlen $\mathbb{Z}$ einen Ring bilden, und $\mathbb{Q}$ ist ein Körper. Können wir das vielleicht auch auf die (ganz-)algebraischen Zahlen erweitern? Überlegen wir einmal, was es bedeutet. Falls die algebraischen Zahlen einen Körper bilden würden, dann müsste für eine algebraische Zahl $\xi \neq 0$ auch das Inverse ξ^{-1} algebraisch sein.

Das ist aber viel einfacher als vermutet. Denn wenn

$$P(x) = x^n + r_{n-1}\,x^{n-1} + \ldots + r_1\,x + r_0$$

das Minimalpolynom von ξ über $\mathbb{Q}$ ist, dann betrachte

$$Q(x) = x^n\left(x^{-n} + r_{n-1}\,x^{-(n-1)} + \ldots + r_1\,x^{-1} + r_0\right).$$

Klarerweise ist $Q\big(\xi^{-1}\big) = 0$ und damit auch ξ^{-1} algebraisch.

Eine Hürde besteht nun darin, für zwei (ganz-)algebraische Elemente ξ und η nachzuweisen, dass auch deren Summe und deren Produkt (ganz-)algebraisch ist. Das ist ohne die starken Hilfsmittel, die wir jetzt besitzen, sehr schwierig. Ein kleines Beispiel möge es verdeutlichen: Sowohl $\sqrt{2}$ als auch $\sqrt[3]{5}$ sind ganz-algebraisch. Aber welches normierte Polynom mit ganzen Koeffizienten verschwindet auf dem Produkt $\sqrt{2}\,\sqrt[3]{5}$? Wir können dazu auf keinen Fall das Produkt der beiden Minimalpolynome $x^2 - 2$ und $x^3 - 5$ nehmen.

Um das Problem zu lösen, brauchen wir noch den Begriff der Konjugierten einer algebraischen Zahl.

Definition der Konjugierten einer algebraischen Zahl
Wir betrachten eine algebraische Zahl ξ mit Minimalpolynom $P \in \mathbb{Q}[x]$. Nach dem Fundamentalsatz zerfällt P in Linearfaktoren:

$$P(x) = c\,(x-\xi)\,(x-\xi^{\{1\}}) \cdots (x-\xi^{\{n\}})\,.$$

Man nennt dann die Zahlen $\xi^{\{0\}} = \xi, \xi^{\{1\}}, \ldots, \xi^{\{n\}} \in \mathbb{C}$ die **Konjugierten** der Zahl ξ.

Die Fundamentalsätze spielen nun perfekt zusammen und erlauben eine Schlussfolgerung, deren Eleganz sich wohl niemand entziehen kann.

Summe und Produkt (ganz-)algebraischer Zahlen
Summe und Produkt von (ganz-)algebraischen Zahlen sind (ganz-)algebraisch. Die algebraischen Zahlen bilden damit einen Körper, die ganz-algebraischen Zahlen einen Ring.

Wie schon angedeutet, kein selbstverständliches Resultat. Betrachten wir dazu zwei ganz-algebraische Zahlen ξ und η. (Für algebraische Zahlen verläuft der Beweis genauso.) Nach dem Fundamentalsatz der Algebra zerfallen ihre Minimalpolynome über $\mathbb{C}$ in Linearfaktoren:

$$P_\xi(x) \;=\; (x-\xi)\,(x-\xi^{\{1\}})\,\ldots\,(x-\xi^{\{k\}})$$

und

$$P_\eta(x) \;=\; (x-\eta)\,(x-\eta^{\{1\}})\,\ldots\,(x-\eta^{\{l\}})\,,$$

wobei die $\xi = \xi^{\{0\}}, \xi^{\{1\}}, \ldots, \xi^{\{k\}}$ und $\eta = \eta^{\{0\}}, \eta^{\{1\}}, \ldots, \eta^{\{l\}}$ die Konjugierten von ξ und η sind. Beide Polynome haben nur ganzzahlige Koeffizienten – bitte merken, das wird später wichtig.

Wir definieren nun zwei neue, normierte Polynome in $\mathbb{C}[x]$ durch

$$S(x) \;=\; \prod_{0\le i,j\le k,l} (x-\xi^{\{i\}}-\eta^{\{j\}})$$

und

$$T(x) \;=\; \prod_{0\le i,j\le k,l} (x-\xi^{\{i\}}\eta^{\{j\}})\,,$$

wobei sich die Produkte jeweils über alle Kombinationen der Indizes $0 \le i \le k$ und $0 \le j \le l$ erstrecken. Es gilt klarerweise

$$S(\xi+\eta) \;=\; 0 \quad \text{und} \quad T(\xi\eta) \;=\; 0\,.$$

Wir müssen zeigen, dass sowohl S als auch T ganzzahlige Koeffizienten besitzen. Die Koeffizienten von S und T hängen nicht von der Reihenfolge der $\xi^{\{i\}}$ und $\eta^{\{j\}}$ ab, sind also symmetrische Funktionen in diesen Zahlen. Nach dem zugehörigen Hauptsatz (Seite 190) sind sie darstellbar als Polynome in den elementarsymmetrischen Polynomen über den $\xi^{\{i\}}$ und $\eta^{\{j\}}$, also in den Koeffizienten des Polynoms

$$P_\xi(x)\,P_\eta(x) \;=\; \prod_{0\le i\le k} (x-\xi^{\{i\}}) \prod_{0\le j\le l} (x-\eta^{\{j\}})\,,$$

welches in $\mathbb{Z}[x]$ liegt. Die Koeffizienten von S und T sind daher selbst ganzzahlig. Wir haben also die Existenz zweier normierter Polynome mit ganzzahligen Koeffizienten, welche jeweils auf $\xi + \eta$ und $\xi\eta$ verschwinden. □

Verweilen Sie gerne ein wenig an dieser Stelle und denken Sie darüber nach, wie die beiden Sätze aus der Algebra ihre volle Kraft entfalten.

Wir steuern jetzt noch ein Resultat an, welches auch mit den beiden Fundamentalsätzen zusammenhängt und später an entscheidender Stelle gebraucht wird. Nach dem obigen Satz ist für zwei algebraische Zahlen ξ, η und ein Polynom $P \in \mathbb{Q}[x]$ auch die Zahl

$$\gamma = P(\xi, \eta)$$

algebraisch. Eine interessante Frage ist die nach den Konjugierten von γ. Auch hier erleben wir eine bemerkenswerte Anwendung des Hauptsatzes über elementarsymmetrische Polynome.

Konjugierte von Polynomen algebraischer Zahlen

Wir betrachten zwei algebraische Zahlen $\xi, \eta \in \mathbb{C}$ sowie ein Polynom

$$P(x, y) \in \mathbb{Q}[x, y] .$$

Dann ist auch die Zahl $P(\xi, \eta)$ algebraisch und deren Konjugierte entstehen dadurch, dass man in P für x einige der Konjugierten von ξ und für y einige der Konjugierten von η einsetzt.

Der Satz macht keine Aussage darüber, welche Konjugierten vorkommen oder wie viele davon nötig sind. Er lässt sich sinngemäß auch für $n > 2$ algebraische Zahlen formulieren, doch uns genügt der Fall $n = 2$.

Wir müssen nur noch die Aussage über die Konjugierten zeigen. Den Schlüssel zum Erfolg stellt wieder der Satz über die elementarsymmetrischen Polynome dar. Es genügt zu zeigen, dass die Aussage für das Produkt $a\,\xi$ mit einem $a \in \mathbb{Q}$, die Summe $\xi + \eta$ und das Produkt $\xi\eta$ gilt. Damit kann durch sukzessive Addition und Multiplikation die Aussage auch für die Zahl $P(\xi, \eta)$ gewonnen werden, denn es stört nicht, dass wir mit jedem Konstruktionsschritt die Auswahl der Konjugierten weiter einschränken. Am Ende bleibt immer eine gewisse Auswahl an Konjugierten von den ursprünglichen Zahlen ξ und η übrig, welche eingesetzt in $P(x, y)$ die Konjugierten von $P(\xi, \eta)$ bilden.

Es seien dazu wieder $\xi = \xi^{\{0\}}, \xi^{\{1\}}, \ldots, \xi^{\{k\}}$ die Konjugierten von ξ und $\eta = \eta^{\{0\}}, \eta^{\{1\}}, \ldots, \eta^{\{l\}}$ diejenigen von η.

$$P_\xi(x) = (x - \xi^{\{0\}})\,(x - \xi^{\{1\}})\,\ldots\,(x - \xi^{\{k\}})$$

und

$$P_\eta(x) = (x - \eta^{\{0\}})\,(x - \eta^{\{1\}})\,\ldots\,(x - \eta^{\{l\}})$$

seien die zugehörigen Minimalpolynome. Dann definieren wir einfach wieder

$$R(x) = \prod_{0 \le i \le k} (x - a\,\xi^{\{i\}}) ,$$

$$S(x) = \prod_{0 \le i,j \le k,l} (x - \xi^{\{i\}} - \eta^{\{j\}}) ,$$

und

$$T(x) = \prod_{0 \le i,j \le k,l} (x - \xi^{\{i\}}\eta^{\{j\}}) .$$

Das sind drei Polynome mit $R(a\,\xi) = 0$, $S(\xi + \eta) = 0$ und $T(\xi\eta) = 0$. Sie haben nach dem Hauptsatz über elementarsymmetrische Polynome (Seite 190) wieder rationale Koeffizienten, da diese symmetrisch in den $\xi^{\{i\}}$ und $\eta^{\{j\}}$ sind.

Betrachten wir nun beispielhaft den Fall $\xi + \eta$, die anderen Fälle verlaufen identisch. Wir wissen schon von früher (Seite 168), dass das Minimalpolynom $P_{\xi+\eta}$ von $\xi + \eta$ ein Teiler von S ist, denn S ist im Ideal $(P_{\xi+\eta})$ enthalten. Wegen der Eindeutigkeit der Linearfaktorzerlegung – die Nullstellen eines Polynoms in $\mathbb{C}[x]$ sind eindeutig definiert – besteht $P_{\xi+\eta}$ also aus einem Teil der Linearfaktoren $(x - \xi^{\{i\}} - \eta^{\{j\}})$ von S. Die Konjugierten von $\xi + \eta$ haben damit alle die Gestalt $\xi^{\{i\}} + \eta^{\{j\}}$ für bestimmte Indizes i und j. Das war zu zeigen. □

Wir haben jetzt das Wissen gesammelt, um einen großen Schritt in Richtung unseres Hauptziels zu machen (die Transzendenz von π, samt weiterer großer Transzendenzresultate). Wir haben uns schon früher mit der elementaren Zahlentheorie beschäftigt, mit der Teilbarkeitslehre und der eindeutigen Primfaktorzerlegung (Seite 42). Nun können wir einsteigen in die Grundlagen der *algebraischen Zahlentheorie* – einer wahren Königsdisziplin der Mathematik, die in der ersten Hälfte des 19. Jahrhunderts entstand. Der Abschnitt wird ab dem Begriff des Ganzheitsrings (Seite 206) erst am Ende des Buches wichtig, weswegen Sie ihn bei der ersten Lektüre auch überspringen können.

10.6 Zahlkörper und Ganzheitsringe

Die wichtigsten Objekte der algebraischen Zahlentheorie haben wir in Spezialfällen schon kennengelernt: die **einfachen algebraischen** Erweiterungen von $\mathbb{Q}$. Sie entstanden durch die **Ringadjunktion** einer algebraischen Zahl zum Körper $\mathbb{Q}$, wie in dem Beispiel

$$K = \mathbb{Q}[\sqrt[n]{2}\,].$$

Wir konnten dann später beweisen, dass K tatsächlich ein Körper ist und als Vektorraum über $\mathbb{Q}$ die Dimension n besitzt. Diese Dimension war gleich dem Grad des Minimalpolynoms $x^n - 2$ über $\mathbb{Q}$ (Seite 177).

Um für das Folgende gerüstet zu sein, werden wir die Untersuchung der Körpererweiterungen von $\mathbb{Q} \subset \mathbb{C}$ nun verallgemeinern und systematisieren. Die bisher besprochenen Beispiele finden sich darin als Spezialfälle wieder.

Für jede Teilmenge $A \subset \mathbb{C}$ definieren wir die **Ringadjunktion** von A zu $\mathbb{Q}$ als

$$\mathbb{Q}[A] = \bigcap \{\mathcal{R} : \mathcal{R} \text{ ist Unterring von } \mathbb{C} \text{ und } \mathbb{Q} \cup A \subseteq \mathcal{R}\}$$

und die **Körperadjunktion** von A zu $\mathbb{Q}$ als

$$\mathbb{Q}(A) = \bigcap \{\mathcal{K} : \mathcal{K} \text{ ist Unterkörper von } \mathbb{C} \text{ und } \mathbb{Q} \cup A \subseteq \mathcal{K}\}.$$

Man sagt auch, $\mathbb{Q}[A]$ ist der von A über $\mathbb{Q}$ erzeugte Unterring in $\mathbb{C}$. Sinngemäß spricht man bei $\mathbb{Q}(A)$ vom Unterkörper, der von A über $\mathbb{Q}$ erzeugt ist. Da der Durchschnitt von Ringen oder Körpern wieder ein Ring oder Körper ist, bekommt diese Definition eine anschauliche Bedeutung: $\mathbb{Q}[A]$ ist der kleinste Ring in $\mathbb{C}$, welcher $\mathbb{Q}$ und A enthält. Analoges gilt für den Körper $\mathbb{Q}(A)$.

Falls A eine endliche Teilmenge der Form $A = \{a_1, a_2, \ldots, a_n\}$ ist, so schreibt man für die Ringadjunktion kurz

$$\mathbb{Q}[a_1, a_2, \ldots, a_n]$$

und für die Körperadjunktion

$$\mathbb{Q}(a_1, a_2, \ldots, a_n)\,.$$

Drei Beobachtungen lassen uns Sinn und Wert dieser Definitionen erkennen.

Beobachtung 1
Für jede Teilmenge $A \subset \mathbb{C}$ ist $\mathbb{Q}(A)$ der Quotientenkörper von $\mathbb{Q}[A]$.

Dies ist sofort einsichtig. Denn der Quotientenkörper (Seite 58) von $\mathbb{Q}[A]$ besteht aus den Ausdrücken

$$ab^{-1} \quad \text{mit} \quad a, b \in \mathbb{Q}[A]\,,\ b \neq 0$$

und ist daher der kleinste Körper, welcher $\mathbb{Q}[A]$ umfasst.

$\mathbb{Q}(A)$ ist nach seiner Definition der kleinste Körper, welcher $\mathbb{Q}$ und A umfasst. Da er insbesondere auch ein Ring ist, kommt er als Menge im Durchschnitt der Definition von $\mathbb{Q}[A]$ vor und es gilt daher ebenfalls

$$\mathbb{Q}(A) \supseteq \mathbb{Q}[A]\,.$$

Beide Körper sind also kleinstmögliche Exemplare, welche $\mathbb{Q}[A]$ umfassen und müssen daher identisch sein. □

Beobachtung 2
Für $a_1, a_2, \ldots, a_n \in \mathbb{C}$ ist

$$\mathbb{Q}[a_1, a_2, \ldots, a_n] = \big\{P(a_1, a_2, \ldots, a_n) : P \in \mathbb{Q}[x_1, x_2, \ldots, x_n]\big\}\,.$$

Klarerweise ist die Menge der Polynome in den Zahlen $a_1, a_2, \ldots, a_n$ auf der rechten Seite ein Unterring von $\mathbb{C}$. Daher enthält sie $\mathbb{Q}[a_1, a_2, \ldots, a_n]$. Umgekehrt umfasst jeder Unterring, der $\mathbb{Q} \cup \{a_1, a_2, \ldots, a_n\}$ enthält, auch all diese Polynome. Das gilt dann insbesondere auch für $\mathbb{Q}[a_1, a_2, \ldots, a_n]$. □

Beobachtung 3
Für zwei beliebige Teilmengen $A, B \subseteq \mathbb{C}$ gilt

$$\mathbb{Q}(A \cup B) \;=\; \big(\mathbb{Q}(A)\big)\,(B)\,.$$

Auch das ist von der gleichen Qualität wie die anderen Beobachtungen. Klarerweise gilt für jeden Unterkörper $\mathcal{K} \subseteq \mathbb{C}$

$$\mathbb{Q} \cup (A \cup B) \;\subseteq\; \mathcal{K} \qquad \Leftrightarrow \qquad \mathbb{Q}(A) \cup B \;\subseteq\; \mathcal{K}\,.$$

Mit der Definition der Körperadjunktion folgt sofort die Behauptung. □

Sie erkennen aus Beobachtung 2 sofort, dass die neue Definition mit unserer bisherigen Vorstellung übereinstimmt. Auch ergibt sich im Fall einer einfachen Körpererweiterung mit einem algebraischen $a \in \mathbb{C}$ die Gleichheit $\mathbb{Q}[a] = \mathbb{Q}(a)$. Wir haben schon gesehen, dass in diesem Fall $\mathbb{Q}[a]$ ein Körper ist (Seite 171). Beachten Sie aber, dass dies bei der Adjunktion von mehr als einem Element nicht mehr stimmt. Dito für die Adjunktion einer transzendenten Zahl τ. Dann ist nämlich $\mathbb{Q}[\tau]$ isomorph zum Polynomring $\mathbb{Q}[x]$, was Sie leicht sehen, wenn Sie die Surjektion $\varphi : \mathbb{Q}[x] \to \mathbb{Q}[\tau]$ betrachten. Ihr Kern ist das Nullideal (0), da sonst τ algebraisch wäre: Es gäbe dann ein nicht verschwindendes Polynom $P \in \mathbb{Q}[x]$ mit $P(\tau) = 0$.

Nun kommen wir zu einem wichtigen Satz über die Dimension von Körpererweiterungen. Falls $K \subset L$ eine Körpererweiterung ist, führen wir eine Kurzschreibweise für die Dimension des K-Vektorraumes L ein. Wir bezeichnen sie mit $[L : K]$ und nennen sie den **Grad** der Körpererweiterung L über K. Wir nennen eine Körpererweiterung **endlich**, wenn ihr Grad endlich ist.

Grade von Körpererweiterungen
Für jede Kette von Körpererweiterungen $K \subseteq L \subseteq M$ ist

$$[M : K] \;=\; [M : L] \cdot [L : K]\,.$$

Wir müssen den Satz nur für endliche Erweiterungen beweisen. Denn falls $K \subseteq L$ oder $L \subseteq M$ unendlichen Grad haben, dann klarerweise auch $K \subseteq M$. Der Beweis ist etwas technisch und wenig überraschend. Also Augen zu und durch.

Die Sache ist zunächst naheliegend. Wenn $B_1 = \{x_1, \ldots, x_m\}$ eine Basis von L über K ist und $B_2 = \{y_1, \ldots, y_n\}$ eine von M über L, dann wird wohl

$$B \;=\; \{x_i y_j : 1 \le i \le m, 1 \le j \le n\}$$

eine Basis von M über K sein (sie hätte zumindest die richtige Elementzahl). Die Menge B ist offenbar ein Erzeugendensystem von M, denn für ein beliebiges

$y \in M$ gibt es eine Darstellung $y = \sum_{j=1}^{n} b_j y_j$ mit $b_j \in L$. Damit existiert dann für jedes b_j eine Darstellung

$$b_j = \sum_{i=1}^{m} a_{ij} x_i$$

mit $a_{ij} \in K$.

Zusammen ergibt sich

$$y = \sum_{j=1}^{n} \sum_{i=1}^{m} a_{ij}\, x_i y_j \,.$$

Die Menge B ist aber auch linear unabhängig über K. Denn falls

$$\sum_{j=1}^{n} \sum_{i=1}^{m} a_{ij}\, x_i y_j = 0$$

wäre, dann folgt wegen der linearen Unabhängigkeit von B_2 über L, dass

$$\sum_{i=1}^{m} a_{ij} x_i = 0$$

ist, für alle $1 \leq j \leq n$. Wegen der linearen Unabhängigkeit von B_1 über K gilt dann $a_{ij} = 0$ für alle $1 \leq i \leq m$. □

Wir kommen jetzt zur entscheidenden Definition für den Rest des Kapitels.

Zahlkörper und Ganzheitsring
Eine endliche Erweiterung $K = \mathbb{Q}(\alpha_1, \ldots, \alpha_n)$ der rationalen Zahlen mit algebraischen Zahlen $\alpha_i \in \mathbb{C}$ nennt man einen **algebraischen Zahlkörper** oder kurz **Zahlkörper**. Die ganz-algebraischen Elemente in K heißen der zugehörige **Ganzheitsring** und werden mit $\mathcal{O}_K$ bezeichnet.

Wir wissen bereits von früher, dass $K \supseteq \mathbb{Q}$ ein Körper und $\mathcal{O}_K \supseteq \mathbb{Z}$ ein Ring ist (Seiten 201 und 204). Aus der linearen Algebra ergibt sich nun, dass K als additive Gruppe ein endlich-dimensionaler $\mathbb{Q}$-Vektorraum ist. Gibt es ein ähnliches Konzept auch für die additive abelsche Gruppe $\mathcal{O}_K$ über $\mathbb{Z}$?

Ja, gibt es. Man nennt dies dann einen **$\mathbb{Z}$-Modul**. Er ist in völliger Analogie zu einem Vektorraum definiert (Seite 118), nur ist der Skalarenkörper K ersetzt durch einen (in der Regel) kommutativen Ring R mit Einselement, hier durch $\mathbb{Z}$. Die Theorie der Moduln über Ringen ist viel komplizierter als die der Vektorräume. Das liegt daran, dass die Skalare $\neq 0$ kein multiplikatives Inverses besitzen. So kann man nicht einmal den STEINITZschen Austauschsatz beweisen (Seite 123) oder den Satz, dass jeder endlich erzeugte $\mathbb{Z}$-Modul eine Basis besitzt. In der Tat, wenn Sie eine Basis wieder als linear unabhängiges Erzeugendensystem (diesmal eben über den Skalaren aus $\mathbb{Z}$) definieren, erkennen Sie schnell, dass zum Beispiel die Gruppe $\mathbb{Z}/2\mathbb{Z} = \{\mathbf{0}, \mathbf{1}\}$ keine $\mathbb{Z}$-Basis besitzt, denn das Element $\mathbf{1}$ ist nicht linear unabhängig über $\mathbb{Z}$ wegen $2 \cdot \mathbf{1} = \mathbf{0}$.

Falls es für einen Modul ein (über $\mathbb{Z}$) linear unabhängiges Erzeugendensystem, also eine **Basis** gibt, so nennt man ihn einen **freien Modul**. Für endlich erzeugte freie $\mathbb{Z}$-Moduln und deren Basen gilt nun wie bei Vektorräumen:

Satz (Rang und Untermoduln von freien $\mathbb{Z}$-Moduln)
Die Elementzahl von Basen eines endlich erzeugten freien $\mathbb{Z}$-Moduls M ist stets gleich. Man nennt diese Zahl den **Rang** des Moduls und schreibt dafür $\mathrm{rk}(M)$.

Jeder Untermodul $U \subseteq M$ ist dann ebenfalls frei und es gilt $\mathrm{rk}(U) \leq \mathrm{rk}(M)$.

Beachten Sie, dass es (im Gegensatz zu der Situation bei Vektorräumen) Untermoduln vom gleichen Rang wie M gibt mit $U \neq M$, zum Beispiel $2\mathbb{Z} \subset \mathbb{Z}$.

Der Beweis der gleichen Elementzahl aller Basen beruht auf einem netten Trick. Angenommen, es gäbe zwei Basen $B_1 = \{\alpha_1, \ldots, \alpha_m\}$ und $B_2 = \{\beta_1, \ldots, \beta_n\}$ mit unterschiedlicher Elementzahl. Dann hätten wir

$$M = \mathbb{Z}\alpha_1 \oplus \ldots \oplus \mathbb{Z}\alpha_m \qquad \text{und} \qquad M = \mathbb{Z}\beta_1 \oplus \ldots \oplus \mathbb{Z}\beta_n$$

mit $m \neq n$. Natürlich ist hier die Schreibweise mit dem Symbol $\oplus$ zu klären. Das Symbol $\oplus$ bedeutet eine **direkte Summe** von Moduln in dem Sinne, dass (im linken Beispiel) alle Elemente von $\mathbb{Z}\alpha_1 \oplus \ldots \oplus \mathbb{Z}\alpha_m$ eine eindeutige Darstellung der Form $x_1 + \ldots + x_m$ haben, auch als $x_1 \oplus \ldots \oplus x_m$ geschrieben, mit $x_i \in \mathbb{Z}\alpha_i$ für $1 \leq i \leq m$. Direkte Summen gibt es auch mit unendlich vielen Summanden, so ist zum Beispiel der Polynomring $\mathbb{Z}[x]$ die direkte Summe aller $\mathbb{Z}$-Moduln der Form $\mathbb{Z}x^n$, $n \geq 0$. Sie können sich auch überlegen, dass endliche direkte Summen $M_1 \oplus \ldots \oplus M_r$ isomorph zu den endlichen Produkten $M_1 \times \ldots \times M_r$ sind, unendliche Summen aber echte Teilmengen der entsprechenden unendlichen Produkte (Elemente in direkten Summen dürfen nur aus endlichen Summen bestehen, während unendliche Produkte aus unendlichen Tupeln bestehen).

Der nette Trick besteht nun darin, den Untermodul $2M = \{2x : x \in M\}$ zu betrachten und zu den Äquivalenzklassen $M/2M$ überzugehen. Dies funktioniert völlig analog zu unseren früheren Experimenten (Seite 169) mit dem Ideal $n\mathbb{Z} \subset \mathbb{Z}$ und der Restklassengruppe $\mathbb{Z}_n = \mathbb{Z}/n\mathbb{Z}$. Eine einfache Überlegung zeigt dann, dass

$$M/2M \;\cong\; \mathbb{Z}_2\alpha_1 \oplus \ldots \oplus \mathbb{Z}_2\alpha_m \;\cong\; \mathbb{Z}_2\beta_1 \oplus \ldots \oplus \mathbb{Z}_2\beta_n$$

ist. Die erste „Gleichheit" ist gegeben durch die Zuordnung

$$\overline{x_1\alpha_1 + \ldots + x_m\alpha_m} \;\mapsto\; \overline{x_1}\alpha_1 + \ldots + \overline{x_m}\alpha_m\,,$$

die zweite „Gleichheit" durch

$$\overline{y_1\beta_1 + \ldots + y_n\beta_n} \;\mapsto\; \overline{y_1}\beta_1 + \ldots + \overline{y_n}\beta_n\,,$$

Diese „Gleichheiten" sind natürlich verträglich mit den Moduloperationen, weswegen man sie auch als **Modul-Isomorphismen** (Seite 169) bezeichnet. Offensichtlich hat die direkte Summe über die $\mathbb{Z}_2\alpha_i$ genau 2^m Elemente und die direkte Summe über die $\mathbb{Z}_2\beta_j$ genau 2^n Elemente, weswegen $m = n$ sein muss.

Für die zweite Aussage sei $U \subseteq M$. Im Fall $\mathrm{rk}(M) = 1$ ist $M = \mathbb{Z}\alpha$ und jede Untergruppe davon ist ein $r\mathbb{Z}\alpha$, $r \in \mathbb{N}$, denn $\mathbb{Z}$ ist Hauptidealring. Für $r \neq 0$ ist dann $r\mathbb{Z}\alpha$ frei vom Rang 1, sonst frei vom Rang 0. Das war der Induktionsanfang.

Falls $M = \mathbb{Z}\alpha_1 \oplus \ldots \oplus \mathbb{Z}\alpha_m$ ist, sei $p : M \to \mathbb{Z}\alpha_m$ die Projektion auf den m-ten Summanden von M. Der Kern von p ist $M_0 = \mathbb{Z}\alpha_1 \oplus \ldots \oplus \mathbb{Z}\alpha_{m-1}$, und der Kern der Einschränkung $p|_U : U \to \mathbb{Z}\alpha_m$ ein Untermodul von M_0, nämlich $U \cap M_0$. Nach Induktionsannahme ist $U \cap M_0$ frei vom Rang $\leq \mathrm{rk}(M_0) = m - 1$.

Falls nun $p|_U = 0$ ist, gilt $U \cap \mathbb{Z}\alpha_m = \{0\}$ und damit $U = U \cap M_0$. Wir wären nach obigem Argument fertig. Andernfalls nutzen wir die Tatsache, dass es eine natürliche Abbildung $\varphi : \mathbb{Z}\alpha_m \to M$ gibt mit $p \circ \varphi = \mathrm{id}_{\mathbb{Z}\alpha_m}$. Man nennt solch eine Abbildung einen **Schnitt** gegen die Projektion p. Es ist dann wieder eine ganz einfache Überlegung, dass die Abbildung

$$(U \cap M_0) \oplus p(U) \longrightarrow U\,, \quad x \oplus y = x + \varphi(y)$$

ein Isomorphismus von $\mathbb{Z}$-Moduln ist: Aus $x + \varphi(y) = 0$ folgt $\varphi(y) = -x$ und damit $y = -p(x) = 0$, denn es war $x \in \mathrm{Ker}(p)$. Wegen $x + \varphi(y) = 0$ ergibt sich $x = 0$ und damit die Injektivität der Abbildung. Sie ist aber auch surjektiv, denn jedes $u \in U$ zerfällt in die direkte Summe $\big(u - \varphi \circ p(u)\big) \oplus p(u)$, mit $u - \varphi \circ p(u) \in \mathrm{Ker}(p)$, die offensichtlich auf u abgebildet wird. Also ist U als direkte Summe von freien Moduln vom Rang $\leq m-1$ und ≤ 1 selbst frei, und zwar vom Rang $\leq m$. □

Sie merken, dass die Sätze etwas mühsamer zu beweisen sind als bei Vektorräumen. Aber mit dem Konzept der direkten Summen, der Eigenschaft von $\mathbb{Z}$ als Hauptidealring (das war entscheidend) und einer geschickten Induktion kann man um die multiplikativen Inversen von Elementen in $\mathbb{Z}$ herumkommen.

Nach all der Theorie ist es Zeit für Beispiele. Als erstes, sehr allgemeines Beispiel ist jede abelsche Gruppe G ein $\mathbb{Z}$-Modul über die Festlegungen

$$a \cdot g = \underbrace{g + \ldots + g}_{a\text{-mal}} \qquad \text{und} \qquad (-a) \cdot g = \underbrace{-g - \ldots - g}_{a\text{-mal}}$$

für alle ganze Zahlen $a \geq 0$ und $g \in G$. Damit sind alle Ideale $a\mathbb{Z}$, $a \in \mathbb{Z}$, freie Moduln mit Basis $\{a\}$ oder $\{-a\}$. Die sogenannten **Torsionsgruppen** (der Begriff kommt aus der Topologie) $\mathbb{Z}_n$ sind die Prototypen nicht-freier Moduln. So ist eine endlich erzeugte abelsche Gruppe der Form $\mathbb{Z}^n \oplus \mathbb{Z}_{n_1} \oplus \ldots \oplus \mathbb{Z}_{n_k}$ für alle natürliche Zahlen $n, n_1, \ldots, n_k$ ein $\mathbb{Z}$-Modul, und frei genau dann, wenn $k = 0$ ist (nach einem gewichtigen Satz der Gruppentheorie gibt es übrigens gar keine anderen Beispiele für endlich erzeugte abelsche Gruppen).

Aber sehen wir uns jetzt konkrete Beispiele im Kontext der algebraischen Zahlentheorie an. Zunächst zwei alte Bekannte, die Körper $K = \mathbb{Q}(\sqrt{2})$ und $L = \mathbb{Q}(\sqrt{5})$. Wir wissen bereits, dass $B_K = \{1, \sqrt{2}\}$ und $B_L = \{1, \sqrt{5}\}$ Basen der jeweiligen $\mathbb{Q}$-Vektorräume K und L sind. Alle Basisvektoren sind ganz-algebraisch, also Elemente der jeweiligen Ganzheitsringe $\mathcal{O}_K, \mathcal{O}_L$ und über $\mathbb{Z}$ linear unabhängig (denn sie sind es ja sogar über $\mathbb{Q}$). Das Problem – und das macht Moduln theoretisch um so vieles interessanter als Vektorräume – ist die Frage, ob die Mengen $\{1, \sqrt{2}\}$ und $\{1, \sqrt{5}\}$ auch Erzeugendensysteme der Module $\mathcal{O}_K$ und $\mathcal{O}_L$ sind, also insgesamt $\mathbb{Z}$-Basen dieser Ganzheitsringe.

Ohne Beweis (wir brauchen dies später nicht) sei hier gesagt, dass B_K tatsächlich eine $\mathbb{Z}$-Basis von $\mathcal{O}_K$ ist, mithin $\mathcal{O}_K$ ein freier $\mathbb{Z}$-Modul vom Rang 2:

$$O_K = \mathbb{Z} \oplus \mathbb{Z}\sqrt{2}\,.$$

Zu Ihrer Überraschung (nehme ich an) sei aber gesagt, dass $B_L = \{1, \sqrt{5}\}$ kein Erzeugendensystem von $\mathcal{O}_L$ ist. Die algebraische Zahlentheorie nimmt hier gewissermaßen ihren Anfang: Sie prüfen schnell, dass der goldene Schnitt (Seite 99)

$$\frac{1+\sqrt{5}}{2}$$

ganz-algebraisch ist (als Nullstelle des Polynoms $x^2 - x + 1$), allerdings kein Element von $\mathbb{Z} \oplus \mathbb{Z}\sqrt{5}$. Man kann die Situation aber retten und zeigen, dass

$$B_{\mathcal{O}_L} = \left\{1\,,\ \frac{1+\sqrt{5}}{2}\right\}$$

eine Basis von $\mathcal{O}_L$ ist. Die Basen der Ganzheitsringe nennt man **Ganzheitsbasen**.

Es gibt auch schwierigere Beispiele, die mit speziellen Algorithmen berechnet werden. So ist für $K = \mathbb{Q}(\sqrt[3]{175})$ eine $\mathbb{Q}$-Basis gegeben durch $\left\{1, \sqrt[3]{175}, (\sqrt[3]{175})^2\right\}$, die Ganzheitsbasis lautet aber $\left\{1, \sqrt[3]{175}, \sqrt[3]{245}\right\}$. Auch wenn es so aussieht, das ist kein Schreibfehler (versuchen Sie die Primfaktorzerlegung von 175 und 245).

Es gibt auch algebraische Zahlen, die keine Darstellung als Wurzel haben, zum Beispiel eine Nullstelle θ des irreduziblen Polynoms $x^3 + 17x^2 - 2x + 9$. Hier kann man (mit großem Aufwand) zeigen, dass

$$B_{\mathcal{O}_K} = \left\{1\,,\ \theta\,,\ \frac{\theta^2 - 17\theta + 6}{15}\right\}$$

eine Ganzheitsbasis von $K = \mathbb{Q}(\theta)$ ist.

Blicken wir wieder auf aus diesen raffinierten Beispielen, die ohne Zweifel den ungeheuren Reiz und die Schönheit der algebraischen Zahlentheorie belegen. Es ist Ihnen bestimmt aufgefallen, dass bisher alle Ganzheitsringe $\mathcal{O}_K$ eine Basis besitzen, also freie Moduln sind, von einem Rang gleich der Dimension $[K : \mathbb{Q}]$. Dies ist genau der Gegenstand des folgenden Satzes von R. Dedekind, der ohne Einschränkung als ein „Hauptsatz der algebraischen Zahlentheorie“ gesehen werden kann, [12].

Hauptsatz: Existenz von Ganzheitsbasen (Dedekind, 1871)
Für jeden Zahlkörper K besitzt $\mathcal{O}_K$ eine Ganzheitsbasis mit $[K : \mathbb{Q}]$ Elementen.

Der Beweis dieses Satzes wird den gesamten Rest des Kapitels beanspruchen. Wie bereits angedeutet, brauchen wir diesen Satz nicht vor den großen Transzendenzresultaten am Ende des Buches, weswegen Sie ihn beim ersten Lesen auch gerne überspringen können (vielleicht überlegen Sie es sich aber, denn Sie würden eine Menge großartiger Mathematik verpassen).

Um Ihnen den Überblick bei dem anspruchsvollen (und faszinierenden) Gedankengang zu erleichtern, wird die Argumentation schrittweise und deduktiv durchgeführt, das bedeutet: stets den Blick auf das Ziel gerichtet, möglichst wenig soll einfach vom Himmel fallen.

Nun denn, unsere Beobachtungen über Moduln eröffnen eine einfache Beweisstrategie: Wenn wir zeigen könnten, dass $\mathcal{O}_K$ Untermodul eines freien Moduls ist, wären wir fertig. Nach dem Satz über die Untermoduln von freien Moduln wäre auch $\mathcal{O}_K$ frei (Seite 207). Und dass der Rang von $\mathcal{O}_K$ dann exakt $[K : \mathbb{Q}]$ sein muss, ist eine einfache algebraische Konsequenz. Betrachten Sie dazu die Basiselemente $\alpha_1, \ldots, \alpha_n$ von K und machen sie durch Multiplikation mit ihren Nennern zu ganz-algebraischen Elementen $\alpha'_1, \ldots, \alpha'_n$ (Seite 199). Offensichtlich sind die α'_i linear unabhängig über $\mathbb{Z}$, denn sie sind es über $\mathbb{Q}$. Nach dem obigen Satz ist dann $n \leq \mathrm{rk}(\mathcal{O}_K)$, denn $\mathbb{Z}\alpha'_1 \oplus \ldots \oplus \mathbb{Z}\alpha'_n$ ist ein Untermodul von $\mathcal{O}_K$ mit Rang n. Umgekehrt ist $\mathrm{rk}(\mathcal{O}_K) \leq n = [K : \mathbb{Q}]$, denn über $\mathbb{Z}$ linear unabhängige Elemente in $\mathcal{O}_K$ sind natürlich auch über $\mathbb{Q}$ linear unabhängig in K (das ist einfach mit Widerspruch zu sehen, versuchen Sie es als kleine **Übung**). (□)

Wie könnte also der freie Modul in K aussehen, von dem $\mathcal{O}_K$ ein Untermodul ist? Die Antwort ist naheliegend, wir versuchen es mit dem ganzzahligen Gitter des Körpers K, das ist der freie $\mathbb{Z}$-Modul

$$\mathbb{Z}_K = \mathbb{Z}\alpha_1 \oplus \ldots \oplus \mathbb{Z}\alpha_n \subset K$$

vom Rang $[K : \mathbb{Q}]$. Schon an dem Beispiel $K = \mathbb{Q}(\sqrt{5})$ von vorhin erkennen Sie aber, dass $\mathcal{O}_K$ darin keine Teilmenge ist. Doch wir können das Beispiel retten, und zwar durch Multiplikation aller Elemente von $\mathcal{O}_K$ mit 2. Die $\mathbb{Z}$-Basis von $2\mathcal{O}_K$ lautet dann

$$\{2, \, 1 + \sqrt{5}\} \, ,$$

und die darin enthaltenen Elemente liegen offensichtlich in $\mathbb{Z}_K = \mathbb{Z} \oplus \mathbb{Z}\sqrt{5}$. Das andere, etwas kompliziertere Beispiel mit der Adjunktion einer Wurzel θ von $x^3 + 17x^2 - 2x + 9$ funktioniert ähnlich. Hier ist die $\mathbb{Q}$-Basis $\{1, \theta, \theta^2\}$ und Sie erkennen, dass $15\mathcal{O}_K$ als $\mathbb{Z}$-Basis die Menge

$$\{15, \, 15\theta, \, \theta^2 - 17\theta + 6\}$$

besitzt, mithin $15\mathcal{O}_K$ ein Untermodul von $\mathbb{Z} \oplus \mathbb{Z}\theta \oplus \mathbb{Z}\theta^2$ ist. Dieses Phänomen ist kein Zufall, es gilt allgemein für alle Zahlkörper und Ganzheitsringe.

Satz
Für jeden Zahlkörper K mit $\mathbb{Q}$-Basis $\{\alpha_1, \ldots, \alpha_n\}$ gibt es eine Zahl $d \in \mathbb{C} \setminus \{0\}$, sodass $d\mathcal{O}_K \subseteq \mathbb{Z}\alpha_1 \oplus \ldots \oplus \mathbb{Z}\alpha_n$ ein (freier) Untermodul ist.

Dieser Satz ist tatsächlich ein kleines Wunder. Das Gitter $\mathbb{Z}\alpha_1 \oplus \ldots \oplus \mathbb{Z}\alpha_n$ liegt sehr dünn gesät in K und es gibt ganz-algebraische Elemente in $\mathcal{O}_K$, die Nullstellen von Polynomen beliebig hohen Grades sein können. Jedes einzelne $a \in \mathcal{O}_K$ liegt zwar in $K = \mathbb{Q}\alpha_1 \oplus \ldots \oplus \mathbb{Q}\alpha_n$ und hat einen Hauptnenner d_a, sodass $d_a a \in \mathbb{Z}\alpha_1 \oplus \ldots \oplus \mathbb{Z}\alpha_n$ ist, aber warum in aller Welt soll es ein einziges solches d geben, das den Job für alle Elemente in $\mathcal{O}_K$ macht?

Vor dem Beweis dieses Satzes sei darauf hingewiesen, warum wir danach mit der Existenz von Ganzheitsbasen (Seite 209) fertig sind. Es ist offensichtlich, dass die Abbildung $a \mapsto da$ einen Isomorphismus $\mathcal{O}_K \to d\mathcal{O}_K$ von $\mathbb{Z}$-Moduln induziert, denn sie ist $\mathbb{Z}$-linear und die Umkehrabbildung lautet $b \mapsto d^{-1}b$. Ist dann $d\mathcal{O}_K$ frei vom Rang $[K : \mathbb{Q}]$, so gilt das auch für den isomorphen Modul $\mathcal{O}_K$. (□)

Bleibt noch die Aufgabe, das Element d zu finden, gewissermaßen den „Hauptnenner aller ganz-algebraischen Zahlen" in K. Es ist keine Überraschung, dass diese universelle Zahl nicht vom Himmel fällt. Sie ist das Resultat langjähriger Arbeit, die tief in der ersten Hälfte des 19. Jahrhunderts begann. Von entscheidender Bedeutung für die Entwicklung der Algebra war damals die Untersuchung von **$\mathbb{Q}$-Einbettungen**, also von injektiven Körperhomomorphismen $\sigma : K \hookrightarrow \mathbb{C}$, die den Teilkörper $\mathbb{Q} \subset K$ konstant lassen: für $x \in \mathbb{Q}$ ist also stets $\sigma(x) = x$.

Ein Beispiel soll dies verdeutlichen. Wir nehmen wieder einen quadratischen Zahlkörper, sagen wir $K = \mathbb{Q}(\sqrt{5})$ mit der Basis $\{1, \sqrt{5}\}$. Welche $\mathbb{Q}$-Einbettungen außer der gewöhnlichen Inklusion $K \subset \mathbb{C}$ gibt es noch? Man hat hier überraschend wenig Freiheiten. Ein Körperhomomorphismus muss $\sigma(a+b) = \sigma(a)+\sigma(b)$ und $\sigma(ab) = \sigma(a)\sigma(b)$ erfüllen. Wir sind daher gezwungen, das Basiselement $\sqrt{5}$ entweder auf sich selbst abzubilden (was die Inklusion $K \subset \mathbb{C}$ ergibt) oder eben auf das konjugierte Element $-\sqrt{5}$. Das ist schnell zu sehen, denn es muss für alle $r \in K$ und alle Polynome $p = a_n x^n + \ldots + a_1 x + a_0 \in \mathbb{Q}[x]$

$$\begin{aligned} \sigma\big(p(r)\big) &= \sigma(a_n r^n + \ldots + a_1 r + a_0) \\ &= a_n \sigma(r)^n + \ldots + a_1 \sigma(r) + a_0 \\ &= p\big(\sigma(r)\big) \end{aligned}$$

sein. Eine Nullstelle von p muss also stets auf eine Nullstelle von p abgebildet werden. Am stärksten ist diese Forderung für das Minimalpolynom

$$x^2 - 5 = (x + \sqrt{5})(x - \sqrt{5}),$$

das uns zu $\sigma(\sqrt{5}) = \pm\sqrt{5}$ zwingt (es ist übrigens wegen $\sigma|_{\mathbb{Q}} = \mathrm{id}_{\mathbb{Q}}$ klar, dass durch die Festlegung von $\sigma(\sqrt{5})$ ein wohldefinierter, injektiver Körperhomomorphismus $K \hookrightarrow \mathbb{C}$ entsteht, einfache **Übung**). Es gibt also genau zwei $\mathbb{Q}$-Einbettungen von $\mathbb{Q}(\sqrt{5})$ in $\mathbb{C}$. Formulieren wir aus diesen Gedanken (die ÉVARISTE GALOIS zu seiner berühmten **Galoistheorie** ausgebaut hat, [18]) für allgemeine Zahlkörper einen entsprechenden Satz.

Satz ($\mathbb{Q}$-Einbettungen algebraischer Zahlkörper in $\mathbb{C}$)
Es sei $K = \mathbb{Q}(\alpha_1, \ldots, \alpha_n)$ ein algebraischer Zahlkörper. Dann gibt es genau $[K : \mathbb{Q}]$ verschiedene $\mathbb{Q}$-Einbettungen $K \hookrightarrow \mathbb{C}$.

Der Beweis verwendet die schrittweise Fortsetzung von $\mathbb{Q}$-Einbettungen entlang des **Körperturms**

$$\mathbb{Q} \subseteq \mathbb{Q}(\alpha_1) \subseteq \mathbb{Q}(\alpha_1, \alpha_2) \subseteq \ldots \subseteq \mathbb{Q}(\alpha_1, \ldots, \alpha_n)$$

und berührt daher in Teilen schon Elemente der GALOIS-Theorie. Mit dem Gradsatz (Seite 205) ergibt er sich ohne Mühe aus der folgenden Beobachtung.

Hilfssatz (Fortsetzung von $\mathbb{Q}$-Einbettungen)
In der obigen Situation sei $K_i = \mathbb{Q}(\alpha_1, \ldots, \alpha_i)$ für $1 \leq i \leq n$, $p_i \in K_{i-1}[x]$ das Minimalpolynom von α_i über K_{i-1} und $\sigma : K_{i-1} \hookrightarrow \mathbb{C}$ eine $\mathbb{Q}$-Einbettung. Dann lässt sich σ auf genau $\deg(p_i)$ verschiedene Arten zu einer $\mathbb{Q}$-Einbettung $\overline{\sigma} : K_i \hookrightarrow \mathbb{C}$ fortsetzen.

Es ist klar, dass der Satz damit durch schrittweise Fortsetzung von $\mathrm{id}_{\mathbb{Q}}$ entlang des Körperturms folgt, wobei in jedem Schritt (unabhängig von den vorherigen Schritten) alle $\deg(p_i)$ Möglichkeiten genutzt werden können. Aus dem Gradsatz folgt dann, wie oben erwähnt, dass es

$$\prod_{i=1}^{n} \deg(p_i) \;=\; [K_1 : \mathbb{Q}] \cdot [K_2 : K_1] \cdot \ldots \cdot [K_n : K_{n-1}] \;=\; [K : \mathbb{Q}]$$

solche Einbettungen gibt. (□)

Beginnen wir den Beweis des Hilfssatzes mit der Frage, wie viele solche Fortsetzungen $\overline{\sigma}$ es geben kann – oder zunächst anders gefragt: Welche Bedingungen an $\overline{\sigma}(\alpha_i)$ müssen diese Fortsetzungen erfüllen? Hier können wir ähnlich argumentieren wie im obigen Beispiel. Es ist wegen $p_i(\alpha_i) = 0$ offensichtlich

$$0 \;=\; \overline{\sigma}\big(p_i(\alpha_i)\big) \;=\; p_i^{\sigma}\big(\overline{\sigma}(\alpha_i)\big)\,,$$

wobei das Polynom $p_i^{\sigma} \in \mathbb{C}[x]$ dadurch entsteht, dass auf alle Koeffizienten (die liegen in K_{i-1}) die Einbettung σ angewendet wird. Der Grad von p_i^{σ} stimmt mit dem von p_i überein, weswegen $\overline{\sigma}(\alpha_i)$ eine der Nullstellen von p_i^{σ} sein muss (beachten Sie, dass diese Nullstellen im Normalfall nicht die Konjugierten von α_i über K_{i-1} sind, weil im Fall $\sigma \neq \mathrm{id}_{K_{i-1}}$ in der Regel $p_i \neq p_i^{\sigma}$ ist).

Wir müssen zuerst zeigen, dass jede Fortsetzung $\overline{\sigma}$, die α_i auf eine Nullstelle von p_i^{σ} abbildet, eine $\mathbb{Q}$-Einbettung definiert und verwenden dazu den Körper-Isomorphismus auf Seite 168, der sich hier als $\varphi : K_{i-1}[x]/(p_i) \to K_{i-1}[\alpha_i]$ darstellt (erinnern Sie sich daran, dass $K_{i-1}[\alpha_i]$ ein Körper war, also identisch zu $K_{i-1}(\alpha_i)$, der Satz auf Seite 171 gilt selbstverständlich für alle Körper). Nun transponieren wir φ, indem auf alle vorkommenden Elemente in K_{i-1} die Einbettung σ angewendet wird und erhalten das kommutative Diagramm

$$\begin{array}{ccc} K_{i-1}[x]/(p_i) & \xrightarrow{\quad\varphi\quad} & K_{i-1}[\alpha_i] \\ \big\downarrow \sigma & & \big\downarrow \overline{\sigma} \\ \sigma\big(K_{i-1}\big)[x]/(p_i^{\sigma}) & \xrightarrow{\quad\varphi^{\sigma}\quad} & \sigma\big(K_{i-1}\big)\big[\overline{\sigma}(\alpha_i)\big] \;\subset\; \mathbb{C}\,. \end{array}$$

Aus exakt demselben Grund wie in der oberen Zeile ist auch die untere Zeile ein Isomorphismus, falls $\overline{\sigma}(\alpha_i)$ eine Nullstelle von p_i^{σ} ist. Man arbeitet eben mit dem Körper $\sigma\big(K_{i-1}\big) \subset \mathbb{C}$ an Stelle von K_{i-1}. Da σ offensichtlich ein Isomorphismus ist, erkennen Sie sofort, dass p_i^{σ} irreduzibel über dem Körper $\sigma(K_{i-1})$ sein muss, mithin das Minimalpolynom von $\overline{\sigma}(\alpha_i)$. Schließlich ist auch $\overline{\sigma} = \varphi^{\sigma} \circ \sigma \circ \varphi^{-1}$ ein Isomorphismus, weswegen $\overline{\sigma}$ tatsächlich eine $\mathbb{Q}$-Einbettung $K_i \hookrightarrow \mathbb{C}$ definiert.

Für den Beweis des Hilfssatzes (und damit des ganzen Satzes auf Seite 211) fehlt nun noch ein Punkt: Es gibt nur dann $\deg(p_i^\sigma)$ Möglichkeiten für $\overline{\sigma}$, wenn das Minimalpolynom p_i^σ paarweise verschiedene Nullstellen hat. Dies zeigt folgende

Beobachtung: Es sei $K \supseteq \mathbb{Q}$ ein Körper. Dann ist jede über K algebraische Zahl **separabel**, das bedeutet, ihr Minimalpolynom $p \in K[x]$ hat paarweise verschiedene Nullstellen. Man nennt die algebraischen Körpererweiterungen von K dann insgesamt **separabel** und K einen **vollkommenen** Körper.

Wir definieren dazu für $p(x) = a_n x^n + \ldots + a_1 x + a_0$ die formale Ableitung

$$Dp(x) \;=\; \sum_{r=1}^{n} a_r\, r x^{r-1}\,.$$

Diese Definition erinnert Sie natürlich an die klassische Ableitung der ganzrationalen Funktionen aus der Schule (wir sehen das später im Kapitel über die Differentialrechnung, Seite 257). Hier befinden wir uns allerdings (noch) in einem rein algebraischen Kontext, ohne Grenzwerte oder Tangentensteigungen von Funktionsgraphen, und müssen die Argumente geschickt wählen. So gesehen erkennen wir die Abbildung $D : K[x] \to K[x]$ an ihrer Definition ohne Schwierigkeiten als lineare Abbildung zwischen K-Vektorräumen (Seite 138). Auf den Basisvektoren der Form x^r ist sie gegeben durch $Dx^r = rx^{r-1}$, woraus unmittelbar

$$\begin{aligned} D(x^r x^s) &= Dx^{r+s} \;=\; (r+s)x^{r+s-1} \\ &= rx^{r-1}x^s + sx^r x^{s-1} \;=\; (Dx^r)x^s + x^r(Dx^s) \end{aligned}$$

folgt, wie angedeutet: mit rein algebraischen Mitteln. Nutzt man dann die lineare Fortsetzung dieser Regel auf den Polynomring, so ergibt sich durch Ausmultiplizieren der Polynome sofort die formale Ableitungsregel

$$D(fg) \;=\; (Df)g + f(Dg)$$

für alle $f, g \in K[x]$. Wir können also mit D rechnen wie mit den gewöhnlichen Ableitungen aus der Schule. Für das Minimalpolynom p einer über K algebraischen Zahl α gilt dann $Dp(\alpha) \neq 0$, denn der Grad von Dp ist um eins geringer als der von p. Da p auch das Minimalpolynom aller Konjugierten $\alpha^{\{\nu\}}$ ist (es ist irreduzibel, siehe Seite 168), folgt aus demselben Grund $Dp(\alpha^{\{\nu\}}) \neq 0$ für alle Konjugierten $\alpha^{\{\nu\}}$. Die Beobachtung und damit der ganze vorherige Satz folgt dann aus der Rechnung (nehmen Sie für p eine mehrfache Nullstelle β an)

$$\begin{aligned} D\big((x-\beta)^2 q(x)\big) &= 2(x-\beta)q(x) + (x-\beta)^2 Dq(x) \\ &= (x-\beta)\big(2q(x) + (x-\beta)Dq(x)\big)\,, \end{aligned}$$

welche $p(x) = (x-\beta)^2 q(x)$ für ein $\beta \in \mathbb{C}$ und $q \in K[x]$ ausschließt, denn in diesem Fall hätten wir $p(\beta) = 0$ und $Dp(\beta) = 0$. □

Es ist eine interessante Frage, woran es eigentlich gelegen hat, dass der Beweis so einfach funktioniert hat. Nun denn, es lag daran, dass für alle $x \in K \setminus \{0\}$ und natürliche Zahlen $n > 0$ die Zahl $nx \neq 0$ ist.

Man sagt dazu auch, der Körper K hat die **Charakteristik** 0. Im Gegensatz dazu ist zum Beispiel das Minimalpolynom von $\sqrt{2}$ über dem Körper $\mathbb{Z}_2$ (dort ist stets $2a = 0$ und daher hat $\mathbb{Z}_2$ Charakteristik 2) gegeben durch x^2 und dieses hat bei $\sqrt{2}$ eine doppelte Nullstelle. Ähnliches gilt (in einem etwas schwierigeren Beispiel) für das Minimalpolynom $x^3 - 2$ von $\sqrt[3]{2}$ über dem Körper $\mathbb{Z}_3$. Dieses Polynom hat wegen der in $\mathbb{Z}_3(\sqrt[3]{2})$ gültigen Gleichung

$$x^3 - 2 \;=\; x^3 - 3(\sqrt[3]{2}x^2) + 3\big((\sqrt[3]{2})^2 x\big) - 2 \;=\; (x - \sqrt[3]{2})^3$$

sogar eine dreifache Nullstelle bei $x = \sqrt[3]{2}$. Die klassische Algebra über den endlichen Körpern $\mathbb{Z}_p$, p prim, wird durch diese Phänomene in der Tat völlig auf den Kopf gestellt. Wir befinden uns aber zum Glück auf einfacherem Terrain und konnten den obigen Satz mit relativ einfachen Mitteln beweisen.

Setzen wir nun den Beweis des Satzes über die Ganzheitsbasen fort (Seite 209). Der Hauptnenner d aller ganz-algebraischen Zahlen in K ergibt sich aus einer kühnen Idee. Man betrachtet für ein $x \in K$ vom Grad k die lineare Abbildung

$$f_x : \mathbb{Q}(x) \longrightarrow \mathbb{Q}(x)\,, \quad y \mapsto xy$$

von $\mathbb{Q}$-Vektorräumen und berechnet deren charakteristisches Polynom (Seite 144) bezüglich der Basis $\{1, x, \ldots, x^{k-1}\}$. Dies ist die Determinante der linearen Abbildung $t \cdot \mathrm{id}_{\mathbb{Q}(x)} - f_x : \mathbb{Q}(x) \to \mathbb{Q}(x)\,, y \mapsto (t - x)y$. Die Matrix lautet hier

$$M \;=\; \begin{pmatrix} t & 0 & 0 & \cdots & 0 & a_0 \\ -1 & t & 0 & \cdots & 0 & a_1 \\ 0 & -1 & t & \cdots & 0 & a_2 \\ \vdots & 0 & \ddots & \ddots & \vdots & \vdots \\ \vdots & \vdots & \ddots & \ddots & t & a_{k-2} \\ 0 & 0 & \cdots & 0 & -1 & t + a_{k-1} \end{pmatrix},$$

denn es wird x^i auf $tx^i - x^{i+1}$ abgebildet. Die a_i stammen vom Minimalpolynom $p(t) = t^k + a_{k-1}t^{k-1} + \ldots + a_1 t + a_0$ von x über $\mathbb{Q}$, weswegen sich die rechte Spalte aus $tx^{k-1} - f_x(x_{k-1}) = tx^{k-1} - x^k = (t + a_{k-1})x^{k-1} + \ldots + a_1 x + a_0$ ergibt.

Wenn Sie jetzt die Determinante $\det(M)$ nach der letzten Spalte entwickeln, lautet der erste Summand $(-1)^{1+k} a_0 \det(M_{1k}) = (-1)^{1+k} a_0 (-1)^{k-1} = a_0$, denn M_{1k} ist eine obere Diagonalmatrix, in der alle Diagonalelemente -1 sind.

Für den zweiten Summanden müssen Sie sich die Minore M_{2k} genau vorstellen, die durch Streichen der zweiten Zeile und k-ten Spalte entsteht. Auch hier ergibt sich eine obere Diagonalmatrix, bei der das erste Element t ist, gefolgt von $k - 2$ Diagonalelementen -1. Der zweite Summand errechnet sich also zu $(-1)^{2+k} a_1 \det(M_{2k}) = (-1)^{2+k} a_1 t (-1)^{k-2} = a_1 t$.

Die weitere Entwicklung ist nun klar vorgezeichnet. Versuchen Sie, sich das als kleine **Übung** vorzustellen: Der dritte Summand ist $a_2 t^2$ bis hin zum k-ten Summanden $(t + a_{k-1})t^{k-1} = t^k + a_{k-1}t^{k-1}$.

Wir erhalten

$$\det(M) \;=\; t^k + a_{k-1}t^{k-1} + \ldots + a_1 t + a_0 \,,$$

mithin das Minimalpolynom von x. Damit erhalten die Koeffizienten a_0 und a_{k-1} dieses Polynoms eine völlig neue Interpretation. Wenn Sie in der Matrix M den Wert $t = 0$ einsetzen, bleibt die Matrix von $-f_x$ übrig und Sie erkennen $a_0 = (-1)^k \det(f_x)$. Außerdem ist $a_{k-1} = -\mathrm{Tr}(f_x)$ die Spur der Matrix von f_x, vergleichen Sie mit Seite 143. Dies führt uns zu der folgenden Definition.

Norm und Spur von einfachen algebraischen Körpererweiterungen

In der obigen Situation definiert man die **Norm** $\mathrm{N}_{\mathbb{Q}}(x)$ von x über $\mathbb{Q}$ als die Determinante $\det(f_x)$ und die **Spur** $\mathrm{Tr}_{\mathbb{Q}}(x)$ von x über $\mathbb{Q}$ als die Spur der Matrix von f_x. Ist dann

$$p(t) \;=\; t^k + a_{k-1}t^{k-1} + \ldots + a_1 t + a_0$$

das Minimalpolynom von x über $\mathbb{Q}$, so gilt für die Norm $\mathrm{N}_{\mathbb{Q}}(x) = (-1)^k a_0$ und für die Spur $\mathrm{Tr}_{\mathbb{Q}}(x) = -a_{k-1}$.

Norm und Spur eines über $\mathbb{Q}$ algebraischen Elements $x \in \mathbb{C}$ von Grad $\deg(x) = k$ können nun nicht nur bezüglich des Körpers $\mathbb{Q}(x)$ definiert werden, sondern allgemein für beliebige Elemente eines (algebraischen) Zahlkörpers $K = \mathbb{Q}(\alpha_1, \ldots, \alpha_n)$. Es sei dazu $x \in K$ und wie oben die $\mathbb{Q}$-lineare Abbildung $f_x : K \to K$, $y \mapsto xy$, gegeben.

Die **Norm** $\mathrm{N}_{K|\mathbb{Q}}(x)$ und die **Spur** $\mathrm{Tr}_{K|\mathbb{Q}}(x)$ werden dann in völliger Analogie zu den einfachen Körpererweiterungen $\mathbb{Q}(x)$ aus dem charakteristischen Polynom der linearen Abbildung $t \cdot \mathrm{id}_K - f_x$ definiert, und zwar über die Koeffizienten A_0 und A_{N-1} des charakteristischen Polynoms

$$\det(t \cdot \mathrm{id}_K - f_x) \;=\; t^N + A_{N-1}t^{N-1} + \ldots + A_1 t + A_0 \,,$$

mithin als

$$\mathrm{N}_{K|\mathbb{Q}}(x) \;=\; (-1)^N A_0 \qquad \text{und} \qquad \mathrm{Tr}_{K|\mathbb{Q}}(x) = -A_{N-1} \,,$$

wobei $N = [K : \mathbb{Q}]$ ist.

Um konkreter zu werden, sei $\{b_1, \ldots, b_m\}$ eine Basis von K über $\mathbb{Q}(x)$, also ist $m = [K : \mathbb{Q}(x)]$. Nach dem Gradsatz (Seite 205) gilt $N = m \deg(x) = mk$. Wir nutzen das aus und wählen die $\mathbb{Q}$-Basis von K als

$$\left\{b_1, b_1 x, \ldots, b_1 x^{k-1}, \ldots, b_m, b_m x, \ldots, b_m x^{k-1}\right\},$$

alle Basisvektoren b_i von K über $\mathbb{Q}(x)$ werden darin mit allen Basisvektoren $1, x, \ldots, x^{k-1}$ von $\mathbb{Q}(x)$ über $\mathbb{Q}$ multipliziert, vergleichen Sie dazu auch die Ausführungen auf den Seiten 205 f. Die Matrix M von $t \cdot \mathrm{id}_K - f_x$ hat bezüglich dieser Basis eine sehr spezielle Gestalt, denn es ist $f_x(b_i x^j) = b_i x^{j+1}$.

Für alle $i = 1, \ldots, m$ sehen wir das gleiche Baumuster wie bereits bei einfachen Körpererweiterungen (mit $m = 1$). Die $(N \times N)$-Matrix M besteht dann aus m Kästchen der Form

$$M_i = \begin{pmatrix} t & 0 & 0 & \cdots & 0 & a_0 \\ -1 & t & 0 & \cdots & 0 & a_1 \\ 0 & -1 & t & \cdots & 0 & a_2 \\ \vdots & 0 & \ddots & \ddots & \vdots & \vdots \\ \vdots & \vdots & \ddots & \ddots & t & a_{k-2} \\ 0 & 0 & \cdots & 0 & -1 & t + a_{k-1} \end{pmatrix},$$

die entlang der M-Diagonalen von links oben nach rechts unten angeordnet sind, wodurch eine $N \times N$-Matrix der Form

$$M = \begin{pmatrix} M_1 & 0 & \cdots & 0 \\ 0 & M_2 & \ddots & \vdots \\ \vdots & \ddots & \ddots & 0 \\ 0 & \cdots & 0 & M_m \end{pmatrix}$$

entsteht. Offensichtlich ist die Determinante der M_i stets das Minimalpolynom $p(t)$ von x über $\mathbb{Q}$. Per Induktion nach i kann man dann durch Entwicklung der Determinante nach der ersten Zeile einfach zeigen, dass

$$\det(M) = \prod_{i=1}^{m} \det(M_i) = p(t)^m$$

ist. Versuchen Sie, sich das als **Übung** klarzumachen: Wenn Sie nach der ersten Zeile entwickeln, dann haben Sie in jeder Minore mit einem Koeffizienten $\neq 0$ rechts unten einen großen Kasten der Form

$$\begin{pmatrix} M_2 & 0 & \cdots & 0 \\ 0 & M_3 & \ddots & \vdots \\ \vdots & \ddots & \ddots & 0 \\ 0 & \cdots & 0 & M_m \end{pmatrix}$$

stehen, und dessen Determinante ist nach Induktionsannahme $\prod_{i=2}^{m} \det(M_i)$.

Also erhält beim rekursiven Entwickeln von $\det(M)$ bis zu einer sehr langen Summe von (1×1)-Matrizen jeder Summand diesen Zusatzfaktor $\prod_{i=2}^{m} \det(M_i)$ und es folgt $\det(M) = \prod_{i=1}^{m} \det(M_i)$. Halten wir diese wichtige Erkenntnis fest.

Hilfssatz: Norm und Spur in algebraischen Zahlkörpern

Es sei K ein algebraischer Zahlkörper über $\mathbb{Q}$ vom Grad N und $x \in K$ vom Grad k. Dann ist mit $m = N/k$ das charakteristische Polynom von f_x identisch mit $p(t)^m$, wobei $p(t) = t^k + a_{k-1}t^{k-1} + \ldots + a_1 t + a_0$ das Minimalpolynom von x über $\mathbb{Q}$ ist. Insbesondere ist

$$\mathrm{N}_{K|\mathbb{Q}}(x) \;=\; \big((-1)^k a_0\big)^m \qquad \text{und} \qquad \mathrm{Tr}_{K|\mathbb{Q}}(x) \;=\; -m a_{k-1}\,.$$

Zum Beweis ist eigentlich schon alles gesagt. Es war $(-1)^k a_0$ die Determinante jedes Kästchens M_i beim Einsetzen von $t = 0$. Für M ist das dann die m-fache Potenz davon.

Gleiches gilt für die Spur als Diagonalsummen. Hier haben wir in der Matrix M das m-fache jedes Kästchens M_i, und das war eben $-a_{k-1}$. □

Für den weiteren Verlauf ist die Sichtweise von GALOIS auf Körpererweiterungen sehr hilfreich. Wir betrachten dazu wieder die N verschiedenen $\mathbb{Q}$-Einbettungen $K \hookrightarrow \mathbb{C}$, welche mit σ_i bezeichnet seien.

Satz (Galois-theoretische Interpretation von Norm und Spur)

Mit den obigen Bezeichnungen gilt

$$\det(M) \;=\; \det(t \cdot \mathrm{id}_K - f_x) \;=\; \prod_{i=1}^{N} \big(t - \sigma_i(x)\big)\,.$$

Daraus folgen unmittelbar die beiden Berechnungsformeln

$$\mathrm{N}_{K|\mathbb{Q}}(x) \;=\; \prod_{i=1}^{N} \sigma_i(x) \qquad \text{und} \qquad \mathrm{Tr}_{K|\mathbb{Q}}(x) \;=\; \sum_{i=1}^{N} \sigma_i(x)\,.$$

Auch dieser Beweis ist mit den zur Verfügung stehenden Mitteln einfach. Es gilt für das Minimalpolynom $p(t)$ von x über $\mathbb{Q}$

$$p(t) \;=\; \prod_{j=1}^{k} \big(t - \tau_j(x)\big)\,,$$

wobei die τ_j ausgewählte Einbettungen $K \hookrightarrow \mathbb{C}$ sind, die x in ihrer Gesamtheit genau einmal auf alle k Nullstellen von p werfen (Seite 211).

Beachten Sie, dass man für jedes τ_j genau $m = N/k$ Möglichkeiten unter den σ_i hätte, die alle auf x übereinstimmen, sich aber auf dem Rest $K \setminus \mathbb{Q}(x)$ unterscheiden: Denken Sie einfach daran, dass wir hier den Körperturm $\mathbb{Q} \subset \mathbb{Q}(x) \subset K$ mit $N = [K : \mathbb{Q}] = [K : \mathbb{Q}(x)][\mathbb{Q}(x) : \mathbb{Q}] = mk$ betrachten und wenden darauf den (Hilfs-)Satz über die $\mathbb{Q}$-Einbettungen an (Seite 211 f).

Damit gilt nach den bisherigen Überlegungen

$$
\begin{aligned}
\det(M) &= p(t)^m = \prod_{j=1}^{k} \big(t - \tau_j(x)\big)^m \\
&= \prod_{j=1}^{k} \prod_{\sigma_i(x)=\tau_j(x)} \big(t - \sigma_i(x)\big) = \prod_{i=1}^{N} \big(t - \sigma_i(x)\big) .
\end{aligned}
$$

Die Formeln für Norm und Spur ergeben sich daraus sofort: Das konstante Glied A_0 dieses Polynoms ist $(-1)^N \prod_{i=1}^{N} \sigma_i(x)$ und der Koeffizient A_{N-1} errechnet sich als $-\sum_{i=1}^{N} \sigma_i(x)$. Die Behauptung folgt dann aus der bereits erkannten Tatsache, dass $\mathrm{N}_{K|\mathbb{Q}}(x) = (-1)^N A_0$ und $\mathrm{Tr}_{K|\mathbb{Q}}(x) = -A_{N-1}$ ist (Seite 215). □

Mit der Beziehung $\mathrm{Tr}_{K|\mathbb{Q}}(x) = \sum_{i=1}^{N} \sigma_i(x)$ können wir jetzt einen großen Schritt nach vorne tun: endlich (!) die Zahl d definieren, die sich als „universeller Hauptnenner" aller ganz-algebraischen Zahlen in K herausstellen wird. Sie wurde allgemein für algebraische Zahlkörper von R. Dedekind definiert, [12], geht aber von den Grundkonzepten her bereits zurück auf C. Hermite, [25].

Die Diskriminante eines algebraischen Zahlkörpers

Es sei K ein algebraischer Zahlkörper mit einer $\mathbb{Q}$-Basis $B = \{\alpha_1, \ldots, \alpha_n\}$. Dann wird die **Diskriminante** von B definiert als

$$
d = \det \begin{pmatrix}
\mathrm{Tr}_{K|\mathbb{Q}}(\alpha_1\alpha_1) & \mathrm{Tr}_{K|\mathbb{Q}}(\alpha_1\alpha_2) & \cdots & \mathrm{Tr}_{K|\mathbb{Q}}(\alpha_1\alpha_n) \\
\mathrm{Tr}_{K|\mathbb{Q}}(\alpha_2\alpha_1) & \mathrm{Tr}_{K|\mathbb{Q}}(\alpha_2\alpha_2) & \cdots & \mathrm{Tr}_{K|\mathbb{Q}}(\alpha_2\alpha_n) \\
\vdots & \vdots & \ddots & \vdots \\
\mathrm{Tr}_{K|\mathbb{Q}}(\alpha_n\alpha_1) & \mathrm{Tr}_{K|\mathbb{Q}}(\alpha_n\alpha_2) & \cdots & \mathrm{Tr}_{K|\mathbb{Q}}(\alpha_n\alpha_n)
\end{pmatrix} .
$$

Eine außerordentliche Konstruktion: die Determinante einer $(n \times n)$-Matrix, deren Einträge selbst Spuren von $(n \times n)$-Matrizen sind. Beachten Sie auch, dass die α_i hier Basiselemente von K über $\mathbb{Q}$ als Vektorraum sind, also nicht wie bisher die algebraischen Zahlen, die zu $\mathbb{Q}$ körper-adjungiert wurden.

Wir brauchen Beispiele, um diese Konstruktion zu verstehen. Bei $K = \mathbb{Q}(\sqrt{q})$ verwenden wir $B = \{1, \sqrt{q}\}$ mit $\alpha_1 = 1$ und $\alpha_2 = \sqrt{q}$. Es ist das Minimalpolynom von $\sqrt{q}$ gleich $p(t) = t^2 + 0 \cdot t - q$, weswegen $\mathrm{Tr}_{K|\mathbb{Q}}(\sqrt{q}) = 0$ ist. Die Spur der Identität ist $1+1 = 2$ und die Spur der Multiplikation mit $\sqrt{q}\sqrt{q} = q$ ist $q+q = 2q$. Es ergibt sich

$$
d = \det \begin{pmatrix} 2 & 0 \\ 0 & 2q \end{pmatrix} = -4(-q) .
$$

Der Grund, weswegen das Ergebnis $4q$ mit zwei Minuszeichen geschrieben wurde, wird sich gleich zeigen. Wir betrachten dazu eine irrationale Nullstelle θ des quadratischen Polynoms $t^2 + pt + q$, mit geeigneten Zahlen $p, q \in \mathbb{Q}$, sowie $K = \mathbb{Q}(\theta)$ mit der Basis $B = \{1, \theta\}$.

Der Grad von θ ist dann 2 und wir sehen an seinem Minimalpolynom $t^2 + pt + q$ die Beziehung $\mathrm{Tr}_{K|\mathbb{Q}}(\theta) = -p$. Es ist $\theta^2 = -p\theta - q$ und daher

$$\mathrm{Tr}_{K|\mathbb{Q}}(\theta^2) \;=\; \mathrm{Tr}\begin{pmatrix} -q & pq \\ -p & p^2 - q \end{pmatrix} \;=\; p^2 - 2q\,.$$

Insgesamt ergibt sich die Diskriminante dann als

$$d \;=\; \det\begin{pmatrix} 2 & -p \\ -p & p^2 - 2q \end{pmatrix} \;=\; p^2 - 4q\,,$$

eine bekannte Formel aus der Schule (vergleichen Sie mit dem Ergebnis $-4(-q)$ vorhin, dort war $t^2 + 0 \cdot t - q$ das Minimalpolynom). Man nennt diese Größe die Diskriminante der quadratischen Gleichung $t^2 + pt + q = 0$ und sie entscheidet darüber, ob θ rational ist ($d = 0$) oder irrational ($d \neq 0$). Mit anderen Worten ist $d \neq 0$ genau dann, wenn $\{1, \theta\}$ eine Basis von $K = \mathbb{Q}(\theta)$ ist.

Welchen Gesetzen genügt nun diese Spur

$$\mathrm{Tr}_{K|\mathbb{Q}} : K \longrightarrow \mathbb{Q}\,,$$

als Abbildung zwischen zwei Körpern? Sie ist kein Körper-Homomorphismus, denn die Spur eines Produktes von zwei Matrizen ist im Allgemeinen nicht das Produkt der Spuren (hierfür gibt es ab $n = 2$ Gegenbeispiele). Aber als lineare Abbildung zwischen Vektorräumen geht mehr. Offensichtlich ist $T_{x+y} = T_x + T_y$, denn wir haben

$$T_{x+y}(z) \;=\; (x+y)z \;=\; xz + yz \;=\; T_x(z) + T_y(z)$$

für alle $x, y, z \in K$. Da die Spur von Matrizen mit der Addition derselben verträglich ist, $\mathrm{Tr}(A + B) = \mathrm{Tr}(A) + \mathrm{Tr}(B)$, gilt $\mathrm{Tr}_{K|\mathbb{Q}}(x + y) = \mathrm{Tr}_{K|\mathbb{Q}}(x) + \mathrm{Tr}_{K|\mathbb{Q}}(x)$. Genauso einfach sehen Sie $\mathrm{Tr}_{K|\mathbb{Q}}(qx) = q\mathrm{Tr}_{K|\mathbb{Q}}(x)$ für alle $x \in K$ und $q \in \mathbb{Q}$, weswegen $\mathrm{Tr}_{K|\mathbb{Q}} : K \to \mathbb{Q}$ in der Tat eine lineare Abbildung von $\mathbb{Q}$-Vektorräumen ist. Die zugehörige Matrix lautet $\big(\mathrm{Tr}_{K|\mathbb{Q}}(\alpha_1), \ldots, \mathrm{Tr}_{K|\mathbb{Q}}(\alpha_n)\big)$.

Leider hat dies noch wenig mit der oben definierten Diskriminante d zu tun und es stellt sich die Frage, ob es innerhalb der linearen Algebra überhaupt eine sinnvolle Entsprechung dafür gibt. Nun denn, wenn ich schon so frage, muss die Antwort natürlich „Ja“ lauten. Die zu d gehörige Matrix $\big(\mathrm{Tr}_{K|\mathbb{Q}}(\alpha_i\alpha_j)\big)_{1 \leq i,j \leq n}$ definiert eine sogenannte **Bilinearform** auf K, das ist eine Abbildung

$$\varphi : K \times K \longrightarrow \mathbb{Q}\,,$$

die in beiden Faktoren (bei festgehaltenem Vektor im jeweils anderen Faktor) eine lineare Abbildung $K \to \mathbb{Q}$ definiert. Man nennt eine Bilinearform daher auch eine **bilineare Abbildung** oder **Paarung**, im speziellen Kontext hier auch die sogenannte **Spurpaarung** eines algebraischen Zahlkörpers.

Wir kommen nicht umhin, eine kleine Einführung in Bilinearformen zu machen und schreiben ab jetzt kurz $\langle x, y\rangle = \varphi(x, y)$. In einer Bilinearform gilt dann stets $\langle x + y, z\rangle = \langle x, z\rangle + \langle y, z\rangle$ und $\langle qx, y\rangle = q\langle x, y\rangle$, das ist die Linearität im ersten Argument. Dito für die Linearität im zweiten Argument: $\langle x, y+z\rangle = \langle x, y\rangle + \langle x, z\rangle$ und $\langle x, qy\rangle = q\langle x, y\rangle$.

Das einfachste Beispiel für eine Bilinearform ist das aus der Schule bekannte **Skalarprodukt** von Vektoren in K. Für Koordinatenvektoren $\mathbf{v} = (v_1, \ldots, v_n)^T$ und $\mathbf{w} = (w_1, \ldots, w_n)^T$ gilt dabei $\langle \mathbf{v}, \mathbf{w} \rangle = \sum_i v_i w_i$. Eine allgemeine Bilinearform ist durch eine Matrix $M = (a_{ij})_{1 \le i,j \le n}$ gegeben, und zwar über die Festlegung

$$\langle \mathbf{v}, \mathbf{w} \rangle_M \;=\; \langle \mathbf{v}, M\mathbf{w} \rangle \;=\; \begin{pmatrix} v_1 & \cdots & v_n \end{pmatrix} \begin{pmatrix} a_{11} & \cdots & a_{1n} \\ \vdots & \ddots & \vdots \\ a_{n1} & \cdots & a_{nn} \end{pmatrix} \begin{pmatrix} w_1 \\ \vdots \\ w_n \end{pmatrix},$$

wobei die rechte Seite ein Produkt von drei Matrizen ist. Jede $(n \times n)$-Matrix M definiert also eine Bilinearform $\langle . , . \rangle_M$, und es ist $\langle . , . \rangle = \langle . , . \rangle_{\mathbf{1}_n}$.

Nun waren ja $\mathbf{v}$ und $\mathbf{w}$ Koordinatenvektoren bezüglich einer Basis $\alpha_1, \ldots, \alpha_n$ des Körpers K über $\mathbb{Q}$. Falls dann eine Bilinearform $\langle . , . \rangle_M$ gegeben ist, so ist sie (aufgrund der Bilinearität) in obigem Sinne gegeben durch die Matrix

$$M \;=\; \begin{pmatrix} \langle \alpha_1, \alpha_1 \rangle & \cdots & \langle \alpha_1, \alpha_n \rangle \\ \vdots & \ddots & \vdots \\ \langle \alpha_n, \alpha_1 \rangle & \cdots & \langle \alpha_n, \alpha_n \rangle \end{pmatrix}$$

der Produkte zwischen den Basisvektoren. Damit stehen die Bilinearformen bezüglich einer gegebenen Basis in einer ähnlichen Beziehung zu Matrizen wie das auch die linearen Abbildungen tun (Seite 138). Man spricht dann von einer **nicht degenerierten** Bilinearform, wenn $\det(M) \neq 0$ ist (sonst von einer **degenerierten** Form). Anschaulich ist die Nicht-Degeneriertheit äquivalent zu der Aussage, dass es zu jedem $x \neq 0$ ein $y \in K$ (und umgekehrt zu jedem $y \neq 0$ ein $x \in K$) gibt mit $\langle x, y \rangle_M \neq 0$. Sie können dies gerne zur **Übung** beweisen (benutzen Sie, dass M genau dann einen Isomorphismus $K \to K$ beschreibt, wenn $\det(M) \neq 0$ ist).

Nun können wir mit diesem Wissen die obige Spurpaarung auf K untersuchen, welche durch die Matrix $M = \big(\mathrm{Tr}_{K|\mathbb{Q}}(\alpha_i \alpha_j)\big)_{1 \le i,j \le n}$ gegeben war. Wir müssen zeigen, dass sie nicht degeneriert ist, falls die α_i eine Basis von K bilden – genau dies hat uns ja das einfache Beispiel mit $d = p^2 - 4q$ suggeriert (Seite 219). Damit wäre die Diskriminante $d = \det(M)$ in diesen Fällen immer $\neq 0$ und ein großer Schritt hin zu der Existenz von Ganzheitsbasen getan.

Versuchen wir es mit einem weiter gefassten Spezialfall: mit $K = \mathbb{Q}(\theta)$, $\theta \in \mathbb{C}$ algebraisch vom Grad n, und der Basis $\{1, \theta, \ldots, \theta^{n-1}\}$. Wir müssen dafür den Ausdruck $\mathrm{Tr}_{K|\mathbb{Q}}(\theta^{i-1}\theta^{j-1})$ für alle $1 \le i, j \le n$ berechnen. Geeignet dafür ist die GALOIS-theoretische Interpretation der Spur (Seite 217). Demnach ist

$$\begin{aligned} \mathrm{Tr}_{K|\mathbb{Q}}(\theta^{i-1}\theta^{j-1}) \;&=\; \mathrm{Tr}_{K|\mathbb{Q}}(\theta^{i+j-2}) \;=\; \sum_{r=1}^{n} \sigma_r(\theta^{i+j-2}) \\ &=\; \sum_{r=1}^{n} \sigma_r(\theta)^{i+j-2} \;=\; \sum_{r=1}^{n} \theta_r^{i+j-2}, \end{aligned}$$

wobei die σ_r die $\mathbb{Q}$-Einbettungen $K \hookrightarrow \mathbb{C}$ durchlaufen und $\theta_r = \sigma_r(\theta)$ abgekürzt wird. Es ist $\theta_r \neq \theta_s$ für $r \neq s$ wegen der Separabilität von K über $\mathbb{Q}$ (Seite 213).

Nun bekommen wir es mit einem wahren Monstrum zu tun, wenn wir uns die Matrix $M = \big(\mathrm{Tr}_{K|\mathbb{Q}}(\alpha_i, \alpha_j)\big)_{1 \le i,j \le n}$ vor Augen führen. Nur Mut, schreiben wir sie hin, alle vorkommenden Summen erstrecken sich von $r = 1$ bis $r = n$:

$$M = \begin{pmatrix} n & \sum\theta_r & \sum\theta_r^2 & \cdots & \sum\theta_r^{n-1} \\ \sum\theta_r & \sum\theta_r^2 & \sum\theta_r^3 & \cdots & \sum\theta_r^n \\ \sum\theta_r^2 & \sum\theta_r^3 & \sum\theta_r^4 & \cdots & \sum\theta_r^{n+1} \\ \vdots & \vdots & \vdots & \ddots & \vdots \\ \sum\theta_r^{n-1} & \sum\theta_r^n & \sum\theta_r^{n+1} & \cdots & \sum\theta_r^{2n-2} \end{pmatrix}.$$

Die Diskriminante ist die Determinante von diesem Monstrum. Wie soll man das in den Griff bekommen? Nun denn, manchmal hilft in der Mathematik ein kleines Wunder. Das Monstrum zerfällt nämlich in ein Produkt zweier Matrizen, die einfacher aufgebaut sind, nämlich in zwei **Vandermondesche Matrizen**, benannt nach Alexandre-Théophile Vandermonde, einem französischem Geiger (!) und Mathematiker. Hier ist diese Matrix, einmal transponiert und einmal im Original (die seltsame Reihenfolge hat ihren Grund):

$$V^T = \begin{pmatrix} 1 & 1 & 1 & \cdots & 1 \\ \theta_1 & \theta_2 & \theta_3 & \cdots & \theta_n \\ \theta_1^2 & \theta_2^2 & \theta_3^2 & \cdots & \theta_n^2 \\ \vdots & \vdots & \vdots & \ddots & \vdots \\ \theta_1^{n-1} & \theta_2^{n-1} & \theta_3^{n-1} & \cdots & \theta_n^{n-1} \end{pmatrix}, \quad V = \begin{pmatrix} 1 & \theta_1 & \theta_1^2 & \cdots & \theta_1^{n-1} \\ 1 & \theta_2 & \theta_2^2 & \cdots & \theta_2^{n-1} \\ 1 & \theta_3 & \theta_3^2 & \cdots & \theta_3^{n-1} \\ \vdots & \vdots & \vdots & \ddots & \vdots \\ 1 & \theta_n & \theta_n^2 & \cdots & \theta_n^{n-1} \end{pmatrix}.$$

Machen Sie sich dann als **Übung** klar, dass $M = V^T V$ ist (daher steht V^T links), also $\det(M) = \det(V)^2$, weswegen wir nur $\det(V) \neq 0$ zeigen müssen. Das ist einfacher, es gilt

$$\det(V) = \prod_{1 \le r < s \le n} (\theta_s - \theta_r),$$

was mit vollständiger Induktion nach n funktioniert: Der Induktionsanfang $n = 1$ ist wegen $\det(1) = 1$ klar (das leere Produkt hat den Wert 1). Im Induktionsschritt verändern wir die Matrix, indem Sie von allen Spalten mit Index $j = 2, \ldots, n$ das θ_1-fache der linken Nachbarspalte subtrahieren. Es ergibt sich dabei die Matrix

$$W = \begin{pmatrix} 1 & 0 & 0 & \cdots & 0 \\ 1 & \theta_2 - \theta_1 & \theta_2(\theta_2 - \theta_1) & \cdots & \theta_2^{n-2}(\theta_2 - \theta_1) \\ 1 & \theta_3 - \theta_1 & \theta_3(\theta_3 - \theta_1) & \cdots & \theta_3^{n-2}(\theta_3 - \theta_1) \\ \vdots & \vdots & \vdots & \ddots & \vdots \\ 1 & \theta_n - \theta_1 & \theta_n(\theta_n - \theta_1) & \cdots & \theta_n^{n-2}(\theta_n - \theta_1) \end{pmatrix},$$

und deren Determinante ist die Determinante der blauen Teilmatrix W_2.

Offensichtlich erhält man durch Ausklammern der Faktoren $(\theta_r - \theta_1)$ in den Zeilen

$$\det(W_2) = \left(\prod_{r=2}^{n}(\theta_r - \theta_1)\right) \det \begin{pmatrix} 1 & \theta_2 & \cdots & \theta_2^{n-2} \\ 1 & \theta_3 & \cdots & \theta_3^{n-2} \\ \vdots & \vdots & \ddots & \vdots \\ 1 & \theta_n & \cdots & \theta_n^{n-2} \end{pmatrix}.$$

Die blaue Matrix ist wieder eine VANDERMONDE-Matrix, diesmal mit $n-1$ Zeilen und es folgt nach Induktionsannahme

$$\det(W_2) = \prod_{r=2}^{n}(\theta_r - \theta_1) \prod_{2 \leq r < s \leq n}(\theta_s - \theta_r) = \prod_{1 \leq r < s \leq n}(\theta_s - \theta_r),$$

was zu zeigen war. Da die θ_r paarweise verschieden sind, ist $\det(V) \neq 0$ und letztlich auch $\det(M) \neq 0$. □

Die Spurpaarung ist also bei allen (!) einfachen Körpererweiterungen der Form $K = \mathbb{Q}(\theta)$ nicht degeneriert, wobei $\theta \in \mathbb{C}$ algebraisch von beliebigem Grad n sein kann. Damit ist auch die Diskriminante $d \neq 0$, und zwar unabhängig von der Basis $\{1, \theta, \ldots, \theta^{n-1}\}$, mit der wir das Resultat (nach etlichen Mühen) erzielt haben. Das ist klar, denn die zugehörige Bilinearform ist nicht degeneriert, was man unabhängig von der Basis formulieren konnte (Sie erinnern sich: mit der Bedingung $\langle x, y \rangle_M \neq 0$, Seite 220).

Wir hätten damit $d \neq 0$ gezeigt, und zwar für beliebige algebraische Zahlkörper $K = \mathbb{Q}(\alpha_1, \ldots, \alpha_n)$ und unabhängig von der Wahl einer Basis, wenn es für jedes dieser K ein Element $\theta \in \mathbb{C}$ gäbe, sodass $K = \mathbb{Q}(\theta)$ ist.

Nun denn, eine ziemlich gewagte Annahme, oder? Die Körperadjunktion beliebig vieler Elemente α_i soll durch einen „Alleskönner" θ bewerkstelligt sein? Immerhin belegen Beispiele diese Vermutung, so ist $\mathbb{Q}(\sqrt{2}, \sqrt{3}) = \mathbb{Q}(\sqrt{2} + \sqrt{3})$, was man schnell nachrechnet: Es ist zunächst $3\sqrt{2}+2\sqrt{3} = \sqrt{6}(\sqrt{2}+\sqrt{3}) \in \mathbb{Q}(\sqrt{2}+\sqrt{3}, \sqrt{6})$. Aber wegen $(\sqrt{2} + \sqrt{3})^2 = 5 + 2\sqrt{6}$ ist offensichtlich auch $\sqrt{6} \in \mathbb{Q}(\sqrt{2} + \sqrt{3})$. Insgesamt ergibt sich $3\sqrt{2} + 2\sqrt{3} \in \mathbb{Q}(\sqrt{2} + \sqrt{3})$ und damit

$$\begin{aligned} \sqrt{2} &= 3\sqrt{2} + 2\sqrt{3} - 2(\sqrt{2} + \sqrt{3}) \in \mathbb{Q}(\sqrt{2} + \sqrt{3}) \quad \text{und} \\ \sqrt{3} &= -3\sqrt{2} - 2\sqrt{3} + 3(\sqrt{2} + \sqrt{3}) \in \mathbb{Q}(\sqrt{2} + \sqrt{3}). \end{aligned}$$

Wir erhalten also $\mathbb{Q}(\sqrt{2}, \sqrt{3}) \subseteq \mathbb{Q}(\sqrt{2} + \sqrt{3})$, die andere Inklusion $\supseteq$ ist trivial.

Die Rechnung war nicht ganz einfach, nährt aber die Hoffnung, dass man durch geschicktes Vorgehen immer ein solches Element θ finden kann (man nennt es übrigens ein **primitives Element** von $K \supset \mathbb{Q}$). Hier ist der wichtige Satz:

Der Satz vom primitiven Element

Jeder algebraische Zahlkörper $K \supset \mathbb{Q}$ besitzt ein primitives Element θ. Man nennt dann $K = \mathbb{Q}(\theta)$ auch eine **einfache Körpererweiterung**.

Der Beweis ist für unendliche Körper nicht schwierig. Wir betrachten zunächst alle $\mathbb{Q}$-Einbettungen σ_i, $1 \leq i \leq [K : \mathbb{Q}]$, gemäß des früheren Satzes (Seite 211). Für $i \neq j$ sei K_{ij} die Menge aller $x \in K$ mit $\sigma_i(x) = \sigma_j(x)$. Es ist $K_{ij} \subset K$ ein echter $\mathbb{Q}$-Untervektorraum der Dimension ≥ 1, wegen $\mathbb{Q} \subseteq K_{ij}$ für alle $i \neq j$. Da eine endliche Vereinigung echter Untervektorräume bei unendlichem Skalarenkörper nie der ganze Vektorraum K sein kann (einfache **Übung**: endlich viele Ebenen oder Geraden ergeben niemals den ganzen Raum), muss es ein $\theta \in K$ geben, welches in keinem der K_{ij} enthalten ist. Also haben wir $[K : \mathbb{Q}]$ verschiedene Elemente $\sigma_i(\theta) \in \mathbb{C}$, und das bedeutet $\deg(\theta) \geq [K : \mathbb{Q}]$. Damit sind die Elemente $1, \theta, \ldots, \theta^{[K:\mathbb{Q}]}$ linear unabhängig und spannen einen $[K : \mathbb{Q}]$-dimensionalen Teilraum in K auf, mithin ganz K. □

Halten wir als weiteren **Meilenstein** fest: Für einen algebraischen Zahlkörper ist die Diskriminante d einer beliebigen $\mathbb{Q}$-Basis stets $\neq 0$.

Nun ist es nicht mehr weit zum Ziel. Wir haben das Rüstzeug beisammen und können das große Ziel von Seite 209 noch einmal formulieren.

Hauptsatz: Existenz von Ganzheitsbasen (Dedekind, 1871)
Für jeden Zahlkörper K ist der Ring $\mathcal{O}_K$ aller ganz-algebraischer Zahlen in K ein freier $\mathbb{Z}$-Modul und besitzt eine Ganzheitsbasis mit $[K : \mathbb{Q}]$ Elementen.

Für den Beweis sei $\{\alpha_1, \ldots, \alpha_n\}$ eine $\mathbb{Q}$-Basis von K. Nach Multiplikation mit einer geeigneten ganzen Zahl dürfen wir annehmen, dass alle α_i ganz-algebraisch sind (Seite 199). Für die Diskriminante dieser Basis gilt $d \neq 0$ nach obigem Meilenstein, und d war die Determinante der Matrix $M = \bigl(\mathrm{Tr}_{K|\mathbb{Q}}(\alpha_i\alpha_j)\bigr)_{1 \leq i,j \leq n}$, die somit einen Isomorphismus $K \to K$ von $\mathbb{Q}$-Vektorräumen beschreibt.

Die Einträge $\mathrm{Tr}_{K|\mathbb{Q}}(\alpha_i\alpha_j)$ von M liegen alle in $\mathbb{Z}$, denn auch die Produkte $\alpha_i\alpha_j$ sind ganz-algebraisch (Seite 201) und die Spur ist ein ganzzahliges Vielfaches des Koeffizienten bei der zweithöchsten Potenz im Minimalpolynom (Seite 217).

Es sei dann ein ganz-algebraisches Element $x \in \mathcal{O}_K$ gegeben und

$$x = q_1\alpha_1 + \ldots + q_n\alpha_n$$

seine Basisdarstellung mit rationalen q_i. Der Satz über die GALOIS-theoretische Interpretation der Spur (Seite 217) lieferte $\mathrm{Tr}_{K|\mathbb{Q}}(x) = \sum_i \sigma_i(x)$ und zeigt, dass die Abbildungen $x \mapsto \mathrm{Tr}_{K|\mathbb{Q}}(\alpha_i x)$, $1 \leq i \leq n$, Vektorraum-Homomorphismen $K \to \mathbb{Q}$ sind. Wendet man diese auf die obige Gleichung für x an, erhält man ein lineares Gleichungssystem der Form

$$\mathrm{Tr}_{K|\mathbb{Q}}(\alpha_i x) = \sum_{j=1}^{n} \mathrm{Tr}_{K|\mathbb{Q}}(\alpha_i\alpha_j)\, q_j\,, \quad 1 \leq i \leq n\,.$$

Jetzt kommt die CRAMERsche Regel (Seite 147) erstmals zum Einsatz. Wegen $0 \neq d = \det\bigl(\mathrm{Tr}_{K|\mathbb{Q}}(\alpha_i\alpha_j)\bigr)_{1 \leq i,j \leq n}$ sind die q_i eindeutig gegeben durch $q_i = A_i/d$, wobei A_i die Determinante einer Matrix mit ganzzahligen Einträgen ist.

Insgesamt erhalten wir damit

$$dx = (dq_1)\alpha_1 + \ldots + (dq_n)\alpha_n \in \mathbb{Z}\alpha_1 \oplus \ldots \oplus \mathbb{Z}\alpha_n ,$$

weswegen $d\mathcal{O}_K$ Untermodul eines freien $\mathbb{Z}$-Moduls vom Rang n ist. Wenn Sie nun zurückblättern zu der anfänglichen Beweisstrategie (Seite 210), erkennen Sie, dass dies der noch fehlende Puzzlestein im Beweis des Satzes über die generelle Existenz von Ganzheitsbasen in algebraischen Zahlkörpern war. □

Es ist in der Tat erstaunlich, welch mächtige Werkzeuge die lineare Algebra für die algebraische Zahlentheorie bereitstellt. Die CRAMERsche Regel (Seite 147) entfaltet zusammen mit dem Spur-Homomorphismus $K \to \mathbb{Q}$ (Seite 219) ein beeindruckendes kombinatorisches Feuerwerk und zeigt eine argumentative Kraft, die durchaus mit dem Gespann aus dem Fundamentalsatz der Algebra und den elementarsymmetrischen Polynomen vergleichbar ist (Seite 201 ff).

Herzlichen Glückwunsch, mit diesem umfassenden Rüstzeug sind Sie nun in der Lage, die algebraischen Aspekte der großen Transzendenzbeweise am Ende des Buches vollständig zu verstehen.

Werden wir nun aber wieder etwas elementarer und machen uns daran, im nächsten Kapitel erste transzendente Zahlen zu finden.

11 Die ersten transzendenten Zahlen

Endlich ist es soweit, Sie haben viel Geduld aufbringen müssen und eine Menge Denkarbeit investiert. Wir sind nun im Besitz der mathematischen Möglichkeiten, um die ersten transzendenten Zahlen zu entdecken.

Bevor wir loslegen, noch ein kurzer Blick auf die Geschichte. Seit einiger Zeit wissen wir bereits von der Existenz dieser Zahlen. Die mengentheoretischen Betrachtungen aus dem Kapitel über die reellen Zahlen haben gezeigt, dass es nur abzählbar viele algebraische Zahlen gibt. Die reellen Zahlen sind überabzählbar und bestehen daher fast ausschließlich aus transzendenten Zahlen (Seite 103). GEORG CANTOR hat diese Untersuchungen aber erst im Jahre 1874 veröffentlicht, lange nachdem die ersten konkreten Exemplare dieser Spezies gefunden wurden.

Dies liegt ganz einfach daran, dass die Theorie der Mengen, der Abzählbarkeit und der verschiedenen Arten von Unendlichkeit erst Ende des 19. Jahrhunderts aufkam. Davor haben sich die Mathematiker nicht um diese abstrakten Dinge gekümmert, sondern ganz konkret am Objekt selbst gearbeitet. Anders ist es kaum erklärlich, dass eine doch vergleichsweise einfache Aussage wie die der bloßen Existenz transzendenter Zahlen nicht früher entdeckt wurde.

Von daher ist es nicht verwunderlich, dass die größten Denker der Mathematik lange Zeit nur dunkle Ahnungen von diesen Zahlen hatten. Eine vage Vorstellung davon entstand im 18. Jahrhundert. Große Mathematiker wie GOTTFRIED WILHELM LEIBNIZ, CHRISTIAN GOLDBACH und LEONHARD EULER hatten zwar keine strenge Definition dieses Begriffs, waren sich jedoch sicher, dass es diese „schwer fassbaren“ Zahlen geben müsse. LEIBNIZ sprach schon im Jahre 1704 zum ersten Mal von „transzendenten“ Zahlen, freilich ohne diese mathematisch exakt nachweisen zu können. GOLDBACH behauptete 1729, in der Zahl

$$\sum_{n=0}^{\infty} 10^{-2^n} = 0{,}1 + 0{,}01 + 0{,}0001 + 0{,}00000001 + \ldots$$

eine transzendente Zahl zu erkennen, auch dies ohne Beweis. Der Weitblick von EULER ist ebenfalls bemerkenswert. Schon 1748 vermutete er, dass für positive rationale Zahlen $a \neq 1$ und natürliche Zahlen b, welche keine Quadratzahlen sind, die Zahl $a^{\sqrt{b}}$ nicht rational, aber auch „nicht mehr irrational“ sei, wie er sich ausdrückte. Zum besseren Verständnis sei angemerkt, dass man damals unter „irrationalen“ Zahlen nur ganz spezielle algebraische Zahlen verstand. Seine Vermutung war also noch weit entfernt vom heutigen Begriff der Transzendenz, kann aber dennoch als erste einfache Vorstufe großer Sätze des 20. Jahrhunderts angesehen werden (1930 Satz von KUSMIN, [31], noch allgemeiner 1934 Satz von GELFOND-SCHNEIDER, Seite 400, [21][48]). Auch JOHANN HEINRICH LAMBERT ist zu nennen. Er bewies 1761 die Irrationalität der Kreiszahl π (Seite 271 ff) und vermutete erstmals die Transzendenz von e und π im modernen Verständnis, [32].

F. Toenniessen, *Das Geheimnis der transzendenten Zahlen*,
https://doi.org/10.1007/978-3-662-58326-5_11

Der große Augenblick kam schließlich im Jahr 1844, ein Jahr übrigens vor CANTORs Geburt. Gerade wurden als technische Sensation die ersten Telegrafenleitungen in Europa und Übersee gelegt, als JOSEPH LIOUVILLE in Paris die erste transzendente Zahl entdeckte, [35]. Ganz im Stillen hat sich hier in einem Büro der École Polytechnique oder am Arbeitsplatz zuhause eine wahre Mondlandung der menschlichen Erkenntnis ereignet. Vergleichbar war diese Erkenntnis vielleicht mit der Entdeckung irrationaler Zahlen durch PYTHAGORAS und HIPPASOS, die vor etwa 2500 Jahren bewiesen, dass $\sqrt{2}$ keine rationale Zahl sein kann (Seite 81). Sie ist aber wenigstens noch algebraisch.

Nun war es gesichert und durch nichts mehr zu leugnen: Auch die algebraischen Zahlen reichen nicht aus. Es gibt sie tatsächlich, die geheimnisvollen, so schwer fassbaren transzendenten Zahlen.

11.1 Diophantische Approximationen

Wir werden uns dem Problem Schritt für Schritt nähern und beginnen mit einer erstaunlichen Beobachtung, die der deutsche Mathematiker JOHANN PETER GUSTAV LEJEUNE DIRICHLET machte. Er untersuchte die Qualität der Annäherung irrationaler Zahlen durch Brüche, also durch rationale Zahlen. Diese Annäherungen nennt man **diophantische Approximationen**, benannt nach dem im 3. Jhd. v. Chr. lebenden griechischen Mathematiker DIOPHANTOS aus Alexandria.

Wir beweisen zunächst DIRICHLETs bekannten Approximationssatz, [13].

Dirichletscher Approximationssatz
Für jede irrationale Zahl $\alpha \in \mathbb{R}$ und jede natürliche Zahl $N \in \mathbb{N}$ gibt es ganze Zahlen $p, q > 0$ mit $1 \leq q \leq N$, sodass gilt:

$$|q\,\alpha - p| \;<\; \frac{1}{N+1}\,.$$

Was bedeutet dieser Satz anschaulich? Er sagt, dass man bei gegebener irrationaler Zahl $\alpha \in \mathbb{R}$ und einer durch N definierten Genauigkeit ein nicht zu großes $q \in \mathbb{N}$ finden kann, sodass das Produkt $q\alpha$ sich um weniger als $1/(N+1)$ von einer ganzen Zahl unterscheidet.

Wir werden gleich sehen, welch unglaubliche Entwicklung der Mathematik dieser Satz bewirkt hat. Sein Beweis ist nicht schwierig. Es ist eine schöne Anwendung des bekannten Schubfachprinzips (Seite 196), das uns bereits beim Beweis des Fundamentalsatzes der Algebra behilflich war.

Es sei also ein irrationales $\alpha \in \mathbb{R}$ und ein $N \in \mathbb{N}$ vorgegeben. Wir betrachten nun die N Zahlen

$$\alpha, 2\alpha, 3\alpha, \ldots, N\alpha$$

und müssen zeigen, dass wenigstens eine von diesen Zahlen sich von einer ganzen Zahl um weniger als $1/(N+1)$ unterscheidet.

Um das Schubfachprinzip anwenden zu können, schreiben wir die N Vielfachen von α jedes für sich als Summe einer ganzen Zahl und einer reellen Zahl zwischen 0 und 1:

$$r\,\alpha \;=\; a_r + b_r\,,$$

wobei $a_r \in \mathbb{Z}$ und $0 < b_r < 1$.

Nun bilden wir in dem offenen Intervall $I =]0{,}1[$ die $N+1$ Schubfächer

$$S_r \;=\; \left]\frac{r}{N+1}, \frac{r+1}{N+1}\right[\,,$$

wobei $0 \le r \le N$. Beachten Sie nun, dass alle b_r in einem der Schubfächer liegen müssen: Da α irrational ist, kann kein b_r auf einem der rationalen Randpunkte $r/(N+1)$ eines Schubfachs landen.

Das Bild zeigt beispielhaft die Schubfächer für $N = 10$.

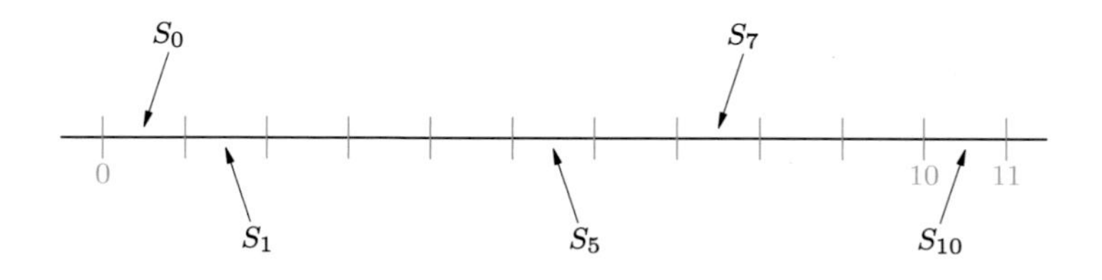

Wenn es nun im Idealfall ein b_q gäbe, $1 \le q \le N$, welches im ersten oder letzten Schubfach liegt, also in S_0 oder S_N, dann gibt es offenbar eine ganze Zahl p' (das ist in der Tat 0 oder 1) mit der Eigenschaft

$$|b_q - p'| \;<\; \frac{1}{N+1}\,.$$

Wegen

$$b_q \;=\; q\,\alpha - a_q$$

gilt dann mit $p = p' + a_q$

$$|q\,\alpha - p| \;=\; |q\,\alpha - a_q - p'| \;=\; |b_q - p'| \;<\; \frac{1}{N+1}$$

und wir wären fertig. Falls kein solches b_q existiert, so liegen alle b_r in den $N-1$ Schubfächern $S_1, \ldots, S_{N-1}$. Nach dem Schubfachprinzip gibt es dann ein Schubfach, in dem mindestens zwei der b_r liegen, sagen wir b_{r_1} und b_{r_2}, $r_1 < r_2$. Es gilt dann

$$|b_{r_2} - b_{r_1}| \;<\; \frac{1}{N+1}$$

und mit $1 \le q = r_2 - r_1 < N$ und $p = a_{r_2} - a_{r_1}$ ergibt sich

$$|q\,\alpha - p| \;=\; |(r_2\alpha - a_{r_2}) - (r_1\alpha - a_{r_1})| \;=\; |b_{r_2} - b_{r_1}| \;<\; \frac{1}{N+1}\,.$$

Das war zu zeigen. □

Dieser Approximationssatz hat eine sehr interessante Anwendung, bei der man die etwas technische Größe N eliminieren kann. Denn überlegen Sie sich einmal, Sie wollten eine irrationale Zahl α beliebig genau durch Brüche der Form p/q annähern. Die Mathematiker nennen diese beliebig genaue Annäherung eine **Approximation** der irrationalen Zahl. Die Brüche sollen α also **approximieren**.

Um dies zu erreichen, betrachten Sie für jedes $n \in \mathbb{N}$ die beiden Zahlen p und q aus dem obigen Satz und bezeichnen diese mit p_n und q_n. Dann gilt offenbar

$$|q_n \alpha - p_n| < \frac{1}{n+1} < \frac{1}{q_n}$$

und damit folgt die bedeutende Ungleichung

$$\left| \alpha - \frac{p_n}{q_n} \right| < \frac{1}{q_n^2} .$$

Eine ganz einfache Überlegung zeigt, dass mit $n \to \infty$ auch die q_n und p_n gegen unendlich gehen müssen. Denn mit nach oben beschränkten Nennern kann man eine irrationale Zahl niemals approximieren.

Fassen wir das zentrale Ergebnis zusammen in dem nun folgenden Satz.

Diophantische Approximation irrationaler Zahlen
Jede irrationale Zahl $\alpha \in \mathbb{R}$ kann durch eine Folge von rationalen Zahlen p_n/q_n approximiert werden, sodass für alle $n \in \mathbb{N}$ gilt:

$$\left| \alpha - \frac{p_n}{q_n} \right| < \frac{1}{q_n^2} .$$

Dieses Resultat besticht nicht nur durch seine Schönheit, sondern ist für sich gesehen durchaus überraschend. Denn eine einfache Überlegung zeigt, dass wir mit fest vorgegebenen Nennern q_n, zum Beispiel in der Form $q_n = 10^n$ zwar jede irrationale Zahl approximieren können, aber der Fehler dabei immer in der Größenordnung von $1/q_n$ liegt. Besser kann man es nicht erwarten. Nehmen Sie als Beispiel $\alpha = \sqrt{2} = 1{,}414\,213\ldots$. Die Annäherung

$$\sqrt{2} \approx 1{,}414\,213\,5 = \frac{14\,142\,135}{10^7}$$

liefert einen Fehler von etwa $7 \cdot 10^{-8}$. Dieser Fehler ist wesentlich höher als 10^{-14}, wie es der Satz eigentlich verspräche.

Natürlich dürfen wir den Satz nicht falsch interpretieren. Es besagt nicht, dass der Fehler bei fest vorgegebenen Nennern sehr klein ist, sondern dass es eine Folge von Nennern q_n gibt, bei denen der Fehler kleiner ist als $1/q_n^2$.

Versuchen Sie einmal, $\sqrt{2}$ tatsächlich im Sinne des obigen Satzes zu approximieren. Durch Probieren finden Sie zum Beispiel die rationalen Zahlen

$$\sqrt{2} \approx \frac{3}{2} = 1{,}5 \quad \text{mit einem Fehler kleiner als } 1/4\,,$$

oder

$$\sqrt{2} \approx \frac{7}{5} = 1{,}4 \quad \text{mit einem Fehler kleiner als } 1/25\,,$$

oder

$$\sqrt{2} \approx \frac{17}{12} = 1{,}416\ldots \quad \text{mit einem Fehler kleiner als } 1/144\,,$$

oder auch

$$\sqrt{2} \approx \frac{3\,363}{2\,378} = 1{,}414\,213\,6\ldots \quad \text{mit einem Fehler kleiner als } 1/2378^2\,.$$

Die Bedingungen des Approximationssatzes sind in diesen Fällen erfüllt.

Auch erscheint eine früher besprochene Zahl jetzt plötzlich in einem ganz neuen Licht. Es ist der goldene Schnitt Φ, den wir im Kapitel über die reellen Zahlen kennen gelernt haben (Seite 99). Er war dort die positive Nullstelle des Polynoms $x^2 - x - 1$ oder der Grenzwert des unendlichen Kettenbruches

$$1 + \frac{1}{1 + \frac{1}{1+\frac{1}{1+\ldots}}}\,.$$

Wir haben die Zahl als irrational erkannt und es gilt $\Phi = 1{,}618\,033\,988\ldots$. Wenn wir den obigen Kettenbruch bis zu einer endlichen Tiefe berechnen, dann erhalten wir sukzessive die Brüche

$$\frac{1}{1}, \frac{2}{1}, \frac{3}{2}, \frac{5}{3}, \frac{8}{5}, \frac{13}{8}, \frac{21}{13}, \frac{34}{21}, \frac{55}{34}, \ldots,$$

welche gegen Φ konvergieren. Das haben wir ebenfalls auf Seite 99 anhand der Folge der reziproken Werte gezeigt.

Nun berechnen Sie einmal die Fehler, die Sie bei dieser Approximation machen. Ein erstaunliches Resultat ergibt sich, wir haben es bereits im Kapitel über die reellen Zahlen bemerkt: Alle diese Brüche erfüllen die reziprok-quadratische Fehlerabschätzung des obigen Satzes, ohne Ausnahme. Hier deutet sich tatsächlich ein weiterer magischer Zusammenhang an, dem wir in diesem Kapitel auf die Spur kommen werden. Wir werden allgemeinere Kettenbrüche untersuchen, genau wie das vor über 160 Jahren JOSEPH LIOUVILLE getan hat, und tolle Entdeckungen dabei machen.

Sie können nun mit minimalem Rechenaufwand schöne Näherungen an Φ konstruieren. Zum Beispiel mit den beiden benachbarten FIBONACCI-Zahlen 121 393 und 196 418, die Sie durch ein paar geduldige Minuten am Computer oder Taschenrechner ermitteln können.

Wir erhalten

$$\Phi \approx \frac{196\,418}{121\,393} = 1{,}618\,033\,988\,780\,2\ldots\,.$$

Tatsächlich stimmt auch hier die Abschätzung des Fehlers:

$$\left| \Phi - \frac{196418}{121393} \right| \approx 3{,}1 \cdot 10^{-11} < \frac{1}{121393^2} \approx 6{,}8 \cdot 10^{-11} \,.$$

So langsam erfassen wir das Zahlenwunder, welches uns der DIRICHLETsche Satz und dessen einfache Folgerung geschenkt haben, in seiner vollen Dimension. Es kommt also nur darauf an, auf geschickte Weise die richtigen Nenner zu finden, und schon können wir irrationale Zahlen sehr schnell approximieren.

11.2 Das Ergebnis von Liouville

Die meisten Menschen gewöhnen sich schnell an Luxus. Mit dem Erreichten ist man in kurzer Zeit nicht mehr zufrieden und verlangt mehr. Ich hoffe, es geht ihnen bei der Lektüre dieses Buches ähnlich. Das wäre dann ein positiver Effekt dieser Lebensweisheit. In der Tat, in der (mathematischen) Forschung ist der ungestillte Hunger nach Verbesserungen ein wichtiger Motor auf dem Weg zu neuen Erkenntnissen. So auch hier. LIOUVILLE war wie viele seiner Zeitgenossen nicht recht zufrieden mit diesen Approximationen und versuchte, noch mehr herauszuholen. Und genau bei diesen Überlegungen begegnete ihm dann plötzlich die erste transzendente Zahl. Seien Sie gespannt, wie sich das zugetragen hat.

Die naheliegende Frage war, ob es zu irrationalen Zahlen Approximationen $(p_k/q_k)_{k\in\mathbb{N}}$ gibt, welche noch schneller konvergieren, zum Beispiel mit Fehlern kleiner als $1/q_k^3$ oder allgemein sogar $1/q_k^n$ für einen Exponenten $n \in \mathbb{N}$.

„Irrationale" Zahlen waren nach dem damaligen Kenntnisstand alle algebraisch – zumindest waren die Zweifel von LEIBNIZ, GOLDBACH oder EULER an dieser Tatsache zwar bekannt, aber noch nicht bestätigt. Also versuchte LIOUVILLE, eben diese algebraischen Zahlen zu untersuchen. Von denen wusste man, dass sie Nullstelle eines Polynoms über dem Körper $\mathbb{Q}$ sind. Er wählte dann genau den Weg, den GAUSS 45 Jahre zuvor mit dem Fundamentalsatz der Algebra (Seite 191) bereitet hat. Ein Ergebnis, welches weder LEIBNIZ noch EULER zur Verfügung stand. LIOUVILLE benutzte also die Erweiterung des Problems in die komplexen Zahlen $\mathbb{C}$ – und fand zunächst eine eher enttäuschende Aussage.

Man kann nur spekulieren, ob er sofort die enorme Tragweite seiner Argumente gesehen hat, als er bewies, dass man bei der Qualität der Approximation algebraischer Zahlen nicht zu viel verlangen darf. Aber genau dieses negative Resultat brachte ihn dann ganz schnell in den Besitz der ersten transzendenten Zahl. Und die Mathematik war um ein weiteres großes Kapitel reicher, das noch über 100 Jahre lang die Forschung in der analytischen Zahlentheorie prägte.

Sehen wir uns den Approximationssatz von LIOUVILLE genauer an, [35].

Approximationssatz von Liouville
Für jede irrationale algebraische Zahl $\alpha \in \mathbb{R}$ gibt es eine reelle Zahl $C(\alpha) > 0$, welche nur von α abhängt, die folgende Eigenschaft erfüllt:

Ist n der Grad des Minimalpolynoms von α über $\mathbb{Q}$, so ist für alle $p, q \in \mathbb{Z}$ mit $q > 0$

$$\left| \alpha - \frac{p}{q} \right| > \frac{C(\alpha)}{q^n} .$$

Das erste was auffällt, ist das Ungleichheitszeichen $>$. Die Abschätzung geht also in die falsche Richtung. Und da der konstante Faktor $C(\alpha)$ nichts am Wachstumsverhalten der rechten Seite der Ungleichung ändert, heißt das: Wir können es vergessen, die Zahl α besser als mit Fehlern kleiner als $1/q^n$ zu approximieren. Also ein durch und durch negatives Ergebnis, welches zunächst keinerlei bessere Approximationen verspricht als die, die wir schon kennen.

Nehmen wir zum Beispiel $\alpha = \sqrt{2}$. α hat dann ein Minimalpolynom vom Grad 2 über $\mathbb{Q}$. Stellen wir uns vor, man würde bei der Approximation nur ein ganz kleines Quäntchen mehr verlangen, sagen wir einen Fehler kleiner als $1/q^{2+\epsilon}$ für ein $\epsilon > 0$.

Der Satz von LIOUVILLE liefert uns dann zunächst ein $C > 0$, sodass für alle rationale Zahlen p/q

$$\left| \sqrt{2} - \frac{p}{q} \right| > \frac{C}{q^2}$$

ist.

Weiter sehen wir, dass für genügend großes q immer

$$\frac{C}{q^2} > \frac{1}{q^{2+\epsilon}}$$

ist. Das erkennen Sie durch eine leichte Umformung der Ungleichung

$$\ln q > \frac{1}{\epsilon} \ln \frac{1}{C} ,$$

woraus die Behauptung wegen $\lim\limits_{q \to \infty} \ln q = \infty$ folgt.

Wenn immer wir also eine Approximation von $\sqrt{2}$ durch rationale Zahlen p_n/q_n haben, kann dort nur für endlich viele $n \in \mathbb{N}$ die Ungleichung

$$\left| \sqrt{2} - \frac{p_n}{q_n} \right| < \frac{1}{q_n^{2+\epsilon}}$$

gelten. Es kann bei den Zahlen vom Grad 2 über $\mathbb{Q}$ also nicht besser gehen als mit einem Fehler von $1/q^2$.

Eine schöne Aussage kann man dennoch aus dem Satz gewinnen: Die DIRICHLETsche Abschätzung ist scharf in dem Sinne, dass sie nach oben nicht verbessert werden kann.

Kommen wir nun zu dem eleganten Beweis des Satzes von LIOUVILLE. Er nutzt ein Argument, welches in diesem Zusammenhang immer wieder erscheint, nicht zuletzt in einem der bedeutendsten Resultate des 20. Jahrhunderts, dem berühmten Satz von THUE-SIEGEL-ROTH aus dem Jahre 1955. Dieser Satz brachte endgültige Klärung in die Frage nach der möglichen Qualität diophantischer Approximationen (Seite 421).

Um was geht es? Nun ja, α besitzt über $\mathbb{Q}$ das Minimalpolynom

$$f(x) \;=\; x^n + a_{n-1}x^{n-1} + a_1 x + a_0\,,$$

welches nach unseren früheren Überlegungen irreduzibel über $\mathbb{Q}$ ist. LIOUVILLE betrachtete nun den Wert dieses Polynoms in einem rationalen Punkt p/q mit $q > 0$. Da $f \in \mathbb{Q}[x]$, ist dieser Wert wieder rational, kann also nach Multiplikation mit einer ganzen Zahl zu einer ganzen Zahl gemacht werden: Wenn wir den Hauptnenner der Koeffizienten a_i von f mit b bezeichnen, dann sieht man leicht, dass

$$b\,q^n f\left(\frac{p}{q}\right) \;\in\; \mathbb{Z}$$

ist. Nun gilt aber

$$f\left(\frac{p}{q}\right) \;\neq\; 0\,,$$

da sonst f über $\mathbb{Q}$ reduzibel wäre (Seite 168). Zusammen ergibt sich dann sofort die wichtige Abschätzung

$$\left| f\left(\frac{p}{q}\right)\right| \;\geq\; \frac{1}{b\,q^n}\,.$$

Nun hat der Fundamentalsatz der Algebra seinen Auftritt. Das Polynom f zerfällt über $\mathbb{C}$ in Linearfaktoren und wir erhalten die Darstellung

$$f(x) \;=\; (x-\alpha)\,(x-\alpha_2)\,\cdots\,(x-\alpha_n)$$

mit $n-1$ komplexen Zahlen $\alpha_i \in \mathbb{C}$.

Insbesondere gilt nun also die Gleichung

$$|x-\alpha| \;=\; \frac{|f(x)|}{|x-\alpha_2|\,\cdots\,|x-\alpha_n|}$$

und mit der obigen Ungleichung erhalten wir als wichtiges Teilresultat

$$\left|\frac{p}{q}-\alpha\right| \;\geq\; \frac{1}{b\,q^n\,\left|\frac{p}{q}-\alpha_2\right|\,\cdots\,\left|\frac{p}{q}-\alpha_n\right|}\,.$$

Das sieht schon sehr gut aus. Auf der linken Seite steht exakt der Ausdruck, den wir abschätzen wollen, die Ungleichung geht in die richtige Richtung und der Nenner q^n steht auch schon an seinem Platz. Tatsächlich ist diese Ungleichung mehr als die halbe Miete, sie ist die entscheidende Idee des Beweises. Das folgende Bild zeigt, warum.

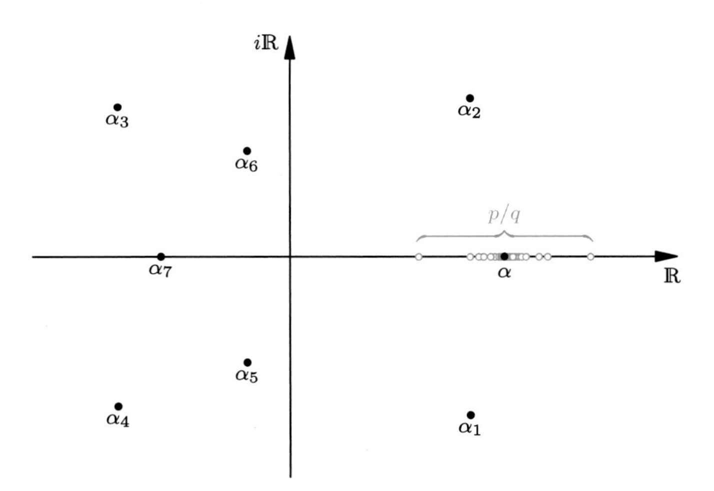

Wir sehen in dem Bild $\alpha \in \mathbb{R}$ und die übrigen Nullstellen, welche teilweise komplex sind. Eins ist uns auch klar: Die Brüche p/q, welche bezüglich der Approximationen von α kritisch sind, liegen sehr nahe bei α. Diese Brüche halten dann aber einen gebührenden Abstand von den übrigen α_i ein, weswegen wir die Nenner $|p/q - \alpha_i|$ in der obigen Ungleichung durch geschickte Wahl von $C(\alpha)$ leicht in den Griff bekommen.

Lassen Sie uns dieses Argument konkretisieren. Mit einer einfachen Fallunterscheidung über die Brüche p/q kommen wir ans Ziel.

1. Fall: Wir können alle p/q mit der Eigenschaft

$$\left|\alpha - \frac{p}{q}\right| \geq \frac{1}{q}$$

sofort behandeln. Dazu brauchen wir nicht einmal die obige Ungleichung. Hier definieren wir einfach $C_1(\alpha) = 1/2$ und haben sofort die gewünschte Ungleichung

$$\left|\alpha - \frac{p}{q}\right| > \frac{C_1(\alpha)}{q^n}.$$

Wir untersuchen jetzt also nur noch Brüche p/q mit der Eigenschaft

$$\left|\alpha - \frac{p}{q}\right| < \frac{1}{q}.$$

2. Fall: Wir betrachten nun die Brüche p/q, deren Nenner q durch die reziproken Abstände der Zahl α von ihren Konjugierten α_i nach oben beschränkt sind. Es gelte also

$$q \leq \max\left\{\frac{1}{|\alpha - \alpha_i|} : i = 2, \ldots, n\right\}.$$

Dies wird nur von endlich vielen q erfüllt. Da $|p/q - \alpha| < 1/q$ ist, kommen für den zweiten Fall also nur endlich viele Brüche p/q in Frage. Für diese endlich vielen Brüche finden wir leicht ein genügend kleines $C_2(\alpha) > 0$ mit der Eigenschaft

$$\left|\alpha - \frac{p}{q}\right| > \frac{C_2(\alpha)}{q^n}.$$

3. Fall: Für die verbleibenden Brüche p/q gilt also

$$\left|\frac{p}{q} - \alpha\right| < \frac{1}{q} \qquad \text{sowie} \qquad |\alpha - \alpha_i| > \frac{1}{q}, \quad i = 2, \ldots, n.$$

Aus den beiden Ungleichungen folgt sofort

$$\left|\frac{p}{q} - \alpha\right| < |\alpha - \alpha_i|, \quad i = 2, \ldots, n$$

und damit die wichtige zweite Ungleichung dieses Beweises:

$$\left|\frac{p}{q} - \alpha_i\right| = \left|\left(\frac{p}{q} - \alpha\right) + (\alpha - \alpha_i)\right| \leq \left|\frac{p}{q} - \alpha\right| + |\alpha - \alpha_i| < 2\,|\alpha - \alpha_i|.$$

Damit können wir die Konstante $C_3(\alpha)$ für den 3. Fall definieren. Die beiden farbig markierten Ungleichungen legen nahe, dass

$$C_3(\alpha) = \frac{1}{b\,2^{n-1}\,|\alpha - \alpha_2| \cdots |\alpha - \alpha_n|}$$

die richtige Wahl ist. Sie können leicht prüfen, dass damit auch

$$\left|\alpha - \frac{p}{q}\right| > \frac{C_3(\alpha)}{q^n}$$

gilt. Nun ist es ganz einfach. Wir nehmen für $C(\alpha)$ einfach die kleinste der Konstanten $C_1(\alpha)$, $C_2(\alpha)$ und $C_3(\alpha)$ und erhalten so für alle Brüche p/q

$$\left|\alpha - \frac{p}{q}\right| > \frac{C(\alpha)}{q^n}. \qquad \square$$

Abgesehen von ein wenig Technik am Schluss ein insgesamt sehr eleganter Beweis. Er demonstriert eindrucksvoll die Schlagkraft des Fundamentalsatzes der Algebra und die Bedeutung der komplexen Zahlen an sich. Hätte EULER diese Mittel zur Verfügung gehabt, wären die transzendenten Zahlen gewiss schon früher entdeckt worden. Bis in die heutige Zeit ist es dabei geblieben: Die großen Ergebnisse in der Mathematik werden fast immer von vielen Mathematikern getragen, die über Jahrzehnte hinweg der Lösung Schritt für Schritt näher kommen. Wie Zahnräder greifen die Ergebnisse mehrerer Generationen von Denkern ineinander. „Standing on the shoulders of giants“ ist ein geflügeltes Wort, mit dem bahnbrechende Lösungen häufig kommentiert werden.

11.3 Die erste transzendente Zahl

Der Approximationssatz von LIOUVILLE zeigt nicht nur, dass DIRICHLETs Satz nicht mehr zu verbessern ist. Er birgt eine weitere Folgerung, die noch viel gravierender ist. Sie ist geradezu banal einfach: Wenn für eine irrationale Zahl $\alpha \in \mathbb{R}$ der LIOUVILLEsche Satz nicht gilt, kann sie nicht algebraisch sein. Ergo ist sie transzendent (man nennt sie dann eine LIOUVILLEsche Zahl).

Das muss nicht mehr bewiesen werden, es ist klar. Viel wichtiger ist es nun, die Bedingungen zu erkennen, unter denen der LIOUVILLEsche Satz nicht gilt. Dazu bilden wir die logische Negation des Satzes. Sie lautet wie folgt:

Transzendenz einer irrationalen Zahl
Eine irrationale Zahl $\alpha \in \mathbb{R}$ ist transzendent, wenn für alle reellen Zahlen $C > 0$ gilt: Für alle $n \in \mathbb{N}$ gibt es einen Bruch p/q mit $q > 0$, sodass

$$\left| \alpha - \frac{p}{q} \right| \leq \frac{C}{q^n} .$$

Eine starke Bedingung. Dennoch können wir uns auf die Suche nach einer solchen Zahl machen. Der Weg führt uns über die unendlichen Dezimalbrüche reeller Zahlen. Wenn wir dort eine Zahl finden, deren Entwicklung genügend schnell konvergiert, dann könnte das Transzendenzkriterium erfüllt sein. Probieren wir es mit der Zahl

$$\tau = 0{,}1\,1000\,100000000000000000\,10000\ldots .$$

Exakt geschrieben ist

$$\tau = \sum_{k=1}^{\infty} 10^{-k!} .$$

Eine absolut verrückte Zahl. Unzählige Nullen, und die Einsen kommen immer später: An den Stellen $1, 2, 6, 24, 120, 720, \ldots, k!, \ldots$ nach dem Komma.

Warum ist das Transzendenzkriterium für diese Zahl erfüllt? Nun ja, wählen wir ein reelles $C > 0$ und ein $n_0 \in \mathbb{N}$. Diese Zahlen sind für den Rest der Betrachtung jetzt feste Konstanten. Wir müssen einen Bruch p/q finden mit der Eigenschaft

$$\left| \tau - \frac{p}{q} \right| \leq \frac{C}{q^{n_0}} .$$

Geeignete Kandidaten für diese Brüche sind natürlich die Teilsummen der Reihe von τ. Es gilt für alle $M \in \mathbb{N}$ die Abschätzung

$$\left| \tau - \sum_{k=1}^{M} 10^{-k!} \right| < \frac{2}{10^{(M+1)!}} .$$

Das ist nicht schwer. Denn wenn Sie von τ die Entwicklung bis zur Eins an der Stelle $M!$ subtrahieren, so hat das Ergebnis lauter Nullen und die erste Eins erscheint an der Stelle $(M+1)!$ nach dem Komma. Sie können das leicht ausprobieren, zum Beispiel für $M = 3$, dann wird es sofort klar.

Welchen Nenner q hat nun der zu

$$\sum_{k=1}^{M} 10^{-k!}$$

gehörende Bruch? Auch das macht man sich durch Experimentieren mit kleinen Werten für M schnell klar: Der Nenner ist

$$q = 10^{M!}.$$

Denn für $M = 3$ ist zum Beispiel

$$0{,}110001 = \frac{110001}{1000000} = \frac{110001}{10^6}.$$

Wir werden nun zeigen, dass bei der Wahl eines genügend großen M der Bruch der M-ten Teilsumme von τ eine Näherung liefert, die das Transzendenzkriterium in Bezug auf C und n_0 erfüllt. Dieser Bruch sei im Folgenden wieder mit p/q bezeichnet.

Es gilt wie oben gesehen

$$\left| \tau - \frac{p}{q} \right| < \frac{2}{10^{(M+1)!}}.$$

Wir müssen also zeigen, dass für genügend großes M die rechte Seite dieser Ungleichung kleiner wird als

$$\frac{C}{q^{n_0}} = \frac{C}{10^{n_0 M!}}.$$

Halten wir diese Aufgabe nochmals fest. Wir müssen für genügend großes M nachweisen, dass

$$\frac{2}{10^{(M+1)!}} < \frac{C}{10^{n_0 M!}}.$$

Was bleibt, ist eine einfache Rechenübung. Es ergibt sich durch die Anwendung des Logarithmus zur Basis 10

$$\log_{10} 2 + n_0 M! < \log_{10} C + (M+1)!.$$

Teilen wir beide Seiten durch $M!$, so haben wir es endlich klar vor Augen:

$$\frac{\log_{10} 2}{M!} + n_0 \;<\; \frac{\log_{10} C}{M!} + M + 1\,.$$

Diese Ungleichung ist für genügend großes M klar erfüllt, egal welche (festen) Werte n_0 und C haben. □

Da ist sie also, die erste transzendente Zahl. Ein ziemlich pathologisches Gebilde. Die fünfte Eins taucht erst an der 720-ten Nachkommastelle auf. Aber auch das sind reelle Zahlen. Wir haben zum ersten Mal ein konkretes Exemplar dieser widerspenstigen Spezies gefunden, deren Existenz bereits durch LEIBNIZ, GOLDBACH und EULER vermutet wurde.

Das Bauprinzip ist jetzt klar. Wir können sofort eine Menge anderer transzendenter Zahlen konstruieren, der Transzendenzbeweis verläuft ganz analog, da die Reihen extrem schnell konvergieren. An Stelle von $k!$ können wir zum Beispiel jede geschachtelte Potenz der Form a^{b^k} mit positiven ganzen Zahlen $a, b \geq 2$ wählen. Die Zahlen

$$\tau_{a,b} \;=\; \sum_{k=1}^{\infty} 10^{-a^{b^k}}$$

sind dann auch transzendent, da a^{b^k} noch schneller als $k!$ wächst. Damit nicht genug. Mit einer heuristischen Betrachtung können wir schnell noch mehr transzendente Zahlen konstruieren. Die bisherigen Exemplare waren alle auf Basis von dezimalen Stellen nach dem Komma konstruiert. Also mit lauter negativen Zehnerpotenzen. Wir müssen aber nicht notwendig im Dezimalsystem bleiben. Im **Dualsystem**, das Informatiker so gerne benutzen, gibt es nur die Ziffern 0 und 1, und jeder **Dualbruch** hat eine Darstellung der Form

$$x \;=\; \sum_{k=-N}^{\infty} a_k\, 2^{-k}\,,$$

wobei $N \in \mathbb{N}$ ist und die Ziffern a_k nur die Werte 0 oder 1 annehmen können. Im Dualsystem lässt sich auf genau die gleiche Weise Mathematik betreiben wie im vertrauten Dezimalsystem. Letztlich ist die Basis 10 nur eine von vielen möglichen Konventionen, Zahlen zu notieren. Sie hat sich eben dadurch weltweit durchgesetzt, weil wir alle als Kinder gelernt haben, mit unseren zehn Fingern zu rechnen. Warum also als Erwachsene von dieser intuitiven Vorstellung abrücken?

Sie fragen sich vielleicht, warum ich das alles erzähle. Nun ja, wenn wir alles von Beginn an im Dualsystem gemacht hätten, dann hätten wir das Zahlensystem auf genau die gleiche Weise eingeführt und wären zu genau den gleichen Ergebnissen gekommen. Insbesondere wären wir ebenfalls zu folgender Erkenntnis gelangt:

Die rationalen Zahlen sind genau die Zahlen, deren Dualbruchentwicklung irgendwann nach dem Komma periodisch wird.

Und jetzt machen wir just an dieser Stelle weiter. Betrachten wir die Zahl

$$\tau_2 = \sum_{k=1}^{\infty} 2^{-k!} .$$

Sie ist irrational, da die Dualbruchentwicklung niemals periodisch wird. In der Tat, deren Dualbruchentwicklung ist identisch mit der Dezimalbruchentwicklung von τ oben. Und die entscheidende Ungleichung für die Transzendenz lautet in diesem Fall

$$\frac{1}{M!} + n_0 < \frac{\log_2 C}{M!} + M + 1 .$$

Klar, dass wir hier genauso erfolgreich sind wie im Zehnersystem. Wir sehen also: τ_2 ist, genauso wie übrigens ganz allgemein

$$\tau_b = \sum_{k=1}^{\infty} b^{-k!}$$

für alle natürlichen Basen $b \geq 2$ transzendent. Hier also ein paar Beispiele, die schon etwas vernünftiger aussehen:

$$\tau_2 = \sum_{k=1}^{\infty} 2^{-k!} = 0{,}765\,625\,059\,604\,644\,775\,39 \ldots \pm 10^{-21}$$

oder

$$\tau_3 = \sum_{k=1}^{\infty} 3^{-k!} = 0{,}445\,816\,186\,560\,468\,003\,82 \ldots \pm 10^{-21} .$$

Damit haben wir immerhin schon abzählbar unendlich viele transzendente Zahlen konstruiert, wenn auch recht seltsame Exemplare. Sie können gerne selbst ein wenig experimentieren und noch viel mehr transzendente Zahlen finden. Viel Erfolg bei der Suche!

LIOUVILLE hat noch weitere Konstruktionsverfahren erkannt. Zum Beispiel ergeben auch die Kettenbrüche transzendente Zahlen. Sie sind auf jeden Fall interessant genug, um ihnen einen eigenen Abschnitt zu widmen.

11.4 Kettenbrüche

Kettenbrüche haben wir bereits kennen gelernt (Seite 66, 99 oder 229). Es waren die einfachsten ihrer Art, einer davon definierte den goldenen Schnitt:

$$\Phi = 1 + \frac{1}{1 + \frac{1}{1 + \frac{1}{1 + \ldots}}} .$$

Wenn wir diese Kette nach endlich vielen Gliedern abbrechen, erhalten wir sukzessive die Näherungen in Form der Brüche

$$\frac{1}{1}, \frac{2}{1}, \frac{3}{2}, \frac{5}{3}, \frac{8}{5}, \frac{13}{8}, \frac{21}{13}, \ldots,$$

welche offenbar sehr gut, nämlich mit dem bekannten Fehler von $1/q^2$ gegen Φ konvergieren (Seite 230).

Soweit unsere bisherigen (fast schon etwas empirischen) Erkenntnisse, die weitere interessante Zusammenhänge vermuten lassen. In diesem Abschnitt wollen wir die Kettenbrüche etwas genauer untersuchen. Freilich können wir nur einen minimalen Bruchteil dessen behandeln, was es über Kettenbrüche zu schreiben gäbe. Es geht uns hier ähnlich wie an anderen Stellen auf unserem Streifzug durch die Mathematik. Mehr Details erfahren Sie zum Beispiel in [30] oder [40].

Was ist also ein Kettenbruch? Bevor ich diese wundersamen Exemplare definiere, möchte ich vorwegschicken, dass hier nur ein Spezialfall der Kettenbrüche zur Sprache kommen soll. Diese nenne ich ganz kurz „Kettenbruch", obwohl sie – mathematisch präzise formuliert – eigentlich „reguläre ganzzahlige Kettenbrüche" heißen müssten. Na ja, das wäre aber etwas zu lang.

Definition Kettenbruch
Ein **Kettenbruch** ist ein Ausdruck der Form

$$\alpha = b_0 + \frac{1}{b_1 + \frac{1}{b_2 + \ldots}},$$

wobei die b_i ganze Zahlen sind mit $b_i \geq 1$ für $i \geq 1$. Man schreibt kurz

$$\alpha = [b_0; b_1, b_2, \ldots].$$

Ein Kettenbruch heißt **endlich von der Ordnung** $n \in \mathbb{N}$, wenn seine Entwicklung nach n Schritten abbricht. Hier ein Beispiel für die Ordnung 2:

$$\alpha = b_0 + \frac{1}{b_1 + \frac{1}{b_2}}.$$

Wir schreiben in diesem Fall kurz $[b_0; b_1, b_2]$. Falls ein Kettenbruch nicht endlich ist, nennen wir ihn **unendlich**.

Ein paar Begriffe noch, dann können wir richtig loslegen. Die b_i mit $i \geq 1$ heißen **Teilnenner** und wenn wir einen Kettenbruch vorzeitig an einer Stelle $k \in \mathbb{N}$ abbrechen, dann nennen wir das seinen **k-ten Näherungsbruch** und schreiben dafür p_k/q_k. Es gilt also

$$\frac{p_k}{q_k} = [b_0; b_1, b_2, \ldots, b_k].$$

Schauen wir auf den goldenen Schnitt Φ. Mit der neuen Terminologie gilt dann

$$\Phi = [1; 1,1,1,1,1, \ldots]$$

und für den k-ten Näherungsbruch gilt

$$\frac{p_k}{q_k} = [1;\underbrace{1,1,1,\ldots,1}_{k-\mathrm{mal}}] = \frac{a_{k+2}}{a_{k+1}},$$

wobei hier a_k die k-te FIBONACCI-Zahl ist (Seite 23).

Im Kapitel über die reellen Zahlen haben wir bereits mit einfachen Mitteln begründet, warum dieser Kettenbruch tatsächlich gegen Φ konvergiert (Seite 99). Man kann zeigen, dass die Folge der Näherungsbrüche den goldenen Schnitt Φ sogar auf bestmögliche Weise approximieren in dem Sinne, dass man bei Vorgabe der reziprok-quadratischen Fehler $1/q^2$ nicht mit kleineren Nennern auskommen kann. Dazu später mehr.

Wenden wir uns jetzt den Kettenbrüchen systematischer zu. Die Näherungsbrüche lassen sich durch Anwendung der Regeln für das Bruchrechnen sukzessive „von unten" her in einen gewöhnlichen Bruch p/q umwandeln. Sehen wir uns dazu einmal die ersten Exemplare an:

$$\begin{aligned}
[b_0;] &= b_0 \\
[b_0;b_1] &= b_0 + \frac{1}{b_1} = \frac{b_0 b_1 + 1}{b_1} \\
[b_0;b_1,b_2] &= b_0 + \frac{1}{[b_1;b_2]} = b_0 + \frac{b_2}{b_1 b_2 + 1} = \frac{b_0 b_1 b_2 + b_0 + b_2}{b_1 b_2 + 1}
\end{aligned}$$

Die naheliegende Frage ist nun, ob die Näherungsbrüche tatsächlich etwas approximieren, also eine konvergente Folge rationaler Zahlen bilden. Hierzu gibt es ein umfassendes Resultat, das uns eine Menge über die Folge der Näherungsbrüche verraten wird.

Rekursionsformel für Näherungsbrüche

Für jeden Kettenbruch der Form

$$\alpha = b_0 + \frac{1}{b_1 + \frac{1}{b_2 + \ldots}}$$

und für alle $k \geq 1$ gilt für den k-ten Näherungsbruch p_k/q_k

$$\begin{aligned}
p_k &= b_k\, p_{k-1} + p_{k-2} \\
q_k &= b_k\, q_{k-1} + q_{k-2}
\end{aligned}$$

Dabei verwenden wir für $k = 1$ die folgenden Startwerte:

$$p_{-1} = 1, \quad q_{-1} = 0,$$

$$p_0 = b_0, \quad q_0 = 1.$$

Man könnte diese Formel auch den *Fundamentalsatz für Kettenbrüche* nennen. Sie ist von zentraler Bedeutung, aus ihr folgt alles, was in diesem Kapitel noch kommt. Die FIBONACCI-Zahlen ergeben sich als Zähler p_k der Näherungsbrüche für $\alpha = [0;1,1,1,1,\ldots]$ auch sofort. In der Tat, man könnte diese Zähler als verallgemeinerte FIBONACCI-Zahlen auffassen, worin sich die klassischen FIBONACCI-Zahlen als Spezialfall mit $b_i = 1$ wiederfinden.

Der Beweis geht mit vollständiger Induktion nach k, wobei die Behauptung für $k \leq 1$ klar ist. Betrachten wir also $k \geq 2$. Wir setzen

$$[b_1; b_2, \ldots, b_{k+1}] \;=\; \frac{p'_k}{q'_k}$$

und erhalten

$$\frac{p_{k+1}}{q_{k+1}} \;=\; b_0 + \frac{1}{[b_1; b_2, \ldots, b_{k+1}]} \;=\; b_0 + \frac{q'_k}{p'_k} \;=\; \frac{b_0 p'_k + q'_k}{p'_k}\,.$$

Wenn Sie nun auf p'_k und q'_k die Induktionsvoraussetzung anwenden, so folgt die Behauptung durch eine kurze und einfache Rechnung, die ich Ihnen als kleine Übung überlasse. □

Welche Geheimnisse verrät uns dieses Gesetz über die Folge der Näherungsbrüche? Halten wir die interessanten Beobachtungen nun fest. Unmittelbar aus der obigen Rekursionsformel folgt, dass $\lim_{k\to\infty} q_k = \infty$ ist. Weiter sehen wir:

Abstand benachbarter Näherungsbrüche

Für alle $k \geq 1$ gilt

$$q_k p_{k-1} - p_k q_{k-1} \;=\; (-1)^k$$

oder anders ausgedrückt

$$\frac{p_{k-1}}{q_{k-1}} - \frac{p_k}{q_k} \;=\; \frac{(-1)^k}{q_{k-1} q_k}\,.$$

Der Beweis ist einfach. Er folgt direkt aus der Rekursionsformel, denn es ist

$$\begin{aligned}
q_k p_{k-1} - p_k q_{k-1} &= -b_k p_{k-1} q_{k-1} - q_{k-1} p_{k-2} + b_k p_{k-1} q_{k-1} + q_{k-2} p_{k-1} \\
&= -(q_{k-1} p_{k-2} - p_{k-1} q_{k-2}) \\
&= \ldots \\
&= (-1)^k (q_0 p_{-1} - p_0 q_{-1}) \\
&= (-1)^k\,. \quad \square
\end{aligned}$$

Die zweite Gleichung ist schon bemerkenswert, fällt Ihnen etwas auf? Die Nenner wachsen streng monoton gegen unendlich, und wegen des alternierenden Vorzeichens $(-1)^k$ ist die Folge auch alternierend. Schon früher haben wir gesehen, dass die Folge $(p_k/q_k)_{k\in\mathbb{N}}$ dann gegen eine reelle Zahl konvergiert (Seite 98). Halten wir daher fest:

Konvergenz der Folge der Näherungsbrüche
Für jeden unendlichen Kettenbruch $\alpha = [b_0; b_1, b_2, \ldots]$ konvergiert die Folge der Näherungsbrüche

$$\left(\frac{p_k}{q_k}\right)_{k\in\mathbb{N}}$$

gegen eine reelle Zahl.

Als immer neugierige Entdecker stellen wir uns aber sofort die Frage nach der Umkehrung: Gibt es zu jeder reellen Zahl einen Kettenbruch, der gegen sie konvergiert? Insbesondere irrationale Zahlen sind hier natürlich von Interesse, die wollen wir schließlich mit den Näherungsbrüchen approximieren.

Die Antwort lautet ja. Wir können ein allgemeines Konstruktionsverfahren für den Kettenbruch zu einer irrationalen reellen Zahl x angeben. Wir wählen zunächst

$$b_0 = [x].$$

Sie erinnern sich bestimmt an die Ganzzahlfunktion aus dem Kapitel über die Analysis, $[x]$ ist die größte ganze Zahl $\leq x$. Dann gilt offenbar $x = b_0 + \delta_1$ mit einem $0 < \delta_1 < 1$. Wir schreiben nun

$$x = b_0 + \frac{1}{x_1}$$

mit $x_1 = 1/\delta_1 > 1$. Nun verfahren wir mit x_1 genauso wir vorher mit x. Wir erhalten dann eine ganze Zahl $b_1 \geq 1$ und ein reelles $x_2 > 1$ mit

$$x = b_0 + \frac{1}{b_1 + \frac{1}{x_2}}.$$

Nun geht es immer so weiter und wir erhalten induktiv eine Kettenbruchentwicklung $[b_0; b_1, b_2, \ldots]$.

Alles klar, oder? Na ja, wir wären schon gern dabei, zustimmend zu nicken. Aber lässt uns nicht noch ein kleiner Zweifel die Stirn runzeln? Das ist manchmal schon vertrackt in der Mathematik, und schon sehr oft sind Mathematiker über eben diese kleinen Lücken gestolpert. Haben Sie sie erkannt, die Lücke? Tatsächlich, der Beweis ist noch nicht ganz wasserdicht: Wir wissen noch nicht, ob der so konstruierte Kettenbruch $[b_0; b_1, b_2, \ldots]$ tatsächlich gegen x konvergiert.

Und das kostet uns leider noch ein wenig Mühe: Eine Entwicklung des Kettenbruches, wie oben konstruiert, können wir in der n-ten Ordnung

$$x = [b_0; b_1, b_2, \ldots, b_{n-1}, x_n]$$

schreiben. Beachten Sie, dass wir hier an der letzten Stelle des Kettenbruches eine reelle Zahl stehen haben. Wir haben das zwar nicht so allgemein definiert, die Bedeutung ist aber dennoch klar. Und noch mehr: Wir können sogar die bisherigen Beobachtungen für reelle $b_i \geq 1$ als gültig ansehen, die Beweise funktionieren genauso. Also gilt insbesondere auch die folgende Rekursionsformel.

Für alle $k \geq 1$ ist

$$\frac{p_n}{q_n} = \frac{x_n\, p_{n-1} + p_{n-2}}{x_n\, q_{n-1} + q_{n-2}}.$$

Damit ergibt sich durch eine einfache Rechenübung die wichtige Feststellung

$$\begin{aligned} x - \frac{p_n}{q_n} &= \frac{x_n\, p_{n-1} + p_{n-2}}{x_n\, q_{n-1} + q_{n-2}} - \frac{b_n\, p_{n-1} + p_{n-2}}{b_n\, q_{n-1} + q_{n-2}} \\ &= \frac{(-1)^{n+1}\,(x_n - b_n)}{q_n^2 + (x_n - b_n)q_{n-1}q_n}. \end{aligned}$$

Bei den dazu nötigen Umformungen ging nochmals die Rekursionsformel ein. Da in jeder Iteration $0 < x_n - b_n < 1$ ist, folgt aus der Rechnung die entscheidende Abschätzung:

$$\left| x - \frac{p_n}{q_n} \right| < \frac{1}{q_n^2}.$$

Das ist fast wie ein Sechser im Lotto. Viel mehr, als wir uns wünschen konnten. Denn wir haben damit nicht nur bewiesen, dass

$$\lim_{n\to\infty} \frac{p_n}{q_n} = x$$

ist, sondern dass die Näherungsbrüche auch mit der inzwischen gewohnt hohen Geschwindigkeit konvergieren. Halten wir fest:

Kettenbrüche und reelle Zahlen
Jede Zahl $x \in \mathbb{R}$ lässt sich durch einen Kettenbruch $[b_0; b_1, b_2, \ldots]$ darstellen. Dabei ist der Kettenbruch genau dann endlich, wenn die Zahl rational ist.

Wir müssen nur noch den zweiten Teil des Satzes beweisen. Die eine Richtung ist trivial (endlich $\Rightarrow$ rational), und für die andere Richtung lässt sich ein einfacher Induktionsbeweis nach dem Nenner der rationalen Zahl p/q machen. Denn wir machen für rationales $x = p/q$ die Beobachtung $p = b_0 q + r$ mit $0 \leq r < q$ und damit

$$\frac{p}{q} = b_0 + \frac{1}{q/r}.$$

Da $r < q$, können Sie nach Induktionsvoraussetzung eine endliche Kettenbruchentwicklung für q/r annehmen, also hat auch p/q eine solche. □

Die reellen Zahlen lassen sich also allesamt in Kettenbrüche entwickeln, die viel schneller konvergieren als Dezimalbrüche. Schon die alten Griechen waren voll Bewunderung für Kettenbrüche und haben sich dem Kontinuum der reellen Zahlen darüber genähert. Die Faszination Kettenbruch gibt es also schon sehr lange.

Nach so viel harter Rechenarbeit wollen wir endlich ein paar konkrete Beispiele sehen. Denn das Konvergenzverhalten der Kettenbrüche ist hervorragend, deutlich besser als das von Dezimalbruchentwicklungen. In der Tat: Nach dem Approximationssatz von DIRICHLET können wir für die Allgemeinheit aller irrationalen Zahlen gar keine besseren Approximationen erwarten. Ein echtes Gütesiegel für die Kettenbrüche, weswegen sie viele praktische Anwendungen haben.

Der niederländische Astronom CHRISTIAAN HUYGENS hat im 17. Jahrhundert ein Zahnradmodell des Sonnensystems entwickelt. Nacht für Nacht beobachtete er die Planeten und bestimmte ihre Umlaufzeiten um die Sonne. Diese Zeiten musste er dann in Übersetzungsverhältnisse seiner Zahnräder umrechnen. Für die Bewegung des Saturns entdeckte er dabei das Verhältnis

$$\frac{77\,708\,491}{2\,640\,858} = 29{,}425\,471\ldots.$$

Pech gehabt. Es gibt keine Chance, ein Zahnrad mit 77 708 491 Zähnen herzustellen, weder damals noch heute. Er brauchte also möglichst gute Näherungsbrüche mit kleinen ganzen Zahlen. Die Kettenbrüche brachten schließlich den entscheidenden Durchbruch. Schon der Näherungsbruch der Ordnung 3 liefert einen relativen Fehler von nur noch 0,01 %:

$$29 + \frac{1}{2 + \frac{1}{2+\frac{1}{1}}} = \frac{206}{7} = 29{,}428\,571\ldots.$$

Probieren Sie selbst einmal, einige Kettenbrüche zu konstruieren. Wie wäre es mit der berühmten EULERschen Konstanten e? Diese haben wir mittels der Exponentialreihe bereits näherungsweise berechnet als

$$\mathrm{e} = 2{,}718\,281\,828\,459 \pm 2 \cdot 10^{-12}.$$

Wenn Sie versuchen, nach dem obigen Verfahren einen Kettenbruch dafür zu bauen, dann kommen Sie auf

$$\mathrm{e} = [2; 1,2,1,1,4,1,1,6,1,1,8,1,1,10,\ldots].$$

Ein seltsame Entwicklung. Und tatsächlich hat EULER gezeigt, dass das hier erkennbare Muster sich bis ins Unendliche fortsetzt. Damit finden wir schnell schöne Näherungsbrüche für e, zum Beispiel

$$\mathrm{e} \approx \frac{1457}{536} = 2{,}718\,283 \pm 1{,}8 \cdot 10^{-6}.$$

Wir wollen es mit der Approximationstheorie nicht zu weit treiben, aber lassen Sie mich noch kurz eines der schönsten Ergebnisse über den goldenen Schnitt erarbeiten. Auf erstaunliche Weise sind einige Kettenbrüche nämlich treue Weggefährten des fundamentalen DIRICHLETschen Satzes vom Anfang dieses Kapitels. Sie werden bald verstehen, wie das gemeint ist. Leider ist kein Platz für die umfangreicheren Rechnungen. Seien Sie aber versichert, dass sie im gleichen elementaren Stil wie bisher verlaufen. Sie brauchen kein weiteres Wissen und könnten sie bei Interesse gerne in [30] oder [40] nachlesen.

Ausgangspunkt ist eine irrationale Zahl $x \in \mathbb{R}$ sowie ihre Kettenbruchdarstellung $[b_0; b_1, b_2, \ldots]$ mit den Näherungsbrüchen p_n/q_n. Der ganz zu Beginn festgestellte Abstand zweier benachbarter Näherungsbrüche,

$$\frac{p_n}{q_n} - \frac{p_{n+1}}{q_{n+1}} = \frac{(-1)^{n+1}}{q_n q_{n+1}}$$

führt uns wegen des alternierenden Konvergenzverhaltens zu der Formel

$$\left| x - \frac{p_n}{q_n} \right| < \frac{1}{q_n q_{n+1}}$$

für die Approximation der Zahl x. Diese Ergebnis ist sogar noch etwas besser als die bekannte, im Nenner reziprok-quadratische Abschätzung. Mit ein wenig Rechenarbeit kann man jetzt auch eine **Abschätzung** des Fehlers **nach unten** machen. Das bedeutet, die Fehler sind dann immer größer als ein bestimmter Wert. Es ergibt sich zum allgemeinen Erstaunen, dass für alle $n \in \mathbb{N}$ gilt:

$$\left| x - \frac{p_n}{q_n} \right| > \frac{1}{2\, q_n q_{n+1}} .$$

Das bedeutet, die Fehlerabschätzung nach oben ist relativ scharf, denn der Fehler ist immer größer als die Hälfte dieser oberen Schranke. Mit den Kettenbrüchen stößt man also unweigerlich an eine Grenze, was die Forderung nach Genauigkeit der Approximationen betrifft. Natürlich wurde fieberhaft nach Möglichkeiten gesucht, auf anderem Wege als über Kettenbrüche noch bessere Approximationen zu finden. Immerhin würde der Satz von LIOUVILLE ein Quäntchen Hoffnung geben, denn seine negative Behauptung bezieht sich auf Fehler der Größenordnung $1/q^n$. Da wäre für viele Zahlen noch Luft für Verbesserungen drin ...

Nun haben die Mathematiker aber ein weiteres Ergebnis entdeckt, welches die Kettenbrüche dann doch in luftige Höhen hebt. Es besagt, dass die Näherungsbrüche einer irrationalen Zahl $x \in \mathbb{R}$ stets eine **bestmögliche Approximation** an x liefern. Bestmöglich heißt, dass jeder Näherungsbruch näher an der irrationalen Zahl x liegt als alle anderen Brüche, die kleinere Nenner haben. Wenn also oben

$$\mathrm{e} \approx \frac{1457}{536} = 2{,}718\,283 \pm 1{,}8 \cdot 10^{-6}$$

herausgekommen ist, dann wird die EULERsche Zahl hier besser approximiert als mit jedem anderen Bruch p/q, bei dem $q < 536$ ist.

Es kommt noch besser, hier ist die Umkehrung: Wenn wir einen beliebigen Bruch p/q haben, welcher eine bestmögliche Näherung an ein irrationales $x \in \mathbb{R}$ liefert, dann ist dieser Bruch ein Näherungsbruch in der Kettenbruchentwicklung (ich gebe zu: das ist etwas ungenau formuliert, denn der besagte Bruch ist nicht zwingend ein Näherungsbruch von x. Er könnte auch ein **Mediant** von benachbarten Näherungsbrüchen gerader oder ungerader Ordnung sein. Da aber sowohl die Nenner als auch die Fehler der Medianten zwischen denen der benachbarten Näherungsbrüche liegen, sei über diese kleine Ungenauigkeit hinweggesehen).

Die Kettenbrüche haben also tatsächlich eine universale Bedeutung für unser Zahlensystem: Deren Konvergenzgeschwindigkeit ist ein exaktes Maß für die Qualität, mit der eine irrationale Zahl überhaupt durch Brüche approximiert werden kann.

Damit gelangen wir zu einem bemerkenswerten Resultat über den goldenen Schnitt Φ. Beobachten wir zunächst, dass die Nenner seiner Näherungsbrüche langsamer wachsen als bei allen anderen irrationalen Zahlen im Intervall [1,2], denn es ist

$$\Phi = [1; 1,1,1,1,\ldots]\,.$$

Was bedeutet das genau? Nun ja, nehmen wir einmal eine andere irrationale Zahl $x = [1; b_1, b_2, \ldots]$ im Intervall [1,2]. Für wenigstens einen Index $i \geq 1$ ist dann $b_i \geq 2$. Es sei s der kleinste solche Index. Betrachten wir nun die Entwicklung der Nenner von Φ und x, so führt die Entwicklung von Φ über die Rekursionsformel (Seite 240) auf die bekannten FIBONACCI-Nenner

$$q_0, q_1, q_2, q_3, \ldots \;=\; 1,\,1,\,2,\,3,\,5,\,8,\,13,\,21,\,\ldots\,.$$

In der Entwicklung der Nenner von x hingegen findet bei $s+1$ ein Sprung statt. Bezeichnen wir dazu die Nenner von x mit q_i'. Wenn dann zum Beispiel $b_s = 2$ ist, erhalten wir nach der Rekursionsformel

$$q_s' \;=\; 2q_{s-1} + q_{s-2} \;=\; q_{s-1} + (q_{s-1} + q_{s-2}) \;=\; q_{s-1} + q_s \;=\; q_{s+1}\,.$$

Der Nenner q_s in der Entwicklung von Φ wird bei x also glatt übersprungen. Die Entwicklung der Nenner von x sieht dann also aus wie

$$q_0, q_1, \ldots, q_{s-1}, q_{s+1}, q_{s+2}', q_{s+3}', \ldots\,,$$

wobei alle $q_i' \geq q_i$ sind. Das war noch der harmloseste Fall. Denn falls $b_s > 2$ ist oder weiter hinten noch mehr Sprünge erfolgen, gelten diese Ungleichungen natürlich erst recht.

Nun erkennen wir aber für die FIBONACCI-Nenner von Φ eine weitere, einfache Beziehung. Es ist, wie Sie leicht prüfen können, immer

$$2\,q_{n-1}q_n \;<\; q_n q_{n+1}\,.$$

Damit gilt für alle natürlichen Zahlen $n \geq s$

$$\left| x - \frac{p_n'}{q_n'} \right| \;<\; \frac{1}{q_n' q_{n+1}'} \;<\; \frac{1}{2\,q_n q_{n+1}} \;<\; \left| \Phi - \frac{p_n}{q_n} \right|\,.$$

Beachten Sie bei dieser Rechnung, dass ab dem Index s offenbar $q_n' \geq q_{n+1}$ ist. Die Näherungsbrüche für x konvergieren also schneller als die von Φ. Da Näherungsbrüche die besten Approximationen sind, ist der goldene Schnitt

$$\Phi \;=\; \frac{1+\sqrt{5}}{2} \;=\; 1{,}618\,033\,988\,749\,894\,848\,\ldots$$

diejenige Zahl im Intervall [1,2], welche sich am schlechtesten durch rationale Zahlen approximieren lässt. Das ist für mich eine der schönsten Charakterisierungen dieser wahrlich bemerkenswerten Zahl.

11.5 Kettenbrüche und transzendente Zahlen

Die Kettenbrüche liefern eine interessante und sehr einfache Konstruktion für LIOUVILLEsche Zahlen. Schauen wir dazu nochmal auf die bekannte Abschätzung

$$\left| x - \frac{p_n}{q_n} \right| < \frac{1}{q_n q_{n+1}} .$$

Wenn wir die Rekursionsformel $q_{n+1} = b_{n+1} q_n + q_{n-1}$ einsetzen, so entsteht

$$\left| x - \frac{p_n}{q_n} \right| < \frac{1}{q_n (b_{n+1} q_n + q_{n-1})} < \frac{1}{b_{n+1} q_n^2} .$$

Erkennen Sie, was wir hier haben? Das ist nichts anderes als eine Bauanleitung für LIOUVILLEsche Zahlen. Denn wenn die Teilnenner b_n sehr schnell wachsen, dann können wir die Brüche p_n/q_n sehr schnell gegen x konvergieren lassen, schneller als es der LIOUVILLEsche Satz erlaubt. Nehmen Sie zum Beispiel $b_{n+1} \geq q_n^{n-2}$. Damit gilt für den Grenzwert x und seine Näherungsbrüche

$$\left| x - \frac{p_n}{q_n} \right| < \frac{1}{q_n^n} .$$

Diese Näherungsbrüche verletzen den LIOUVILLEschen Satz, denn die Potenz im Nenner der Abschätzung ist unbeschränkt. Mit einem Computer kann man sich dann die zugehörigen Kettenbrüche errechnen. Ein Beispiel, bei dem wir mit der Entwicklung $[0; 1]$ anfangen und $b_{n+1} = q_n^{n-2}$ wählen, ist die transzendente Zahl

$$\tau_{[0;1]} = [0; 1{,}1{,}4{,}729{,}2\,147\,483\,647, \ldots, q_n^{n-2}, \ldots] .$$

Hier ergibt sich ein ziemlich genauer Näherungsbruch der Form

$$\tau_{[0;1]} \approx \frac{7\,829\,725\,376\,967}{14\,093\,935\,175\,270} = 0{,}555\,538\,625\,628\,523\,5 \ldots$$

mit einem Fehler kleiner als $6 \cdot 10^{-27}$. Da möchte man gar nicht mehr aufhören, oder? Sie können in der Tat selbst zum Entdecker neuer transzendenter Zahlen werden. Versuchen Sie es einmal.

11.6 Abschließende Bemerkungen

Nachdem wir wieder aufgetaucht sind, brummt uns natürlich der Kopf von all diesen wunderlichen Zahlen. Geben Sie mir noch die Gelegenheit, einige abschließende Bemerkungen zu machen, die auch ein wenig zum Nachdenken anregen mögen.

Zunächst haben wir die transzendenten Exemplare wie τ, τ_n (und wie sie nicht alle hießen) manchmal näherungsweise durch eine Dezimalbruchentwicklung dargestellt, mit Angabe eines Fehlers. Damit war die Absicht verbunden, den Text konkreter und anschaulich greifbarer zu machen. Mathematisch sind diese Darstellungen natürlich wertlos, da in dem jeweiligen Fehlerintervall unendlich viele transzendente, algebraische und rationale Zahlen eng beieinander liegen.

In diesem Kapitel haben wir eine Menge transzendenter Zahlen konstruiert und wissen, dass es überabzählbar viele davon geben muss. Schaffen wir es auch, überabzählbar viele Exemplare zu konstruieren? Die Antwort ist „ja". Wir enden in diesem Kapitel also mit einem erneuten Beweis (diesmal konstruktiv) des Satzes, dass es überabzählbar unendlich viele transzendente Zahlen gibt. Die Kettenbrüche bringen eine schöne Lösung. Zunächst beobachten wir:

Die Kettenbruchdarstellung $[b_0; b_1, b_2, \ldots]$ jeder irrationalen Zahl ist eindeutig.

Denn angenommen, wir hätten für ein irrationales $x \in \mathbb{R}$ zwei verschiedene unendliche Kettenbrüche $[b_0; b_1, b_2, \ldots]$ und $[b'_0; b'_1, b'_2, \ldots]$, so muss wegen

$$x \;=\; b_0 + \delta_1 \;=\; b'_0 + \delta'_1 \quad \text{mit} \quad 0 < \delta_1, \delta'_1 < 1$$

offenbar $b_0 = b'_0$ sein. Soweit der Induktionsanfang. Wenn nun bereits $b_i = b'_i$ für alle $i \leq n$ ist, dann gilt auch $p_i = p'_i$ und $q_i = q'_i$ für $i \leq n$. Stellen wir nun x wieder dar als endlichen Kettenbruch mit reellem Rest,

$$x = [b_0; b_1, \ldots, b_n, r_{n+1}] = [b'_0; b'_1, \ldots, b'_n, r'_{n+1}]\,,$$

so bekommen wir nach der Rekursionsformel (Seite 240)

$$x \;=\; \frac{r_{n+1}p_n + p_{n-1}}{r_{n+1}q_n + q_{n-1}} \;=\; \frac{r'_{n+1}p'_n + p'_{n-1}}{r'_{n+1}q'_n + q'_{n-1}} \;=\; \frac{r'_{n+1}p_n + p_{n-1}}{r'_{n+1}q_n + q_{n-1}}$$

und daher

$$[b_{n+1}; b_{n+2}, b_{n+3}, \ldots] \;=\; r_{n+1} \;=\; r'_{n+1} \;=\; [b'_{n+1}; b'_{n+2}, b'_{n+3}, \ldots]\,.$$

Also ist auch $b_{n+1} = b'_{n+1}$, womit der Induktionsschritt fertig ist. □

Die LIOUVILLEschen Zahlen, die wir durch Kettenbrüche konstruiert haben, hatten alle einen Anfang, sagen wir $[0; 1]$, und dann konnten wir beliebige weitere $b_{n+1} \geq q_n^{n-2}$ wählen. Für jede Wahl von $b_2, b_3, \ldots, b_n$ gibt es dabei unendlich viele Möglichkeiten, den nächsten Teilnenner b_{n+1} zu wählen. Die Anzahl der verschiedenen Kettenbrüche, die wir auf diese Weise konstruieren könnten, ist also gleich der Mächtigkeit der Menge $\mathbb{N}^{\mathbb{N}}$. Mit einem Diagonalverfahren sehen Sie sofort, dass diese Menge überabzählbar ist. Wegen der Eindeutigkeit der Kettenbruchdarstellung folgt, dass all diese Kettenbrüche verschiedene transzendente Zahlen darstellen. Wir haben also die Möglichkeit, überabzählbar viele LIOUVILLEsche Zahlen zu konstruieren.

Beenden wir die erste Reise in die Tiefen der Transzendenz. Wir werden nun die analytischen Hilfsmittel ausbauen, um Konstruktionen mit Zirkel und Lineal besser verstehen zu können. Viel Spaß auf Ihrer weiteren Entdeckungsreise.

12 Differentialrechnung

Wir haben in den Tiefen des Zahlenmeeres erste Exemplare transzendenter Zahlen entdeckt, sogar überabzählbar viele konnten wir gedanklich konstruieren. Diese waren aber rein theoretischer Natur und haben sich mit algebraischen Argumenten fast „zufällig" ergeben. Viel schwieriger ist es, bei vorgegebenen Zahlen zu beweisen, dass sie transzendent sind – zum Beispiel bei e oder der berühmten Kreiszahl π, die wir im nächsten Kapitel genauer untersuchen (Seite 271 f). Dies sind eben keine LIOUVILLEschen Zahlen (im Prinzip sind es Produkte der Analysis), weswegen wir neue Wege beschreiten müssen.

Beschäftigen wir uns jetzt also mit dem, was im Allgemeinverständnis der Bevölkerung den Einstieg und den Kern der sogenannten „höheren Mathematik" bildet. Es handelt sich um die *Differential- und Integralrechnung*, in der älteren Literatur auch als *Infinitesimalrechnung* bekannt. Für Neulinge wird das sehr spannend sein, für Erfahrene eine wichtige Wiederholung. Schließlich werden wir diese Kenntnisse bei der Untersuchung der Zahlen e und π oder des siebten HILBERTschen Problems dringend brauchen.

12.1 Historische Entwicklung

Wir gehen wieder zurück in die Antike. Der griechische Philosoph ZENON von Elea, ein Vorsokratiker, beschäftigte sich vor allem mit dem Kontinuum, insbesondere dem Verhältnis von Raum, Zeit und Bewegung. Um die Philosophie seines Lehrers PARMENIDES („Es gibt nur das unendlich Eine und alle Bewegung ist nur Illusion") zu verteidigen, entwarf er eine Reihe von Paradoxien oder Trugschlüssen. Auch wenn sie heute absurd anmuten, sind sie der Allgemeinheit dennoch bekannt geblieben.

Ein Beispiel ist die Geschichte von Achilles und der Schildkröte. ZENON behauptete, und konnte das vor rund 2400 Jahren argumentativ „beweisen", dass der Läufer Achilles eine Schildkröte nicht überholen könne, sofern er ihr einen Vorsprung von – sagen wir – 100 Metern ließe.

Die Argumentation verlief sinngemäß so: Beide starten gleichzeitig und laufen mit annähernd konstanter Geschwindigkeit. Als Achilles 100 Meter gelaufen war, ist die Schildkröte ein kleines Stück weiter gelaufen, sagen wir um Δ_1. Auch nachdem der Sprinter dieses Stückchen geschafft hat, hat die Schildkröte immer noch einen kleinen Vorsprung Δ_2, denn sie bleibt ja nicht stehen. Wenn es das Kontinuum tatsächlich gäbe, könnte man den Vorsprung immer weiter teilen, diese Argumentation also ad infinitum fortsetzen und Achilles käme nie an der Schildkröte vorbei. Soweit jedenfalls ZENON.

Natürlich ist damals aufgefallen, dass ZENONs Vorstellung herzlich wenig mit der realen Welt zu tun hat. Die Wissenschaftler erklärten den Trugschluss damit,

F. Toenniessen, *Das Geheimnis der transzendenten Zahlen*,
https://doi.org/10.1007/978-3-662-58326-5_12

dass es ein räumliches oder zeitliches Kontinuum nicht geben könne. Irgendwann nämlich würde der Vorsprung Δ_n der Schildkröte so klein, dass er nicht mehr weiter teilbar wäre. Beim nächsten „Zeitschritt" um eine (ebenfalls nicht mehr teilbare) Zeiteinheit ist Achilles dann mindestens gleichauf und kann an der Schildkröte vorbeiziehen.

Ganz glücklich war damals niemand mit dieser Erklärung. Die Vorstellung, Raum und Zeit wären in diskrete, nicht weiter teilbare Stücke zerlegt, war damals und ist noch heute schwer zu akzeptieren.

Die Wissenschaft hatte bis vor 350 Jahren tatsächlich größte Schwierigkeiten damit. Erst Ende des 17. Jahrhunderts konnten GOTTFRIED WILHELM LEIBNIZ und ISAAC NEWTON diese Paradoxien mittels der *Infinitesimalrechnung* auflösen – und dabei die Vorstellung eines räumlichen und zeitlichen Kontinuums retten. Sie taten das, indem sie infinitesimale Elemente, also unendlich kleine Differenzen oder Wegstrecken untersuchten, [33][38]. Lassen Sie uns in dieses faszinierende Abenteuer eintauchen.

12.2 Differenzierbarkeit

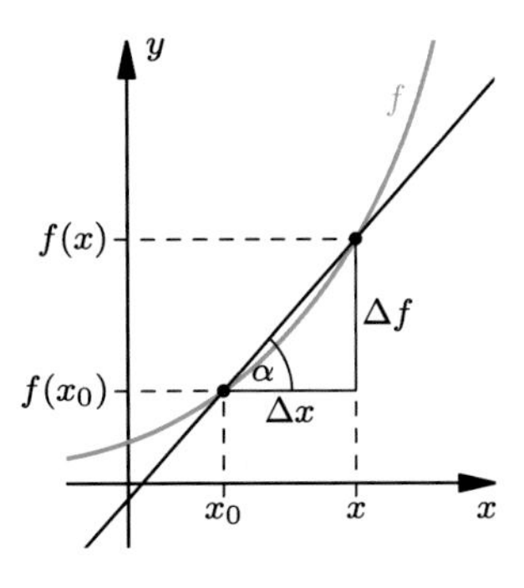

Betrachten wir ein Intervall $[a, b] \subseteq \mathbb{R}$ sowie eine reelle stetige Funktion $f : [a, b] \to \mathbb{R}$. Für einen Punkt x_0 sowie Punkte $x \neq x_0$ im Intervall $[a, b]$ können wir die Sekante S durch den Funktionsgraphen bilden. Das Verhältnis

$$\frac{\Delta f}{\Delta x} = \frac{f(x) - f(x_0)}{x - x_0}$$

heißt **Differenzenquotient** und stellt die Steigung der Sekante dar. Für den Steigungswinkel α gilt dabei die Beziehung

$$\frac{\Delta f}{\Delta x} = \frac{\sin \alpha}{\cos \alpha}.$$

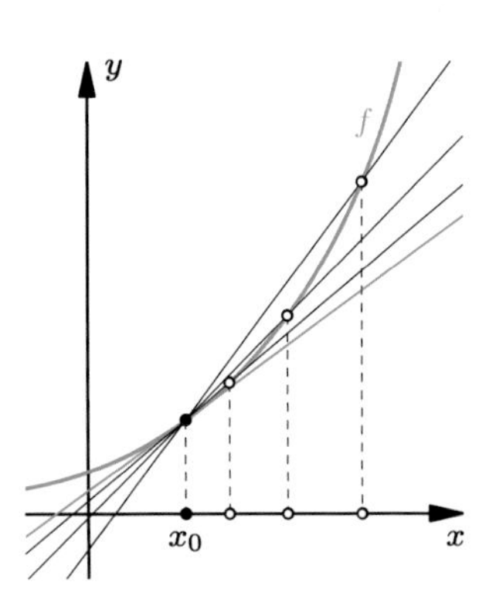

Die zentrale Idee von LEIBNIZ und NEWTON ist relativ naheliegend. Wenn wir x immer näher bei x_0 wählen, dann wird die Sekante immer ähnlicher der Geraden, welche den Funktionsgraphen im Punkt $(x_0, f(x_0))$ nicht mehr schneidet, sondern nur noch berührt. Im Grenzwert entsteht so die Tangente an den Funktionsgraphen, und deren Steigung bedeutet die Steigung des Graphen im Punkt $(x_0, f(x_0))$.

Nun können wir die entscheidende Definition formulieren.

Differenzierbare Funktion
Eine Funktion $f : [a,b] \to \mathbb{R}$ heißt **differenzierbar** im Punkt $x \in [a,b]$, falls für jede Folge $(x_n)_{n\in\mathbb{N}}$ mit Elementen $x_n \neq x$ und $\lim\limits_{n\to\infty} x_n = x$ der Grenzwert

$$f'(x) \;=\; \lim_{n\to\infty} \frac{f(x_n) - f(x)}{x_n - x}$$

existiert. Dieser Grenzwert heißt **Differentialquotient** oder **Ableitung** der Funktion f im Punkt x.

Eine in x differenzierbare Funktion ist dort klarerweise auch stetig. Falls f für jeden Punkt $x \in [a,b]$ differenzierbar ist, so heißt f differenzierbar in $[a,b]$.

Es ist klar, dass der Grenzwert nicht von der Wahl der speziellen Folge $(x_n)_{n\in\mathbb{N}}$ abhängt. Denn falls zwei Folgen $(x_n)_{n\in\mathbb{N}}$ und $(y_n)_{n\in\mathbb{N}}$ unterschiedliche Grenzwerte ergäben, so würde der Grenzwert für die Folge $(x_0, y_0, x_1, y_1, \ldots)$, welche ebenfalls gegen x konvergiert, nicht existieren.

LEIBNIZ hat eine sehr suggestive Schreibweise für den Differentialquotienten eingeführt. Er schrieb

$$f'(x) \;=\; \frac{\mathrm{d}f(x)}{\mathrm{d}x}\,.$$

$\mathrm{d}x$ steht dabei für eine unendlich oder **infinitesimal** kleine Differenz Δx, $\mathrm{d}f(x)$ für die zugehörige Differenz der Funktionswerte.

Sie sind jetzt bestimmt neugierig auf Beispiele. Schauen wir uns an, wie sich die uns bereits bekannten Funktionen bei Differentiation verhalten.

1. Für die **konstante Funktion** $f : \mathbb{R} \to \mathbb{R}$ mit $f(x) = c$ für ein $c \in \mathbb{R}$ gilt klarerweise

   $$f'(x) \;=\; \lim_{n\to\infty} \frac{c - c}{x_n - x} \;=\; 0$$

   für alle $x \in \mathbb{R}$.

2. Für eine **lineare Funktion** $f : \mathbb{R} \to \mathbb{R}$ mit $f(x) = cx$ für ein $c \in \mathbb{R}$ gilt

   $$\mathrm{d}f(x) \;=\; \mathrm{d}(cx) \;=\; c\,\mathrm{d}x$$

   und damit

   $$f'(x) \;=\; \frac{\mathrm{d}f(x)}{\mathrm{d}x} \;=\; c$$

   für alle $x \in \mathbb{R}$.

Zugegeben, es ist schon etwas abenteuerlich, wie ich hier mit der LEIBNIZschen Schreibweise umgegangen bin. Schließlich ist $\mathrm{d}x$ als Grenzwert gesehen faktisch gleich 0 – wie in aller Welt können wir damit rechnen, als wäre es eine Zahl $\neq 0$? Nun ja, das bedarf einer Erklärung.

Das Jonglieren mit dieser Schreibweise verlangt zugegeben ein wenig Übung. Sie kann aber viele mathematische Formulierungen erheblich abkürzen, weil sie ohne konkrete Folgen $(x_n)_{n\in\mathbb{N}}$ oder mühsame Berechnung von Grenzwerten auskommt. Wir werden damit einen eleganten Zugang zur Integralrechnung finden. Wichtig für Sie ist nur, dass $\mathrm{d}x$ oder $\mathrm{d}f(x)$ eben nicht identisch 0 sind, sondern Grenzübergänge darstellen für kleine Differenzen $\Delta x \neq 0$ oder $\Delta f(x)$, welche immer kleiner werden und schließlich gegen 0 gehen.

Oder anders ausgedrückt: Denken Sie beim Anblick eines $\mathrm{d}x$ oder $\mathrm{d}f(x)$ in einer Formel immer an sehr kleine Werte $\Delta x \neq 0$ oder $\Delta f(x)$. Mit denen können Sie nach den Regeln der Bruchrechnung verfahren. Sie machen dabei zwar einen kleinen Fehler, der aber immer kleiner wird, je kleiner Δx ist. Im Grenzwert $\Delta x \to 0$ ist der Fehler verschwunden und die zugehörige Gleichung gilt exakt.

Ich kann gut verstehen, wenn es Ihnen trotz dieser Erklärungen immer noch mulmig ist. Aber haben Sie ein wenig Geduld, nach und nach, spätestens bei der Integralrechnung, macht es Klick und wird Ihnen plötzlich klar. Das Rechnen mit der LEIBNIZschen Schreibweise ist wegen seiner Kürze vor allem bei Praktikern sehr beliebt. Mathematiker sehen das zum Teil anders. Die begriffliche Ungenauigkeit macht sie skeptisch und sie bevorzugen eine ausführliche Grenzwertbildung. Der Kürze wegen, vor allem wenn Missverständnisse ausgeschlossen sind, werde ich aber die LEIBNIZsche Schreibweise verwenden.

Machen wir weitere Beispiele, diesmal mit ganz exakter Grenzwertbildung.

3. Für die **quadratische Funktion** $f : \mathbb{R} \to \mathbb{R}$ mit $f(x) = x^2$ gilt

$$\begin{aligned} f'(x) &= \lim_{n\to\infty} \frac{{x_n}^2 - x^2}{x_n - x} = \lim_{h\to 0} \frac{(x+h)^2 - x^2}{h} \\ &= \lim_{h\to 0} \frac{2xh + h^2}{h} = \lim_{h\to 0} (2x + h) = 2x \end{aligned}$$

   für alle $x \in \mathbb{R}$. In der LEIBNIZschen Schreibweise bedeutet $f'(x) = 2x$ ganz konkret, dass

$$\frac{\mathrm{d}f(x)}{\mathrm{d}x} = 2x$$

   und damit

$$\mathrm{d}f(x) = 2x\,\mathrm{d}x$$

   ist. Anschaulich gesprochen, bewirken kleine Änderungen von x im Funktionswert x^2 umso größere Änderungen, je größer $|x|$ ist. Bei $x = 10$ beträgt die Änderung des Funktionswerts x^2 schon ungefähr das 20-fache der Änderung von x.

4. Versuchen Sie als Übung, die Funktion $f : \mathbb{R}^* \to \mathbb{R}$ mit $f(x) = 1/x$ abzuleiten. Ein ganz ähnlicher Grenzwertvorgang wie bei x^2 liefert Ihnen

$$f'(x) = -\frac{1}{x^2}\,.$$

5. Spannendere Beispiele sind die Exponentialfunktionen $\exp_a(x) = a^x$, $a > 0$ und $a \neq 1$. Es gilt für alle $x \in \mathbb{R}$ wegen der Funktionalgleichung

$$\begin{aligned} \exp_a'(x) &= \lim_{h \to 0} \frac{a^{x+h} - a^x}{h} = \lim_{h \to 0} a^x \, \frac{a^h - 1}{h} \\ &= a^x \lim_{h \to 0} \frac{a^h - 1}{h} = a^x \exp_a'(0)\,. \end{aligned}$$

Die Funktionalgleichung führt also dazu, dass sich a^x bei Bildung der ersten Ableitung reproduziert, bis auf den Faktor $\exp_a'(0)$, also die Steigung dieser Funktion bei $x = 0$. Nun nehme ich Bezug auf das, was in einem früheren Kapitel zu der EULERschen Zahl e erwähnt wurde (Seite 162). Diese (natürliche) Basis e war durch die Forderung definiert, dass $\exp_e'(0) = 1$ ist. Und das bedeutet

$$\left(\mathrm{e}^x\right)' = \frac{\mathrm{d}\,\mathrm{e}^x}{\mathrm{d}x} = \mathrm{e}^x\,.$$

Die Exponentialfunktion reproduziert sich also vollständig bei der Differentiation. In dieser bemerkenswerten Eigenschaft liegt der tiefere Grund für die enorme Bedeutung der Funktion e^x in der Analysis.

Für die Stetigkeit einer Funktion hatten wir eine bildliche Interpretation gefunden, der Graph der Funktion durfte keine „Sprünge" machen (Seite 151). Was bedeutet die Differenzierbarkeit anschaulich für den Funktionsgraphen? Nehmen wir dazu den Absolutbetrag abs : $\mathbb{R} \to \mathbb{R}$ und untersuchen die Differenzierbarkeit im Nullpunkt. Dazu wählen wir die Folge $(h_n)_{n \in \mathbb{N}}$ mit

$$h_n = \frac{(-1)^n}{n}\,.$$

Wegen

$$\frac{\mathrm{d}\,\mathrm{abs}}{\mathrm{d}x}(0) = \frac{|0 + h_n| - |0|}{h_n} = (-1)^n$$

existiert der Differentialquotient in diesem Fall nicht und abs ist daher im Nullpunkt nicht differenzierbar.

Ein Blick auf den Funktionsgraphen legt nahe, warum das so ist. Der Graph macht genau bei $x = 0$ einen Knick. Wir können also die anschauliche Vorstellung festhalten, dass der Graph einer im ganzen Intervall $[a, b]$ differenzierbaren Funktion glatt verläuft und keine Knicke aufweist.

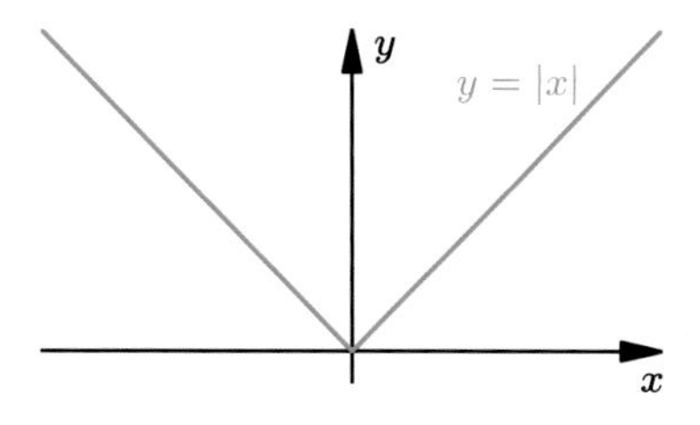

Nach den ersten Beispielen erarbeiten wir uns ein allgemeines und wichtiges Resultat. Es hilft uns auch, die LEIBNIZsche Schreibweise besser zu verstehen.

Linearisierung von differenzierbaren Funktionen
Eine Funktion $f : [a, b] \to \mathbb{R}$ ist in einem Punkt $x_0 \in [a, b]$ genau dann differenzierbar, wenn es eine Konstante $c \in \mathbb{R}$ gibt, sodass

$$f(x) = f(x_0) + c\,(x - x_0) + o\big(x - x_0\big)$$

gilt, wobei o eine Funktion ist, für die

$$\lim_{x \to x_0,\, x \neq x_0} \frac{o\big(x - x_0\big)}{x - x_0} = 0$$

ist. In diesem Fall ist dann $c = f'(x_0)$.

Die Bezeichnung o für eine Funktion, die spürbar schneller gegen Null konvergiert als die Identität $f(x) = x$, nennt man die **Landau-Notation**, benannt nach dem Zahlentheoretiker Edmund Landau. Was bedeutet der Satz anschaulich?

Ganz einfach. Wenn wir eine differenzierbare Funktion in einer kleinen Umgebung von x_0 durch ihre Tangente im Punkt $(x_0, f(x_0))$ approximieren, so geschieht das genau durch das affin-lineare Funktionsstück

$$A(x) = f(x_0) + f'(x_0)\,(x - x_0)\,.$$

Dabei machen wir einen Fehler $o\big(x - x_0\big)$, welcher für $x \to x_0$ schneller gegen 0 geht als die Differenz $x - x_0$. Diese Eigenschaft der Funktion o ist der Grundstein für die gesamte höhere Analysis, wie wir noch eindrucksvoll sehen werden.

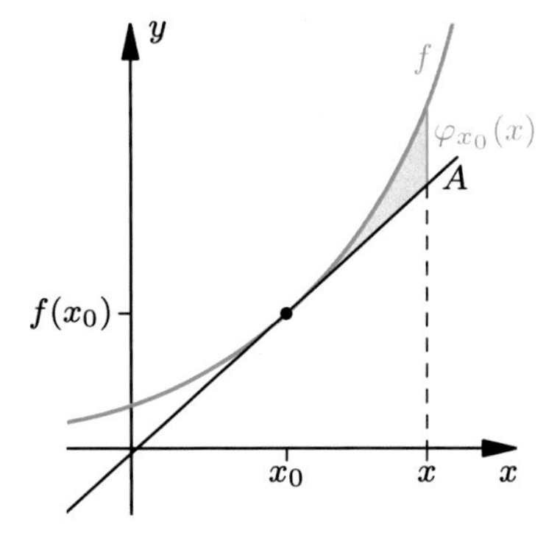

Bevor wir den Satz beweisen wollen, hier eine Interpretation für die Leibnizsche Schreibweise. Lassen wir die Differenz $x - x_0$ immer kleiner werden, so können wir das **totale Differential** von f, in Zeichen $\mathrm{d}f$, als

$$\mathrm{d}f(x_0) = f'(x_0)\,\mathrm{d}x$$

schreiben. Lesen Sie diese Gleichung zunächst für sehr kleine $\Delta x = x - x_0$, und damit auch für sehr kleine $\Delta f(x)$, mit $\Delta x \neq 0$. Dann erkennen Sie

$$\Delta f(x_0) = f(x) - f(x_0) \approx f'(x_0)\,(x - x_0) = f'(x_0)\,\Delta x\,.$$

Der Fehler strebt beim Grenzübergang $x \to x_0$ schneller gegen 0 als $x - x_0$. Er spielt dann letztlich keine Rolle mehr und wir dürfen ihn weglassen. Salopp schreiben wir dann im Grenzwert $\mathrm{d}f(x_0) = f'(x_0)\,\mathrm{d}x$. Wir kommen später noch auf diese totalen Differentiale zurück, wenn wir die Integralrechnung und Funktionen in mehreren Variablen behandeln (Seite 316 ff).

Doch kommen wir zum Beweis des Satzes, er ist nicht schwierig. Falls f in x_0 differenzierbar ist, setzen wir $c = f'(x_0)$ und definieren die Funktion o durch die Gleichung

$$f(x) \;=\; f(x_0) + c\,(x - x_0) + o\big(x - x_0\big)\,.$$

Damit gilt

$$\frac{o\big(x - x_0\big)}{x - x_0} \;=\; \frac{f(x) - f(x_0)}{x - x_0} - f'(x_0)\,,$$

also auch

$$\lim_{x \to x_0} \frac{o\big(x - x_0\big)}{x - x_0} \;=\; 0\,.$$

Falls umgekehrt für f in x_0 die Darstellung des Satzes besteht, so ist

$$\lim_{x \to x_0} \frac{f(x) - f(x_0)}{x - x_0} - c \;=\; 0$$

und damit ist f in x_0 differenzierbar mit $f'(x_0) = c$. □

Im Allgemeinen ist es natürlich nicht praktikabel, Ableitungen immer explizit über Differentialquotienten zu berechnen. Wozu gibt es schließlich die Grenzwertsätze? Lassen Sie uns also kurz die Differentiationsregeln besprechen, die das Leben um vieles leichter machen können.

12.3 Regeln für die Differentiation

Regeln für die Differentiation

Für zwei im Punkt x differenzierbare Funktionen $f, g : [a, b] \to \mathbb{R}$ sowie ein $\lambda \in \mathbb{R}$ sind auch die Funktionen $f + g$, λf und fg in x differenzierbar. Es gilt

$$\begin{aligned} (f+g)'(x) &= f'(x) + g'(x) \\ (\lambda f)'(x) &= \lambda f'(x) \\ (fg)'(x) &= f'(x)g(x) + f(x)g'(x) \end{aligned}$$

Falls g überall $\neq 0$ ist, ist auch f/g in x differenzierbar und es gilt

$$\left(\frac{f}{g}\right)'(x) \;=\; \frac{f'(x)g(x) - f(x)g'(x)}{g(x)^2}\,.$$

Wir beweisen hier exemplarisch nur die dritte Regel. Die ersten beiden folgen ganz schnell durch die entsprechenden Regeln der Grenzwertbildung (Seite 73). Die Quotientenregel am Schluss fällt später quasi als ein Geschenk ab.

Hierbei werden wir ein sehr anschauliches Grenzwertargument kennenlernen. Es führt uns zurück in die Pionierzeit dieser Theorie und ist in der Mathematik leider von der modernen Grenzwertanalysis verdrängt worden (die Naturwissenschaftler, vor allem Physiker, machen noch eher Gebrauch davon). Um was geht es?

Nun denn, die Ableitung $(fg)'(x)$ beschreibt die Änderung des Produktes $f(x)g(x)$ bei einer kleinen Änderung von x. In der LEIBNIZ-Notation stellt sich dies als Quotient $\mathrm{d}(fg)(x)/\mathrm{d}x$ dar.

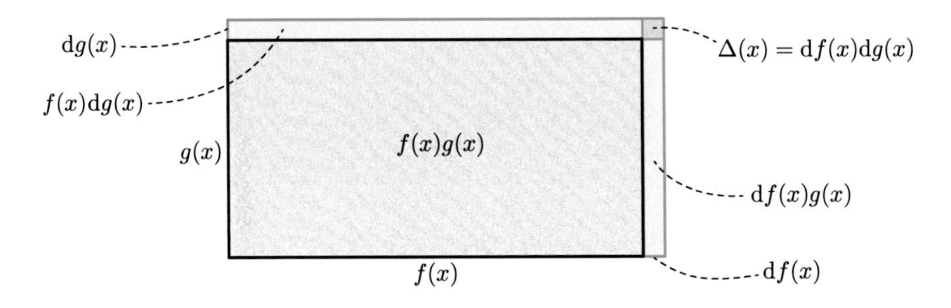

Wenn wir dies wie in der Graphik visualisieren, erkennen Sie (blau hinterlegt)

$$\mathrm{d}(fg)(x) \;=\; \big(\mathrm{d}f(x)g(x) + f(x)\mathrm{d}g(x)\big) \;+\; \Delta(x)\,,$$

wobei $\Delta(x)$ um eine Größenordnung schneller gegen 0 konvergiert als $\mathrm{d}x$, nämlich quadratisch. Wir schreiben dafür $\mathrm{d}f(x)\mathrm{d}g(x)$, und da die Differentiale $\mathrm{d}f$ oder $\mathrm{d}g$ im Grenzwert verschwinden, ist auch der Quotient $\big(\mathrm{d}f(x)\mathrm{d}g(x)\big)/\mathrm{d}x = 0$. Stellen wir also die Änderung $\mathrm{d}(fg)(x)$ in Relation zu $\mathrm{d}x$, erkennen Sie im Grenzwert

$$\frac{\mathrm{d}(fg)(x)}{\mathrm{d}x} = \frac{\mathrm{d}f(x)g(x) + f(x)\mathrm{d}g(x)}{\mathrm{d}x} = \frac{\mathrm{d}f(x)g(x)}{\mathrm{d}x} + \frac{f(x)\mathrm{d}g(x)}{\mathrm{d}x}\,,$$

und das ist nichts anderes als die Produktregel in der LEIBNIZ-Notation. In der exakten Notation der modernen Grenzwertrechnung liest sich das so:

$$\begin{aligned}
(fg)'(x) &= \lim_{h\to 0} \frac{f(x+h)g(x+h) - f(x)g(x)}{h} \\
&= \lim_{h\to 0} \frac{f(x+h)\big(g(x+h) - g(x)\big) + \big(f(x+h) - f(x)\big)g(x)}{h} \\
&= \lim_{h\to 0} f(x+h)\frac{g(x+h) - g(x)}{h} + \lim_{h\to 0} \frac{f(x+h) - f(x)}{h} g(x) \\
&= f'(x)g(x) + f(x)g'(x)\,.
\end{aligned}$$

Ganz am Schluss wurde noch die Stetigkeit von f und g verwendet. □

Es ist sicher Geschmackssache, welche Beweisvariante besser gefällt. Die erste ist anschaulicher und intuitiver, die zweite exakter – entscheiden Sie selbst. Ich werde im Folgenden gelegentlich beide Varianten im Mix verwenden (und gebe zu, dass ich es inzwischen mehr und mehr bedaure, dass die erste Variante immer seltener gelehrt wird).

Die Quotientenregel geht übrigens sehr ähnlich. Wenn Sie noch ein paar Seiten Geduld haben, dann bekommen wir diese Regel aber durch ein allgemeineres Resultat geschenkt (Seite 259).

Viel interessanter als dieser Beweis sind konkrete Anwendungen. Es gilt zum Beispiel für die Potenzfunktionen $f(x) = x^n$ mit ganzzahligem $n \in \mathbb{Z}$

$$\frac{\mathrm{d}}{\mathrm{d}x} x^n = n x^{n-1} .$$

Der Beweis für $n \geq 0$ geht ganz schnell mittels der Produktregel und vollständiger Induktion nach n. Probieren Sie das als kleine Übung. Für $n < 0$ ist $f(x) = 1/x^m$ mit $m = -n > 0$ und mit der Quotientenregel folgt

$$f'(x) = \frac{-(mx^{m-1})}{(x^m)^2} = -mx^{-m-1} = nx^{n-1} . \quad \square$$

Für die weitere Theorie fehlt noch ein allgemeiner Satz über Ableitungen, der die Differentiationsregeln in gewisser Weise komplettiert.

Ableitung der Umkehrfunktion
Betrachten wir eine stetige, streng monoton steigende Funktion

$$f : [a, b] \to [f(a), f(b)]$$

zusammen mit ihrer Umkehrfunktion

$$\varphi : [f(a), f(b)] \to [a, b] .$$

Falls f in $x \in [a, b]$ differenzierbar und $f'(x) \neq 0$ ist, so ist φ in $y = f(x)$ differenzierbar und es gilt

$$\varphi'(y) = \frac{1}{f'(x)} = \frac{1}{f'(\varphi(y))} .$$

Den Satz können Sie sich leicht vorstellen. Der Graph der Umkehrfunktion entsteht durch die Spiegelung an der Winkelhalbierenden im 1. Quadranten, mithin durch eine Vertauschung der Rollen von x- und y-Achse. Klar, dass die Ableitung dann in gewisser Weise reziprok ausfallen muss. In der LEIBNIZ-Notation lässt sich das (wieder sehr intuitiv) so motivieren:

$$\frac{\mathrm{d}f(x)}{\mathrm{d}x} = \left(\frac{\mathrm{d}x}{\mathrm{d}f(x)} \right)^{-1} .$$

Da die Umkehrfunktion durch die Zuordnung $f(x) \to x$ definiert ist, gehen diese Argumente schon in die richtige Richtung.

Zum Vergleich hier der strenge Beweis: Falls $(y_n)_{n \in \mathbb{N}}$ eine Folge ist mit $y_\nu \neq y$ und $\lim\limits_{n \to \infty} y_n = y$, setzen wir $x_n = \varphi(y_n)$. Da die Umkehrfunktion φ stetig ist, gilt $\lim\limits_{n \to \infty} x_n = x$, und wegen der Bijektivität von f sind auch alle $x_n \neq x$.

Nun können wir rechnen:

$$\lim_{n\to\infty} \frac{\varphi(y_n)-\varphi(y)}{y_n-y} = \lim_{n\to\infty} \frac{x_n-x}{f(x_n)-f(x)} = \lim_{n\to\infty} \frac{1}{\frac{f(x_n)-f(x)}{x_n-x}} = \frac{1}{f'(x)}. \qquad \square$$

Wenden wir dies nun auf den natürlichen Logarithmus an. Da $\ln : \mathbb{R}^* \to \mathbb{R}$ die Umkehrfunktion der Funktion $\exp : \mathbb{R} \to \mathbb{R}^*$ ist, deren Ableitung wir ja schon kennen, gilt offensichtlich

$$\ln'(x) = \frac{1}{\exp'(\ln(x))} = \frac{1}{\exp(\ln(x))} = \frac{1}{x}.$$

Ein erstaunliches Resultat. So langsam wird die Differentialrechnung spannend und lässt die Spitze eines Eisbergs von lauter großartigen Zusammenhängen erkennen. Die zwar sehr natürliche, aber ganz und gar nicht rationale Funktion $\ln x$ besitzt als Ableitung die ganz einfache rationale Funktion $1/x$. Damit wird in gewisser Weise auch eine Lücke geschlossen. Denn wir konnten aus den Potenzfunktionen x^n, $n \in \mathbb{Z}$, durch deren Ableitung nx^{n-1} fast alle Potenzfunktionen wiedergewinnen. Allein die Funktion x^{-1} nicht, da hierfür $n = 0$ erforderlich wäre. Nun haben wir die Lösung gefunden: den natürlichen Logarithmus. Im nächsten Abschnitt werden wir diese Erkenntnis nutzen, um eine frühere Frage aus der Finanzmathematik zu klären (Seite 162). Es ging letztlich um die Gleichung

$$\lim_{n\to\infty} \left(1 + \frac{x}{n}\right)^n = \mathrm{e}^x,$$

für die wir damals keinen exakten Beweis angeben konnten. Doch versuchen Sie zuvor als **Übung**, mit dem Satz über die Ableitung der Umkehrfunktion die Funktionen

$$f_n : \mathbb{R}_+^* \to \mathbb{R}_+^*, \quad f_n(x) = \sqrt[n]{x} = x^{1/n}$$

zu differenzieren. Sie werden auch hier

$$f_n'(x) = \frac{1}{n} x^{(1/n)-1}$$

erhalten. Dies legt die Vermutung nahe, dass die allgemeine Potenzfunktion x^α mit $\alpha \in \mathbb{R}$ differenzierbar ist und die Ableitung $\alpha x^{\alpha-1}$ besitzt.

Um das zu zeigen, brauchen wir eine letzte allgemeine Regel für die Differentiation von Funktionen, die Kettenregel. Aus ihr lässt sich dann auch ein Beweis der Quotientenregel nachholen (Seite 256).

Die Kettenregel für die Differentiation

Es seien Intervalle $D_1, D_2 \subseteq \mathbb{R}$ sowie Funktionen $f : D_1 \to \mathbb{R}$ und $g : D_2 \to \mathbb{R}$ mit $g(D_2) \subseteq D_1$. Außerdem sei g in x und f in $y = g(x)$ differenzierbar. Dann ist auch die Funktion $f \circ g : D_2 \to \mathbb{R}$ in x differenzierbar und es gilt

$$(f \circ g)'(x) = f'\big(g(x)\big)\, g'(x).$$

Wir könnten es uns mit dem Beweis ganz leicht machen, wenn wir der LEIBNIZ-Notation vertrauen. Die Aussage schreibt sich dann ganz einfach als

$$\frac{\mathrm{d}\,f\big(g(x)\big)}{\mathrm{d}x} = \frac{\mathrm{d}\,f\big(g(x)\big)}{\mathrm{d}g(x)}\,\frac{\mathrm{d}g(x)}{\mathrm{d}x},$$

was durch die Bruchregeln bestätigt wird. Beim genauen Hinsehen zeigen sich aber kleine Probleme. Wir können zwar $\mathrm{d}x \neq 0$ annehmen, nicht aber $\mathrm{d}g(x) \neq 0$, und dummerweise kommt $\mathrm{d}g(x)$ im Nenner vor. Damit haben wir ein Beispiel für die Ungenauigkeiten, welche die Beweiskraft der LEIBNIZ-Notation aus moderner Sicht manchmal etwas einschränken. Um diesen Fallstrick zu vermeiden, werden wir mathematisch strenger und definieren eine neue Funktion $\gamma : D_1 \to \mathbb{R}$ durch

$$\gamma(z) = \begin{cases} \frac{f(z)-f(y)}{z-y} & \text{für } z \neq y \\ f'(y) & \text{für } z = y\,. \end{cases}$$

Offenbar ist γ überall stetig und es gilt

$$\lim_{z\to y} \gamma(z) = f'(y)\,.$$

Damit können wir wieder rechnen:

$$\begin{aligned}(f\circ g)'(x) &= \lim_{x_n\to x} \frac{f\big(g(x_n)\big) - f\big(g(x)\big)}{x_n - x} = \lim_{x_n\to x} \frac{\gamma\big(g(x_n)\big)\big(g(x_n) - g(x)\big)}{x_n - x} \\ &= \lim_{x_n\to x} \gamma\big(g(x_n)\big) \lim_{x_n\to x} \frac{g(x_n) - g(x)}{x_n - x} = f'\big(g(x)\big)g'(x)\,. \quad \square\end{aligned}$$

Zwei Früchte wollen wir noch ernten, bevor wir zu neuen Ufern aufbrechen. Zunächst – wie vorhin bereits erwähnt – die Ableitung der Potenzfunktionen.

Für jedes $\alpha \in \mathbb{R}$ gilt für die Ableitung der Funktion x^α

$$\frac{\mathrm{d}\,x^\alpha}{\mathrm{d}x} = \alpha x^{\alpha-1}\,.$$

Dies sieht man sofort mit der Kettenregel. Wegen $x^\alpha = \mathrm{e}^{\alpha \ln x}$ gilt

$$\begin{aligned}\frac{\mathrm{d}\,x^\alpha}{\mathrm{d}x} &= \exp'(\alpha \ln x)\,\frac{\mathrm{d}}{\mathrm{d}x}\,(\alpha \ln x) \\ &= \exp(\alpha \ln x)\,\frac{\alpha}{x} = x^\alpha\,\frac{\alpha}{x} = \alpha x^{\alpha-1}\,. \quad \square\end{aligned}$$

Nun noch zur **Quotientenregel** (Seite 255), deren Beweis müssen wir noch nachholen. Wir schreiben für $1/g$ einfach $f\circ g$ mit $f(x) = 1/x$. Es gilt dann $f'(x) = -(1/x^2)$ und damit wegen der Kettenregel

$$\left(\frac{1}{g}\right)'(x) = f'\big(g(x)\big)g'(x) = -\frac{1}{g(x)^2}g'(x) = \frac{-g'(x)}{g(x)^2}\,.$$

Mittels der bereits bewiesenen Produktregel $(fg)' = f'g + fg'$ folgt sofort die allgemeine Quotientenregel. $\square$

12.4 Die Produkt- und Reihendarstellung von e^x

Die Differentialrechnung, in ihren Anfängen vor fast 350 Jahren mit Skepsis betrachtet, hat inzwischen viele Anwendungen in den Naturwissenschaften und Ingenieursdisziplinen gefunden. Aber auch allgemeine theoretische Formeln kann man damit effizient beweisen. Sie erinnern sich bestimmt an die Wachstumsfunktion bei den Geldanlagen mit Zins und Zinseszins (Seite 162). Wir sind nun in der Lage, für die bemerkenswerte Formel

$$\lim_{n\to\infty}\left(1+\frac{x}{n}\right)^n \;=\; \mathrm{e}^x$$

einen sehr kurzen Beweis zu geben. Es gilt zunächst

$$\left(1+\frac{x}{n}\right)^n \;=\; \mathrm{e}^{\ln(1+x/n)^n} \;=\; \mathrm{e}^{n\ln(1+x/n)}\,.$$

Da die Funktion e^x stetig ist, genügt es zu zeigen, dass $n\ln(1+x/n)$ gegen x konvergiert. Dies geht nun aber sehr schnell (wir dürfen $x \neq 0$ annehmen, da die Formel für $x = 0$ trivial ist):

$$\begin{aligned}\lim_{n\to\infty} n\ln\left(1+\frac{x}{n}\right) \;&=\; \lim_{n\to\infty} x\,\frac{\ln(1+x/n)}{x/n} \;=\; \lim_{n\to\infty} x\,\frac{\ln(1+x/n)-\ln 1}{(1+x/n)-1}\\ &=\; x\lim_{n\to\infty}\frac{\ln(1+x/n)-\ln 1}{(1+x/n)-1} \;=\; x\ln'(1) \;=\; x\,. \qquad \Box\end{aligned}$$

Nun geschieht etwas Seltsames, es wird bei Ihnen vielleicht ein gewisses Kopfschütteln hervorrufen. Aber haben Sie ein wenig Geduld, der Hintergrund ist gewaltig, wir entdecken damit nicht nur eine wahre Goldader der Mathematik, sondern auch die „schönste Formel der Mathematik“, wie sie häufig genannt wird.

Machen wir uns an’s Werk. Wir wissen bereits, dass

$$\lim_{n\to\infty}\left(1+\frac{x+y}{n}\right)^n \;=\; \lim_{n\to\infty}\left(1+\frac{x}{n}\right)^n\cdot\lim_{n\to\infty}\left(1+\frac{y}{n}\right)^n$$

ist, denn der obige Beweis zeigte, dass dies nichts anderes als $\mathrm{e}^{x+y} = \mathrm{e}^x\mathrm{e}^y$ ist, und diese Gleichung haben wir schon früher durch eine elementare Grenzwertrechnung für alle reellen Zahlen x und y gezeigt (Seite 160 f). Doch das soll uns nicht genügen, wir stürzen uns in das Abenteuer, die Funktionalgleichung noch einmal direkt an dem unendlichen Produkt auszurechnen. Wir beobachten zunächst

$$\left(1+\frac{x+y}{n}\right)^n \;=\; \left(1+\frac{x}{n}+\frac{y}{n}\right)^n \quad \text{und}$$

$$\left(1+\frac{x}{n}\right)^n\left(1+\frac{y}{n}\right)^n \;=\; \left[\left(1+\frac{x}{n}\right)\left(1+\frac{y}{n}\right)\right]^n \;=\; \left(1+\frac{x}{n}+\frac{y}{n}+\frac{xy}{n^2}\right)^n\,.$$

Der kleine, aber feine Unterschied besteht also in dem Term xy/n^2. Ähnlich wie wir dies aber schon beim Beweis der Produktregel (Seite 256) gesehen haben, strebt dieser Term um eine Größenordnung schneller gegen 0 als x/n oder y/n.

Und wie beim Beweis der Produktregel, als wir diesen $(1/n^2)$-Fehler mit einer Division durch $dx \sim 1/n$ im Endeffekt n-mal aufsummiert haben, besteht auch hier die Hoffnung, dass der Fehler beim Übergang $n \to \infty$ verschwindet. Das Problem ist nur, dass wir den Fehler hier n-mal multiplizieren, also ganz exakt rechnen müssen. Wir haben nach dem binomischen Satz (Seite 65)

$$\begin{aligned}
\left(1+\frac{x+y}{n}+\frac{xy}{n^2}\right)^n &= \sum_{k=0}^{n}\binom{n}{k}\left(1+\frac{x+y}{n}\right)^{n-k}\left(\frac{xy}{n^2}\right)^k \\
&= \left(1+\frac{x+y}{n}\right)^n + \sum_{k=1}^{n}\binom{n}{k}\left(1+\frac{x+y}{n}\right)^{n-k}\left(\frac{xy}{n^2}\right)^k
\end{aligned}$$

und zeigen, dass die Summe auf der rechten Seite, wir schreiben dafür $S_n(x,y)$, für $n \to \infty$ verschwindet. Ihr absoluter Betrag lässt sich abschätzen in der Form

$$\begin{aligned}
\left|S_n(x,y)\right| &\leq \sum_{k=1}^{n}\binom{n}{k}\left|\left(1+\frac{x+y}{n}\right)\right|^{n-k}\left|\frac{xy}{n^2}\right|^k \\
&\leq \sum_{k=1}^{n}\binom{n}{k}\left(1+\frac{|x+y|}{n}\right)^{n-k}\left(\frac{|xy|}{n^2}\right)^k \\
&= \frac{|xy|}{n}\sum_{k=1}^{n}\left[\binom{n}{k}\frac{1}{n}\right]\left(1+\frac{|x+y|}{n}\right)^{n-k}\left(\frac{|xy|}{n^2}\right)^{k-1} \\
&\leq \frac{|xy|}{n}\sum_{k=1}^{n}\binom{n-1}{k-1}\left(1+\frac{|x+y|}{n}\right)^{n-k}\left(\frac{|xy|}{n^2}\right)^{k-1} \\
&= \frac{|xy|}{n}\sum_{k=0}^{n-1}\binom{n-1}{k}\left(1+\frac{|x+y|}{n}\right)^{n-k-1}\left(\frac{|xy|}{n^2}\right)^{k} \\
&\leq \frac{|xy|}{n}\left(1+\frac{|x+y|}{n}+\frac{|xy|}{n^2}\right)^{n-1} \\
&\leq \frac{|xy|}{n}\left(1+\frac{|x|}{n-1}+\frac{|y|}{n-1}+\frac{|x||y|}{(n-1)^2}\right)^{n-1}.
\end{aligned}$$

Die geklammerte Potenz konvergiert für $n \to \infty$ gegen $e^{|x|}e^{|y|}$, wie wir gerade gesehen haben. Damit konvergiert der Fehler $S_n(x,y)$ gegen 0. □

Insgesamt also haben wir die Gleichung

$$\lim_{n\to\infty}\left(1+\frac{x+y}{n}\right)^n = \lim_{n\to\infty}\left(1+\frac{x}{n}\right)^n \cdot \lim_{n\to\infty}\left(1+\frac{y}{n}\right)^n$$

direkt mit diesen Produkten bewiesen, ohne zu verwenden, dass hier eigentlich nur die (fast schon banal anmutende) Beziehung $e^{x+y} = e^x e^y$ steht. Wenn Sie nun in das Kapitel über *Funktionen und Stetigkeit* zurückblättern, erinnern Sie sich bestimmt noch an eine andere Darstellung für die Zahl e (Seite 161).

Es war die Reihe

$$\mathrm{e} \;=\; 1+1+\frac{1}{2!}+\frac{1}{3!}+\frac{1}{4!}+\dots\,,$$

und wir wollen nun klären, wie es dazu kommt. Wir kennen neben der Funktionalgleichung noch die Eigenschaft $(\mathrm{e}^x)' = \mathrm{e}^x$, die Funktion reproduziert sich bei der Ableitung (Seite 253). Genau dies tut, beim Ableiten der einzelnen Summanden, die Reihe

$$\sum_{n=0}^{\infty}\frac{x^n}{n!} \;=\; 1+x+\frac{x^2}{2!}+\frac{x^3}{3!}+\frac{x^4}{4!}+\dots$$

auch, weswegen sie auch die **Exponentialreihe** genannt wird. Natürlich könnte man formal zeigen, dass man eine Reihe unter günstigen (und relativ schwachen) Bedingungen ebenfalls summandenweise ableiten kann wie endliche Summen. Wir benötigen das aber nicht und zeigen stattdessen die

Beobachtung: Für alle $x \in \mathbb{R}$ gilt

$$\lim_{n\to\infty}\left(1+\frac{x}{n}\right)^n \;=\; \sum_{n=0}^{\infty}\frac{x^n}{n!}\,.$$

Für den Beweis sei zunächst $x > 0$ fest vorgegeben und die (dann in n streng monoton steigenden) Teilsummen

$$S_n(x) \;=\; \sum_{k=0}^{n}\frac{x^k}{k!}$$

der Exponentialreihe betrachtet. Die Produkte entwickeln wir, unter Verwendung des binomischen Satzes (Seite 65), auch nur bis zur n-ten Potenz:

$$T_n(x) \;=\; \left(1+\frac{x}{n}\right)^n \;=\; \sum_{k=0}^{n}\binom{n}{k}\frac{x^k}{n^k}\,.$$

$T_n(x)$ ist wegen $x > 0$ ebenfalls in n streng monoton steigend, denn die Koeffizienten bei den x^k konvergieren streng monoton steigend gegen $1/k!$, es gilt also

$$\lim_{n\to\infty}\binom{n}{k}\frac{1}{n^k} \;=\; \frac{1}{k!}\,,$$

und mit wachsendem n kommen immer mehr Summanden hinzu. Ich behaupte nun die Eingrenzung

$$T_n(x) \;<\; S_n(x) \;<\; \mathrm{e}^x$$

für alle $n \in \mathbb{N}$, wobei der Teil $T_n(x) < S_n(x)$ aus der Definition klar ist.

Um $S_n(x) < e^x$ für alle $n \in \mathbb{N}$ zu zeigen, nehmen wir an, dass für ein n_0 die Teilsumme $S_{n_0}(x) > e^x$ ist. Da in $T_n(x)$ die Summanden mit Potenzen der Ordnung $k \le n_0$ monoton steigend gegen $S_{n_0}(x)$ konvergieren, müsste es auch ein n_1 geben, für das $T_{n_1}(x) > e^x$ ist, das ist ein Widerspruch. Damit verharrt $S_n(x)$ für alle $n \in \mathbb{N}$ zwischen $T_n(x)$ und e^x, weswegen zwingend $\lim_{n\to\infty} S_n(x) = e^x$ sein muss.

Damit ist die Aussage für $x > 0$ bewiesen, wir wissen, dass für alle $x > 0$ die Folge

$$S_n(x) - T_n(x) = \sum_{k=0}^{n} \frac{x^k}{k!} - \sum_{k=0}^{n} \binom{n}{k} \frac{x^k}{n^k} = \sum_{k=0}^{n} \left(\frac{1}{k!} - \binom{n}{k} \frac{1}{n^k} \right) x^k$$

eine Nullfolge ist. Außerdem ist klar, dass in der Summe rechts alle Koeffizienten bei den Potenzen x^k größer oder gleich 0 sind. Dies erlaubt nun eine verblüffend einfaches Argument für den Fall $x \le 0$. In der Tat, wenn wir eine Zahl $x \le 0$ einsetzen, so ist nach der Dreiecksungleichung

$$\begin{aligned} \big|S_n(x) - T_n(x)\big| &= \left| \sum_{k=0}^{n} \left(\frac{1}{k!} - \binom{n}{k} \frac{1}{n^k} \right) x^k \right| \le \sum_{k=0}^{n} \left| \left(\frac{1}{k!} - \binom{n}{k} \frac{1}{n^k} \right) x^k \right| \\ &= \sum_{k=0}^{n} \left(\frac{1}{k!} - \binom{n}{k} \frac{1}{n^k} \right) |x|^k \overset{n\to\infty}{\longrightarrow} 0\,, \end{aligned}$$

weswegen $S_n(x) - T_n(x)$ auch für negative $x \in \mathbb{R}$ gegen Null strebt. Wir haben also die Gleichheit der beiden Grenzwerte für alle $x \in \mathbb{R}$ bewiesen. □

Die obige Schlussfolgerung ermöglicht noch eine wichtige Aussage über die Konvergenz der Exponentialreihe: Die Konvergenz ist **absolut** und **gleichmäßig** auf abgeschlossenen Intervallen $[a, b]$. Das bedeutet, es sind für alle $x \in \mathbb{R}$ die Folgen $S_n(|x|)$ konvergent (das war der Fall $x > 0$) und der Unterschied $|e^x - S_n(x)|$ ist für alle $x \in [a, b]$ nach oben beschränkt durch $|e^M - S_n(M)|$, wobei $M = \max\{|a|, |b|\}$ ist. (Versuchen Sie, dies als **Übung** mit der Reihe zu zeigen). Halten wir fest:

Satz (die Exponentialreihe)
Für alle $x \in \mathbb{R}$ konvergiert die Exponentialreihe absolut und auf beschränkten Intervallen $[a, b]$ gleichmäßig gegen e^x. Sie stimmt für alle $x \in \mathbb{R}$ mit dem Grenzwert der Produkte $(1 + x/n)^n$ überein. □

Die Exponentialreihe konvergiert sehr schnell, weswegen wir die EULERsche Zahl mit wenig Mühe sehr genau berechnen können. Um zum Beispiel die Rechengenauigkeit einfacher Computer mit 15 Nachkommastellen zu erreichen, genügen die Summanden bis $n = 18$. Wir erhalten mit einem Computer-Programm

$$e \approx \sum_{k=0}^{18} \frac{1}{k!} = 2{,}718\,281\,828\,459\,045\,\ldots\,.$$

Doch lassen Sie uns die Früchte der (scheinbar unnötigen) Mehrarbeit mit all den Reihen, Produkten und Grenzwerten ernten. Brechen wir auf zu neuen Ufern.

12.5 Die Exponentialfunktion e^z für komplexe Zahlen

Lassen Sie uns jetzt den Horizont erweitern und die analytischen Konzepte aus dem Kapitel über stetige Funktionen auf den Körper $\mathbb{C}$ übertragen. Damit betreten wir in der Tat Neuland. Genau wie die Mathematiker vor über 200 Jahren, die auf dieser Reise Zeugen ganz besonderer Entdeckungen wurden.

Werfen wir als kurze Motivation des Folgenden noch einmal einen Blick auf die (reelle) Exponentialfunktion

$$e^x = \lim_{n\to\infty}\left(1+\frac{x}{n}\right)^n = \sum_{n=0}^{\infty}\frac{x^n}{n!}$$

für $x \in \mathbb{R}$. Wir könnten jetzt dreist sein und nicht nur reelle, sondern komplexe Exponenten x zulassen. Damit hätten wir die Potenzierung entscheidend erweitert. Versuchen wir es also mit einer etwas gewagten, aber naheliegenden Definition.

Definition und Satz (Exponentialfunktion im Komplexen)
Für alle $z \in \mathbb{C}$ ist die folgende Festlegung wohldefiniert:

$$e^z = \sum_{n=0}^{\infty}\frac{z^n}{n!} = \lim_{n\to\infty}\left(1+\frac{z}{n}\right)^n .$$

Sie erkennen, dass die Bausteine des mittleren und rechten Terms sinnvoll sind, denn Summen, Produkte und Quotienten komplexer Zahlen sind wohldefiniert. Und dass e^z für reelle $z \in \mathbb{C}$ mit der gewohnten Definition übereinstimmt, macht auch Mut. Wir müssen lediglich noch zwei Dinge überprüfen: die Wohldefiniertheit und die Gleichheit der beiden Grenzwerte für alle $z \in \mathbb{C}$.

Dies ist aber verblüffend einfach. Wir haben bei den komplexen Zahlen gesehen, dass $\mathbb{C}$ bezüglich des absoluten Betrags vollständig ist (Seite 115), weswegen Grenzwerte von Folgen und Reihen genauso möglich sind wie in $\mathbb{R}$. Bei allen Argumenten über die reelle Exponentialfunktion haben wir dann nur die Vollständigkeit von $\mathbb{R}$, die gewöhnlichen Körpereigenschaften und den absoluten Betrag verwendet (vergleichen Sie mit den Seiten 159 und 260 f).

Dies alles gibt es auch in $\mathbb{C}$. Daher können alle Beweise über die Exponentialfunktion, insbesondere die Darstellung als absolut und gleichmäßig konvergente Reihe wörtlich übernommen werden. Es ist also auch die komplexe Exponentialreihe absolut und auf beschränkten Produkten $[a, b] \times [c, d]$ gleichmäßig konvergent und auch die Gleichheit der Grenzwerte kann wörtlich so gezeigt werden wie in $\mathbb{R}$.

Langsam erfasst uns die Neugier – und gleichzeitig die unbestimmte Ahnung, etwas Großem auf der Spur zu sein. Fangen wir also an mit der Analysis über den komplexen Zahlen. Für die Studenten eines mathematischen oder naturwissenschaftlichen Studiums gehört das, was jetzt kommt, in der Tat zu den größten Aha-Effekten in den ersten Semestern. Sie werden staunen, was Ihnen dabei alles in den Schoß fallen wird.

Komplexwertige Funktionen

Lassen Sie uns vorab kurz die grundlegenden Begriffe zu Funktionen, deren Werte in $\mathbb{C}$ liegen, besprechen.

Definition (Komplexe Funktion)
Eine **komplexwertige** (oder **komplexe**) **Funktion** ist eine Abbildung

$$f : D \to \mathbb{C},$$

wobei D eine Teilmenge von $\mathbb{C}$ ist. Wir nennen f stetig, wenn für alle Folgen $(z_n)_{n\in\mathbb{N}}$ in D gilt:

$$\lim_{n\to\infty} z_n = z \quad \Rightarrow \quad \lim_{n\to\infty} f(z_n) = f(z).$$

Bei jeder komplexen Funktion $f : \mathbb{C} \to \mathbb{C}$ können wir Real- und Imaginärteil trennen. Es gibt also genau zwei reellwertige Funktionen $f_1, f_2 : \mathbb{C} \to \mathbb{R}$ mit der Eigenschaft $f(z) = f_1(z) + if_2(z)$. Klarerweise ist f genau dann stetig, wenn es f_1 und f_2 sind. Wir erhalten damit sofort eine Menge von Beispielen für stetige komplexe Funktionen. Hier eine Auswahl:

1. Die **konstante Funktion**

$$f : \mathbb{C} \to \mathbb{C}, \quad z \mapsto f(z) = c \in \mathbb{C}.$$

2. Die **identische Abbildung**

$$\mathrm{id}_{\mathbb{C}} : \mathbb{C} \to \mathbb{C}, \quad z \mapsto z.$$

3. Der **absolute Betrag**

$$\mathrm{abs} : \mathbb{C} \to \mathbb{R} \subset \mathbb{C}, \quad z \mapsto |z|.$$

4. Die **quadratische Funktion**

$$\mathrm{quad} : \mathbb{C} \to \mathbb{C}, \quad z \mapsto z^2.$$

5. Die **komplexe Konjugation**

$$\overline{\mathrm{id}_{\mathbb{C}}} : \mathbb{C} \to \mathbb{C}, \quad z \mapsto \overline{z}.$$

6. Die **Polynomfunktionen** $f : \mathbb{C} \to \mathbb{C}$ mit

$$z \mapsto P(z) = a_n z^n + a_{n-1} z^{n-1} + \ldots + a_1 z + a_0$$

für $a_0, a_1, \ldots, a_n \in \mathbb{C}$.

7. Die **rationalen Funktionen** $f : D \to \mathbb{C}$ mit

$$z \mapsto \frac{P(z)}{Q(z)} = \frac{a_n z^n + a_{n-1} z^{n-1} + \ldots + a_1 z + a_0}{b_m z^m + b_{m-1} z^{m-1} + \ldots + b_1 z + b_0}$$

für a_i, $b_j \in \mathbb{C}$. Dabei ist $D \in \mathbb{C}$ die Menge, auf der der Nenner $\neq 0$ ist:

$$D = \{z \in \mathbb{C} : Q(z) \neq 0\} .$$

8. Die **Exponentialfunktion**

$$\exp : \mathbb{C} \to \mathbb{C}, \quad z \mapsto \lim_{n\to\infty} \left(1 + \frac{z}{n}\right)^n = \sum_{n=0}^{\infty} \frac{z^n}{n!} .$$

Die Exponentialfunktion ist nicht nur auf ganz $\mathbb{C}$ wohldefiniert (Seite 264), sondern auch stetig, denn es gilt die Funktionalgleichung $\mathrm{e}^{w+z} = \mathrm{e}^w \mathrm{e}^z$ auch für $w, z \in \mathbb{C}$. Denken Sie an die Argumente von vorhin. Wir konnten alles von $\mathbb{R}$ nach $\mathbb{C}$ übertragen, was von den Körpereigenschaften und vom absoluten Betrag Gebrauch machte. Und dies betraf auch die Funktionalgleichung (Seite 260). Wenn nun eine Folge $(z_n)_{n\in\mathbb{N}}$ komplexer Zahlen gegen z konvergiert, so ist

$$\lim_{n\to\infty} \left|\mathrm{e}^{z_n} - \mathrm{e}^z\right| = \lim_{n\to\infty} \left|\mathrm{e}^z\right| \left|\mathrm{e}^{z_n - z} - 1\right| = \lim_{h\to 0} \left|\mathrm{e}^z\right| \left|\mathrm{e}^h - \mathrm{e}^0\right|$$

und wir sind auf die Stetigkeit der Exponentialreihe bei $z = 0$ zurückgeführt (beachten Sie $h \in \mathbb{C}$). Wegen

$$\left|\mathrm{e}^h - 1\right| \le \sum_{n=1}^{\infty} \frac{|h|^n}{n!} = |h| \sum_{n=1}^{\infty} \frac{|h|^{n-1}}{n!} \le |h| \sum_{n=1}^{\infty} \frac{|h|^{n-1}}{(n-1)!} = |h| \mathrm{e}^{|h|} \overset{h\to 0}{\longrightarrow} 0$$

ist diese Stetigkeit aber gegeben. □

Die komplexe Konjugation (Seite 114) liefert nun noch drei Möglichkeiten, reelle Zahlen aus einer komplexen Zahl z zu gewinnen: Der Realteil von z ergibt sich aus

$$\mathrm{Re}(z) = \frac{1}{2}(z + \overline{z}) \in \mathbb{R},$$

der Imaginärteil ist

$$\mathrm{Im}(z) = \frac{1}{2i}(z - \overline{z}) \in \mathbb{R}$$

und der absolute Betrag kann geschrieben werden als $|z| = \sqrt{z\,\overline{z}} \in \mathbb{R}_+$. Die komplexe Konjugation verträgt sich außerdem gut mit den Körpereigenschaften und der Vollständigkeit von $\mathbb{C}$, denn für jedes $n \in \mathbb{N}$ ist

$$\overline{z^n} = \overline{z}^n$$

und für jede konvergente Folge $(z_n)_{n\in\mathbb{N}}$ gilt

$$\overline{\lim_{n\to\infty} z_n} = \lim_{n\to\infty} \overline{z_n} .$$

Die beiden letzten Eigenschaften garantieren eine wichtige Beziehung zwischen der Konjugation und der Exponentialfunktion: Für alle $z \in \mathbb{C}$ ist $\overline{e^z} = e^{\overline{z}}$. Das sehen Sie ganz einfach, denn es gilt offensichtlich für jedes Folgenelement

$$\overline{\left(1+\frac{z}{n}\right)^n} = \left(1+\frac{\overline{z}}{n}\right)^n, \quad \text{oder für die Teilsummen} \quad \overline{\sum_{k=0}^{n} \frac{z^k}{k!}} = \sum_{k=0}^{n} \frac{\overline{z}^k}{k!}.$$

Die Aussage folgt dann aus der Vertauschung von Konjugation und Grenzwerten.

12.6 Wo liegen die Punkte e^z für $z \in \mathbb{C}$?

Endlich ist es soweit. Lassen Sie uns die häufig als „schönste Formel der Mathematik" bezeichnete EULERsche Gleichung (Seite 273) entdecken. Wir verwenden dabei für $z = a + ib$ die Definition

$$e^z = \lim_{n\to\infty} \left(1+\frac{z}{n}\right)^n$$

und stellen zunächst fest, dass wegen $e^z = e^a e^{ib}$ nur die Lage von e^{ib} zu bestimmen ist (der Rest ist eine reelle Skalierung mit dem Faktor e^a). Nun ist

$$\left|e^{ib}\right|^2 = e^{ib}\overline{e^{ib}} = e^{ib}e^{\overline{ib}} = e^{ib}e^{-ib} = e^{ib-ib} = e^0 = 1,$$

weswegen die Punkte e^{ib} für reelles $b \in \mathbb{R}$ auf dem Einheitskreis liegen. Um den Ort exakt zu bestimmen, sei eine Multiplikation $z(1+ib) = z+b(iz)$ wie im linken Teil der folgenden Grafik veranschaulicht, es sei dazu $z = x + iy$ mit $x, y \in \mathbb{R}$.

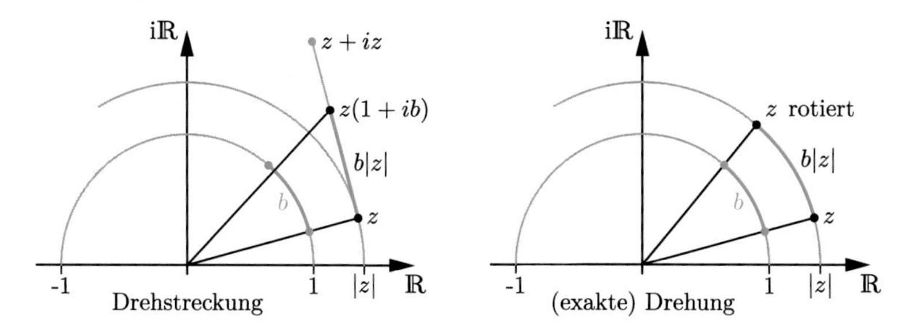

Der Vektor iz steht wegen $i(x+iy) = -y+ix$ entgegen dem Uhrzeigersinn senkrecht auf z. Er wird mit b skaliert und zu z addiert. Betrachtet man b als **Winkel im Bogenmaß**, also als den Winkel, bei dem die Streckenlänge b, ausgehend vom Punkt $z/|z|$, entgegen dem Uhrzeigersinn auf dem Einheitskreis abgeschritten wird, entsteht so eine **Drehstreckung von z um den Winkel** b. Die Länge $b|z|$ wird dabei tangential an den Kreis mit Radius $|z|$ als gerade Strecke abgelaufen. Der Vektor $z(1+ib)$ ist dann nach dem Satz von PYTHAGORAS (Seite 6) um den Faktor $\sqrt{1+b^2}$ länger als der Ausgangsvektor z. Im rechten Bild sehen Sie (im Gegensatz dazu) eine exakte **Drehung** von z um den Winkel b. Unser Ziel ist es, den Endpunkt der exakten Drehung als ze^{ib} zu identifizieren. Der anschauliche Grund dafür wird sein, dass infinitesimale Drehstreckungen um einen Winkel db als Grenzwert von b/n für $n \to \infty$ identisch zu infinitesimalen Drehungen sind.

Dies gilt es im Folgenden zu präzisieren. Wir starten dafür ab jetzt alle Drehungen und Drehstreckungen am Punkt $z = 1$ und betrachten zunächst eine zweimalige Drehstreckung der 1 um den Winkel $b/2$, was nichts anderes bedeutet als die Zahl

$$1 \cdot \left(1 + \frac{ib}{2}\right) \left(1 + \frac{ib}{2}\right) \;=\; \left(1 + \frac{ib}{2}\right)^2 .$$

Im Bild unten links wird dabei insgesamt von 1 ausgehend die (blaue) Strecke

$$L_2 \;=\; \frac{b}{2} + \frac{b}{2}\sqrt{1 + \frac{b^2}{4}} \;=\; \frac{b}{2}\left(1 + \sqrt{1 + \frac{b^2}{4}}\right)$$

zurückgelegt (Satz von PYTHAGORAS und dann zentrische Streckung).

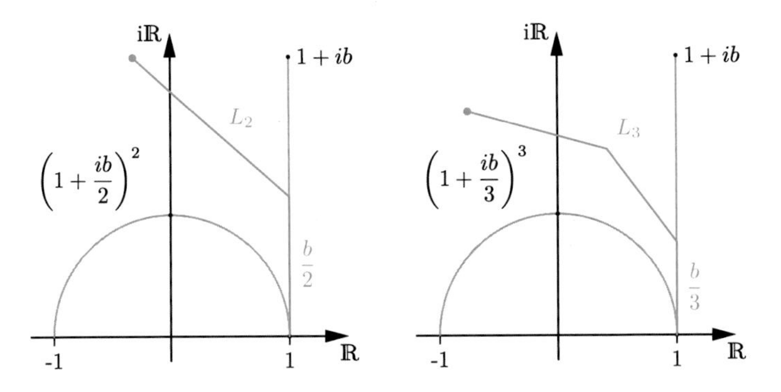

Ein interessantes Bild ergibt sich bei einer dreimaligen Drehstreckung der 1 um den Winkel $b/3$. Der Punkt

$$1 \cdot \left(1 + \frac{ib}{3}\right) \left(1 + \frac{ib}{3}\right) \left(1 + \frac{ib}{3}\right) \;=\; \left(1 + \frac{ib}{3}\right)^3$$

entsteht dann offenbar durch Zurücklegen der Gesamtstrecke

$$L_3 \;=\; \frac{b}{3} + \frac{b}{3}\sqrt{1 + \frac{b^2}{9}} + \frac{b}{3}\left(\sqrt{1 + \frac{b^2}{9}}\right)^2 \;=\; \frac{b}{3}\left(1 + \sqrt{1 + \frac{b^2}{9}} + \left(\sqrt{1 + \frac{b^2}{9}}\right)^2\right) .$$

Wir erkennen nun den Bauplan dieser Terme. Der Punkt

$$\left(1 + \frac{ib}{n}\right)^n$$

entsteht durch den Polygonzug einer stückweise linearen Spirale mit Länge

$$\begin{aligned} L_n \;&=\; \frac{b}{n} \sum_{k=0}^{n-1} \left(\sqrt{1 + \frac{b^2}{n^2}}\right)^k \;=\; \frac{b}{n} \, \frac{1 - \left(\sqrt{1 + \frac{b^2}{n^2}}\right)^n}{1 - \sqrt{1 + \frac{b^2}{n^2}}} \\ &=\; \frac{n}{b} \left(\left(\sqrt{1 + \frac{b^2}{n^2}}\right)^n - 1 \right) \left(1 + \sqrt{1 + \frac{b^2}{n^2}}\right) . \end{aligned}$$

Die folgende Grafik visualisiert die Entwicklung für $n = 5$ und $n = 10$:

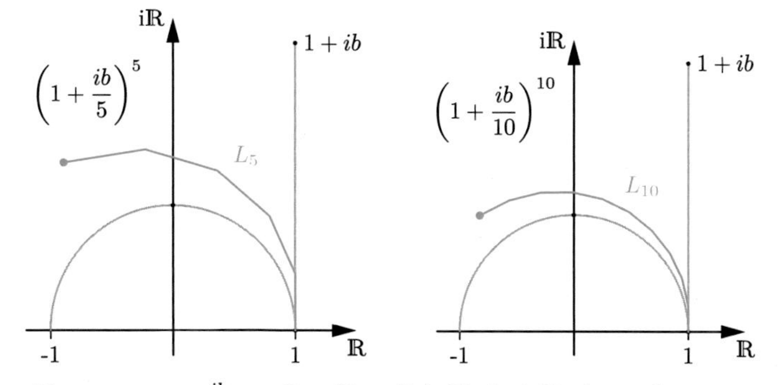

Im Grenzübergang zu $e^{ib} = \lim_{n\to\infty}(1 + ib/n)^n$, bei Drehstreckungen um immer kleinere Winkel, liegt also die Vermutung nahe, dass eine glatte Spirale entsteht:

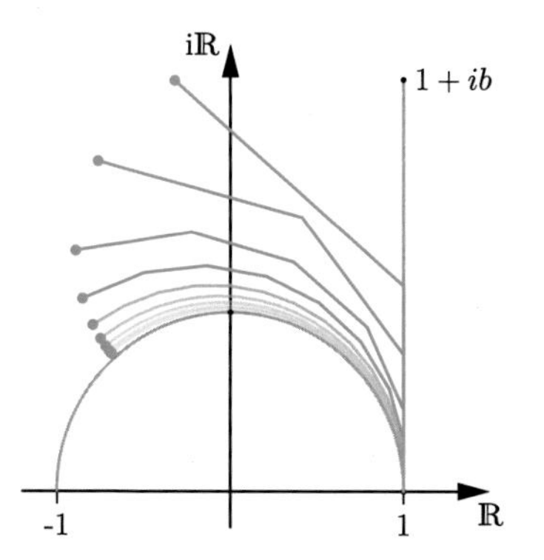

Die Spirale scheint sich an den Kreis anzuschmiegen, mit einer Gesamtlänge von

$$\lim_{n\to\infty} L_n = \lim_{n\to\infty} \frac{2n}{b}\left(\left(\sqrt{1+\frac{b^2}{n^2}}\right)^n - 1\right).$$

Ein schwieriger Grenzwert. Wenn wir die Funktion $(\sqrt{x})^n - 1$ um $x_0 = 1$ approximieren (weil $1+b^2/n^2$ für $n \to \infty$ gegen 1 konvergiert), reicht eine bloße Linearisierung (Seite 254) nicht aus, denn die dortigen Funktionen $o\big(x - x_0\big)$ sind abhängig von n und können bei $n \to \infty$ nicht kontrolliert werden. Es geht aber anders.

Beobachtung: Für die Folge

$$a_n = \left(\sqrt{1+\frac{b^2}{n^2}}\right)^n$$

existiert im Fall genügend großer Indizes n eine Approximation der Form

$$a_n = 1 + \frac{b^2}{2n} + R(n), \quad \text{mit } \big|R(n)\big| \leq \frac{A}{n^2},$$

mit einer von n unabhängigen Konstanten $A > 0$. Man schreibt dafür auch $R(n) = O\big(1/n^2\big)$, das LANDAU-Symbol O steht hier für eine Funktion, die mindestens so schnell wie $1/n^2$ gegen 0 strebt (vergleichen Sie mit Seite 254).

Im Beweis sei zunächst $n = 2m$ gerade. Dann ist nach dem binomischen Satz

$$\begin{aligned} a_n &= \left(1+\frac{b^2}{n^2}\right)^m = 1+\sum_{k=1}^{m}\binom{m}{k}\left(\frac{b^2}{n^2}\right)^k \\ &= 1+\frac{mb^2}{n^2}\sum_{k=1}^{m}\binom{m}{k}\frac{1}{m}\left(\frac{b^2}{n^2}\right)^{k-1} = 1+\frac{b^2}{2n}\sum_{k=1}^{m}\binom{m-1}{k-1}\frac{1}{k}\left(\frac{b^2}{n^2}\right)^{k-1} \\ &= 1+\frac{b^2}{2n}\sum_{k=0}^{m-1}\binom{m-1}{k}\frac{1}{k+1}\left(\frac{b^2}{n^2}\right)^k = 1+\frac{b^2}{2n}+R_1(n)\,, \end{aligned}$$

wobei

$$R_1(n) = \frac{b^2}{2n}\sum_{k=1}^{m-1}\binom{m-1}{k}\frac{1}{k+1}\left(\frac{b^2}{n^2}\right)^k = \frac{b^4}{2n^3}\sum_{k=0}^{m-2}\binom{m-1}{k+1}\frac{1}{k+2}\left(\frac{b^2}{n^2}\right)^k$$

ist, und damit nach der geometrischen Reihe (sehr grob abgeschätzt)

$$\big|R_1(n)\big| \le \frac{b^4}{2n^3}\sum_{k=0}^{\infty}m^{k+1}\left(\frac{b^2}{n^2}\right)^k \le \frac{b^4}{2n^3}n\sum_{k=0}^{\infty}n^k\left(\frac{b^2}{n^2}\right)^k = \frac{b^4}{2n^2}\frac{1}{1-\frac{b^2}{n}}\,.$$

Wenn $n > 2b^2$ ist, folgt die Behauptung mit $A = b^4$. Damit steht die Aussage für alle geraden Indizes n. Im Falle eines ungeraden Index n ist mit $m = (n-1)/2$

$$a_n = \left(1+\frac{b^2}{n^2}\right)^m\sqrt{1+\frac{b^2}{n^2}}\,,$$

und das ruft nach einer Linearisierung von $\sqrt{x}$ um den Punkt $x_0 = 1$.

Hierbei erhalten wir wegen $\sqrt{x} = 1+(x-1)/2+o\big(x-1\big)$ gemäß des Satzes über die Linearisierung (Seite 254) ein approximatives Verhalten der Form

$$\sqrt{1+\frac{b^2}{n^2}} = 1+\frac{b^2}{2n^2}+o\big(b^2/n^2\big) = 1+O\big(1/n^2\big)$$

und schließlich durch Ausmultiplizieren

$$\begin{aligned} a_n &= \left(1+\frac{b^2}{2n}+R_1(n)\right)\big(1+O\big(1/n^2\big)\big) \\ &= 1+\frac{b^2}{2n}+\left(R_1(n)+O\big(1/n^2\big)+\frac{b^2O\big(1/n^2\big)}{2n}+R_1(n)O\big(1/n^2\big)\right). \end{aligned}$$

Es leuchtet unmittelbar ein, dass der Ausdruck in der Klammer auf der rechten Seite die gesuchte Funktion $R(n) = O\big(1/n^2\big)$ ist, bitte versuchen Sie, dies als einfache **Übung** in der Grenzwertarithmetik selbst zu verifizieren. Die Folge lässt sich also für genügend große Indizes n, egal ob gerade oder ungerade, vom Betrag her durch A/n^2 nach oben abschätzen (mit $A > 0$ unabhängig von n). □

Nach dieser Rechnung erhalten wir das krönende Ergebnis: Da $O(1/n^2)$ schneller gegen 0 konvergiert als $1/n$, strebt $n\,O(1/n^2)$ gegen 0 und es ist

$$\lim_{n\to\infty} L_n \;=\; \lim_{n\to\infty} \frac{2n}{b}\left(\frac{b^2}{2n} + O(1/n^2)\right) \;=\; b + \lim_{n\to\infty} \frac{2n}{b} O(1/n^2) \;=\; b\,.$$

Ein bemerkenswertes Resultat. Die Länge der Grenzspirale $\mathcal{S}$ ist b, und weil e^{ib} auf dem Einheitskreis liegt (Seite 267), muss sich $\mathcal{S}$ auf der gesamten Länge exakt auf die Kreislinie gelegt haben. In der Tat leuchtet dies aus der Konstruktion und elementarer Geometrie unmittelbar ein: Die Punkte jedes Zwischenstadiums haben alle einen Abstand ≥ 1 vom Nullpunkt und der stückweise tangentiale Verlauf der Polygone zeigt, dass der Betrag der Punkte auf $\mathcal{S}$ beim Weg von 1 zum Endpunkt $(1 + ib/n)^n$ streng monoton wächst. Halten wir das fundamentale Ergebnis abschließend noch einmal fest.

Satz: Die Werte e^{ix} für reelles x

Für alle $x \in \mathbb{R}$ liegt e^{ix} auf dem Einheitskreis. Man erhält e^{ix} für $x \geq 0$, indem ausgehend vom Punkt $1 \in \mathbb{C}$ gegen den Uhrzeigersinn eine Strecke der Länge x auf dem Einheitskreis zurückgelegt wird. Für $x < 0$ gilt sinngemäß das Gleiche, nur findet die Drehung dann im Uhrzeigersinn statt. □

Der Wert x ist also eine Art **Winkel**, durch die Länge eines Kreisbogens definiert. Dieses Maß kennen viele aus der Schulzeit. Es ist das sogenannte **Bogenmaß** eines Winkels.

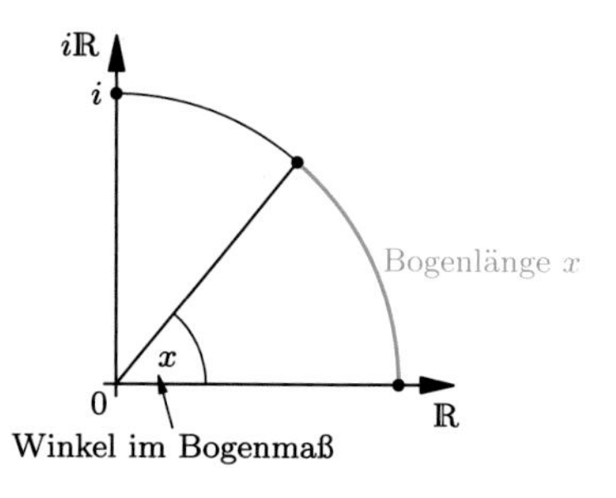

Mit diesem Ergebnis können wir eine ganz spezielle Zahl definieren. Es war die erste in der Natur vorkommende Zahl, die in der Mathematik Interesse weckte. Es handelt sich um die **Kreiszahl** π – das Verhältnis des Umfangs eines Kreises zu seinem Durchmesser. Sie beantwortet die Frage, wie weit man mit einem Rad kommt, wenn man genau eine Umdrehung des Rades vollzieht. Probieren Sie es mit ihrem Fahrrad aus, markieren eine Stelle auf dem Reifen mit Kreide und messen den Abstand zwischen den Kreidepunkten auf dem Fahrweg. Teilen Sie den Abstand durch den Raddurchmesser und ermitteln Sie einen ersten Näherungswert für die Zahl π.

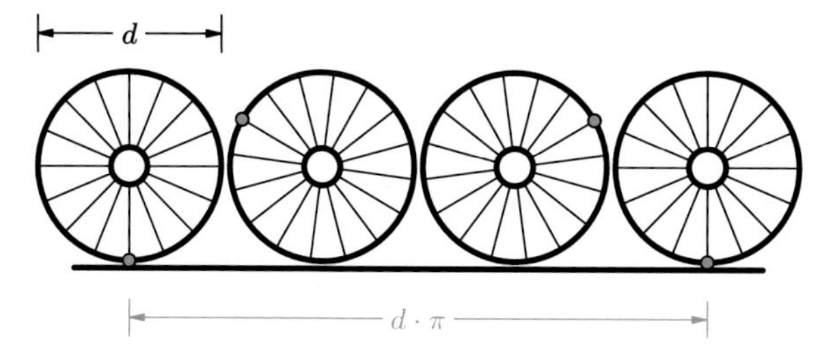

Kaum eine Zahl hat eine bewegtere Geschichte, man könnte ganze Bücher damit füllen. Natürlich spielt sie auch bei der Frage nach der Quadratur des Kreises eine entscheidende Rolle. Hier einige Fakten.

Schon vor den Griechen suchten die Völker nach dieser geheimnisvollen Zahl. Im Alten Testament der Bibel, im ersten Buch der Könige, Kapitel 7, Vers 23 gibt es einen der frühesten Hinweise darauf. Ein Bronzeschmied aus Tyros fertigte für König Salomo ein großes Weinfass:

> „Dann machte er das Meer. Es wurde aus Bronze gegossen und maß 10 Ellen von einem Rand zum anderen; es war völlig rund und 5 Ellen hoch. Eine Schnur von 30 Ellen konnte es rings umspannen."

Die Zahlen sind natürlich gerundet, aber es ist einer der frühesten Näherungswerte erkennbar. In Indien entstand um 800 v.Chr. die Näherung $\pi \approx 18(3 - 2\sqrt{2})$. Benutzt wurde sie unter anderem, um mit Seilen Opferaltäre zu konstruieren.

Die ersten mathematisch fundierten Berechnungen stammen aus der Antike. ARCHIMEDES fand durch die Arbeit mit Polygonen unter Verwendung des Satzes von PYTHAGORAS eine Näherung in der Form

$$\frac{223}{71} < \pi < \frac{22}{7} \approx 3{,}14\,.$$

Diese Näherung, „Drei-Komma-Vierzehn", ist auch noch über 2000 Jahre danach die Antwort geblieben, welche einen Platz in der Allgemeinbildung der Bevölkerung gefunden hat.

Bessere Näherungen stammen dann aus der Zeit des Übergangs von der Spätantike zum Frühmittelalter. Der Chinese ZU CHONG-ZHI vollbrachte eine schier unglaubliche Leistung, als er dieses Verhältnis auf 7 Stellen genau berechnen konnte. Er verwendete einen Polygonzug aus nicht weniger 12 288 ($= 2^{12} \cdot 3$) Teilstücken, der einen Kreis umgab. Seine Näherung für π war schließlich durch den Bruch

$$\frac{355}{113} = 3{,}141\,592\,920\,\ldots$$

gegeben und stellte über 900 Jahre lang das beste Ergebnis dar. Erst 1424 hat der persische Arzt, Mathematiker und Astronom DSCHAMSCHID MAS'UD AL-KASCHI die Näherung auf 16 Nachkommastellen verbessert. Das ist schon besser, als es die meisten modernen Computer mit der eingebauten Standardarithmetik können.

Im 16. Jahrhundert erwachte dann auch in Europa die Mathematik wieder. Ein deutscher Fechtmeister (!) und Mathematiker war es, der angeblich 30 Jahre seines Lebens darauf verwendete, die Kreiszahl auf 35 Stellen genau zu berechnen. Es war LUDOLPH VAN CEULEN, dem zu Ehren diese Zahl auch lange Zeit als LUDOLPHsche Zahl bezeichnet wurde. Sein Ergebnis lautete

$$\pi \approx 3{,}141\,592\,653\,589\,793\,238\,462\,643\,383\,279\,502\,88\,.$$

Im Jahre 1706 wurde die Kreiszahl von dem aus Wales stammenden Gelehrten William Jones erstmals mit dem griechischen Buchstaben π bezeichnet. Das ist der Anfangsbuchstabe für *periphereia* (Randbereich) oder auch *perimetros* (Umfang). Diese Notation hat sich bis heute durchgesetzt, in der Schule ist sie spätestens ab der Mittelstufe jedem ein Begriff.

Im Jahr 2016 erreichte der Schweizer Peter Trüb mit trickreichen Computer-Algorithmen einen Rekord von über 22 Billionen Stellen der Zahl π. Nach über 100 Tagen und Nächten spuckte der Computer 22 459 157 718 361 Stellen von π aus, die ein Speichervolumen von 9 Terabyte erforderten. Gedruckt würde die Darstellung Millionen von über 1000-seitigen Büchern füllen.

Keine Frage, dass der mathematische Wert dieser teilweise schon skurrilen Jagd nach den Dezimalstellen von π umstritten ist. Es gab auch unangenehme Überraschungen: Der Engländer William Shanks veröffentlichte 1853 einen Rekord, der damals aus 607 handberechneten Stellen bestand. Zwanzig Jahre später, 1873, hatte er weitere 100 Stellen gefunden. Man glaubte ihm. Bis 1945 durch den Einsatz einer Rechenmaschine nachgewiesen wurde, dass die letzten 180 Stellen falsch waren. Zum Glück hat er das selbst nie erfahren.

Auch auf der grob ungenauen Seite gibt es seltsame Geschichten. Eine hat sich einen festen Platz in der mathematischen Unterhaltungsliteratur erobert. Im Jahre 1897 sollte π im US-Bundesstaat Indiana auf den Wert 3,2 festgesetzt werden, und zwar per Gesetz! Grund war die Veröffentlichung einer vermeintlichen Lösung der Quadratur des Kreises. Der Erfinder versprach dem Staat Indiana die unentgeltliche Nutzung seiner Konstruktion, wenn dieser seinen Wert zum Gesetz erheben würde. Es ist unglaublich, aber der zugehörige Entwurf *House Bill No. 246* passierte das Repräsentantenhaus ohne Gegenstimme. Erst durch die Intervention des Mathematikers Clarence A. Waldo, der zufällig davon erfuhr, vertagte der Senat die endgültige Verabschiedung auf unbestimmte Zeit.

Genug der Geschichte und der Kuriositäten rund um die Zahl π. Leonhard Euler verdanken wir, dass π in einer der schönsten Formeln der Mathematik auftaucht. In dieser Formel sind alle bisherigen Perlen enthalten, die Eulersche Zahl e, die imaginäre Einheit i sowie die Kreiszahl π, kombiniert mit der 0, der 1, den grundlegenden Rechenoperationen $+$ und $\cdot$ sowie der Potenzbildung: Da die Zahl π die Länge eines Halbkreisbogens im Einheitskreis darstellt, folgt aus dem obigen Satz (Seite 271) die berühmte **Eulersche Identität**

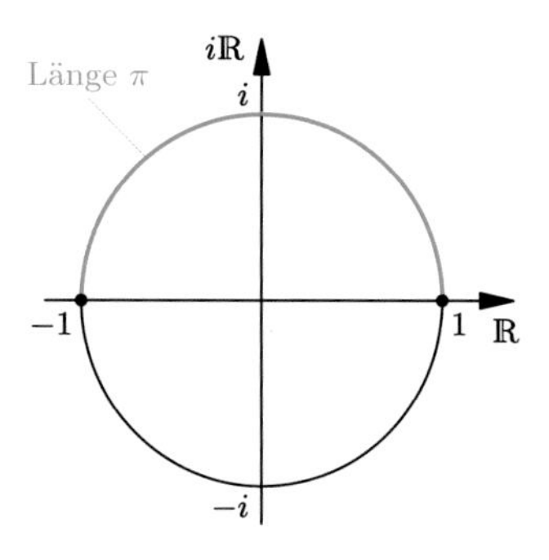

$$e^{i\pi} + 1 = 0 .$$

Es ist eine der verblüffendsten Formeln, denen man in den Anfangssemestern eines mathematischen oder naturwissenschaftlichen Studiums begegnet.

12.7 Trigonometrische Funktionen

Real- und Imaginärteil der komplexen Exponentialfunktion sind für sich gesehen wichtige Funktionen in der Analysis und der Physik. Die vorangehenden Untersuchungen motivieren tatsächlich zwei reellwertige Funktionen

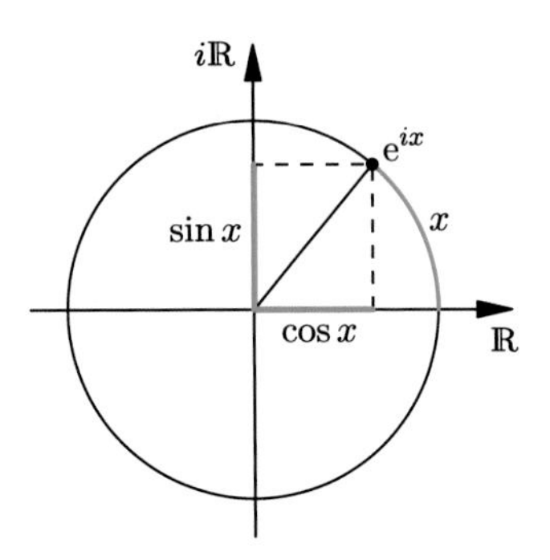

$$\sin : \mathbb{R} \to [-1,1] \quad \text{und} \quad \cos : \mathbb{R} \to [-1,1],$$

welche den Namen **Sinus-** und **Cosinus** tragen. Definiert sind sie über die **Eulersche Formel**

$$e^{ix} = \cos x + i \sin x,$$

wobei x den Winkel im Bogenmaß darstellt. *Sinus* kommt aus dem Lateinischen und bedeutet *Bogen.* Die Bezeichnung verwendete GERHARD VON CREMONA bereits im Jahr 1175. Aus den obigen Überlegungen sehen wir folgende Eigenschaften dieser beiden Funktionen:

Eigenschaften von Sinus und Cosinus
Beide Funktionen sind stetig und periodisch mit der Periode 2π. Es gelten die Additionstheoreme

$$\begin{aligned} \cos(x+y) &= \cos x \cos y - \sin x \sin y \quad \text{und} \\ \sin(x+y) &= \sin x \cos y + \cos x \sin y\,. \end{aligned}$$

Es gelten für alle $x \in \mathbb{R}$ die (absolut konvergenten) Reihenentwicklungen

$$\cos x = \sum_{k=0}^{\infty} (-1)^k \frac{x^{2k}}{(2k)!} = 1 - \frac{x^2}{2!} + \frac{x^4}{4!} - \ldots \quad \text{und}$$

$$\sin x = \sum_{k=0}^{\infty} (-1)^k \frac{x^{2k+1}}{(2k+1)!} = x - \frac{x^3}{3!} + \frac{x^5}{5!} - \ldots .$$

Die trigonometrischen Funktionen sind auch differenzierbar, es gelten für alle $x \in \mathbb{R}$ die Formeln $\sin' x = \cos x$ und $\cos' x = -\sin x$.

Der Beweis ist denkbar einfach, denn alle diese Aussagen haben wir de facto schon bewiesen. Die Additionstheoreme folgen ohne Umwege aus der EULERschen Formel und der Funktionalgleichung $e^{i(x+y)} = e^{ix}e^{iy}$. Sie müssen dafür nur den Real- und Imaginärteil der rechten und linken Seite separat betrachten.

Die Reihendarstellungen für Sinus und Cosinus ergeben sich aus dem direkten Vergleich von Real- und Imaginärteil der Exponentialreihe.

Erinnern Sie sich, es war

$$\cos x + i \sin x \;=\; \mathrm{e}^{ix} \;=\; \sum_{n=0}^{\infty} \frac{(ix)^n}{n!}\,,$$

und die Cosinusreihe entspricht genau dem Realteil der Folge der Partialsummen und die Sinusreihe dem Imaginärteil. Da eine komplexe Zahlenfolge genau dann konvergiert, wenn ihr Real- und Imaginärteil konvergiert, folgt die Behauptung.

Zuletzt lassen sich auch die Ableitungen elegant berechnen. Es ist offensichtlich

$$\frac{\mathrm{d}\cos x}{\mathrm{d}x} + i\,\frac{\mathrm{d}\sin x}{\mathrm{d}x} \;=\; \frac{\mathrm{d}\,\mathrm{e}^{ix}}{\mathrm{d}x} \;=\; \lim_{h\to 0} \frac{\mathrm{e}^{i(x+h)} - \mathrm{e}^{ix}}{h} \;=\; \mathrm{e}^{ix} \lim_{h\to 0} \frac{\mathrm{e}^{ih}-1}{h}\,,$$

weswegen die Aufgabe bleibt, den Grenzwert auf der rechten Seite zu berechnen. Hierfür eignet sich wieder die Exponentialreihe, denn wir haben

$$\begin{aligned}\frac{\mathrm{e}^{ih}-1}{h} \;&=\; \sum_{n=1}^{\infty} \frac{(ih)^n}{hn!} \;=\; i\sum_{n=1}^{\infty} \frac{(ih)^{n-1}}{n!} \;=\; i\left(1+\sum_{n=2}^{\infty} \frac{(ih)^{n-1}}{n!}\right)\\ &=\; i\left(1+\sum_{n=0}^{\infty} \frac{(ih)^{n+1}}{(n+2)!}\right) \;=\; i\left(1+ih\sum_{n=0}^{\infty} \frac{(ih)^{n}}{(n+2)!}\right).\end{aligned}$$

Auf die Summe rechts können wir nun das gleiche Argument anwenden wie vorhin im Beweis der Beobachtung über die genaue Lage der Punkte e^{ix} auf dem Einheitskreis (Seite 269). Der Betrag dieser Summe lässt sich über die Dreiecksungleichung nach oben abschätzen durch $\mathrm{e}^{|ih|} = \mathrm{e}^h$, wenn Sie die Nenner auf $n!$ verkleinern. Damit folgt beim Grenzübergang $h \to 0$ die Gleichung $(\mathrm{e}^{ix})' = i\mathrm{e}^{ix}$ und es genügt wieder der Vergleich von Real- und Imaginärteil, um die Aussage über die Ableitungen der trigonometrischen Funktionen zu verifizieren. □

Es ist bemerkenswert, wie viel Mühe man sich spart, wenn man einmal richtig investiert hat. Zentral wichtig war der Beweis der Funktionalgleichung für die Exponentialfunktion anhand der Produktdarstellung (Seite 260), womit diese Formel auch für komplexe Exponenten bewiesen war. Dann fehlte noch ein wenig Rechenarbeit mit der Approximation von e^{ix} durch Polygonzüge (Seite 269) und schon fällt uns alles Weitere in den Schoß. So schön kann Mathematik sein.

Die Reihen konvergieren übrigens extrem schnell: Wenn wir den Cosinus bis $x^{28}/28!$ entwickeln, stimmen schon mindestens 21 Stellen nach dem Komma, falls $|x| \leq 15$ ist. Mittels eines einfachen Computerprogramms können wir damit die Kreiszahl π mit hoher Genauigkeit approximieren, denn aus der Interpretation des Cosinus im Einheitskreis ist klar, dass $\pi/2$ seine einzige Nullstelle im Intervall $[0,\pi]$ ist. Wir müssen also nur diese Nullstelle auf dem Zahlenstrahl einkreisen. Klarerweise ist $\sqrt{2} < \pi/2 < 2$, wie wir an nebenstehendem Bild sehen, sodass wir mit der ganz groben Einschließung $1 < \pi/2 < 2$ beginnen können.

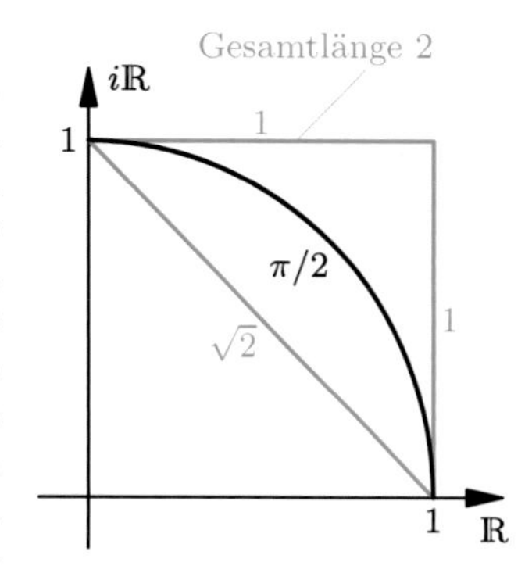

Der Computer berechnet nun die Cosinus-Reihe mit exakten Brüchen bis $x^{28}/28!$ und findet durch Ausprobieren der Dezimalstellen schrittweise die ersten Einschließungen $1{,}5 < \pi/2 < 1{,}6$ sowie $1{,}57 < \pi/2 < 1{,}58$ und so fort, bis er bei

$$1{,}570\,796\,326\,794\,896\,619\,231 < \frac{\pi}{2} < 1{,}570\,796\,326\,794\,896\,619\,232$$

angekommen ist. Beachten Sie, dass wir bei dem Verfahren den Zwischenwertsatz für stetige Funktionen (Seite 157) ausgenutzt haben: Die untere Grenze liefert immer einen positiven, die obere Grenze einen negativen Wert des Cosinus. Nach dem Zwischenwertsatz muss die Nullstelle $\pi/2$ dazwischen liegen. Es sei noch angemerkt, dass es natürlich viel effizientere numerische Verfahren für die Approximation von π gibt. Diese würden den Rahmen jedoch sprengen.

Die Graphen der Sinus- und der Cosinusfunktion können wir nun auch zeichnen. Aus der kreisförmigen Bewegung des Punktes e^{ix} ergibt sich folgendes Bild:

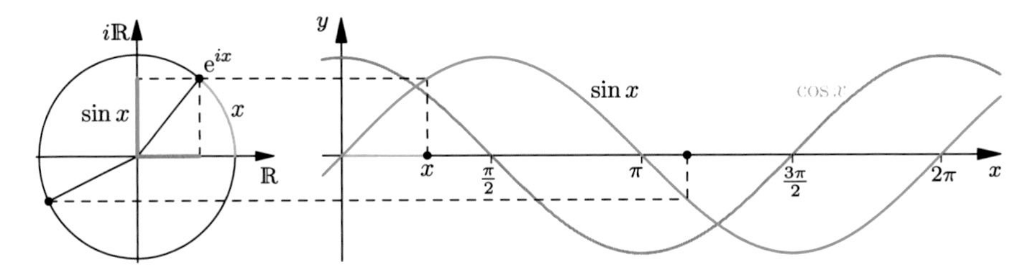

Verlassen wir diesen Abstecher über trigonometrischen Funktionen und besprechen noch eine wichtige Alternative zu den kartesischen Koordinaten komplexer Zahlen, die im Kapitel über die *Konstruktionen mit Zirkel und Lineal* wichtig wird. Die **Polarkoordinaten** einer Zahl $z \in \mathbb{C}^*$ sind gegeben durch

$$z = re^{i\varphi},$$

wobei $r = |z| > 0$ und der Winkel $\varphi \in [0{,}2\pi[$ nach der EULER-Formel eindeutig durch die Gleichung $z/|z| = e^{i\varphi}$ gegeben ist.

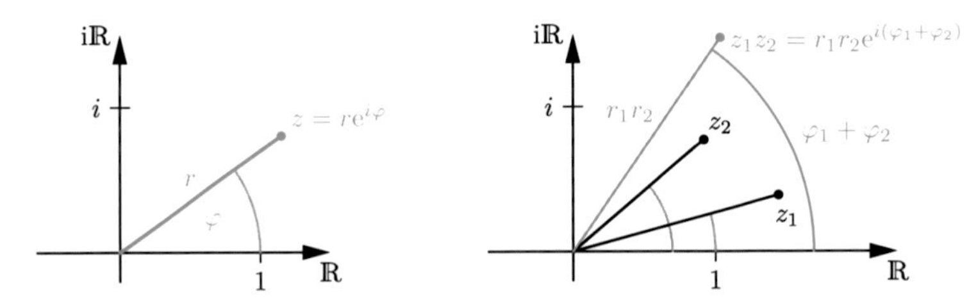

Diese Darstellung erlaubt eine schöne Interpretation der Multiplikation komplexer Zahlen. Wegen $z_1 z_2 = r_1 e^{i\varphi_1} r_2 e^{i\varphi_2} = r_1 r_2 e^{i(\varphi_1+\varphi_2)}$ erhält man das **Produkt** zweier komplexer Zahlen $z_1 = r_1 e^{i\varphi_1}$ und $z_2 = r_2 e^{i\varphi_2}$ offenbar dadurch, dass man ihre Beträge multipliziert und ihre Winkel addiert (modulo 2π).

12.8 Der Mittelwertsatz

Wir besprechen nun zur Abwechslung einen rein theoretischen Satz, der in den weiteren Kapiteln zur Analysis von großem Nutzen sein wird. Um was geht es? Stellen Sie sich vor, Sie haben eine in einem Intervall $[a, b]$ differenzierbare Funktion f. Nun zeichnen Sie die Gerade durch $f(a)$ und $f(b)$. Ich behaupte nun, dass es einen Punkt $x \in]a, b[= \{x \in \mathbb{R} : a < x < b\}$ mit der Eigenschaft

$$f'(x) = \frac{f(b) - f(a)}{b - a}$$

gibt.

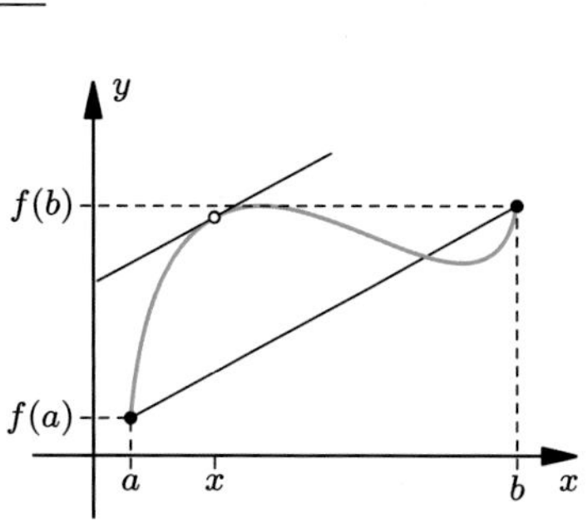

Anschaulich ist das irgendwie klar, aber Ihr Verstand wird inzwischen so geschärft sein, dass er mit vagen zeichnerischen Argumenten nicht mehr zu überzeugen ist. Der exakte Beweis benötigt etwas Arbeit. Aber keine Bange, er ist bei weitem einfacher als so manches, was wir schon geleistet haben. Wir nähern uns wieder Schritt für Schritt.

Betrachten wir eine Funktion $f : [a, b] \to \mathbb{R}$. Falls es einen Punkt $x \in]a, b[$ gibt, sodass in einer kleinen Umgebung $B_\epsilon(x)$ die Funktionswerte von f allesamt kleiner oder gleich dem Wert $f(x)$ sind, so sprechen wir von einem **lokalen Maximum** der Funktion f im Punkt x. Sinngemäß ist ein **lokales Minimum** definiert. Für Maximum oder Minimum gibt es auch den Sammelbegriff **Extremum**. Ein erster Schritt besteht nun in der folgenden Beobachtung zur

Ableitung bei einem lokalen Extremum
Eine Funktion $f : [a, b] \to \mathbb{R}$ sei in $x \in]a, b[$ differenzierbar und besitze dort ein lokales Extremum. Dann ist notwendigerweise $f'(x) = 0$.

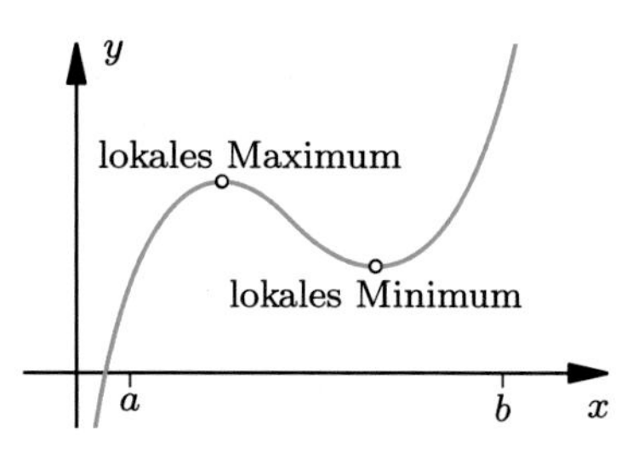

Der Beweis ist auch ohne Zeichnung einfach. Nehmen wir den Fall eines Maximums im Punkt x (bei einem lokalen Minimum geht es genauso). Dann gibt es ein $\epsilon > 0$ mit $f(y) \leq f(x)$ für alle $|y - x| < \epsilon$. Für alle y mit $x - \epsilon < y < x$ ist damit der Differenzenquotient

$$\frac{f(y) - f(x)}{y - x} \geq 0$$

und damit $f'(x) \geq 0$. Andererseits ist für y mit $x < y < x + \epsilon$

$$\frac{f(y) - f(x)}{y - x} \leq 0$$

und damit $f'(x) \leq 0$. Zusammen ergibt sich $f'(x) = 0$. □

Nun können wir einen großen Schritt in Richtung Mittelwertsatz tun. Das Ergebnis ist nach MICHEL ROLLE benannt und stellt den Spezialfall $f(a) = f(b)$ dar.

Der Satz von Rolle

Eine stetige Funktion $f : [a,b] \to \mathbb{R}$ sei in $[a,b]$ differenzierbar und es gelte $f(a) = f(b)$. Dann gibt es einen Punkt $x \in]a,b[$ mit $f'(x) = 0$.

Auch dieser Beweis ist einfach. Falls f konstant ist, ist der Satz trivialerweise erfüllt. Falls es einen Punkt $x_0 \in]a,b[$ gibt mit $f(x_0) > f(a)$ oder $f(x_0) < f(a)$, erreicht f sein Maximum (oder Minimum) in einem Punkt $x \in]a,b[$. Warum?

Nun denn, nehmen wir an, $f(x_0) > f(a)$, für den anderen Fall geht es wieder sinngemäß genauso. Falls es keinen größeren Funktionswert gibt, ist $f(x_0)$ der gesuchte Maximalwert. Falls doch, so wählen wir ein x_1 mit $f(x_1) > f(x_0)$. Sie erkennen, dass wir entweder irgendwann einen Maximalpunkt $x_n \in]a,b[$ erreichen oder eine streng monoton steigende Folge $\big(f(x_n)\big)_{n\in\mathbb{N}}$ konstruieren können.

Nach dem Satz von BOLZANO-WEIERSTRASS (Seite 154) gibt es dann eine konvergente Teilfolge $(x_{n_k})_{k\in\mathbb{N}}$ in $]a,b[$, deren Grenzwert x natürlich weder a noch b sein kann, denn bereits $f(x_0)$ ist größer als $f(a) = f(b)$ und f ist stetig. Wieder wegen der Stetigkeit von f ist $f(x)$ schließlich auch maximal. Nach dem vorigen Satz ist dann $f'(x) = 0$. □

So, nun ist die Hauptarbeit geschafft. Sicher erkennen Sie, dass zum Mittelwertsatz nicht mehr viel fehlt.

Mittelwertsatz der Differentialrechnung

Eine stetige Funktion $f : [a,b] \to \mathbb{R}$ sei in $[a,b]$ differenzierbar. Dann gibt es einen Punkt $x \in]a,b[$ mit

$$f'(x) = \frac{f(b) - f(a)}{b - a}.$$

Für den Beweis definieren wir einfach eine Hilfsfunktion

$$g(x) \;=\; f(x) - \frac{f(b) - f(a)}{b - a}(x - a).$$

Sie prüfen leicht, dass g die Bedingungen des Satzes von ROLLE erfüllt, denn es ist g differenzierbar und es gilt $g(a) = g(b)$.

Damit gibt es ein $x \in]a,b[$ mit

$$0 \;=\; g'(x) \;=\; f'(x) - \frac{f(b) - f(a)}{b - a}.$$

Genau das war zu zeigen. □

12.9 Höhere Ableitungen

Sie haben inzwischen eine gute Vorstellung von Differenzierbarkeit entwickelt und wissen, dass diese Eigenschaft einer Funktion $f : [a,b] \to \mathbb{R}$ ihre Stetigkeit bedeutet und zudem jegliche Knicke ihres Graphen verbietet. Was aber ist mit der Ableitung $f' : [a,b] \to \mathbb{R}$? Ist sie auch stetig, vielleicht sogar differenzierbar? Denken Sie einmal kurz nach.

Ich möchte Sie nicht lange auf die Folter spannen, die Antwort ist ein entschiedenes „Nein". Die Ableitung muss nicht einmal stetig sein. Das ist schwer vorstellbar, aber die Funktion $f : \mathbb{R} \to \mathbb{R}$ mit

$$f(x) = \begin{cases} x^2 \cos\left(\frac{1}{x}\right), & \text{für } x \neq 0 \\ 0, & \text{für } x = 0 \end{cases}$$

ist ein Gegenbeispiel. Zugegeben, eine verrückte Funktion. Sie prüfen aber schnell, dass sie stetig ist und der Differentialquotient im Nullpunkt existiert:

$$f'(0) = \lim_{x\to 0} \frac{x^2 \cos(1/x) - 0}{x - 0} = \lim_{x\to 0} x \cos\left(\frac{1}{x}\right) = 0\,.$$

Die Funktion ist dort also differenzierbar. Ihre Ableitung lautet aber für $x > 0$

$$f'(x) = 2x\cos\left(\frac{1}{x}\right) + x^2 \frac{1}{x^2} \sin\left(\frac{1}{x}\right) = 2x\cos\left(\frac{1}{x}\right) + \sin\left(\frac{1}{x}\right)$$

und ist im Nullpunkt auf keinen Fall stetig, wie das Bild unten zeigt.

Es ist jetzt sinnvoll, solch pathologische Konstruktionen in Zukunft auszuschließen. Wir nennen eine Funktion f daher **stetig differenzierbar**, wenn sie differenzierbar und ihre Ableitung stetig ist. Dann kann man natürlich fragen, ob die Ableitung ebenfalls abgeleitet werden kann.

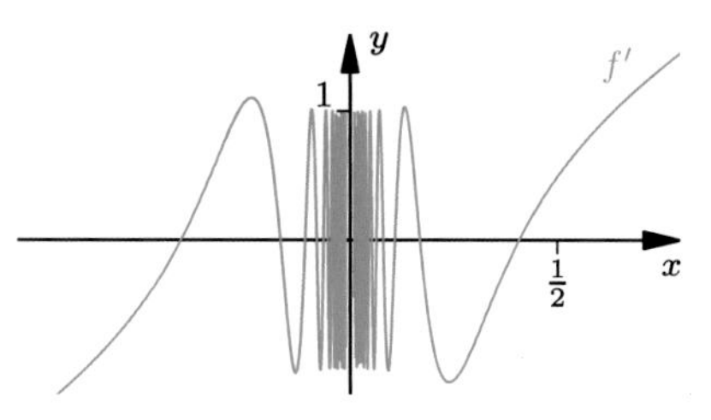

Mehrfache Differenzierbarkeit
Eine stetig differenzierbare Funktion f nennen wir **zweimal differenzierbar**, wenn ihre Ableitung f' differenzierbar ist. Wir schreiben für diese (zweite) Ableitung dann

$$f''(x) = \frac{\mathrm{d}^2 f(x)}{\mathrm{d}x^2}\,.$$

Nun legen wir induktiv fest: Eine Funktion f heißt k-mal differenzierbar, wenn sie $(k-1)$-mal differenzierbar ist und die $(k-1)$-te Ableitung

$$f^{(k-1)}(x) = \frac{\mathrm{d}^{k-1} f(x)}{\mathrm{d}x^{k-1}}$$

differenzierbar ist. Sie heißt k-mal stetig differenzierbar, wenn ihre k-te Ableitung auch noch stetig ist. Die Definition ist sinngemäß anwendbar in Bezug auf einen einzelnen Punkt x und auch auf ein ganzes Intervall.

Die höheren Ableitungen spielen in den folgenden Kapiteln eine wichtige Rolle. Die zweite Ableitung hat übrigens auch eine anschauliche Bedeutung, die vielen sicher aus der Schule bekannt ist. Sie spiegelt die Änderung der Steigung eines Funktionsgraphen wider und ist damit ein Maß für seine **Krümmung**.

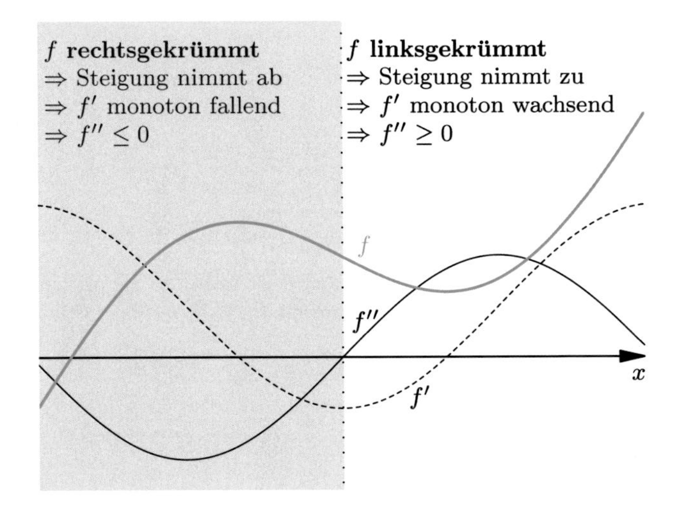

Dieser Einstieg in die Differentialrechnung konnte natürlich nur sehr lückenhaft sein. Es war ein kleiner Exkurs, der nur soweit ging, als wir es für die folgenden Kapitel benötigen. Vieles muss dabei aus Platzgründen wegfallen, was manchmal schmerzt. Dennoch sind Sie an einem Punkt angelangt, an dem es Zeit ist, zu gratulieren. Sie haben sich durch ein zwar technisches, aber doch fundamental wichtiges Kapitel der Mathematik gekämpft und werden reiche Früchte ernten.

Wir verlassen nun die Analysis für kurze Zeit und schaffen etwas Abwechslung. Sie dürfen Zirkel und Lineal aus der Schule (wieder) auspacken und erleben ein faszinierendes Zusammenspiel der Analysis, in Gestalt der EULER-Formel

$$\mathrm{e}^{ix} = \cos x + i \sin x\,,$$

mit der klassischen Algebra. Ich hoffe, Ihre Neugier auf das Folgende geweckt zu haben.

13 Konstruktionen mit Zirkel und Lineal

Willkommen zu einem Kapitel mit besonders schönen Anwendungen in der Mathematik. Erinnern Sie sich an die Vorgeschichte dieses Buches, an die Zeit der griechischen Antike und der damals entdeckten geometrischen Probleme. Wir können unsere bisherigen Erkenntnisse verwenden, um auf viele der klassischen Fragen eine Antwort zu geben.

Dies gelang im 19. Jahrhundert dank eines großartigen Brückenschlags zwischen Algebra und Analysis. Wegbereiter für diese Entwicklung war der französische Universalgelehrte René Descartes, der bereits in der ersten Hälfte des 17. Jahrhunderts die *analytische Geometrie* begründete, als er geometrische Fragen mit Methoden der linearen Algebra untersuchte. Von ihm stammen übrigens auch erste Anregungen zur Infinitesimalrechnung, welche erst viel später durch Leibniz konsequent weiterentwickelt wurden.

Konstruktionen mit Zirkel und Lineal beschäftigten viele Künstler und Gelehrte über Jahrtausende, bis heute haben sie nichts von ihrer Faszination verloren. Nicht zuletzt waren sie Gegenstand der ersten wichtigen Arbeiten eines der größten Mathematiker aller Zeiten, Carl Friedrich Gauss. Doch mehr dazu später.

Bereits in der Grundschule lernen Kinder heute den Umgang mit einem Lineal und einem Zirkel. Als kleines Kind (wie die Zeit vergeht!) zeigte mir meine Tochter eine ihrer ersten geometrischen Konstruktionen, das **regelmäßige Sechseck**

Es ist verblüffend einfach. Man zeichnet einen Kreis. Dann sticht man mit dem Zirkel auf irgendeinem Punkt des Kreises ein und trägt den Radius auf der Kreislinie ab. Nun sticht man in den neu gewonnen Punkt und bestimmt den nächsten Schnittpunkt. Nach sechs Schritten kommt man wieder beim ersten Punkt an und hat ein regelmäßiges Sechseck konstruiert. Ist so etwas vielleicht auch mit einem Fünfeck oder einem Siebeneck möglich? Wir werden sehen.

F. Toenniessen, *Das Geheimnis der transzendenten Zahlen*,
https://doi.org/10.1007/978-3-662-58326-5_13

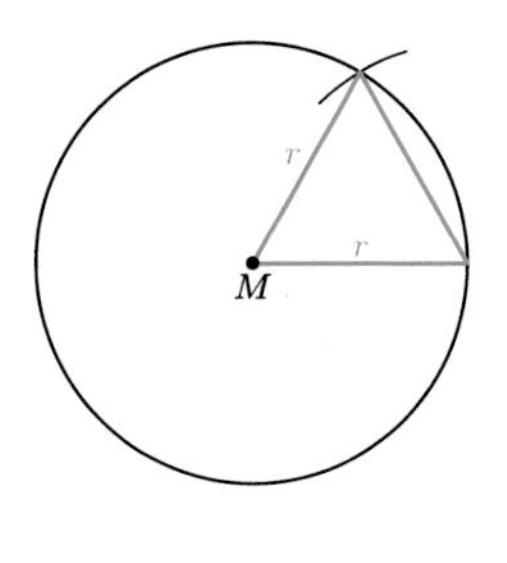

Zunächst einmal müssen wir zeigen, dass bei der obigen Konstruktion tatsächlich ein Sechseck herauskommt. Das ist nicht schwer. Im Bild sehen wir, dass wir beim ersten Schritt ein **gleichseitiges** Dreieck konstruiert haben. Aus der Vorgeschichte wissen wir, dass die Winkelsumme im Dreieck 180° beträgt, oder eben π, wie wir es jetzt nennen. Da alle drei Winkel gleich sein müssen, haben wir tatsächlich den Winkel $\pi/3$ gefunden und damit ein exaktes Sechseck konstruiert. □

Es dauert nicht lange, und in der Schule werden weitere einfache Konstruktionen gelehrt, etwa die bekannte Halbierung einer Strecke oder eines Winkels α:

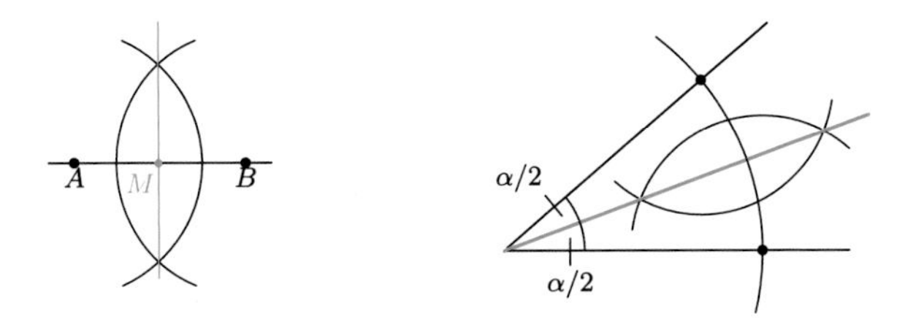

Die Konstruktionen brauche ich nicht näher zu beschreiben, Sie erkennen sie direkt aus der Zeichnung. Gleiches gilt auch für die Konstruktion des Lotes auf eine Gerade oder einer Parallelen zu einer Geraden.

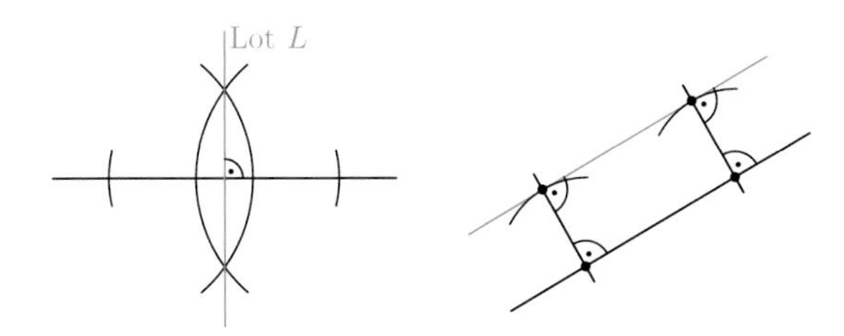

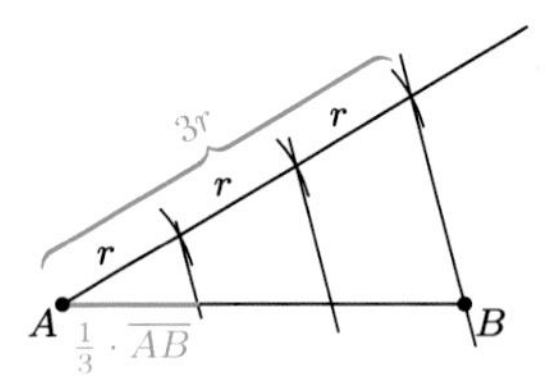

Mithilfe des bekannten *Strahlensatzes* sowie der Konstruktion von Parallelen können wir eine Strecke nun auch in drei Teile zerlegen. Leicht erkennen Sie, dass wir mit diesem Verfahren sogar jedes rationale Vielfache p/q einer gegebenen Strecke AB konstruieren können: Wir bestimmen zunächst genau wie oben die Strecke der Länge $\overline{AB}/q$ und tragen diese Strecke dann p-mal mit dem Zirkel ab.

Nun widmen wir uns der spannenden Aufgabe, einen Winkel in drei gleiche Teile zu zerlegen. Diese Aufgabe hat es in sich. ARCHIMEDES VON SYRAKUS, ein sehr praktisch orientierter Mathematiker, hat eine elegante Lösung gefunden.

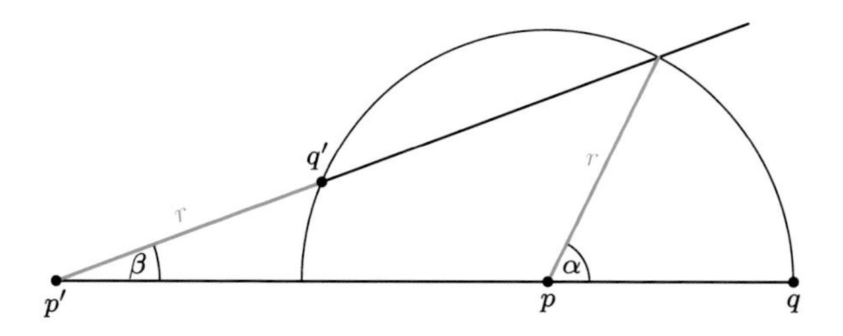

Wählen wir den Winkel α, der aus zwei vom Punkt p ausgehenden Strahlen besteht, sowie einen weiteren Punkt $q \neq p$ auf einem der Strahlen. Auf dem Lineal markieren wir nun den Abstand r zwischen p und q und schlagen um p einen Kreis mit Radius r. Nun kommt der große Trick. Wir legen die auf dem Lineal markierte Strecke r so geschickt an, dass p' und q' auch den Abstand r haben. Der gefundene Winkel β ist tatsächlich gleich $\alpha/3$, wie Sie durch eine einfache Anwendung der Winkelsumme im Dreieck sehen:

$$\begin{aligned} 2\beta + (\pi - \gamma) &= \pi \quad \Leftrightarrow \quad \gamma = 2\beta \\ \beta + (\pi - 2\gamma) + \alpha &= \pi \quad \Leftrightarrow \quad \alpha = 2\gamma - \beta = 3\beta\,. \end{aligned}$$

Eine geniale Konstruktion, Hut ab. Dennoch waren viele Gelehrte unter den griechischen Mathematikern, allen voran die der Schule PLATONs, nicht damit einverstanden. Grund des Unmuts war das Markieren von Strecken auf dem Lineal und das Anlegen dieser Strecken, so wie es ARCHIMEDES getan hat.

Das Vorgehen des Praktikers widersprach tatsächlich den strengen Vorgaben, welche EUKLID vermutlich um 325 v.Chr. in seinem berühmtesten Werk, den *Elementen*, definiert hat. Dort leitete er die Eigenschaften geometrischer Objekte aus sogenannten *Axiomen* (Elementaraussagen) ab. Übrigens: Die Methode, alles auf „vernünftigen" Axiomen aufzubauen, wurde zum Vorbild für die gesamte spätere Mathematik. In den Elementen definierte EUKLID die nach ihm benannte *Euklidische Geometrie* und damit die bis heute vertraute Vorstellung von Ebene und Raum. Welches waren nun die erlaubten Schritte bei einer strengen Konstruktion mit Zirkel und Lineal?

13.1 Elementare Konstruktionsschritte nach Euklid

Wir wollen die elementaren Konstruktionsschritte von EUKLID nun in einer etwas formaleren Sprache festhalten, um später algebraische und analytische Konzepte darauf anwenden zu können. Als Zeichenebene stellen wir uns dabei die GAUSSsche Zahlenebene $\mathbb{C}$ vor.

Für zwei verschiedene Punkte $p, q \in \mathbb{C}$ sei $\overline{p,q}$ deren Verbindungsgerade. Für $p \in \mathbb{C}$ und ein reelles $r \geq 0$ sei $K_r(p)$ der Kreis um p mit Radius r.

Wir gehen aus von einer Teilmenge $\mathcal{M} \subset \mathbb{C}$, den „Konstruktionsdaten" unseres Problems. Meist wird $\mathcal{M} = \{0,1\}$ sein. Die erlaubten Schritte zur Vergrößerung von $\mathcal{M}$ können in drei Klassen eingeteilt werden.

Typ 1 (Zwei Geraden): Falls $p_1, q_1, p_2, q_2 \in \mathcal{M}$ sind, $p_1 \neq q_1$, $p_2 \neq q_2$, gibt es die Geraden $\overline{p_1, q_1}$ und $\overline{p_2, q_2}$. Falls diese verschieden sind, darf man den Schnittpunkt $\overline{p_1, q_1} \cap \overline{p_2, q_2}$ zu $\mathcal{M}$ hinzunehmen.

Typ 2 (Gerade und Kreis): Falls $p, p_1, q_1, p_2, q_2 \in \mathcal{M}$ sind, $p_1 \neq q_1$, darf man die Schnittpunkte $\overline{p_1, q_1} \cap K_{|p_2 - q_2|}(p)$ zu $\mathcal{M}$ hinzunehmen.

Typ 3 (Zwei Kreise): Falls $p, q, p_1, q_1, p_2, q_2 \in \mathcal{M}$ sind, $p \neq q$, darf man die Schnittpunkte $K_{|p_1 - q_1|}(p) \cap K_{|p_2 - q_2|}(q)$ zu $\mathcal{M}$ hinzunehmen, falls sich die Kreise in zwei Punkten schneiden.

Hier die Veranschaulichung für die drei erlaubten Konstruktionsschritte:

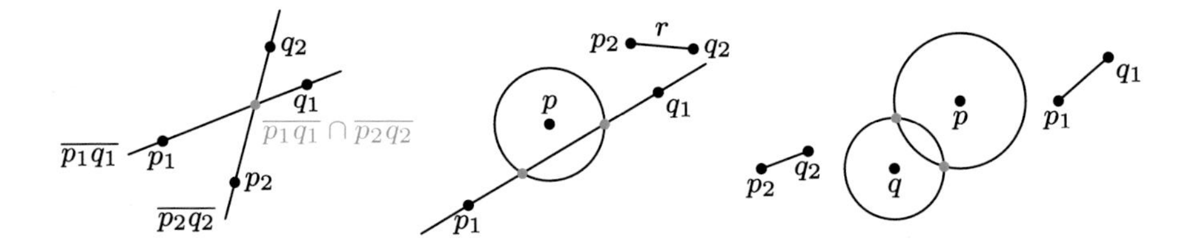

Kristallklar, aber eine starke Einschränkung der Möglichkeiten. Die Konstruktion von Archimedes für die Dreiteilung eines Winkels ist jetzt nicht mehr erlaubt. Gibt es dafür überhaupt eine Lösung? Über 2000 Jahre lang zerbrachen sich die klügsten Köpfe darüber den Kopf, die Winkeldreiteilung ist eines der großen antiken Probleme in der Mathematik. Erst die Entwicklung der Algebra im ausgehenden 18. Jahrhundert konnte die Lösung bringen. Drei weitere antike Fragen sind ebenfalls interessant:

Die Verdoppelung eines Würfels: Kann man zu einem Würfel mit Kantenlänge a mit Zirkel und Lineal die Kantenlänge b eines Würfels mit doppeltem Volumen konstruieren? Dieses Problem ist unter dem Namen **Delisches Problem** bekannt geworden. Der Legende nach befragten die Bewohner der Insel Delos das Orakel von Delphi, als sie im Jahr 430 v.Chr. von einer Pestepidemie heimgesucht wurden. Dort bekamen sie die Aufgabe, den würfelförmigen Altar im Tempel des Apollon im Volumen zu verdoppeln. Für die Mathematiker der damaligen Zeit bedeutete das natürlich, die Aufgabe nur mit Zirkel und Lineal zu lösen.

Die Konstruktion regelmäßiger n-Ecke: Welche regelmäßigen n-Ecke außer dem Sechseck können noch konstruiert werden? Welche nicht?

Die Quadratur des Kreises: Kann man zu einem gegebenen Kreis ein Quadrat mit gleichem Flächeninhalt konstruieren?

Die letzte Frage ist zweifellos die Bekannteste. Für sie brauchen wir aber noch stärkere Hilfsmittel aus der Analysis. Mit den übrigen Punkten können wir beginnen. Die Untersuchungen gehören zu den schönsten Errungenschaften der Mathematik und belegen eindrucksvoll die Kraft algebraischer Methoden. Viel Vergnügen!

13.2 Die Konstruierbarkeit eines Punktes in $\mathbb{C}$

Wir wollen die vorhin genannten geometrischen Konstruktionen zur Erweiterung einer Startmenge $\mathcal{M} \in \mathbb{C}$ nun algebraisieren. Dazu müssen wir überlegen, welche neuen Punkte sich aus diesen Konstruktionen ergeben. Machen wir dazu ein kleines Gedankenexperiment mit dem ersten Schritt. Wir starten mit

$$\mathcal{M} = \{0,1\} \subset \mathbb{Q}.$$

Die Gerade durch diese Punkte genügt der algebraischen Gleichung

$$y = 0$$

und die beiden Kreise, welche wir mit dem Radius 1 um die Mittelpunkte 0 und 1 ziehen können, genügen nach dem Satz von PYTHAGORAS den Gleichungen

$$\begin{aligned} x^2 + y^2 - 1 &= 0 \\ x^2 + y^2 - 2x &= 0. \end{aligned}$$

Die neuen Punkte, welche wir im ersten Schritt erzeugen können, sind also -1 und 2. Sie ergeben sich aus der Konstruktion vom Typ 2.

Das ist noch nicht wirklich spannend, denn die Punkte sind wieder rational. Interessanter ist schon das Ergebnis mittels einer Konstruktion vom Typ 3. Um die Schnittpunkte der beiden Kreise zu berechnen, subtrahieren wir jeweils die rechte und linke Seite der beiden obigen Kreisgleichungen und erhalten einerseits

$$x = \frac{1}{2}$$

und dann durch einsetzen sofort

$$y = \pm\sqrt{1 - \frac{1}{4}} = \pm\frac{1}{2}\sqrt{3}.$$

Aha, das ist in der Tat bemerkenswert. Wir können offenbar auch irrationale Punkte konstruieren. Als komplexe Zahlen geschrieben sehen diese so aus:

$$P_1 = \frac{1}{2} + \frac{i}{2}\sqrt{3} \quad \text{und} \quad P_2 = \frac{1}{2} - \frac{i}{2}\sqrt{3}.$$

Nun betreiben wir etwas Algebra. Die Zahl $i \in \mathbb{C}$ ist algebraisch mit dem Minimalpolynom $x^2 + 1$ über $\mathbb{Q}$. Also hat nach unseren früheren Überlegungen der Körper $L_1 = \mathbb{Q}(i)$ den Grad 2 über $\mathbb{Q}$. Klarerweise ist $\sqrt{3}$ nicht in L_1 enthalten, sondern hat über L_1 das Minimalpolynom $x^2 - 3$. Auch dieses ist vom Grad 2, weswegen der Körper $L_2 = \mathbb{Q}(i, \sqrt{3})$ über L_1 ebenfalls den Grad 2 hat. Wir erhalten also einen Körperturm

$$\mathbb{Q} = L_0 \subset L_1 \subset L_2,$$

bei dem $P_1, P_2 \in L_2$ sind und stets $[L_n : L_{n-1}] = 2$ gilt.

Damit haben wir diesen Konstruktionsschritt algebraisiert. In der älteren mathematischen Literatur findet man neben dem schönen Bild des Körperturms, bei dem jedes Stockwerk die Dimension 2 über dem darunterliegenden Stockwerk hat, noch eine andere Sprechweise. Dort ist vielfach die Rede vom Hinzufügen von **Quadratwurzeln** oder der Konstruktion von neuen Punkten durch **Quadratwurzel-Ausdrücke**. In der Tat ist ja auch $i = \sqrt{-1}$ eine Quadratwurzel aus $L_0 = \mathbb{Q}$.

So weit, so gut. Es regt sich jetzt eine Vermutung in uns. Nämlich die, dass es wohl immer so weiter gehen wird: Wenn immer wir neue Punkte konstruieren, so liegen sie entweder in dem schon vorhandenen Körperturm, oder wir müssen wieder ein Stockwerk der Dimension 2 aufsetzen. Tatsächlich, das zentrale Resultat dieses Kapitels beantwortet diese Frage vollständig und ist der Schlüssel für alles, was noch folgt. Für eine Teilmenge $\mathcal{M} \subset \mathbb{C}$ bezeichnen wir dabei die Menge ihrer komplex konjugierten Elemente mit $\overline{\mathcal{M}} = \{\overline{z} : z \in \mathcal{M}\}$.

Die konstruierbaren Punkte in $\mathbb{C}$
Ist $\mathcal{M} \subset \mathbb{C}$ eine Teilmenge, welche die Startmenge $\{0,1\}$ enthält, dann sind für jede komplexe Zahl $z \in \mathbb{C}$ die folgenden Aussagen äquivalent:

1. z kann aus $\mathcal{M}$ mit Zirkel und Lineal konstruiert werden.
2. Es gibt einen Körperturm
$$\mathbb{Q}(\mathcal{M} \cup \overline{\mathcal{M}}) = L_0 \subset L_1 \subset \ldots \subset L_n \subset \mathbb{C}\,,$$
wobei $z \in L_n$ und stets $[L_k : L_{k-1}] = 2$ ist.

Der Satz ist aus den vorigen Überlegungen nicht überraschend. Sein exakter Beweis benötigt aber einige Vorbereitungen. Die erste wichtige Beobachtung sagt uns, dass die Menge der aus $\mathcal{M}$ konstruierbaren Punkte – nennen wir sie jetzt kurz $\mathrm{Con}(\mathcal{M})$ – ein Körper ist. Genauer gesagt, ein Zwischenkörper der Körpererweiterung $\mathbb{Q}(\mathcal{M} \cup \overline{\mathcal{M}}) \subset \mathbb{C}$. Man sieht zunächst ganz leicht, dass für jedes $z \in \mathcal{M}$ auch $\overline{z} \in \mathcal{M}$ liegt, wie die nebenstehende Konstruktion nahelegt. Also ist auf jeden Fall

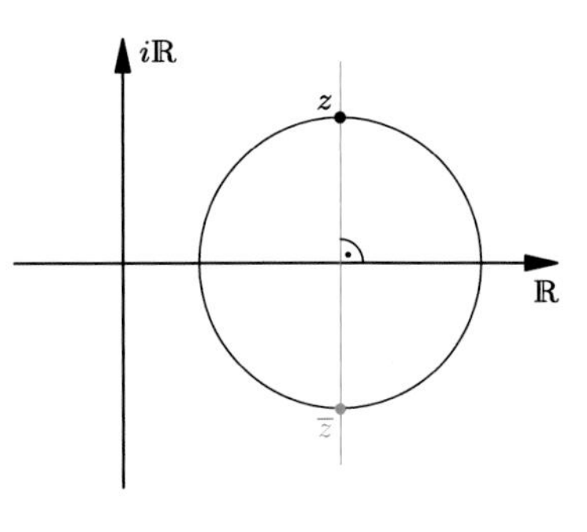

$$\mathbb{Q}(\mathcal{M} \cup \overline{\mathcal{M}}) \subset \mathrm{Con}(\mathcal{M}) \subset \mathbb{C}\,.$$

Interessant ist hier eine kleine Zwischenbemerkung, die wir – mal ehrlich – als völlig selbstverständlich angesehen haben. Warum ist denn $\mathrm{Con}(\mathcal{M}) \subset \mathbb{C}$? Es ist natürlich nicht schwer, aber machen Sie sich bitte nochmals klar, dass hier die Vollständigkeit der komplexen Zahlen eingeht. Auf ähnliche Weise wie beim Zwischenwertsatz der reellen Analysis dürfen wir also annehmen, dass die Schnittpunkte von Geraden und Kreisen immer reelle Koordinaten haben, also in $\mathbb{C}$ liegen.

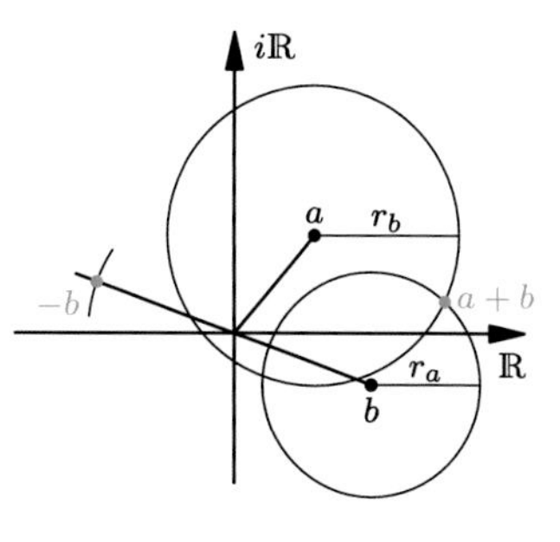

Wir müssen zeigen, dass $\mathrm{Con}(\mathcal{M})$ ein Körper ist. Man sieht leicht, dass mit $a, b \in \mathrm{Con}(\mathcal{M})$ auch $a+b$ und $-b$ Elemente von $\mathrm{Con}(\mathcal{M})$ sind.

Etwas vertrackter ist das Produkt ab. Wählen wir für a und b Polarkoordinaten (Seite 276), so erhalten wir mit $a = |a|\mathrm{e}^{i\alpha}$ und $b = |b|\mathrm{e}^{i\beta}$ das Produkt

$$ab = |a||b|\mathrm{e}^{i(\alpha+\beta)}.$$

Wir müssen also zuerst die Länge $|a||b|$ konstruieren.

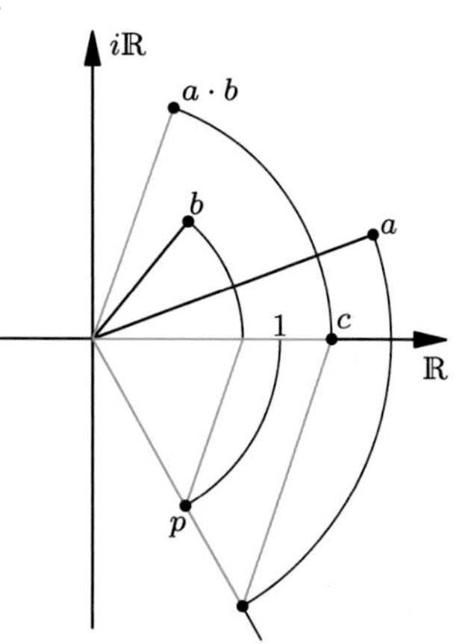

Dies schaffen wir mit dem Strahlensatz (Seite 282): Da 0 und 1 in $\mathrm{Con}(\mathcal{M})$ liegen, können wir ja wie vorhin den Punkt

$$p = \frac{1}{2} - \frac{i}{2}\sqrt{3}$$

auf dem Einheitskreis konstruieren. Dann bilden wir die Parallelen wie eingezeichnet und der Strahlensatz ergibt

$$c : |b| = |a| : 1 \qquad \Leftrightarrow \qquad c = |a||b|.$$

Nun ist es ein Leichtes, die beiden Winkel zu addieren, um schließlich zu dem Punkt ab zu gelangen. Auf genau die gleiche Weise können Sie zu jedem $a \in \mathrm{Con}(\mathcal{M})$ auch das multiplikative Inverse a^{-1} konstruieren. Versuchen Sie es einmal als kleine Übung.

Damit ist ein großer Schritt getan, $\mathrm{Con}(\mathcal{M})$ ist ein Zwischenkörper der Körpererweiterung $\mathbb{Q}(\mathcal{M} \cup \overline{\mathcal{M}}) \subset \mathbb{C}$. □

Wir können aus $\mathcal{M}$ sogar beliebige Quadratwurzeln konstruieren. Dies ist eine Anwendung der Quadratur des Rechtecks aus der Vorgeschichte (Seite 7). Betrachten Sie einfach das Rechteck mit den Seitenlängen $a > 0$ und 1. Die Seitenlänge des flächengleichen Quadrats beträgt dann $\sqrt{a}$.

Allmählich wird es interessant. Da es für uns leicht ist, einen Winkel zu halbieren, können wir diese Quadratwurzeln auch aus komplexen Zahlen ziehen. Wir halten fest:

Für alle $z \in \mathbb{C}$ gilt: Falls z^2 aus $\mathcal{M}$ konstruierbar ist, dann auch z.

Klar, wir müssen nur den Winkel von z^2 halbieren und danach die reelle Wurzel von $|z^2|$ bilden. Wir haben jetzt die Mittel in der Hand, um einen wichtigen Schritt auf dem Weg zu unserem Hauptsatz zu gehen.

Hilfssatz
Wenn $L \subset \mathbb{C}$ ein Unterkörper ist mit $L = \overline{L}$ und $i \in L$, dann gilt:

Falls eine komplexe Zahl $z \in \mathbb{C}$ in einem Schritt aus L erzeugt werden kann, so gibt es ein $w \in \mathbb{C}$ mit den Eigenschaften

$$w^2 \in L \quad \text{und} \quad z \in L(w).$$

Allzu überraschend ist das jetzt nicht mehr. Es ist quasi die Umkehrung für die Konstruktion einer Quadratwurzel, ausgedrückt in algebraischer Form: Wenn ein z direkt aus L konstruierbar ist, dann erreichen wir es durch die Adjunktion einer Quadratwurzel zu L.

Der Beweis verläuft ähnlich zu den Betrachtungen am Anfang des Kapitels, als wir die Auswirkungen der elementaren Konstruktionsschritte auf die Menge $\mathcal{M} = \{0,1\}$ untersucht haben. Er ist die Verallgemeinerung davon und, wenn auch nicht schwer, leider etwas technisch.

Zunächst halten wir fest, dass wegen der Voraussetzungen an den Körper L die Bedingung $p \in L$ genau dann wahr ist, wenn Real- und Imaginärteil von p in L liegen. Denn es gilt bekanntlich

$$\mathrm{Re}(p) = \frac{1}{2}(p + \overline{p}) \quad \text{und} \quad \mathrm{Im}(p) = \frac{1}{2i}(p - \overline{p}).$$

Wenn nun z durch eine Konstruktion vom Typ 1 entsteht, also durch den Schnittpunkt zweier verschiedener Geraden, dann gibt es zwei Darstellungen

$$z = p_1 + \lambda(q_1 - p_1)$$

und

$$z = p_2 + \mu(q_2 - p_2)$$

mit reellen $\lambda, \mu \in \mathbb{R}$. Dabei liegen $p_1, q_1, p_2, q_2 \in L$. Zerlegen wir diese Gleichungen in ihren Real- und Imaginärteil, so erhalten wir zwei lineare Gleichungen, in denen λ und μ vorkommen:

$$\begin{aligned}\mathrm{Re}(q_1 - p_1)\lambda - \mathrm{Re}(q_2 - p_2)\mu &= \mathrm{Re}(p_2 - p_1) \quad \text{und}\\ \mathrm{Im}(q_1 - p_1)\lambda - \mathrm{Im}(q_2 - p_2)\mu &= \mathrm{Im}(p_2 - p_1).\end{aligned}$$

Da sowohl $p_1 \neq q_1$ als auch $p_2 \neq q_2$ ist, und außerdem die Geraden nicht parallel zueinander liegen, können wir zum Beispiel die erste Gleichung nach λ auflösen. Wir erhalten

$$\lambda = \frac{\mathrm{Re}(q_2 - p_2)\mu + \mathrm{Re}(p_2 - p_1)}{\mathrm{Re}(q_1 - p_1)}.$$

Falls $\mathrm{Im}(q_1 - p_1) = 0$ ist, so folgt aus der zweiten Gleichung

$$\mu = \frac{\mathrm{Im}(p_2 - p_1)}{\mathrm{Im}(q_2 - p_2)}.$$

Damit ist schon mal $\mu \in L$ und mit der ersten Gleichung gilt das auch für λ.

Falls $\mathrm{Im}(q_1 - p_1) \neq 0$ ist, so lösen wir die zweite Gleichung ebenfalls nach μ auf:

$$\mu \;=\; \frac{\mathrm{Im}(q_2 - p_2)\lambda + \mathrm{Im}(p_2 - p_1)}{\mathrm{Im}(q_1 - p_1)}\,.$$

Setzen wir die erste Darstellung von λ hier ein und lösen danach nochmals nach μ auf, so erkennen wir in μ wieder nur Körperoperationen in L, weswegen $\mu \in L$ und damit auch wieder $\lambda \in L$ ist. Wir müssen also bei Typ 1 gar keine Quadratwurzel hinzufügen, z liegt selbst schon in L.

Kommen wir zu den Kreisen und fangen an mit einer Konstruktion vom Typ 2. Schauen wir genau hin: Wir haben dann Punkte $p, p_1, q_1 \in L$ mit $p_1 \neq q_1$ sowie einen Radius $r > 0$, so dass

$$z \;\in\; \overline{p_1, q_1} \cap K_r(p)\,.$$

Wir schreiben nun wieder die Gerade $\overline{p_1, q_1}$ als Menge der Punkte

$$p_1 + \lambda(q_1 - p_1) \quad \text{mit} \quad \lambda \in \mathbb{R}\,.$$

Mit den Abkürzungen $p = a + ib$, $p_1 = a_1 + ib_1$ sowie $q_1 - p_1 = a_2 + ib_2$ erhalten wir für den Schnittpunkt z eine quadratische Gleichung für λ in der Form

$$(a_1 + \lambda a_2 - a)^2 + (b_1 + \lambda b_2 - b)^2 \;=\; r^2\,.$$

Was ist nun mit r^2? Den Radius haben wir durch den Abstand zweier Punkte in L gewonnen, sagen wir x und y. Nun ist aber

$$r^2 \;=\; |x - y|^2 \;=\; (x - y)\,\overline{(x - y)} \;\in\; L$$

und damit hat die obige quadratische Gleichung für λ nur Koeffizienten in L. Wir können sie also umformen in eine Gleichung der Form

$$\lambda^2 + s\lambda + t \;=\; 0$$

mit $s, t \in L$. Wenn wir nun den Ausdruck $s^2 - 4t$ betrachten, so liegt dieser Wert in L. Wir bilden dafür jetzt wie früher eine Wurzel $w = \sqrt{s^2 - 4t}$ in $\mathbb{C}$ (Seite 194). Es ist offenbar $w^2 \in L$ und

$$\lambda \;=\; \frac{-s \pm \sqrt{s^2 - 4t}}{2} \;\in\; L(w)\,.$$

Damit haben wir auch den Typ 2 geschafft.

Bei einer Konstruktion vom Typ 3 entsteht z aus dem Durchschnitt zweier Kreise mit verschiedenen Mittelpunkten $p_1 = a_1 + ib_1$, $p_2 = a_2 + ib_2$ und den Radien $r_1, r_2 > 0$. $z = x + iy$ erfüllt also die beiden quadratischen Gleichungen

$$\begin{aligned}(x - a_1)^2 + (y - b_1)^2 &= r_1^2\\ (x - a_2)^2 + (y - b_2)^2 &= r_2^2\,.\end{aligned}$$

Subtrahiert man beide Gleichungen voneinander, fallen die Quadrate weg und man erhält die lineare Gleichung $ax + by = c$ mit einem $c \in L$ und $a = a_1 - a_2$, $b = b_1 - b_2$. Da $p_1 \neq p_2$ ist, beschreibt die lineare Gleichung eine Gerade G. Klarerweise erfüllen beide Schnittpunkte der Kreise auch die Geradengleichung, weswegen diese Gerade G anschaulich gesehen durch die Schnittpunkte der Kreise geht.

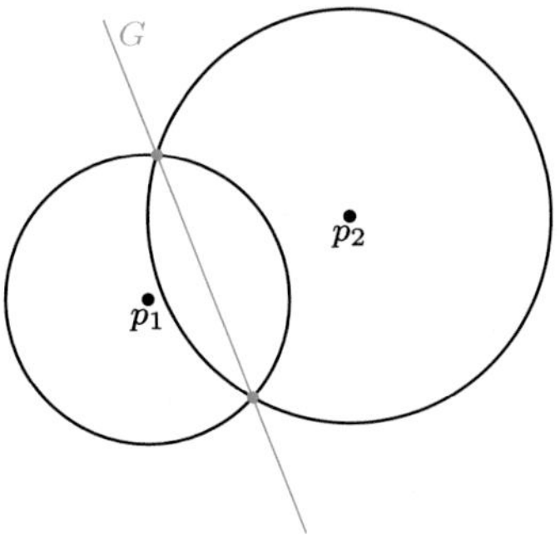

Wenn wir jetzt noch zwei Punkte auf G finden könnten, die in L liegen, dann hätten wir genau die gleiche Situation wie bei Typ 2 und wären fertig. Das ist aber einfach. Falls $a \neq 0$ und $b \neq 0$, so sind $(0, c/b)$ und $(c/a,0)$ zwei Punkte in $G \cap L$. Falls $a = 0$ sein sollte, so sind $(0, c/b)$ und $(1, c/b)$ zwei passende Kandidaten, für $b = 0$ sind es $(c/a,0)$ und $(c/a,1)$. Damit ist der Hilfssatz bewiesen. □

Haben Sie noch etwas Ausdauer übrig, um den Hauptsatz dieses Kapitels zu beweisen? Der Weg dahin ist tatsächlich etwas steinig, aber die Belohnung winkt schon: Wir werden die großen Konstruktionsfragen der Antike lösen können.

Rufen wir uns diesen Hauptsatz nochmals in die Erinnerung zurück. Er ist so wichtig, dass er gerne zweimal auftauchen darf:

Die konstruierbaren Punkte in $\mathbb{C}$

Ist $\mathcal{M} \subset \mathbb{C}$ eine Teilmenge, welche die Startmenge $\{0,1\}$ enthält, dann sind für jede komplexe Zahl $z \in \mathbb{C}$ die folgenden Aussagen äquivalent:

1. z kann aus $\mathcal{M}$ mit Zirkel und Lineal konstruiert werden.
2. Es gibt einen Körperturm

$$\mathbb{Q}(\mathcal{M} \cup \overline{\mathcal{M}}) = L_0 \subset L_1 \subset \ldots \subset L_n \subset \mathbb{C},$$

wobei $z \in L_n$ ist und stets $[L_k : L_{k-1}] = 2$ gilt.

Die Richtung 2. $\Rightarrow$ 1. ist eine einfache Konsequenz daraus, dass wir zu jeder komplexen Zahl eine Quadratwurzel konstruieren können. Wegen $[L_k : L_{k-1}] = 2$ muss es ein algebraisches Element $x \in L_k \setminus L_{k-1}$ vom Grad 2 über L_{k-1} geben mit $L_k = L_{k-1}(x)$. Das ist eine einfache Folgerung aus der linearen Algebra, da in diesem Fall $\{1, x\}$ eine Basis von $L_{k-1}(x)$ über L_{k-1} ist. Es gilt also $x^2 + ax + b = 0$ mit $a, b \in L_{k-1}$. Sie prüfen nun leicht, dass mit

$$y = x + \frac{a}{2}$$

$y^2 \in L_{k-1}$ liegt und $L_k = L_{k-1}(y)$ ist.

Damit ist y die gesuchte Wurzel, welche wir ja bekanntlich aus $y^2 \in L_{k-1}$ konstruieren können (Seite 287). Da wir stets auch alle Körperoperationen mit Zirkel und Lineal im Griff haben, können wir sogar ganz $L_k = L_{k-1}(y)$ aus L_{k-1} erzeugen.

Wir wenden dieses Prinzip nun nacheinander für $k = n, \ldots, 0$ an und erhalten so eine Konstruktionskette für z aus der ursprünglichen Menge $\mathcal{M}$.

Die erste Richtung ist geschafft. Für die Umkehrung 1. $\Rightarrow$ 2. benötigen wir unseren Hilfssatz. Gehen wir also davon aus, dass $z \in \mathrm{Con}(\mathcal{M})$ liegt. Dann gibt es eine Konstruktion von z aus $\mathcal{M}$, welche durch eine spezielle Abfolge von Punkten

$$z_1\,,\ z_2\,,\ \ldots\,,\ z_m \;=\; z$$

gegeben ist, die nach und nach durch elementare Konstruktionsschritte ermittelt werden. Wir beginnen jetzt, unseren Körperturm zu bauen. Den Anfang bildet natürlich

$$L_0 \;=\; \mathbb{Q}(\mathcal{M} \cup \overline{\mathcal{M}})\,.$$

Falls $i \in \mathcal{M} \cup \overline{\mathcal{M}}$ liegt, können wir kurz verschnaufen, denn L_0 erfüllt schon die Bedingungen des Hilfssatzes:

$$L_0 \;=\; \overline{L_0} \quad \text{und} \quad i \in L_0\,.$$

Ansonsten müssen wir mit

$$L_1 \;=\; L_0(i)$$

sicherheitshalber schon den ersten Stock aufsetzen. Beachten Sie bitte, dass wir im Folgenden mit jedem Stockwerk den Bauplan der Körperturmes genau einhalten, insbesondere ist immer $[L_k : L_{k-1}] = 2$. Das oberste Stockwerk, egal ob L_0 oder L_1, erfüllt jetzt die Bedingungen des Hilfssatzes und wir können uns von der Bautätigkeit kurz ausruhen.

Das Prinzip ist nun ganz einfach. Wir gehen die Punkte z_μ in der Konstruktion von links nach rechts der Reihe nach durch und halten sofort an, wenn ein Punkt nicht im obersten Stockwerk liegt. Falls alle Punkte im obersten Stockwerk liegen, sind wir mit dem Körperturm fertig und können das Richtfest feiern. Andernfalls sei z_{n_1} der erste Punkt, der nicht im obersten Stockwerk liegt, sagen wir mal nicht in L_1. Wir müssen die Rast unterbrechen und uns an die Arbeit machen. Da z_{n_1} offenbar durch einen elementaren Konstruktionsschritt aus L_1 hervorgeht, gibt es nach dem Hilfssatz ein $w \in \mathbb{C}$ mit $w^2 \in L_1$ und $z_{n_1} \in L_1(w)$.

Wir bauen nun das nächste Stockwerk

$$L_2 \;=\; L_1(w)\,,$$

welches offenbar den Grad 2 über L_1 hat. Der Punkt z_{n_1} ist nun erfasst. Falls L_2 die Bedingungen des Hilfssatzes erfüllt, ist der Teilschritt beendet. Falls nicht, kann es nur daran liegen, dass $L_2 \neq \overline{L_2}$ ist. Und das kann wiederum nur daran liegen, dass $\overline{w} \notin L_2$ ist. Denn wäre $\overline{w} \in L_2$, dann wäre $L_2 = L_1(w, \overline{w})$, und das ist bestimmt symmetrisch zur x-Achse. Wir können uns in diesem Fall aber leicht helfen, indem wir wie beim ersten Schritt noch einen draufsetzen:

$$L_3 \;=\; L_2(\overline{w}) \;=\; L_1(w, \overline{w})\,.$$

L_3 erfüllt nun als neue Top-Etage wieder die Bedingungen des Hilfssatzes. Aber Achtung, eins müssen wir noch prüfen, bevor wir uns von den Bauarbeiten wieder erholen dürfen: Haben wir den Bauplan eingehalten? Warum ist $[L_3 : L_2] = 2$?

Das ist zum Glück ganz einfach. Da $w^2 \in L_1$ liegt, hat w über L_1 das Minimalpolynom $x^2 - w^2$. Wegen $L_1 = \overline{L_1}$ ist auch $\overline{w^2} \in L_1$ und damit $x^2 - \overline{w^2}$ das Minimalpolynom von $\overline{w}$ über L_1. Da $\overline{w} \notin L_2$ war, ist das auch das Minimalpolynom von $\overline{w}$ über L_2 und daher ist tatsächlich $[L_3 : L_2] = 2$.

Während der nun folgenden Rast blicken wir auf die weiteren Punkte

$$z_{n_1+1}\,,\ z_{n_1+2}\,,\ z_{n_1+3}\,,\ \ldots$$

unserer Konstruktion und erkennen, dass wir die Bauarbeiten auf genau die gleiche Weise fortsetzen können, falls plötzlich irgendein z_{n_2} nicht in L_3 liegen sollte. Dann errichten wir eben L_4 und vielleicht auch L_5 genau so, wie wir es schon bei L_2 und L_3 getan haben. Da es insgesamt nur m Punkte z_μ in der Konstruktion gibt, sind wir spätestens nach $2m$ Etagen mit dem Bau des gesuchten Körperturms fertig. Damit ist der Hauptsatz bewiesen. □

Ein bestechend schönes Resultat. Es ermöglicht uns jetzt, endlich die großen geometrischen Fragen der Antike zu beantworten. Denn die Charakterisierung der konstruierbaren Punkte mit Hilfe eines speziellen Körperturms erlaubt uns, eine ganz einfache notwendige Bedingung für die Konstruierbarkeit eines Punktes $z \in \mathbb{C}$ zu geben.

Betrachten wir dazu wieder $L_0 = \mathbb{Q}(\mathcal{M} \cup \overline{\mathcal{M}})$ und einen Punkt $z \in \mathbb{C}$, der mit Zirkel und Lineal aus $\mathcal{M}$ gewonnen werden kann. Wie steht es dann mit der Dimension $[L_0(z) : L_0]$? Die Antwort ist einfach. Der Körperturm

$$\mathbb{Q}(\mathcal{M} \cup \overline{\mathcal{M}}) \;=\; L_0 \;\subset\; L_1 \;\subset\; \ldots \;\subset\; L_n \;\subset\; \mathbb{C}$$

mit $z \in L_n$ liefert auch einen kürzeren Turm

$$L_0 \;\subset\; L_0(z) \;\subset\; L_n(z) \;=\; L_n\,.$$

Wegen des obigen Grad-Satzes gilt dann

$$[L_n : L_0(z)] \cdot [L_0(z) : L_0] \;=\; [L_n : L_0] \;=\; 2^n$$

und wegen der Eindeutigkeit der Primfaktorzerlegung (wir brauchen sie immer wieder!) muss zwangsläufig auch $[L_0(z) : L_0]$ eine Potenz von 2 sein. Übersetzt auf die Startmenge $\mathcal{M} = \{0{,}1\}$ heißt das:

Eine notwendige Bedingung für die Konstruierbarkeit
Falls ein Punkt $z \in \mathbb{C}$ mit Zirkel und Lineal aus den beiden Punkten 0 und 1 konstruierbar ist, dann gilt notwendigerweise

$$[\mathbb{Q}(z) : \mathbb{Q}] \;=\; 2^k$$

für eine natürliche Zahl $k \in \mathbb{N}$.

Sehen wir uns an, welche Auswirkungen diese Beobachtung auf die klassischen Fragestellungen hat.

Die Verdoppelung des Würfels

Wenn wir einen Würfel verdoppeln wollen, genügt es, einen mit Kantenlänge 1 zu betrachten, der dann folgerichtig das Volumen 1 besitzt. Für beliebige Kantenlängen würde uns eine einfache Konstruktion mit dem Strahlensatz (Seite 282) weiterhelfen. Ein Würfel mit Volumen 2 besitzt aber die Kantenlänge $\sqrt[3]{2}$. Wir wissen bereits von früher, dass $x^3 - 2$ das Minimalpolynom von $\sqrt[3]{2}$ und daher

$$[\mathbb{Q}(\sqrt[3]{2}) : \mathbb{Q}] \;=\; 3$$

ist. Das ist keine Zweierpotenz. Wir halten fest:

Die Verdoppelung des Würfels mit Zirkel und Lineal ist nicht möglich.

Die Quadratur des Kreises

Sicher die schwierigste Aufgabe von allen. Wir können sie jetzt auch nicht vollständig knacken, da uns noch wichtige Hilfsmittel aus der Analysis fehlen. Aber der Weg zur Lösung der Frage liegt nun vor uns. Wir werden bald sehen, dass die Zahl π auch beim Flächeninhalt eines Kreises vom Radius r entscheidend mitwirkt: Dieser Flächeninhalt ist nämlich gleich $r^2\pi$ (Seite 326).

Auch hier genügt es, von einem Kreis mit Radius 1 auszugehen. Ein Quadrat mit Flächeninhalt π hat eine Seitenlänge von $\sqrt{\pi}$. Wenn wir diese Zahl aus $\{0,1\}$ konstruieren könnten, dann natürlich auch $\sqrt{\pi}\sqrt{\pi} = \pi$. Die Frage nach der Lösbarkeit der Quadratur des Kreises reduziert sich also auf die Frage, ob wir die Zahl π konstruieren können.

Ein Minimalpolynom von π über $\mathbb{Q}$ ist leider weit und breit nicht in Sicht. Aber es geht auch anders. Die Bedingung

$$[\mathbb{Q}(z) : \mathbb{Q}] \;=\; 2^k$$

besagt insbesondere, dass $\mathbb{Q}(z)$ als Vektorraum eine endliche Basis über $\mathbb{Q}$ besitzt. Jetzt kommen wieder die transzendenten Zahlen ins Spiel. Falls nämlich z transzendent ist, dann sind offenbar die Zahlen

$$1\,,\; z\,,\; z^2\,,\; z^3\,,\; z^4\,,\; \ldots$$

alle paarweise verschieden. Denn falls $z^m = z^n$ für $m < n$, dann wäre

$$z^{n-m} = 1\,,$$

was der Transzendenz von z widerspräche. Die Zahlen sind auch alle linear unabhängig über $\mathbb{Q}$, da jede nicht triviale Linearkombination der 0 mit rationalen Koeffizienten ebenfalls bedeuten würde, dass z algebraisch wäre. Damit gilt aber

$$[\mathbb{Q}(z) : \mathbb{Q}] \;=\; \infty\,.$$

Insbesondere erkennen wir, dass alle mit Zirkel und Lineal aus $\{0,1\}$ konstruierbaren Punkte algebraisch sein müssen. Für die Quadratur des Kreises bedeutet das:

Falls π transzendent ist, dann ist die Quadratur des Kreises nicht möglich.

Sie können sich gut vorstellen, dass diese Tatsache – Mitte des 18. Jahrhunderts von LAMBERT erkannt – eine wahrhaft fieberhafte Suche nach einem Beweis für die Transzendenz von π zur Folge hatte. Immer wieder sind in dieser Zeit Konstruktionen für die Quadratur des Kreises bekannt geworden, die natürlich alle fehlerhaft waren. Erst im Jahr 1882 ist dem Deutschen CARL LOUIS FERDINAND LINDEMANN ein solcher Transzendenzbeweis gelungen. Dazu später mehr.

Bemerkenswert ist daran, dass bis zum heutigen Tag viele Hobby-Mathematiker trotz des Beweises von LINDEMANN nicht davor zurückschrecken, ein Verfahren zur Quadratur des Kreises zu suchen.

Die Dreiteilung des Winkels

Die Untersuchung dieser Frage führt uns wieder zur Exponentialfunktion über dem Körper $\mathbb{C}$. Wir geben den Winkel $\alpha \in]0,2\pi]$ durch die Punkte 0, 1 und $\zeta = e^{i\alpha}$ vor, starten die Konstruktion also mit der Menge

$$\mathcal{M} = \{0,1,\zeta\}.$$

Eine Dreiteilung von α würde bedeuten, aus der Menge $\mathcal{M}$ eine Zahl $z = e^{i\beta}$ mit

$$z^3 = e^{i3\beta} = \zeta$$

zu konstruieren. Sie prüfen nun leicht nach, dass $\overline{\zeta} = \zeta^{-1}$ ist und daher

$$\mathbb{Q}(\mathcal{M} \cup \overline{\mathcal{M}}) = \mathbb{Q}(\zeta)$$

ist. Unser Hauptsatz erlaubt jetzt sogar eine genaue Charakterisierung der Winkel, die dreigeteilt werden können. Denn wenn das Polynom

$$x^3 - \zeta \in \mathbb{Q}(\zeta)[x]$$

irreduzibel ist, dann wäre es das Minimalpolynom von $z = e^{i\beta}$ über $\mathbb{Q}(\zeta)$. Da es vom Grad 3 ist, folgt wie oben bei der Verdoppelung des Würfels die Unmöglichkeit der Dreiteilung von α. Ist es umgekehrt reduzibel, so zerfällt es in einen linearen Faktor und einen Faktor vom Grad 2. Der Punkt z ist dann entweder schon in $L_0 = \mathbb{Q}(\zeta)$ enthalten oder Sie erhalten ihn durch Adjunktion einer Quadratwurzel. In beiden Fällen wäre dann die Dreiteilung von α möglich.

Klarerweise hängt es ganz von ζ ab, ob $x^3 - \zeta$ über $\mathbb{Q}(\zeta)$ irreduzibel ist oder nicht. Um in dieser Frage konkret zu werden, führen wir eine interessante Konstruktion ein, die uns auch bei den regelmäßigen n-Ecken noch begegnen wird:

Um ein Polynom mit reellen Koeffizienten zu erhalten, projizieren wir die Punkte des Einheitskreises auf die reelle Achse, wir erhalten dann also zwei reelle Punkte

$$c = \cos\alpha \quad \text{und} \quad d = \cos\beta$$

mit $\alpha = 3\beta$. Da wir durch jeden Punkt $z \in \mathbb{C}$ ganz leicht das Lot auf die reelle Achse fällen können, ist die Dreiteilung von α gleichbedeutend mit der Konstruktion des Punktes $d = \cos\beta$ aus der Menge $\mathcal{M}' = \{0{,}1, c\}$.

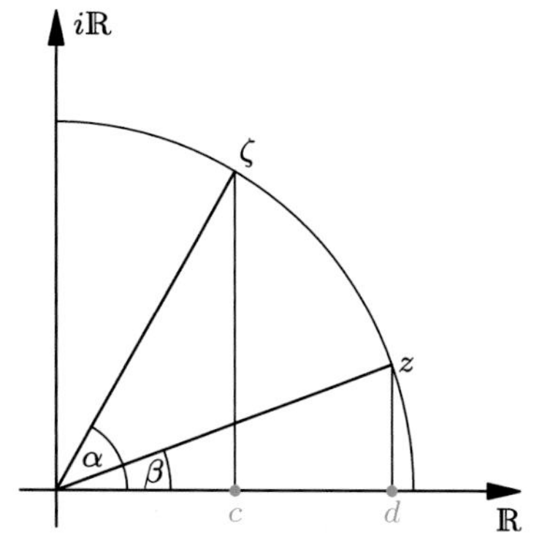

Nun rechnen wir ein wenig mit den trigonometrischen Funktionen. Mit den Additionstheoremen (Seite 274)

$$\begin{aligned} \cos(x+y) &= \cos x \cos y - \sin x \sin y\,, \\ \sin(x+y) &= \sin x \cos y + \cos x \sin y \end{aligned}$$

sowie der bekannten Beziehung $\sin^2 x + \cos^2 x = 1$ erhalten Sie nach kurzer Rechnung

$$\cos\alpha = \cos 3\beta = \cos((\beta+\beta)+\beta) = 4\cos^3\beta - 3\cos\beta\,.$$

Damit ist $\cos\beta$ offenbar Nullstelle des Polynoms

$$4x^3 - 3x - c \in \mathbb{Q}(c)\,[x]$$

und somit genau dann konstruierbar, wenn dieses Polynom reduzibel ist, also eine Nullstelle in $\mathbb{Q}(c)$ besitzt.

Wir können jetzt verschiedene Werte von α ausprobieren. Wir müssen $c = \cos\alpha$ zu $\mathbb{Q}$ adjungieren und prüfen, ob das obige Polynom über $\mathbb{Q}(c)$ irreduzibel ist oder nicht.

Wie wäre es mit $\alpha = \pi$? Dann ist $c = -1$ und es stellt sich die Frage nach der Irreduzibilität von

$$4x^3 - 3x + 1 \in \mathbb{Q}\,[x]\,.$$

Mit ein wenig Probieren finden wir die rationale Nullstelle $x = 1/2$. Das Polynom ist also reduzibel und daher der Winkel π dreiteilbar – was nicht weiter überraschend ist, denn die Konstruktion von $\mathrm{e}^{i\pi/3}$ lernen Kinder schon in der Grundschule. Sie führt zum regelmäßigen Sechseck (Seite 281).

Man kann das Ergebnis noch verallgemeinern. Da wir Winkel jederzeit vervielfachen und halbieren können, ist auch jeder Winkel der Form

$$\alpha = \frac{n\pi}{2^k}$$

mit ganzen Zahlen $k, n \in \mathbb{Z}$ mit Zirkel und Lineal dreiteilbar. Das sind immerhin schon unendlich viele Winkel, die auch auf der Kreislinie dicht liegen.

Probieren wir jetzt $\alpha = \pi/3$. Aus Symmetriegründen ist $\cos\alpha = 1/2$ und es besteht wieder Hoffnung, die Irreduzibilität prüfen zu können. Es geht also um die Frage, ob das Polynom

$$4x^3 - 3x - \frac{1}{2} \in \mathbb{Q}[x]$$

irreduzibel ist. Dazu darf es keine rationale Nullstelle haben. Wir formen noch ein wenig um. Multiplikation mit 2 ergibt $8x^3 - 6x - 1$ und mit der Variablensubstitution $y = 2x$ landen wir schließlich bei

$$P(y) = y^3 - 3y - 1 \in \mathbb{Z}[y] .$$

Eine rationale Nullstelle von P ist dann gleichbedeutend mit der Möglichkeit, den Winkel $\pi/3$ in drei gleiche Teile zu zerlegen.

Man prüft schnell, dass dies nicht möglich ist: Falls $P(m/n) = 0$ für teilerfremde ganze Zahlen m und n, dann ergibt das

$$m^3 - 3mn^2 - n^3 = 0$$

und schon wieder hilft die eindeutige Primfaktorzerlegung (Seite 42). Die Umformung

$$m^3 = n^2(n + 3m)$$

zeigt, dass jeder Primfaktor in m auch in n vorkommen muss. Das liegt entscheidend daran, dass m und n teilerfremd sind, ein Primfaktor von m also nicht in $n + 3m$ vorkommen kann. Umgekehrt zeigt

$$n^3 = m(m^2 - 3n^2)$$

aus dem gleichen Grund, dass jeder Primfaktor von n auch in m vorkommen muss. Also müssen $m, n \in \{-1,1\}$ sein. Aber weder -1 noch 1 ist eine Nullstelle von P, also haben wir den gesuchten Widerspruch. Damit ist P irreduzibel und der Winkel $\pi/3$ folglich nicht dreiteilbar. □

Wir haben sogar ein wenig mehr gezeigt: Die Zahl $\mathrm{e}^{i\pi/9}$ ist nicht aus $\{0,1\}$ konstruierbar. Und das bedeutet, dass weder der Winkel von $20°$ noch der von $40°$ konstruierbar ist. Damit ist also das regelmäßige Neuneck nicht konstruierbar, eine bemerkenswerte Folgerung.

Es gibt also Winkel, die sich dreiteilen lassen, und solche, bei denen das nicht der Fall ist. Können wir vielleicht ein Gefühl dafür entwickeln, wie viele Winkel dreiteilbar sind und wie viele nicht?

Bringen wir dazu die transzendenten Zahlen ins Spiel, das verspricht immer Spannung pur. Wenn wir den Winkel α von 0 nach π wachsen lassen, so wandert $c = \cos\alpha$ streng monoton fallend von 1 nach -1. Der Cosinus bildet also das Intervall $[0, \pi]$ bijektiv auf $[-1,1]$ ab. In den allermeisten Fällen ist $c = \cos\alpha$ also transzendent. Ist α in einem solchen Fall dreiteilbar?

Nehmen wir einmal mutig an, das wäre der Fall. Dann gäbe es eine Nullstelle von

$$4x^3 - 3x - c \in \mathbb{Q}(c)[x]$$

im Körper $\mathbb{Q}(c)$ mit einem transzendenten c. Da $\mathbb{Q}(c)$ der Quotientenkörper von $\mathbb{Q}[c]$ ist, wäre das gleichbedeutend mit der Existenz einer rationalen Funktion

$$R(x) \;=\; \frac{F(x)}{G(x)} \;\in\; \mathrm{Quot}(\mathbb{Q}[x])$$

für die $G(c) \neq 0$ und

$$4R(c)^3 - 3R(c) - c \;=\; 0$$

ist. Nun leuchten die Augen, denn multiplizieren wir diese Gleichung mit $G(c)^3$, so erhalten wir

$$0 \;=\; G(c)^3 \left(4R(c)^3 - 3R(c) - c\right) \;\in\; \mathbb{Q}[c]\,.$$

Falls das Polynom auf der rechten Seite nicht identisch 0 ist, wäre c algebraisch. Das ist aber nicht der Fall. Also muss die rechte Seite identisch 0 sein: Es heben sich alle Potenzen von c nach dem Ausmultiplizieren auf und wir landen bei der identischen Gleichung $0 = 0$. Das hätte gewaltige Konsequenzen. Die rechte Seite hinge dann gar nicht mehr von c ab, und wegen $G \neq 0$ können wir für alle $c \in \mathbb{R}$ bis auf die endlich vielen Nullstellen von G

$$4R(c)^3 - 3R(c) - c \;=\; 0$$

behaupten. Mithin wäre $4x^3 - 3x - c$ dann reduzibel über $\mathbb{Q}(c)$. Das wiederum hieße: Alle bis auf endlich viele Winkel wären dreiteilbar. Diese Aussage muss jeden skeptisch machen, sie ist eindeutig zu optimistisch, oder?

In der Tat: Wählen wir einen dieser endlich vielen Ausnahmen γ aus, von denen wir die Dreiteilbarkeit nicht behaupten können. Da $\gamma = 0$ trivialerweise dreiteilbar ist, können wir $\gamma > 0$ annehmen. Wir halbieren γ nun so oft, bis wir bei einem dreiteilbaren Winkel $\gamma' = \gamma/2^k$ ankommen. Da es nur endlich viele Ausnahmen gibt, gelingt das immer.

Jetzt teilen wir γ' in drei gleiche Teile und verdoppeln das Ergebnis anschließend wieder k-mal. Wir erhalten $\gamma/3$. Also ist γ doch dreiteilbar. Wenden Sie dieses Verfahren auf all die anderen Ausnahmewinkel an, ergäbe sich, dass jeder Winkel dreiteilbar ist.

Das ganze Gebäude bricht nun endgültig zusammen, denn wir wissen von vorhin, dass $\pi/3$ nicht dreiteilbar ist. Dieser Widerspruch zeigt uns, dass α bei transzendentem $\cos\alpha$ nicht dreiteilbar ist. □

Den eben dargestellten Beweis sollten Sie sich noch einmal auf der Zunge zergehen lassen. Letztlich war die Existenz eines einzigen (!) nicht dreiteilbaren Winkels dafür verantwortlich, dass alle bis auf abzählbar viele Winkel nicht dreiteilbar sind. So etwas Verrücktes kann es nur bei den transzendenten Zahlen geben ...

Halten wir noch einmal fest, was wir über die Dreiteilung von Winkeln herausgefunden haben.

Die Dreiteilung von Winkeln
Die Dreiteilung eines Winkels mit Zirkel und Lineal ist im Allgemeinen nicht möglich. Es lassen sich nur abzählbar viele Winkel dreiteilen, darunter auf jeden Fall die Winkel der Form

$$\alpha = \frac{n\pi}{2^k}$$

mit $k, n \in \mathbb{Z}$, welche auf dem Einheitskreis dicht liegen.

Wenn $\cos\alpha$ transzendent ist, kann der Winkel α nicht dreigeteilt werden. Diese überabzählbar vielen Winkel liegen ebenfalls dicht auf dem Einheitskreis.

Der Winkel $\pi/3$ ist nicht dreiteilbar, insbesondere kann das regelmäßige Neuneck nicht konstruiert werden.

Dies ist schon eine ganze Menge an neuen Erkenntnissen. Aber in Summe nur ein kleiner Ausschnitt dessen, was die Forschung auf diesem Gebiet geleistet hat. Wie weit man hier schon fortgeschritten ist, soll exemplarisch das folgende Ergebnis des Amerikaners LEONARD EUGENE DICKSON demonstrieren, welches ich ohne Beweis angebe.

Es gibt insgesamt 71 100 Winkel α, bei denen $\cos\alpha = p/q$ ist mit $p, q \in \mathbb{Z}$ und $0 < q < 343$. Von diesen Winkeln sind nur 38 dreiteilbar.

Man kann also davon ausgehen, dass selbst in den abzählbar vielen Fällen, in denen $\cos\alpha$ algebraisch ist, eine Dreiteilung mit Zirkel und Lineal die Ausnahme bildet.

So gewichtig die ganzen Betrachtungen auch sein mögen: Es gibt doch einen kleinen Wermutstropfen, da fast alle dieser klassischen Fragen negativ zu beantworten sind. Die Ergebnisse sind also nur vom theoretischen Standpunkt aus interessant und widersprechen keinesfalls der Suche nach praktikablen Näherungen. Der große Maler ALBRECHT DÜRER zum Beispiel hat einen sehr einfachen Weg gefunden, einen beliebigen Winkel mit Zirkel und Lineal näherungsweise in drei gleiche Teile zu zerlegen. Er war sich übrigens bewusst, dass es sich nur um eine Näherung handelt.

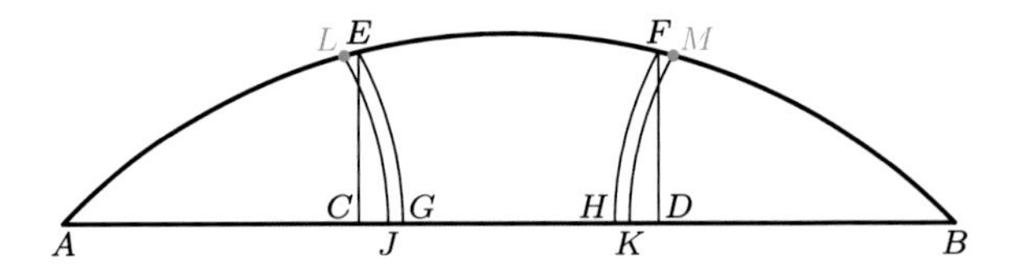

Statt den Winkel zu dreiteilen, tat er das zunächst für die Sekante AB, errichtete dann die Lote auf die Dreiteilungspunkte C und D und bildete in erster Näherung die Schnittpunkte E und F auf der Kreislinie. Mit dem Zirkel ermittelte er dann die Punkte G und H auf der Sekante und drittelte dann nochmal CG

und DH in J und K. Zum Schluss hat er die Strecke AJ mit dem Zirkel nochmals auf der Kreislinie abgetragen und erhält dort schließlich den Punkt L. Die gleiche Konstruktion führt auf der anderen Seite zum Punkt M. Die gewünschte Dreiteilung wird dann also durch die Punkte $ALMB$ auf der Kreislinie gegeben.

Für Winkel $0 < \alpha < \pi/2$ wächst der Fehler zwar mit α an, beträgt bei $\alpha = \pi/2$ aber immer noch weniger als 10^{-4}. So genau kann niemand von Hand arbeiten, die Fehler sind praktisch unsichtbar. Die Näherung von Dürer liefert das folgende (fast) regelmäßige Neuneck:

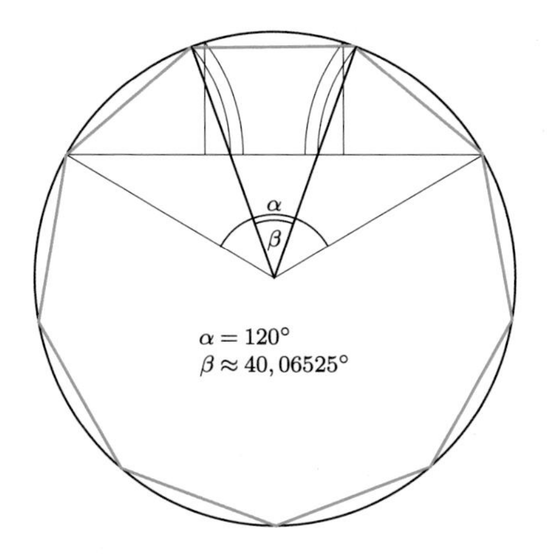

Können Sie eine Unregelmäßigkeit entdecken?

13.3 Die Konstruktion regelmäßiger n-Ecke

Die Aufgabe, mit Zirkel und Lineal aus der Menge $\mathcal{M} = \{0,1\}$ ein regelmäßiges n-Eck zu konstruieren, hat die Menschen schon seit der Antike fasziniert. Vielleicht rührt das her von der schönen Anmutung dieser Figuren, oder der Tatsache, dass sie für großes n den Kreis annähern, der ohne Zweifel die vollkommenste geometrische Figur ist. Im Gegensatz zur Frage nach der Dreiteilung des Winkels konnte dieses Problem inzwischen vollständig gelöst werden.

Im Jahre 1796, im Alter von nur 19 Jahren, hat Gauss diese bemerkenswerte Leistung vollbracht und sie später in seinem ersten großen Werk (den *Disquisitiones Arithmeticae*) veröffentlicht, nachdem es über Jahrtausende keinen echten Fortschritt in dieser Frage gab. Das war übrigens kurz nachdem Ludwig van Beethoven seine ersten Klaviertrios opus 1 veröffentlicht hat (Mai 1795). Das Lebenswerk der beiden Genies, die ihr Gebiet wie kaum andere bereichert und weiterentwickelt haben, begann also fast zur gleichen Zeit.

Ich widme den n-Ecken einen eigenen Abschnitt, da wir mit unseren bisherigen Mitteln einiges davon herleiten können und dies wieder einmal auf wunderbare Weise das Zusammenspiel verschiedener mathematischer Teilgebiete zeigt.

Wir wissen bereits, dass für die n-Ecke mit $n = 3, 4, 6$ und damit auch für alle Vielfachen dieser Zahlen einfache Konstruktionen möglich sind. Die erste Herausforderung ist die Frage nach dem regelmäßigen Fünfeck. Hier helfen uns die frisch erworbenen Kenntnisse aus Analysis und Algebra.

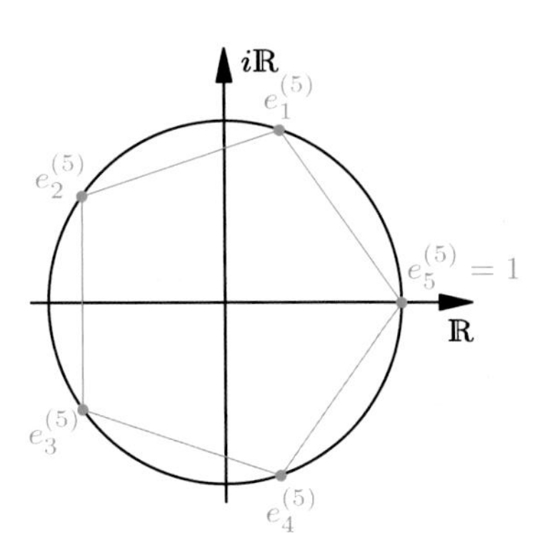

Ein regelmäßiges Fünfeck definiert offenbar die 5 Punkte $e_1^{(5)}, e_2^{(5)}, ..., e_5^{(5)}$ auf dem Einheitskreis: Wenn wir den Punkt $e_1^{(5)}$ oder, was gleichbedeutend dazu ist, den Winkel α konstruieren wollen, versuchen wir die gleiche Konstruktion wie vorhin bei der Dreiteilung eines Winkels: Wir fällen das Lot von $e_1^{(5)}$ auf die x-Achse und treffen offenbar genau den Punkt $c = \cos\alpha$ mit dem gesuchten Winkel $\alpha = 2\pi/5$. Es gilt wieder: Wenn wir c konstruieren können, dann auch das regelmäßige Fünfeck – und umgekehrt. Wir müssen nach unserem Hauptsatz also für c einen Ausdruck finden, in dem nur rationale Zahlen und Quadratwurzeln von rationalen Zahlen auftreten. Dann wäre das regelmäßige Fünfeck konstruierbar.

Nun kommt die Exponentialfunktion über dem Körper $\mathbb{C}$ wieder zum Zug (Seite 264). Mit der Darstellung der Punkte $e_k^{(5)}$ in Polarkoordinaten gilt

$$e_k^{(5)} = \mathrm{e}^{i\,2k\pi/5} \quad \text{für } k = 1, \ldots, 5\,.$$

Der Buchstabe e hat dabei weniger etwas mit der Exponentialfunktion zu tun, als mit der Bezeichnung **Einheitswurzel**. Die Zahlen

$$e_1^{(5)}, \ldots, e_5^{(5)} = 1$$

sind genau die 5 Nullstellen des Polynoms $x^5 - 1 \in \mathbb{C}[x]$, wie Sie ganz leicht selbst prüfen können. Man nennt diese Zahlen daher auch die 5-ten Einheitswurzeln. Es ist nun klar, dass jedes regelmäßige n-Eck durch die n-ten Einheitswurzeln

$$e_k^{(n)} = \mathrm{e}^{i\,2k\pi/n} \quad \text{für } k = 1, \ldots, n$$

des Polynoms $x^n - 1$ definiert ist. Diese Einheitswurzeln haben es in sich, das verspreche ich Ihnen.

Betrachten wir jetzt wieder $n = 5$. Wenn wir die rationale Nullstelle 1 aus $x^5 - 1$ herausteilen, so erhalten wir das Produkt

$$(x - e_1^{(5)}) \cdots (x - e_4^{(5)}) = x^4 + x^3 + x^2 + x + 1\,.$$

Aus Symmetriegründen treten die komplexen Einheitswurzeln für ungerades n immer in komplex konjugierten Pärchen auf, denn Sie sehen sofort, dass

$$e_4^{(5)} = \left(e_1^{(5)}\right)^{-1} \quad \text{und} \quad e_3^{(5)} = \left(e_2^{(5)}\right)^{-1}$$

ist. Betrachten wir einmal das Pärchen (e_1, e_4) etwas genauer. Wir stellen fest, dass

$$e_1^{(5)} + \frac{1}{e_1^{(5)}} = e_1^{(5)} + e_4^{(5)} = 2\cos\alpha$$

ist. Wir können also $c = \cos\alpha$ genau dann konstruieren, wenn uns das bei der Summe $e_1^{(5)} + 1/e_1^{(5)}$ gelingt.

Nun kommt einmal mehr ein genialer Schachzug. Wie wäre es, wenn wir in der Gleichung

$$x^4 + x^3 + x^2 + x + 1 = 0$$

eine Variablenersetzung der Form

$$z = x + \frac{1}{x}$$

vornehmen? Vielleicht ergibt sich dann eine Gleichung für z, die uns weiter bringt. Tatsächlich ist es so. $x^4 + x^3 + x^2 + x + 1$ ist nämlich ein sogenanntes **reziprokes Polynom**. Das bedeutet, wir erhalten durch obige Variablenersetzung wieder ein rationales Polynom in z, und zwar vom halben Grad. In unserem Fall ergibt sich

$$z^2 + z - 1 = 0\,.$$

Sie können nun leicht nachrechnen, dass $x^4 + x^3 + x^2 + x + 1 = 0$ gleichbedeutend damit ist, dass $x + (1/x)$ eine Nullstelle von $z^2 + z - 1$ ist.

Damit haben wir es geschafft. Wenn wir die quadratische Gleichung auflösen, so erhalten wir schließlich

$$2\cos\alpha = \frac{\sqrt{5} - 1}{2}\,,$$

und diesen Wert können wir mit Zirkel und Lineal konstruieren. Sie erkennen übrigens auch, dass der Kehrwert des goldenen Schnitts, $\alpha = 1/\Phi$, in dieser Gleichung auftaucht. Dieses Verhältnis findet man im regelmäßigen Fünfeck „an allen Ecken und Enden", weswegen die Figur als besonders anmutig empfunden wird und als **Pentagramm** in Kunst und Architektur Bedeutung erlangt hat. Viele Sterne auf Nationalflaggen basieren auch auf der Form des Pentagramms.

Versuchen Sie doch einmal als kleine Übung, mit Zirkel und Lineal ein solches Fünfeck zu konstruieren. Beginnen Sie damit, die 5 zu ermitteln und konstruieren Sie dann $\sqrt{5}$. Davon subtrahieren Sie 1 und landen bei $c = 4\cos\alpha$. Dann noch das Lot zur x-Achse durch c fällen, die Schnittpunkte mit dem Kreis um den Nullpunkt mit Radius 4 bilden und schon ist es vollbracht: Sie sitzen vor dem magischen Symbol des Pentagramms.

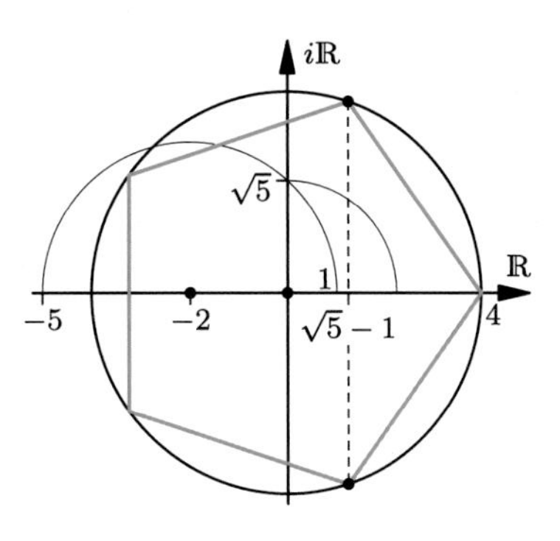

Diese Konstruktion des Fünfecks war schon den alten Griechen bekannt. Die geschlossene Lücke bei $n = 5$ legte dann die Vermutung nahe, dass vielleicht alle regelmäßigen n-Ecke konstruierbar sein könnten.

Das Problem dabei: Schon beim regelmäßigen Siebeneck scheiterten alle Bemühungen, niemand hat es geschafft. Warum nur zeigte sich dieses Problem so sperrig, widerstand es allen Versuchen der klügsten Köpfe dieser Welt? Sie können es sich wahrscheinlich schon denken: Die Konstruktion des regelmäßigen Siebenecks ist nicht möglich.

Versuchen wir, uns an diese Erkenntnis heranzutasten. Die 7-ten Einheitswurzeln $e_1^{(7)}, \ldots, e_7^{(7)} = 1$ genügen der Gleichung $x^7 - 1 = 0$ und das Herausteilen der Nullstelle 1 ergibt wieder

$$(x - e_1^{(7)}) \cdots (x - e_6^{(7)}) \;=\; x^6 + x^5 + x^4 + x^3 + x^2 + x + 1\,.$$

Unsere algebraischen Kenntnisse legen nun eine sehr elegante Lösung nahe: Wenn wir zeigen könnten, dass dieses Polynom über $\mathbb{Q}$ irreduzibel ist, dann wäre es das Minimalpolynom aller seiner Nullstellen, also insbesondere der Zahl $e_1^{(7)}$. Damit wäre aber

$$[\mathbb{Q}(e_1^{(7)}) : \mathbb{Q}] \;=\; 6$$

keine Zweierpotenz und nach unserem Hauptsatz über die konstruierbaren Punkte das Siebeneck nicht konstruierbar.

So elegant diese algebraischen Argumente auch sind, sie bergen eine Schwierigkeit: Wir müssen die Irreduzibilität von Polynomen über $\mathbb{Q}$ entscheiden, und das ist keine leichte Aufgabe. Im Fall des Siebenecks könnten wir das noch von Hand machen: Die obige Variablenersetzung

$$z = x + \frac{1}{x}$$

führt auf das Polynom

$$z^3 + z^2 - 2z - 1\,.$$

Dieses Polynom ist irreduzibel über $\mathbb{Q}$. Das sehen Sie durch das gleiche Argument wie beim Versuch, den Winkel $\pi/3$ in drei gleiche Teile zu zerlegen (Seite 296). Damit ist es Minimalpolynom all seiner Nullstellen über $\mathbb{Q}$, insbesondere der Nullstelle

$$e_1^{(7)} + \frac{1}{e_1^{(7)}} \;=\; 2\cos\alpha$$

mit $\alpha = 2\pi/7$. Also hat $\cos(2\pi/7)$ den Grad 3 über $\mathbb{Q}$ und das Siebeneck ist nicht konstruierbar.

Das Achteck geht wieder, da das Viereck geht. Das Neuneck ist, wie schon gesehen, nicht konstruierbar. Beim Zehneck haben wir wieder Glück, wir können es durch Winkelhalbierung aus dem Fünfeck gewinnen.

Bleibt als nächste Aufgabe das regelmäßige Elfeck. Hier wird es deutlich schwieriger. Wir müssten die Irreduzibilität von

$$x^{10} + x^9 + \ldots + x^2 + x + 1 \;\in\; \mathbb{Q}[x]$$

zeigen. Ich kann verstehen, dass es der Rechnerei langsam zu viel wird. Als nächstes stünde nämlich die Frage nach dem 13-Eck an, und so können wir ja nicht ewig weitermachen. Wir benötigen eine allgemeine Betrachtung dieser reziproken Polynome. Sie wird möglich durch unsere früheren algebraischen Untersuchungen.

Es geht also um die Frage, ob ein Polynom der Form

$$F(x) = x^{p-1} + x^{p-2} + \ldots + x^2 + x + 1 \in \mathbb{Q}[x]$$

irreduzibel ist, falls p prim ist. GAUSS veröffentlichte Anfang des 19. Jahrhunderts in seinen *Disquisitiones* den ersten Beweis dafür, inzwischen gibt es eine ganze Reihe von Varianten. So konnte zum Beispiel EISENSTEIN sein Irreduzibilitätskriterium (Seite 177) darauf anwenden. Ich werde hier einen etwas anderen Weg gehen, den der Tscheche JOSIP PLEMELJ 1933 publizierte ([42], er ähnelt vom Prinzip her einem Beweis von KRONECKER aus dem Jahr 1856). Diese Idee lässt sich nämlich leicht auch auf ein Polynom der Gestalt $x^{p(p-1)}+x^{p(p-2)}+\ldots+x^p+1$ anwenden, was später für uns noch nützlich wird. In jedem Fall ist $F(x)$ also das Minimalpolynom der p-ten Einheitswurzel $e_1^{(p)}$, die folglich einen Grad von $p-1$ über $\mathbb{Q}$ hat.

Wir sehen uns den Beweis gleich an. Vorab noch die wichtige Konsequenz daraus, die sich sofort aus dem Hauptsatz über die Konstruierbarkeit mit Zirkel und Lineal (Seite 290) ergibt:

Konstruierbarkeit regelmäßiger p-Ecke
Es sei p prim und nicht von der Form $p = 2^k + 1$ für ein $k \in \mathbb{N}$. Dann kann das regelmäßige p-Eck nicht konstruiert werden.

Damit hätten wir automatisch die Frage nach der Konstruierbarkeit des regelmäßigen 11- und 13-Ecks beantwortet. Das 12-Eck geht ja bekanntlich, denn wir bekommen es durch Winkelhalbierung des Sechsecks. Das 14-Eck kann nicht gehen, da wir sonst auch das Siebeneck hätten. Damit sind wir beim 15-Eck angekommen. Doch lassen Sie uns jetzt den Beweis von PLEMELJ besprechen.

Wir benötigen dazu eine interessante Eigenschaft der p-ten Einheitswurzeln, die mit ihrer Struktur als multiplikative Gruppe zusammenhängt. Für je zwei p-te Einheitswurzeln $e_m^{(p)}$ und $e_n^{(p)}$ mit $1 \leq m, n < p$ gibt es nämlich einen Exponenten $k \in \mathbb{N}$, mit dem

$$\left(e_m^{(p)}\right)^k = e_n^{(p)}$$

ist. Warum das? Nun ja, übersetzt in die Darstellung der Einheitswurzeln mit Polarkoordinaten,

$$e_m^{(p)} = \mathrm{e}^{i\,2m\pi/p},$$

ist das nach der Funktionalgleichung äquivalent zu folgender Aussage.

Hilfssatz
Für alle $1 \leq m, n < p$ gibt es ein $k \in \mathbb{N}$, sodass $mk - n$ ein Vielfaches von p ist.

Dies ist eine Folgerung daraus, dass $\mathbb{Z}$ ein Hauptidealring ist (Seite 52). Denn das von m und p erzeugte Ideal in $\mathbb{Z}$ wird von einem Element $a \in \mathbb{Z}$ erzeugt: $(m,p) = (a)$. Sie können sich ganz schnell überlegen, dass a sowohl m als auch p teilt. Da p prim ist und $0 < m < p$, folgt $a = \pm 1$. Damit gibt es eine Darstellung

$$mk_1 + pk_2 \;=\; 1 \quad \text{oder} \quad mk_1 - 1 \;=\; p(-k_2)\,.$$

Mit $k = nk_1$ folgt dann die gewünschte Gleichung $mk - n \;=\; p(-nk_2)$. □

Betrachten wir nun das Polynom

$$F(x) \;=\; x^{p-1} + x^{p-2} + \ldots + x^2 + x + 1 \;\in \mathbb{Q}[x]\,.$$

Es gilt offenbar $F(1) = p$. Falls nun F in $\mathbb{Q}[x]$ reduzibel wäre, so wäre das nach dem GAUSSschen Satz zur Irreduzibilität (Seite 175) auch in $\mathbb{Z}[x]$ der Fall. Eine bedeutende Einschränkung, wie wir sehen werden. Es gibt dann also eine Zerlegung

$$F(x) \;=\; f(x)\,g(x)$$

mit $f, g \in \mathbb{Z}[x]$ mit $0 < \deg(f), \deg(g) < \deg(F)$. Da F normiert ist, müssen auch f und g normiert sein, weswegen sie beide auch primitiv sind.

Nun wird es spannend. Wir können nämlich annehmen, dass f in $\mathbb{Z}[x]$ irreduzibel und $f(1) = p$ ist. Das geht so: Wenn wir F in $\mathbb{Z}[x]$ immer weiter zerlegen, so kommen wir nach endlich vielen Schritten bei einem Produkt aus irreduziblen Faktoren an. Da alle Faktoren ganzzahlige Koeffizienten haben, ist auch deren Wert bei $x = 1$ eine ganze Zahl. Wegen $F(1) = p$ nimmt genau einer der irreduziblen Faktoren den Wert $\pm p$ an, alle übrigen den Wert ± 1. Nach eventueller Umkehr des Vorzeichens können wir also in der obigen Zerlegung $F = fg$ tatsächlich annehmen, dass f in $\mathbb{Z}[x]$ irreduzibel und $f(1) = p$ ist. Dann muss natürlich $g(1) = 1$ sein.

Betrachten wir nun eine Nullstelle von f und nennen sie ζ. Dies ist dann eine p-te Einheitswurzel. Nun betrachten wir eine Nullstelle von g. Das ist auch eine p-te Einheitswurzel, nennen wir sie ζ'. Nach dem kleinen Hilfssatz gibt es dann ein $k \in \mathbb{N}$, sodass $\zeta^k = \zeta'$ ist. Damit gilt dann $g(\zeta^k) = g(\zeta') = 0$. Wenn wir nun ein neues Polynom

$$G(x) \;=\; g(x^k) \;\in\; \mathbb{Z}[x]$$

definieren, so gilt offenbar $G(\zeta) = 0$. Nun kommt die entscheidende Beobachtung. f ist offenbar das Minimalpolynom von ζ über $\mathbb{Q}$. Denn wäre es reduzibel über $\mathbb{Q}$, dann ja auch über $\mathbb{Z}$, und das haben wir ja gerade ausgeschlossen. Das Minimalpolynom einer Zahl besitzt bekanntlich die Eigenschaft, dass es jedes andere Polynom teilt, welches auf dieser Zahl ebenfalls 0 wird (Seite 168). Also gilt

$$G(x) \;=\; f(x)\,h(x)$$

und da f primitiv ist, dürfen wir wieder nach dem GAUSSschen Satz zur Irreduzibilität sogar $h \in \mathbb{Z}[x]$ annehmen.

Jetzt sind wir am Ziel: Wenn wir in die Gleichung $x = 1$ einsetzen, erhalten wir $1 = ph(1)$, was grober Unfug ist. □

Ein wunderbar trickreicher Beweis, finden Sie nicht auch? Wir werden ihn später beim 25-Eck noch einmal gut gebrauchen können (Seite 309). Er erinnert mich an PAUL ERDÖS, einen sehr vielseitigen Mathematiker. Er war immer bemüht, möglichst einfache Beweise zu finden und sprach häufig von „dem Buch, das bei Gott aufbewahrt liegt" und zu jedem mathematischen Satz den kürzesten und einfachsten Beweis enthält.

Wir werden bald sehen, was dieser Satz tatsächlich bedeutet. Zunächst können wir aber noch ein sehr einfaches Resultat ableiten, mit dessen Hilfe wir die Frage beim 15-Eck beantworten können.

Konstruierbarkeit des regelmäßigen (mn)-Ecks
Falls $m, n \in \mathbb{N}$ teilerfremd sind, dann ist mit dem regelmäßigen m- und n-Eck auch das regelmäßige (mn)-Eck konstruierbar.

Ein schönes Resultat. Der Beweis ist ganz einfach: Da m und n teilerfremd sind, gilt wie oben wieder $(m, n) = (1) = \mathbb{Z}$ und daher gibt es zwei ganze Zahlen k und l mit der Eigenschaft $mk + nl = 1$. Multiplikation mit $2\pi/(mn)$ ergibt

$$k\frac{2\pi}{n} + l\frac{2\pi}{m} = \frac{2\pi}{mn}.$$

Wir erhalten also den Winkel $2\pi/mn$, wenn wir $2\pi/n$ und $2\pi/m$ konstruieren können. □

So einfach ist es manchmal. Damit ist das reguläre 15-Eck konstruierbar, klarerweise auch das 16-Eck. Wie steht es nun mit dem regulären 17-Eck?

17 ist eine Primzahl. In den meisten Fällen können wir die Konstruierbarkeit dann vergessen, doch diesmal gilt die Bedingung für die Primzahl nicht. 17 ist tatsächlich um eins größer als eine Zweierpotenz, daher können wir den Standardschluss des Satzes über die p-Ecke von vorhin nicht ziehen. Das 17-Eck ist tatsächlich der erste Fall dieser Art seit dem Fünfeck, welches wir konstruieren können. Wir wissen seit dem Satz über die p-Ecke, dass die erste 17-te Einheitswurzel, $e_1^{(17)}$, den Grad 16 über $\mathbb{Q}$ hat. Das ist eine Zweierpotenz und daher die Konstruierbarkeit nicht ausgeschlossen.

Das regelmäßige 17-Eck hat auch den jungen GAUSS vehement interessiert. Natürlich ahnte er, dass es konstruierbar sein könnte, schließlich ist es mathematisch verwandt mit dem Fünfeck. Diese geometrische Figur hat nun eine wahre Lawine an Erkenntnissen ausgelöst, als dem jungen GAUSS im Alter von nur 19 Jahren die Konstruktion tatsächlich gelang. Das für die Mathematik historische Datum war der 29. März 1796. GAUSS befand sich im Urlaub in Braunschweig. Im Morgengrauen, noch vor dem Aufstehen – wie er später selbst schrieb – konstruierte er im Kopf die sensationelle Lösung des Jahrtausende alten Problems, [60]. Dieser phantastische Erfolg wurde für GAUSS zum entscheidenden Beweggrund, Mathematik statt alte Sprachen zu studieren. Einen Tag später eröffnete er mit genau diesem Thema sein berühmtes *Mathematisches Tagebuch 1796-1814*, in dem er übrigens viele weitere Entdeckungen notierte, ohne sie jemals zu veröffentlichen. Lassen Sie uns seine Gedanken zum 17-Eck nachvollziehen.

Wie schon beim Fünfeck bestand die Aufgabe darin, für die Zahl

$$c = \cos\alpha$$

mit $\alpha = 2\pi/17$ einen rationalen Ausdruck zu finden, in dem nur rationale Zahlen und Quadratwurzeln aus rationalen Zahlen vorkommen.

Ähnlich dem Vorgehen beim Fünfeck hat GAUSS zunächst reziproke Paare von Einheitswurzeln betrachtet und so die folgenden Summen gewonnen:

$$\begin{aligned} 2\cos\alpha &= e_1^{(17)} + e_{16}^{(17)} \\ 2\cos 2\alpha &= e_2^{(17)} + e_{15}^{(17)} \\ &\dots \\ 2\cos 8\alpha &= e_8^{(17)} + e_9^{(17)} . \end{aligned}$$

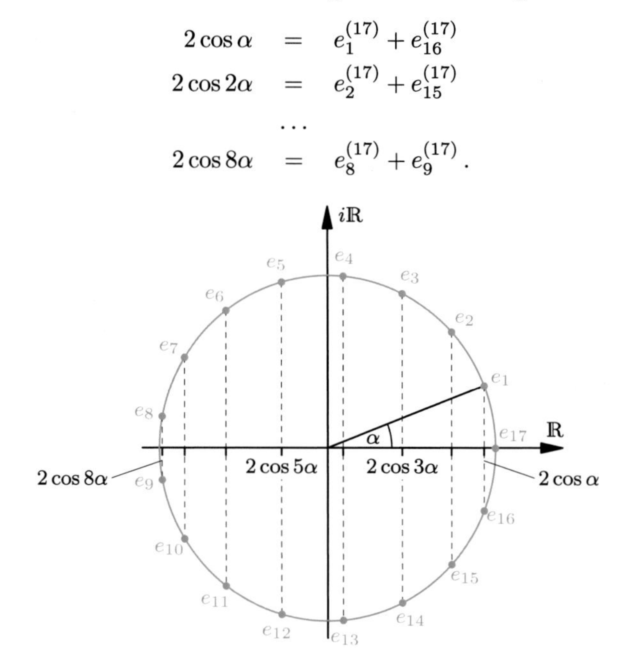

Diese Art der Summenbildung ist von der Geometrie her naheliegend. Sie erinnert aber auch ein wenig an die spezielle Art, mit welcher der kleine GAUSS in der Grundschule die ersten 100 Zahlen addierte (Seite 15). Kann das Zufall sein?

Man weiß es nicht. Durch Probieren und die unvergleichliche Intuition eines großen Mathematikers fand GAUSS nun 2 **Bahnen** bei diesen Summen, auch **Gaußsche Perioden** genannt, welche sich zu ganz speziellen Zahlen u_1 und u_2 addieren:

$$2\cos\alpha + 2\cos 2\alpha + 2\cos 4\alpha + 2\cos 8\alpha = u_1$$

und

$$2\cos 3\alpha + 2\cos 5\alpha + 2\cos 6\alpha + 2\cos 7\alpha = u_2 .$$

Es gilt $u_1 + u_2 = -1$. Das ist klar, denn wir haben alle 17-ten Einheitswurzeln außer der 1 aufaddiert. Das Minimalpolynom

$$x^{16} + x^{15} + \ldots + x^2 + x + 1$$

dieser Einheitswurzeln, zusammen mit $e_k^{(17)} = \left(e_1^{(17)}\right)^k$, ergibt diese Gleichung sofort.

Es gilt aber auch $u_1 u_2 = -4$. Das ist schon etwas unbequemer. Wenn Sie das Produkt unter Beachtung von $e_k^{(17)} e_l^{(17)} = e_{k+l}^{(17)}$ ausmultiplizieren, werden Sie feststellen, dass bei den 64 Summanden alle Einheitswurzeln außer der 1 je 4-mal vorkommen. Damit ist tatsächlich $u_1 u_2 = -4$.

u_1 und u_2 sind damit die Nullstellen des Polynoms

$$(x - u_1)(x - u_2) = x^2 - (u_1 + u_2)x + u_1 u_2 = x^2 + x - 4 .$$

Da klarerweise $u_1 > u_2$ ist, das sieht man der Geometrie direkt an, haben wir die Darstellung

$$u_1 = \frac{-1 + \sqrt{17}}{2} \quad \text{und} \quad u_2 = \frac{-1 - \sqrt{17}}{2} .$$

Das Vorkommen der Wurzel aus 17 stimmt optimistisch, schließlich hatten wir beim Fünfeck auch die Wurzel aus 5. Diese GAUSSschen Perioden sind ein wahres Wunderwerk der Kombinatorik. Zerlegt man nämlich die erste Periode u_1 wiederum in die zwei Bahnen

$$2 \cos \alpha + 2 \cos 4\alpha = v_1$$

und

$$2 \cos 2\alpha + 2 \cos 8\alpha = v_2 ,$$

so ist $v_1 + v_2 = u_1$ und eine ähnliche Rechnung wie vorhin ergibt $v_1 v_2 = -1$. Ein Blick auf die Geometrie sagt $v_1 > v_2$. Genauso wie eben sieht man jetzt, dass v_1 und v_2 die Nullstellen von $x^2 - u_1 x - 1$ sind und damit

$$v_1 = \frac{u_1 + \sqrt{u_1^2 + 4}}{2} \quad \text{und} \quad v_2 = \frac{u_1 - \sqrt{u_1^2 + 4}}{2} .$$

Spätestens jetzt wird GAUSS gewusst haben, dass er einer großen Entdeckung auf der Spur war, der Lösung eines Jahrtausende alten Problems! Seine wundersamen Perioden scheinen einer inneren Gesetzmäßigkeit zu gehorchen und bei behutsamer Zerlegung immer wieder in einer quadratischen Gleichung aufzugehen. Machen wir also weiter.

Die Zerlegung von u_2 in die Bahnen

$$2 \cos 3\alpha + 2 \cos 5\alpha = w_1$$

und

$$2 \cos 6\alpha + 2 \cos 7\alpha = w_2$$

liefert $v_1 + v_2 = u_2$, $w_1 w_2 = -1$, $w_1 > w_2$ und die quadratische Gleichung $x^2 - u_2 x - 1 = 0$. Also ist

$$w_1 = \frac{u_2 + \sqrt{u_2^2 + 4}}{2} \quad \text{und} \quad w_2 = \frac{u_2 - \sqrt{u_2^2 + 4}}{2} .$$

Nun kommen wir ans Ziel. Wir zerlegen v_1 und erhalten endlich eine isolierte Darstellung für $c = 2 \cos \alpha$:

$$2 \cos \alpha = c$$

und

$$2\cos 4\alpha \; = \; d$$

mit $c + d = v_1$, $cd = w_1$ und $c > d$, zusammen mit der quadratischen Gleichung $x^2 - v_1 x + w_1 = 0$. Damit haben wir

$$2\cos\alpha \; = \; \frac{v_1 + \sqrt{v_1^2 - 4w_1}}{2}\,.$$

Wenn wir nacheinander die Quadratwurzelausdrücke einsetzen, erhalten wir tatsächlich den gesuchten (längeren) Quadratwurzelausdruck für $\cos\alpha$. Im Licht unseres Hauptsatzes gesehen, haben wir dabei folgenden Körperturm konstruiert:

$$\mathbb{Q} \subset \mathbb{Q}(u_1) \subset \mathbb{Q}(u_1, v_1) \subset \mathbb{Q}(u_1, v_1, w_1) \subset \mathbb{Q}(u_1, v_1, w_1, c)\,.$$

Sie prüfen leicht nach, dass dieser Turm die Bedingung an die Dimensionen erfüllt. Ein praktisches Verfahren zur Konstruktion ist damit auch sofort vorgegeben. Sie konstruieren der Reihe nach zunächst u_1, dann v_1. Da $u_2 = -u_1 - 1$, können Sie damit auch w_1 erreichen und schließlich das gesuchte $c = 2\cos\alpha$. Der obere Schnittpunkt des Lotes durch c auf die x-Achse mit dem Einheitskreis liefert dann die 17-Einheitswurzel $e_1^{(17)}$. Wir halten fest:

Das regelmäßige 17-Eck ist konstruierbar.

Wir sind nun an einem Punkt angekommen, an dem wir schon eine ganze Menge über die Konstruierbarkeit von regelmäßigen n-Ecken wissen. Werfen wir doch einmal einen Blick auf die Eckenzahlen $n \leq 100$. Wenn wir den obigen Satz über die Konstruierbarkeit von (mn)-Ecken beachten (Seite 305) sowie die Tatsache, dass wir Winkel jederzeit halbieren können, dann können wir mit Sicherheit sagen, dass die n-Ecke mit

$$\begin{aligned} n \; = \; & 3,4,5,6,8,10,12,15,16,17,20,24,30,32, \\ & 34,40,48,51,60,64,68,80,85,96 \end{aligned}$$

konstruierbar sind.

Sie fragen sich bestimmt, ob wir damit alle Kandidaten mit $n \leq 100$ erwischt haben. Wir kommen tatsächlich weit. Denn wir erkennen, dass ein n-Eck sicher nicht konstruierbar ist, wenn das k-Eck für irgendeinen Teiler k von n nicht konstruierbar ist. Wenn Sie jetzt akribisch durch die Zahlen von 7 bis 100 gehen, die in der obigen Liste nicht erscheinen, dann können Sie die Konstruierbarkeit für sehr viele davon ausschließen. Sie werden nur bei den Eckenzahlen 25, 50, 75 und 100 keine Antwort finden. Das liegt daran, dass wir die Frage für das 25-Eck bisher nicht beantworten können. Offenbar sind diese 4 Exemplare genau dann konstruierbar, wenn es das 25-Eck ist.

Die Lösung dieser Frage überlasse ich Ihnen als **Übung**. Da sie nicht ganz einfach ist, hier ein paar wertvolle Hinweise: 25 ist zwar nicht prim, aber doch wenigstens das Quadrat einer Primzahl, mithin von der Form p^2. Betrachten Sie nun ganz allgemein das zugehörige Polynom

$$x^{p^2} - 1,$$

welches die p^2-ten Einheitswurzeln als Nullstellen hat. Es ist reduzibel in $\mathbb{Q}[x]$, denn es gilt

$$F(x) = \frac{x^{p^2} - 1}{x^p - 1} = x^{p(p-1)} + x^{p(p-2)} + \ldots + x^{p \cdot 2} + x^p + 1.$$

Nun zeigen Sie, dass F irreduzibel in $\mathbb{Q}[x]$ ist und damit das Minimalpolynom der p^2-ten Einheitswurzel $e_1^{(p^2)}$.

Um dies zu erreichen, können Sie den Beweis von PLEMELJ (Seite 303) durchführen, ohne eine einzige Änderung daran vornehmen zu müssen. Beachten Sie nur, dass die Zahlen in $\{1, \ldots, p^2\}$, welche zu p^2 teilerfremd sind, alle Zahlen außer den Vielfachen p, $2p$, $3p$, ..., p^2 sind. Deren zugehörige Einheitswurzeln haben wir bei der Bildung von F aber gerade herausgeteilt. Viel Spaß beim Knobeln.

Mit dieser Aufgabe haben Sie unser Wissen um einen weiteren Satz bereichert:

Konstruierbarkeit regelmäßiger p^2-Ecke
Es sei p prim und $p(p-1)$ keine Zweierpotenz. Dann kann das regelmäßige p^2-Eck nicht konstruiert werden.

Die Frage nach der Konstruierbarkeit des 25-Ecks ist damit beantwortet: Es geht nicht, denn in diesem Fall ist $p(p-1) = 20$. Die obige Liste der konstruierbaren n-Ecke mit $n \leq 100$ ist in der Tat vollständig.

13.4 Ausblick

Die Konstruierbarkeit des 17-Ecks, zusammen mit den Unmöglichkeitsaussagen in bestimmten Fällen, war eine bahnbrechende Entdeckung. Sie erlaubte uns, eine Liste der konstruierbaren n-Ecke bis zum 100-Eck aufzustellen. Dennoch bleiben Fragen offen. Das hat auch GAUSS gewusst und ihn stetig vorangetrieben, bis er eine wahrlich wunderbare, vollständige Lösung des Problems fand. Leider reicht der Platz in diesem Buch für die Darstellung nicht aus, wir verfolgen schließlich noch andere Ziele. Aber eine kurze Motivation des großen Ergebnisses von GAUSS ist möglich.

Betrachten wir nochmals die n-ten Einheitswurzeln. GAUSS suchte nach einer Bedingung für die Zahl n, mit deren Hilfe man eindeutig sagen kann, ob die Zahl $e_1^{(n)}$ und damit das regelmäßige n-Eck konstruierbar ist. Es gibt nun unter den Einheitswurzeln

$$e_1^{(n)}, e_2^{(n)}, \ldots, e_{n-1}^{(n)}, e_n^{(n)} = 1$$

solche, für die eine bestimmte Potenz

$$\left(e_k^{(n)}\right)^l = e_1^{(n)}$$

ist. Das bedeutet, wenn Sie alle Potenzen einer solchen speziellen Einheitswurzel $e_k^{(n)}$ bilden, erreichen Sie irgendwann alle n-ten Einheitswurzeln. Man sagt dann auch, $e_k^{(n)}$ **erzeugt** die multiplikative Gruppe der Einheitswurzeln und nennt solche Einheitswurzeln **primitiv**. Im Gegensatz zum gewohnten Sprachgebrauch bedeutet das Wort „primitiv" in der Mathematik also eher eine Aufwertung. Durch die gleiche Überlegung wie bereits zweimal in diesem Kapitel kann man sofort sehen, dass die primitiven n-ten Einheitswurzeln durch die Menge

$$PE_n = \{e_k^{(n)} : k \text{ ist teilerfremd zu } n\}$$

gegeben ist. Aus der Menge der primitiven Einheitswurzeln können also leicht alle anderen erzeugt werden. Nun kann man mit etwas Arbeit zeigen, dass das Produkt

$$\Phi_n(x) = \prod_{e_k^{(n)} \in PE_n} (x - e_k^{(n)})$$

über die primitiven Einheitswurzeln als Polynom in $\mathbb{Z}[x]$ liegt und zudem auch noch irreduzibel ist. Das ist eine gewaltige Aussage. Da stets $e_1^{(n)}$ in diesem Produkt vorkommt, können wir behaupten, dass Φ_n das Minimalpolynom von $e_1^{(n)}$ über $\mathbb{Q}$ ist und daher der Körpergrad $[\mathbb{Q}(e_1^{(n)}) : \mathbb{Q}]$ mit dem Grad des Polynoms Φ_n übereinstimmt. Man nennt dieses Polynom das n-te **Kreisteilungspolynom**. Wir wissen schon, dass für alle Primzahlen p

$$\Phi_p(x) = x^{p-1} + x^{p-2} + \ldots + x + 1$$

und

$$\Phi_{p^2}(x) = x^{p(p-1)} + x^{p(p-2)} + \ldots + x^{p\cdot 2} + x^p + 1$$

ist. Für allgemeines n ist das Kreisteilungspolynom nicht so einfach zu bestimmen. Zum Beispiel ist

$$\Phi_6(x) = x^2 - x + 1$$

oder

$$\Phi_{10}(x) = x^4 - x^3 + x^2 - x + 1\,.$$

Wir bezeichnen den Grad von Φ_n nun mit $\varphi(n)$. Dies ist die sogenannte **Eulersche Funktion**, welche jeder natürlichen Zahl n die Anzahl der zu ihr teilerfremden Zahlen k mit $1 \leq k < n$ zuordnet. Mit unserem Hauptsatz (Seite 290) können wir damit sagen: Das regelmäßige n-Eck ist nicht konstruierbar, wenn $\varphi(n)$ keine Zweierpotenz ist.

Ob Sie es glauben oder nicht, dies ist nur die Spitze des Eisbergs, denn es gilt auch die Umkehrung. Das vollständige Ergebnis von GAUSS in seinem strahlenden Glanz lautet wie folgt.

Konstruierbarkeit des regelmäßigen n-Ecks (Gauß)
Das regelmäßige n-Eck ist genau dann mit Zirkel und Lineal konstruierbar, wenn $\varphi(n)$ eine Zweierpotenz ist.

Schöner geht es nicht. Es passiert nicht oft, dass die großen offenen Fragen in der Mathematik so umfassend und befriedigend gelöst werden. Der originale Beweis von GAUSS ist sehr kompliziert, viel zu kompliziert, um ihn hier zu zeigen.

Man kennt heute einen weiteren, äußerst eleganten Beweis, der die sogenannte *Galoistheorie* benutzt, [18]. Sie geht auf den Franzosen ÉVARISTE GALOIS zurück (wir sind ihm schon in der klassischen Algebra begegnet, Seite 211). Er war wegen seines frühen und unnötigen Todes eine der tragischsten Figuren der Mathematik. Am 30. Mai 1832, im Alter von nur 21 Jahren, ließ er sich auf ein Pistolenduell mit einem Rivalen ein, der ein anerkannt exzellenter Schütze war. Die Meinungen gehen auseinander, ob dieses Duell private oder politische Gründe hatte. In finsterer Vorahnung notierte er bis in die Nacht vor dem Duell die wichtigsten Sätze seiner Theorie, um sie der Nachwelt zu erhalten. Im Morgengrauen schrieb er verzweifelt die berühmten Worte *„je n'ai pas le temps"* (ich habe keine Zeit mehr) und bat einen Freund, das Manuskript an GAUSS und JACOBI zu schicken.

Bei dem Duell zog er sich eine schwere Verletzung zu, der er tags darauf erlag. GALOIS hatte sich zu diesem Zeitpunkt erst etwa 5 Jahre intensiver mit Mathematik beschäftigt, und das weitgehend im Selbststudium. Ähnlich wie bei Schubert oder Mozart in der Musik kann man nur spekulieren, welch große Werke dieses einzigartige Genie in einem längeren Leben hätte schaffen können.

Es schmerzt immer, wenn man etwas weglassen muss. Aber die Galoistheorie im Detail ist tatsächlich zu abstrakt für dieses Buch, so brillant sie in ihren Anwendungen auch sein mag. Um Ihnen wenigstens eine vage Vorstellung von GALOIS' verblüffenden Gedankengängen zu geben, hier eine Skizze seiner Ideen: Wenn wir davon ausgehen, dass $\varphi(n) = 2^k$ ist, gibt es 2^k primitive n-te Einheitswurzeln

$$\zeta_1 = e_1^{(n)}\,,\ \zeta_2\,,\ \ldots\,,\ \zeta_{2^k}\,.$$

Man sieht nun leicht, dass über die Vorschrift

$$\begin{array}{ccc} 1 & \mapsto & 1 \\ e_1^{(n)} & \mapsto & \zeta_l \end{array}$$

für jedes l mit $1 \le l \le 2^k$ ein Isomorphismus des Körpers $\mathbb{Q}(e_1^{(n)}, \ldots, e_{n-1}^{(n)})$ auf sich selbst definiert wird, bei dem der Unterkörper $\mathbb{Q}$ unverändert bleibt. Solch einen Isomorphismus auf sich selbst nennt man einen **Automorphismus**. Man kann nun zeigen, dass damit tatsächlich alle Automorphismen dieser speziellen Art erfasst sind, mithin gibt es also $\varphi(n) = 2^k$ Stück davon.

Jetzt wird es ganz bunt, denn diese Automorphismen bilden selbst wieder eine Gruppe. Die Gruppenoperation ist die Hintereinanderausführung von Abbildungen. Diese Automorphismengruppe $\mathcal{A}$ besitzt also 2^k Elemente. Nach einem gewichtigen Satz aus der Gruppentheorie gibt es dann einen Gruppenturm

$$\{1\} = G_0 \subset G_1 \subset G_2 \subset \ldots \subset G_k = \mathcal{A},$$

bei dem die Restklassengruppen G_i/G_{i-1} jeweils genau 2 Elemente haben.

Ahnen Sie, wie es weiter geht? Aus dem Hauptsatz der Galoistheorie folgt, dass dieser Gruppenturm eindeutig einem Körperturm

$$\mathbb{Q} = L_0 \subset L_1 \subset L_2 \subset \ldots \subset L_k = \mathbb{Q}(e_1^{(n)}, \ldots, e_{n-1}^{(n)})$$

entspricht, bei dem $[L_i : L_{i-1}] = 2$ ist. Der Hauptsatz dieses Kapitels garantiert nun die Konstruierbarkeit der Zahl $e_1^{(n)}$, mithin des regelmäßigen n-Ecks. □

Gauss war wie jeder Mathematiker darum bemüht, sein Resultat noch konkreter und greifbarer zu machen. Ihn störte die Funktion φ. Viel schöner wäre, die Zahlen n alle ganz explizit angeben zu können.

Betreiben wir dazu ein wenig elementare Zahlentheorie. Gauss nutzte zunächst eine wichtige Eigenschaft der Eulerschen Funktion: Es gilt nämlich für teilerfremde Zahlen $m, n \in \mathbb{N}$ stets $\varphi(mn) = \varphi(m)\varphi(n)$. Das sieht man schnell. Die zu n teilerfremden Zahlen k mit $1 \leq k < n$ sind offenbar die multiplikativ invertierbaren Elemente in dem Restklassenring $\mathbb{Z}/(n)$. Diesen Schluss haben wir jetzt schon dreimal erlebt. Wir betrachten nun die Abbildung

$$\begin{aligned} \tau : \mathbb{Z}/(mn) &\to \mathbb{Z}/(m) \times \mathbb{Z}/(n) \\ \overline{k} &\mapsto (\overline{k}, \overline{k}) \end{aligned}$$

Klarerweise ist $\mathbb{Z}/(m) \times \mathbb{Z}/(n)$ auch ein Ring, wenn wir die Ringoperationen einfach separat in jedem Faktor durchführen. τ ist ein injektiver Ringhomomorphismus, denn nur ein Vielfaches von mn, also die $0 \in \mathbb{Z}/(mn)$, ist Vielfaches von m und von n, ergibt also bei der Abbildung τ die $0 \in \mathbb{Z}/(m) \times \mathbb{Z}/(n)$. Hier geht entscheidend ein, dass m und n teilerfremd sind – und genau genommen wieder die eindeutige Primfaktorzerlegung. Da beide Ringe gleichviele, nämlich mn Elemente besitzen, ist τ sogar ein Isomorphismus. Um jetzt die multiplikativ invertierbaren Elemente von $\mathbb{Z}/(mn)$ zu finden, brauchen wir nur die entsprechenden Elemente in $\mathbb{Z}/(m) \times \mathbb{Z}/(n)$ zu zählen. Klarerweise ist ein (a, b) genau dann invertierbar, wenn es sowohl a als auch b ist. Es gibt nun genau $\varphi(m)\varphi(n)$ solche Pärchen. Damit haben wir $\varphi(mn) = \varphi(m)\varphi(n)$ gezeigt. □

Betrachten wir also eine natürliche Zahl n und ihre eindeutige Primfaktorzerlegung $p_1^{l_1} p_2^{l_2} \cdots p_r^{l_r}$. Es gilt mit der vorigen Beobachtung

$$\varphi(n) = \varphi(p_1^{l_1})\, \varphi(p_2^{l_2}) \cdots \varphi(p_r^{l_r}) .$$

Das Ganze reduziert sich jetzt also auf die Frage, was $\varphi(p^l)$ für eine Primzahl p ist. Nun sind offenbar von den p^l Zahlen 1, 2, ..., p^l genau die Zahlen p, $2p$, $3p$, ..., $p^{l-1}p$ nicht teilerfremd zu p^l. Das sind p^{l-1} Stück. Damit ist

$$\varphi(p^l) = p^l - p^{l-1} = p^{l-1}(p-1) ,$$

und wir können dies zu der folgenden Aussage zusammenfassen.

Für eine natürliche Zahl n mit Primfaktorzerlegung $p_1^{l_1} p_2^{l_2} \cdots p_r^{l_r}$ gilt

$$\varphi(n) = p_1^{l_1-1}(p_1-1)\, p_2^{l_2-1}(p_2-1) \ldots p_r^{l_r-1}(p_r-1)\,.$$

Und jetzt eröffnet sich eine neue Möglichkeit, die Konstruierbarkeit des regelmäßigen n-Ecks zu charakterisieren. Denn $\varphi(n)$ ist offenbar genau dann eine Zweierpotenz, wenn für jeden Primteiler p_j von n, der ungleich 2 ist, $l_j = 1$ und $p_j - 1$ eine Potenz von 2 ist. n hat dann notwendigerweise die Gestalt

$$n = 2^m p_1 \ldots p_r$$

mit Primzahlen der Form $p_\rho = 2^{k_\rho} + 1$. Betrachten wir zuletzt noch diese speziellen Zahlen etwas genauer. Schon Fermat entdeckte, dass die allermeisten dieser Zahlen keine Primzahlen waren. Schließlich gelang es, die Darstellung noch erheblich einzuschränken. Falls nämlich $2^k + 1$ prim ist, dann muss k selbst schon eine Potenz von 2 sein. Hätte es nämlich einen ungeraden Primfaktor $q > 2$, dann wäre $k = ql$ und es wäre

$$p = 2^{ql} + 1 = (2^l + 1)\,(2^{l(q-1)} - 2^{l(q-2)} + 2^{l(q-3)} - \ldots - 2^l + 1)\,.$$

Da $1 < 2^l + 1 < 2^{ql} + 1$ ist, hätte p einen echten Teiler größer als 1 und wäre keine Primzahl.

Dieser kleine Widerspruch zeigt, dass wir bei der Suche nach den Primzahlen der Form $2^k + 1$ nur die Exemplare der Form

$$F_k = 2^{2^k} + 1$$

untersuchen müssen. Das hat schon Fermat gemacht und festgestellt, dass die ersten 5 dieser Zahlen tatsächlich prim sind. Diese sogenannten **Fermatschen Zahlen** sind $F_0 = 3$, $F_1 = 5$, $F_2 = 17$, $F_3 = 257$ und schließlich $F_4 = 65\,537$. Fermat vermutete, dass alle Zahlen F_n Primzahlen sind, was erst Euler widerlegte. Denn die sechste Fermatsche Zahl, $F_5 = 4\,294\,967\,297$ hat den Teiler 641. Erstaunlicherweise sind bis heute keine weiteren Fermatschen Primzahlen gefunden worden.

So viel zu diesem Abstecher in die elementare Zahlentheorie. Halten wir als endgültiges Resultat fest:

Konstruierbarkeit des regelmäßigen n-Ecks, 2. Version (Gauß)
Das regelmäßige n-Eck ist genau dann mit Zirkel und Lineal konstruierbar, wenn n von der Gestalt

$$n = 2^m p_1 \ldots p_r$$

ist, wobei $m \in \mathbb{N}$ und $p_1, \ldots, p_r$ paarweise verschiedene Fermatsche Primzahlen sind.

Für uns bedeutet das jedenfalls, dass das regelmäßige 257-Eck konstruierbar ist. Im Jahr 1832 hat der Deutsche FRIEDRICH JULIUS RICHELOT in seiner Dissertation hierfür ein Verfahren gefunden. JOHANN GUSTAV HERMES war es schließlich, der zehn Jahre lang an der Konstruktion des regelmäßigen 65 537-Ecks gearbeitet hat. Seine mehrere hundert Seiten umfassende Arbeit hat er 1889 eingereicht. Sie fand relativ wenig Beachtung. Ein kurze Note darüber erschien erst 5 Jahre später in den Göttinger Nachrichten. Sein Werk kam aber posthum zu Ehren, es ist heute im Museum der dortigen Universität zu besichtigen.

Im folgenden Kapitel steuern wir wieder mehr auf die Untersuchung transzendenter Zahlen zu. Es gibt schließlich sehr prominente Kandidaten: Die EULERsche Zahl e oder die Kreiszahl π. Letztere ist besonders wichtig, hängt sie doch untrennbar mit der Quadratur des Kreises zusammen, wie wir in diesem Kapitel herausgefunden haben (Seite 294). Und nicht zuletzt Zahlen der Form α^β wie zum Beispiel $2^{\sqrt{2}}$. Da all diese Zahlen keine LIOUVILLEschen Zahlen sind, brauchen wir andere Hilfsmittel, um sie auf Transzendenz zu prüfen.

Lassen Sie uns also weitere Kenntnisse in der Analysis gewinnen. Viel Spaß bei einer kurzen Einführung in die *Integralrechnung*, welche die Differentialrechnung perfekt ergänzt und einen der wichtigsten Sätze in der Mathematik des 17. Jahrhunderts ermöglicht hat.

14 Integralrechnung

Willkommen zu einem Kapitel, dessen Inhalt auf bemerkenswerte Weise mit dem Kapitel über die *Differentialrechnung* verbunden ist. Die Integralrechnung ist neben der Differentialrechnung die wichtigste Anwendung der Grenzwerte in der Analysis. Wir werden hier einen großartigen Zusammenhang finden, das Fundament der gesamten Analysis. Viele Anwendungen in der Mathematik, den Naturwissenschaften und der Technik sprechen für die Tragweite dieser Entdeckungen.

Bevor wir uns in dieses Abenteuer begeben, eine kurze Bemerkung zum methodischen Vorgehen. Ich werde die Integralrechnung etwas anders einführen, als es üblicherweise in Lehrbüchern geschieht (wir haben das schon bei der Differentialrechnung vorbereitet). Der hier eingeschlagene Weg hebt den Zusammenhang zur Differentiation hervor, indem der Integralbegriff streng aus dem Differential $\mathrm{d}f(x) = f'(x)\,\mathrm{d}x$ abgeleitet wird.

Aus meiner Sicht hat das Vor- und Nachteile. Als Vorteile sind die Nähe zur historischen Entwicklung zu nennen, eine bessere Gewöhnung an die LEIBNIZsche Schreibweise, die Vermeidung technischer Details wie Treppenfunktionen sowie die Tatsache, dass der Zusammenhang zwischen Differentiation und Integration gleich zu Beginn anschaulich und intuitiv hervortritt. Als Nachteil müssen wir in Kauf nehmen, dass der Integralbegriff dadurch weniger allgemein formuliert werden kann als in den meisten Lehrbüchern. Für die Zwecke dieses Buches sowie viele praktische Anwendungen reicht das aber aus.

Der Weg führt uns zurück in die späten 60-er Jahre des 17. Jahrhunderts. In London arbeitet ISAAC NEWTON an einer Methode, um kontinuierliche physikalische Bewegungen mittels infinitesimal kleiner Elemente, die er *Fluxionen* nennt, zu beschreiben. Er entdeckt dabei im Wesentlichen die wichtigen Zusammenhänge, die Thema dieses Kapitels sind, mit geringen begrifflichen Ungenauigkeiten. Aus rätselhaften Gründen hält er diesen Schatz aber verborgen.

Jahre später besucht ihn LEIBNIZ, der sich mit ähnlichen Themen beschäftigte, in London. Von Beginn an war das Verhältnis der beiden nicht gut. Es gab noch einen kurzen Briefwechsel, in dem NEWTON seine Entdeckung derart verschlüsselt „mitteilte", dass kein Mensch (nicht einmal der Empfänger LEIBNIZ selbst) die Intelligenz besitzen konnte, die Nachricht zu entschlüsseln, [60]. NEWTON tat dies in Form des Anagramms

$$6a\,2c\,d\,ae\,12e\,2f\,7i\,3l\,7u\,4o\,4q\,2r\,4s\,9t\,5v\,x\,,$$

wobei er einfach die Buchstaben in folgendem Satz gezählt hat: „*Data Aequatione quotcumque, fluentes quantitates involvente fluxiones invenire, et vice versa*". Auf Deutsch bedeutet das: „Bei gegebener Gleichung zwischen beliebig vielen fließenden Größen deren Fluxionen zu finden und umgekehrt."

F. Toenniessen, *Das Geheimnis der transzendenten Zahlen*,
https://doi.org/10.1007/978-3-662-58326-5_14

Einige Zeit später kam LEIBNIZ dann, unabhängig von NEWTON, zu den gleichen Entdeckungen und hat diese 1684 veröffentlicht, [33]. Er wählte dabei einen rein mathematischen Zugang, ohne begriffliche Ungenauigkeiten. Drei Jahre später veröffentlichte NEWTON seine Version, [38]. In der Folge entbrannte leider ein Jahrzehnte dauernder Plagiatsstreit zwischen den beiden Genies, der unter dem Namen *Prioritätenstreit* in die Geschichte der Wissenschaft eingegangen ist. Ein unrühmliches Kapitel um eine der größten Leistungen in den exakten Wissenschaften. Machen wir uns auf, die spannenden Ideen dieses Abenteuers zu erleben.

In den folgenden Ausführungen geht es, wenn nicht anders erwähnt, um zwei reelle Zahlen $a < b$ und eine stetig differenzierbare Funktion

$$F : [a, b] \to \mathbb{R},$$

deren (stetige) Ableitung F' wir mit f bezeichnen. Es gilt also stets $F'(x) = f(x)$. Wir nennen F in diesem Fall eine **Stammfunktion** von f.

14.1 Eine sensationelle Entdeckung

Betrachten wir dazu die LEIBNIZ-Notation des Differentials von F in einem Punkt $x \in [a, b]$, wie wir sie bei der Differentialrechnung kennengelernt haben, also

$$\mathrm{d}F(x) = f(x)\mathrm{d}x\,.$$

Viel Beachtung haben wir dieser Identität bisher nicht geschenkt. In ihr liegt aber eine ungeheure Kraft verborgen. Eine Idee, welche die Mathematik der damaligen Zeit veränderte. Versuchen wir, diesen Gedankenblitz wieder aufleuchten zu lassen, indem wir eine anschauliche Vorstellung davon entwickeln. Dabei stellen wir uns die unendlich kleinen Differenzen $\mathrm{d}x$ und $\mathrm{d}F(x)$ wieder als kleine Unterschiede $\Delta x \neq 0$ und $\Delta F(x)$ vor. Über den kleinen Fehler, den wir dabei machen, sehen wir zunächst hinweg. Es ergibt sich das folgende Bild.

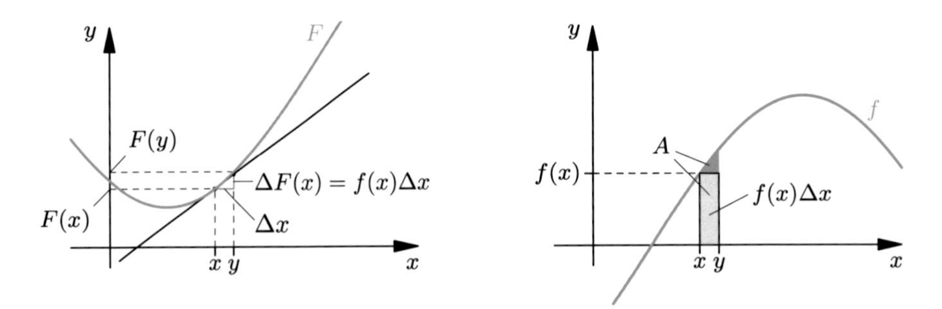

Springt es Ihnen jetzt auch ins Auge? Wir erhalten näherungsweise eine Berechnung der Fläche A zwischen den Rändern der Differenz Δx und dem Funktionsgraphen von f, ausgedrückt wie folgt in Werten der Funktion F.

$$A \approx f(x)\Delta x \approx \Delta F(x) = F(y) - F(x).$$

Die Beobachtung ist so fundamental, dass wir alle darin enthaltenen Ungenauigkeiten für den Moment vergessen wollen und lieber gleich weiter nach vorne denken. Genau so muss es auch LEIBNIZ oder NEWTON ergangen sein, als sie merkten, welche Sensation hier in der Luft lag.

Was würde denn passieren, wenn wir uns von der lokalen Betrachtung rund um einen kleinen Bereich um x lösen und eine globale Berechnung der Fläche zwischen der Strecke $[a, b]$ und dem Funktionsgraphen von f anstreben?

Um den Fehler klein zu halten, unterteilen wir S in mehrere Teilintervalle

$$a = x_0 < x_1 < x_2 < \ldots < x_n = b,$$

welche alle gleich lang sind. Es gilt dabei also stets

$$x_k - x_{k-1} = \frac{b-a}{n}$$

und wir nennen eine solche Unterteilung **äquidistant**. Nun addieren wir die Teilflächen $A_1, A_2, \ldots, A_n$, wie in der Skizze gezeigt:

Das Bild legt die Vorstellung nahe, dass wir mit den Summen $\sum_{k=1}^{n} A_k$ eine Näherung für die exakte Fläche A unter dem Graphen von f erhalten, und zwar umso besser, je enger die Punkte x_k aneinander liegen. Flächen unterhalb der x-Achse, also bei $f(x) < 0$, haben dabei natürlich negative Werte.

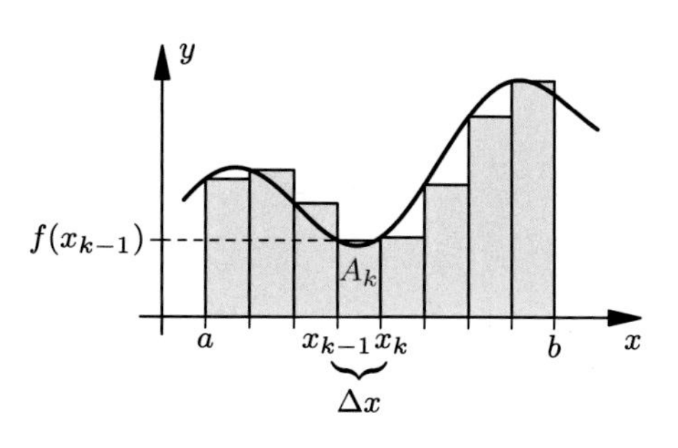

Was bedeutet das rechnerisch? Nun ja, für jede Teilfläche A_k gilt offenbar

$$\begin{aligned} A_k &= f(x_{k-1})\,(x_k - x_{k-1}) = f(x_{k-1})\Delta x \\ &\approx \Delta F(x_{k-1}) = F(x_k) - F(x_{k-1}) \end{aligned}$$

oder kurz

$$A_k \approx F(x_k) - F(x_{k-1}).$$

Damit nimmt das Wunder seinen Lauf. Denn addieren wir die A_k, so heben sich alle bis auf zwei Summanden auf der rechten Seite gegenseitig auf und es bleibt

$$\sum_{k=1}^{n} A_k \approx F(b) - F(a).$$

Nun wird es richtig spannend, denn die rechte Seite hängt gar nicht mehr von n ab. Wir können jetzt eine bemerkenswerte Vermutung über den Grenzwert der Summe aufstellen, wenn $n \to \infty$ strebt.

Vermutung
Für die Fläche A zwischen dem Graphen von f und der Strecke $[a, b]$ gilt

$$A = \lim_{n\to\infty} \sum_{k=1}^{n} A_k = F(b) - F(a).$$

Nun ahnen Sie wahrscheinlich den Eisberg unter der schmalen Spitze, die hier erscheint. Wenn wir die Vermutung bestätigen könnten, hätten wir einen fundamental wichtigen Zusammenhang gefunden. Eine Flächenberechnung würde von einer Ableitung f zurück zur Funktion F führen, wäre also eine Art Umkehrung der Differentiation.

Damit ergäben sich vielfältige Möglichkeiten für die Berechnung krummlinig begrenzter Flächen wie zum Beispiel der Kreisfläche. Gehen wir nun daran, die Ungenauigkeiten zu beseitigen.

14.2 Integration und Differentiation

Wir arbeiten weiter mit unseren Funktionen F und f mit $F' = f$. Um zu zeigen, dass die näherungsweise Flächenberechnung immer exakt stimmt, müssten wir zuerst den Grenzwert

$$\lim_{n\to\infty} \sum_{k=1}^{n} A_k = \lim_{n\to\infty} \sum_{k=1}^{n} f(x_{k-1})(x_k - x_{k-1}) = F(b) - F(a)$$

bestätigen. Danach müssten wir noch den Begriff der Fläche zwischen einem Funktionsgraph und der x-Achse präzisieren und zeigen, dass wir diese Fläche mit obigem Grenzübergang auch tatsächlich erreichen.

Beginnen wir mit der ersten Fragestellung und sehen uns den Fehler einer jeden Teilfläche $A_k = f(x_{k-1})(x_k - x_{k-1})$ genauer an. Wir hatten auf Seite 254 die spezielle Formel

$$F(y) = F(x) + f(x)(y - x) + \varphi_x(y)$$

abgeleitet, wobei $\varphi_x(y)$ für $y \to x$ viel schneller gegen 0 strebt als $y - x$. Dies bedeutet

$$\Big| f(x_{k-1})(x_k - x_{k-1}) - \big(F(x_k) - F(x_{k-1})\big) \Big| = |\varphi_{x_{k-1}}(x_k)|,$$

falls x_k genügend nahe bei x_{k-1} liegt. Bei der Näherung

$$\sum_{k=1}^{n} f(x_{k-1})(x_k - x_{k-1}) \approx F(b) - F(a)$$

machen wir in jedem Summanden also nur sehr kleine Fehler, deutlich kleiner als $|x_k - x_{k-1}|$. Das macht Hoffnung. Leider müssen wir aber mit abnehmendem Δx immer mehr solche Summanden verkraften, warum soll da der Gesamtfehler verschwinden?

In dieser Situation erscheint ein Silberstreif am Horizont. Der Fehler ist für jeden Summanden durch $\varphi_{x_{k-1}}$ gegeben. Bei einer äquidistanten Unterteilung haben wir

$$n = \frac{b-a}{x_k - x_{k-1}}$$

solche Summanden. Der Gesamtfehler aller Summanden wäre dann ungefähr

$$n\varphi_{x_{k-1}}(x_k) = (b-a)\,\frac{\varphi_{x_{k-1}}(x_k)}{x_k - x_{k-1}}$$

und würde gegen 0 konvergieren. Damit wären wir fertig ...

... wenn es nicht ein technisches Problem gäbe: Die Funktion φ_x ist nicht überall definiert, sondern nur in einer kleinen Umgebung eines jeden Punktes x. Und zudem ist sie ganz von x abhängig. Probleme dieser Art tauchen in der Analysis häufig auf, wenn man lokal gültige Aussagen auf eine globale Fragestellung übertragen möchte.

Eine Lösung kann es nur geben, wenn wir den bekannten Grenzwert

$$\lim_{y \to x} \frac{\varphi_x(y)}{y - x} = 0$$

in einer gewissen Weise unabhängig von x, also gleichmäßig schnell im ganzen Intervall $[a,b]$ erreichen. Dafür brauchen wir eine kleine Erweiterung des Stetigkeitsbegriffs.

Definition und Satz (Gleichmäßige Stetigkeit)
Eine Funktion $f : [a,b] \to \mathbb{R}$ heißt **gleichmäßig stetig**, wenn es für jedes $\epsilon > 0$ ein $\delta > 0$ gibt, sodass

$$\big|f(y) - f(x)\big| < \epsilon,$$

falls $|y - x| < \delta$ ist. Jede in $[a,b]$ stetige Funktion ist auch gleichmäßig stetig.

Beachten Sie, dass diese Definition stärker ist als die normale Stetigkeit. Man sieht schnell, dass nicht jede stetige Funktion gleichmäßig stetig ist, wenn das Intervall nicht abgeschlossen ist: Die Funktion $f(x) = 1/x$ ist in $]0,1]$ stetig, aber nicht gleichmäßig stetig. Beweisen wir jetzt den Satz, er ist leicht:

Wenn wir das Gegenteil annehmen, so gibt es ein $\epsilon > 0$, sowie zwei Folgen $(x_n)_{n\in\mathbb{N}}$ und $(y_n)_{n\in\mathbb{N}}$ in $[a,b]$ mit

$$|y_n - x_n| < \frac{1}{n} \quad \text{und} \quad \big|f(y_n) - f(x_n)\big| \geq \epsilon.$$

Nun kommt wieder der Satz von BOLZANO-WEIERSTRASS (Seite 154) zum Zug. $(x_n)_{n\in\mathbb{N}}$ besitzt eine konvergente Teilfolge $(x_{n_k})_{k\in\mathbb{N}}$ mit

$$\lim_{k\to\infty} x_{n_k} = x \in [a,b]\,.$$

Klarerweise ist auch $\lim y_{n_k} = x$ und wegen der Stetigkeit von f folgt

$$\lim_{k\to\infty} \big(f(y_{n_k}) - f(x_{n_k})\big) = 0\,,$$

was offenbar ein Widerspruch zu $\big(f(y_{n_k}) - f(x_{n_k})\big) \geq \epsilon$ ist. □

Nun sind wir einen großen Schritt weiter. Aus

$$F(y) = F(x) + f(x)(y-x) + \varphi_x(y)$$

folgt mit einer elementaren Umformung

$$\left|\frac{\varphi_x(y)}{y-x}\right| = \left|\frac{F(y)-F(x)}{y-x} - f(x)\right| = |f(\xi) - f(x)|$$

für ein ξ mit $|\xi - x| \leq |y-x|$. Das ξ erhalten wir durch den Mittelwertsatz der Differentialrechnung (Seite 278).

Sehen Sie es auch schon vor sich? Es fällt tatsächlich wie Schuppen von den Augen: Da f gleichmäßig stetig ist, gibt es für jedes $\epsilon > 0$ ein $\delta > 0$, sodass

$$\left|\frac{\varphi_x(y)}{y-x}\right| = |f(\xi) - f(x)| < \epsilon$$

gilt, falls $0 < |y-x| < \delta$ ist. Diese Abschätzung des Fehlers gilt gleichmäßig, also unabhängig von der Lage der Punkte $x, y \in [a,b]$.

Wenn wir jetzt die äquidistante Unterteilung des Intervalls $[a,b]$ so fein wählen, dass $x_k - x_{k-1} < \delta$ ist, dann gilt offenbar für alle k die Abschätzung

$$\left|\frac{\varphi_{x_{k-1}}(x_k)}{x_k - x_{k-1}}\right| < \epsilon$$

und damit

$$\left|\sum_{k=1}^{n} f(x_{k-1})(x_k - x_{k-1}) - \big(F(b) - F(a)\big)\right| < (b-a)\,\epsilon\,,$$

wobei wir wieder die Identität $n = (b-a)/(x_k - x_{k-1})$ verwendet haben.

Halten wir fest: Wenn immer wir die Unterteilung fein genug machen, so kommt die Summe der n Teilflächen dem Wert $F(b) - F(a)$ beliebig nahe. Übersetzt ergibt sich eine positive Antwort auf die erste Frage, nämlich der Grenzwert

$$\lim_{n\to\infty} \sum_{k=1}^{n} A_k = \lim_{n\to\infty} \sum_{k=1}^{n} f(x_{k-1})(x_k - x_{k-1}) = F(b) - F(a)\,. \qquad \square$$

Nun zur zweiten Frage, sie ist einfacher. Warum ist

$$A = \lim_{n\to\infty} \sum_{k=1}^{n} A_k$$

die genaue Fläche zwischen dem Graphen von f und der x-Achse? Anschaulich ist das klar, aber wie können wir es präzise fassen? Auch hier hilft uns die gleichmäßige Stetigkeit. Denn offensichtlich gilt

$$m_k(x_k - x_{k-1}) \le A_k \le M_k(x_k - x_{k-1}),$$

wobei m_k das Minimum und M_k das Maximum der Funktionswerte von f im Intervall $[x_{k-1}, x_k]$ ist.

Die exakte Teilfläche $A_k^{(\mathrm{ex})}$ liegt auch zwischen diesen Grenzen. Wegen der gleichmäßigen Stetigkeit von f können wir wieder für jedes $\epsilon > 0$ ab einer gewissen Feinheit der Unterteilung behaupten, dass stets $|M_k - m_k| < \epsilon$ ist. Damit gilt für die Fläche A zwischen dem Graphen und dem Intervall $[a, b]$

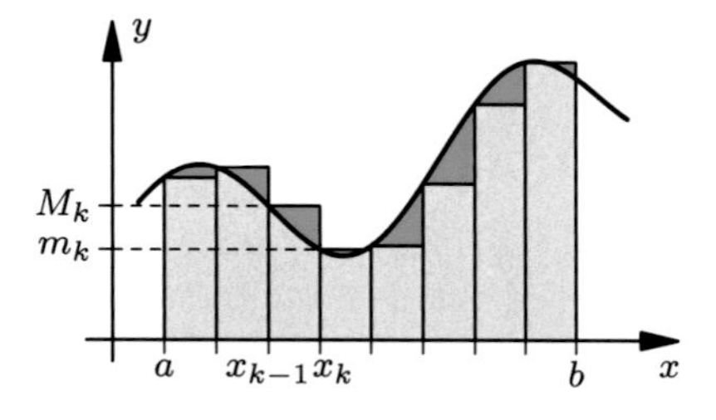

$$\left| A - \sum_{k=1}^{n} A_k \right| = \left| \sum_{k=1}^{n} A_k^{(\mathrm{ex})} - \sum_{k=1}^{n} A_k \right| \le \sum_{k=1}^{n} \left| A_k^{(\mathrm{ex})} - A_k \right| \le (b-a)\,\epsilon .$$

Da $\epsilon > 0$ beliebig und $b - a$ fest ist, konvergieren die Teilsummen tatsächlich gegen die Fläche A. □

Wir halten eines der wichtigsten Resultate der Analysis in Händen. Wir führen eine an die LEIBNIZsche Notation angelehnte Schreibweise ein, um nicht ständig Limes und Summenzeichen verwenden zu müssen, und definieren

$$\int_a^b f(x)\,\mathrm{d}x = \lim_{n\to\infty} \sum_{k=1}^{n} f(x_{k-1})(x_k - x_{k-1}) .$$

$\int$ ist dabei als stilisiertes S für „Summe“ zu verstehen. Unter voller Ausnutzung der LEIBNIZschen Notation haben wir damit auch

$$\int_a^b f(x)\,\mathrm{d}x = \int_a^b \mathrm{d}F(x) = F(b) - F(a) .$$

Dies ist eine Gleichung, welche einfach durch unendliches Aufsummieren des Differentials $\mathrm{d}F(x) = f(x)\,\mathrm{d}x$ entsteht. Wieder einmal beweist diese Notation ihre suggestive und inspirierende Kraft.

Wir fassen zusammen, was sich bis jetzt ergeben hat.

Integral und integrierbare Funktion
Eine stetige Funktion $f : [a,b] \to \mathbb{R}$ habe eine Stammfunktion $F : [a,b] \to \mathbb{R}$, also $F' = f$. Dann ist das **Integral** von f definiert als

$$\int_a^b f(x)\,\mathrm{d}x \;=\; F(b) - F(a)$$

und kann anschaulich als Fläche zwischen dem Graphen von f und dem Intervall $[a,b]$ auf der x-Achse interpretiert werden. Die Funktion f heißt in diesem Fall **integrierbar** und wird auch als **Integrand** des Integrals bezeichnet.

Wir schreiben im Folgenden kurz

$$F(b) - F(a) \;=\; F(x)\Big|_a^b \,.$$

Es ist klar, dass die Stammfunktion F zu einer gegebenen Funktion f nicht eindeutig definiert ist. Denn für alle $c \in \mathbb{R}$ ist immer auch $F + c$ eine Stammfunktion. Die obige Definition ist aber nicht von der Wahl der Stammfunktion abhängig, denn umgekehrt ist die Differenz zweier Stammfunktionen $F_1 - F_2$ wegen $(F_1 - F_2)'(x) \equiv 0$ stets eine konstante Funktion. Dies können Sie als kleine Übung sofort mit dem Mittelwertsatz der Differentialrechnung sehen.

Bemerkung
Der Begriff von Integrierbarkeit ist in der modernen Mathematik natürlich viel weiter gefasst. Wir sind durch die etwas andere Art der Einführung jedoch schnell zu einer brauchbaren Definition gekommen, welche den bekannten Hauptsatz der Theorie bereits enthält, wonach Differentiation und Integration zueinander inverse Operationen sind. Für die praktischen Anwendungen reicht das aus, zumal bei der exakten Integration einer Funktion immer die erfolgreiche Suche nach einer Stammfunktion nötig ist. Wird keine gefunden, so braucht man numerische Näherungsverfahren, welche auf Computern ausgeführt werden.

Mit den jetzt zur Verfügung stehenden Mitteln können wir eine Menge Funktionen integrieren, es müssen nur Stammfunktionen gefunden werden. Ein ganz einfaches Beispiel ist die Funktion $f(x) = x^2$. Aus der Differentialrechnung wissen wir, dass $F(x) = x^3/3$ eine Stammfunktion ist. Damit ist die Fläche unter der quadratischen Funktion zwischen 0 und 2

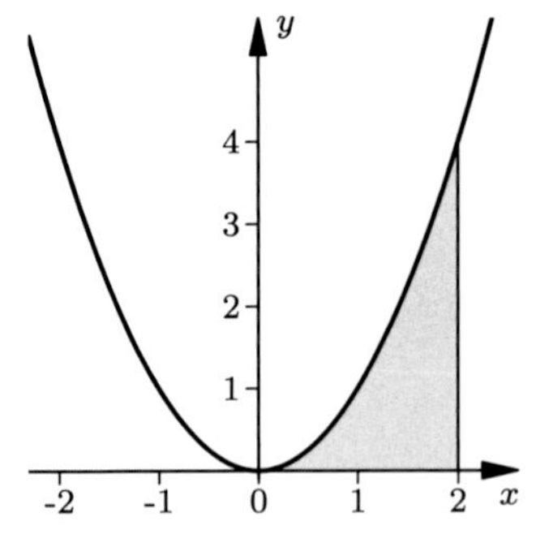

$$\int_0^2 x^2\,\mathrm{d}x \;=\; \frac{x^3}{3}\Big|_0^2 \;=\; \frac{8}{3} - \frac{0}{3} \;=\; \frac{8}{3}\,.$$

Die Fläche des Sinus zwischen 0 und π ist wegen $\cos' x = -\sin x$

$$\int_0^\pi \sin x \,\mathrm{d}x \;=\; -\cos x\Big|_0^\pi \;=\; -(-1)-(-1) \;=\; 2\,.$$

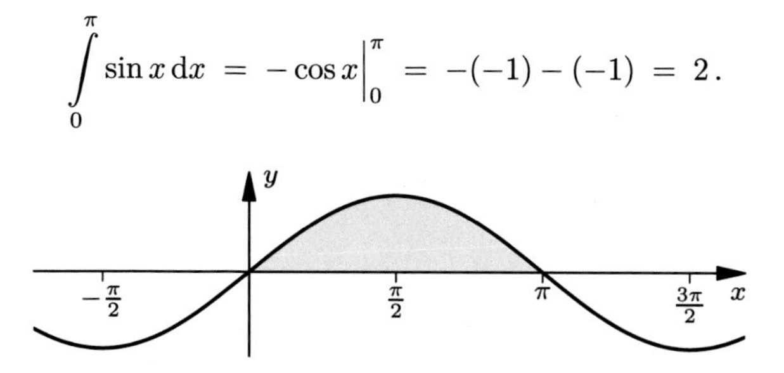

Erstaunlich, dass hier eine ganze Zahl herauskommt. Eine Kreisfunktion wie der Sinus liefert auf natürliche Weise eine rationale Zahl. Das war Wasser auf die Mühlen derer, die nach einer Methode zur Quadratur des Kreises gesucht haben. Wir werden später ein noch verblüffenderes Resultat finden.

Wir erweitern jetzt den Begriff der Integrierbarkeit, indem wir ihn von der Existenz einer Stammfunktion lösen.

Integrierbarkeit stetiger Funktionen
Jede stetige Funktion $f : [a,b] \to \mathbb{R}$ ist integrierbar. Es bezeichnet dann

$$\int_a^b f(x)\,\mathrm{d}x$$

die Fläche zwischen dem Graphen von f und dem Intervall $[a,b]$.

Für den Beweis müssen wir zu f eine Stammfunktion F finden. Das ist einfach. Wir definieren für $x \in [a,b]$ die Funktion $F(x)$ als die Fläche zwischen dem Graphen von f und dem Intervall $[a,x]$. Wir schreiben dafür zur Abkürzung

$$F(x) \;=\; A_f[a,x]\,.$$

Damit gilt für den Differenzenquotienten von F im Punkt x

$$\frac{F(x+h)-F(x)}{h} \;=\; \frac{1}{h}\big(A_f[a,x+h]-A_f[a,x]\big) \;=\; \frac{1}{h}A_f[x,x+h]\,.$$

Da f stetig ist, garantiert der Zwischenwertsatz (Seite 157) ein $\xi_h \in [x,x+h]$ mit

$$A_f[x,x+h] \;=\; h\,f(\xi_h)\,.$$

Für $h \to 0$ geht $\xi_h \to x$ und wegen der Stetigkeit von f erhalten wir

$$\lim_{h\to 0}\frac{F(x+h)-F(x)}{h} \;=\; \lim_{h\to 0}\frac{1}{h}\,h\,f(\xi_h) \;=\; \lim_{h\to 0} f(\xi_h) \;=\; f(x)\,.$$

Damit ist F die gesuchte Stammfunktion und f ist integrierbar. □

Durch den Zusammenhang zur Differentiation ergeben sich nun automatisch die ersten, ganz einfachen Integrationsregeln.

Erste Integrationsregeln

Es seien $f, g : [a,b] \to \mathbb{R}$ integrierbar und $\lambda \in \mathbb{R}$. Dann gilt

$$\int_a^b (f+g)(x)\,\mathrm{d}x = \int_a^b f(x)\,\mathrm{d}x + \int_a^b g(x)\,\mathrm{d}x\,,$$

$$\int_a^b (\lambda f)(x)\,\mathrm{d}x = \lambda \int_a^b f(x)\,\mathrm{d}x \quad \text{und}$$

$$f(x) \leq g(x) \text{ für alle } x \in [a,b] \quad \Rightarrow \quad \int_a^b f(x)\,\mathrm{d}x \leq \int_a^b g(x)\,\mathrm{d}x\,.$$

Die Aussage an dritter Stelle folgt direkt aus der Vorstellung des Integrals als Fläche unter einem Funktionsgraphen. Wir werden öfter stillschweigend von diesen Regeln Gebrauch machen.

Machen wir uns nun an die schwierigere Aufgabe heran, die Kreisfläche zu bestimmen. Es wird zuerst der Kreis mit Radius 1 betrachtet. Die Kreislinie ist dann gegeben durch die Gleichung $x^2+y^2=1$. Auflösen nach y ergibt die Funktion des Halbkreises

$$f(x) = \sqrt{1-x^2}$$

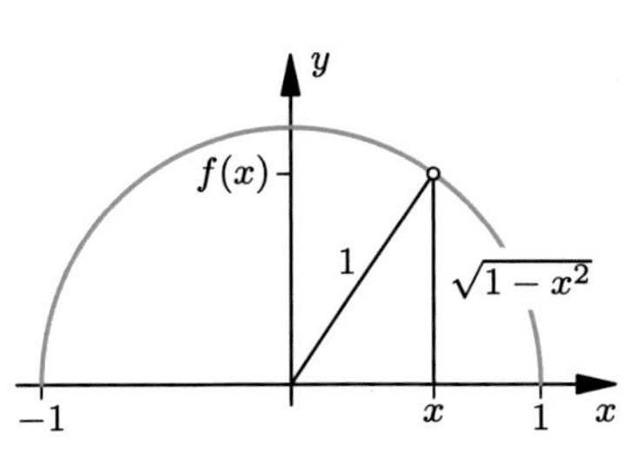

oberhalb der x-Achse. Um hierfür eine Stammfunktion zu finden, müssen wir etwas tiefer in die Trickkiste greifen. Wir leiten dazu die erste der beiden bekanntesten Integrationstechniken her.

Integration durch Substitution

Es sei $f : [c,d] \to \mathbb{R}$ stetig mit Stammfunktion F und $\varphi : [a,b] \to \mathbb{R}$ differenzierbar mit der Eigenschaft $\varphi([a,b]) \subseteq [c,d]$. Dann gilt

$$\int_a^b f\big(\varphi(t)\big)\varphi'(t)\,\mathrm{d}t = \int_{\varphi(a)}^{\varphi(b)} f(x)\,\mathrm{d}x\,.$$

Der Beweis ist denkbar einfach, da wir wissen, dass Integration und Differentiation zueinander invers sind. Da $F' = f$ ist, haben wir mit der Kettenregel sofort

$$(F \circ \varphi)'(t) = F'\big(\varphi(t)\big)\varphi'(t) = f\big(\varphi(t)\big)\varphi'(t)\,.$$

Damit gilt

$$\begin{aligned}\int_a^b f\big(\varphi(t)\big)\varphi'(t)\,\mathrm{d}t &= (F\circ\varphi)(b)-(F\circ\varphi)(a)\\ &= F\big(\varphi(b)\big)-F\big(\varphi(a)\big) = \int_{\varphi(a)}^{\varphi(b)} f(x)\,\mathrm{d}x\,. \quad\square\end{aligned}$$

So einfach ist das. Mit der LEIBNIZ-Notation $\mathrm{d}\varphi(t) = \varphi'(t)\,\mathrm{d}t$ schreibt sich die Substitutionsregel ganz intuitiv

$$\int_a^b f\big(\varphi(t)\big)\,\mathrm{d}\varphi(t) = \int_{\varphi(a)}^{\varphi(b)} f(x)\,\mathrm{d}x\,,$$

was schon fast trivial anmutet, da einfach x durch $\varphi(t)$ zu ersetzen ist.

Wir wenden diese Regel nun an, um die Kreisfläche zu bestimmen. Da uns der Term $\sqrt{1-x^2}$ aus der Gleichung $\cos t = \sqrt{1-\sin^2 t}$ bekannt ist, lohnt sich offenbar eine Substitution der Form $x = \sin t$. Da die Integrationsvariable x von -1 nach 1 wandert, muss offenbar t sich von $3\pi/2$ bis $5\pi/2$ bewegen, um der Situation gerecht zu werden. Es ist dann nach der Substitutionsregel

$$\int_{-1}^{1}\sqrt{1-x^2}\,\mathrm{d}x = \int_{3\pi/2}^{5\pi/2}\sqrt{1-\sin^2 t}\cos t\,\mathrm{d}t = \int_{3\pi/2}^{5\pi/2}\cos^2 t\,\mathrm{d}t\,.$$

Für den Cosinus gibt es nun die Formel

$$\cos^2 t = \frac{1}{2}\big(\cos(2t)+1\big)\,,$$

die Sie leicht aus den Additionstheoremen (Seite 274) ableiten können. Damit entsteht

$$\int_{-1}^{1}\sqrt{1-x^2}\,\mathrm{d}x = \frac{1}{2}\int_{3\pi/2}^{5\pi/2}\big(\cos(2t)+1\big)\,\mathrm{d}t\,.$$

Nun ist es leicht, eine Stammfunktion zu finden. Klarerweise ist

$$\frac{1}{2}\sin(2t)+t$$

eine Stammfunktion von $\cos(2t)+1$, und damit kommen wir endlich ans Ziel. Wir erhalten nach der Substitutionsregel

$$\begin{aligned}\int_{-1}^{1}\sqrt{1-x^2}\,\mathrm{d}x &= \frac{1}{2}\left(\frac{1}{2}\sin 5\pi+\frac{5\pi}{2}-\frac{1}{2}\sin 3\pi-\frac{3\pi}{2}\right)\\ &= \frac{1}{2}\left(-1+\frac{5\pi}{2}-(-1)-\frac{3\pi}{2}\right) = \frac{\pi}{2}\,.\end{aligned}$$

Dies war nur der Halbkreis, weswegen die Fläche des Einheitskreises gleich π ist. Da sich Flächen bei einer Streckung um den Faktor $r > 0$ um den Faktor r^2 verändern, gilt für die Fläche eines beliebigen Kreises die bereits aus der Schule bekannte Formel:

Fläche eines Kreises
Die Fläche eines Kreises mit Radius $r > 0$ beträgt $r^2\pi$.

Hier tritt ein weiteres Mal die enorme Bedeutung der Zahl π hervor. Damit ist auch die kleine Lücke geschlossen, welche im Kapitel über die Konstruktionen mit Zirkel und Lineal geblieben war (Seite 293). Dort fehlte eben diese Flächenformel. Das ist jetzt nachgeholt und wir können das interessante Ergebnis von damals wiederholen:

Quadratur des Kreises
Falls π transzendent ist, dann ist die Quadratur des Kreises mit Zirkel und Lineal nicht möglich.

Damit sind wir wieder beim Thema: Transzendente Zahlen. Um hier weitere interessante Entdeckungen machen zu können, benötigen wir noch die zweite bekannte Integrationstechnik, die sogenannte **partielle Integration**.

Partielle Integration
Falls $f, g : [a, b] \to \mathbb{R}$ differenzierbar sind, dann gilt

$$\int_a^b f(x)g'(x)\,\mathrm{d}x = (fg)(x)\Big|_a^b - \int_a^b f'(x)g(x)\,\mathrm{d}x\,.$$

Der Beweis ist wieder leicht, wir haben es mit der Umkehrung der Produktregel zu tun: $F = fg$ ist danach eine Stammfunktion von $fg' + f'g$. □

Die partielle Integration hat sowohl praktische Anwendungen, als auch fundamentale Bedeutung für die weitere Entwicklung der Theorie. Wir werden sie noch häufig verwenden.

Als kleine Anwendung berechnen wir das Integral des natürlichen Logarithmus. Setzen wir $f(x) = \ln x$ und $g(x) = x$, so ergibt die partielle Integration

$$\int_a^b \ln x\,\mathrm{d}x = x\,\ln x\Big|_a^b - \int_a^b 1\,\mathrm{d}x = x\,(\ln x - 1)\Big|_a^b\,.$$

Offenbar ist also $F(x) = x\,(\ln x - 1)$ eine Stammfunktion, was Sie durch Differentiation leicht prüfen können. Wir werden diese Regel bei der Suche nach weiteren transzendenten Zahlen noch gut gebrauchen können.

Apropos transzendente Zahlen, betrachten wir einmal für eine natürliche Zahl $n > 0$ die Zahl

$$C_n = \sum_{k=1}^{n} \frac{1}{k} - \ln n\,.$$

Wir wissen bereits, dass $F(x) = \ln x$ eine Stammfunktion von $f(x) = 1/x$ ist, weswegen wir die Definition auch ein wenig umformen können:

$$C_n = \sum_{k=1}^{n} \frac{1}{k} - \int_1^n \frac{1}{x}\,\mathrm{d}x\,.$$

Damit bekommen die Zahlen C_n eine sehr anschauliche Bedeutung. C_n ist offenbar die Differenz der Flächen zwischen der blau gezeichneten treppenartigen Funktion und der Funktion $1/x$. Klarerweise ist dann $C_n > 0$. Die gestrichelten dünneren Linien zeigen uns aber auch eine Abschätzung nach oben:

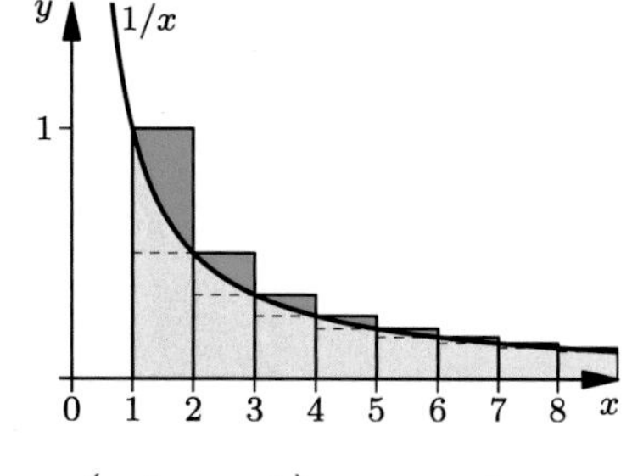

$$C_n < \left(1 - \frac{1}{2}\right) + \left(\frac{1}{2} - \frac{1}{3}\right) + \ldots + \left(\frac{1}{n-1} - \frac{1}{n}\right) = 1 - \frac{1}{n}\,.$$

Zusammenfassend gilt $0 < C_n < 1$. Aus der Skizze sieht man sofort, dass die Folge $(C_n)_{n\geq 1}$ monoton wächst und einen Grenzwert $C < 1$ besitzt. Genaue Berechnungen liefern

$$C = 0{,}577\,215\,664\,901\,532\ldots\,.$$

Diese Konstante heißt **Euler-Mascheronische Konstante** und hat in der Analysis einige Anwendungen. Für uns interessant ist, dass man über diese Zahl bis heute noch so gut wie gar nichts weiß. Es ist nicht einmal klar, ob sie irrational ist, geschweige denn transzendent. Man sieht, dass im Zahlenreich noch manches verborgen liegt. Freilich wäre es eine große Sensation, wenn sich C eines Tages als rational erweisen würde. Dass solch ein Wunder aber durchaus passieren kann, wo man es überhaupt nicht vermutet, sehen wir im übernächsten Abschnitt bei den Kurvenintegralen.

14.3 Fourier-Reihen und das Basler Problem

Versetzen wir uns jetzt zurück in die erste Hälfte des 17. Jahrhunderts. Noch gab es keine Infinitesimalrechnung. Der italienische Mathematiker PIETRO MENGOLI beschäftigte sich intensiv mit unendlichen Summen. Er wusste genau, dass die harmonische Reihe $\sum_{n=1}^{\infty} 1/n$ divergiert, stellte dann aber im Jahr 1644 die historische Frage nach der Reihe der **reziproken Quadrate**, also der unendlichen Summe

$$\sum_{n=1}^{\infty} \frac{1}{n^2} = 1 + \frac{1}{4} + \frac{1}{9} + \frac{1}{16} + \ldots\,.$$

Er ahnte nicht, welch phantastische Goldader er entdeckt hatte. Die Berechnung dieser Reihe ist nicht nur eine spannende Anwendung für trickreiche Integralrechnung, sondern führt letztlich – nach Jahrhunderte langer Arbeit der bedeutendsten Mathematiker – zum vielleicht größten Rätsel der Mathematik, welches bis heute noch ungelöst ist, der sogenannten RIEMANNschen Vermutung (Seite 337, [45]).

Die Frage von MENGOLI zog weite Kreise. 1689 erfuhr JAKOB BERNOULLI davon und stürzte sich in die Arbeit, ohne aber eine Lösung zu finden. Er wirkte in Basel und hatte dort ab 1726 LEONHARD EULER als Schüler, der sich der schwierigen Aufgabe ebenfalls widmete. Daher ist sie heute als *Basler Problem* bekannt.

Es bedurfte dann der stupenden Rechenvirtuosität und Intuition von EULER, das Rätsel 1735 zu lösen. In seiner gefeierten Arbeit *De Summis Serierum Reciprocarum*, [16], verwendete er neue Methoden, die den damals 28-Jährigen schlagartig berühmt machten. Er fand (unter anderem) die bekannte Identität

$$\sum_{n=1}^{\infty} \frac{1}{n^2} = \frac{\pi^2}{6}.$$

Eine der vielen Erkenntnisse von EULER, die durch ihre Ästhetik bestechen und den Anspruch der Mathematik als eine Kunst untermauern. Lassen Sie uns das Wunder erleben, wie im Grenzwert dieser Reihe plötzlich die Kreiszahl π auftaucht und anschließend beleuchten, warum das Basler Problem so wichtig für die Mathematik wurde. Der Vollständigkeit halber sei gesagt, dass die nun folgenden Überlegungen nicht im Original von EULER stammen, da die heutige Form der Grenzwertrechnung damals noch nicht zur Verfügung stand.

Es ist aber eine gute Gelegenheit, sich kurz mit dem wichtigen Thema der Funktionenfolgen zu beschäftigen. Sie sind eine zentrale Technik der höheren Analysis und werden ähnlich den Zahlenfolgen definiert. Wir machen dafür einen Schnellkurs. Für den Konvergenzbegriff bei Funktionenfolgen gibt es zwei Varianten.

Funktionenfolgen und deren Konvergenz

Wir betrachten ein Intervall $[a, b]$ sowie eine Folge $(f_n)_{n \in \mathbb{N}}$, wobei für alle n

$$f_n : [a, b] \to \mathbb{R}$$

eine reelle Funktion ist. Man sagt, die Folge konvergiert **punktweise** gegen eine Funktion $f : [a, b] \to \mathbb{R}$, wenn für alle $x \in [a, b]$

$$\lim_{n \to \infty} f_n(x) = f(x)$$

ist. Falls es dabei für jedes $\epsilon > 0$ einen Index n_0 gibt, sodass für alle $n \geq n_0$ und alle $x \in [a, b]$

$$\big| f_n(x) - f(x) \big| < \epsilon$$

ist, so spricht man von **gleichmäßiger Konvergenz**. Die Funktionswerte konvergieren dann „gleichmäßig schnell“ auf dem ganzen Intervall $[a, b]$.

Die gleichmäßige Konvergenz können Sie sich vorstellen wie in nebenstehendem Bild. Unabhängig von $x \in [a,b]$ befinden sich ab einem Index n_0 alle Werte der nachfolgenden Funktionen f_n innerhalb des **ϵ-Schlauches** um den Graph der Funktion f. Jede gleichmäßig konvergente Funktionenfolge ist zwangsläufig auch punktweise konvergent.

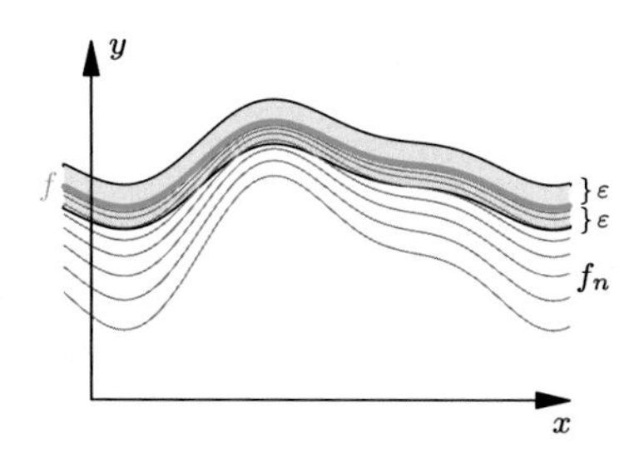

Umgekehrt stimmt das aber nicht. Im Bild unten ist der Graph einer speziellen Funktion g_n auf dem Intervall [0,1] skizziert. Die Spitze rechts von der Null wird immer schmaler, aber auch höher, sodass sie stets die Fläche 1 mit der x-Achse einschließt. Sie erkennen sofort, dass die Folge punktweise gegen die 0-Funktion konvergiert. Sie tut das aber nicht gleichmäßig, denn für kein $n \geq 2$ ist eine Funktion g_n auf ganz $[a,b]$ näher als $\epsilon = 1$ an der 0-Funktion. Merken Sie sich bitte dieses Beispiel, wir kommen gleich noch einmal darauf zurück.

Ohne es vielleicht zu ahnen, haben Sie schon einige Beispiele für konvergente Funktionenfolgen kennengelernt. So ist die Exponentialfunktion – wie jede konvergente Potenzreihe – Grenzwert der Folge $(f_n)_{n\in\mathbb{N}}$ mit

$$f_n(x) = \sum_{k=0}^{n} \frac{x^k}{k!}.$$

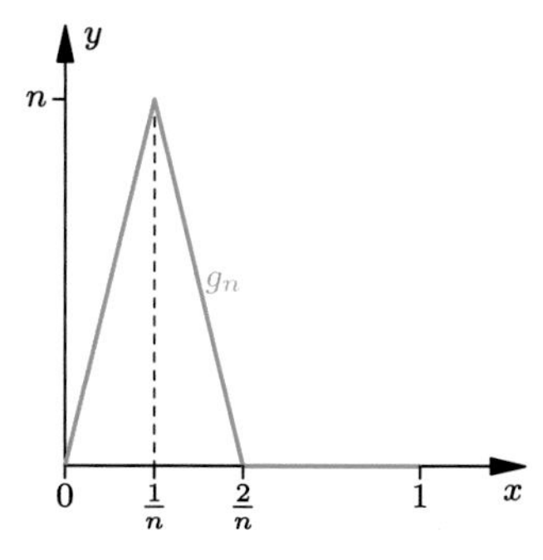

Dito für die Sinus- und Cosinusreihe. Besonders interessant wird es, wenn man die Grenzwerte solcher Funktionenfolgen differenziert oder integriert. Da sowohl Ableitungen als auch Integrale Grenzwertprozesse sind, bilden wir hier also Grenzwerte von Grenzwerten. Ein kühnes Vorhaben. Es glückt aber dank der gleichmäßigen Konvergenz, wie der folgende Satz zusammenfasst.

Integration und Differentiation von Funktionenfolgen

Falls eine Folge von stetigen Funktionen $(f_n)_{n\in\mathbb{N}}$ auf dem Intervall $[a,b]$ gleichmäßig gegen eine Funktion $f : [a,b] \to \mathbb{R}$ konvergiert, dann ist auch f stetig, insbesondere integrierbar (Seite 323). Es gilt dann

$$\int_a^b f(x)\,\mathrm{d}x = \lim_{n\to\infty} \int_a^b f_n(x)\,\mathrm{d}x.$$

Wenn eine Folge von stetig differenzierbaren Funktionen $(f_n)_{n\in\mathbb{N}}$ auf dem Intervall $[a,b]$ punktweise gegen eine Funktion $f : [a,b] \to \mathbb{R}$ konvergiert und die Folge $(f'_n)_{n\in\mathbb{N}}$ der Ableitungen gleichmäßig gegen eine Funktion $g : [a,b] \to \mathbb{R}$ konvergiert, so ist auch f differenzierbar und es gilt $f' = g$.

Unter bestimmten Bedingungen darf man also Differentiation und Integration mit der Grenzwertbildung vertauschen. Beachten Sie bitte, dass der Satz im obigen Beispiel mit der immer steileren Zacke nicht gilt: Die Konvergenz ist nicht gleichmäßig, der Grenzwert zwar noch eine stetige Funktion, aber der Satz über die Integration gilt nicht mehr: Die Integrale über die Folgenglieder betragen alle 1, aber das Integral über den Grenzwert der Folge (die 0-Funktion) verschwindet.

Ein schönes Beispiel für diesen Satz liefert wieder die Exponentialreihe

$$\exp(x) \;=\; \sum_{n=0}^{\infty} \frac{x^n}{n!}\,.$$

Versuchen Sie einmal, die Reihe abzuleiten, indem Sie ganz frech jeden Summanden einzeln ableiten. Erstaunlich, oder? Es entsteht wieder genau die gleiche Reihe. Sie überlegen sich leicht, dass die Bedingung des Satzes auf jedem beschränkten Intervall $[a, b]$ erfüllt und daher das Vorgehen legitim ist. Diese Überlegung – freilich ohne die exakten Grenzwertbegriffe – stand zweifellos Pate, als die Exponentialreihe entdeckt wurde.

Der Beweis des Satzes ist ganz einfach und geht direkt geradeaus. Um zu zeigen, dass f stetig ist, betrachten wir eine Folge $(x_n)_{n\in\mathbb{N}}$, welche gegen x konvergiert. Es ist zu zeigen, dass die Folge $(f(x_n))_{n\in\mathbb{N}}$ gegen $f(x)$ strebt. Bei vorgegebenem $\epsilon > 0$ wählen wir dann einfach einen Index N, sodass für alle $y \in [a, b]$

$$\left|f_N(y) - f(y)\right| \;<\; \epsilon$$

ist. Das geht wegen der gleichmäßigen Konvergenz. Da f_N stetig ist, gibt es einen Index n_0, ab dem stets

$$\left|f_N(x_n) - f_N(x)\right| \;<\; \epsilon$$

ist. Zusammen ergibt sich dann nach der Dreiecksungleichung

$$\begin{aligned}\left|f(x_n) - f(x)\right| \;&\leq\; \left|f(x_n) - f_N(x_n)\right| + \left|f_N(x_n) - f_N(x)\right| + \left|f_N(x) - f(x)\right| \\ &<\; \epsilon + \epsilon + \epsilon \;=\; 3\epsilon\end{aligned}$$

für alle $n \geq n_0$. Da 3ϵ beliebig klein werden kann, folgt die Stetigkeit von f.

Die Integralformel ist ganz einfach zu sehen, da

$$\left|\int_a^b f_n(x)\,\mathrm{d}x - \int_a^b f(x)\,\mathrm{d}x\right| \;\leq\; \int_a^b \left|f_n(x) - f(x)\right|\mathrm{d}x \;\leq\; (b-a)\,\epsilon$$

ist, falls nur n genügend groß ist. Beachten Sie dabei, dass f wegen der Stetigkeit auch integrierbar ist.

Auch die Differentiation von f ist schnell erledigt. Wir haben für alle n nach dem Ergebnis auf Seite 322

$$f_n(x) \;=\; f_n(a) + \int_a^x f_n'(t)\,\mathrm{d}t\,.$$

Nach der vorigen Überlegung ist g stetig und es gilt

$$\lim_{n\to\infty} \int_a^x f_n'(t)\,\mathrm{d}t \;=\; \int_a^x g(t)\,\mathrm{d}t\,.$$

Lässt man n zur Grenze übergehen, so erhalten wir

$$f(x) \;=\; f(a) + \int_a^x g(t)\,\mathrm{d}t\,.$$

Differentiation nach x liefert genau wie im Beweis auf Seite 323 $f'(x) = g(x)$. □

Mit diesem Ergebnis können wir uns auf eine spannende Suche nach der Lösung des Basler Problems machen. Wir betrachten dazu die Funktion

$$\Phi(x) \;=\; \sum_{n=1}^{\infty} \frac{\cos nx}{n^2}\,.$$

Eine seltsame Konstruktion. Wieder definiert eine Reihe von Funktionen über die Folge ihrer Partialsummen eine Funktionenfolge im obigen Sinne. Wenn die Summanden dabei Funktionen der Form $a_n \sin nx + b_n \cos nx$ sind, nennt man eine solche Reihe eine **Fourier-Reihe**, benannt nach dem Franzosen JEAN BAPTISTE JOSEPH FOURIER, [17].

Diese Reihen haben nicht nur theoretische, sondern höchst praktische Bedeutung: Man kann die Partialsummen als Überlagerung von harmonischen Schwingungen mit steigender Frequenz interpretieren. Ein zentraler Satz aus der Theorie der FOURIER-Reihen besagt, dass man jede stetige und periodische Funktion – also jedes akustische oder optische Signal – durch Überlagerung von endlich vielen reinen Sinus- und Cosinus-Schwingungen beliebig genau approximieren kann. Auf diesem Prinzip beruht die moderne Datenkompression, wie sie bei JPG-Bildern, MPEG-Video- oder MP3-Audio-Dateien angewendet wird.

Zurück zu der FOURIER-Reihe Φ. Offenbar ergibt sich die Reihe der reziproken Quadrate durch Einsetzen von $x = 0$. Aber konvergiert diese Reihe überhaupt für jedes $x \in \mathbb{R}$? Ähnlich wie bei der Untersuchung der Exponentialreihe (Seite 260) müssen wir zeigen, dass die Restglieder der Reihe gegen 0 konvergieren:

$$\lim_{k\to\infty} \sum_{n=k}^{\infty} \frac{\cos nx}{n^2} \;=\; 0\,.$$

Wegen

$$\left|\sum_{n=k}^{\infty} \frac{\cos nx}{n^2}\right| \;\leq\; \sum_{n=k}^{\infty} \left|\frac{\cos nx}{n^2}\right| \;\leq\; \sum_{n=k}^{\infty} \frac{1}{n^2}$$

sind wir bei der Frage nach der Konvergenz der MENGOLIschen Reihe $\sum_{n=1}^{\infty} 1/n^2$ angekommen. Deren Partialsummen s_N sind aber leicht in Schranken zu halten. Es gilt für eine natürliche Zahl m, mit der $N \leq 2^{m+1} - 1$ ist:

$$\begin{aligned} s_N &\leq \sum_{n=1}^{2^{m+1}-1} \frac{1}{n^2} = 1 + \left(\frac{1}{2^2} + \frac{1}{3^2}\right) + \left(\frac{1}{4^2} + \ldots + \frac{1}{7^2}\right) + \left(\sum_{n=2^m}^{2^{m+1}-1} \frac{1}{n^2}\right) \\ &\leq \sum_{k=0}^{m} 2^k \frac{1}{(2^k)^2} = \sum_{k=0}^{m} \left(\frac{1}{2}\right)^k < \sum_{k=0}^{\infty} \left(\frac{1}{2}\right)^k = 2 \end{aligned}$$

nach der Formel für die geometrische Reihe (Seite 75). Die Partialsummen sind also streng monoton steigend und beschränkt, daher nach dem Satz von BOLZANO-WEIERSTRASS (Seite 154) konvergent.

Haben Sie genau hingesehen? Wir haben sogar noch viel mehr bewiesen. Sie überlegen sich schnell, dass die obige Reihe von Funktionen

$$\Phi(x) = \sum_{n=1}^{\infty} \frac{\cos nx}{n^2}$$

auf ganz $\mathbb{R}$ gleichmäßig konvergiert und daher eine stetige Funktion darstellt. Dies ist klar, denn die Restglieder dieser Reihe sind – unabhängig von $x \in \mathbb{R}$ – vom Betrag her durch die Restglieder der Reihe $\sum_{n=1}^{\infty} 1/n^2$ nach oben beschränkt.

Das große Ziel besteht jetzt darin, für die Funktion Φ eine vernünftige Darstellung zu finden. Dies ist Gegenstand der folgenden Beobachtung.

Für alle $0 \leq x \leq 2\pi$ gilt die Darstellung

$$\Phi(x) = \sum_{n=1}^{\infty} \frac{\cos nx}{n^2} = \left(\frac{x-\pi}{2}\right)^2 - \frac{\pi^2}{12}.$$

Ein verblüffendes Resultat, wie durch ein Wunder tritt die Kreiszahl π, welche als Winkelmaß meist nur im Argument der trigonometrischen Funktionen eine Rolle spielt, aus diesem Schatten heraus ins helle Licht eines algebraischen Terms. Mit diesem Resultat ergibt sich die berühmte Identität

$$\sum_{n=1}^{\infty} \frac{1}{n^2} = \frac{\pi^2}{6}$$

sofort durch Einsetzen von $x = 0$.

Der Weg zu dieser Formel ist zwar steinig, aber lohnend. Wir betrachten zunächst die Reihe der Ableitungen

$$\Phi^*(x) = -\sum_{n=1}^{\infty} \frac{\sin nx}{n}.$$

Schon hier erkennen Sie, dass es unbequem wird. Denn im Nenner steht nur noch n, und die harmonische Reihe $\sum_{n=1}^{\infty} 1/n$ divergiert, wir können also die elegante Argumentation von vorhin nicht wiederholen.

Und tatsächlich wird sich herausstellen, dass die Reihe $\Phi^*(x)$ nicht gleichmäßig konvergiert. Wir werden aber dennoch eine sehr schöne – und durchaus überraschende – Aussage über die Konvergenz dieser Reihe herleiten können:

Für alle $0 \leq x \leq 2\pi$ besteht eine punktweise Konvergenz der Form

$$\Phi^*(x) \;=\; -\sum_{n=1}^{\infty} \frac{\sin nx}{n} \;=\; \frac{x-\pi}{2} \quad \text{für } x \in]0, 2\pi[$$

und $\Phi^*(0) = \Phi^*(2\pi) = 0$. Für jedes $0 < \epsilon < \pi$ konvergiert Φ^* auf dem Intervall $[\epsilon, 2\pi - \epsilon]$ sogar gleichmäßig.

Man sollte sich diese Formel mindestens zweimal ansehen. Es ist bemerkenswert, wie der Sinus die Zähler der Summanden zwischen 1 und -1 hin- und herwirbelt, sodass die Reihe am Ende doch konvergiert.

Bevor wir diese Aussage beweisen, lassen Sie uns kurz sehen, wie wir damit das Basler Problem lösen können. Für beliebig kleines $\epsilon > 0$ konvergiert also die Reihe der Ableitungen von Φ auf $[\epsilon, 2\pi - \epsilon]$ gleichmäßig gegen die Funktion $(x - \pi)/2$. Nach dem Satz über die Differentiation von Funktionenfolgen (Seite 329) ist Φ dann differenzierbar und es gilt

$$\Phi'(x) \;=\; \frac{x-\pi}{2}$$

und daher

$$\Phi(x) \;=\; \left(\frac{x-\pi}{2}\right)^2 + c$$

auf dem Intervall $[\epsilon, 2\pi - \epsilon]$. Wenn wir ϵ gegen 0 gehen lassen und gleichzeitig berücksichtigen, dass Φ stetig war, so erhalten wir die Gültigkeit dieser Darstellung von Φ im ganzen Intervall $[0, 2\pi]$. Nun sind wir kurz vor dem Ziel, wir müssen nur noch die Konstante c bestimmen. Durch einfache Integrationsregeln ergibt sich

$$\int_0^{2\pi} \Phi(x)\,\mathrm{d}x \;=\; \frac{\pi^3}{6} + 2\pi c\,,$$

aber auch mit Vertauschung von Integration und Grenzwertbildung (Seite 329)

$$\int_0^{2\pi} \Phi(x)\,\mathrm{d}x \;=\; \sum_{n=1}^{\infty} \int_0^{2\pi} \frac{\cos nx}{n^2}\,\mathrm{d}x \;=\; 0\,.$$

Damit folgt $c = -\pi^2/12$, was zu zeigen war. □

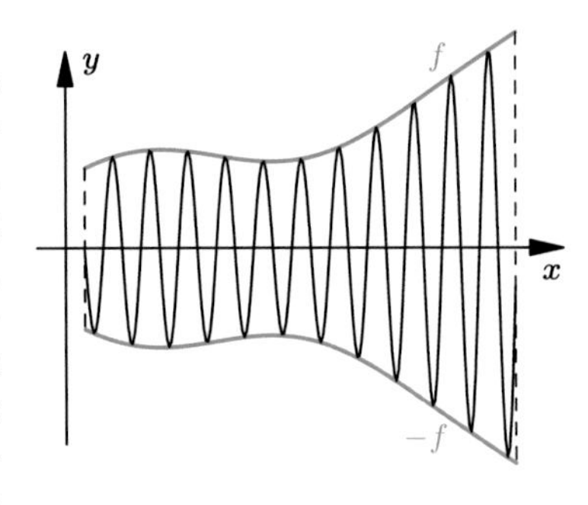

Es bleibt noch die knifflige Aufgabe, die obige Formel für die Reihe Φ^* zu zeigen. Wir beginnen mit einer wichtigen Beobachtung. Stellen Sie sich vor, Sie haben eine stetig differenzierbare Funktion $f : [a,b] \to \mathbb{R}$, und „verschmieren" ihren Graphen ganz gleichmäßig zwischen f und $-f$ wie im Bild. Das tun wir, indem wir für immer größere $\eta \in \mathbb{R}$ das Produkt $f(x)\sin\eta x$ bilden. Was wird das Integral über die verschmierte Funktion tun, wenn η vom Betrag her gegen unendlich geht? Die Antwort ist naheliegend. Es gilt

$$\lim_{|\eta|\to\infty} \int_a^b f(x)\sin\eta x \, \mathrm{d}x \;=\; 0\,,$$

die Funktion wird so zwischen sich selbst und ihrem Negativen hin- und hergezerrt, dass sich sämtliche Teilflächen im Grenzwert gegenseitig aufheben. Ein schönes Resultat, und mittels partieller Integration (Seite 326) einfach zu beweisen. Es ist nämlich

$$\int_a^b f(x)\sin\eta x \, \mathrm{d}x \;=\; -f(x)\frac{\cos\eta x}{\eta}\Big|_a^b + \frac{1}{\eta}\int_a^b f'(x)\cos\eta x\,\mathrm{d}x\,.$$

Sowohl f als auch f' nehmen ihr betragsmäßiges Maximum in $[a,b]$ an. Daher gibt es ein $M > 0$ mit

$$\left|\int_a^b f(x)\sin\eta x\,\mathrm{d}x\right| \;\leq\; \frac{1}{|\eta|}\big(M + M(b-a)\big)\,. \qquad \square$$

Stürzen wir uns jetzt hinein in die abschließende Rechnung, es ist nicht mehr weit. Wir haben

$$\sum_{n=1}^{N}\frac{\sin nx}{n} \;=\; \sum_{n=1}^{N}\int_\pi^x \cos nx\,\mathrm{d}x \;=\; \int_\pi^x \sum_{n=1}^{N}\cos nx\,\mathrm{d}x\,,$$

sowie die bemerkenswerte Identität

$$\sum_{n=1}^{N}\cos nx \;=\; \frac{\sin(N+1/2)x}{2\,\sin x/2} - \frac{1}{2}\,,$$

falls x kein ganzzahliges Vielfaches von 2π ist.

Das ergibt sich aus der EULERschen Formel (Seite 274) sowie der Summenformel für die geometrische Reihe (Seite 75): Es ist wegen $\cos nx = \frac{1}{2}(\mathrm{e}^{inx} + \mathrm{e}^{-inx})$

$$\begin{aligned}\frac{1}{2} + \sum_{n=1}^{N} \cos nx &= \frac{1}{2} \sum_{n=-N}^{N} \mathrm{e}^{inx} = \frac{\mathrm{e}^{iNx}}{2} \sum_{n=0}^{2N} \mathrm{e}^{inx} = \frac{\mathrm{e}^{iNx}}{2} \frac{1 - \mathrm{e}^{i(2N+1)x}}{1 - \mathrm{e}^{ix}} \\ &= \frac{1}{2} \frac{\mathrm{e}^{i(N+1/2)x} - \mathrm{e}^{-i(N+1/2)x}}{\mathrm{e}^{ix/2} - \mathrm{e}^{-ix/2}} = \frac{\sin(N+1/2)x}{2 \sin x/2}\,.\end{aligned}$$

Nun kommt die magische Stelle, bei der π ans Tageslicht tritt. Setzen wir die obige Rechnung fort, so erhalten wir

$$\sum_{n=1}^{N} \frac{\sin nx}{n} = \int_{\pi}^{x} \frac{\sin(N+1/2)x}{2 \sin x/2}\, \mathrm{d}x - \frac{1}{2}(x - \pi)$$

für $0 < x < 2\pi$. Das Integral auf der rechten Seite ist genau von dem oben besprochenen Typ, welches für wachsendes N gegen 0 strebt. Daraus folgt die punktweise Konvergenz

$$\sum_{n=1}^{\infty} \frac{\sin nx}{n} = \frac{1}{2}(\pi - x)$$

für $0 < x < 2\pi$. Der erste Schritt ist geschafft.

Die Reihe kann aber auf ganz $[0, 2\pi]$ nicht gleichmäßig konvergieren, da der Grenzwert dort keine stetige Funktion ist. Wir zeigen daher noch, dass die Konvergenz wenigstens für $0 < \epsilon < \pi$ auf einem Intervall der Gestalt $[\epsilon, 2\pi - \epsilon]$ gleichmäßig ist, keinesfalls ein selbstverständliches Ergebnis. Wir setzen dafür zur Abkürzung

$$\sigma_N(x) = \sum_{n=1}^{N} \sin nx = \mathrm{Im}\left(\sum_{n=1}^{N} \mathrm{e}^{inx}\right)$$

und erhalten für alle $\epsilon < x < 2\pi - \epsilon$ mit der geometrischen Reihe die Abschätzung

$$\left|\sigma_N(x)\right| \le \left|\sum_{n=1}^{N} \mathrm{e}^{inx}\right| = \left|\frac{\mathrm{e}^{iNx} - 1}{\mathrm{e}^{ix} - 1}\right| \le \frac{2\,|\mathrm{e}^{-ix/2}|}{|\mathrm{e}^{ix/2} - \mathrm{e}^{-ix/2}|} = \frac{1}{\sin x/2} \le \frac{1}{\sin \epsilon/2}\,.$$

Nun fügt sich eins ins andere. Wir betrachten für $M > N > 0$ die Abschätzung

$$\begin{aligned}\left|\sum_{n=N}^{M} \frac{\sin nx}{n}\right| &= \left|\sum_{n=N}^{M} \frac{\sigma_n(x) - \sigma_{n-1}(x)}{n}\right| \\ &= \left|\sum_{n=N}^{M} \sigma_n(x) \left(\frac{1}{n} - \frac{1}{n+1}\right) + \frac{\sigma_M(x)}{M+1} - \frac{\sigma_{N-1}(x)}{N}\right| \\ &\le \frac{1}{\sin \epsilon/2} \left(\frac{1}{N} - \frac{1}{M+1} + \frac{1}{M+1} + \frac{1}{N}\right) \le \frac{2}{N \sin \epsilon/2}\,.\end{aligned}$$

Die rechte Seite hängt nicht mehr von M ab, die Ungleichung gilt daher auch im Grenzübergang $M \to \infty$. Damit folgt die gleichmäßige Konvergenz der Reihe Φ^* im Intervall $[\epsilon, 2\pi - \epsilon]$, womit das Basler Problems gelöst ist. □

Ein Meilenstein in der Geschichte der Mathematik. In seiner originalen Arbeit fand EULER eine Menge weiterer Ergebnisse. Hier einige Beispiele:

$$\sum_{n=1}^{\infty} \frac{1}{n^4} = \frac{\pi^4}{90}, \quad \sum_{n=1}^{\infty} \frac{1}{n^6} = \frac{\pi^6}{945}, \quad \sum_{n=1}^{\infty} \frac{1}{n^8} = \frac{\pi^8}{9450},$$

$$\sum_{n=1}^{\infty} \frac{1}{n^{10}} = \frac{\pi^{10}}{93555}, \quad \sum_{n=1}^{\infty} \frac{1}{n^{12}} = \frac{691\,\pi^{12}}{6821 \cdot 93555}.$$

Die Fälle aller geraden Potenzen lassen sich sukzessive durch eine solche Formel berechnen. Über die ungeraden Potenzen ≥ 3 ist dagegen noch fast gar nichts bekannt. Man weiß nur, dass die Reihe $\sum_{n=1}^{\infty} 1/n^3$ irrational ist (Seite 426).

Diese Reihen haben über 100 Jahre später noch viel größere Beachtung erlangt. EULER selbst hat den Grundstein gelegt. Zunächst war es einfach zu zeigen, dass die Reihen $\sum_{n=1}^{\infty} 1/n^s$ für alle reellen Zahlen $s > 1$ konvergieren. Sie können den Beweis, den wir für $s = 2$ auf Seite 332 durchgeführt haben, einfach kopieren. Ein Gedankenblitz verhalf EULER dann zu einer sensationellen Entdeckung. Er kombinierte die reziproken Reihen mit der geometrischen Reihe (Seite 75) und dem Satz über die eindeutige Primfaktorzerlegung (Seite 42). Für jede Primzahl p gilt nach der geometrischen Reihe die Identität

$$\frac{1}{1 - p^{-s}} = \sum_{n=0}^{\infty} \left(\frac{1}{p^s} \right)^n = 1 + \frac{1}{p^s} + \frac{1}{p^{2s}} + \frac{1}{p^{3s}} + \ldots .$$

Multipliziert man diese unendlichen Summen für alle Primzahlen unterhalb einer festen Zahl $N \in \mathbb{N}$, so ergibt sich

$$\prod_{p \leq N,\, p \text{ prim}} \frac{1}{1 - p^{-s}} = \left(1 + \frac{1}{2^s} + \frac{1}{2^{2s}} + \ldots \right) \left(1 + \frac{1}{3^s} + \ldots \right) \cdot \ldots = \sum_{n \in \mathcal{N}} \frac{1}{n^s},$$

wobei $\mathcal{N}$ die Menge aller natürlichen Zahlen ist, welche nur Primfaktoren $\leq N$ besitzen. Beachten Sie bitte eine Feinheit: Wir verändern dabei die Reihenfolge der Summanden, nehmen also eine **Umordnung** der Reihe vor. Das macht aber nichts, denn die Reihe $\sum_{n=1}^{\infty} 1/n^s$ konvergiert absolut (Seite 263).

Eine einfache Überlegung zeigt, dass man dann die Summanden immer umordnen darf, ohne den Grenzwert der Reihe zu verändern: Eine Umordnung der Indizes einer beliebigen Reihe $\sum_{n=0}^{\infty} a_n$ wird durch eine bijektive Abbildung $\tau : \mathbb{N} \to \mathbb{N}$ definiert. Es sei A der Grenzwert der originalen Reihe. Wir müssen

$$A = \lim_{n \to \infty} \sum_{n=0}^{\infty} a_n = \lim_{n \to \infty} \sum_{n=0}^{\infty} a_{\tau(n)}$$

zeigen.

Wegen der absoluten Konvergenz gibt es ein $n_0 \geq 0$ mit

$$\sum_{k=n_0}^{\infty} |a_k| < \epsilon .$$

Wenn n_1 nun so groß gewählt wird, dass die Menge $\{\tau(0), \tau(1), \ldots, \tau(n_1)\}$ alle Indizes von 0 bis $n_0 - 1$ enthält, so zeigt eine schnelle Rechnung für alle $m \geq n_1$:

$$\left|\sum_{k=0}^{m} a_{\tau(k)} - A\right| \leq \left|\sum_{k=0}^{m} a_{\tau(k)} - \sum_{k=0}^{n_0-1} a_k\right| + \left|\sum_{k=0}^{n_0-1} a_k - A\right| \leq \sum_{k=n_0}^{\infty} |a_k| + \epsilon < 2\epsilon .$$

Die Grenzwerte der Reihen stimmen überein – man darf beliebig umordnen. □

Zurück zu obigem Produkt. Für $N \to \infty$ erhält man die schöne Formel

$$\prod_{p \text{ prim}} \frac{1}{1-p^{-s}} = \lim_{N\to\infty} \prod_{p \leq N,\, p \text{ prim}} \frac{1}{1-p^{-s}} = \sum_{n=1}^{\infty} \frac{1}{n^s} ,$$

welche unter dem Namen **Euler-Produkt** bekannt ist. Hier zeigt sich ein verblüffender Zusammenhang zwischen der Reihe $\sum_{n=1}^{\infty} 1/n^s$ und der Verteilung der Primzahlen. BERNHARD RIEMANN hat diese Erkenntnis im Jahre 1859 zu voller Blüte geführt, [45]. Zunächst stellte er fest, dass man in der reziproken Reihe über die $1/n^s$ auch komplexe Zahlen s zulassen darf, sofern $\mathrm{Re}(s) > 1$ ist. Die Reihe konvergiert dann ebenfalls absolut, da $|n^s| = \left|n^{\mathrm{Re}(s)}\right|$ ist. Damit war die berühmte **Riemannsche Zetafunktion** geboren:

$$\zeta(s) = \sum_{n=1}^{\infty} \frac{1}{n^s} , \quad (\text{für } \mathrm{Re}(s) > 1) .$$

In seiner historischen Arbeit „*Über die Anzahl der Primzahlen unter einer gegebenen Größe*“ fand RIEMANN eine eindeutig definierte **Fortsetzung** dieser Funktion auf ganz $\mathbb{C} \setminus \{1\}$, welche mit der Zetafunktion für $\mathrm{Re}(s) > 1$ übereinstimmt und dort auch **komplex differenzierbar** ist (was das genau bedeutet, erfahren Sie ab Seite 374). Diese (fortgesetzte) Zetafunktion hat nun bei $-2, -4, -6, -8, \ldots$ Nullstellen, was relativ einfach aus einer Funktionalgleichung folgt. Man nennt diese Nullstellen die **trivialen** Nullstellen. Die spannende Frage stellt sich jetzt nach den übrigen, **nicht-trivialen** Nullstellen dieser Funktion, die alle auf der Geraden mit $\mathrm{Re}(s) = 1/2$ liegen sollen. So zumindest lautet die berühmte RIEMANNsche Vermutung, welche gewaltige Konsequenzen für die Verteilung der Primzahlen hätte. Auch können viele weitere Resultate aus der analytischen Zahlentheorie oder der Kryptographie bisher nur unter Annahme dieser Vermutung bewiesen werden. Bis heute hat man etwa 10^{13} nicht-triviale Nullstellen gefunden, welche alle den Realteil $1/2$ haben. Die RIEMANNsche Vermutung gilt als das wichtigste noch ungelöste Problem in der reinen Mathematik. Für einen Beweis (nicht für ein Gegenbeispiel!) wurde im Jahr 2000 ein Preis von einer Million US-Dollar ausgesetzt.

14.4 Kurvenintegrale in $\mathbb{R}^2$

Wir wollen jetzt die physikalische Seite der Integralrechnung beleuchten, ähnlich wie es ISAAC NEWTON getan hat, als er die Bewegung von Masseteilchen im Raum betrachtete. Wir beschränken uns dabei auf den 2-dimensionalen Raum $\mathbb{R}^2$. Wenn man den Ort eines solchen Masseteilchens über eine Zeit $t \in [a, b]$ verfolgt, so zeichnet es eine Kurve

$$\varphi : [a, b] \to \mathbb{R}^2 ,$$

wobei $\varphi(t) = \big(\varphi_1(t), \varphi_2(t)\big)$ ist mit stetigen Funktionen $\varphi_1, \varphi_2 : [a, b] \to \mathbb{R}$.

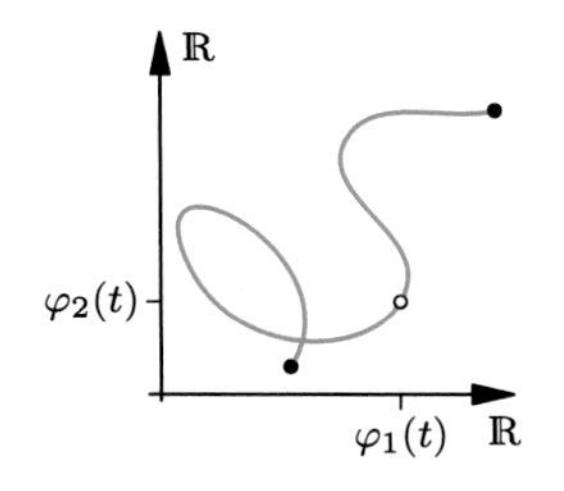

Wir verlangen nun etwas mehr. Die Funktionen φ_1 und φ_2 sollen sogar differenzierbar sein. Die Kurve darf keine Knicke haben.

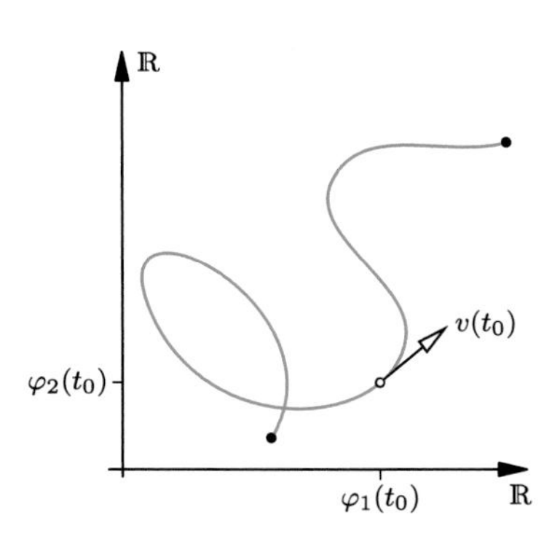

Kommen wir nun zu den bemerkenswerten Gedanken von NEWTON. Schon seit langer Zeit war klar, dass sich bei gleichförmiger Bewegung die (konstante) Geschwindigkeit aus dem Quotienten $v = \Delta\varphi/\Delta t$ errechnet. Beachten Sie dabei, dass φ immer einen Punkt in $\mathbb{R}^2$ darstellt, also einen Vektor. Damit ist auch die Geschwindigkeit ein Vektor. Wenn sie nicht konstant ist, so kann man wenigstens sagen, dass der Quotient $\Delta\varphi/\Delta t$ die *durchschnittliche* Geschwindigkeit des Teilchens im Zeitintervall Δt ist. Wenn wir nun Δt immer kleiner werden lassen, so ist es anschaulich klar, dass im Grenzwert $\Delta t \to 0$ eine Ableitung entsteht:

$$\lim_{t \to t_0} \frac{\varphi(t) - \varphi(t_0)}{t - t_0} = \left(\frac{\mathrm{d}\varphi_1(t_0)}{\mathrm{d}t}, \frac{\mathrm{d}\varphi_2(t_0)}{\mathrm{d}t} \right) = \big(\varphi_1'(t_0), \varphi_2'(t_0)\big) .$$

Obwohl die Größen $\mathrm{d}\varphi(t_0)$ und $\mathrm{d}t$ im Grenzwert verschwinden, wissen wir inzwischen, dass trotzdem ein sinnvoller Wert dabei herauskommt, nämlich die *momentane* Geschwindigkeit $v(t_0)$ des Teilchens zum Zeitpunkt t_0. Dieser Geschwindigkeitsvektor $v(t_0) = \big(\varphi_1'(t_0), \varphi_2'(t_0)\big)$ kann anschaulich als Tangente an die Kurve gesehen werden.

Es stellt sich nun die interessante Frage nach der Länge der Kurve φ. Aus der Physik kennen wir die bekannte Formel

$$\text{Länge des Weges} = (\text{Betrag der Geschwindigkeit}) \cdot \text{Zeit} .$$

Wenn wir die Länge des zurückgelegten Weges zum Zeitpunkt $t \in [a,b]$ mit $S(t)$ bezeichnen, so ist offenbar

$$\Delta S(t) \approx \|v(t)\| \, \Delta t$$

oder wieder infinitesimal geschrieben

$$\mathrm{d}S(t) = \|v(t)\| \, \mathrm{d}t .$$

Dabei steht im Falle $(x,y) \in \mathbb{R}^2$ der Ausdruck $\|(x,y)\|$ für den absoluten Betrag, also die Länge des Vektors (x,y) gemäß des Satzes von PYTHAGORAS (Seite 6). Spätestens jetzt fällt Ihnen die verblüffende Übereinstimmung auf zwischen dieser Gleichung und dem totalen Differential einer Funktion (Seite 254). Tatsächlich sind die beiden Ansätze von NEWTON und LEIBNIZ identisch, nur der Blickwinkel ein anderer.

Nun kommt die erwartete kühne Schlussfolgerung. Wenn wir die Differentiale wieder innerhalb eines Intervalls $[a,b]$ aufsummieren – oder integrieren – erhalten wir:

$$\int_a^b \|v(t)\| \, \mathrm{d}t = \int_a^b \mathrm{d}S(t) = S(b) - S(a) .$$

Das ist genau die Gesamtstrecke, welche das Teilchen im Zeitintervall $[a,b]$ zurückgelegt hat.

Wir sind jetzt in der Lage, eine ganze Menge interessanter geometrischer Beobachtungen zu machen. Zu Beginn eine einfache Aufgabe, die Berechnung der Länge S der Kreislinie vom Radius $r > 0$. Diese Kreislinie wird offenbar gegeben durch die Kurve

$$\varphi : [0{,}2\pi] \to \mathbb{R}^2, \quad \varphi(t) = (r\cos t, r\sin t) .$$

Es gilt $\|\varphi'(t)\| = r\sqrt{\cos^2 t + \sin^2 t} = r$ und daher ist

$$S = \int_0^{2\pi} \|\varphi'(t)\| \, \mathrm{d}t = r \int_0^{2\pi} \mathrm{d}t = 2\pi r .$$

Kein überraschendes Resultat, wir haben es schon gewusst. Aber dennoch ist es beeindruckend, wie sich die neue Theorie mit Bewährtem verträgt.

Beim nächsten Beispiel werden Sie staunen. Wir betrachten einen weiteren Weg, der eng mit einem Kreis zusammenhängt, die sogenannte **Zykloide**. Stellen Sie sich vor, Sie markieren auf Ihrem Fahrrad einen Punkt des Vorderrades mit Kreide und stellen das Rad auf diesen Punkt. Das Rad habe der Einfachheit halber den Radius 1. Nun fahren Sie genau eine Umdrehung des Rades geradeaus, bis die Markierung wieder Bodenkontakt bekommt. Wir haben gerade eben gesehen, dass die zurückgelegte Strecke des Rades dann genau 2π beträgt, das ist sein Umfang. Welche Strecke hat aber die Markierung zurückgelegt? Sie hat eine Zykloide in die Luft gezeichnet, wie in der folgenden Grafik gezeigt.

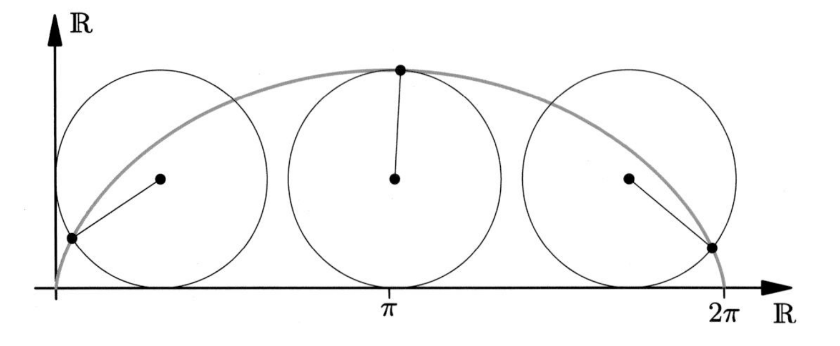

Das Geheimnis besteht nun darin, eine brauchbare Formel für diese Kurve $\varphi(t)$ zu finden. Aus der Zeichnung erkennen Sie, dass die x-Koordinate des Punktes $\varphi(t)$ den Wert $t - \sin t$ hat. Die y-Koordinate hat den Wert $1 - \cos t$. Nehmen Sie sich ruhig ein wenig Zeit dafür, es aus der Zeichnung herauszulesen. Wir haben also

$$\varphi(t) = (t - \sin t, 1 - \cos t)$$

für $t \in [0{,}2\pi]$ und damit $\varphi'(t) = (1 - \cos t, \sin t)$.

Es wird spannend, das sieht nicht unlösbar aus. Tatsächlich, mit Hilfe der Additionstheoreme des Cosinus (Seite 274) erhalten wir ganz schnell

$$\begin{aligned} \|\varphi'(t)\|^2 &= (1 - \cos t)^2 + \sin^2 t = 1 - 2\cos t + \cos^2 t + \sin^2 t = \\ &= 2 - 2\cos t = 4\sin^2 \frac{t}{2}. \end{aligned}$$

Im Bereich $t \in [0{,}2\pi]$ ist $\sin(t/2) \geq 0$ und daher $\|\varphi'(t)\| = 2\sin(t/2)$. Mithilfe der Substitution $u = t/2$ erhalten wir jetzt ein wahrlich verblüffendes Resultat für die Länge S der Zykloide:

$$S = \int_0^{2\pi} \|\varphi'(t)\| \, \mathrm{d}t = \int_0^{2\pi} 2\sin\frac{t}{2} \, \mathrm{d}t = 4\int_0^{\pi} \sin u \, \mathrm{d}u = 8.$$

Ein erstaunliches Ergebnis. Sie können sich vorstellen, was dieses Resultat für die Forscher bedeutete, die fieberhaft nach einer Methode zur Quadratur des Kreises suchten: Die Zykloide entsteht auf natürliche Weise aus einer Kreislinie und hat als Länge eine rationale Zahl.

Da könnte doch der Kreisumfang auch rational, oder wenigstens algebraisch sein. Wenn dann sein Grad noch eine Zweierpotenz wäre, was bei der Gleichung $x^2 + y^2 = 1$ nicht ganz abwegig ist, dann wäre nach dem Hauptsatz von der Konstruierbarkeit mit Zirkel und Lineal (Seite 290) die Quadratur des Kreises möglich. Es schien eine Entdeckung von wahrhaft historischem Rang in der Luft zu liegen.

Unzählige haben sich an dieser Aufgabe versucht und tun das heute noch. Vergeblich, wie sich bald herausstellen wird.

14.5 Uneigentliche Integrale

Bisher war die Integration auf endliche Intervalle der Form $[a, b]$ beschränkt, die an beiden Grenzen abgeschlossen sind. Da wir eine präzise Vorstellung von Grenzwerten besitzen, können Integrale über offene oder halboffene Intervalle wie $]a, b[$ oder $[a, b[$ gebildet werden, wenn der Integrand an den Grenzen nicht definiert ist. Das kann der Fall sein, wenn die Grenze unendlich ist oder der Integrand dort gegen unendlich geht. Solche Integrale werden als **uneigentlich** bezeichnet.

Hier einige Beispiele. Die Funktion $f(x) = \mathrm{e}^{-x}$ ist auf $\mathbb{R}$ definiert, also können wir nach der Fläche zwischen ihrem Graphen und der positiven x-Achse fragen.

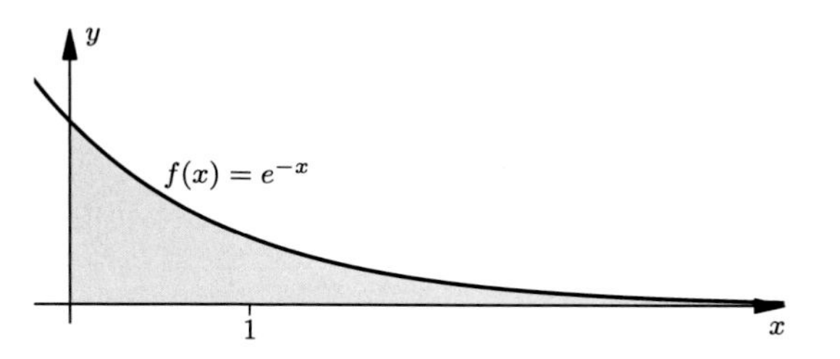

Es mag zunächst absurd klingen, dass eine „unendlich lange" Fläche endlich sein könnte, doch wenn wir sie ganz formal als Grenzwert sehen, ergibt sich

$$\int_0^\infty \mathrm{e}^{-x}\,\mathrm{d}x = \lim_{n\to\infty} \int_0^n \mathrm{e}^{-x}\,\mathrm{d}x = \lim_{n\to\infty} -\mathrm{e}^{-x}\Big|_0^n = 1\,.$$

Auch ein schönes Resultat. Der Inhalt des Einheitsquadrats kann in der idealisierten Welt der Analysis tatsächlich ein unendlich langes „Gefäß" auffüllen.

Als Nächstes untersuchen wir die Fläche zwischen der Funktion $f(x) = 1/x^s$ und dem Intervall $]0,1]$ in den interessanten Fällen mit $s > 0$. Die Funktion strebt beim Grenzübergang $x \to 0$ gegen unendlich, ist also im Nullpunkt nicht definiert. Versuchen wir es auch hier mit uneigentlicher Integration:

$$\begin{aligned}\int_0^1 \frac{\mathrm{d}x}{x^s} &= \lim_{\epsilon\to 0} \int_\epsilon^1 \frac{\mathrm{d}x}{x^s} = \\ &= \lim_{\epsilon\to 0} \frac{1}{1-s}\,\frac{1}{x^{s-1}}\Big|_\epsilon^1 = \lim_{\epsilon\to 0} \frac{1}{1-s}\left(1-\epsilon^{1-s}\right)\,.\end{aligned}$$

Der Grenzwert existiert genau dann, wenn $s < 1$ ist. Er beträgt

$$\int_0^1 \frac{\mathrm{d}x}{x^s} = \frac{1}{1-s}\,,$$

was an die Formel für die geometrische Reihe erinnert (Seite 75).

Nun zu einer Verallgemeinerung des ersten Beispiels. Wir betrachten das Integral der Funktion $x^k e^{-x}$ über dem Intervall $]0, \infty[$, welches für jede Zahl $k \in \mathbb{N}$ den Wert $k!$ annimmt. Auch das ist ein erstaunliches Ergebnis, eine verblüffende Darstellung für die Fakultät einer natürlichen Zahl:

$$k! = \int_0^\infty x^k e^{-x} \, dx .$$

Ihr Beweis ist eine einfache Anwendung der partiellen Integration, zusammen mit vollständiger Induktion nach k. Für $k = 0$ ergibt sich das erste Beispiel, wonach der Induktionsanfang erledigt ist. Für den Induktionsschritt wählen wir $f(x) = x^k$ und $g(x) = -e^{-x}$, dann ergibt sich

$$\int_0^\infty x^k e^{-x} \, dx = -x^k e^{-x} \Big|_0^\infty + k \int_0^\infty x^{k-1} e^{-x} \, dx = k \int_0^\infty x^{k-1} e^{-x} \, dx ,$$

woraus sofort die Behauptung folgt. □

Wir haben es jetzt geschafft, ein rundes Gesamtbild zu entwickeln von der Rechnung mit unendlich kleinen Differenzen und Grenzwerten. Dabei ist es gelungen, einen fundamentalen Zusammenhang zwischen der Differential- und der Integralrechnung zu enthüllen.

Unser Wissen im Bereich der Analysis reicht jetzt aus, um die EULERsche Zahl e und die Kreiszahl π etwas genauer untersuchen zu können.

15 Erste Erkenntnisse über e und π

Im vorigen Kapitel haben wir das Wissen erarbeitet, um die EULERsche Zahl e und die Kreiszahl π genauer untersuchen zu können. Dabei erwarten uns neben einer verblüffenden Darstellung von π auch eine sehr nützliche asymptotische Formel, die beide Zahlen verbindet und später in einen großen Transzendenzbeweis mündet. Abschließend wird, als ein erster Meilenstein bei der Untersuchung der beiden Zahlen, deren Irrationalität bewiesen.

15.1 Das Wallissche Produkt

Der Engländer JOHN WALLIS hat im Jahr 1656 eine der bekanntesten Darstellungen für die Kreiszahl π gefunden, [58]. Es ist ein unendliches Produkt von rationalen Zahlen. Bemerkenswert daran ist, dass er die Formel ohne Zuhilfenahme der Infinitesimalrechnung von NEWTON und LEIBNIZ beweisen konnte, die zum damaligen Zeitpunkt noch nicht zur Verfügung stand. Sein Ergebnis lautet

Wallissches Produkt

$$\frac{\pi}{2} = \prod_{n=1}^{\infty} \frac{4n^2}{4n^2-1} = \frac{2}{1} \cdot \frac{2}{3} \cdot \frac{4}{3} \cdot \frac{4}{5} \cdot \frac{6}{5} \cdot \frac{6}{7} \cdot \frac{8}{7} \cdot \frac{8}{9} \cdot \frac{10}{9} \cdot \frac{10}{11} \cdots .$$

Die Integralrechnung macht hier einen einfachen Beweis möglich. Wir untersuchen für natürliche Zahlen $m \geq 2$ das Integral

$$I_m = \int_0^{\pi/2} \sin^m x \, \mathrm{d}x$$

und erhalten über partielle Integration mit $f(x) = \sin^{m-1} x$ und $g(x) = -\cos x$

$$\begin{aligned} I_m &= -\cos x \sin^{m-1} x \Big|_0^{\pi/2} + (m-1) \int_0^{\pi/2} \cos^2 x \sin^{m-2} x \, \mathrm{d}x \\ &= (m-1) \int_0^{\pi/2} (1-\sin^2 x) \sin^{m-2} x \, \mathrm{d}x \\ &= (m-1)\, I_{m-2} - (m-1)\, I_m . \end{aligned}$$

Nach I_m aufgelöst ergibt sich die rekursive Formel

$$I_m = \frac{m-1}{m} I_{m-2} .$$

F. Toenniessen, *Das Geheimnis der transzendenten Zahlen*,
https://doi.org/10.1007/978-3-662-58326-5_15

Klarerweise ist $I_0 = \pi/2$ sowie $I_1 = 1$. Für $n \geq 1$ gilt daher

$$I_{2n} = \frac{(2n-1)(2n-3)\cdots 3\cdot 1}{2n(2n-2)\cdots 4\cdot 2}\,\frac{\pi}{2} \quad \text{und}$$

$$I_{2n+1} = \frac{2n(2n-2)\cdots 4\cdot 2}{(2n+1)(2n-1)\cdots 5\cdot 3}$$

Da $|\sin x| \leq 1$, ist offenbar stets $\sin^{2n+2} x \leq \sin^{2n+1} x \leq \sin^{2n} x$ und daher auch $I_{2n+2} \leq I_{2n+1} \leq I_{2n}$. Wegen

$$\lim_{n\to\infty} \frac{I_{2n+2}}{I_{2n}} = \lim_{n\to\infty} \frac{2n+1}{2n+2} = 1$$

gilt auch

$$\begin{aligned} 1 &= \lim_{n\to\infty} \frac{I_{2n+1}}{I_{2n}} \\ &= \lim_{n\to\infty} \frac{(2n)(2n)\cdots 4\cdot 2\cdot 2}{(2n+1)(2n-1)\cdots 3\cdot 3\cdot 1}\,\frac{2}{\pi} \\ &= \frac{2}{\pi}\prod_{n=1}^{\infty} \frac{4n^2}{4n^2-1}. \qquad \square \end{aligned}$$

Diese Formel spielt (indirekt) eine wichtige Rolle bei den noch kommenden Untersuchungen von e und π.

15.2 Die Stirlingsche Formel

Der Schotte James Stirling veröffentlichte 1730 in seiner bekannten Arbeit „*Methodus Differentialis*“ eine nützliche Formel für das Verhalten der Fakultät einer natürlichen Zahl, wenn diese gegen unendlich strebt, [55]. Ähnlich wie die Identität $e^{i\pi} = -1$ verbindet sie e und π, doch diesmal im Bereich der reellen Zahlen. Sie hat sowohl praktische Anwendungen als auch theoretische Bedeutung, wie wir noch sehen werden.

Um was geht es? Das Problem ist schnell beschrieben: Klarerweise gilt stets

$$n! < n^n .$$

Das ist trivial. Wir können sogar die Basis der Potenz der rechten Seite auf $n/2$ verkleinern und es sieht immer noch ähnlich aus:

$$\begin{aligned} 6! &= 720 < 3^6 = 729 \\ 8! &= 40320 < 4^8 = 65536 \\ 10! &= 3628800 < 5^{10} = 9765625 . \end{aligned}$$

Bei einer Drittelung der Basis ergibt sich aber plötzlich ein anderes Bild:

$$\begin{aligned} 6! &= 720 > 2^6 = 64 \\ 9! &= 362880 > 3^9 = 19683 \\ 12! &= 479001600 > 4^{12} = 16777216\,. \end{aligned}$$

Während bei der Halbierung die Potenzen die Oberhand zu behalten scheinen, geraten sie bei der Drittelung klar auf die Verliererstraße. STIRLING war auf der Suche nach einem Nenner x für die Basis der Potenz, mit der die Folgen $n!$ und $(n/x)^n$ beim Grenzübergang $n \to \infty$ ein vergleichbares Wachstum besitzen. Die obigen Experimente zeigen, dass wahrscheinlich $2 < x < 3$ ist.

Führen wir dazu eine „Verwandtschaft" des Wachstums zweier reeller Zahlenfolgen $(a_n)_{n\in\mathbb{N}}$ und $(b_n)_{n\in\mathbb{N}}$ ein, deren Elemente niemals 0 sind. Man sagt, die Folgen sind **asymptotisch gleich**, wenn $\lim\limits_{n\to\infty} a_n/b_n = 1$ ist.

Wir schreiben in diesem Fall kurz $a_n \sim b_n$. Beachten Sie bitte, dass dazu weder die Folgen selbst noch ihre Differenz $(a_n - b_n)_{n\in\mathbb{N}}$ konvergieren müssen (vergleichen Sie den Unterschied zu Seite 160). Das Ergebnis von STIRLING lautet nun:

Stirlingsche Formel
Die Fakultät einer natürlichen Zahl $n \in \mathbb{N}$ hat das asymptotische Verhalten

$$n! \sim \sqrt{2\pi n}\left(\frac{n}{e}\right)^n .$$

Ein Resultat von bestechender Schönheit. Es verbindet die Fakultät mit einer Quadratwurzel, einer Potenzfunktion sowie den Zahlen e und π. Trickreicher kann es im Bereich der reellen Zahlen kaum zugehen.

Wenn wir also in der Überlegung von oben den Nenner $x = \mathrm{e}$ wählen, so unterscheiden sich die Folgen $n!$ und $(n/e)^n$ im Wachstum nur um einen Faktor $\sqrt{2\pi n}$, was bei der immensen Größe der zu vergleichenden Zahlen wirklich nicht viel ist. Man macht also nur einen sehr kleinen *relativen* Fehler, wenn man die sperrige Größe $n!$ durch die viel einfacher zu hantierende Zahl $(n/e)^n$ ersetzt. Dies hat schöne Anwendungen bei Beweisen, in denen viele Abschätzungen vorkommen.

Kommen wir zum Beweis der STIRLINGschen Formel. Er ist etwas komplizierter als der des WALLISschen Produkts. Das Interessante ist, dass er davon Verwendung macht, die beiden Resultate also zusammenhängen. Wir starten mit einer Näherungsformel für Integrale im Intervall $[0,1]$, der sogenannten **Trapez-Regel**. Sie besagt, dass für eine zweimal stetig differenzierbare Funktion f das Integral bis auf einen gut abschätzbaren Fehler aus dem Mittelwert von $f(0)$ und $f(1)$ in folgender Form entsteht.

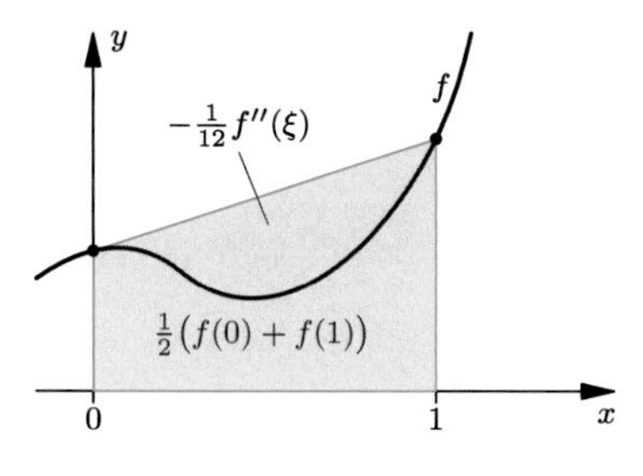

$$\int_0^1 f(x)\,\mathrm{d}x \;=\; \frac{1}{2}\big(f(0)+f(1)\big) - \frac{1}{12}f''(\xi)$$

für ein $\xi \in [0,1]$. Für den Beweis betrachten wir die Funktion

$$g(x) \;=\; \frac{1}{2}x(1-x) \quad \text{mit} \quad g'(x) = \frac{1}{2} - x \quad \text{und} \quad g''(x) = -1\,.$$

Dann folgt mit partieller Integration

$$\begin{aligned}
\int_0^1 f(x)\,\mathrm{d}x \;&=\; -\int_0^1 g''(x)f(x)\,\mathrm{d}x \;=\; -g'(x)f(x)\Big|_0^1 + \int_0^1 g'(x)f'(x)\,\mathrm{d}x \\
&=\; \frac{1}{2}\big(f(0)+f(1)\big) + g(x)f'(x)\Big|_0^1 - \int_0^1 g(x)f''(x)\,\mathrm{d}x \\
&=\; \frac{1}{2}\big(f(0)+f(1)\big) - \int_0^1 g(x)f''(x)\,\mathrm{d}x\,.
\end{aligned}$$

Setzen wir nun m als das Minimum und M als das Maximum von f'' in $[0,1]$. f'' nimmt aufgrund seiner Stetigkeit diese Werte an. Wir haben klarerweise dann $g(x)m \leq g(x)f''(x) \leq g(x)M$ und daher gibt es ein $\mu \in [m, M]$ mit

$$\int_0^1 g(x)f''(x)\,\mathrm{d}x \;=\; \mu \int_0^1 g(x)\,\mathrm{d}x\,.$$

Der Zwischenwertsatz (Seite 157) liefert ein $\xi \in [0,1]$ mit $\mu = f''(\xi)$ und es folgt

$$\int_0^1 g(x)f''(x)\,\mathrm{d}x \;=\; f''(\xi)\int_0^1 g(x)\,\mathrm{d}x \;=\; \frac{1}{12}f''(\xi)\,. \qquad \square$$

Damit können wir die STIRLINGsche Formel beweisen. Es gilt, die Größe $n!$ in den Griff bekommen. Wir probieren es mit dem natürlichen Logarithmus und erhalten

$$n! \;=\; \exp(\ln n!) \;=\; \exp\left(\sum_{k=1}^{n} \ln k\right).$$

Die Summe im Exponenten wird der Schlüssel zum Erfolg. Denn wir können grob

$$\sum_{k=1}^{n} \ln k \;\approx\; \int_1^n \ln x\,\mathrm{d}x$$

behaupten (Seite 327) und auf das Integral die Trapez-Regel anwenden.

Soweit diese erste Beweisidee. Werden wir nun konkret und wenden die Trapez-Regel in $[k, k+1]$ für eine natürliche Zahl k auf die Funktion $f(x) = \ln x$ an. Es ergibt sich wegen $\ln'' x = -1/x^2$

$$\int_k^{k+1} \ln x \,\mathrm{d}x \;=\; \frac{1}{2}\big(\ln k + \ln(k+1)\big) + \frac{1}{12\xi_k^2}$$

für ein $\xi_k \in [k, k+1]$. Mit Summation über k halten wir bei

$$\int_1^n \ln x \,\mathrm{d}x \;=\; \sum_{k=1}^{n} \ln k - \frac{1}{2}\ln n + \frac{1}{12}\sum_{k=1}^{n-1}\frac{1}{\xi_k^2}\,.$$

Nun verwenden wir $x\,(\ln x - 1)$ als Stammfunktion des Logarithmus (Seite 326), um das Integral auf der linken Seite zu lösen. Es ergibt sich dabei $n \,\ln n - n + 1$ und aus der obigen Gleichung schließlich

$$\sum_{k=1}^{n} \ln k \;=\; \left(n + \frac{1}{2}\right)\ln n - n + 1 - \frac{1}{12}\sum_{k=1}^{n-1}\frac{1}{\xi_k^2}\,.$$

Das ist bereits ein brauchbares Resultat. Einziger Schönheitsfehler ist der ziemlich technische Term am Schluss der rechten Seite. Wir schreiben dafür kurz

$$\gamma_n \;=\; 1 - \frac{1}{12}\sum_{k=1}^{n-1}\frac{1}{\xi_k^2}$$

und erhalten durch Exponentiation

$$n! \;=\; n^{n+\frac{1}{2}}\, e^{-n}\, e^{\gamma_n} \;=\; \mathrm{e}^{\gamma_n}\sqrt{n}\left(\frac{n}{\mathrm{e}}\right)^n.$$

Langsam nimmt die Rechnung Formen an. Können Sie das Ergebnis von STIRLING schon erkennen? Es wird nun von entscheidender Bedeutung sein, den Wert e^{γ_n} in den Griff zu bekommen. Dazu stellen wir fest, dass wegen $\xi_k \geq k$ der Grenzwert

$$\gamma \;=\; \lim_{n\to\infty}\gamma_n \;=\; 1 - \lim_{n\to\infty}\frac{1}{12}\sum_{k=1}^{n-1}\frac{1}{\xi_k^2}$$

existiert. Damit konvergiert auch e^{γ_n} gegen e^{γ} und es folgt

$$n! \;\sim\; \mathrm{e}^{\gamma}\sqrt{n}\left(\frac{n}{\mathrm{e}}\right)^n.$$

Jetzt steht die Kür des Beweises an, wir berechnen e^{γ}.

Aus der Stetigkeit der Wurzelfunktion und dem WALLISschen Produkt erhalten wir eine Darstellung von $\sqrt{\pi}$ der Form

$$\sqrt{\pi} = \sqrt{2} \lim_{n\to\infty} \prod_{k=1}^{n} \frac{2k}{\sqrt{2k-1}\,\sqrt{2k+1}}.$$

Sehen wir uns die Elemente der Folge genauer an:

$$\begin{aligned}\sqrt{2}\prod_{k=1}^{n} \frac{2k}{\sqrt{2k-1}\,\sqrt{2k+1}} &= \sqrt{2}\,\frac{2\cdot 4\cdots 2n}{3\cdot 5\cdots(2n-1)\,\sqrt{2n+1}}\\ &= \frac{1}{\sqrt{n+\frac{1}{2}}}\,\frac{2^2\cdot 4^2\cdots(2n)^2}{2\cdot 3\cdot 4\cdot 5\cdots(2n-1)\,2n}\\ &= \frac{1}{\sqrt{n+\frac{1}{2}}}\,\frac{2^{2n}\big(n!\big)^2}{(2n)!}.\end{aligned}$$

Damit steht eine beeindruckende Formel im Raum:

$$\sqrt{\pi} = \lim_{n\to\infty} \frac{2^{2n}\big(n!\big)^2}{\sqrt{n}(2n)!}.$$

Was hat das mit der Zahl e^{γ} von oben zu tun? Nun denn, aus der Identität

$$n! = \mathrm{e}^{\gamma_n}\sqrt{n}\left(\frac{n}{\mathrm{e}}\right)^n$$

können wir die Gleichung

$$\frac{(\mathrm{e}^{\gamma_n})^2}{\mathrm{e}^{\gamma_{2n}}} = \frac{\big(n!\big)^2\sqrt{2n}(2n)^{2n}}{n^{2n+1}(2n)!} = \sqrt{2}\,\frac{2^{2n}\big(n!\big)^2}{\sqrt{n}(2n)!}$$

ableiten. Eine verblüffende Übereinstimmung mit der obigen Darstellung für die Zahl $\sqrt{\pi}$, finden Sie nicht auch? Jetzt sind wir am Ziel, denn wegen

$$\lim_{n\to\infty} \frac{(\mathrm{e}^{\gamma_n})^2}{\mathrm{e}^{\gamma_{2n}}} = \frac{(\mathrm{e}^{\gamma})^2}{\mathrm{e}^{\gamma}} = \mathrm{e}^{\gamma}$$

folgt die Identität $\mathrm{e}^{\gamma} = \sqrt{2\pi}$, womit die STIRLINGsche Formel bewiesen ist. □

Die STIRLINGsche Formel ist eine beeindruckende Entdeckung, die wie viele große Ergebnisse nur durch unbeschreibliche Intuition und Rechenvirtuosität möglich wurde. Auf selten gesehene Weise bringt sie die beiden bekanntesten Zahlen in Zusammenhang.

Die Formel hat auch praktischen Nutzen. Denn wir bekommen eine gute Fehlerabschätzung, wenn wir wieder einen Flächenvergleich wie bei der EULER-MASCHERONIschen Konstante (Seite 327) anstellen.

Es gilt dann mit den obigen Bezeichnungen

$$0 < \gamma_n - \gamma = \frac{1}{12}\sum_{k=n}^{\infty}\frac{1}{\xi_k^2} \leq \frac{1}{12}\sum_{k=n}^{\infty}\frac{1}{k^2} < \int_{n-1}^{\infty}\frac{\mathrm{d}x}{x^2} = \frac{1}{12(n-1)}.$$

Exponentiation ergibt

$$\mathrm{e}^{\gamma} < \mathrm{e}^{\gamma_n} < \mathrm{e}^{\gamma}\mathrm{e}^{\frac{1}{12(n-1)}}$$

und damit durch Einsetzen die Abschätzungen

$$\sqrt{2\pi n}\left(\frac{n}{\mathrm{e}}\right)^n < n! < \sqrt{2\pi n}\left(\frac{n}{\mathrm{e}}\right)^n \mathrm{e}^{\frac{1}{12(n-1)}}.$$

Die STIRLINGsche Formel liefert also immer etwas zu niedrige Werte, aber der *relative* Fehler ist sehr klein. Er beträgt weniger als $\mathrm{e}^{\frac{1}{12(n-1)}} - 1$. Wir erhalten damit auf einem alten Taschenrechner ohne Taste für die Fakultät in wenigen Sekunden zum Beispiel

$$\begin{aligned} 50! &\approx 3{,}03 \cdot 10^{64} \quad \text{mit einem Fehler} < 0{,}2\% \\ 100! &\approx 9{,}324 \cdot 10^{157} \quad \text{mit einem Fehler} < 0{,}1\% \\ 1000! &\approx 4{,}0238 \cdot 10^{2567} \quad \text{mit einem Fehler} < 0{,}01\%\,. \end{aligned}$$

Nach diesen Betrachtungen wenden wir uns nun genauer den Zahlen e und π zu. Bis jetzt wissen wir noch herzlich wenig. Ihre Irrationalität ist aber verhältnismäßig einfach zu zeigen.

15.3 Die Irrationalität von e und π

Wir wollen zeigen, dass e und π irrational sind. Aufgrund ihrer einfachen Reihendarstellung stellt sich e dabei als zugänglicher dar. Erst die Hinzunahme höherer Konzepte der Analysis im nächsten Kapitel gleicht diesen Unterschied aus.

Dem deutschen Mathematiker JOHANN HEINRICH LAMBERT, einem Pionier auf dem Gebiet der transzendenten Zahlen, gelang es in den 60-er Jahren des 18. Jahrhunderts, die Irrationalität von e und π zu beweisen, [32].

Wir zeigen das zuerst im einfacheren Fall der EULERschen Zahl und stellen die folgende Behauptung auf.

Die EULERsche Zahl $\mathrm{e} = 2{,}718\,281\,828\,459\,045\,235\ldots$ ist irrational.

Hier leistet die Reihendarstellung beste Dienste. Der Beweis ist fast trivial. Nehmen wir an, die Aussage wäre falsch und setzen $e = p/q$ mit natürlichen Zahlen p und q. Für jedes $n \in \mathbb{N}$ gilt dann

$$\begin{aligned} n!p &= n!qe = n!q \left(\sum_{k=0}^{n} \frac{1}{k!} + \sum_{k=n+1}^{\infty} \frac{1}{k!} \right) \\ &= q\left(n! + n! + \frac{n!}{2!} + \frac{n!}{3!} + \ldots + \frac{n!}{n!} \right) + q\left(\frac{1}{n+1} + \frac{1}{(n+1)(n+2)} + \ldots \right). \end{aligned}$$

Der erste Summand ist eine ganze Zahl. Beim zweiten Summanden liefert die Formel über die geometrische Reihe (Seite 75) die Einschließung

$$\frac{1}{n+1} < \frac{1}{n+1} + \frac{1}{(n+1)(n+2)} + \ldots < \frac{1}{n+1} + \frac{1}{(n+1)^2} + \ldots = \frac{1}{n}.$$

Daher liegt der zweite Summand zwischen $q/(n+1)$ und q/n. Für n genügend groß kann das keine ganze Zahl sein, womit der Widerspruch hergestellt ist. □

Der Irrationalitätsbeweis von π ist deutlich schwieriger. Fast 200 Jahre lang gab es keine wesentliche Vereinfachung, bis ins Jahr 1947. Es war eine Zeit, als die Erforschung der transzendenten Zahlen neue Impulse bekam, wie wir noch sehen werden. Der Kanadier Ivan Morgan Niven hatte einen genialen Geistesblitz und fand einen sehr eleganten Beweis für die Irrationalität von π, [39]. Er gilt bis heute als mustergültig, weitere Vereinfachungen sind wohl kaum mehr möglich.

Die Kreiszahl $\pi = 3{,}141\,592\,653\,589\,793\,238\ \ldots$ ist irrational.

Niven nahm an, π hätte eine Darstellung als rationale Zahl p/q mit zwei natürlichen Zahlen p und q. Dann untersuchte er für eine natürliche Zahl n die Funktion

$$f_n(x) = \frac{1}{n!} x^n (p - qx)^n$$

im Intervall $[0, \pi]$. Diese Funktion hat bemerkenswerte Eigenschaften. Zunächst stellen wir fest, dass sie in $]0, \pi[$ nur positive Werte annimmt. Das sieht man sofort an ihrer Definition. An den Stellen 0 und π hat sie jeweils den Wert 0, weswegen sie ihr Maximum im Innern des Intervalls annehmen muss.

Wo liegt dieses Maximum? Aus der Differentialrechnung wissen wir, dass eine notwendige Bedingung für das Maximum der Funktion f_n im Verschwinden ihrer ersten Ableitung liegt (Seite 277). Bilden wir also die Ableitung

$$f_n'(x) = \frac{1}{n!} \left(n x^{n-1} (p - qx)^n - x^n nq (p - qx)^{n-1} \right).$$

Setzen wir diese Ableitung gleich 0 und teilen durch x^{n-1} und $(p - qx)^{n-1}$, was wir wegen $0 < x < \pi = p/q$ dürfen, so bleibt $(p - qx) - xq = 0$ oder $x = p/2q$. Die Funktion hat also genau ein Maximum in dem gesetzten Intervall, und zwar bei $p/2q$. Das war noch lange nicht alles über f_n. Das Feuerwerk beginnt erst mit ihren höheren Ableitungen. Ich behaupte, dass für alle $\nu \in \mathbb{N}$ die ν-te Ableitung im Nullpunkt eine ganze Zahl ist, also $f_n^{(\nu)}(0) \in \mathbb{Z}$ liegt.

Um dies zu zeigen, suchen wir eine Gesetzmäßigkeit, nach der die Ableitungen entstehen. Das ist nicht schwierig, aber etwas technisch. Um die Idee des Beweises nicht zu verschleiern, stelle ich die Technik nach hinten und zeige zunächst, wie der Beweis sich dadurch vollenden lässt. NIVEN betrachtete das Integral

$$I_n = \int_0^\pi f_n(x) \sin x \, \mathrm{d}x \,.$$

Wegen des eindeutigen Maximums von f_n bei $p/2q$ haben wir die Einschließung

$$0 < I_n \le \pi f_n\left(\frac{p}{2q}\right) = \frac{\pi}{n!}\left(\frac{p^2}{4q}\right)^n .$$

Die rechte Seite strebt für $n \to \infty$ gegen 0. Das erkennen Sie zum Beispiel anhand der STIRLINGschen Formel (Seite 345), obwohl dieses große Geschütz hier gar nicht nötig wäre: Die Fakultät wächst klar schneller als jede Potenz zu einer festen Basis. Wir können also festhalten, dass für genügend großes n auf jeden Fall $0 < I_n < 1$ ist, I_n also nicht ganzzahlig sein kann.

Der Widerspruch wird jetzt herbeigeführt, indem wir zeigen, dass I_n eben doch ganzzahlig sein muss. NIVENs Geniestreich führt uns zu der Funktion

$$F_n(x) = f_n(x) - f_n'' + f_n^{(4)} - f_n^{(6)} + \ldots + (-1)^n f_n^{(2n)} ,$$

für deren Ableitungen die Beziehung

$$\frac{\mathrm{d}}{\mathrm{d}x}\left(F_n'(x)\sin x - F_n(x)\cos x\right) = F_n''(x)\sin x + F_n(x)\sin x = f_n(x)\sin x$$

gilt. Dies können Sie leicht prüfen, da die Summanden von F_n wie Zahnräder ineinander greifen und sich gegenseitig aufheben. Außerdem ist f_n ein Polynom vom Grad $2n$, sodass alle Ableitungen $f_n^{(k)}$ für $k > 2n$ verschwinden. Damit ist eine Stammfunktion für das Integral I_n gefunden und es gilt

$$I_n = \left(F_n'(x)\sin x - F_n(x)\cos x\right)\Big|_0^\pi = F_n(\pi) + F_n(0) .$$

Wegen der Definition von F_n genügt es zu zeigen, dass $f_n^{(\nu)}(0)$ und $f_n^{(\nu)}(\pi)$ ganzzahlig sind. Nun wird noch eine Symmetrie von f_n wichtig, denn setzen wir

$$g_n(x) = f_n\left(\frac{p}{q} - x\right) ,$$

sehen Sie schnell, dass $g_n = f_n$ ist. Daher ist

$$f_n^{(\nu)}(\pi) = g_n^{(\nu)}(\pi) = (-1)^\nu f_n^{(\nu)}\left(\frac{p}{q} - \pi\right) = (-1)^\nu f_n^{(\nu)}(0) .$$

Es ist also tatsächlich nur noch die Ganzzahligkeit von $f_n^{(\nu)}(0)$ zu zeigen, was vorhin auf die lange Bank geschoben wurde. Wir holen es jetzt nach. Entscheidend ist der Bauplan dieser Ableitungen. Dazu experimentieren wir ein wenig mit der leicht modifizierten Funktion

$$h_n(x) = n! f_n(x) = x^n (p - qx)^n .$$

Dabei erkennen wir mit der Produktregel die Beziehungen

$$\begin{aligned} h_n'(x) &= nx^{n-1}(p-qx)^n - x^n nq(p-qx)^{n-1} \\ h_n''(x) &= n(n-1)x^{n-2}(p-qx)^n - nx^{n-1}nq(p-qx)^{n-1} \\ &\quad -nx^{n-1}nq(p-qx)^{n-1} + x^n n(n-1)q^2(p-qx)^{n-2}\,. \end{aligned}$$

Das sieht mühsam aus, aber Sie erkennen ein Bildungsgesetz, denn h''' würde auch mit der Produktregel funktionieren und ergäbe mindestens 8 Summanden. Man sieht, dass sich die Summanden beim Ableiten immer weiter spalten und der Grad des Polynoms mit jeder Ableitung um eins kleiner wird. Damit bleiben in der ν-ten Ableitung maximal 2^ν Summanden vom Gesamtgrad $n-\nu$.

Wichtiger noch ist die Gestalt der Summanden. Offenbar hat jeder Summand in der ν-ten Ableitung die Form

$$S_{k_1,k_2}(x) = n(n-1)\cdots(n-k_1+1)x^{n-k_1}\cdot n(n-1)\cdots(n-k_2+1)q^{k_2}(p-qx)^{n-k_2}$$

mit ganzen Zahlen $0 \le k_1, k_2 \le n$ und $k_1 + k_2 = \nu$. Stellen Sie sich vor, Sie hätten mit viel Mühe die ν-te Ableitung von h_n errechnet und setzen in den länglichen Ausdruck jetzt $x = 0$ ein. Dann wird alles plötzlich ganz einfach, denn falls $k_1 < n$ ist, verschwindet $S_{k_1,k_2}(0)$. Falls $k_1 = n$ ist, dann ist

$$S_{k_1,k_2}(0) = n!\,n(n-1)\ldots(n-k_2+1)q^{k_2}p^{n-k_2}\,.$$

Dies ist klarerweise ein Vielfaches von $n!$ und dasselbe gilt folgerichtig auch für die ganze Summe $h_n^{(\nu)}(0)$. Damit muss

$$f_n^{(\nu)}(0) = \frac{1}{n!}\,h_n^{(\nu)}(0)$$

eine ganze Zahl sein. □

Ein wunderbarer Beweis. Er wird zurecht immer wieder zitiert. Vor NIVEN schien es unmöglich, einen derart kurzen Beweis für die Irrationalität von π zu finden. Er ist daher auch eine Ermutigung für Mathematiker, komplizierte Beweise zu vereinfachen oder bei ungelösten Problemen auch einfachere Wege zu probieren.

Wir steuern nun auf die großen Transzendenzbeweise zu. Insgesamt zeigt sich auch hier die EULERsche Zahl leichter zugänglich als die Zahl π. Es gibt einen Transzendenzbeweis von e, der sogar mit der Schulmathematik auskommt. Ähnlich wie ein Transzendenzbeweis von π nach Ideen von HILBERT wird dabei versucht, den Einsatz höherer Analysis weitgehend zu vermeiden, [27]. Die Beweise bleiben dann aber methodisch undurchsichtig, sind auf e und π beschränkt und nicht auf andere Fragestellungen anwendbar (wie zum Beispiel das siebte HILBERTsche Problem um die Potenzen α^β, das wir ebenfalls im Auge haben).

Wir schlagen einen anderen Weg ein, denn Sie sind inzwischen bestens vorbereitet für die ganz tiefen Tauchgänge im dunklen Zahlenmeer. Der Weg beruht auf großartigen Ideen, die in den 1930-Jahren entwickelt wurden und der Erforschung der transzendenten Zahlen einen enormen Schub gegeben haben. Nach den Grundlagen der Algebra verlassen wir damit auch in der Analysis den Schulstoff. Aber keine Bange, es wird nicht viel schwieriger. Nur Mut, Sie werden wahrlich wunderbare Dinge entdecken.

16 Elemente der Analysis im 18. Jahrhundert

Auf unserer Reise durch die Mathematik haben wir schon viele Sehenswürdigkeiten erlebt. Manchmal war es ganz leicht, manchmal auch etwas unbequemer, an die begehrten Aussichtspunkte zu gelangen. In der Algebra sind wir über den Schulstoff hinausgegangen und haben vor allem mit Körpererweiterungen gearbeitet. Ab diesem Kapitel werden wir auch in der Analysis den Schulstoff verlassen, um uns den großen Fragen der Transzendenz zuwenden zu können. Bleiben Sie dabei, das Beste kommt noch. Es warten verblüffende und faszinierende Ergebnisse.

Nachdem LEIBNIZ und NEWTON im ausgehenden 17. Jahrhundert die Infinitesimalrechnung begründet hatten, wurde diese Theorie im 18. Jahrhundert konsequent weiterentwickelt. Es war auch die Zeit der großen Schweizer Mathematiker, vor allem LEONHARD EULER oder die Brüder JACOB und JOHANN BERNOULLI. In Frankreich lieferte JEAN BAPTISTE JOSEPH FOURIER durch die berühmten *Fourier-Reihen* und die *Fourier-Transformation* wichtige Beiträge, die heute in der modernen Bildbearbeitung verwendet werden.

Die Arbeiten waren aber – und das ist etwas überraschend – nicht unumstritten. Halten Sie sich dabei vor Augen, dass im 18. Jahrhundert die elegante Terminologie von heute noch nicht bekannt war. Der Umgang mit der Unendlichkeit war ziemlich unbekümmert, die Begriffe noch vage und ungenau. So gab es zum Beispiel noch keine klar definierte Vorstellung vom Begriff eines Grenzwertes. Heute lernt jeder Mathematik-Studierende im ersten Semester die bekannten ϵ-δ-Definitionen der Analysis. Damals war es anders. Der irische Theologe und Philosoph GEORGE BERKELEY kritisierte die „nicht wahrnehmbaren“ infinitesimalen Elemente von LEIBNIZ und NEWTON als leere Begriffe, die in der Philosophie keinen Platz hätten. Viele stießen in das gleiche Horn und behaupteten, die Infinitesimalrechnung stünde auf tönernen Füßen. Die Kritik hatte einen positiven Effekt. Die Begriffe wurden genauer hinterfragt und es entstand Schritt für Schritt der Kanon der Differential- und Integralrechnung, der heute in Schule und Studium wie selbstverständlich vorgetragen wird.

Auf unserem Streifzug durch die Mathematik begeben wir uns jetzt also in die aufregende Zeit des 18. Jahrhunderts. Natürlich müssen wir uns hier auf einen kleinen Bruchteil dessen beschränken, was eigentlich zu erzählen wäre. Es wird aber lückenlos behandelt, was für den weiteren Fortgang des Buches nötig ist. Zentrales Thema ist die Ausweitung der Theorie auf mehrere Veränderliche und Kurvenintegrale.

16.1 Partielle Ableitungen

Wenn man sich mit Differentialrechnung beschäftigt, ist es naheliegend, auch Funktionen in mehreren Veränderlichen zu untersuchen. In praktisch allen Anwendungsgebieten, von den Naturwissenschaften, der Technik bis hin zu den

F. Toenniessen, *Das Geheimnis der transzendenten Zahlen*,
https://doi.org/10.1007/978-3-662-58326-5_16

Wirtschaftswissenschaften sind sie nicht mehr wegzudenken. Leider haben sie bis heute nicht den Weg in das Curriculum der Schulen gefunden, was aus meiner Sicht zumindest für den Leistungskurs bedauerlich ist, zumal sie nicht besonders schwierig sind und als Belohnung eine Fülle toller Ergebnisse warten würden.

Wir beschränken uns hier auf die Untersuchung von Funktionen mit zwei Veränderlichen x und y. Das macht es etwas einfacher, und außerdem brauchen wir im weiteren Verlauf unserer Reise auch gar nicht mehr. Alle Überlegungen lassen sich durch vollständige Induktion nach n auf endlich viele Veränderliche $x_1, x_2, \ldots, x_n$ ausdehnen.

Sehen wir uns jetzt ein solches Beispiel an. Eine Funktion $f : \mathbb{R}^2 \to \mathbb{R}$ sei definiert durch

$$f(x,y) \;=\; x^3 \sin y \,+\, y^2 \,-\, x\,.$$

Da wir auf $\mathbb{R}^2$ den (von $\mathbb{C}$ motivierten) absoluten Betrag $\|(x,y)\| = \sqrt{x^2+y^2}$ verwenden dürfen, erkennen wir diese Funktion sofort als **stetig**, wenn die bisherige Definition der Stetigkeit auf natürliche Weise erweitert wird: Falls eine Folge $\big((x_n,y_n)_{n\in\mathbb{N}}\big)$ im Sinne des obigen Betrags gegen ein $(x,y) \in \mathbb{R}^2$ konvergiert, so gilt insbesondere $x_n \to x$ und $y_n \to y$. Aus den Grenzwertsätzen (Seite 73) folgt sofort $f(x_n,y_n) \to f(x,y)$ und wir sagen dann, f ist stetig.

Die Stetigkeit solcher Funktionen ist also kein großes Thema. Wie steht es nun mit der Differentiation? Hier haben wir ein kleines Problem. Auf $\mathbb{R}^2$ gibt es keine Division, also leider auch keine Differenzenquotienten. Die Interpretation von $\mathbb{R}^2$ als Körper $\mathbb{C}$ kam bekanntlich erst viel später, und für mehr als zwei Veränderliche geht sowieso gar nichts mehr. Gibt es in mehreren Veränderlichen überhaupt eine sinnvolle Differentialrechnung?

Wenn die Frage so formuliert wird, ist die Antwort natürlich ein klares Ja. Der Trick ist einfach: Wir halten eine der Variablen fest. Nach der anderen können wir dann wie gewohnt differenzieren. Halten wir im obigen Beispiel die Variable y auf einem Wert y_0 fest, so können wir

$$g(x) \;=\; x^3 \sin y_0 \,+\, y_0^2 \,-\, x$$

in altbewährter Manier nach x differenzieren. Dies nennt man **partielle Differentiation** und es ergibt sich

$$\frac{\mathrm{d}g(x)}{\mathrm{d}x} \;=\; 3\,x^2 \sin y_0 - 1\,.$$

Dabei verhält sich $\sin y_0$ wie ein konstanter Faktor und y_0^2 wie ein konstanter Summand. Die partielle Ableitung ist wieder stetig auf ganz $\mathbb{R}^2$. Wir nennen f in solch einem Fall **stetig partiell nach x differenzierbar**.

Klarerweise ist f auch nach der anderen Variablen stetig partiell differenzierbar. Versuchen Sie es einmal selbst. Betrachten Sie dazu x als Konstante und leiten die Funktion $h(y) = f(x_0, y)$ nach y ab.

Es gibt auch eine sehr einprägsame Schreibweise für die partiellen Ableitungen, angelehnt an die LEIBNIZsche Notation. Statt des Buchstaben d verwendet man für die partiellen Ableitungen ein ∂. Damit schreiben wir

$$\frac{\partial f(x,y)}{\partial x} = \frac{\mathrm{d}g(x)}{\mathrm{d}x} = \lim_{x_n \to x} \frac{g(x_n) - g(x)}{x_n - x} \quad \text{und}$$

$$\frac{\partial f(x,y)}{\partial y} = \frac{\mathrm{d}h(y)}{\mathrm{d}y} = \lim_{y_n \to y} \frac{h(y_n) - h(y)}{y_n - y}.$$

Die partiellen Ableitungen haben eine schöne anschauliche Interpretation. Den Graphen einer reellwertigen Funktion auf $\mathbb{R}^2$ können wir uns als Fläche im dreidimensionalen Raum wie folgt veranschaulichen. Die partiellen Ableitungen geben dann die Steigung der Fläche entlang der Richtung an, nach der differenziert wird.

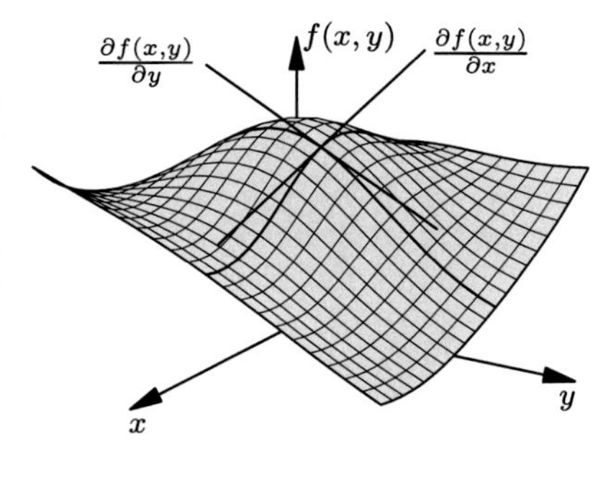

Geben Sie es zu: Das ist wirklich einfacher als erwartet. Die Differentialquotienten mit den Buchstaben ∂ sind vielleicht etwas gewöhnungsbedürftig, aber die Idee dahinter ist nicht schwerer als der sonstige Schulstoff. Für die genaue Definition brauchen wir noch den Begriff einer offenen Teilmenge in $\mathbb{R}^2$.

Offene Teilmengen in $\mathbb{R}^2$

Im Folgenden bezeichne $B_\epsilon(a,b)$ für reelle Zahlen a, b und reelles $\epsilon > 0$ die **ϵ-Umgebung** um den Punkt $(a,b) \in \mathbb{R}^2$, also die Menge

$$\{(x,y) \in \mathbb{R}^2 : \|(x,y) - (a,b)\| < \epsilon\}.$$

Eine **offene** Menge $U \subseteq \mathbb{R}^2$ ist dann eine Teilmenge, bei der es für jeden Punkt $(a,b) \in U$ ein $\epsilon > 0$ gibt, sodass $B_\epsilon(a,b)$ ganz in U enthalten ist.

Nun zur partiellen Differenzierbarkeit.

Stetig partielle Differenzierbarkeit

Wir betrachten eine offene Teilmenge $U \subseteq \mathbb{R}^2$ sowie eine stetige Funktion $f : U \to \mathbb{R}$. Die Funktion f heißt im Punkt $(x,y) \in U$ **stetig partiell differenzierbar**, wenn im Punkt (x,y) die partiellen Ableitungen

$$\frac{\partial f(x,y)}{\partial x} \quad \text{und} \quad \frac{\partial f(x,y)}{\partial y}$$

existieren und dort auch stetig sind. f heißt in ganz U stetig partiell differenzierbar, wenn es das in jedem Punkt $(x,y) \in U$ ist.

Kommen wir jetzt zu einer bedeutenden Anwendung der partiellen Ableitungen. Sie erinnern sich noch an das Differential einer Funktion $f : \mathbb{R} \to \mathbb{R}$, welches wir als

$$\mathrm{d}f(x) \;=\; \frac{\mathrm{d}f(x)}{\mathrm{d}x}\,\mathrm{d}x \;=\; f'(x)\,\mathrm{d}x$$

kennengelernt haben (Seite 254). Auf sehr suggestive Weise konnten wir damit das Integral von f über einem Intervall $[a, b]$ bilden (Seite 322):

$$\int_a^b f'(x)\,\mathrm{d}x \;=\; \int_a^b \mathrm{d}f(x) \;=\; f(b) - f(a)\,.$$

Das große Ziel ist es nun, auch für Funktionen $f : \mathbb{R}^2 \to \mathbb{R}$ eine Formel für das totale Differential $\mathrm{d}f(x, y)$ zu finden und anschließend einen dazu passenden Integralbegriff zu definieren. Diese Überlegung wird uns zu den **Kurvenintegralen** in $\mathbb{R}^2$ führen. Es erwartet uns eine spannende Geschichte. Sind Sie bereit?

Auf der Suche nach der Formel für $\mathrm{d}f(x, y)$ tasten wir uns langsam voran. Die Frage lautet, wie groß der Unterschied der Funktionswerte wird, wenn sich die Argumente nur ein wenig, also um ein kleines $\mathrm{d}(x, y) = (\mathrm{d}x, \mathrm{d}y)$ unterscheiden.

Hängt f gar nicht oder nur verschwindend wenig von y ab, dann ist die Antwort einfach. Offenbar ist dann $\mathrm{d}y$ kaum von Belang und wir erhalten den Unterschied der Funktionswerte wie bei einer Veränderlichen durch

$$\mathrm{d}f(x, y) \;\approx\; \frac{\partial f(x, y)}{\partial x}\,\mathrm{d}x\,.$$

Ganz analog für eine Funktion, bei der die Abhängigkeit von x verschwindend klein ist:

$$\mathrm{d}f(x, y) \;\approx\; \frac{\partial f(x, y)}{\partial y}\,\mathrm{d}y\,.$$

Dies legt nun die Vermutung nahe, dass sich im Allgemeinen der Unterschied $\mathrm{d}f(x, y)$ aus den beiden Effekten zusammensetzt. Im einfachsten Fall geschieht das in Form einer Summe. Und tatsächlich trifft das die Sache genau. Es gilt für das totale Differential der Funktion f die Identität

$$\mathrm{d}f(x, y) \;=\; \frac{\partial f(x, y)}{\partial x}\,\mathrm{d}x + \frac{\partial f(x, y)}{\partial y}\,\mathrm{d}y\,.$$

Bedenken Sie bei aller Freude über diese schöne Formel bitte, dass sie nicht ganz offensichtlich ist. Auf den ersten Blick kann man die Existenz irgendwelcher gemischter Glieder wie zum Beispiel $\mathrm{d}x\mathrm{d}y$ nicht ausschließen.

Erst beim genauen Hinsehen fügt sich alles nahtlos ineinander. Dazu werden wir die Aussage genau wie bei einer Veränderlichen präzisieren.

Totale Differenzierbarkeit
Wir betrachten eine offene Teilmenge $U \subseteq \mathbb{R}^2$ sowie eine stetig partiell differenzierbare Funktion $f : U \to \mathbb{R}$. Dann gibt es für jeden Punkt $(x, y) \in U$ ein $\epsilon > 0$ und eine Funktion $\varphi : B_\epsilon(0{,}0) \to \mathbb{R}$, sodass für alle $(\xi, \eta) \in B_\epsilon(0{,}0)$ folgende Beziehung gilt:

$$f(x+\xi, y+\eta) - f(x,y) \;=\; \frac{\partial f(x,y)}{\partial x}\,\xi + \frac{\partial f(x,y)}{\partial y}\,\eta + \varphi(\xi,\eta)\,,$$

wobei für die Funktion φ gilt:

$$\lim_{(\xi,\eta)\to(0,0)} \frac{\varphi(\xi,\eta)}{\|(\xi,\eta)\|} \;=\; 0\,.$$

Bei dem Limes ist zu beachten, dass niemals $(\xi, \eta) = (0{,}0)$ sein darf. Man nennt die Funktion dann in U **total differenzierbar**.

Das sieht auf den ersten Blick viel schwerer aus, als es eigentlich ist. Wir hatten einen solchen Satz auch schon bei einer Veränderlichen, sehen Sie einfach kurz auf Seite 254 nach. Die totale Differenzierbarkeit entspricht genau diesem früheren Resultat, ist also eine Erweiterung für den Fall zweier Veränderlichen. Wie schon angedeutet, könnte man das Ergebnis leicht auf n Variablen ausdehnen.

Kommen wir zum Beweis des Satzes über die totale Differenzierbarkeit. Er ist überhaupt nicht schwer. Wir schreiben

$$f(x+\xi, y+\eta) - f(x,y) \;=\; f(x+\xi, y+\eta) - f(x, y+\eta) + f(x, y+\eta) - f(x,y)\,.$$

Wegen des Mittelwertsatzes der Differentialrechnung einer Veränderlichen (Seite 278) gibt es ein ξ' zwischen 0 und ξ, sodass

$$f(x+\xi, y+\eta) - f(x, y+\eta) \;=\; \frac{\partial f(x+\xi', y+\eta)}{\partial x}\,\xi$$

und ein η' zwischen 0 und η, sodass

$$f(x, y+\eta) - f(x,y) \;=\; \frac{\partial f(x, y+\eta')}{\partial y}\,\eta$$

ist. Damit steht bereits die Gleichung

$$f(x+\xi, y+\eta) - f(x,y) \;=\; \frac{\partial f(x,y)}{\partial x}\,\xi + \frac{\partial f(x,y)}{\partial y}\,\eta + \varphi(\xi,\eta)$$

im Raum, wobei wir für die Korrekturfunktion φ die Identität

$$\begin{aligned}\varphi(\xi,\eta) \;&=\; \left(\frac{\partial f(x+\xi', y+\eta)}{\partial x} - \frac{\partial f(x,y)}{\partial x}\right)\xi \;+\\ &\quad\;\left(\frac{\partial f(x, y+\eta')}{\partial y} - \frac{\partial f(x,y)}{\partial y}\right)\eta\end{aligned}$$

erkennen. Wir müssen nur noch den Grenzwert für φ bestätigen. Das ist eine ganz leichte Übung, denn klarerweise ist $|\xi| \leq \|(\xi,\eta)\|$ und $|\eta| \leq \|(\xi,\eta)\|$. Da die partiellen Ableitungen von f stetig sind und mit $\xi \to 0$, $\eta \to 0$ auch die jeweils dazwischen eingeklemmten Werte ξ' und η' gegen 0 streben, sieht man sofort

$$\lim_{(\xi,\eta)\to(0,0)} \frac{\varphi(\xi,\eta)}{\|(\xi,\eta)\|} = 0\,. \qquad \square$$

Mit diesem Satz haben wir das Tor zu den berühmten Kurvenintegralen aufgestoßen. Wir treten ein in eine faszinierende Welt voller neuer Möglichkeiten.

16.2 Das Kurvenintegral über ein totales Differential $\mathrm{d}f$

Schon bei einer Veränderlichen hat uns das Differential

$$\mathrm{d}f(x) = \frac{\mathrm{d}f(x)}{\mathrm{d}x}\,\mathrm{d}x$$

eine Integration ermöglicht (Seite 322):

$$f(b) - f(a) = \int_a^b \frac{\mathrm{d}f(x)}{\mathrm{d}x}\,\mathrm{d}x = \int_a^b f'(x)\,\mathrm{d}x\,.$$

Mit dem nun erlangten zweidimensionalen Differential

$$\mathrm{d}f(x,y) = \frac{\partial f(x,y)}{\partial x}\,\mathrm{d}x + \frac{\partial f(x,y)}{\partial y}\,\mathrm{d}y$$

können wir das Gleiche anstellen. Gehen wir dazu ganz forsch an die Sache heran. Es ergibt sich dann das Integral über eine Kurve $K \subseteq \mathbb{R}^2$, welche von einem Punkt $a \in \mathbb{R}^2$ zu einem Punkt $b \in \mathbb{R}^2$ führt:

$$\int_K \left(\frac{\partial f(x,y)}{\partial x}\,\mathrm{d}x + \frac{\partial f(x,y)}{\partial y}\,\mathrm{d}y \right) = \int_K \mathrm{d}f(x,y) = f(b) - f(a)\,.$$

Wir spinnen einfach mal weiter und nennen dann f eine **Stammfunktion** des Differentials

$$\frac{\partial f(x,y)}{\partial x}\,\mathrm{d}x + \frac{\partial f(x,y)}{\partial y}\,\mathrm{d}y\,.$$

Die rechte Seite hängt gar nicht mehr von der speziellen Kurve K ab. Das Integral hat also unabhängig von dem gewählten Weg zwischen a und b immer den gleichen Wert. Für geschlossene Kurven ($a = b$) gilt dann sogar

$$\int_K \left(\frac{\partial f(x,y)}{\partial x}\,\mathrm{d}x + \frac{\partial f(x,y)}{\partial y}\,\mathrm{d}y \right) = \int_K \mathrm{d}f(x,y) = 0\,.$$

Zugegeben, da sind unseren Gedanken ganz schön drauflos galoppiert. Aber Sie haben inzwischen ein gutes Gefühl dafür entwickelt, dass hier tatsächlich alles Hand und Fuß hat, oder? Wir brauchen nur noch ein wenig Technik, um die Überlegungen auf sichere Beine zu stellen.

Bevor wir das machen, fragen Sie sich bestimmt nach einer anschaulichen Vorstellung hinter dieser seltsamen, zweidimensionalen Integration. In einer Veränderlichen konnten wir alles auf eine Flächenberechnung zurückführen. Und jetzt? Nun ja, eine Fläche kommt nicht mehr heraus, aber dennoch etwas sehr interessantes und anschauliches. Sehen wir uns dazu das Differential etwas genauer an und schreiben

$$\frac{\partial f(x,y)}{\partial x}\,\mathrm{d}x + \frac{\partial f(x,y)}{\partial y}\,\mathrm{d}y \;=\; \left(\frac{\partial f(x,y)}{\partial x}, \frac{\partial f(x,y)}{\partial y}\right)(\mathrm{d}x,\, \mathrm{d}y)\,.$$

Wir multiplizieren hier zwei Vektoren aus $\mathbb{R}^2$ über das aus der linearen Algebra bekannte Skalarprodukt zweier Vektoren (Seite 220). Das Ergebnis liegt im Skalarenkörper $\mathbb{R}$. Für Zeilenvektoren $\mathbf{v} = (v_1, v_2)$ und $\mathbf{w} = (w_1, w_2)$ gilt

$$\mathbf{v} \cdot \mathbf{w} \;=\; v_1 w_1 + v_2 w_2\,.$$

Vorsicht: Dieses Produkt ist keinesfalls zu verwechseln mit dem Produkt zweier komplexer Zahlen.

Das Skalarprodukt hat eine sehr schöne geometrische Interpretation. Es gilt für zwei Vektoren $v, w \in \mathbb{R}^2$ die Beziehung

$$\mathbf{v} \cdot \mathbf{w} \;=\; \|\mathbf{v}\|\,\|\mathbf{w}\| \cos\alpha\,,$$

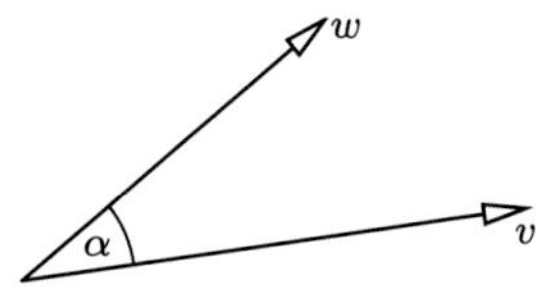

wobei α der Winkel zwischen den beiden Vektoren ist. Ein Beweis dieser Tatsache wird oft schon in der Schule gemacht, er ist fast trivial: Aus der Definition ist klar, dass wir die Gleichung nur für zwei Vektoren vom Betrag 1 beweisen müssen. Dann haben wir $\mathbf{v} = (\cos\alpha_1, \sin\alpha_1)$ und $\mathbf{w} = (\cos\alpha_2, \sin\alpha_2)$. Das Skalarprodukt ist dann wegen des Additionstheorems für den Cosinus (Seite 274)

$$\cos\alpha_1 \cos\alpha_2 + \sin\alpha_1 \sin\alpha_2 \;=\; \cos(\alpha_1 - \alpha_2)\,.$$

Die rechte Seite ist aber offensichtlich der Cosinus des Winkels zwischen den beiden Vektoren. □

Das Skalarprodukt ist also maximal positiv, wenn die Vektoren in genau die gleiche Richtung zeigen, dann ist $\cos\alpha = 1$. Es ist maximal negativ, falls die Vektoren in genau entgegengesetzte Richtungen zeigen ($\cos\alpha = -1$), und es ist 0 genau dann, wenn der Winkel zwischen beiden Vektoren $\pi/2$ ist, diese also senkrecht aufeinander stehen.

Betrachten wir nun den ersten der beiden Vektoren in unserem Differential:

$$\mathbf{v}(x,y) \;=\; \left(\frac{\partial f(x,y)}{\partial x}, \frac{\partial f(x,y)}{\partial y}\right).$$

Da die partiellen Ableitungen als Steigungen des Funktionsgraphen in die x- oder y-Richtung interpretiert werden können, markiert dieser Vektor genau die Richtung des steilsten Anstiegs dieser Fläche. Die entgegengesetzte Richtung zeigt den Weg zum größten Gefälle. Senkrecht dazu befinden wir uns auf einer Höhenlinie des Graphen, wir traversieren den Graphen also ohne Höhendifferenz. Man nennt diesen Vektor daher auch den *Gradienten* der Funktion f. Er definiert eine Abbildung

$$\text{grad}f : U \to \mathbb{R}^2 .$$

Ein schönes Beispiel liefert das **Rotationsparaboloid**, welches definiert ist durch die Funktion

$$f(x,y) = x^2 + y^2 .$$

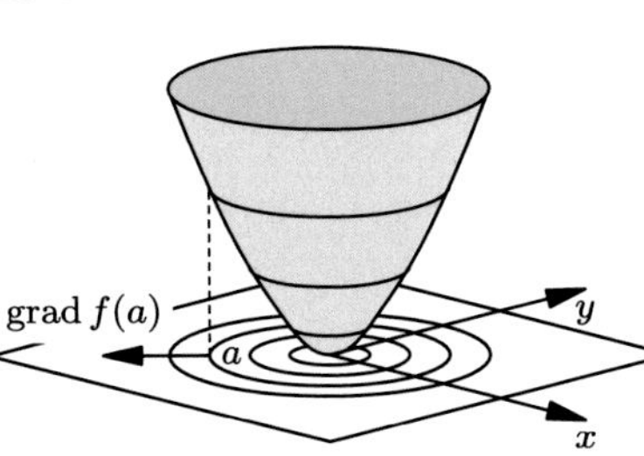

Hier ist der Gradient, also die Richtung des steilsten Anstiegs, gegeben durch $\text{grad}f(x,y) = (2x,2y)$.

Nun zum zweiten Vektor unseres Differentials:

$$\mathbf{w}(x,y) \;=\; (\mathrm{d}x,\,\mathrm{d}y)\,.$$

Die Interpretation ist einfach. Der Vektor $\mathbf{w}(x,y)$ zeigt einen infinitesimal kleinen Schritt in die Richtung, auf der wir uns entlang der Kurve K im Punkt (x,y) bewegen. Nun liegt es klar vor uns: Das Skalarprodukt

$$\mathbf{v}(x,y)\cdot\mathbf{w}(x,y) \;=\; \left(\frac{\partial f(x,y)}{\partial x},\,\frac{\partial f(x,y)}{\partial y}\right)\cdot(\mathrm{d}x,\,\mathrm{d}y)$$

markiert eine Art infinitesimale Höhendifferenz, welche wir auf dem Funktionsgraphen von f zurücklegen, wenn wir auf dem Integrationsweg K im Punkt (x,y) vorbeikommen. Klar: Laufen wir in Richtung des steilsten Anstiegs, so ist das ein hoher Wert. In entgegengesetzter Richtung geht es am steilsten bergab, und wandern wir auf einer Höhenlinie, so ändert sich an der Höhe nichts. Das Integral

$$\int\limits_K \text{grad}f(x,y)\cdot(\mathrm{d}x,\,\mathrm{d}y) \;=\; \int\limits_K \mathrm{d}f(x,y) \;=\; f(b)-f(a)$$

stellt also den Höhengewinn (oder -verlust) unserer Wanderung auf dem Graphen von f dar. Damit wird auch anschaulich klar, warum das Integral für geschlossene Kurven verschwindet: Wenn wir einen Rundweg laufen, so ist der Höhenunterschied am Ende gleich 0. Dabei spielt es keine Rolle, welchen Weg wir genommen haben. Gehen wir nun daran, diese noch etwas vagen Überlegungen zu festigen.

16.3 Integration Pfaffscher Differentialformen

Wir beginnen damit, den oben definierten Gradienten zu verallgemeinern. Dazu lösen wir uns, ähnlich wie es beim Integralbegriff auch schon der Fall war, von der Stammfunktion $f : U \to \mathbb{R}$ und betrachten ganz allgemein zwei stetige Funktionen $f_1, f_2 : U \to \mathbb{R}$. Diese Funktionen definieren auf U ein stetiges **Vektorfeld**, also eine Abbildung

$$\begin{aligned} (f_1, f_2) : U &\to \mathbb{R}^2 \\ (x, y) &\mapsto \big(f_1(x, y), f_2(x, y)\big) . \end{aligned}$$

Es stellt sich nun die Aufgabe, für eine Kurve $K \subset U$ das oben noch etwas wackelig auf den Beinen stehende Integral zu präzisieren:

$$\int_K \big(f_1(x, y), f_2(x, y)\big) \cdot (\mathrm{d}x, \mathrm{d}y) \;=\; \int_K \Big(f_1(x, y)\,\mathrm{d}x + f_2(x, y)\,\mathrm{d}y\Big) .$$

Genau dies hat im frühen 19. Jahrhundert JOHANN HEINRICH PFAFF getan, [41]. Den Integranden

$$\omega(x, y) \;=\; f_1(x, y)\,\mathrm{d}x + f_2(x, y)\,\mathrm{d}y$$

nennt man daher eine **Pfaffsche Differentialform** oder kurz **Pfaffsche Form**. Er legte damit den Grundstein für den modernen Differentialformen-Kalkül, der auch Formen höherer Ordnung umfasst. Dies benötigen wir hier aber nicht weiter. Zur exakten Definition des Kurvenintegrals betrachten wir die Kurve K wie früher als Abbildung

$$\begin{aligned} \alpha : [a, b] &\to U \\ t &\mapsto \big(\alpha_1(t), \alpha_2(t)\big) \end{aligned}$$

mit $a < b \in \mathbb{R}$ und stetig differenzierbaren Funktionen $\alpha_1, \alpha_2 : [a, b] \to \mathbb{R}$. Jetzt definieren wir

$$\int_\alpha \omega(x, y) \;=\; \int_a^b \omega\big(\alpha(t)\big) \cdot \alpha'(t)\,\mathrm{d}t \;=\; \int_a^b \Big(f_1\big(\alpha(t)\big)\alpha_1'(t) + f_2\big(\alpha(t)\big)\alpha_2'(t)\Big)\,\mathrm{d}t .$$

Die rechte Seite ist das uns bereits bekannte Integral einer stetigen Funktion über einem Intervall $[a, b]$. Lassen Sie diese Definition ein wenig wirken. Denken Sie dabei auch an die bekannte Substitutionsregel, welche die erste Gleichung in der Definition sehr plausibel erscheinen lässt.

Diese Definition ist tatsächlich präziser als unsere Überlegungen zu Beginn. Beachten Sie, dass wir das Integral nicht mehr über die Kurve als bloße Teilmenge $K \subset U$ bilden, sondern über eine genau definierte Abbildung $\alpha : [a,b] \to U$. Insofern ist das Integral also von dieser Abbildung abhängig. Das ist aber kein Unglück, da es unverändert bleibt, wenn wir eine Parametertransformation der Kurve vornehmen.

Betrachten wir dazu eine stetig differenzierbare Funktion $\varphi : [c,d] \to [a,b]$ mit $\varphi(c) = a$ und $\varphi(d) = b$. Auch

$$\alpha \circ \varphi : [c,d] \to U$$

ist dann eine Darstellung der Kurve $K \subset U$. Sie können nun mittels der Substitutionsregel (Seite 324) leicht nachrechnen, dass

$$\int_{\alpha \circ \varphi} \omega = \int_{\alpha} \omega$$

gilt. Falls die Parametertransformation die Laufrichtung umkehrt, also $\varphi(c) = b$ und $\varphi(d) = a$ ist, dann sehen Sie ebenfalls mit der Substitutionsregel

$$\int_{\alpha \circ \varphi} \omega = -\int_{\alpha} \omega .$$

Das Integral verhält sich also genau so, wie wir es anschaulich vermuten würden: Wenn wir es in die entgegengesetzte Richtung durchlaufen, dann kehrt sich nur das Vorzeichen um.

Machen wir ein einfaches Beispiel. Betrachten wir die Differentialform

$$\omega = y\,\mathrm{d}x + x\,\mathrm{d}y ,$$

welche wir auf dem geraden Weg von (0,0) nach (2,1) integrieren wollen. Wir wählen dazu die Kurve $\alpha : [0,1] \to \mathbb{R}^2$, $t \mapsto (2t, t)$ und erhalten

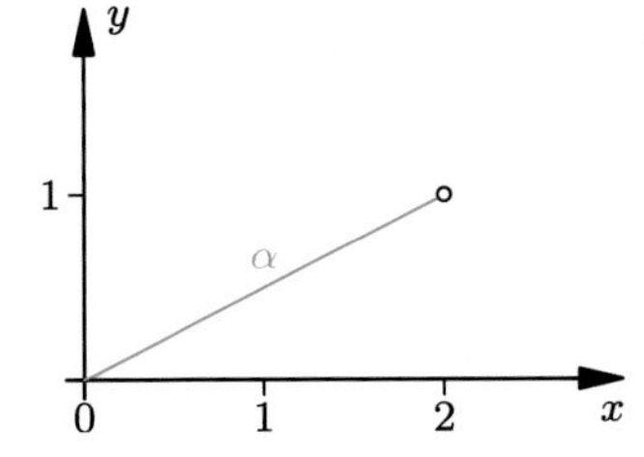

$$\int_{\alpha} \omega = \int_0^1 (t\,2\,\mathrm{d}t + 2t\,\mathrm{d}t) = 4\int_0^1 t\,\mathrm{d}t = 2 .$$

Wählen wir jetzt eine ganz andere Kurve. Sie ist gestückelt aus zwei differenzierbaren Teilkurven (siehe unten).

$$\begin{aligned} \beta : [0,2] &\to \mathbb{R}^2 \\ t &\mapsto \begin{cases} (0,\, t) & \text{für } 0 \le t \le 1 \\ (2t-2,\, 1) & \text{für } 1 \le t \le 2 . \end{cases} \end{aligned}$$

Das Integral berechnet sich zu

$$\int_\beta \omega = \int_0^1 (t \cdot 0\,\mathrm{d}t + 0\,\mathrm{d}t) + \int_1^2 (1 \cdot 2\,\mathrm{d}t + (2t-2)\cdot 0\,\mathrm{d}t) = 2\,.$$

Das gleiche Ergebnis. Wenn Sie zur **Übung** noch weiter probieren, werden Sie immer den Wert 2 erhalten – egal, welchen Weg Sie gehen. Das Integral ist unabhängig vom Weg, oder anders ausgedrückt: Das Integral über eine geschlossene Kurve verschwindet. Haben Sie eine Idee, woran das liegen könnte? Nun ja, ich gebe einen kleinen Tipp: Betrachten Sie einmal die Funktion $f(x,y) = xy$ und überlegen, wie sie mit ω zusammenhängt.

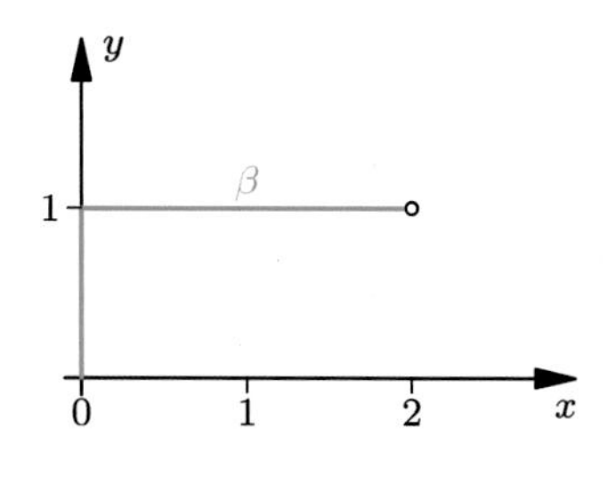

Als weitere Anwendung berechnen wir das Integral der PFAFFschen Form

$$\omega(x,y) = \frac{-y}{x^2+y^2}\,\mathrm{d}x + \frac{x}{x^2+y^2}\,\mathrm{d}y\,,$$

welche auf $U = \mathbb{R}^2 \setminus \{(0{,}0)\}$ definiert ist, über den Kreisbogen

$$\begin{aligned} \alpha : [0,\varphi] &\to U \\ t &\mapsto (r\cos t,\, r\sin t)\,. \end{aligned}$$

Es gilt dann $\alpha'(t) = (-r\sin t, r\cos t)$ und damit

$$\omega\big(\alpha(t)\big)\cdot\alpha'(t) = \frac{-r\sin t}{r^2}(-r\sin t) + \frac{r\cos t}{r^2}\,r\cos t = 1\,.$$

Das Integral ist dann ganz einfach

$$\int_\alpha \omega = \int_0^\varphi \mathrm{d}t = \varphi\,.$$

Setzen wir dabei $\varphi = 2\pi$, so ist die Kurve geschlossen. Zu unserem Erstaunen stellen wir fest, dass das Kurvenintegral dann nicht verschwindet. Es verhält sich grundsätzlich anders als im ersten Beispiel und ergibt das Resultat 2π. Wenn unsere Überlegungen zu Beginn stimmen, dann kann ω keine Stammfunktion besitzen. Das ist bemerkenswert, zumal die Koeffizienten bei $\mathrm{d}x$ und $\mathrm{d}y$ eigentlich ganz friedlich aussehen. Wir werden später noch einmal auf dieses Beispiel zurückkommen und erkennen, dass es in der Tat einen sehr tiefliegenden Grund hat, dass ω keine Stammfunktion in $U = \mathbb{R}^2 \setminus \{(0{,}0)\}$ hat.

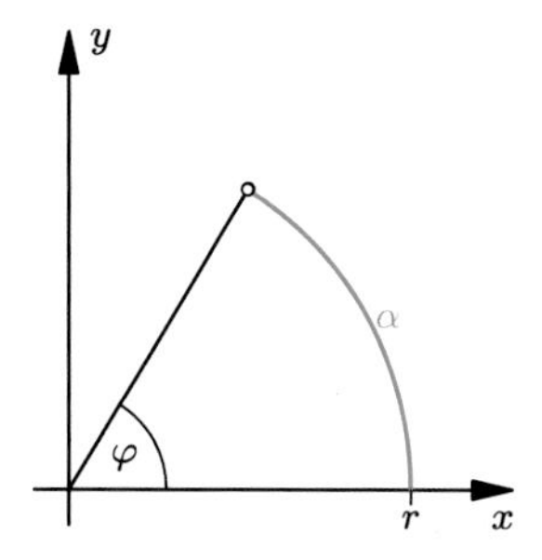

Wir sind jetzt in der Lage, unsere anfänglichen Versuche auf sicheren Boden zu stellen und berechnen das Kurvenintegral für ein totales Differential $\mathrm{d}f$.

Kurvenintegrale über totale Differentiale
Wir betrachten eine offene Teilmenge $U \subseteq \mathbb{R}^2$, eine stetig partiell differenzierbare Funktion $f : U \to \mathbb{R}$ und eine stetig differenzierbare Kurve $\alpha : [a,b] \to U$ mit $\alpha(a) = p$ und $\alpha(b) = q$. Dann gilt

$$\int_\alpha \mathrm{d}f \; = \; f(q) - f(p)\,.$$

Der Beweis ist einfach, wenn Sie die Substitutions- und die Kettenregel für die Differentiation nach einer Veränderlichen (Seiten 324 und 259) auf die partiellen Ableitungen übertragen. Dies ist möglich, denn wir haben die partiellen Ableitungen mit der gewöhnlichen Differentiation eingeführt. Dann ergibt sich

$$\begin{aligned}\int_\alpha \mathrm{d}f &= \int_a^b \mathrm{d}f\big(\alpha(t)\big)\cdot\alpha'(t)\,\mathrm{d}t\\ &= \int_a^b \left(\frac{\partial f\big(\alpha(t)\big)}{\partial x}\,\alpha_1'(t) + \frac{\partial f\big(\alpha(t)\big)}{\partial y}\,\alpha_2'(t)\right)\mathrm{d}t\\ &= \int_a^b \frac{\mathrm{d}f\big(\alpha(t)\big)}{\mathrm{d}t}\,\mathrm{d}t \;=\; f\big(\alpha(t)\big)\Big|_a^b \;=\; f(q)-f(p)\,. \qquad \square\end{aligned}$$

Also hatten wir doch recht mit den vagen Überlegungen ganz zu Beginn. So vage waren sie eigentlich gar nicht, die Mathematiker hatten im 18. Jahrhundert auch keine anderen Argumente in der Hand. Heute ist alles klar und eindeutig definiert, damals war viel Intuition und Fingerspitzengefühl erforderlich, um sich in dem Dschungel zurecht zu finden.

Kurvenintegrale über totale Differentiale einer Stammfunktion hängen also tatsächlich nicht vom Integrationsweg ab, insbesondere verschwinden sie bei geschlossenen Kurven. Damit erklärt sich auch, warum das Integral im ersten Beispiel oben, über $\omega = y\,\mathrm{d}x + x\,\mathrm{d}y$, bei geschlossenem Integrationsweg verschwunden ist. Offenbar ist $f(x,y) = xy$ eine Stammfunktion von ω. Wir wenden uns jetzt also der spannenden Frage zu, die immer bei der Integration auftaucht: Wann existiert zu einer gegebenen PFAFFschen Differentialform eine Stammfunktion? Seien Sie gespannt auf das, was sich nun entwickelt.

Ein wenig Geduld brauchen wir noch. Vor den Preis haben die Götter den Schweiß gesetzt. Bevor wir einen der großen Höhepunkte dieses Buches erreichen, sind zwei Hilfssätze zur Bildung einer Ableitung notwendig. Der erste ist ganz einfach. Der zweite ist etwas trickreicher und für sich gesehen auch recht interessant, zumal er partielle Differentiation und Integration auf suggestive Art verknüpft.

Im ersten Hilfssatz geht es um eine einfache Erweiterung der Kettenregel für die Differentiation. Das ist Spezialfall eines sehr allgemeinen Resultats, der sogenannten Kettenregel für Funktionen mehrerer Veränderlicher. Dieses äußerst technische Ergebnis will ich Ihnen nicht in voller Breite zumuten, zumal der Spezialfall für unsere Zwecke ausreicht. Es geht zunächst um scheinbar ganz harmlose Dinge: Einen Punkt $(x, y) \in \mathbb{R}^2 \setminus \{(0,0)\}$ und eine normale reelle Funktion $g: [0,1] \to \mathbb{R}$. Diese Funktion hat es aber in sich, denn sie entsteht aus der Hintereinanderausführung der Funktion

$$h : [0,1] \to \mathbb{R}^2, \quad t \mapsto (tx, ty)$$

mit einer stetig partiell differenzierbaren Funktion $f : U \to \mathbb{R}$ für eine offene Menge $U \subset \mathbb{R}^2$, welche die gesamte Verbindungsstrecke von $(0,0)$ nach (x, y) enthält:

$$g(t) = f \circ h(t) = f(tx, ty).$$

Der Wert t wird zunächst quasi in den Raum $\mathbb{R}^2$ geschossen und durch f dann wieder nach $\mathbb{R}$ zurückgeholt. Der Hilfssatz macht eine wichtige Aussage über die Differenzierbarkeit von g:

Hilfssatz 1 (Erweiterung der Kettenregel)
In der gerade beschriebenen Situation ist die Funktion $g(t) = f(tx, ty)$ im Intervall $[0,1]$ differenzierbar und es gilt

$$\frac{\mathrm{d}\,g(t)}{\mathrm{d}t} = \frac{\partial f}{\partial x}(tx, ty)\,x + \frac{\partial f}{\partial y}(tx, ty)\,y\,.$$

Der Beweis verläuft wie der für die große Kettenregel, ist aber dank der speziellen Situation viel einfacher. Er benutzt das Kriterium der Differenzierbarkeit mit den Korrekturfunktionen φ (Seite 254). Wegen der totalen Differenzierbarkeit von f können wir für $t \in [0,1]$ und τ genügend nahe bei t folgende Gleichung aufstellen:

$$\begin{aligned} g(t+\tau) - g(t) &= f(tx + \tau x, ty + \tau y) - f(tx, ty) \\ &= \frac{\partial f}{\partial x}(tx, ty)\,\tau x + \frac{\partial f}{\partial y}(tx, ty)\,\tau y + \varphi(\tau x, \tau y) \end{aligned}$$

mit einer Korrektur φ, die für $(x, y) \to (0,0)$ schneller gegen 0 konvergiert als der Betrag $\|(x, y)\|$. Damit rechnen wir weiter und erhalten

$$g(t+\tau) - g(t) = \left(\frac{\partial f}{\partial x}(tx, ty)\,x + \frac{\partial f}{\partial y}(tx, ty)\,y\right)\tau + \psi(\tau)\,,$$

wobei $\psi(\tau) = \varphi(\tau x, \tau y)$ ist. Es gilt nun

$$\lim_{\tau \to 0} \frac{\psi(\tau)}{|\tau|} = \|(x, y)\| \lim_{\tau \to 0} \frac{\psi(\tau)}{|\tau|\|(x, y)\|} = \|(x, y)\| \lim_{\tau \to 0} \frac{\varphi(\tau x, \tau y)}{\|(\tau x, \tau y)\|} = 0\,.$$

Damit ist g differenzierbar und die Ableitung hat die gewünschte Form. □

Nun wenden wir uns dem zweiten Hilfssatz zu. Er behandelt die Differentiation von Funktionen, welche über ein Integral definiert sind.

Hilfssatz 2 (Differentiation unter dem Integral)
Es seien $[a, b]$ und $[c, d]$ zwei Intervalle in $\mathbb{R}$ und $f : [a, b] \times [c, d] \to \mathbb{R}$ eine stetige Funktion, die nach der zweiten Variablen stetig partiell differenzierbar ist. Nun definieren wir die Funktion $g : [c, d] \to \mathbb{R}$ als

$$g(x) = \int_a^b f(t, x) \, \mathrm{d}t .$$

Dann ist g stetig differenzierbar und es gilt

$$\frac{\mathrm{d}\, g(x)}{\mathrm{d}x} = \int_a^b \frac{\partial f(t, x)}{\partial x} \, \mathrm{d}t .$$

Anschaulich gesprochen, dürfen Sie die Funktion g differenzieren, indem Sie den Integranden partiell nach x ableiten, also unter dem Integral differenzieren.

Zum Beweis betrachten wir ein $x \in [c, d]$ und eine Folge $(x_k)_{k \in \mathbb{N}}$ mit $x_k \to x$ und $x_k \neq x$. Um die partielle Ableitung unter dem Integral zu simulieren, definieren wir den Differenzenquotienten $F_k(t) : [a, b] \to \mathbb{R}$ durch

$$F_k(t) = \frac{f(t, x_k) - f(t, x)}{x_k - x}$$

und den Differentialquotienten $F(t) : [a, b] \to \mathbb{R}$ durch

$$F(t) = \frac{\partial f(t, x)}{\partial x} .$$

Nach Voraussetzung ist die partielle Ableitung von f nach x auf $[a, b] \times [c, d]$ stetig. Nun müssen Sie sich an ein früheres Resultat erinnern. Blättern Sie kurz zurück (Seite 319), dort haben wir gezeigt, dass eine stetige Funktion auf einem abgeschlossenen Intervall **gleichmäßig stetig** ist. Der Beweis war sehr einfach und benutzte den Satz von BOLZANO-WEIERSTRASS (Seite 154).

Sie ahnen vielleicht schon, was nun kommt. Tatsächlich: Ein entsprechender Satz gilt auch für stetige Funktionen auf dem Produkt zweier abgeschlossener Intervalle $[a, b] \times [c, d]$. Wir müssen dazu nur den absoluten Betrag

$$\|(t, x)\| = \sqrt{t^2 + x^2}$$

auf $\mathbb{R}^2$ verwenden. Damit lässt sich der Beweis des Satzes von BOLZANO-WEIERSTRASS ohne Änderung übernehmen. Versuchen Sie es einmal.

Also: Wegen der gleichmäßigen Stetigkeit der partiellen Ableitung gibt es für jedes $\epsilon > 0$ ein $\delta > 0$, sodass

$$\left| \frac{\partial f(t,x)}{\partial x} - \frac{\partial f(t,x')}{\partial x} \right| < \epsilon,$$

falls $|x - x'| < \delta$ ist. Dies gilt, man beachte, gleichmäßig für alle $t \in [a,b]$. Nun können wir den Mittelwertsatz der Differentialrechnung (Seite 278) wieder einsetzen. Für alle $k \in \mathbb{N}$ gibt es dann ein ξ_k zwischen x_k und x mit

$$F_k(t) = \frac{\partial f(t,\xi_k)}{\partial x}.$$

Wenn k genügend groß ist, dann liegen die ξ_k genügend nahe bei x und wir können als wichtiges Zwischenresultat festhalten:

$$|F(t) - F_k(t)| = \left| \frac{\partial f(t,x)}{\partial x} - \frac{\partial f(t,\xi_k)}{\partial x} \right| < \epsilon \quad \text{für alle } t \in [a,b].$$

Das ist ein großer Schritt in die richtige Richtung. Wir stellen fest, dass die Funktionen F_k nicht nur in jedem Punkt $t \in [a,b]$ gegen F konvergieren, sondern dies auch noch gleichmäßig auf dem ganzen Intervall $[a,b]$ tun. Übersetzt bedeutet das:

$$\max_{t\in[a,b]} |F(t) - F_k(t)| < \epsilon$$

oder

$$\left| \int_a^b F(t)\,\mathrm{d}t - \int_a^b F_k(t)\,\mathrm{d}t \right| \leq \int_a^b |F(t) - F_k(t)|\,\mathrm{d}t < (b-a)\,\epsilon,$$

wenn nur $k \in \mathbb{N}$ genügend groß ist. Nun sind wir am Ziel. Denn es gilt wegen der einfachen Regeln für Integrale

$$\lim_{k\to\infty} \frac{g(x_k) - g(x)}{x_k - x} = \lim_{k\to\infty} \int_a^b F_k(t)\,\mathrm{d}t = \int_a^b F(t)\,\mathrm{d}t = \int_a^b \frac{\partial f(t,x)}{\partial x}\,\mathrm{d}t.$$

Der Differentialquotient von g existiert also und hat den erwarteten Wert. □

Der Satz ist nicht überraschend, eher naheliegend. Er hat für die Analysis mehrerer Veränderlichen und für die Funktionentheorie fundamentale Bedeutung, wie wir noch sehen werden.

Wir können uns jetzt der Suche nach Stammfunktionen für PFAFFsche Formen zuwenden. Für bestimmte Teilmengen $U \subseteq \mathbb{R}^2$ gibt es ein schönes Kriterium für die Existenz einer Stammfunktion. Solche Mengen heißen **sternförmig**.

Sternförmige Mengen
Wir nennen eine Teilmenge $U \subseteq \mathbb{R}^2$ **sternförmig** bezüglich eines Punktes $p \in U$, wenn für jeden Punkt $x \in U$ die gesamte Verbindungsstrecke zwischen p und x in U liegt. Diese Strecke wird durch die Punktmenge

$$\{(1-t)p + tx : 0 \leq t \leq 1\}$$

definiert.

Das Bild zeigt eine sternförmige Menge. Sie können sich vorstellen, die Menge U wird von einem 10 Meter hohen Wall umzäunt. Auf dem Punkt p steht eine Lampe. Dann können Sie die Lampe von jedem Punkt $p \in U$ aus sehen. An der Zeichnung sieht man auch, dass U nicht bezüglich jedes seiner Punkte sternförmig sein muss.

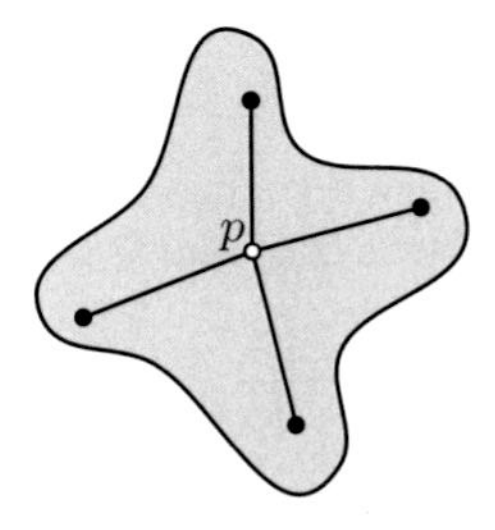

Der zentrale Satz lautet nun:

Stammfunktionen in sternförmigen Mengen
Es sei $U \subseteq \mathbb{R}^2$ eine sternförmige offene Menge und

$$\omega = f_1(x,y)\,\mathrm{d}x + f_2(x,y)\,\mathrm{d}y$$

eine PFAFFsche Differentialform mit stetig partiell differenzierbaren Funktionen $f_1, f_2 : U \to \mathbb{R}$. Dann besitzt ω eine Stammfunktion $F : U \to \mathbb{R}$, falls für alle $(x,y) \in U$

$$\frac{\partial f_1(x,y)}{\partial y} = \frac{\partial f_2(x,y)}{\partial x}$$

ist. PFAFFsche Formen mit dieser Eigenschaft nennt man **geschlossen**.

Eine kleine Bemerkung hierzu. Mit ein wenig Technik kann man umgekehrt zeigen, dass für jede zweimal stetig partiell differenzierbare Funktion $F : U \to \mathbb{R}$ das totale Differential $\mathrm{d}F$ geschlossen ist, doch das benötigen wir nicht weiter.

Die Geschlossenheit einer PFAFFschen Form ist eine starke Forderung. Die Verschränkung der beiden partiellen Ableitungen über Kreuz entbehrt nicht einer gewissen Ästhetik. Sie ist, wie wir im nächsten Kapitel sehen werden, die Keimzelle der von CAUCHY entdeckten Funktionentheorie.

Der Beweis des Satzes ist trickreich. Das ist nicht verwunderlich, müssen wir doch eine globale Funktion auf ganz U gewinnen, obwohl wir mit der Geschlossenheit nur lokale Aussagen zur Verfügung haben.

Machen wir einen ersten Schritt: Durch einen einfachen Trick können wir die folgenden Berechnungen erheblich vereinfachen. Wir beschränken uns nämlich auf den Fall, dass U sternförmig bezüglich des Nullpunktes (0,0) ist.

Falls U sternförmig bezüglich (x_0, y_0) ist, bewirkt die bijektive Abbildung

$$\begin{aligned} \tau : U &\to V \\ (x,y) &\mapsto (x - x_0, y - y_0) \end{aligned}$$

eine Verschiebung oder **Translation** des Koordinatensystems. $V = \tau(U) \subseteq \mathbb{R}^2$ ist dann eine bezüglich des Nullpunktes sternförmige Menge. Die Umkehrverschiebung ist gegeben durch

$$\begin{aligned} \sigma : V &\to U \\ (x,y) &\mapsto (x + x_0, y + y_0) \end{aligned}$$

Nun stellt

$$\omega' = f_1\big(\sigma(x,y)\big)\,\mathrm{d}x + f_2\big(\sigma(x,y)\big)\,\mathrm{d}y$$

eine PFAFFsche Form auf V dar, welche ebenfalls geschlossen ist, wie Sie leicht durch die Kettenregel (Seite 259) überprüfen können. Ist dann $F : V \to \mathbb{R}$ eine Stammfunktion von ω', so können Sie wiederum durch Anwendung der Kettenregel schnell prüfen, dass $F \circ \tau : U \to \mathbb{R}$ eine Stammfunktion der ursprünglichen Differentialform ω auf U ist.

Wir dürfen also annehmen, dass U sternförmig bezüglich des Nullpunktes ist. Wir definieren nun eine raffinierte Funktion, die sich tatsächlich als Stammfunktion von ω erweisen wird. An der Stelle $(x,y) \in U$ ist sie ein spezielles Integral entlang der Verbindungsstrecke zwischen (0,0) und (x,y):

$$F(x,y) = \int_0^1 \big(f_1(tx,ty)\,x + f_2(tx,ty)\,y\big)\,\mathrm{d}t\,.$$

Die Definition ist zulässig, weil die ganze Verbindungsstrecke von (0,0) nach (x,y) in U enthalten ist.

Hilfssatz 2 (Seite 366) erlaubt uns nun, die Funktion F partiell nach x zu differenzieren. Beachten Sie dabei, dass y fixiert ist. Wir erhalten zunächst

$$\frac{\partial F(x,y)}{\partial x} = \int_0^1 \frac{\partial}{\partial x}\Big(\big(f_1(tx,ty)\,x\big)\,\mathrm{d}t + \big(f_2(tx,ty)\,y\big)\Big)\,\mathrm{d}t$$

Es lohnt sich, den Integranden genauer anzusehen:

$$\begin{aligned} \frac{\partial}{\partial x}\big(f_1(tx,ty)\,x\big) + \frac{\partial}{\partial x}\big(f_2(tx,ty)\,y\big) &= t\,\frac{\partial f_1}{\partial x}(tx,ty)\,x + f_1(tx,ty) + \\ &\quad\; t\,\frac{\partial f_2}{\partial x}(tx,ty)\,y\,. \end{aligned}$$

Dieser Ausdruck soll also über t im Intervall [0,1] integriert werden. Das sieht nicht einfach aus, in der Tat. Immerhin können wir die Voraussetzung

$$\frac{\partial f_1(x,y)}{\partial y} = \frac{\partial f_2(x,y)}{\partial x}$$

verwenden, um zu dem Zwischenergebnis

$$\frac{\partial F(x,y)}{\partial x} = \int_0^1 \left(f_1(tx,ty) + t\,\frac{\partial f_1}{\partial x}(tx,ty)\,x + t\,\frac{\partial f_1}{\partial y}(tx,ty)\,y \right) \mathrm{d}t$$

zu gelangen. Jetzt kommt der obige Hilfssatz 1 sehr gelegen (Seite 365). Wir können damit folgende Rechnung aufstellen:

$$\begin{aligned} \frac{\mathrm{d}}{\mathrm{d}t}\big(t\,f_1(tx,ty)\big) &= f_1(tx,ty) + t\,\frac{\mathrm{d}}{\mathrm{d}t} f_1(tx,ty) \\ &= f_1(tx,ty) + t\left(\frac{\partial f_1}{\partial x}(tx,ty)\,x + \frac{\partial f_1}{\partial y}(tx,ty)\,y \right). \end{aligned}$$

Wir haben das Ziel erreicht. Offenbar ist $t\,f_1(tx,ty)$ eine Stammfunktion des obigen Integrals. Wir können daher festhalten:

$$\frac{\partial F(x,y)}{\partial x} = t\,f_1(tx,ty)\Big|_0^1 = f_1(x,y)\,.$$

Auf genau die gleiche Weise erhalten wir

$$\frac{\partial F(x,y)}{\partial y} = t\,f_2(tx,ty)\Big|_0^1 = f_2(x,y)\,.$$

Damit ist F die gesuchte Stammfunktion von ω. □

Es ist wieder Zeit, Ihnen einen Glückwunsch auszusprechen. Sie halten jetzt ein fundamentales und tiefliegendes Resultat der Analysis in Händen, mit dessen Hilfe sich tolle Dinge anstellen lassen. Doch schauen wir zunächst auf das Beispiel von früher. Sie werden staunen, was es für Geheimnisse birgt.

Es handelte sich um die PFAFFsche Form

$$\omega = \frac{-y}{x^2+y^2}\,\mathrm{d}x + \frac{x}{x^2+y^2}\,\mathrm{d}y\,,$$

deren Kurvenintegral über einen geschlossenen Kreis vom Radius r den Wert 2π ergab (Seite 363). Wir wunderten uns damals, dass es nicht verschwindet.

Jetzt werden Sie noch mehr erstaunt sein, denn Sie stellen durch die einfache Rechnung

$$\frac{\partial}{\partial y}\left(\frac{-y}{x^2+y^2}\right) = \frac{y^2-x^2}{(x^2+y^2)} = \frac{\partial}{\partial x}\left(\frac{x}{x^2+y^2}\right)$$

fest, dass ω geschlossen ist. Und dennoch ist das Integral nicht 0, existiert also keine Stammfunktion für ω. Wo liegt da der Fehler?

Nun ja, da ist kein Fehler. Wir müssen nur den Satz über die Existenz einer Stammfunktion genau ansehen. Zwar ist die Form ω geschlossen, doch ihr Definitionsbereich $U = \mathbb{R}^2 \setminus \big\{(0{,}0)\big\}$ ist nicht sternförmig, er hat ein Loch: den Nullpunkt. Für jeden Punkt (x,y) ist seine Verbindungsstrecke mit $(-x,-y)$ nicht vollständig in U enthalten.

Es gibt aber einen Weg aus dem Dilemma. Wenn wir nicht nur die 0 aus $\mathbb{R}^2$ entfernen, sondern zusätzlich die ganze negative x-Achse, so wird die Menge $V = \mathbb{R}^2 \setminus \{(x{,}0) : x \leq 0\}$ plötzlich sternförmig, zum Beispiel bezüglich $(1{,}0) \in \mathbb{R}^2$.

Nach unserem Satz hat ω eine Stammfunktion F in V. Können wir sie explizit angeben? Versuchen wir es. Da nach dem eben bewiesenen Satz eine Stammfunktion existiert, hängt das Integral

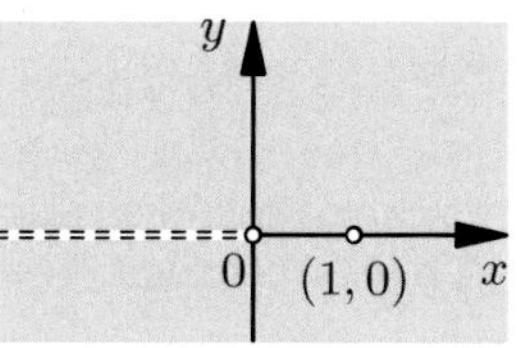

$$F(x,y) = \int_\alpha \omega$$

nicht von der Kurve $\alpha : [0{,}1] \to \mathbb{R}^2$ mit $\alpha(0) = (1{,}0)$ und $\alpha(1) = (x,y)$ ab. Wir nehmen jetzt nicht den geradlinigen Weg wie bei der Definition von F, sondern den hier dargestellten, für die Berechnung günstigeren Weg.

An der Kurve fällt auf, dass sie nicht vollständig glatt verläuft, sondern nur **stückweise stetig differenzierbar** ist. Das Kurvenintegral setzt sich dann aus der Summe der beiden stetig differenzierbaren Teilstücke $(1{,}0) \to (r{,}0)$ und $(r{,}0) \to (x,y)$ zusammen, wobei $r = \sqrt{x^2+y^2}$ ist. Es ist klar, dass die bisherigen Aussagen auch für stückweise stetig differenzierbare Kurven gelten. Wir werden das später noch einmal benutzen.

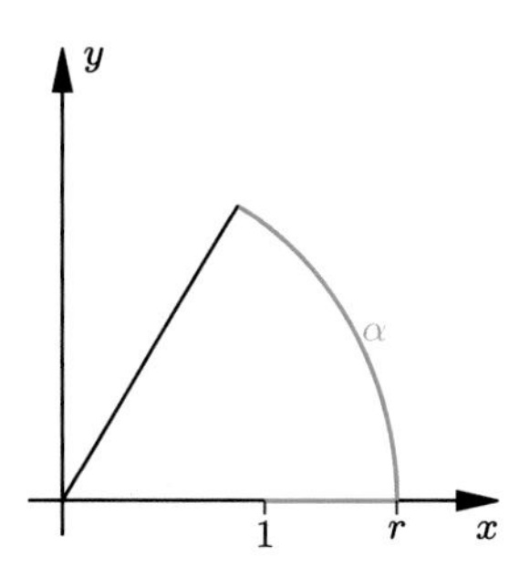

Die Kurve ist in der Tat sehr günstig gewählt: Zunächst ist

$$\int_{(1,0)}^{(r,0)} \omega = \int_{(1,0)}^{(r,0)} \frac{-y}{x^2+y^2}\,\mathrm{d}x + \int_{(1,0)}^{(r,0)} \frac{x}{x^2+y^2}\,\mathrm{d}y = 0\,,$$

da auf dem Integrationsweg offenbar $y \equiv 0$ und $\mathrm{d}y \equiv 0$ sind.

Für das Integral über den Kreisbogen gilt nach dem Beispiel von Seite 363

$$\int_{(r,0)}^{(x,y)} \omega = \varphi,$$

wobei der Winkel φ durch die Polarkoordinaten (Seite 276) von (x, y) gegeben ist:

$$(x, y) = r\,\mathrm{e}^{i\varphi} = (r \cos\varphi, r \sin\varphi)\,.$$

Dieser Winkel ist eindeutig bestimmt, wenn wir es im Bereich $-\pi < \varphi < \pi$ wählen. Mit dem so eindeutig definierten Wert können wir die Stammfunktion in der Form

$$F(x, y) = \varphi \in \,]-\pi, \pi[$$

angeben. Wir sehen nun auch, dass es keine Chance gibt, F nach U stetig fortzusetzen, geschweige denn differenzierbar. Diese Fortsetzung wäre zwangsläufig für jeden Punkt $(x,0)$ mit $x < 0$ unstetig: Von oben strebt F gegen π, von unten gegen $-\pi$.

Mit diesem interessanten Beispiel, welches die davor beschriebene Theorie eindrucksvoll bestätigt, möchte ich den Abstecher zur mehrdimensionalen Analysis beenden. Wir müssen voran, hin zu den großen Transzendenzbeweisen. Dazu werden wir das gerade erworbene Wissen auf die Analysis im Körper $\mathbb{C}$ anwenden. Dieses faszinierende Gebiet der Mathematik, die *Funktionentheorie*, wurde hauptsächlich von französischen Mathematikern, allen voran Augustin Louis Cauchy begründet. Bleiben Sie dabei, ich verspreche Ihnen im nächsten Kapitel eine Theorie, die Sie an vielen Punkten überraschen wird und die ohne Zweifel zu den verblüffendsten Resultaten im Bereich der Analysis führt.

17 Elemente der Funktionentheorie

In diesem Kapitel werden wir die Theorie vollenden, die uns zu den großen Transzendenzbeweisen führt. Sie haben eine erstaunliche Wegstrecke hinter sich gebracht, Kompliment! Halten Sie noch ein wenig durch, das mächtige Gipfelkreuz ist schon in Sichtweite gerückt. Wir setzen die Ergebnisse des vorangegangenen Kapitels nun zu einem mathematischen Gebäude von großer Eleganz zusammen, der sogenannten *Funktionentheorie*. Sie beschäftigt sich mit der Analysis komplexwertiger Funktionen $f(z)$ mit Argumenten $z \in \mathbb{C}$.

Das Wissen der Analytiker im 18. Jahrhundert, vor allem die Infinitesimalrechnung in mehreren Veränderlichen, war Anfang des 19. Jahrhunderts praktisch jedem Mathematiker geläufig. Kurz zuvor hatte GAUSS den Hauptsatz der Algebra bewiesen und damit große Aufmerksamkeit auf den Körper $\mathbb{C}$ gelenkt. Als Folge dieser Erkenntnisse stellte sich dann AUGUSTIN LOUIS CAUCHY im Jahr 1814 eine scheinbar harmlose und naheliegende Frage, die ihn kurz darauf zu einer bahnbrechenden Entdeckung führte. Lassen Sie uns diesen spannenden Gedankengang nachvollziehen.

17.1 Eine Idee von historischer Dimension

CAUCHY untersuchte 1814 offene Teilmengen $U \subseteq \mathbb{C}$ und komplexwertige Funktionen $f : U \to \mathbb{C}$, die sich als Ausdruck in einer komplexen Variablen $z \in \mathbb{C}$ schreiben ließen. Solche Beispiele kennen Sie bereits. Denken Sie an die Polynomfunktionen

$$f(z) \;=\; a_n z^n + a_{n-1} z^{n-1} + \ldots + a_1 z + a_0$$

oder die Exponentialfunktion

$$f(z) \;=\; \mathrm{e}^z \;=\; \sum_{k=0}^{\infty} \frac{z^k}{k!}\,,$$

welche auf ganz $\mathbb{C}$ definiert und stetig sind (Seite 265). CAUCHY hatte nun die geniale Idee, bei solchen Funktionen auch Differenzenquotienten im Körper $\mathbb{C}$ zu bilden – und dann einen analogen Übergang zum Differentialquotienten zu machen wie bei den reellen Zahlen. Man sieht leicht, dass sich zum Beispiel bei der Funktion $f(z) = z^2$ für eine komplexe Folge $(z_n)_{n \in \mathbb{N}}$ mit $z_n \to z$ der Grenzübergang

$$\lim_{n\to\infty} \frac{f(z_n) - f(z)}{z_n - z} \;=\; \lim_{n\to\infty} \frac{z_n^2 - z^2}{z_n - z} \;=\; 2z$$

völlig analog zum reellen Fall durchführen lässt. Man braucht, ähnlich wie bei der komplexen Exponentialreihe, auch in diesem Fall nur die Körperaxiome, den absoluten Betrag und die Vollständigkeit von $\mathbb{C}$.

F. Toenniessen, *Das Geheimnis der transzendenten Zahlen*,
https://doi.org/10.1007/978-3-662-58326-5_17

Überhaupt gelten sämtliche reelle Differentiationsregeln (Seite 255 ff) völlig analog auch für holomorphe Funktionen, denn es wurden bei diesen Regeln nur die Körperaxiome von $\mathbb{R}$, Grenzwerte (auch $\mathbb{C}$ ist vollständig!) und die Abschätzung von absoluten Beträgen verwendet. Wir können daher zum Beispiel die Formel

$$\frac{\mathrm{d}}{\mathrm{d}z} z^n = n z^{n-1}$$

wörtlich genauso herleiten wie bei der reellen Ableitung (mit der Produktregel). Auf ähnliche Weise, unter Berücksichtigung der Funktionalgleichung (Seite 266), können Sie auch die Funktion $f(z) = \mathrm{e}^z$ komplex differenzieren und erhalten

$$\lim_{n\to\infty} \frac{f(z_n) - f(z)}{z_n - z} = \lim_{n\to\infty} \frac{\mathrm{e}^{z_n} - \mathrm{e}^z}{z_n - z} = \mathrm{e}^z \lim_{\mathbb{C}\ni h\to 0} \frac{\mathrm{e}^h - 1}{h} = \mathrm{e}^z .$$

Auch der Beweis dieser Gleichung verläuft identisch zu dem in der reellen Analysis, denn die dort verwendete Formel für die geometrische Reihe gilt auch in $\mathbb{C}$.

Merken Sie, was hier passiert ist? Tatsächlich: Zum zweiten Mal haben wir das besondere Erlebnis, dass sich reell analytische Untersuchungen problemlos auf komplexe Zahlen übertragen lassen. Wir müssen nur den Mut haben, uns von der gewohnten Vorstellung der reellen Analysis zu lösen und ganz der mathematischen Struktur des Körpers $\mathbb{C}$ vertrauen. Sie werden staunen, wie weit uns dieser Mut tragen wird. Kommen wir jetzt zu der entscheidenden Definition dieses Kapitels.

Komplexe Differenzierbarkeit
Wir betrachten eine offene Teilmenge $U \in \mathbb{C}$ sowie eine stetige Funktion $f : U \to \mathbb{C}$. Die Funktion f heißt im Punkt $z \in U$ **komplex differenzierbar**, wenn für jede Folge $(z_n)_{n\in\mathbb{N}}$, welche gegen z konvergiert, der Grenzwert

$$f'(z) = \lim_{n\to\infty} \frac{f(z_n) - f(z)}{z_n - z}$$

existiert. f heißt in U komplex differenzierbar, wenn es in jedem Punkt $z \in U$ komplex differenzierbar ist.

Man kann wie im Kapitel über die Differentialrechnung sehen, dass der Grenzwert nicht von der Wahl der Folge $(z_n)_{n\in\mathbb{N}}$ abhängt. Hier wie auch im weiteren Verlauf des Kapitels sei bei solchen Folgen stets $z_n \neq z$ für alle $n \in \mathbb{N}$ vorausgesetzt.

Ob CAUCHY bereits ganz zu Beginn eine Ahnung davon hatte, wie fruchtbar der Boden war, auf den er mit dieser Überlegung stieß? Man weiß es nicht. Er hat der Mathematik jedenfalls ein Tor geöffnet, das bis heute den Weg zu großen Fragen weist. Diese Funktionen heißen inzwischen auch nicht mehr komplex differenzierbar, sondern tragen den geheimnisvollen Namen **holomorphe** Funktionen. Das kommt aus dem Griechischen und bedeutet wörtlich *ganz-gestaltig.* Wir werden sehen, warum. Denn die komplexe Differenzierbarkeit ist eine starke Forderung, aus der sich unglaubliche Dinge ableiten lassen. Ergebnisse, die dann bei den transzendenten Zahlen Anwendung finden.

Denken Sie einmal etwas genauer über holomorphe Funktionen nach. Es fallen Ihnen sofort grundlegende Veränderungen gegenüber der reellen Differenzierbarkeit auf: Zunächst hat die Funktion Werte in $\mathbb{C}$. Wir können sie daher immer als Paar von zwei stetigen reellen Funktionen $g, h : U \to \mathbb{R}$ auffassen und schreiben

$$f(z) = g(z) + i\,h(z).$$

Der Funktionsgraph ist eine Teilmenge von $\mathbb{C} \times \mathbb{C}$. Das ist ein reell vierdimensionaler Raum und kann nicht mehr gezeichnet werden.

Die Funktionen g und h operieren außerdem auf der komplexen Veränderlichen $z = x + iy$. Um jetzt auf festeren Boden zurückzukehren (soll heißen: zu den gewohnten reellen Funktionen), brauchen wir einen kleinen Kunstgriff. Er besteht darin, entweder x oder y in den Funktionen g und h als feste Werte und nur die jeweils andere Variable als veränderlich zu betrachten. Erinnern Sie sich? Genau das Gleiche haben wir im vorigen Kapitel gemacht, um zu den partiellen Ableitungen zu kommen (Seite 354). So erhalten wir zum Beispiel für einen festen Wert y_0 die beiden reellen Funktionen

$$g_1(x) = g(x + iy_0) \quad \text{sowie} \quad h_1(x) = h(x + iy_0).$$

Genauso geht es für feste Werte von x. Dies sind ganz normale reelle Funktionen in einer Veränderlichen, uns bestens vertraut.

Zuletzt versuchen wir es wieder einmal mit der LEIBNIZ-Notation. Sie hat auch hier nichts von ihrer suggestiven Kraft verloren:

$$f'(z) = \lim_{n\to\infty} \frac{f(z_n) - f(z)}{z_n - z} = \frac{\mathrm{d}f(z)}{\mathrm{d}z}.$$

Wir müssen den Ausdruck $\mathrm{d}f(z)/\mathrm{d}z$ nur richtig verstehen. Alle diese Brüche sind Quotienten aus komplexen Zahlen. Während im reellen Fall sich eine Folge $(x_n)_{n\in\mathbb{N}}$ nur von rechts oder links an x angenähert hat, kann die komplexe Folge $(z_n)_{n\in\mathbb{N}}$ jetzt aus allen Himmelsrichtungen gegen z konvergieren.

In der LEIBNIZ-Notation schreiben wir dafür

$$\mathrm{d}z = \mathrm{d}(x + iy) = \mathrm{d}x + i\mathrm{d}y.$$

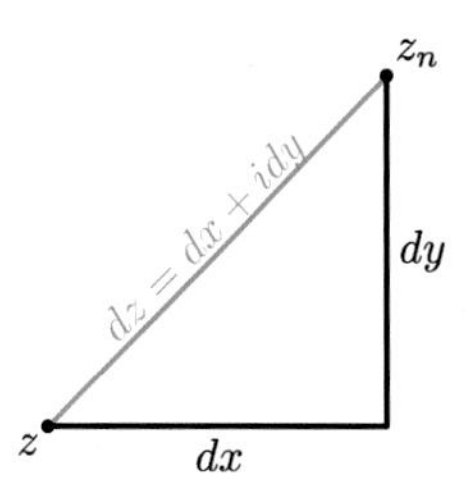

Es macht Sie bestimmt neugierig, in dieser verzwickten Konstellation nach Gesetzmäßigkeiten zu suchen, oder? Genügend Wissen über die reelle Analysis in $\mathbb{R}^2$ haben wir ja schon. Es erwartet uns die spannende Aufgabe, dieses Wissen in der neuen Situation anzuwenden.

17.2 Komplexe Pfaffsche Differentialformen

Eine beeindruckende Überschrift, fürwahr. Doch kann ich Ihnen versprechen, dass es ganz einfach wird. Die meisten Fakten haben wir schon gesammelt und müssen die Bausteine nur noch zusammensetzen. Die bisherige Arbeit hat sich also gelohnt, es wird sich auf wunderbare Weise eins ins andere fügen. Wir dehnen zunächst den Begriff der PFAFFschen Form etwas aus. Dabei identifizieren wir ab jetzt $\mathbb{R}^2$ mit $\mathbb{C}$.

Komplexe Pfaffsche Differentialformen
Wir betrachten eine offene Teilmenge $U \in \mathbb{C}$ sowie zwei (reelle) PFAFFsche Differentialformen ω_1 und ω_2 auf U. Dann definiert

$$\omega \;=\; \omega_1 + i\,\omega_2$$

eine **komplexe Pfaffsche Differentialform.**

Nun zu den kleinen Differenzen $\mathrm{d}x$ und $\mathrm{d}y$ der Veränderlichen x und y. Bei der komplexen Differentiation haben wir die infinitesimale Differenz $\mathrm{d}z$ eingeführt. Wegen $z = x + iy$ gilt

$$\mathrm{d}z \;=\; \mathrm{d}x + i\,\mathrm{d}y\,.$$

Sie wundern sich vielleicht, warum eine solch lapidare Beziehung farblich besonders hervorgehoben ist. Nun ja, sie ist ein wesentlicher Baustein dessen, was nun kommt. Denn wir erhalten eine weitere infinitesimale Differenz in der Form

$$\mathrm{d}\overline{z} \;=\; \mathrm{d}(x - iy) \;=\; \mathrm{d}x - i\,\mathrm{d}y\,.$$

Tatsächlich: Erst mit Einführung von $\mathrm{d}\overline{z}$ können wir die bisherigen reellen infinitesimalen Differenzen zurückgewinnen:

$$\mathrm{d}x \;=\; \frac{1}{2}\,(\mathrm{d}z + \mathrm{d}\overline{z}) \quad \text{und}$$

$$\mathrm{d}y \;=\; \frac{1}{2i}\,(\mathrm{d}z - \mathrm{d}\overline{z})\,.$$

Der Schlüssel der nun folgenden Betrachtungen liegt darin, alle bisherigen Erkenntnisse über totale Differentiale und Kurvenintegrale (ab Seite 357) in den Differenzen $\mathrm{d}z$ und $\mathrm{d}\overline{z}$ auszudrücken, und dabei auch an Stelle der Veränderlichen x und y einfach z und $\overline{z}$ zu verwenden.

Sehen wir uns als Beispiel einmal ein totales Differential einer komplexwertigen Funktion $f : U \to \mathbb{C}$ an. Dabei definieren wir für eine Funktion

$$f : U \to \mathbb{C}, \quad f(x,y) = g(x,y) + i\,h(x,y)$$

mit zwei stetig partiell differenzierbaren Funktionen $g, h : U \to \mathbb{R}$ die partiellen Ableitungen von f in einem Punkt (x, y) auf naheliegende Weise als

$$\begin{aligned} \frac{\partial f}{\partial x}(x,y) &= \frac{\partial g}{\partial x}(x,y) + i\,\frac{\partial h}{\partial x}(x,y) \quad \text{und} \\ \frac{\partial f}{\partial y}(x,y) &= \frac{\partial g}{\partial y}(x,y) + i\,\frac{\partial h}{\partial y}(x,y)\,. \end{aligned}$$

Mittels der obigen Umrechnungsformeln ergibt sich damit für das totale Differential der Funktion f

$$\begin{aligned} \mathrm{d}f &= \frac{\partial f}{\partial x}\,\mathrm{d}x + \frac{\partial f}{\partial y}\,\mathrm{d}y \\ &= \frac{1}{2}\left(\frac{\partial f}{\partial x} - i\,\frac{\partial f}{\partial y}\right)(\mathrm{d}x + i\,\mathrm{d}y) + \frac{1}{2}\left(\frac{\partial f}{\partial x} + i\,\frac{\partial f}{\partial y}\right)(\mathrm{d}x - i\,\mathrm{d}y) \\ &= \frac{1}{2}\left(\frac{\partial f}{\partial x} - i\,\frac{\partial f}{\partial y}\right)\mathrm{d}z + \frac{1}{2}\left(\frac{\partial f}{\partial x} + i\,\frac{\partial f}{\partial y}\right)\mathrm{d}\overline{z}\,. \end{aligned}$$

Die dritte Zeile eröffnet die Möglichkeit, eine suggestive Kurzschreibweise einzuführen. Wir definieren

$$\begin{aligned} \frac{\partial f}{\partial z} &= \frac{1}{2}\left(\frac{\partial f}{\partial x} - i\,\frac{\partial f}{\partial y}\right) \quad \text{und} \\ \frac{\partial f}{\partial \overline{z}} &= \frac{1}{2}\left(\frac{\partial f}{\partial x} + i\,\frac{\partial f}{\partial y}\right). \end{aligned}$$

Damit erhalten wir partielle Ableitungen, die wir als Differentiationen nach z und $\overline{z}$ interpretieren können. Das totale Differential schreibt sich dann in der gewohnten Form

$$\mathrm{d}f(z) = \frac{\partial f}{\partial z}(z)\,\mathrm{d}z + \frac{\partial f}{\partial \overline{z}}(z)\,\mathrm{d}\overline{z}\,.$$

Wir sind jetzt so richtig in der *Funktionentheorie* angekommen. Haben Sie ein wenig Geduld, wenn Ihnen das alles ziemlich verwirrend erscheint. Es stecken nur elementare Umformungen dahinter.

Letztlich haben wir durch eine einfache Variablentransformation eine neue Sichtweise auf Altbekanntes gewonnen. Dies erlaubt es jetzt, eine wunderbare Brücke zwischen der komplexen Differenzierbarkeit und den Kurvenintegralen zu schlagen.

Wir betrachten wieder das totale Differential einer Funktion $f : U \to \mathbb{C}$, welche sich als

$$f(z) \ = \ g(z) + i\,h(z) \ = \ g(x,y) + i\,h(x,y)$$

für zwei stetig partiell differenzierbare Funktionen $g, h : U \to \mathbb{R}$ schreiben lässt. Mit dieser Notation können wir den folgenden, zentralen Satz über holomorphe Funktionen beweisen, [6][44].

Eine Charakterisierung für Holomorphie
Mit den obigen Bezeichnungen ist $f : U \to \mathbb{C}$ genau dann komplex differenzierbar (holomorph) in einem Punkt $z = (x,y) \in U$, wenn die Gleichungen

$$\frac{\partial g(x,y)}{\partial x} \ = \ \frac{\partial h(x,y)}{\partial y} \quad \text{und} \quad \frac{\partial g(x,y)}{\partial y} \ = \ -\frac{\partial h(x,y)}{\partial x}$$

gelten (bekannt als **Cauchy-Riemannsche Differentialgleichungen**).

Eine eindrucksvolle Aussage. Die CAUCHY-RIEMANNschen Differentialgleichungen sind das Herzstück der komplexen Integration holomorpher Funktionen. Es ist von besonderer Ästhetik, dass die partiellen Ableitungen dabei wie Rankepflanzen miteinander verschlungen sind. Wir werden auch bald sehen, dass uns diese Gleichungen nicht von ungefähr an die Bedingung aus dem vorigen Kapitel erinnern, nach der eine Differentialform geschlossen ist (Seite 368).

Der Beweis der Charakterisierung für Holomorphie ist etwas technisch, aber völlig geradlinig, einfach und ohne Überraschungen. Der Einfachheit wegen sei jetzt auch bei den reellen Funktionen das Argument (x,y) kurz mit z bezeichnet.

Wir müssen nur die früheren Resultate zusammensetzen. Die totale Differenzierbarkeit von g und h ergibt nach dem Satz auf Seite 357 zwei Funktionen $\varphi_g(\zeta)$ und $\varphi_h(\zeta)$, welche in einer kleinen Umgebung des Nullpunkts $0 \in \mathbb{C}$ definiert sind und beide schneller gegen 0 konvergieren als $|\zeta|$. Mit $\psi(\zeta) = \varphi_g(\zeta) + i\,\varphi_h(\zeta)$ gilt dann auch

$$\lim_{\zeta \to 0} \frac{\psi(\zeta)}{|\zeta|} \ = \ 0\,.$$

Mit $\zeta = \xi + i\,\eta$ und $\overline{\zeta} = \xi - i\,\eta, \ \ \xi, \eta \in \mathbb{R}$, berechnen wir

$$\begin{aligned} f(z+\zeta) - f(z) \ &= \ g(z+\zeta) - g(z) + i\Big(h(z+\zeta) - h(z)\Big) \\ &= \ \frac{\partial g}{\partial x}(z)\,\xi + \frac{\partial g}{\partial y}(z)\,\eta + i\left(\frac{\partial h}{\partial x}(z)\,\xi + \frac{\partial h}{\partial y}(z)\,\eta\right) + \psi(\zeta) \\ &= \ \frac{1}{2}\left(\left(\frac{\partial g}{\partial x}(z) + \frac{\partial h}{\partial y}(z)\right) + i\left(-\frac{\partial g}{\partial y}(z) + \frac{\partial h}{\partial x}(z)\right)\right)\zeta \ + \\ &\quad\ \frac{1}{2}\left(\left(\frac{\partial g}{\partial x}(z) - \frac{\partial h}{\partial y}(z)\right) + i\left(\frac{\partial g}{\partial y}(z) + \frac{\partial h}{\partial x}(z)\right)\right)\overline{\zeta} + \psi(\zeta)\,. \end{aligned}$$

Zugegeben, diese Formel für die kleine Differenz $f(z+\zeta) - f(z)$ ist ein wahrer Moloch von einem mathematischen Ausdruck.

Doch eigentlich halb so wild, er entsteht durch ganz elementare Umformungen. Manchmal sind die Rechnungen in der Mathematik eben länglich. Aber es ist Land in Sicht. Teilen wir diese Gleichung durch ζ, so erhalten wir die folgende, wichtige Beziehung.

$$\begin{aligned}\frac{f(z+\zeta)-f(z)}{\zeta} &= \frac{1}{2}\left(\left(\frac{\partial g}{\partial x}(z)+\frac{\partial h}{\partial y}(z)\right)+i\left(-\frac{\partial g}{\partial y}(z)+\frac{\partial h}{\partial x}(z)\right)\right)+ \\ &\quad \frac{1}{2}\left(\left(\frac{\partial g}{\partial x}(z)-\frac{\partial h}{\partial y}(z)\right)+i\left(\frac{\partial g}{\partial y}(z)+\frac{\partial h}{\partial x}(z)\right)\right)\frac{\overline{\zeta}}{\zeta}+ \\ &\quad \frac{\psi(\zeta)}{\zeta}.\end{aligned}$$

Die linke Seite ist ein komplexer Differenzenquotient. Denken wir uns jetzt den Grenzwert $\zeta \to 0$. Was macht die rechte Seite? Die erste Zeile ist unkritisch, sie stellt einen konstanten Wert dar. Die dritte Zeile konvergiert gegen 0, ist also auch harmlos. Es bleibt die mittlere Zeile

$$\frac{1}{2}\left(\left(\frac{\partial g}{\partial x}(z)-\frac{\partial h}{\partial y}(z)\right)+i\left(\frac{\partial g}{\partial y}(z)+\frac{\partial h}{\partial x}(z)\right)\right)\frac{\overline{\zeta}}{\zeta}.$$

Der Differenzenquotient konvergiert also für jede Nullfolge $\zeta \to 0$ genau dann, wenn das diese mittlere Zeile tut. Sie besteht aus einem konstanten Faktor, multipliziert mit $\overline{\zeta}/\zeta$. Genau da liegt das Problem. Ich behaupte, dass der Grenzwert

$$\lim_{\zeta \to 0} \frac{\overline{\zeta}}{\zeta}$$

nicht für jede komplexe Nullfolge $\zeta_n \to 0$ existiert. Das ist ganz einfach, wir wählen einfach die Nullfolge $\zeta_n = i^n/n$, welche abwechselnd reelle und rein imaginäre Elemente besitzt. Es gilt $\overline{\zeta_n}/\zeta_n = (-1)^n$, diese Folge konvergiert nicht. Die mittlere Zeile konvergiert also genau dann für beliebige komplexe Nullfolgen, wenn der Koeffizient bei $\overline{\zeta}/\zeta$ verschwindet. Das sind aber genau die CAUCHY-RIEMANNschen Differentialgleichungen. □

Die CAUCHY-RIEMANNschen Differentialgleichungen lassen sich mit der oben eingeführten Notation auch ganz kurz als $\big(\partial f/\partial \overline{z}\big)(z) = 0$ schreiben. Das totale Differential einer holomorphen Funktion lautet dann

$$\mathrm{d}f(z) = \frac{\partial f}{\partial z}(z)\,\mathrm{d}z.$$

Eine holomorphe Funktion hängt also nur von z ab, nicht von $\overline{z}$. So wird plausibel, dass zum Beispiel die Polynomfunktionen $f(z) = a_n z^n + a_{n-1}z^{n-1} + \ldots + a_1 z + a_0$ holomorph sind.

Oder auch die komplexe Exponentialfunktion

$$f(z) = \mathrm{e}^z = \sum_{k=0}^{\infty} \frac{z^k}{k!},$$

genauso wie die komplexwertigen trigonometrischen Funktionen

$$\cos z = \sum_{k=0}^{\infty} (-1)^k \frac{z^{2k}}{(2k)!} = 1 - \frac{z^2}{2!} + \frac{z^4}{4!} - \ldots$$

$$\sin z = \sum_{k=0}^{\infty} (-1)^k \frac{z^{2k+1}}{(2k+1)!} = z - \frac{z^3}{3!} + \frac{z^5}{5!} - \ldots,$$

denn sie hängen nur von z ab. Kommen wir jetzt zum Höhepunkt dieses Kapitels, den großen Integralsätzen von CAUCHY und einigen Anwendungen davon.

17.3 Der Integralsatz von Cauchy

Wir untersuchen die komplexe PFAFFsche Differentialform, die auf einfache Weise durch eine holomorphe Funktion $f : U \to \mathbb{C}$ definiert wird: $\omega = f(z)\,\mathrm{d}z$.

Ziel ist es, ω über stetig differenzierbare Kurven $\alpha : [a,b] \to \mathbb{C}$ zu integrieren. Dazu definieren wir zuerst das Integral über eine allgemeine komplexe Differentialform $\omega = \omega_1 + i\,\omega_2$ als

$$\int_\alpha \omega = \int_\alpha \omega_1 + i \int_\alpha \omega_2,$$

wobei hier ω_1 und ω_2 gewöhnliche reelle PFAFFsche Formen sind. Eine einfache und suggestive Definition. Wie im vorigen Kapitel können wir die Integration auch auf stückweise stetig differenzierbare Kurven ausdehnen, indem einfach die Teilintegrale über die stetig differenzierbaren Teile der Kurve aufaddiert werden:

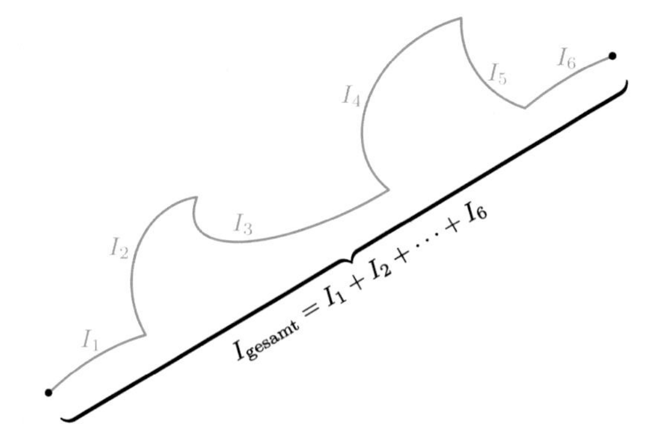

Es ist klar, dass wir auch die **Geschlossenheit** einer PFAFFschen Form auf komplexe Differentialformen übertragen können. Wir nennen ω geschlossen, wenn sowohl ω_1 als auch ω_2 geschlossen sind. Den Hauptsatz des vorigen Kapitels können wir damit ohne Änderung auf komplexe PFAFFsche Formen übertragen.

Existenz einer Stammfunktion in sternförmigen offenen Mengen
Es sei $U \subseteq \mathbb{C}$ eine sternförmige offene Menge, ω_1 und ω_2 reelle PFAFFsche Formen auf U und

$$\omega = \omega_1 + i\,\omega_2$$

die zugehörige komplexe PFAFFsche Form auf U. Dann besitzt ω eine Stammfunktion $F : U \to \mathbb{C}$, falls sowohl ω_1 als auch ω_2 geschlossen sind. Für jede (stückweise) stetig differenzierbare Kurve $\alpha : [a,b] \to \mathbb{C}$ gilt dann mit $p = \alpha(a)$ und $q = \alpha(b)$

$$\int_\alpha \omega = F(q) - F(p)\,.$$

Insbesondere verschwindet das Integral für jede geschlossene Kurve.

Es ist nichts mehr zu beweisen. Denn die Stammfunktionen F_1 und F_2, welche nach dem vorigen Kapitel für ω_1 und ω_2 existieren, ergeben in der gewohnten Weise eine Stammfunktion $F = F_1 + i\,F_2$ für ω. □

Vor dem Integralsatz noch kurz zum bekanntesten Beispiel des obigen Satzes, dem **komplexen Logarithmus**. Für ein $z \in \mathbb{C} \setminus \mathbb{R}_-$, also $z \neq 0$ außerhalb der negativen reellen Achse werde in Anlehnung an die reelle Analysis (Seite 258)

$$\log z = \int_1^z \frac{\mathrm{d}\zeta}{\zeta}$$

definiert. Bezüglich des Punktes $1 \in \mathbb{C}$ ist $\mathbb{C} \setminus \mathbb{R}_-$ sternförmig, weswegen die Form $\mathrm{d}\zeta/\zeta$ eine Stammfunktion besitzt, wenn ihr Real- und Imaginärteil eine geschlossene Differentialform ist (Seite 368).

Dies ist offensichtlich der Fall, denn wir haben $\mathrm{d}\zeta/\zeta = \omega_1 + i\omega_2$ mit

$$\omega_1 = \frac{x}{x^2+y^2}\,\mathrm{d}x + \frac{y}{x^2+y^2}\,\mathrm{d}y \quad \text{und} \quad \omega_2 = \frac{-y}{x^2+y^2}\,\mathrm{d}x + \frac{x}{x^2+y^2}\,\mathrm{d}y\,,$$

und diese beiden PFAFFschen Formen sind geschlossen (die Bedingung hierfür, Seite 368, kann durch eine einfache Rechnung direkt überprüft werden). Damit ist $\log z$ nicht nur wohldefiniert, sondern sogar holomorph auf $\mathbb{C} \setminus \mathbb{R}_-$, denn die CAUCHY-RIEMANNschen Differentialgleichungen (Seite 378) sind erfüllt. Dies wiederum prüfen Sie mit der Differentiation des Integrals über der komplexen PFAFFschen Form $\omega_1 + i\omega_2$.

Demnach ist

$$\log z \;=\; \int_1^z \left(\frac{x}{x^2+y^2}\,\mathrm{d}x \,+\, \frac{y}{x^2+y^2}\,\mathrm{d}y \right) + i \int_1^z \left(\frac{-y}{x^2+y^2}\,\mathrm{d}x \,+\, \frac{x}{x^2+y^2}\,\mathrm{d}y \right),$$

und das Integral über den Imaginärteil haben wir bereits früher als Beispiel berechnet (Seite 371).

Wählen wir dabei den Integrationsweg von 1 nach $|z|$ und anschließend den Kreisbogen von $|z|$ nach z, so haben wir $\mathrm{Im}(\log z) = \varphi$ erhalten, wobei $z = |z|\mathrm{e}^{i\varphi}$ mit $\varphi \in]-\pi, \pi[$ die Darstellung in Polarkoordinaten war (Seite 276). Wenn wir nun mit genau dem gleichen Verfahren das Integral im Realteil berechnen (bitte führen Sie dies als kleine **Übung** durch, die Rechnung verläuft analog), so führt uns das zu der Erkenntnis

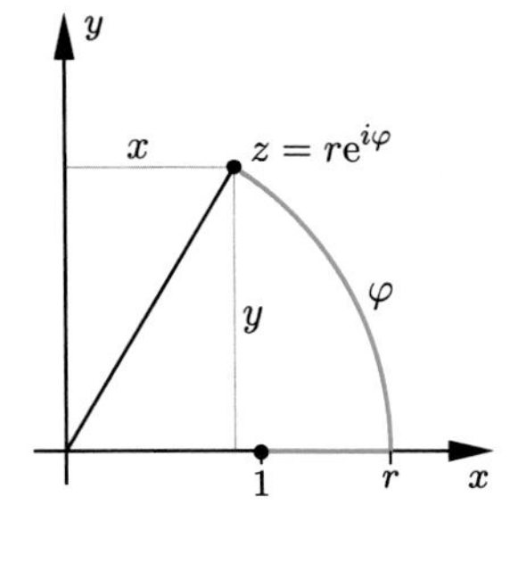

$$\begin{aligned} \mathrm{Re}\big(\log z\big) \;&=\; \int_1^z \left(\frac{x}{x^2+y^2}\,\mathrm{d}x \,+\, \frac{y}{x^2+y^2}\,\mathrm{d}y \right) \\ &=\; \ln|z|\,. \end{aligned}$$

Ein Ergebnis, das sehr plausibel erscheint. In Polarkoordinaten lautet es

$$\log\big(|z|\mathrm{e}^{i\varphi}\big) \;=\; \ln|z| + i\varphi\,,$$

was Sie an die bekannten Logarithmusgesetze erinnert (hier natürlich erweitert auf komplexe Zahlen). Um die CAUCHY-RIEMANNschen Gleichungen zu prüfen, müssen wir diese Gleichung in den Koordinaten (x, y) aufstellen. Demnach ist

$$\log(x,y) \;=\; \ln\sqrt{x^2+y^2} \,+\, i\arctan\frac{y}{x}\,,$$

wobei der **Arcustangens**

$$\arctan : \mathbb{R} \longrightarrow \;]-\pi, \pi[$$

die Umkehrfunktion des **Tangens** $\tan x = \sin x/\cos x$ ist. In der Tat ist φ ja der Steigungswinkel der Ursprungsgeraden durch den Punkt $z = (x, y)$ im Bogenmaß, womit sich $\tan\varphi = y/x$ ergibt.

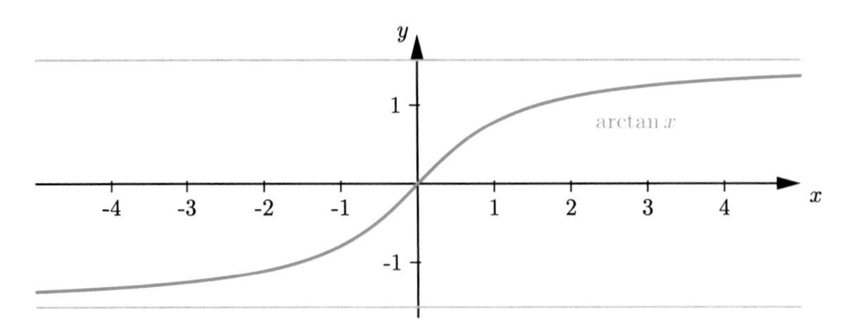

Wir benötigen nun die Ableitung des Arcustangens. Nach der Quotientenregel ist $\tan' x = 1/\cos^2 x$, wie Sie schnell verifizieren können, und nach dem Satz über die Ableitung der Umkehrfunktion (Seite 257) gilt mit $y = \arctan x$ und $x = \tan y$

$$\arctan' x = \frac{1}{\tan' y} = \cos^2 y = \frac{1}{x^2}\sin^2 y = \frac{\tan^2 y}{x^2(1+\tan^2 y)} = \frac{1}{1+x^2}.$$

Die erste der CAUCHY-RIEMANNschen Gleichungen ergibt sich dann sofort aus

$$\frac{\partial}{\partial x}\ln\sqrt{x^2+y^2} = \frac{x}{x^2+y^2} = \frac{\partial}{\partial y}\arctan\frac{y}{x},$$

die zweite empfehle ich Ihnen als **Übung**. Also ist $\log z$ holomorph. Offenbar gilt

$$e^{\log z} = e^{\ln|z|}\,e^{i\varphi} = |z|e^{i\varphi} = z,$$

und $\log z$ definiert eine Umkehrfunktion von e^z auf $\mathbb{C} \setminus \mathbb{R}_-$. Man nennt diese Funktion den **Hauptzweig** des Logarithmus. Wegen $\log 1 = 0$ stimmt log auf der reellen Achse mit dem natürlichen Logarithmus ln überein. Klarerweise ist der Logarithmus als Umkehrfunktion der Exponentialfunktion nicht eindeutig bestimmt. Jede Funktion, die sich um einen Summanden davon unterscheidet, der ein ganzzahliges Vielfaches von $2\pi i$ ist, definiert ebenfalls eine Umkehrfunktion von e^z. Das sind dann die **Nebenzweige** des Logarithmus. Abschließend sei noch angemerkt, dass man $\log z$ natürlich auch für z auf der negativen reellen Achse $\mathbb{R}_-^*$ definieren kann. Man geht hier zum Beispiel für den Winkelbereich $[\pi, 3\pi/2[$ zum ersten Nebenzweig über und entfernt dafür die negative imaginäre Achse. Es ist dann $\log z = \ln|z| + i\varphi$ mit eindeutigem $\varphi \in]-\pi/2, 3\pi/2[$.

Kommen wir nun zu dem berühmten Integralsatz von CAUCHY, [6]. Es sei angemerkt, dass wir ihn zunächst in einer vereinfachten Form, nämlich für sternförmige offene Mengen erhalten werden. Im Anschluss werden wir ihn verallgemeinern.

Integralsatz von Cauchy (für sternförmige offene Mengen)
Es sei $U \subseteq \mathbb{C}$ eine sternförmige offene Menge und $f : U \to \mathbb{C}$ eine holomorphe Funktion. Dann gilt für jede stückweise stetig differenzierbare, geschlossene Kurve $\alpha : [a,b] \to U$

$$\int_\alpha f(z)\,\mathrm{d}z = 0.$$

Das ist ein gewaltiges Ergebnis. Der Beweis ist nicht mehr schwer, da wir im vorigem Kapitel eine Menge Arbeit dafür investiert haben. Es darf aber keinesfalls der Eindruck entstehen, es handle sich um eine einfache Angelegenheit. Im Gegenteil: Es grenzt fast an ein Wunder, dass eine lokale Eigenschaft wie die Existenz von komplexen Differentialquotienten eine solch mächtige Aussage über Kurvenintegrale impliziert. Immerhin folgt aus dem CAUCHYschen Integralsatz, dass das Kurvenintegral über $f(z)\,\mathrm{d}z$ nur von den Endpunkten der Kurve, aber nicht vom Weg dazwischen abhängt.

Zum Beweis müssen wir nur die Geschlossenheit von $f(z)\,\mathrm{d}z$ nachweisen. Dazu zerlegen wir diese Differentialform in ihren Real- und Imaginärteil:

$$\begin{aligned} f(z)\,\mathrm{d}z &= \big(g(x,y) + i\,h(x,y)\big)\,(\mathrm{d}x + i\,\mathrm{d}y) \\ &= \big(g(x,y)\,\mathrm{d}x - h(x,y)\,\mathrm{d}y\big) \;+\; i\,\big(g(x,y)\,\mathrm{d}y + h(x,y)\,\mathrm{d}y\big) \\ &= \omega_1 + i\,\omega_2\,. \end{aligned}$$

Die Geschlossenheit von ω_1 und ω_2 entspricht aber genau den CAUCHY-RIEMANNschen Differentialgleichungen (Seite 378) für die Funktion f. □

Es ist geschafft. Sie haben den ersten tiefliegenden Satz der komplexen Integrationstheorie in der Tasche. Doch ein Mathematiker wie CAUCHY macht hier nicht halt. Er vermutet weitere, noch tiefer gehende Zusammenhänge in der Welt der holomorphen Funktionen.

17.4 Integrale über homotope Kurven

In diesem Abschnitt möchte ich mit Ihnen ein spezielles Beispiel berechnen. Es handelt sich um ein komplexes Kurvenintegral, das im weiteren Verlauf eine ganz besondere Rolle spielen wird. Auch CAUCHY muss es genau gekannt haben, sonst wäre er mit seiner Theorie kaum weiter gekommen. Sie erleben hier ein schönes Beispiel dafür, wie große mathematische Sätze entstehen. Man braucht neben dem Forschergeist dazu immer konkrete Berechnungen, um mit deren Hilfe weitere Zusammenhänge zu erkennen. Die wichtigen Erkenntnisse der Mathematik sind keinesfalls Phantasiegebilde, welche vom Himmel fallen. Sie entspringen fast immer der Anwendung vorhandener Techniken auf praktische Beispiele.

Die Lösung ist außerordentlich elegant, zumal wir weniger im herkömmlichen Sinne rechnen werden als vielmehr neue abstrakte Konzepte aus dem Gebiet der Topologie einsetzen. Wir betrachten dazu eine spezielle holomorphe Funktion, welche auf ganz $\mathbb{C}$ mit Ausnahme eines einzigen Punktes $z \in \mathbb{C}$ definiert ist. Es ist die Funktion

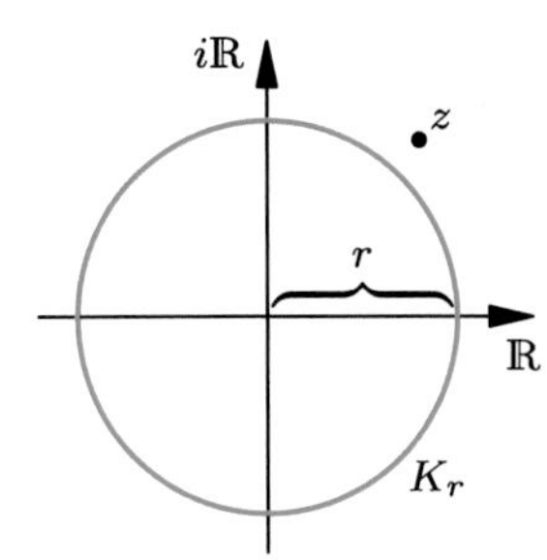

$$f(\zeta) \;=\; \frac{1}{\zeta - z}\,,$$

welche auf $\mathbb{C} \setminus \{z\}$ definiert ist.

Sie ist dort auch holomorph, denn völlig analog der reellen Analysis können Sie den Grenzwert

$$\lim_{n\to\infty} \frac{f(\zeta_n) - f(\zeta)}{\zeta_n - \zeta} \;=\; -\frac{1}{(\zeta - z)^2}$$

für jede gegen ζ konvergierende Folge $(\zeta_n)_{n\in\mathbb{N}}$ berechnen.

Wir wollen diese Funktion jetzt über eine geschlossene Kreislinie K_r mit Radius r um den Nullpunkt integrieren. Falls $|z| > r$ ist, so ist die Aufgabe einfach, denn der Punkt z liegt dann außerhalb des Kreises und die Funktion f ist in einer sternförmigen offenen Umgebung des Kreises holomorph. Der CAUCHYsche Integralsatz ergibt in diesem Fall sofort

$$\int_{K_r} \frac{\mathrm{d}\zeta}{\zeta - z} = 0\,.$$

Falls $|z| = r$ ist, so liegt auf dem Integrationsweg eine Polstelle des Integranden. Ohne genauer darauf einzugehen behaupte ich, dass das Integral dann nicht existiert. Es verhält sich ähnlich der reellen Integration von $1/x$ um den Nullpunkt.

Bleibt der Fall $|z| < r$ übrig. In diesem Fall liegt z im Inneren des Kreises und die Kurve zieht ihren Weg durch eine Menge, welche nicht mehr sternförmig ist. So etwas haben wir im vorigen Kapitel schon erlebt und wissen, dass dann auch die Integration geschlossener Differentialformen interessant wird (Seite 371). Die große Frage lautet nun, welchen Wert das Integral

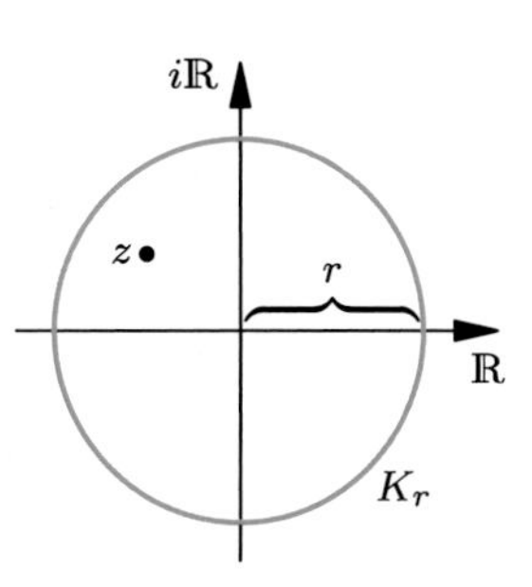

$$\int_{K_r,|z|<r} \frac{\mathrm{d}\zeta}{\zeta - z}$$

in diesem Fall annimmt. Die Berechnung wird uns zu einem überraschenden Resultat führen. Sie ist in der Art ihrer Argumentation durchaus ästhetisch und letztlich der Grundstein für einen ganz tiefliegenden Satz, welcher den Schlüssel zum Geheimnis der holomorphen Funktionen liefert.

Zu Beginn machen wir es uns ganz einfach und setzen $z = 0$. Dann geht es um das Kurvenintegral

$$\int_{K_r} \frac{\mathrm{d}\zeta}{\zeta}\,,$$

das wir mit der Kurve $\alpha : [0{,}2\pi] \to \mathbb{C}$, $\alpha(t) = r\,\mathrm{e}^{it}$ lösen können. Die Definition der reellen Kurvenintegrale (Seite 361) können wir dabei auf komplexe Integrale übertragen und erhalten

$$\int_{K_r} \frac{\mathrm{d}\zeta}{\zeta} = \int_0^{2\pi} \frac{\mathrm{d}\big(r\,\mathrm{e}^{it}\big)}{r\,\mathrm{e}^{it}} = \int_0^{2\pi} \frac{r\,i\,\mathrm{e}^{it}\,\mathrm{d}t}{r\,\mathrm{e}^{it}} = \int_0^{2\pi} i\,\mathrm{d}t = 2\pi i\,.$$

So einfach ist es manchmal. Etwas überraschend ist, dass das Integral nicht vom Radius r abhängt.

Nun sei also $0 < |z| < r$. Wir haben dann das Integral der Funktion $f(\zeta) = 1/(\zeta - z)$ über dem Kreis mit Radius r zu bilden. Versuchen wir dazu, die Situation von vorhin wieder herzustellen.

Das geht durch eine Verschiebung des Koordinatensystems, welche den Nullpunkt auf z schiebt: $\varphi(\zeta) = \zeta + z$. Dann gilt mit $g(\zeta) = f \circ \varphi(\zeta)$

$$g(\zeta) \;=\; f \circ \varphi(\zeta) \;=\; \frac{1}{\zeta}\,.$$

Wenn wir diese Funktion nun über die Kurve $\beta(t) = \varphi^{-1} \circ \alpha(t) = r\,\mathrm{e}^{it} - z$ integrieren, so ergibt sich natürlich das gleiche Ergebnis wie bei der originalen Aufgabe. Wir haben ja nur die Funktion zusammen mit dem Integrationsweg verschoben:

$$\int_\alpha \frac{\mathrm{d}\zeta}{\zeta - z} = \int_\beta \frac{\mathrm{d}\zeta}{\zeta}\,.$$

Damit hätten wir die Situation von vorhin, nur stimmt die Lage des Kreises nicht mehr. Dieser ist nicht mehr um den Nullpunkt zentriert. Was tun?

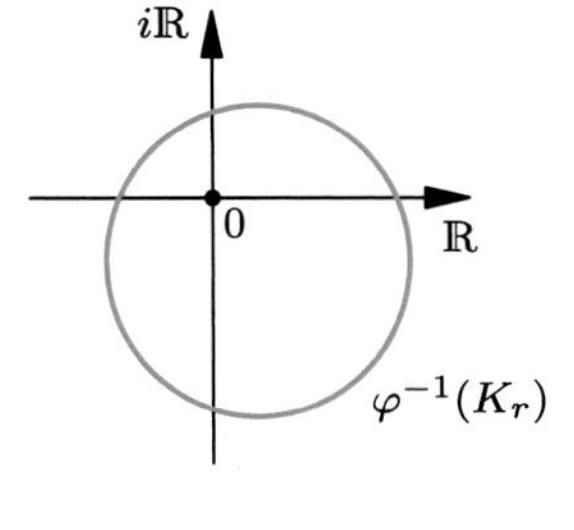

Die Lösung ist vom Prinzip her denkbar einfach. Im Fall des zentrierten Kreises war das Ergebnis unabhängig vom Radius, das ist erstaunlich.

Und im vorigen Kapitel haben wir die Integration geschlossener Differentialformen mit einer Höhenwanderung auf dem Graphen einer Stammfunktion verglichen (Seite 360). Liegt da nicht die Vermutung nahe, dass der Wert des Integrals unverändert bleiben könnte, wenn man den Integrationsweg ganz behutsam verformt – also auf eine bestimmte Weise stetig, ohne ihn zu zerreißen?

Genau das ist der richtige Gedanke. Das folgende Ergebnis ist nicht nur ein Schlüssel für die großen Integralsätze, es war darüber hinaus auch einer der Ausgangspunkte für ein modernes Gebiet der Mathematik, die *Topologie*. Sie beschäftigt sich mit stetigen Verformungen, auch **Homotopien** genannt. Die folgende Definition ist etwas länglich, aber nicht weiter schwierig.

Homotopie von Kurven
Es seien $U \in \mathbb{C}$ eine offene Menge, $p_0 \neq p_1$ Punkte in U sowie $\alpha, \beta : [0{,}1] \to U$ zwei stückweise stetig differenzierbare Kurven in U mit $\alpha(0) = \beta(0) = p_0$ und $\alpha(1) = \beta(1) = p_1$.

Man nennt die beiden Kurven zueinander **homotop**, wenn sie sich stetig ineinander deformieren lassen. Mathematisch exakt bedeutet das die Existenz einer stetigen Abbildung, **Homotopie** genannt,

$$\mathcal{H} : [0{,}1] \times [0{,}1] \to U\,,$$

mit folgenden Eigenschaften:

$$\mathcal{H}(0,t) = \alpha(t) \;\text{ und }\; \mathcal{H}(1,t) = \beta(t) \quad \text{für alle } t \in [0{,}1]$$

$$\mathcal{H}(u,0) = p_0 \;\text{ und }\; \mathcal{H}(u,1) = p_1 \quad \text{für alle } u \in [0{,}1]\,.$$

Die Stetigkeit der Abbildung $\mathcal{H}$ ist wohldefiniert, da wir in $\mathbb{C}$ den absoluten Betrag verwenden dürfen. Sie können sich eine Homotopie vorstellen, wie in folgendem Bild angedeutet:

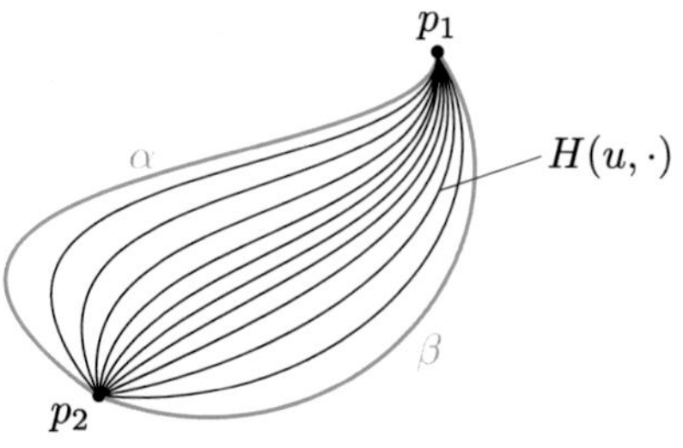

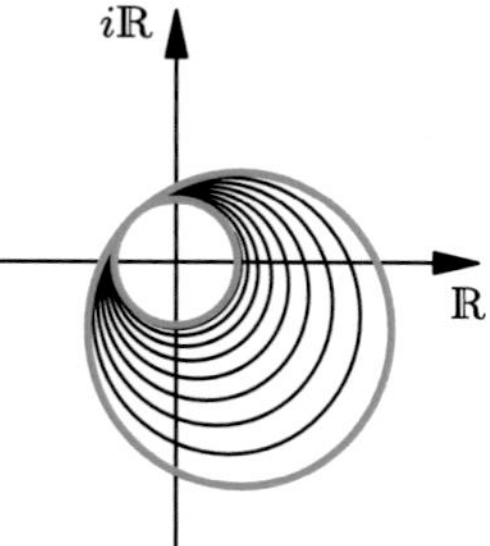

In nebenstehendem Bild sehen Sie, dass sich der Integrationsweg, der nicht mehr um den Nullpunkt zentriert war, in einen zentrierten Weg deformieren lässt. Wenn die Integrale über homotope Kurven dann gleich wären, hätten wir unsere Aufgabe auf elegante Weise gelöst – das Ergebnis wäre wieder $2\pi i$. Wir zeigen nun den zugehörigen Hilfssatz, der sich bestimmt schon in Ihrer Vorstellung geformt hat.

Hilfssatz (Integrale über homotope Kurven)
Es seien $U \in \mathbb{C}$ eine offene Menge, $p_0 \neq p_1$ zwei Punkte in U und α, β zwei stückweise stetig differenzierbare, homotope Kurven in U. Ferner gebe es für die Homotopie $\mathcal{H}$ eine Zahl $\epsilon > 0$, sodass für alle $(u,v) \in [0,1] \times [0,1]$ die ganze ϵ-Umgebung $B_\epsilon\big(\mathcal{H}(u,v)\big)$ in U liegt. Dann gilt für jede geschlossene komplexe PFAFFsche Form ω

$$\int_\alpha \omega = \int_\beta \omega .$$

Insbesondere gilt der Satz für das Integral über $\omega = f(z)\,\mathrm{d}z$ bei einer holomorphen Funktion $f : U \to \mathbb{C}$.

Zunächst sei angemerkt, dass jede Homotopie die ϵ-Bedingung des Satzes erfüllt. Dies ist eine einfache Folgerung aus der Topologie, für welche hier aber leider der Platz nicht reicht. Wir behelfen uns, indem wir die Eigenschaft zusätzlich fordern. Sie besagt, dass wir während der Deformation der beiden Kurven ein Stück vom Rand der Menge U entfernt bleiben. In unserem konkreten Fall ist das klar erfüllt: Die Zwischenkurven halten alle einen gebührenden Abstand vom Nullpunkt ein.

Zum Beweis des Satzes nutzen wir zunächst die Eigenschaft stetiger Funktionen, auf abgeschlossenen Mengen **gleichmäßig stetig** zu sein (Seite 319). Sie können den Beweis für eindimensionale reelle Funktionen problemlos übertragen, denn der dort verwendete Satz von BOLZANO-WEIERSTRASS lässt sich auf $\mathbb{R}^2$ ausdehnen: Jede beschränkte Folge in $\mathbb{R}^2$ besitzt mindestens einen Häufungspunkt. Versuchen Sie einmal, den Beweis dieses Satzes (Seite 154) als **Übung** anzupassen.

Es existiert also ein $\delta > 0$, sodass für alle $\|(u,t) - (u',t')\| < \delta$

$$\|\mathcal{H}(u,t) - \mathcal{H}(u',t')\| \;<\; \frac{\epsilon}{2}$$

ist. Wir wählen nun eine Unterteilung $0 = t_0 < t_1 < \ldots < t_m = 1$ des Intervalls $[0,1]$ dergestalt, dass $|t_j - t_{j-1}| < \delta$ ist für alle Indizes j. Für ein $u \in [0,1]$ sei jetzt ρ_u der Polygonzug mit den Ecken $\mathcal{H}(u,t_0), \mathcal{H}(u,t_1), \ldots, \mathcal{H}(u,t_m)$, wie im Bild dargestellt. Dann gilt:

$$\int\limits_\alpha \omega = \int\limits_{\rho_0} \omega \quad \text{und} \quad \int\limits_\beta \omega = \int\limits_{\rho_1} \omega$$

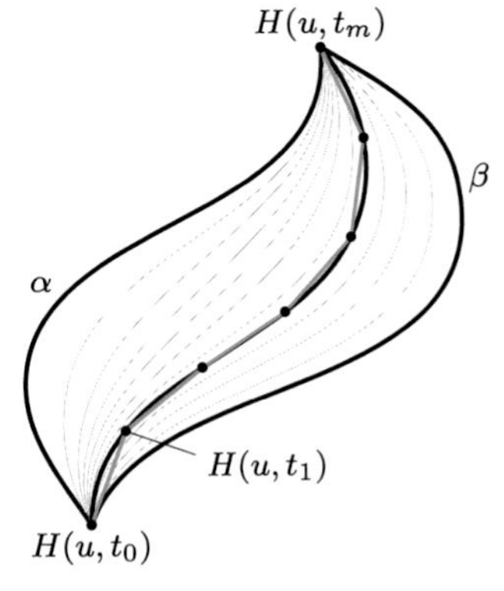

Dies sehen wir uns bei α und ρ_0 an, bei β und ρ_1 geht es genauso. Die ϵ-Umgebungen B_j um die Punkte $\alpha(t_j) = \rho_0(t_j)$ sind ganz in U enthalten. Außerdem gilt sowohl $\alpha\big([t_{j-1},t_j]\big) \subset B_j$ als auch $\rho_0\big([t_{j-1},t_j]\big) \subset B_j$. Das sind einfache Folgerungen aus der ϵ-δ-Bedingung für die gleichmäßige Stetigkeit von $\mathcal{H}$. Da B_j sternförmig ist, hat ω eine Stammfunktion $F_j : B_j \to \mathbb{C}$. Die Integrale über α und ρ_0 sowie β und ρ_1 stimmen also jeweils auf den Teilstücken überein:

$$\int\limits_{\alpha|[t_{j-1},t_j]} \omega = \int\limits_{\rho_0|[t_{j-1},t_j]} \omega \quad \text{und} \quad \int\limits_{\beta|[t_{j-1},t_j]} \omega = \int\limits_{\rho_1|[t_{j-1},t_j]} \omega\,.$$

Nach Addition aller Teilstücke ergibt sich die gewünschte Aussage.

Wie sieht es nun dazwischen aus? Wir betrachten dazu ein festes $u \in [0,1]$ und ein beliebiges $v \in [0,1]$ mit $|u - v| < \delta$. Wir wollen zeigen, dass

$$\int\limits_{\rho_u} \omega = \int\limits_{\rho_v} \omega$$

ist. Damit kommen wir vom Weg ρ_0 nach endlich vielen δ-Schritten schließlich zu ρ_1 und wir sind fertig. Es sei dazu wieder B_j die ϵ-Umgebung um den Punkt $\mathcal{H}(u,t_j)$, welche nach Voraussetzung ganz in U liegt, und $F_j : B_j \to \mathbb{C}$ eine Stammfunktion. Wie unterscheiden sich die Stammfunktionen F_j und F_{j+1} auf dem Durchschnitt $B_j \cap B_{j+1}$? Um nicht viel, denn es gibt eine Konstante $c_j \in \mathbb{C}$ mit $F_{j+1} = F_j + c_j$ im Durchschnitt $B_j \cap B_{j+1}$. Warum ist das so? Es ist offenbar $\mathrm{d}(F_{j+1} - F_j)(z) = \mathrm{d}F_{j+1}(z) - \mathrm{d}F_j(z) = 0$, da beide Funktionen Stammfunktion von ω sind. Für einen festen Punkt $a \in B_j \cap B_{j+1}$ und einen beliebigen Punkt $b \in B_j \cap B_{j+1}$ wählen wir dann eine Kurve α, die beide Punkte verbindet. Das geht, weil $B_j \cap B_{j+1}$ zusammenhängend ist. Nun ist

$$F_{j+1}(b) - F_j(b) - \big(F_{j+1}(a) - F_j(a)\big) \;=\; \int\limits_\alpha \mathrm{d}(F_{j+1} - F_j)(z) \;=\; \int\limits_\alpha 0\,\mathrm{d}z \;=\; 0\,.$$

Da dieses Ergebnis unabhängig von b ist, muss die Funktion $F_{j+1} - F_j$ konstant gleich $F_{j+1}(a) - F_j(a)$ sein. Setzen wir den Beweis fort: Wegen der gleichmäßigen ϵ-δ-Bedingung liegen auch $\rho_v(t_j)$ und $\rho_v(t_{j-1})$ in B_j. Es gilt daher

$$\int\limits_{\rho_v|[t_{j-1},t_j]} \omega \;=\; F_j\big(\rho_v(t_j)\big) - F_j\big(\rho_v(t_{j-1})\big)\,.$$

Damit kommen wir ans Ziel, denn die Addition über alle Indizes j ergibt dann unmittelbar

$$\int\limits_{\rho_v} \omega \;=\; F_m(p_1) - F_1(p_0) - \sum_{j=1}^{m-1} c_j\,,$$

unabhängig von der Auswahl von v, solange nur $|u - v| < \delta$ ist. Damit ist der Hilfssatz bewiesen. □

Wir sind mit der Berechnung unseres Beispiels fertig. Insgesamt erhalten wir das bemerkenswerte Ergebnis

$$\int\limits_{K_r,|z|<r} \frac{\mathrm{d}\zeta}{\zeta - z} \;=\; 2\pi i\,,$$

welches offenbar weder vom Kreisradius r noch vom Punkt z abhängt. Wichtig war nur, dass z innerhalb der Kreislinie lag.

Die Homotopie-Betrachtung erlaubt es nun auch, den CAUCHYschen Integralsatz allgemeiner zu formulieren. In der Topologie bezeichnet man eine Menge als **einfach zusammenhängend**, wenn sich dort jede geschlossene Kurve stetig in eine **Punktkurve** deformieren lässt. Eine Punktkurve verharrt zu allen Zeiten in einem Punkt, es ist also $\alpha(t) = p_0$ für alle $t \in [0,1]$. Der Satz lautet dann:

Integralsatz von Cauchy
Es sei $U \subseteq \mathbb{C}$ eine einfach zusammenhängende offene Menge und $f : U \to \mathbb{C}$ eine holomorphe Funktion. Dann gilt für jede stückweise stetig differenzierbare, geschlossene Kurve $\alpha : [a, b] \to U$

$$\int\limits_{\alpha} f(z)\,\mathrm{d}z \;=\; 0\,.$$

Es ist nichts mehr zu beweisen, da das Integral über eine Punktkurve verschwindet. Dieses Resultat vermittelt bereits eine vage Vorahnung dessen, was nun kommt. Es sind weitere große Resultate über holomorphe Funktionen. Ihre Beweise sind auch nicht mehr schwierig, da wir gute Vorarbeit geleistet haben.

17.5 Die Integralformel von Cauchy

Wir kommen nun zu einem weiteren Satz von CAUCHY über holomorphe Funktionen, [7]. Er hebt die Holomorphie auf das Podest der großen mathematischen Entdeckungen, ähnlich wie der Fundamentalsatz der Algebra den Körper $\mathbb{C}$.

Integralformel von Cauchy
Es sei $U \subseteq \mathbb{C}$ eine offene Menge, welche den Nullpunkt enthält, und $f : U \to \mathbb{C}$ eine holomorphe Funktion. Weiter sei $K_r \subset U$ eine Kreislinie um den Nullpunkt, sodass das Innere des Kreises auch in U enthalten ist. Dann gilt für jeden Punkt z im Inneren des Kreises

$$f(z) = \frac{1}{2\pi i} \int\limits_{K_r} \frac{f(\zeta)}{\zeta - z} \, \mathrm{d}\zeta .$$

Erkennen Sie das Wunder in diesem Satz? Das Integral erstreckt sich über die Kreislinie. Sämtliche Funktionswerte im Inneren des Kreises sind also eindeutig bestimmt durch die Werte der Funktion auf der Kreislinie. Eine Eigenschaft, von der wir bei reell differenzierbaren Funktionen weit entfernt sind. Der Beweis ist eine Anwendung des Beispiels von gerade eben. Wir definieren eine neue Funktion

$$\begin{aligned} g : U &\to \mathbb{C} \\ \zeta &\mapsto \begin{cases} \frac{f(\zeta)-f(z)}{\zeta - z} & \text{für } \zeta \neq z \\ f'(z) & \text{für } \zeta = z . \end{cases} \end{aligned}$$

Diese Funktion ist in ganz U stetig und in $U \setminus \{z\}$ holomorph. Der Beweis wäre einfach, wenn g in ganz U holomorph wäre. Dann würde aus dem CAUCHYschen Integralsatz und dem obigen Beispiel sofort

$$\begin{aligned} 0 &= \int\limits_{K_r} g(\zeta) \, \mathrm{d}\zeta = \int\limits_{K_r} \frac{f(\zeta)}{\zeta - z} \, \mathrm{d}\zeta - f(z) \int\limits_{K_r} \frac{1}{\zeta - z} \, \mathrm{d}\zeta \\ &= \int\limits_{K_r} \frac{f(\zeta)}{\zeta - z} \, \mathrm{d}\zeta - f(z) \, 2\pi i \end{aligned}$$

folgen, woraus die Integralformel ohne Mühe zu erkennen ist. Leider ist die Welt der Mathematik nicht immer so einfach. Die Funktion g können wir beim besten Willen im Punkt z nicht als holomorph voraussetzen, sie ist dort nur stetig. Mit einem schönen Trick können wir die Situation aber retten. Fahren wir ein wenig Slalom mit unserem Integrationsweg. Das Kurvenintegral zerfällt in zwei Summanden, welche entlang einer stückweise stetig differenzierbaren Kurve um zwei Halbkreise Γ_1 und Γ_2 integriert werden, wie im Bild ersichtlich.

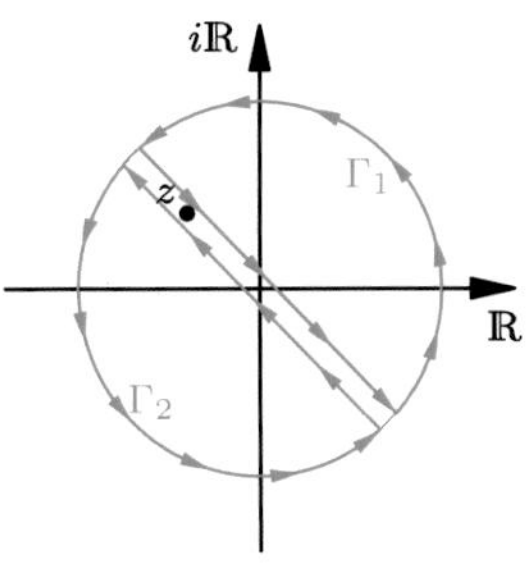

Die Diagonale wird einmal hin und wieder zurückgelaufen. Nach der Beobachtung von Seite 362 heben sich die Integrale dann gegenseitig auf und wir erhalten

$$\int_{K_r} g(\zeta)\,\mathrm{d}\zeta = \int_{\Gamma_1} g(\zeta)\,\mathrm{d}\zeta + \int_{\Gamma_2} g(\zeta)\,\mathrm{d}\zeta\,.$$

Wenn wir nun zeigen könnten, dass die beiden Summanden verschwinden, wären wir fertig. Wir tun das für den ersten Summanden, beim zweiten geht es genauso.

Leider haben wir noch einmal Pech, da der Integrationsweg mitten durch den kritischen Punkt z verläuft. Wenn wir aber wie im Bild einen kleinen Haken mit Radius $\epsilon > 0$ um den Punkt z schlagen, wird der neue Weg Γ_ϵ in einem Holomorphiebereich von g **nullhomotop**. Das bedeutet, er lässt sich stetig in eine Punktkurve deformieren.

Nach dem Satz über die Integrale entlang homotoper Kurven verschwindet das Integral auf dem Weg Γ_ϵ. Wenn wir nun den Radius des Hakens immer enger um den Punkt z schlagen, dann gilt im Grenzwert

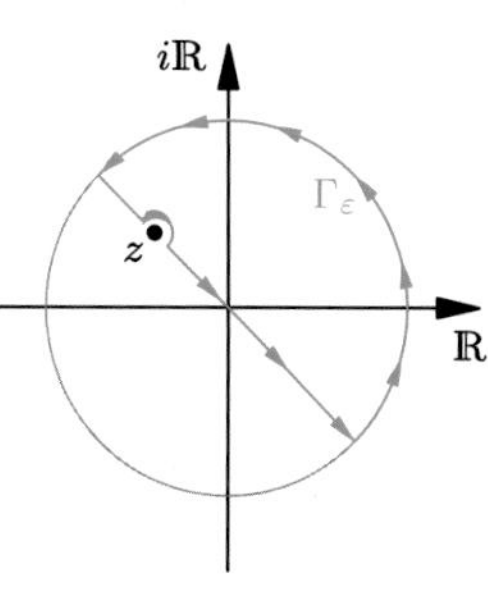

$$\int_{\Gamma_1} g(\zeta)\,\mathrm{d}\zeta = \lim_{\epsilon\to 0}\int_{\Gamma_\epsilon} g(\zeta)\,\mathrm{d}\zeta = 0\,.$$

Möglich ist der Grenzübergang, da wegen der Stetigkeit die Funktion g in einer Umgebung von z beschränkt ist. Da die Länge der Wegabweichung gegen 0 geht, geht das Integral über einen beschränkten Integranden auch gegen 0. Damit ist die CAUCHYsche Integralformel bewiesen. □

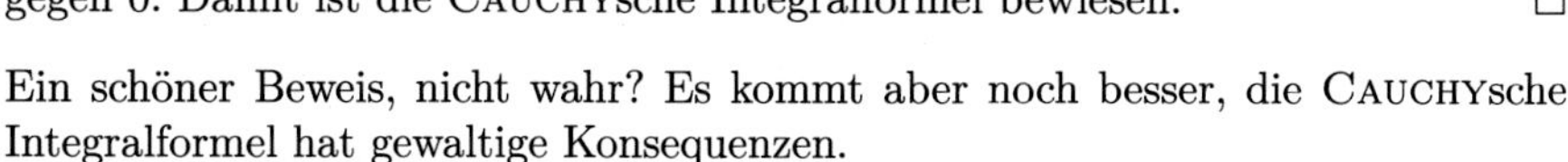

Ein schöner Beweis, nicht wahr? Es kommt aber noch besser, die CAUCHYsche Integralformel hat gewaltige Konsequenzen.

Die Cauchysche Integralformel für Ableitungen

Mit den Voraussetzungen des vorigen Satzes ist f für jeden Punkt z im Inneren des Kreises unendlich oft komplex differenzierbar. Für alle $n \geq 0$ gilt für die n-te Ableitung

$$f^{(n)}(z) = \frac{n!}{2\pi i}\int_{K_r}\frac{f(\zeta)}{(\zeta - z)^{n+1}}\,\mathrm{d}\zeta\,.$$

Es ist bemerkenswert, dass eine komplex differenzierbare Funktion automatisch unendlich oft komplex differenzierbar ist. Erkennen Sie, was hier passiert ist? Wir haben die CAUCHYsche Integralformel einfach unter dem Integral differenziert. Der Integrand ist nämlich für jedes $\zeta \in K_r$ unendlich oft differenzierbar und es gilt für $n \geq 0$:

$$\frac{\mathrm{d}^n}{\mathrm{d}z^n}\left(\frac{f(\zeta)}{\zeta - z}\right) = n!\,\frac{f(\zeta)}{(\zeta - z)^{n+1}}\,.$$

Also alles ganz einfach, oder? Nun ja, es gäbe hier tatsächlich den pragmatischen Ansatz, dies einfach zu glauben. Wir haben einen entsprechenden Satz ja schon im reellen Fall bewiesen (Seite 366), da wird es im komplexen Fall wohl auch funktionieren. Die Gewissenhaften unter Ihnen sehen aber im Beweis des reellen Falls nach und stellen fest, dass dort der Mittelwertsatz der reellen Differentialrechnung gebraucht wurde – und den haben wir über $\mathbb{C}$ nicht zur Verfügung. Das ist aber kein Unglück. Das Kurvenintegral

$$\int_{K_r} \frac{f(\zeta)}{\zeta - z} \, \mathrm{d}\zeta$$

wird zunächst mittels $\mathrm{d}\zeta = \mathrm{d}\xi + i\mathrm{d}\eta$ in seinen Real- und Imaginärteil zerlegt und dann jeweils über die Kurve $\alpha(t) = r\,\mathrm{e}^{it}$, $0 \leq t \leq 1$, auf zwei gewöhnliche Integrale zurückgeführt. Wie im Hilfssatz 2 aus dem vorigen Kapitel (Seite 366) können wir dann die partiellen Ableitungen nach x und y unter diese reellen Integrale ziehen. Fassen wir Real- und Imaginärteil wieder in eine Gleichung zusammen, ergibt sich auch in der komplexen Darstellung

$$\frac{\partial}{\partial x} \int_{K_r} \frac{f(\zeta)}{\zeta - z} \, \mathrm{d}\zeta \;=\; \int_{K_r} \frac{\partial}{\partial x} \left(\frac{f(\zeta)}{\zeta - z} \right) \mathrm{d}\zeta$$

und genauso für $\partial / \partial y$. Wir können die partiellen Ableitungen also auch unter dem komplexen Integral durchführen (die hierfür nötigen Rechnungen seien Ihnen als **Übung** empfohlen, sie sind ungefähr von dem Typ, dem wir schon öfter begegnet sind, zum Beispiel auf Seite 384). Diese Überlegung ergibt zunächst die stetig partielle Differenzierbarkeit und die CAUCHY-RIEMANNschen Differentialgleichungen, sprich: die Holomorphie, für die Funktionen $f^{(n)}$ des Satzes. Aus der Darstellung eines komplexen Differentialquotienten (Seite 379 oben) folgt schließlich im Grenzübergang

$$g'(z) \;=\; \frac{1}{2} \left(\frac{\partial g}{\partial x} - i\,\frac{\partial g}{\partial y} \right)(z)$$

für alle Funktionen g der Gestalt $f^{(n)}$. Komplexe Ableitungen nach z lassen sich also immer aus den reellen partiellen Ableitungen konstruieren – und dürfen daher auch unter dem Integral durchgeführt werden. □

Es gibt einige Folgerungen der CAUCHYschen Formeln für holomorphe Funktionen, die von besonderer Schönheit und Suggestivkraft sind. Beginnen wir mit der Entwicklung holomorpher Funktionen in **Potenzreihen**, wie sie BROOK TAYLOR für reelle Funktionen untersuchte. Sie kennen schon die bekannte Beziehung

$$f(z) \;=\; f(z_0) + f'(z_0)\,(z - z_0) + \varphi(z - z_0)\,,$$

welche für alle z in einer kleinen Umgebung von z_0 gilt. Die Analogie zur reellen Linearisierung (Seite 254) erhalten Sie sofort durch die Darstellung auf Seite 379. Dabei ist der Fehler $\varphi(z - z_0)$ als relativ klein anzusehen im Vergleich zur Differenz $z - z_0$, wenn z genügend nahe bei z_0 liegt. Die Frage ist, ob man den Fehler noch viel kleiner machen kann, wenn man zusätzlich auch höhere Potenzen $(z - z_0)^n$ in der Summe berücksichtigt. Das ist in der Tat so, und wenn man von der Summe zur unendlichen Reihe übergeht, verschwindet der Fehler sogar vollständig.

Potenzreihenentwicklung holomorpher Funktionen
Wir betrachten eine holomorphe Funktion f auf einer offenen Teilmenge $U \subseteq \mathbb{C}$. Weiter sei $z_0 \in U$ und $K(z_0)$ ein Kreis um z_0, dessen Fläche ganz in U enthalten ist. Dann gilt für jeden Punkt z im Innern von $K(z_0)$

$$f(z) = \sum_{n=0}^{\infty} c_n (z - z_0)^n ,$$

wobei für alle $n \geq 0$ die Koeffizienten c_n darstellbar sind als

$$c_n = \frac{f^{(n)}(z_0)}{n!} = \frac{1}{2\pi i} \int\limits_{K(z_0)} \frac{f(\zeta)}{(\zeta - z_0)^{n+1}} \, \mathrm{d}\zeta .$$

Versuchen Sie einmal, die Exponentialfunktion $f(z) = \mathrm{e}^z$ um den Punkt $z_0 = 0$ in eine Potenzreihe zu entwickeln. Sie erhalten genau die Exponentialreihe. Für den Beweis verschieben wir das Koordinatensystem durch eine vorgeschaltete Abbildung der Form $\varphi : V \to U$, $\zeta \mapsto \zeta + z_0$ und können daher $z_0 = 0$ annehmen. Es gilt nach der CAUCHYschen Integralformel

$$f(z) = \int\limits_{K(0)} \frac{f(\zeta)}{\zeta - z} \, \mathrm{d}\zeta .$$

Für den Nenner des Integranden gilt nach der geometrischen Reihe (Seite 75)

$$\frac{1}{\zeta - z} = \frac{1}{\zeta} \frac{1}{1 - (\zeta/z)} = \frac{1}{\zeta} \sum_{n=0}^{\infty} \left(\frac{z}{\zeta} \right)^n .$$

Da $0 < |z/\zeta| < 1$ ist, konvergiert die Reihe gleichmäßig auf ganz $K(0)$ gegen $1/(\zeta - z)$ in dem Sinne, wie wir es auch im Beweis des Hilfssatzes 2 in der reellen Analysis hatten (Seite 366). Es gibt also für alle $\epsilon > 0$ einen Index n_0, ab dem sich die Reihe von ihrem Grenzwert um weniger als ϵ unterscheidet, und zwar unabhängig von der Wahl des Punktes $\zeta \in K(0)$. Genauso wie in dem zitierten reellen Fall können wir daher Integration und Grenzwertbildung vertauschen:

$$f(z) = \frac{1}{2\pi i} \int\limits_{K(0)} f(\zeta) \left(\sum_{n=0}^{\infty} \frac{z^n}{\zeta^{n+1}} \right) \mathrm{d}\zeta = \sum_{n=0}^{\infty} \left(\frac{1}{2\pi i} \int\limits_{K(0)} \frac{f(\zeta)}{\zeta^{n+1}} \, \mathrm{d}\zeta \right) z^n .$$

Dies entspricht genau der gewünschten Potenzreihenentwicklung. □

Wir kommen jetzt zum Identitätssatz für holomorphe Funktionen. Ähnlich wie beim CAUCHYschen Integralsatz zeigen wir ihn in einer abgeschwächten Form, um nicht Details der Topologie verwenden zu müssen, die für unsere Zwecke nicht notwendig sind. Der Satz ist auch so noch beeindruckend genug. Wir betrachten dazu jetzt **ganze Funktionen**. Das sind auf ganz $\mathbb{C}$ holomorphe Funktionen.

Identitätssatz für ganze Funktionen
Wir betrachten zwei ganze Funktion $f, g : \mathbb{C} \to \mathbb{C}$ sowie ein $z \in \mathbb{C}$ und eine Folge $(z_n)_{n\in\mathbb{N}}$, alle $z_n \neq z$, mit $\lim_{n\to\infty} z_n = z$. Wenn die beiden Funktionen auf allen Folgeelementen z_n übereinstimmen, dann sind sie bereits identisch.

Ein erstaunlicher Satz. Er erklärt auch den Namen *holomorphe*, also *ganzgestaltige* Funktion. Wenn die beiden Funktionen auf einer kleinen Umgebung eines Punktes übereinstimmen, so tun sie das schon auf ganz $\mathbb{C}$. Anders ausgedrückt: Eine holomorphe Funktion $f : \mathbb{C} \to \mathbb{C}$ ist bereits durch ihre Werte in einer Umgebung eines einzigen Punktes – dies ist eine lokale Bedingung – global eindeutig festgelegt. Der Beweis des Satzes in dieser abgeschwächten Form ist einfach: Wir betrachten dazu die Differenz $h = f - g$, eine holomorphe Funktion, die auf allen z_n und wegen der Stetigkeit natürlich auch auf z verschwindet. Es ist also $h(z) = 0$, und in jeder Umgebung von z liegen unendlich viele weitere Nullstellen von h. Die Frage ist jetzt, ob das bei einer holomorphen Funktion sein kann, ohne dass sie selbst identisch gleich 0 ist. Entwickeln wir h in einem beliebigen Kreis um z herum in seine Potenzreihe:

$$h(\zeta) = \sum_{n=0}^{\infty} c_n (\zeta - z)^n .$$

Wenn wir annehmen, dass h nicht identisch verschwindet, dann gibt es einen kleinsten Index n_0 mit $c_{n_0} \neq 0$. Für h erhalten wir damit die Darstellung

$$h(\zeta) = \sum_{n=n_0}^{\infty} c_n (\zeta - z)^n = (\zeta - z)^{n_0} \sum_{n=n_0}^{\infty} c_n (\zeta - z)^{n-n_0} = (\zeta - z)^{n_0}\, \psi(\zeta),$$

wobei ψ eine holomorphe Funktion ist mit $\psi(z) \neq 0$. Wegen der Stetigkeit von ψ ist diese Funktion in einer Umgebung $B_\epsilon(z)$ ungleich 0. Daraus sehen Sie sofort, dass z die einzige Nullstelle von h in dieser Umgebung ist. Das ist ein Widerspruch dazu, dass h in jeder Umgebung von z unendlich viele Nullstellen hat. Damit ist unsere Annahme falsch und es folgt $f - g = h \equiv 0$. □

Ein verblüffender Satz. Er gilt allgemein nicht nur für holomorphe Funktionen auf $\mathbb{C}$, sondern auch auf beliebigen **zusammenhängenden** offenen Mengen $U \subseteq \mathbb{C}$, das sind Mengen, in denen sich zwei Punkte stets durch eine stetige Kurve in U miteinander verbinden lassen.

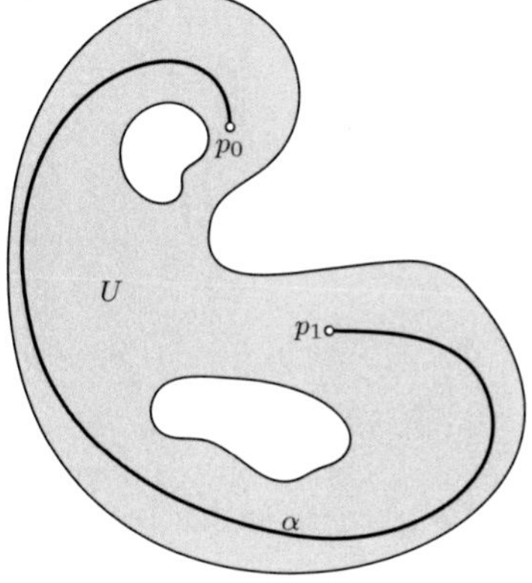

Der Beweis verläuft zunächst analog. Danach wendet man einige einfache Argumente aus der Topologie an, um zu der gewünschten Aussage zu kommen. Leider ist hier kein Platz, um diese Gedanken auszuführen. Um den Satz noch einmal zu verdeutlichen, hier ein Gegenbeispiel aus der reellen Analysis.

Wir betrachten dazu die Funktion

$$f(x) = \begin{cases} \exp\left(-\frac{1}{1-x^2}\right) & \text{für } |x| < 1 \\ 0 & \text{für } |x| \geq 1\,. \end{cases}$$

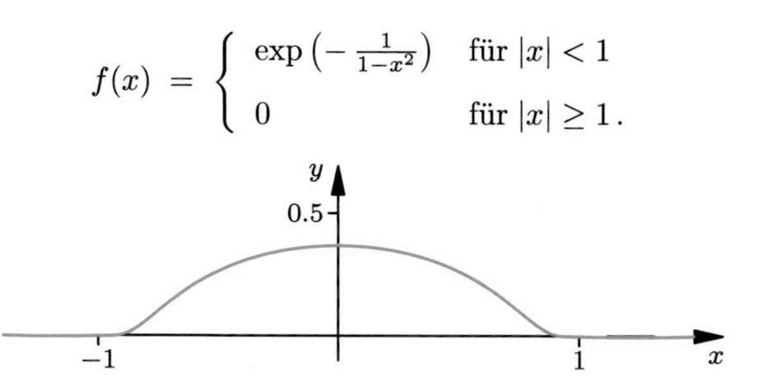

Obwohl die Funktion bei $x = \pm 1$ Nahtstellen hat, ist sie dort wie auch im übrigen Definitionsbereich unendlich oft stetig differenzierbar. Das können Sie selbst ausprobieren: Bilden Sie die ersten beiden Ableitungen. Dabei erkennen Sie schnell einen Zusammenhang, der mit Induktion nach der Ordnung der Ableitung zu beweisen ist. Maßgeblich ist dabei auch die Tatsache, dass $x^n\,\mathrm{e}^{-x}$ für $x \to \infty$ gegen 0 konvergiert (Seite 165). Die Funktion ist in $[-1,1]$ ungleich 0, sonst verschwindet sie identisch. Solch eine Konstruktion mit Nahtstellen ist also in der komplexen Analysis nicht möglich. In den Punkten ± 1 ist die Funktion dann folgerichtig auch nicht durch eine Potenzreihe darstellbar. Sonst wäre sie dort identisch 0 oder hätte höchstens eine isolierte Nullstelle. Funktionen, die sich in jedem Punkt ihres Definitionsbereiches durch eine Potenzreihe darstellen lassen, bezeichnet man als **analytische Funktionen**. Insofern sind holomorphe Funktionen allesamt **komplex analytische Funktionen**. Die Umkehrung gilt auch, doch das sei hier nur am Rande erwähnt.

Jetzt schlagen wir mit der CAUCHYschen Integralformel eine Brücke zur Algebra. Hier entfaltet sie eine ungeheure Kraft, da man den Wert der Funktion f an der Stelle z vom Betrag her abschätzen kann, indem man die Werte des Integranden auf der Kreislinie abschätzt. Eine solche Abschätzung liefert dann im nächsten Kapitel einen Schlüssel für die großen Transzendenzbeweise. Der Weg führt über eine verblüffende Entdeckung von CAUCHY und LIOUVILLE, [8][36].

Der Satz von Liouville
Jede ganze Funktion $f : \mathbb{C} \to \mathbb{C}$, die vom Betrag her nach oben beschränkt ist, ist zwangsläufig eine konstante Funktion.

Wieder ein gewaltiger Satz. Auch davon sind wir in der reellen Analysis meilenweit entfernt, wie die einfachen Gegenbeispiele $\sin x$ oder $\cos x$ zeigen. Die trigonometrischen Funktionen sind auf ganz $\mathbb{R}$ definiert und vom Betrag her beschränkt, aber keinesfalls konstant. Zum Beweis des Satzes von LIOUVILLE betrachten wir die Ableitung $f'(z)$ in einem beliebigen, aber festen Punkt z. Nach der CAUCHYschen Integralformel gilt

$$f'(z) = \frac{1}{2\pi i} \int\limits_{K_r} \frac{f(\zeta)}{(\zeta - z)^2}\,\mathrm{d}\zeta$$

für jede Kreislinie K_r mit Radius r um den Nullpunkt, welche den Punkt z enthält.

Nach Voraussetzung gibt es ein $M > 0$ mit $|f(z)| \leq M$ für alle $z \in \mathbb{C}$. Damit gelingt die Abschätzung von $|f'(z)|$ für einen beliebigen Wert $z \in \mathbb{C}$. Es sei dazu ein kleines $\epsilon > 0$ vorgegeben. Einfache Überlegungen mit dem Grenzwertverhalten der linken und rechten Seite der Integralformel zeigen, dass es ein r gibt mit

$$\min_{\zeta \in K_r} |\zeta - z|^2 > \frac{M\,r}{\epsilon}.$$

Damit können wir die Ableitung im Punkt z abschätzen und erhalten

$$|f'(z)| = \frac{1}{2\pi}\left|\int_{K_r} \frac{f(\zeta)}{(\zeta - z)^2}\,\mathrm{d}\zeta\right| \leq \frac{1}{2\pi}\int_{K_r}\left|\frac{f(\zeta)}{(\zeta - z)^2}\right|\mathrm{d}\zeta \leq$$

$$\leq \frac{1}{2\pi}\int_{K_r} \frac{M}{\min\limits_{\zeta \in K_r} |\zeta - z|^2}\,\mathrm{d}\zeta < \frac{\epsilon M}{Mr2\pi}\int_{K_r} \mathrm{d}\zeta = \epsilon.$$

Da $\epsilon > 0$ beliebig war, gilt $|f'(z)| = 0$. Und weil z beliebig war, verschwindet die Ableitung f' identisch auf $\mathbb{C}$. Wir können nun schnell die Konstanz von f zeigen. Offenbar ist f eine Stammfunktion der Differentialform $\omega = f'(z)\,\mathrm{d}z = 0 \cdot \mathrm{d}z = 0$. Es muss also jedes Kurvenintegral über ω verschwinden. Das geht nur, wenn die Stammfunktion f auf $\mathbb{C}$ keine zwei verschiedenen Werte annimmt. □

Die Kraft dieser Theorie zeigt sich auch darin, dass ein Schwergewicht wie der Fundamentalsatz der Algebra (Seite 191) eine einfache Folgerung davon ist.

Fundamentalsatz der Algebra (Gauß)
Jedes Polynom $P \in \mathbb{C}[x]$ zerfällt vollständig in Linearfaktoren:

$$P(x) = c\,(x - \alpha_1)\,(x - \alpha_2) \cdots (x - \alpha_n).$$

Dabei ist n der Grad des Polynoms und c sowie alle α_i sind Elemente von $\mathbb{C}$.

Es genügt zu zeigen, dass jedes nicht konstante Polynom $P \in \mathbb{C}[z]$ eine Nullstelle in $\mathbb{C}$ hat. Falls nicht, hätten wir eine ganze Funktion $Q(z) = 1/P(z)$ und einfache Grenzwertüberlegungen zeigen $\lim\limits_{|z| \to \infty} |Q(z)| = 0$, mithin ist $|Q(z)|$ beschränkt.

Nach dem Satz von LIOUVILLE wäre Q konstant, ein offensichtlicher Unsinn. □

Da für den Beweis des Satzes von LIOUVILLE der Fundamentalsatz nicht nötig war, ist das ein legitimer Beweis des Fundamentalsatzes. Es ist der kürzeste bekannte Beweis und letztlich der, den jeder Mathematiker stets auswendig parat hat.

Wir können vor dem Gipfelanstieg noch einmal ein Nachtlager errichten. Im nächsten Kapitel zeigen wir über eine trickreiche Idee aus der algebraischen und analytischen Zahlentheorie, in die fast alle bisherigen Ergebnisse einfließen, nicht nur die Transzendenz von e und π, sondern lösen mit dem siebten HILBERTschen Problem sogar eines der großen mathematischen Rätsel des 20. Jahrhunderts.

Ich wünsche viel Vergnügen und erhellende Momente, seien Sie gespannt auf dieses mathematische Erlebnis.

18 Der große Transzendenzbeweis

Herzlich willkommen zum Höhepunkt des Buches. Wir werden in diesem Kapitel ein wenig von dem erleben, was den Reiz anspruchsvoller Mathematik ausmacht, Forschung im 20. Jahrhundert. Ich hoffe, die Faszination ergreift auch Sie, wenn lineare und klassische Algebra, Analysis und Funktionentheorie sich mit der algebraischen Zahlentheorie vereinen und nach mehr als 2000 Jahren der Ungewissheit nicht nur die Frage nach der Transzendenz von π beantworten (und damit die Unmöglichkeit der Quadratur des Kreises zeigen), sondern auch die Mittel liefern, das siebte HILBERTsche Problem zu lösen: Für algebraische $\alpha, \beta \in \mathbb{C}$ mit $\alpha \neq 0,1$ und β irrational ist stets α^β transzendent.

Der Weg dahin war steinig. Unzählige Größen der Mathematik haben in diesen Fragen keinen Fortschritt erzielen können. Nachdem bereits im 18. Jahrhundert JOHANN HEINRICH LAMBERT die Irrationalität von e und π gezeigt hat, [32], dauerte es weitere 100 Jahre, bis CHARLES HERMITE im Jahr 1873 ein Beweis für die Transzendenz von e gelang, [26]. Neun Jahre später war es dann FERDINAND LINDEMANN, der mit den Ideen von HERMITE das erste ganz große Rätsel lösen konnte. Er bewies die Transzendenz der Kreiszahl π, die sich ähnlich wie bei der Irrationalität auch hier als schwerer zugänglich erwies als die EULERsche Zahl, [34]. LINDEMANN machte damit allen Spekulationen um ein Verfahren zur Quadratur des Kreises ein Ende (Seite 294). Die Beweise von HERMITE und LINDEMANN waren leider sehr schwer verständlich. Es ist hier angebracht, einen großen Zahlentheoretiker des 20. Jahrhunderts zu zitieren, THEODOR SCHNEIDER. In seinem lesenswerten Buch über transzendente Zahlen, [49], dem die Darstellung hier auch in Teilen folgt, schreibt er:

> „... Daß nach den genannten Beweisen von HERMITE zur Transzendenz von e und von LINDEMANN zur Transzendenz von π zahlreiche weitere Beweise über den gleichen Gegenstand, vor allem in den neunziger Jahren des vorigen Jahrhunderts veröffentlicht worden sind, zeigt, dass diese Beweise, obzwar einwandfrei, so doch entweder in bezug auf Durchsichtigkeit unbefriedigend oder in bezug auf die verwendeten Hilfsmittel verbesserungsfähig erschienen waren."

Die bekannteste Verbesserung ist die von D. HILBERT aus dem Jahr 1893, [27], die allerdings sehr algebraisch ausgerichtet ist und keine Verallgemeinerung auf andere Transzendenzresultate zulässt. Mit Blick auf die Geschichte der Mathematik ist es aber durchaus normal, dass die Beweise berühmter (weil lange Zeit unbewiesener) Vermutungen zunächst methodisch nicht elegant sind. Zu groß ist der Zeitdruck für die Veröffentlichung, schließlich möchte man der Erste sein und die Lorbeeren für sich ernten, das ist verständlich. Mit der Zeit werden die Beweise aber kontinuierlich verbessert, nicht selten von den Pionieren selbst. So hat GAUSS insgesamt vier Beweise des Fundamentalsatzes der Algebra publiziert, [20], jeder methodisch besser und in gewissem Sinne strenger als seine Vorgängerbeweise.

F. Toenniessen, *Das Geheimnis der transzendenten Zahlen*,
https://doi.org/10.1007/978-3-662-58326-5_18

Oder sehen Sie auf die Resultate von LEIBNIZ und NEWTON zur Infinitesimalrechnung. Auch diese standen anfangs nicht auf festem Boden im Vergleich zu der Präzision, mit der CAUCHY oder WEIERSTRASS im Verlauf des 19. Jahrhunderts die Theorie durch den modernen Grenzwertbegriff festigten.

Es wundert also keineswegs, dass es auch bei den großen Transzendenzbeweisen über ein halbes Jahrhundert dauerte, bis ab dem Jahr 1930 die methodischen Impulse kamen, um einen gut verständlichen Beweis für die genannten Probleme formulieren zu können. Maßgeblich angetrieben wurde diese Entwicklung von der Suche nach neuen Ergebnissen, so zum Beispiel dem berühmten siebten HILBERTschen Problem. Lesen wir dazu von HILBERT selbst:

> „HERMITEs arithmetische Sätze über die Exponentialfunktion und ihre Weiterführung durch LINDEMANN sind der Bewunderung aller mathematischen Generationen sicher. Aber zugleich erwächst uns die Aufgabe, auf dem betretenen Wege fortzuschreiten. Ich möchte daher eine Klasse von Problemen kennzeichnen, die meiner Meinung nach als die nächstliegenden hier in Angriff zu nehmen sind ...
>
> ... halte ich doch den Beweis für äußerst schwierig, ebenso wie etwa den Nachweis dafür, daß die Potenz α^β für eine algebraische Basis $\alpha \neq 0{,}1$ und einen algebraisch irrationalen Exponenten β, z.B. die Zahl $2^{\sqrt{2}}$ oder $\mathrm{e}^\pi = (-1)^{-i}$, stets eine transzendente oder auch nur eine irrationale Zahl darstellt."

Da war sie also, die große Vermutung, zu der schon EULER mit der vagen Vorahnung, die Zahl $2^{\sqrt{2}}$ könnte „nicht mehr irrational" sein, den ersten Anstoß gegeben hatte. Es ist faszinierend, wie viele erstaunliche Resultate bei einem Beweis dieser Vermutung in Aussicht gestellt werden: Nach der EULER-Formel (Seite 274) ist damit in der Tat $\mathrm{e}^\pi = \mathrm{e}^{i\pi(-i)} = (-1)^{-i}$ als transzendent erkennbar, denn -1 ist algebraisch $\neq 0{,}1$ und $-i$ ist algebraisch irrational.

Bevor wir den umfassenden Beweis für die Transzendenz von e und π, sowie der Zahlen α^β (für algebraische α und β in den nicht-trivialen Fällen) beginnen, sind ein paar allgemeine Worte angebracht. Der nun folgende Beweis – er nutzt vorher noch einen Abschnitt, in dem Ergebnisse aus der algebraischen Zahlentheorie mit der linearen Algebra erweitert werden – ist ein äußerst komplexes Meisterwerk. Ohne Zweifel eine Jahrhundertleistung, die der höchsten Auszeichnungen würdig ist. Nicht weniger als 52 Jahre waren seit dem LINDEMANNschen Beweis der Transzendenz von π ins Land gegangen, als er publiziert wurde, und nicht weniger als 34 Jahre seit der Deklaration dieser Frage als Jahrhundert-Problem in der HILBERTschen Liste. Es erfüllt mich mit Freude, diesen Satz als Höhepunkt einer „Einführung in die Mathematik", die keinerlei Wissen voraussetzt, in voller mathematischer Strenge beweisen zu können (die Lösung ist hierfür noch einmal verbessert worden und stammt in weiten Teilen aus dem Jahr 1957, [49]).

Um dennoch realistische Maßstäbe in Bezug auf die Komplexität mathematischer Forschung zu wahren, muss gesagt werden, dass der Beweis in der heutigen, geglätteten Form unter Mathematikern als eher übersichtlich und gut durchschaubar gilt, in einem überspitzten (und sehr relativen) Sinne sogar als „einfach".

Schon 1934 schrieb CARL L. SIEGEL (der auch an einem Beweis dieser Vermutung arbeitete und wichtige Ideen dazu lieferte, siehe die Seiten 404 und 419) darüber:

> „Dies zeigt, daß man über die wirklichen Schwierigkeiten eines Problems nichts aussagen kann, bevor man es gelöst hat."

Und rückblickend schreibt SCHNEIDER im Jahr 1957 über den Beweis:

> „Diese Resultate ... werden hier fast unmittelbar erschlossen, und da auch die vorzutragenden Beweise ... recht durchsichtig sind, könnte man den Eindruck gewinnen, dass die Transzendenzergebnisse auch recht mühelos gefunden worden sein dürften. Dieser Eindruck entspricht aber nicht der Wirklichkeit ..."

Liebe Leser, lassen Sie sich durch diese Kommentare nicht irritieren. Das Folgende ist und bleibt äußerst schwierig und nur einer ganz kleinen Leserschaft zugänglich (zu der Sie vielleicht gehören werden). Die auf höchstem Niveau ausgesprochenen Zitate von SCHNEIDER und SIEGEL sollten nicht entmutigen, sondern eher als respektvoller Hinweis auf die anderen, großartigen Werke in der Mathematik verstanden werden, auf Konstruktionen und Beweise, die auch nach mehreren Tausend Seiten fortgeschrittenem Literaturstudium und Jahren intensiver Arbeit immer noch hunderte von Seiten benötigen – und sich die Zahl derer, die das alles noch vollständig verstehen, auf die sprichwörtliche „Handvoll Experten weltweit" beschränkt. Lassen Sie uns den Beweis also guten Mutes beginnen.

Der Kerngedanke des Transzendenzbeweises

Die Transzendenz von e und π sowie der Satz von GELFOND-SCHNEIDER über die Transzendenz von α^β bei komplexen algebraischen Zahlen α, β mit $\alpha \neq 0{,}1$ und β irrational ist aus heutiger Sicht die Konsequenz ein und derselben mathematischen Beobachtung. Um welche Beobachtung handelt es sich?

Es handelt sich um eine Untersuchung der Exponentialfunktionen e^z und $e^{\beta z}$ für $z \in \mathbb{C}$. Eine ähnliche Idee, quasi ein einfacher Vorläufer dazu, stammte bereits von HERMITE und LINDEMANN und wurde 1900 beiläufig in der Beschreibung des siebten HILBERTschen Problems erwähnt. Die Exponentialfunktion erscheint hier als spezielle **transzendente Funktion**:

> „Wenn wir von speziellen, in der Analysis wichtigen transzendenten Funktionen erkennen, dass sie für gewisse algebraische Argumente algebraische Werte annehmen, so erscheint uns diese Tatsache stets als besonders merkwürdig und der eingehenden Untersuchung würdig. Wir erwarten eben von transzendenten Funktionen, daß sie für algebraische Argumente im allgemeinen auch transzendente Werte annehmen, ..."

In der Tat scheint damit alles ganz einfach zu werden: Wenn man zeigen könnte, dass e^α bei algebraischem $\alpha \neq 0$ stets transzendent ist, hätte man wegen $e^1 = e$ die Transzendenz von e bewiesen.

Aber auch die von π, denn wir wissen bereits, dass $i = \sqrt{-1}$ algebraisch ist. Wenn wir nun annehmen, dass π algebraisch wäre, so wäre auch $i\pi$ algebraisch (Seite 201) und daher $\mathrm{e}^{i\pi} = -1$ transzendent. Dieser Widerspruch führt uns unmittelbar zur Transzendenz von π. Der notwendige Satz, wegen seiner Bedeutung als Theorem formuliert, lautet daher wie folgt.

Theorem I (Transzendenz der Werte der Exponentialfunktion)
Falls $\alpha \in \mathbb{C} \setminus \{0\}$ ist, so sind α und e^{α} nicht beide algebraisch.

Dieser Grundgedanke greift nun überraschenderweise auch bei dem als wesentlich schwieriger eingestuften Satz von GELFOND-SCHNEIDER.

Theorem II (Siebtes Hilbertsches Problem; Gelfond-Schneider 1934)
Falls $\alpha \in \mathbb{C} \setminus \{0,1\}$ algebraisch ist und $\beta \in \mathbb{C}$ irrational, so sind β und α^{β} nicht beide algebraisch.

Die allgemein übliche Formulierung dieses Theorems lautet: Falls $\alpha \in \mathbb{C} \setminus \{0,1\}$ algebraisch ist und $\beta \in \mathbb{C}$ algebraisch irrational, so ist α^{β} transzendent.

Eine irrationale Zahl in $\mathbb{C}$ ist dabei eine komplexe Zahl z außerhalb des Teilkörpers $\mathbb{Q} \subset \mathbb{C}$. Diese Theoreme enthalten zwei ähnliche Aussagen, weswegen es nicht verwundert, dass sie beide Konsequenz ein und desselben Satzes sein werden.

Man verwendet dabei das Konzept der **algebraischen Unabhängigkeit** von zwei holomorphen Funktionen $f, g : D \to \mathbb{C}$ über den rationalen Zahlen, mit einer (offenen) Teilmenge $D \subseteq \mathbb{C}$. Diese Form der Unabhängigkeit ist per definitionem erfüllt, wenn es kein Polynom $0 \neq P(x,y) \in \mathbb{Q}[x,y]$ gibt mit $P\big(f(z), g(z)\big) \equiv 0$. Um den Unterschied zur linearen Unabhängigkeit zu zeigen, betrachten wir ein kleines Beispiel. Die Funktionen z und $\sqrt{2}z$ sind linear unabhängig über $\mathbb{Q}$, denn aus $az + b\sqrt{2}z \equiv 0$ folgt $a + b\sqrt{2} = 0$ und damit $a = b = 0$. Die Funktionen sind aber algebraisch abhängig über $\mathbb{Q}$, und zwar mit dem Polynom $P(x,y) = 2x^2 - y^2$.

In diesem Beispiel war $D = \mathbb{C}$. In $D = C \setminus \mathbb{R}_-^*$ kann man über den komplexen Logarithmus (Seite 381) eine Wurzel $z \mapsto \sqrt{z} = \mathrm{e}^{\ln(z)/2}$ definieren. Es sind dann z und $\sqrt{z}$ linear unabhängig, aber algebraisch abhängig über $P(x,y) = x - y^2$. Eine wichtige Grundlage für die beiden Theoreme ist dann die folgende Beobachtung.

Beobachtung: Die Funktionen z und e^z sind über $\mathbb{Q}$ algebraisch unabhängig. Gleiches gilt für die Funktionen e^z und $\mathrm{e}^{\beta z}$ bei irrationalem $\beta \in \mathbb{C}$.

Zum Beweis der ersten Aussage sei ein Polynom

$$P(x,y) = \sum_{0 \leq k,l \leq n} c_{kl} x^k y^l$$

gegeben mit $P(z, \mathrm{e}^z) \equiv 0$. Wir müssen $P = 0$ zeigen und nehmen dafür an, es wäre $P \neq 0$.

Dann können wir P nach Potenzen von x sortieren, und zwar in der Form

$$P(x,y) \;=\; \sum_{k=0}^{n}\left(\sum_{l=0}^{n} c_{kl}y^l\right)x^k \;=\; \sum_{k=0}^{n} p_k(y)x^k$$

mit $p_k(y) = \sum_{l=0}^{n} c_{kl}y^l$. Da $P \neq 0$ ist, gibt es eine größte Zahl m mit $p_m \neq 0$. Wir wählen dann ein reelles $\xi > 0$ mit $p_m(\xi) \neq 0$ und definieren eine offensichtlich divergente Zahlenfolge $(z_r)_{r\in\mathbb{N}}$ mit

$$z_r \;=\; \ln(\xi) + 2r\pi i\,.$$

Beachten Sie, dass wir $\xi > 0$ in $\mathbb{R}$ wählen konnten, denn wegen des Identitätssatzes (Seite 394) kann p_m nicht auf ganz $\mathbb{R}_+$ verschwinden (alternativ könnte man auch die isolierten Nullstellen von p_m aus dem Fundamentalsatz der Algebra heranziehen, Seite 191). Es ist dann für alle $0 \leq k \leq m$

$$p_k\big(\mathrm{e}^{z_r}\big) \;=\; p_k\big(\mathrm{e}^{\ln(\xi)+2r\pi i}\big) \;=\; p_k(\xi)$$

unabhängig von r und wir erhalten

$$P\big(z_r, \mathrm{e}^{z_r}\big) \;=\; p_m(\xi)z_r^m + \sum_{k=0}^{m-1} p_k(\xi)z_r^k\,.$$

Sie sehen damit sofort

$$\lim_{r\to\infty}\left|P\big(z_r, \mathrm{e}^{z_r}\big)\right| \;=\; \infty\,,$$

denn es ist $\lim_{r\to\infty}|z_r| = \infty$. Dies ist klar widersprüchlich zur Voraussetzung $P\big(z, \mathrm{e}^z\big) = 0$, weswegen wir die Annahme $P \neq 0$ verwerfen müssen. Also ist $P = 0$ und die Funktionen z und e^z sind als algebraisch unabhängig ausgewiesen.

Sie erkennen, dass die algebraische Unabhängigkeit etwas mühsamer zu zeigen ist als die lineare Unabhängigkeit. Dennoch ist der Weg für die zweite Aussage nun vorgezeichnet, es funktioniert nach dem gleichen Prinzip. Es sei dazu β irrational, also nicht in $\mathbb{Q}$ gelegen, und abermals ein Polynom $Q \in \mathbb{Q}[x,y]$ mit $Q\big(\mathrm{e}^z, \mathrm{e}^{\beta z}\big) \equiv 0$ gegeben. Die Annahme $Q \neq 0$ führt wie oben wieder auf das umsortierte Polynom

$$Q(x,y) \;=\; \sum_{k=0}^{n}\left(\sum_{l=0}^{n} d_{kl}y^l\right)x^k \;=\; \sum_{k=0}^{n} q_k(y)x^k\,,$$

und m sei wieder maximal mit der Eigenschaft $q_m \neq 0$. Wir wählen dann wieder ein $\xi > 0$ mit $q_m(\xi) \neq 0$, definieren die Folge $(z_r)_{r\in\mathbb{N}}$ diesmal über die Festlegung

$$z_r \;=\; \beta^{-1}\big(\ln(\xi) + 2r\pi i\big)$$

und erkennen unabhängig von r für alle $0 \leq k \leq m$ die Beziehung

$$q_k\big(\mathrm{e}^{\beta z_r}\big) \;=\; q_k\big(\mathrm{e}^{\beta\beta^{-1}(\ln(\xi)+2r\pi i)}\big) \;=\; q_k(\xi)\,.$$

Wir erhalten somit

$$Q\big(\mathrm{e}^{z_r},\mathrm{e}^{\beta z_r}\big) \;=\; q_m(\xi)\big(\mathrm{e}^{z_r}\big)^m + \sum_{k=0}^{m-1} q_k(\xi)\big(\mathrm{e}^{z_r}\big)^k .$$

Um jetzt zum Widerspruch zu kommen, müssen wir geringfügig anders argumentieren als vorhin. Weil β irrational ist, mithin auch β^{-1}, sind alle komplexen Zahlen e^{z_r} paarweise verschieden. Warum? Nun denn, nehmen wir an, es wäre $\mathrm{e}^{z_r} = \mathrm{e}^{z_s}$ für ein Paar $r \neq s$, dann hätten wir

$$\mathrm{e}^{\beta^{-1}(\ln(\xi)+2r\pi i)} \;=\; \mathrm{e}^{\beta^{-1}(\ln(\xi)+2s\pi i)}$$

oder nach Umformung $\mathrm{e}^{\beta^{-1}2\pi i(r-s)} = 1$. Daraus folgt aber $\beta^{-1}(r-s) \in \mathbb{Z}$, was bei irrationalem β unmöglich ist (einfache **Übung**). Mit der Voraussetzung $Q\big(\mathrm{e}^{z_r},\mathrm{e}^{\beta z_r}\big) \equiv 0$ besitzt also das Polynom

$$q_m(\xi)x^m + \sum_{k=0}^{m-1} q_k(\xi)x^k$$

unendlich viele verschiedene Nullstellen e^{z_r}, $r \in \mathbb{N}$, und kann daher keinen Leitkoeffizienten $q_m(\xi) \neq 0$ haben. Dieser Widerspruch zeigt die algebraische Unabhängigkeit der Funktionen e^z und $\mathrm{e}^{\beta z}$ bei irrationalem $\beta \in \mathbb{C}$. □

Der Beweis der beiden Theoreme wird nun über einen Widerspruch zur algebraischen Unabhängigkeit von z und e^z einerseits sowie e^z und $\mathrm{e}^{\beta z}$ andererseits geführt. Bevor wir damit beginnen, besprechen wir noch ein technisches Hilfsmittel von Siegel, das anfangs bereits erwähnt wurde. Es handelt sich um eine spannende Anwendung der linearen Algebra auf die algebraische Zahlentheorie.

18.1 Das Lemma von Siegel

Carl Ludwig Siegel war einer der Pioniere in der Erforschung transzendenter Zahlen. Im Rahmen seiner Arbeit entdeckte er ein hilfreiches Lemma, [51].

Lemma von Siegel (Version für ganze Koeffizienten a_{ij})
Es sei ein homogenes lineares Gleichungssystem

$$\begin{array}{ccccccccc} a_{11}x_1 & + & a_{12}x_2 & + & \ldots & + & a_{1n}x_n & = & 0 \\ a_{21}x_1 & + & a_{22}x_2 & + & \ldots & + & a_{2n}x_n & = & 0 \\ \vdots & & \vdots & & & & \vdots & & \vdots \\ a_{m1}x_1 & + & a_{m2}x_2 & + & \ldots & + & a_{mn}x_n & = & 0 \end{array}$$

gegeben, mit $n > m$. Die a_{ij} seien ganze Zahlen, die nicht alle verschwinden und deren Beträge kleiner oder gleich einer reellen Zahl $A \geq 1$ sind. Dann gibt es eine nicht-triviale ganzzahlige Lösung $(x_1,\ldots,x_n) \in \mathbb{Z}^n$ mit

$$|x_j| \;\leq\; (nA)^{m/(n-m)}$$

für alle $1 \leq j \leq n$.

Versuchen wir, uns die etwas sperrige Aussage an einem kleinen Beispiel zu veranschaulichen. Nehmen wir eine Gleichung mit zwei Unbestimmten (also $m = 1$ und $n = 2$) in der Form

$$3x_1 - 11x_2 \;=\; 0\,.$$

Mit $A = 11$ sollten wir dann nach dem Lemma eine Lösung (x_1, x_2) finden, deren beide Komponenten der Abschätzung $|x_j| \leq 2 \cdot 11 = 22$ genügen.

Insgesamt haben wir $23 \cdot 23 = 529$ ganzzahlige Paare (x_1, x_2) mit $0 \leq x_i \leq 22$. Diese werden auf ganzzahlige y mit $-11 \cdot 22 \leq y \leq 3 \cdot 22$ abgebildet, mithin auf höchstens $11 \cdot 22 + 1 + 3 \cdot 22 = 309$ verschiedene ganze Zahlen.

Nach dem Schubfachprinzip (Seite 196) muss es dann zwei verschiedene Paare $\mathbf{x} = (x_1, x_2)$ und $\mathbf{x'} = (x'_1, x'_2)$ mit $0 \leq x_j, x'_j \leq 22$ geben, welche auf den gleichen y-Wert abgebildet werden. Die Differenz $\mathbf{x} - \mathbf{x'}$ erfüllt dann die Forderungen des Lemmas.

In der Tat eine seltsame, grobe Abschätzung, die natürlich deutlich verbessert werden kann (was wir aber nicht brauchen). Für den Beweis des Lemmas sei dann

$$A \;=\; \max\big\{|a_{ij}| : 1 \leq i \leq m\,,\; 1 \leq j \leq n\big\}$$

und wir betrachten alle n-Tupel $(x_1, \ldots, x_n)$, deren sämtliche Komponenten die Eingrenzung $0 \leq x_i \leq (nA)^{m/(n-m)}$ erfüllen. Einfache Kombinatorik ergibt hier genau $\big((nA)^{m/(n-m)} + 1\big)^n$ derartige Tupel.

Welche Lösungsvektoren $(y_1, \ldots, y_m)$ können dabei entstehen? Den kleinstmöglichen Wert für ein y_i erhält man, indem alle negativen Koeffizienten der i-ten Zeile addiert werden und in die entsprechenden x_j der Maximalwert $(nA)^{m/(n-m)}$ eingetragen wird. Mit

$$B_i \;=\; \sum_{1 \leq j \leq n,\; a_{ij} < 0} a_{ij}$$

beträgt dieser Minimalwert dann $B_i(nA)^{m/(n-m)}$. Über die Größe

$$C_i \;=\; \sum_{1 \leq j \leq n,\; a_{ij} > 0} a_{ij}$$

erhält man den Maximalwert $C_i(nA)^{m/(n-m)}$ für jedes y_i. Wegen $C_i - B_i \leq nA$ erzeugen alle in Frage kommenden $(x_1, \ldots, x_n)$ also höchstens

$$nA(nA)^{m/(n-m)} + 1 \;=\; (nA)^{n/(n-m)} + 1$$

verschiedene Werte für jedes y_i, mithin existieren für diese $(x_1, \ldots, x_n)$ maximal $\big((nA)^{n/(n-m)} + 1\big)^m$ verschiedene Lösungsvektoren $(y_1, \ldots, y_m)$. Nun ist

$$\begin{aligned}
\big((nA)^{n/(n-m)} + 1\big)^m &= \big(nA(nA)^{m/(n-m)} + 1\big)^m \\
&< (nA)^m\big((nA)^{m/(n-m)} + 1\big)^m \\
&< \big((nA)^{m/(n-m)} + 1\big)^{n-m}\big((nA)^{m/(n-m)} + 1\big)^m \\
&= \big((nA)^{m/(n-m)} + 1\big)^n.
\end{aligned}$$

Die erste Ungleichung gilt wegen des binomischen Satzes (Seite 65) und $nA > 1$, was wiederum auf $n > m \geq 1$ zurückzuführen ist. Trotz der zum Teil groben Abschätzungen auf dem Weg zu dieser Ungleichung reicht es schließlich ganz knapp: Wir hatten $\big((nA)^{m/(n-m)} + 1\big)^n$ verschiedene n-Tupel $\mathbf{x} = (x_1, \ldots, x_n)$ zur Verfügung und damit höchstens $\big((nA)^{n/(n-m)} + 1\big)^m$ verschiedene m-Tupel $\mathbf{y} = (y_1, \ldots, y_m)$ erzeugt – und das sind nach der obigen Abschätzung weniger.

Nach dem Schubfachprinzip gibt es dann wie in dem Beispiel oben zwei verschiedene Vektoren $\mathbf{x}$ und $\mathbf{x}'$, die bei dem Gleichungssystem dieselbe Lösung $\mathbf{y}$ erzeugen. Die gesuchte Lösung für das homogene Gleichungssystem ist dann einfach die Differenz $\mathbf{x} - \mathbf{x}'$. □

Der Beweis des Lemmas ist tatsächlich nicht schwierig. Der Geniestreich bestand in seiner richtigen Formulierung, also darin, den Exponenten $m/(n-m)$ in der oberen Schranke für die $|x_i|$ zu finden, mit dem die (einfache) Abschätzung gerade noch funktioniert. Wie bereits angedeutet, ist das Ergebnis inzwischen verbessert worden, [3].

Das Lemma von SIEGEL gibt es in mehreren Varianten, wichtig für uns ist eine Erweiterung auf Gleichungssysteme mit ganz-algebraischen Koeffizienten.

Lemma von Siegel (Version für ganz-algebraische Koeffizienten a_{ij})
Es sei ein homogenes lineares Gleichungssystem

$$\begin{array}{ccccccccc} a_{11}x_1 & + & a_{12}x_2 & + & \ldots & + & a_{1n}x_n & = & 0 \\ a_{21}x_1 & + & a_{22}x_2 & + & \ldots & + & a_{2n}x_n & = & 0 \\ \vdots & & \vdots & & & & \vdots & & \vdots \\ a_{m1}x_1 & + & a_{m2}x_2 & + & \ldots & + & a_{mn}x_n & = & 0 \end{array}$$

gegeben. Die Zahlen a_{ij} seien nicht sämtlich verschwindende, ganz-algebraische Elemente eines algebraischen Zahlkörpers K vom Grad $s = [K:\mathbb{Q}]$ und es sei zusätzlich $n > sm$. Ferner seien die a_{ij} und alle ihre Konjugierten $a_{ij}^{\{\nu\}}$ vom Betrag kleiner oder gleich einer reellen Zahl A. Dann gibt es eine nicht-triviale ganzzahlige Lösung $(x_1, \ldots, x_n) \in \mathbb{Z}^n$ des Gleichungssystems mit

$$|x_j| \leq (nCA)^{sm/(n-sm)} \qquad (1 \leq j \leq n),$$

wobei $C > 0$ eine Konstante ist, die nicht von den a_{ij} abhängt (insbesondere auch nicht von n und m), sondern nur von K und einer Ganzheitsbasis $B_{\mathcal{O}_K}$.

Für den Beweis sei $B_{\mathcal{O}_K} = \{\alpha_1, \ldots, \alpha_s\}$ eine Ganzheitsbasis von K gemäß des früheren Satzes über die Existenz solcher Basen (Seite 209) und die Darstellungen

$$a_{ij} = \sum_{k=1}^{s} c_k^{(ij)} \alpha_k$$

bezüglich $B_{\mathcal{O}_K}$ gegeben, mit eindeutig bestimmten $c_k^{(ij)} \in \mathbb{Z}$.

Setzt man dies in das Gleichungssystem ein, so erhält man insgesamt m Zeilen der Form

$$\begin{aligned} 0 &= \left(\sum_{k=1}^{s} c_k^{(i1)}\alpha_k\right)x_1 + \left(\sum_{k=1}^{s} c_k^{(i2)}\alpha_k\right)x_2 + \ldots + \left(\sum_{k=1}^{s} c_k^{(in)}\alpha_k\right)x_n \\ &= \sum_{k=1}^{s}(c_k^{(i1)}x_1)\alpha_k + \sum_{k=1}^{s}(c_k^{(i2)}x_2)\alpha_k + \ldots + \sum_{k=1}^{s}(c_k^{(in)}x_n)\alpha_k\,, \end{aligned}$$

je eine Zeile für alle $1 \leq i \leq m$. Wir sammeln nun die Koeffizienten bei jedem α_k und gelangen zu m Zeilen der Form

$$\left(\sum_{j=1}^{n} c_1^{(ij)}x_j\right)\alpha_1 + \left(\sum_{j=1}^{n} c_2^{(ij)}x_j\right)\alpha_2 + \ldots + \left(\sum_{j=1}^{n} c_s^{(ij)}x_j\right)\alpha_s = 0\,.$$

Da wir nur an ganzzahligen Lösungen $(x_1, \ldots, x_n)$ des originären Gleichungssystems interessiert sind, haben wir eine ganzzahlige Linearkombination der 0 vor uns, mit Elementen der $\mathbb{Z}$-Basis $\{\alpha_1, \ldots, \alpha_s\}$ des Ganzheitsrings $\mathcal{O}_K$. Wir erkennen daraus, dass jede solche Lösung $(x_1, \ldots, x_n) \in \mathbb{Z}^n$ äquivalent zu einer Lösung des Gleichungssystems

$$\sum_{j=1}^{n} c_k^{(ij)}x_j = 0\,, \qquad 1 \leq i \leq m\,,\ 1 \leq k \leq s$$

ist. Es hat sm Zeilen und ganzzahlige Koeffizienten, weswegen wir mit der Voraussetzung $n > sm$ das klassische SIEGELsche Lemma einsetzen dürfen (Seite 402). Das einzige Problem besteht noch darin, die Beträge der Koeffizienten $c_k^{(ij)}$ nach oben abzuschätzen.

Aus der Basisdarstellung der a_{ij} folgt für $1 \leq r \leq s$ durch Anwendung des Spur-Homomorphismus (Seite 223)

$$\mathrm{Tr}_{K|\mathbb{Q}}(\alpha_r a_{ij}) = \sum_{k=1}^{s} \mathrm{Tr}_{K|\mathbb{Q}}(\alpha_r\alpha_k)\, c_k^{(ij)}\,.$$

Dies ist ein lineares Gleichungssystem mit Matrix $M = (\mathrm{Tr}_{K|\mathbb{Q}}(\alpha_r\alpha_k))_{1\leq k,r\leq s}$, Ergebnisvektor $(\mathrm{Tr}_{K|\mathbb{Q}}(\alpha_r a_{ij}))^T_{1\leq r\leq s}$ und Lösungsvektor $(c_k^{(ij)})^T_{1\leq k\leq s}$.

Beachten Sie, dass alle vorkommenden Zahlen ganze Zahlen sind, dank der Reduktion $\mathcal{O}_K \to \mathbb{Z}$ durch die trickreiche Konstruktion der Spur. Die Matrix M ist die Spurpaarung (Seite 219), deren Determinante $d \neq 0$ die Diskriminante bezüglich der Basis $B_{\mathcal{O}_K}$ ist (Seite 223). Das Feuerwerk aus linearer Algebra, Algebra und algebraischer Zahlentheorie ist nun voll entfacht: Nach der CRAMERschen Regel (Seite 147) sind die $c_k^{(ij)}$ Quotienten der Form

$$c_k^{(ij)} = \frac{\det\left(M_k^{(ij)}\right)}{d}\,.$$

Dabei ist $M_k^{(ij)}$ die Matrix M, in der die k-te Spalte durch $(\mathrm{Tr}_{K|\mathbb{Q}}(\alpha_r a_{ij}))^T_{1\le r\le s}$ ersetzt ist (um Platz zu sparen, ist $\mathrm{Tr}_{K|\mathbb{Q}}$ abgekürzt zu Tr):

$$M_k^{(ij)} =$$

$$= \begin{pmatrix} \mathrm{Tr}(\alpha_1\alpha_1) & \cdots & \mathrm{Tr}(\alpha_1\alpha_{k-1}) & \mathrm{Tr}(\alpha_1 a_{ij}) & \mathrm{Tr}(\alpha_1\alpha_{k+1}) & \cdots & \mathrm{Tr}(\alpha_1\alpha_n) \\ \mathrm{Tr}(\alpha_2\alpha_1) & \cdots & \mathrm{Tr}(\alpha_2\alpha_{k-1}) & \mathrm{Tr}(\alpha_2 a_{ij}) & \mathrm{Tr}(\alpha_2\alpha_{k+1}) & \cdots & \mathrm{Tr}(\alpha_2\alpha_n) \\ \vdots & & \vdots & \vdots & \vdots & & \vdots \\ \mathrm{Tr}(\alpha_s\alpha_1) & \cdots & \mathrm{Tr}(\alpha_s\alpha_{k-1}) & \mathrm{Tr}(\alpha_s a_{ij}) & \mathrm{Tr}(\alpha_s\alpha_{k+1}) & \cdots & \mathrm{Tr}(\alpha_s\alpha_n) \end{pmatrix}.$$

Die Einträge in der blauen Spalte sind ganzzahlige Vielfache der Summe aller Konjugierten der Elemente $\alpha_r a_{ij}$ (Seite 217). Diese Konjugierten sind geeignete Produkte $\alpha_r^{(\mu)} a_{ij}^{(\nu)}$ aus den Konjugierten der Faktoren (Seite 202). Dito für die übrigen Einträge $\mathrm{Tr}(\alpha_r\alpha_k)$.

Wenn Sie nun die Determinante $\det\big(M_k^{(ij)}\big)$ nach der k-ten Spalte entwickeln, entstehen in jedem Summanden lineare Ausdrücke in den Konjugierten $a_{ij}^{(\nu)}$, deren Koeffizienten Polynome in den Konjugierten $\alpha_r^{(\mu)}$ sind (wenn Sie es genau wissen wollen, sind das Polynome vom Grad $\le 2s-1$). Durch Ausklammern der $a_{ij}^{(\nu)}$ aus den Summanden gilt dasselbe dann auch für die gesamte Determinante. Wir können festhalten, dass es für alle $c_k^{(ij)}$ eine Darstellung

$$c_k^{(ij)} = L_k^{(ij)}\Big(a_{ij}, a_{ij}^{(2)}, \ldots, a_{ij}^{(\deg \alpha_{ij})}\Big)$$

gibt, in der $L_k^{(ij)}$ eine Linearform ist mit Koeffizienten in Polynomen vom Grad $\le 2s-2$ über den α_k und ihren Konjugierten. Es sei dann $C_k^{(ij)}$ das betragsmäßige Maximum aller Koeffizienten von $L_k^{(ij)}$. Da die a_{ij} mitsamt ihren Konjugierten nach Voraussetzung vom Betrag $\le A$ sind, gilt mit der Dreiecksungleichung

$$\big|c_k^{(ij)}\big| \le C_k^{(ij)} A.$$

Wählt man dann C als das Maximum aller $C_k^{(ij)}$, ergibt sich $|c_k^{(ij)}| \le CA$ für alle Indexkombinationen $1 \le i \le m$, $1 \le j \le n$ und $1 \le k \le s$. Es ist klar, dass C nur von K und seiner Ganzheitsbasis $\{\alpha_1, \ldots, \alpha_s\}$ abhängt. Die Behauptung folgt dann durch direkte Anwendung des klassischen Lemmas von Siegel (Seite 402), angewendet auf das obige Gleichungssystem $\sum_{j=1}^n c_k^{(ij)} x_j = 0$. □

Es ist in der Tat bemerkenswert, wie die Methoden der linearen Algebra, der klassischen Algebra und der algebraischen Zahlentheorie hier zusammenspielen, um Aussagen über ganze (und rationale) Zahlen in völlige Analogie zu Aussagen über ganz-algebraische (und algebraische) Zahlen zu stellen. Wir haben nun alle Mittel in der Hand, dieser wunderbaren Gedankenwelt noch die komplexe Analysis mit den Cauchyschen Integralformeln (Seite 390 f) hinzuzufügen und damit den Gipfelanstieg zu den großen Transzendenzresultaten zu beginnen.

18.2 Die Zahlen e, π und α^β für $\alpha, \beta \neq 0{,}1$ algebraisch, $\beta \notin \mathbb{Q}$

Wir besprechen nun den zentralen Satz, aus dem die beiden Hauptergebnisse dieses Buches sehr einfach folgen. Sie seien hier noch einmal wiederholt.

Theorem I (Transzendenz der Werte der Exponentialfunktion)
Falls $\alpha \in \mathbb{C} \setminus \{0\}$ ist, so sind α und e^α nicht beide algebraisch.

Theorem II (Siebtes Hilbertsches Problem; Gelfond-Schneider 1934)
Falls $\alpha \in \mathbb{C} \setminus \{0{,}1\}$ algebraisch ist und $\beta \in \mathbb{C}$ algebraisch irrational, so ist α^β transzendent.

Aus Theorem I folgt unmittelbar die Transzendenz von e und π, durch Einsetzen von $\alpha = 1$ und $\alpha = i\pi$. Beachten Sie dazu, dass π genau dann algebraisch ist, wenn $i\pi$ es ist, denn i und i^{-1} sind algebraisch.

Das einfachste Beispiel für Theorem II ist die Zahl $2^{\sqrt{2}}$, aber auch e^π kann damit als transzendent erkannt werden (Seite 398). Im folgenden Satz, dessen Beweis die nächsten 10 Seiten in Anspruch nehmen wird, steckt die Beweisgrundlage für beide Theoreme.

Satz (algebraische Abhängigkeit zweier Funktionen)
Es sei $\beta \in \mathbb{C}$ algebraisch irrational und $f, g : \mathbb{C} \to \mathbb{C}$ so gewählt, dass

1. $f(z) = z$ und $g(z) = \mathrm{e}^z$ (für Theorem I) oder
2. $f(z) = \mathrm{e}^z$ und $g(z) = \mathrm{e}^{\beta z}$ (für Theorem II) ist,

wobei β nur für den 2. Fall relevant ist. Falls es dann unendlich viele verschiedene $z_k \in \mathbb{C}$ gibt, $k \in \mathbb{N}$, sodass alle $f(z_k)$ und $g(z_k)$ in einem festen algebraischen Zahlkörper $K \supseteq \mathbb{Q}$ liegen, entsteht zwischen f und g eine algebraische Abhängigkeit, im Widerspruch zu der früheren Beobachtung, wonach die Funktionen f und g in beiden Fällen algebraisch unabhängig sind (Seite 400).

Die Aussage, so komplex ihr Beweis auch sein wird, mutet auf den ersten Blick plausibel an: Falls die Werte von f und g auf unendlich vielen Punkten allesamt in einen festen Zahlkörper „hineingezwungen" werden, ist es gut vorstellbar, dass sich daraus eine algebraische Abhängigkeit der Funktionen herleiten lässt. Zumindest kann man sich des vagen Eindrucks nicht erwehren, die beiden Funktionen könnten durch dieses Verhalten irgendwie „algebraisch nicht ganz unabhängig" sein.

Als kleine Bemerkung sei angeführt, dass die Beweisidee mit der algebraischen Abhängigkeit zweier Funktionen für eine Fülle weiterer Transzendenzresultate signifikant verallgemeinert werden kann. Dabei entsteht aber der Nachteil, dass die Aussage auf mehrere Hilfssätze verteilt und mit einer Reihe von technischen Zusatzbedingungen zu versehen ist, die auf den ersten Blick nicht einleuchten und eher verwirrend sein können (für die volle Allgemeinheit und weitere Resultate sei daher auf die Darstellung in [49] verwiesen).

Lassen Sie uns vor dem Beweis noch sehen, warum die Theoreme I und II aus dem Satz folgen. In Theorem I werde angenommen, sowohl α als auch e^α wären algebraisch, mithin $K = \mathbb{Q}(\alpha, \mathrm{e}^\alpha)$ ein algebraischer Zahlkörper. Die Folge der Punkte z_k ist dann gegeben durch $z_k = k\alpha$, $k \in \mathbb{N}$. Klarerweise sind sämtliche Werte $f(z_k) = k\alpha$ und $\mathrm{e}^{k\alpha} = (\mathrm{e}^\alpha)^k$ in K enthalten, was nach dem Satz zum Widerspruch führt. Bei Theorem II werde angenommen, es sei α^β algebraisch. Dann ist $K = \mathbb{Q}(\alpha, \alpha^\beta)$ ein algebraischer Zahlkörper. Mit den Zahlen $z_k = k\log(\alpha)$, $k \in \mathbb{N}$, wobei log ein geeigneter Zweig des komplexen Logarithmus ist (Seite 381), erhalten wir wieder durch eine einfache Rechnung $f(z_k) = \mathrm{e}^{k\log(\alpha)} = \alpha^k \in K$ und $g(z_k) = \mathrm{e}^{\beta k \log(\alpha)} = (\alpha^\beta)^k \in K$. Wieder folgt aus dem Satz die (widersprüchliche) algebraische Abhängigkeit von e^z und $\mathrm{e}^{\beta z}$. ($\square$)

Beginnen wir jetzt den Beweis des Satzes (die Unterschiede bei den Argumenten für Theorem I und II werden jeweils explizit ausgeführt). Es seien also die Funktionen f und g, zusammen mit der Zahlenfolge $(z_k)_{k\in\mathbb{N}}$ wie in den Voraussetzungen des Satzes gegeben. Wir wollen dann ein Polynom

$$P(z_1, z_2) = \sum_{i,j=0}^{n} \alpha_{ij}\, z_1^i z_2^j$$

konstruieren, mit nicht sämtlich verschwindenden Koeffizienten $\alpha_{ij} \in \mathbb{Z}$, sodass $P\big(f(z), g(z)\big) \equiv 0$ ist, was nichts anderes als die algebraische Abhängigkeit der Funktionen f und g bedeutet. Der Weg zu diesem Polynom P ist im technischen Detail natürlich schwierig, aber die Idee zu seiner Konstruktion vorab gut motivierbar. Wenn wir $P\big(f(z), g(z)\big) \equiv 0$ erreichen wollen, so verschwindet die dadurch definierte holomorphe Funktion $z \mapsto P\big(f(z), g(z)\big)$ in jedem Punkt von unendlicher **Ordnung**. Hierzu müssen wir einen Hilfssatz aus der Funktionentheorie nachholen, der im Zusammenhang mit der Potenzreihenentwicklung (Seite 393) holomorpher Funktionen steht.

Definition und Hilfssatz (Ordnung holomorpher Funktionen)
Es sei $f : U \to \mathbb{C}$ eine holomorphe Funktion auf einer offenen Teilmenge $U \subseteq \mathbb{C}$ und $z_0 \in U$. Die Potenzreihe von f im Punkt z_0 sei

$$f(z) = \sum_{n=0}^{\infty} c_n (z - z_0)^n$$

und konvergiere für alle $z \in U$ mit $|z - z_0| \leq \epsilon$, mit einem $0 < \epsilon \leq \infty$. Die **Ordnung** von f im Punkt z_0 ist dann der kleinste Index n_0 mit $c_{n_0} \neq 0$. Nach der CAUCHYschen Integralformel für Ableitungen (Seite 391) gilt in diesem Fall $f^{(\nu)}(z_0) = 0$ für alle $\nu < n_0$. Beachten Sie, dass $n_0 = \infty$ möglich ist.

Falls $n_0 < \infty$ ist, gibt es eine holomorphe Funktion $g : U \to \mathbb{C}$ mit $g(z_0) \neq 0$ und $f(z) = (z - z_0)^{n_0} g(z)$.

Der Beweis ist nicht schwierig, hat allerdings an einer Stelle eine kleine Hürde. Zunächst ist klar, dass man in der Potenzreihe der Funktion f den Faktor $(z-z_0)^{n_0}$ ausklammern kann. So ergibt sich eine Darstellung der Form

$$f(z) = (z-z_0)^{n_0} \sum_{n=n_0}^{\infty} c_n (z-z_0)^{n-n_0} = (z-z_0)^{n_0} g(z)$$

und es ist zu zeigen, dass $g : U \to \mathbb{C}$ holomorph ist. In $U \setminus \{z_0\}$ ist das klar wegen $g(z) = f(z)/(z-z_0)^{n_0}$. Einzig der Punkt z_0 macht Probleme, wir müssen hier direkt den komplexen Differentialquotienten berechnen. Mit betragsmäßig genügend kleinen komplexen Zahlen h gilt

$$\begin{aligned} \lim_{h \to 0} \frac{g(z_0+h) - g(z_0)}{h} &= \lim_{h \to 0} \frac{1}{h} \left(\sum_{n=n_0}^{\infty} c_n h^{n-n_0} - c_{n_0} \right) \\ &= \lim_{h \to 0} \frac{1}{h} \sum_{n=n_0+1}^{\infty} c_n h^{n-n_0} = \lim_{h \to 0} \sum_{n=0}^{\infty} c_{n+n_0+1} h^n \\ &= c_{n_0+1} + \lim_{h \to 0} h \left(\sum_{n=1}^{\infty} c_{n+n_0+1} h^{n-1} \right). \end{aligned}$$

Auf der rechten Seite steht in der Klammer eine Potenzreihe, die für ein $h_0 > 0$ konvergiert, denn das h^{n_0+2}-fache dieser Reihe unterscheidet sich von $f(z_0+h)$ nur durch $c_{n_0} + c_{n_0+1}h$. Offensichtlich konvergiert der Ausdruck $c_{n+n_0+1}h^{n-1}$ für $n \to \infty$ gegen 0 (sonst könnte die Reihe nicht konvergieren), weswegen es ein $M > 0$ gibt mit $|c_{n+n_0+1} h_0^{n-1}| < M$ für alle $n \geq 1$. Für alle $h \in \mathbb{C}$ mit $|h| \leq |h_0|/2$ ist dann

$$\begin{aligned} \sum_{n=1}^{\infty} \left| c_{n+n_0+1} h^{n-1} \right| &= \sum_{n=1}^{\infty} \left| c_{n+n_0+1} h_0^{n-1} \right| \left| \frac{h}{h_0} \right|^{n-1} \\ &< \sum_{n=1}^{\infty} M \left(\frac{1}{2} \right)^{n-1} = 2M \end{aligned}$$

nach der geometrischen Reihe (Seite 75). Da die Reihe der Absolutbeträge ganz links monoton wachsend ist, konvergiert $\sum_{n=1}^{\infty} c_{n+n_0+1} h^{n-1}$ absolut und gleichmäßig für alle h mit $|h| \leq |h_0|/2$, bleibt also insbesondere für $h \to 0$ beschränkt. Damit existiert der Differentialquotient von $g(z)$ auch im Punkt z_0. (□)

Zurück zum Beweis des Satzes. Wir probieren als Ansatz für das oben gesuchte Polynom P bei fest vorgegebenen natürlichen Zahlen $m, t > 0$ eine polynomiale Näherungslösung

$$Q_{mt}(z_1, z_2) = \sum_{i,j=0}^{n} \alpha_{ij} \, z_1^i z_2^j$$

und verlangen hierfür, dass $Q_{mt}\big(f(z), g(z)\big)$ auf den ersten m der Punkte z_k mindestens von Ordnung t verschwindet. Dies war einer der Kerngedanken von C. L. SIEGEL bei der Untersuchung algebraischer (Un-)Abhängigkeit und ist wie maßgeschneidert für sein in diesem Kontext entstandenes Lemma (Seite 404).

Die sich aus den Nullstellenordnungen von $Q_{mt}\big(f(z), g(z)\big)$ ergebenden Forderungen an die τ-ten Ableitungen

$$Q_{mt}\big(f(z), g(z)\big)^{(\tau)}\Big|_{z=z_k} = 0 \qquad \text{für alle } 0 \leq \tau < t \text{ und } 0 \leq k < m$$

transformieren sich nämlich in ein äquivalentes homogenes lineares Gleichungssystem für $(n+1)^2$ Unbestimmte x_{ij}, $0 \leq i, j \leq n$, in dem die gesuchten α_{ij} einen Lösungsvektor bilden würden. Man definiert hierfür je eine Zeile des Systems für alle möglichen Werte von k und τ, womit sich insgesamt mt Zeilen in dem Gleichungssystem ergeben. Die Zeile mit Index $(k+1)(\tau+1)$ lautet dann

$$\sum_{i,j=0}^{n} \big(f(z)^i g(z)^j\big)^{(\tau)}\big|_{z=z_k} x_{ij} = 0\,.$$

Um auf dieses System das Lemma von SIEGEL anwenden zu können, müssen eine Reihe von Bedingungen erfüllt sein. Am Beginn steht eine einfache, aber sehr wichtige Feststellung: Nicht nur f und g, sondern sämtliche Ableitungen $f^{(\tau)}$ und $g^{(\tau)}$ nehmen auf allen Punkten z_k ausschließlich Werte in einem festen algebraischen Zahlkörper K' an. Bei Theorem I ist $K' = K$, und im Fall von Theorem II ist $K' = K(\beta)$. Das ist schnell zu prüfen, denn für die Ableitungen gilt $f^{(\tau)}(z) = 1$, $g^{(\tau)}(z) = g(z)$ bei Theorem I und $f^{(\tau)}(z) = f(z)$, $g^{(\tau)}(z) = \beta^\tau g(z)$ bei Theorem II. Wir definieren nun $s = [K' : \mathbb{Q}] < \infty$.

Für die Bedingungen des Lemmas müssen wir nun garantieren, dass alle Koeffizienten $(f(z)^i g(z)^j)^{(\tau)}|_{z=z_k}$ bei x_{ij} ganz-algebraisch sind, und danach den Betrag dieser Koeffizienten und ihrer Konjugierten nach oben abschätzen. Die erste Aufgabe ist einfach. Es sind alle Ableitungen von $f(z)^i g(z)^j$ Summen aus Monomen, in denen Potenzen von f, g und ihrer Ableitungen vorkommen, weswegen beim Einsetzen von z_k nur algebraische Werte in K' entstehen. Das Multiplizieren mit dem Hauptnenner (Seite 199) aller dieser algebraischen Koeffizienten schafft dann ein lineares Gleichungssystem mit ganz-algebraischen Koeffizienten.

Es bleibt die zweite Aufgabe, also die Abschätzung der Beträge dieser Koeffizienten und ihrer Konjugierten nach oben. Hier müssen wir behutsam vorgehen, um eine genaue Aussage zu erhalten und bilden zunächst von $f(z)^i g(z)^j$ die erste Ableitung. Beim Einsetzen von $z = z_k$ entsteht nach der Produkt- und Kettenregel für die komplexe Differentiation (Seite 374) der Term

$$\big(f(z)^i g(z)^j\big)'\Big|_{z=z_k} = i f(z_k)^{i-1} f'(z_k) g(z_k)^j + j f(z_k)^i g(z_k)^{j-1} g'(z_k)\,.$$

Das ist eine Summe aus 2 Summanden, mit je einem konstanten Faktor $\leq n$ und je 3 weiteren Faktoren, welche Potenzen von f, f' und g, g' an der Stelle z_k mit einem Gesamtgrad $\leq 2n$ darstellen. Ein wichtiges Detail im Fall von Theorem II ist, dass in beiden Summanden die Funktion g höchstens einmal abgeleitet wird, somit gibt es wegen $g'(z_k) = \beta g(z_k)$ höchstens einmal den zusätzlichen Faktor β.

Versuchen Sie vor diesem Hintergrund zur **Übung**, die zweite Ableitung von $f(z)^i g(z)^j$ zu bilden. Sie erhalten dabei 6 Summanden, mit je einem konstanten Faktor $\leq n^2$ und je 4 weiteren Faktoren, die Potenzen von f, f', f'' und g, g', g'' an der Stelle z_k mit einem Gesamtgrad $\leq 2n$ darstellen.

Das Muster (ohne die konstanten Faktoren $\leq n^2$) lautet in abgekürzter Schreibweise

$$f^{i-2}f'f'g^j + f^{i-1}(f''g^j + f'g^{j-1}g') + f^{i-1}f'g^{j-1}g' + f^i(g^{j-2}g'g' + g^{j-1}g'')\,.$$

Sie erkennen, dass in jedem Summanden die Funktion g höchstens zweimal abgeleitet wird, was höchstens zweimal den zusätzlichen Faktor β bedeutet.

Induktiv sehen Sie dann, dass die τ-te Ableitung von $f(z)^i g(z)^j$ genau $(\tau + 1)!$ Summanden enthält, mit je einem konstanten Faktor $\leq n^\tau$ und je $\tau + 2$ Faktoren, die Potenzen von $f, f', \ldots, f^{(\tau)}$ und $g, g', \ldots, g^{(\tau)}$ im Punkt z_k mit einem Gesamtgrad $\leq 2n$ darstellen. Zusätzlich ist bei Theorem II jeder Summand mit einem Faktor β^σ versehen, mit $0 \leq \sigma \leq \tau$.

Es sei dann $b_k \in \mathbb{N}$ der Hauptnenner der algebraischen Zahlen $f(z_k)$ und $g(z_k)$ bei Theorem I und der Hauptnenner von $f(z_k), g(z_k)$ und β bei Theorem II. Sie erkennen damit sofort, dass die Zahlen

$$b_k^{\tau+1} f^{(\tau)}(z_k) \qquad \text{und} \qquad b_k^{\tau+1} g^{(\tau)}(z_k)$$

ganz-algebraisch sind (sogar allgemein für alle $k, \tau \geq 0$). Damit ist in jeder Zeile des Gleichungssystems der Koeffizient $(f(z)^i g(z)^j)^{(\tau)}|_{z=z_k}$ bei x_{ij} nach Multiplikation mit $b_k^{\tau+1}$ ganz-algebraisch. Um das Lemma von SIEGEL einsetzen zu können, benötigen wir eine Abschätzung der Koeffizienten- und Konjugiertenbeträge. Es sei dafür zunächst

$$\widetilde{R}_m \;=\; \max\bigl\{|f(z_k)|, |g(z_k)| \;:\; 0 \leq k < m\bigr\}\,.$$

Im Bauplan der Ableitungen $(f(z_k)^i g(z_k)^j)^{(\tau)}$ erkennen Sie, dass für $0 \leq k < m$ und $0 \leq \tau < t$ eine Abschätzung der (jetzt ganz-algebraischen) Koeffizienten in der Form

$$\left|\, b_k^{\tau+1}\bigl(f(z)^i g(z)^j\bigr)^{(\tau)}\Big|_{z=z_k} \right| \;\leq\; t!\, B_m^t\, n^{t-1}\, |\beta|^{t-1} \widetilde{R}_m^{2n}$$

besteht, wobei $B_m = \max\bigl\{b_k \;:\; 0 \leq k < m\bigr\}$ ist und der Faktor $|\beta|^{t-1}$ im Fall von Theorem I oder bei $|\beta| \leq 1$ wegzulassen ist.

Was in der Abschätzung noch stört, ist die Abhängigkeit von n. Das Lemma ist, wie Sie schnell prüfen können, anwendbar bei $n = \bigl\lfloor \sqrt{2smt} \bigr\rfloor$, also der größten ganzen Zahl $\leq \sqrt{2smt}$, ohne dass wir nach oben zu viel verschenken. Denn damit folgt $(n+1)^2 > 2smt > smt$, die Dimension des Lösungsvektors $(x_{ij})_{0 \leq i,j \leq n}$ ist also größer als das s-fache der Anzahl mt der Gleichungen (der Faktor 2 ist ohne Probleme möglich, er hat technische Gründe, die weiter unten klar werden). Damit können wir wie folgt abschätzen und (grob) vereinfachen:

$$\begin{aligned} \left|\, b_k^{\tau+1}\bigl(f(z)^i g(z)^j\bigr)^{(\tau)}\Big|_{z=z_k} \right| \;&\leq\; t!\, B_m^t \bigl\lfloor \sqrt{2smt} \bigr\rfloor^{t-1} |\beta|^{t-1} \widetilde{R}_m^{2\lfloor\sqrt{2smt}\rfloor} \\ &\leq\; \widetilde{C}_m^t\, t! \bigl\lfloor \sqrt{t} \bigr\rfloor^{t-1} \;\leq\; \widetilde{C}_m^t\, t^t \sqrt{t}^{\,t} \;=\; \widetilde{C}_m^t\, t^{3t/2}\,, \end{aligned}$$

mit einer nur von den Werten der beiden Funktionen f und g auf den Punkten $z_0, \ldots, z_{m-1}$, letztlich also von der Zahl m abhängigen Konstanten $\widetilde{C}_m > 0$.

Beim Blick auf das Lemma von SIEGEL fällt auf, dass auch die Konjugiertenbeträge der Koeffizienten abgeschätzt werden müssen. Dank der Resultate aus der Algebra (Seite 202) ist diese Aufgabe einfach. Demnach entstehen die Konjugierten eines Polynoms algebraischer Zahlen, indem in das Polynom statt der Originalzahlen eine Auswahl der Konjugierten dieser Zahlen eingesetzt wird (jeweils an den passenden Stellen). Bezeichnet dann für eine algebraische Zahl $a \in \mathbb{C}$

$$\overline{\|a\|} \;=\; \max\left\{|a^{(\nu)}| \;:\; a^{\{\nu\}} \text{ konjugiert zu } a = a^{\{1\}}\,,\; 1 \leq \nu \leq \deg(a)\right\}$$

das Maximum der Beträge von a und all seinen Konjugierten, wird in der Abschätzung nur eine geänderte Fassung der Konstanten $\widetilde{R}_m$ benötigt: Wir müssen $|f(z_k)|$ und $|g(z_k)|$ in $\widetilde{R}_m$ einfach durch $\overline{\|f(z_k)\|}$ und $\overline{\|g(z_k)\|}$ ersetzen.

Es ist dann offensichtlich mit der nur von m abhängigen Größe

$$R_m \;=\; \max\left\{\overline{\|f(z_k)\|}, \overline{\|g(z_k)\|} \;:\; 0 \leq k < m\right\}$$

eine Abschätzung sämtlicher Konjugiertenbeträge in der Form

$$\begin{aligned} \overline{\left\| \, b_k^{\tau+1}\big(f(z)^i g(z)^j\big)^{(\tau)}\Big|_{z=z_k} \right\|} \;&\leq\; t!\,B_m^t \left\lfloor\sqrt{2smt}\,\right\rfloor^{t-1} \overline{\|\beta\|}^{\,t-1} R_m^{2\lfloor\sqrt{2smt}\rfloor} \\ &\leq\; C_m^t\, t^{3t/2} \end{aligned}$$

möglich, mit einer nur von den Werten von f und g auf den $z_0, \ldots, z_{m-1}$ abhängigen Konstanten C_m, für die wir ohne Einschränkung $C_m \geq 1$ fordern dürfen.

Das Lemma von SIEGEL (Seite 404) garantiert jetzt eine Lösung $(\alpha_{ij})^T_{1\leq i,j\leq n}$ des anfänglichen Gleichungssystems für die $(n+1)^2$ Unbestimmten x_{ij} in der Form

$$\begin{aligned} \big|\alpha_{ij}\big| \;&\leq\; \Big((n+1)^2\, C\, C_m^t\, t^{3t/2}\Big)^{smt/((n+1)^2-smt)} \\ &\leq\; \Big((n+1)^2\, C\, C_m^t\, t^{3t/2}\Big)^{smt/(2smt-smt)} \\ &=\; (n+1)^2\, C\, C_m^t\, t^{3t/2} \\ &\leq\; \big(\sqrt{2smt}+1\big)^2\, C\, C_m^t\, t^{3t/2}\,, \end{aligned}$$

wobei die Vergröberungen durch $2smt < (n+1)^2 \leq (\sqrt{2smt}+1)^2$ möglich werden. Die Konstante $C > 0$ hängt dabei nur vom Zahlkörper K' und einer Ganzheitsbasis $B_{\mathcal{O}_{K'}}$ ab (und sei im Folgenden ebenfalls als $C \geq 1$ gewählt).

Es liegt nun auf den Hand, wie diese Abschätzung erneut vereinfacht werden kann. Wählen wir C_m groß genug, können wir in dem Ausdruck C_m^t auch noch den Faktor $(\sqrt{2smt}+1)^2 C$ majorisieren, zum Beispiel mit dem Übergang von C_m zu $(\sqrt{2sm}+1)^2 C(C_m+2)$, beachten Sie dabei $\sqrt{t} \leq t < 2^t$, und erhalten

$$\big|\alpha_{ij}\big| \;\leq\; C_m^t\, t^{3t/2}\,.$$

Diesen Meilenstein wollen wir nun festhalten und formulieren ihn dazu wieder im ursprünglichen Kontext.

1. Meilenstein (eine polynomiale Näherungsfunktion für $P(z_1, z_2)$)
Im Kontext von Theorem I und II gibt es für alle $m, t \in \mathbb{N}$ ein Polynom

$$Q_{mt}(z_1, z_2) \;=\; \sum_{i,j=0}^{n} \alpha_{ij}\, z_1^i z_2^j \;\in\; \mathbb{Z}[z_1, z_2]$$

dergestalt, dass $Q_{mt}\big(f(z), g(z)\big)$ auf den Punkten $z_0, \ldots, z_{m-1}$ mindestens von der Ordnung t verschwindet, wobei für sämtliche Koeffizienten $\alpha_{ij} \in \mathbb{Z}$

$$\big|\alpha_{ij}\big| \;\leq\; C_m^t\, t^{3t/2}$$

gilt, mit einer nur von den Werten der Funktionen f und g auf den Punkten $z_0, \ldots, z_{m-1}$ abhängigen Konstanten $C_m \geq 1$. □

Soweit die wesentlichen Beiträge von SIEGEL zum Beweis des großen Transzendenz-Satzes. Es ist in der Tat bemerkenswert, wie viele Türen durch das oben eingesetzte Lemma geöffnet werden, vor allem für den Nachweis einer algebraischen Abhängigkeit von zwei Funktionen.

Im Rest des Beweises wird eine ausgeklügelte Abschätzungsstrategie verwendet. Es wird gezeigt, dass bei genügend großem m, also wenn genügend viele Punkte $z_0, \ldots, z_{m-1}$ herangezogen werden (es stehen ja unendlich viele zur Verfügung), ein seltsames Phänomen auftritt: Unabhängig von dem Polynom Q_{mt} gibt es dann einen nur von m abhängigen Schwellenwert $t_0(m) \in \mathbb{N}$, sodass für $t \geq t_0(m)$, also falls die Funktion $Q_{mt}\big(f(z), g(z)\big)$ in $z_0, \ldots, z_{m-1}$ mindestens Ordnung $t_0(m)$ hat, automatisch alle (!) Ableitungen von $Q_{mt}\big(f(z), g(z)\big)$ auf diesen Punkten verschwinden, die Ordnung dort also sogar unendlich ist (Seite 408).

Offensichtlich ist dann $Q_{mt_0(m)}$ ein Polynom mit genau dieser Eigenschaft. In den Punkten $z_0, \ldots, z_{m-1}$ ist damit jeder Koeffizient der Potenzreihe (Seite 393) von $Q_{mt_0(m)}\big(f(z), g(z)\big)$ gleich 0, mithin

$$Q_{mt_0(m)}\big(f(z), g(z)\big) \;\equiv\; 0$$

nach dem Identitätssatz (Seite 394). Damit wäre die algebraische Abhängigkeit von f und g erreicht und die Theoreme I und II bewiesen. Formulieren wir nun diesen finalen 2. Meilenstein.

2. Meilenstein (die algebraische Abhängigkeit von f und g)
In der Situation des 1. Meilensteins ist $Q_{mt}\big(f(z), g(z)\big) \equiv 0$, falls m genügend groß ist und danach t einen (von m abhängigen) Schwellenwert $t_0(m)$ erreicht.

Der Einfachheit halber schreiben wir ab jetzt $F(z) = Q_{mt}\big(f(z), g(z)\big)$, damit ist $F^{(\tau)}(z_k) = 0$ für alle $0 \leq k < m$ und $0 \leq \tau < t$ nach dem 1. Meilenstein. Wir nehmen nun $F^{(t)}(z_k) \neq 0$ an, für ein spezielles $k \in \{0, \ldots, m-1\}$. Das Ziel besteht darin, dies bei genügend großem m für alle $t \geq t_0(m)$ auszuschließen.

Zwei Bemerkungen vorab zu den technischen Abschätzungen, um das Verständnis zu erleichtern. Einerseits wird weiterhin von Konstanten $C_m, \widetilde{C}_m$ oder $\widehat{C}_m$ die Rede sein, die „nur von der Größe m abhängen". Dies ist (wie vorhin bei der Anwendung des SIEGEL-Lemmas) stets im Zusammenhang mit den Voraussetzungen des Satzes gemeint, also mit den konkret gegebenen Funktionen $f, g : \mathbb{C} \to \mathbb{C}$ und der Punktfolge $(z_k)_{k \in \mathbb{N}}$. Die Konstanten hängen dann nur von den Werten der Funktionen f und g auf den Punkten $z_0, \ldots, z_{m-1}$ ab.

Andererseits werden diese Konstanten wieder gelegentlich vergrößert, um begleitende Faktoren zu majorisieren – so wie das oben schon einmal mit dem Faktor $(\sqrt{2smt}+1)^2 C$ geschehen ist. Auf diese Weise kann zum Beispiel auch jede Potenz $A^{\gamma mt}$ mit $\gamma > 0$ und fester Basis A in C_m aufgenommen werden, und zwar unabhängig von t: Man gehe von $C_m \geq 1$ aus (das ist keine Einschränkung) und mache dann den Übergang von C_m zu $C'_m = A^{\gamma m} C_m$. Eine Abschätzung $\leq A^{\gamma mt} C_m^t$ vereinfacht sich dann zu $\leq (C'_m)^t$, wobei auch C'_m in obigem Sinne nur von m abhängt. Der besseren Lesbarkeit wegen werden trotz dieser Veränderungen stets die originären Bezeichnungen $C_m, \widetilde{C}_m$ oder $\widehat{C}_m$ beibehalten, der Aufwand einer zusätzlichen Nummerierung dieser Konstanten also vermieden.

Die erste Frage lautet nun, wie klein der Betrag $|F^{(t)}(z_k)|$ werden kann, wenn er nicht verschwindet. Wir benötigen dazu eine Abschätzung nach unten, und die ergibt sich mit rein algebraischen Mitteln: Es ist nach dem 1. Meilenstein

$$F(z) \;=\; \sum_{i,j=0}^{n} \alpha_{ij} f^i(z) g^j(z)$$

mit $n = \lfloor \sqrt{2smt} \rfloor$ und $|\alpha_{ij}| \leq C_m^t \, t^{3t/2}$, wobei die Konstante C_m in obigem Sinne nur von m abhängt. Im Beweis des 1. Meilensteins hatten wir damit zwischenzeitlich die Abschätzung

$$\overline{\left\| \, b_k^{t+1} \big(f(z)^i g(z)^j \big)^{(t)} \Big|_{z=z_k} \right\|} \;\leq\; C_m^{t+1} \, (t+1)^{3(t+1)/2}$$

etabliert (beachten Sie, dass wir hier statt $\tau < t$ die Ordnung $t < t+1$ für die Ableitung verwenden, in der Abschätzung also t durch $t+1$ zu ersetzen ist, und dass die Konstante C_m für die $|\alpha_{ij}|$ später im Beweis noch vergrößert wurde). Insgesamt ergibt sich damit für die Konjugiertenbeträge von $F^{(t)}(z_k)$

$$\begin{aligned}
\overline{\left\| \, b_k^{t+1} F^{(t)}(z_k) \, \right\|} \;&\leq\; (\sqrt{2smt}+1)^2 C_m^t t^{3t/2} \, \overline{\left\| \, b_k^{t+1} \big(f(z)^i g(z)^j \big)^{(t)} \Big|_{z=z_k} \right\|} \\
&\leq\; (\sqrt{2smt}+1)^2 C_m^t t^{3t/2} \, C_m^{t+1} (t+1)^{3(t+1)/2} \\
&\leq\; (\sqrt{2smt}+1)^2 \, C_m^t (t+1)^{3(t+1)} \;\leq\; C_m^t (t+1)^{3(t+1)} \,,
\end{aligned}$$

wobei in den letzten drei Ungleichungen die Konstante C_m unabhängig von t vergrößert wurde, um nacheinander die Faktoren b_k^{t+1}, C_m^{t+1} und $(\sqrt{2smt}+1)^2$ zu majorisieren. Auch die (neue) Konstante $C_m \geq 1$ in dieser Abschätzung hängt in obigem Sinne nur von m ab.

Wenn Sie sich nun fragen, warum wir bei einer Abschätzung nach unten bisher nur Abschätzungen nach oben gemacht haben, denken Sie durchaus vernünftig. Sie rechnen aber (wahrscheinlich) nicht mit dem wunderbaren algebraischen Winkelzug, der nun passiert: Da $b_k^{t+1}F^{(t)}(z_k)$ ganz-algebraisch ist und $\neq 0$ angenommen war, gilt für den Betrag der Norm (Seite 215)

$$\left| N_{K'|\mathbb{Q}}\big(b_k^{t+1}F^{(t)}(z_k)\big) \right| \geq 1,$$

denn die Norm ist eine ganze Zahl $\neq 0$. Nach der GALOIS-theoretischen Interpretation der Norm (Seite 215) ist die Norm (bis auf ein Vorzeichen) das Produkt aller Konjugierten von $b_k^{t+1}F^{(t)}$. Wenn wir nun alle $(s-1)$ Konjugierten mitsamt aller (ganzzahligen) Faktoren b_k^{t+1} auf die rechte Seite bringen, erhalten wir mit der vorigen Abschätzung nach oben und einigen zulässigen Vergröberungen

$$\begin{aligned} \left| F^{(t)}(z_k) \right| &\geq b_k^{-(t+1)} \overline{\left\| b_k^{t+1}F^{(t)}(z_k) \right\|}^{-(s-1)} \\ &\geq b_k^{-(t+1)} \big(C_m^t (t+1)^{3(t+1)}\big)^{-(s-1)} \\ &\geq b_k^{-(t+1)} C_m^{-t(s-1)} (t+1)^{-3s(t+1)} . \end{aligned}$$

Wenn Sie noch berücksichtigen, dass b_k nur von f und g abhängt, lässt sich die Konstante C_m für die Minorisierung der Faktoren $b_k^{-(t+1)}$, $(t+1)^{-3s}$ und des Exponenten $s-1$ weiter vergrößern (wie immer unabhängig von t), sodass wir letztlich bei einer Abschätzung nach unten der Gestalt

$$\left| F^{(t)}(z_k) \right| \geq C_m^{-t}(t+1)^{-3st}$$

ankommen, mit einem nur von m abhängigen $C_m \geq 1$. Natürlich können die Werte auf der rechten Seite sehr klein werden, die Abschätzung erscheint ziemlich wertlos. Doch lassen Sie sich überraschen, was noch kommt.

Im nächsten Schritt versuchen wir, eine Abschätzung von $|F^{(t)}(z_k)|$ nach oben zu machen. Hierfür ist die CAUCHY-Integralformel für Ableitungen wie maßgeschneidert (Seite 391). Wir wenden sie aber nicht auf $F(z)$ an, sondern auf

$$G(z) = \frac{F(z)}{\prod\limits_{\mu\neq k,\, \mu=0}^{m-1} (z-z_\mu)^t} .$$

Beachten Sie, dass G als ganze holomorphe Funktion $\mathbb{C} \to \mathbb{C}$ angesehen werden kann (Seite 408), denn die Nullstellenordnung dieser Funktion in den Punkten $z_0, \ldots, z_{m-1}$ ist mindestens t. Nach der CAUCHY-Integralformel für Ableitungen ist dann

$$G^{(t)}(z_k) = \frac{t!}{2\pi i} \int\limits_\Gamma \frac{G(\zeta)\,\mathrm{d}\zeta}{(\zeta - z_k)^{t+1}}$$

mit einer Kurve Γ, die sich genau einmal um den Punkt z_k windet. Die entscheidende Frage stellt sich auf der linke Seite dieser Gleichung. Wie hängt $G^{(t)}(z_k)$ mit $F^{(t)}(z_k)$ zusammen?

Nun denn, ich mache es gerade etwas spannender als es eigentlich ist, die Frage ist einfach: Es gilt

$$G'(z) \;=\; \frac{F'(z)}{\prod\limits_{\mu\neq k,\,\mu=0}^{m-1}(z-z_\mu)^t} \;-\; F(z)\frac{\dfrac{\mathrm{d}}{\mathrm{d}z}\prod\limits_{\mu\neq k,\,\mu=0}^{m-1}(z-z_\mu)^t}{\prod\limits_{\mu\neq k,\,\mu=0}^{m-1}(z-z_\mu)^{2t}}$$

nach der Produkt- und Quotientenregel für die komplexe Differentiation. Eine einfache induktive Übung zeigt dann

$$G^{(t)}(z) \;=\; \frac{F^{(t)}(z)}{\prod\limits_{\mu\neq k,\,\mu=0}^{m-1}(z-z_\mu)^t} \;+\; L\big(F(z),F'(z),\ldots,F^{(t-1)}(z)\big)\,,$$

wobei L eine Linearform mit Koeffizienten in den rationalen Funktionen der komplexen Variablen z ist, die an der Stelle $z = z_k$ definiert sind (alle Nenner verschwinden nur an den Stellen $z_\mu \neq z_k$). Da F nach Voraussetzung in z_k von Ordnung t verschwindet, ist schließlich

$$G^{(t)}(z_k) \;=\; \frac{F^{(t)}(z_k)}{\prod\limits_{\mu\neq k,\,\mu=0}^{m-1}(z_k-z_\mu)^t}\,.$$

Damit sind wir in der Lage, die folgende Formel für $F^{(t)}(z_k)$ anzugeben, die sich für eine Abschätzung des Betrags nach oben eignet.

$$F^{(t)}(z_k) \;=\; \prod_{\mu\neq k,\,\mu=0}^{m-1}(z_k-z_\mu)^t\,\frac{t!}{2\pi i}\int\limits_\Gamma \frac{F(\zeta)\,\mathrm{d}\zeta}{(\zeta-z_k)\prod\limits_{\mu=0}^{m-1}(\zeta-z_\mu)^t}\,,$$

wobei Γ eine Kurve ist, die sich genau einmal um alle Punkte $z_0,\ldots,z_{m-1}$ windet, zum Beispiel eine Kreislinie um den Nullpunkt mit genügend großem Radius.

Nun tritt der Beweis in die entscheidende Phase. Die Größen m und t wurden bisher nicht eingeschränkt, einzige Voraussetzung war das Verschwinden aller Ableitungen $F^{(\tau)}(z_k)$ für $0 \leq \tau < t$ und $0 \leq k < m$. Wir wählen nun $t > 1$ so groß, dass

$$t > |z_\mu| \qquad \text{und} \qquad \big|\,t - z_\mu\,\big| \;\geq\; \frac{t+1}{2}$$

ist, für alle $0 \leq \mu < m$, und der Weg Γ sei die Kreislinie $x \mapsto t\mathrm{e}^{2\pi i x}$, mit $x \in [0,1]$. Für alle ζ auf Γ ist dann nach Definition von F und dem ersten Meilenstein

$$\begin{aligned}\big|\,F(\zeta)\,\big| \;&\leq\; (n+1)^2\max\big\{|\alpha_{ij}|\big\}t^n\mathrm{e}^{nt}\big|\mathrm{e}^{\beta nt}\big| \\ &\leq\; \big(\sqrt{2smt}+1\big)^2 C_m^t\, t^{3t/2} t^{\sqrt{2smt}+1}\big|\mathrm{e}^{(\sqrt{2smt}+1)t(1+\beta)}\big|\,,\end{aligned}$$

wobei der Faktor $\mathrm{e}^{\beta nt}$ nur für Theorem II und dort nur im Fall $|\mathrm{e}^{\beta}| \geq 1$ zu berücksichtigen ist (er ist insgesamt sowieso nicht entscheidend).

Werfen wir nun einen Blick auf die rechte Seite, so können wir in puncto des Wachstumsverhaltens für $t \to \infty$ festhalten, dass für eine genügend große, wieder nur von m abhängige Konstante C_m mit grober Vereinfachung

$$\big| F(\zeta) \big| \;\leq\; C_m^t \, t^{3t/2} \, t^{\sqrt{2smt}} \;\leq\; C_m^t \, t^{(3+\sqrt{2sm})t/2} \;\leq\; C_m^t \, (t+1)^{(3+\sqrt{2sm})t/2}$$

gilt. Beachten Sie hierzu, dass die Vergrößerung der Konstante C_m sowohl den Faktor $\big(\sqrt{2smt}+1\big)^2 t$ als auch $\big|\mathrm{e}^{(\sqrt{2smt}+1)t(1+\beta)}\big|$ majorisiert und danach noch $\sqrt{t} \leq t/2$ verwendet wurde (was für $t > 3$ stimmt). Der Übergang rechts von der Basis t zu $t+1$ ist legitim und hat technische Gründe (siehe unten).

Nun betrachten wir den Nenner des obigen Integranden. Er besteht (bei großem t und m) aus vielen vom Betrag her großen Faktoren und drückt die obere Schranke für $|F(\zeta)|$ nach unten. Auf dem Kreis mit Radius t ist wegen $|t - z_\mu| \geq (t+1)/2$

$$\big|\zeta - z_k\big| \prod_{\mu=0}^{m-1} \big|\zeta - z_\mu\big|^t \;\geq\; (t+1)^{mt+1} \, 2^{-(mt+1)} \,,$$

und dies mündet für alle ζ auf Γ in eine Abschätzung des Integranden der Form

$$\begin{aligned} \frac{\big| F(\zeta) \big|}{\big|\zeta - z_k\big| \prod\limits_{\mu=0}^{m-1} \big|\zeta - z_\mu\big|^t} \;&\leq\; C_m^t \, (t+1)^{(3+\sqrt{2sm})t/2} \cdot 2^{mt+1} \, (t+1)^{-(mt+1)} \\ &\leq\; C_m^t \, (t+1)^{(2-m+\sqrt{sm})t} \,. \end{aligned}$$

Dabei wurde für die Aufnahme des Faktors 2^{mt+1} die Konstante C_m ein weiteres Mal vergrößert, was wieder unabhängig von t geschehen kann. Um zu der Abschätzung von $|F^{(t)}(z_k)|$ zu gelangen, betrachten wir den Faktor vor dem Integral. Das Maximum aller $|z_k - z_\mu|$ über alle $0 \leq \mu < m$ mit $\mu \neq k$ sei mit D_m bezeichnet, auch diese Größe hängt nur von m ab. Dann ist der Betrag des Faktors vor dem Integral nach oben abschätzbar durch $t!(D_m^{m-1})^t/2\pi \leq t^t (D_m^{m-1})^t$ und wir sehen

$$\big| F^{(t)}(z_k) \big| \;\leq\; t^t \, (D_m^{m-1})^t C_m^t \, (t+1)^{(2-m+\sqrt{sm})t} \;\leq\; C_m^t \, (t+1)^{(3-m+\sqrt{sm})t} \,,$$

nachdem wir C_m unabhängig von t ein letztes Mal vergrößert haben, um den Faktor $(D_m^{m-1})^t$ noch aufzunehmen. Beachten wir, dass C_m auch in dieser Abschätzung nur von m abhängt und fassen zusammen, was wir bis jetzt erreicht haben: Unter der Annahme $F^{(\tau)}(z_k) = 0$ für alle $0 \leq \tau < t$ und $0 \leq k < m$, aber $F^{(t)}(z_k) \neq 0$ für ein spezielles $0 \leq k < m$, existieren Abschätzungen

$$\widehat{C}_m^{-t} (t+1)^{-3st} \;\leq\; \big| F^{(t)}(z_k) \big| \;\leq\; C_m^t \, (t+1)^{(3-m+\sqrt{sm})t} \,,$$

mit Konstanten $C_m, \widehat{C}_m \geq 1$ (wir müssen Sie hier unterscheiden), die bei den gegebenen Voraussetzungen des Satzes nur von der Größe m abhängen.

Erkennen Sie den springenden Punkt, den zentralen qualitativen Unterschied der beiden Abschätzungen? Der entscheidende Faktor für das Verhalten beider Abschätzungen bei $t \to \infty$ ist die Potenz mit Basis $t+1$, sie dominiert irgendwann sämtliche Potenzen der nicht von t abhängigen Basen C_m und $\widehat{C}_m$. In der rechten Abschätzung steht im Exponenten von $t+1$ zusätzlich noch die Größe m, und falls diese groß genug gewählt wird, ist $-3s > 3 - m + \sqrt{sm}$. Es sei nun die Zahl m so gewählt und die Konstanten $C_m, \widehat{C}_m \geq 1$ entsprechend berechnet.

Die Ungleichungen sind dann für t größer oder gleich einem Schwellenwert $t_0(m)$ widersprüchlich, weil die Abschätzung nach oben schneller gegen 0 strebt als die Abschätzung nach unten. Damit erweist sich die Annahme $F^{(t)}(z_k) \neq 0$ für alle $t \geq t_0(m)$ als falsch und der finale 2. Meilenstein für den Satz, aus dem sich die Theoreme I und II als einfache Folgerungen ergeben haben, ist bewiesen. □

Es ist damit nicht nur die Transzendenz von e und π gezeigt (letzteres Ergebnis bedeutet die Unmöglichkeit der Quadratur des Kreises, Seite 294), sondern auch erstmals die Möglichkeit geschaffen, beliebig viele einfache transzendente Zahlen anzugeben wie $2^{\sqrt{2}}$, $(\sqrt[5]{3})^{\sqrt{17}}$, $\Phi^{\sqrt{2}}$ (mit dem goldenen Schnitt Φ, Seite 99) oder dank der komplexen Zahlen auch $\mathrm{e}^{\pi} = (-1)^{-i}$ oder $i^i = (e^{i\pi/2})^i = \mathrm{e}^{-\pi/2}$. Auch der Quotient $\ln 3/\ln 2$ ist transzendent, denn wäre er algebraisch, so nach den Regeln des Logarithmus (Seite 163) auch die Zahl $\log_2 3 = \ln 3 \big/ \ln 2$. Da $\log_2 3$ irrational ist (das ergibt sich aus $2^{p/q} = 3 \Leftrightarrow 2^p = 3^q$ und der eindeutigen Primfaktorzerlegung, Seite 42), würde die Transzendenz von $2^{\log_2 3} = 3$ folgen, ein Widerspruch.

Der Satz ist eine wahre Sternstunde der Mathematik. Es kommt selten vor, dass sich verschiedene Teilgebiete auf dem überschaubaren Niveau von Anfängervorlesungen begegnen und zu einem perfekten Ganzen verschmelzen: Zunächst ein wenig elementare Algebra, mit der sich anfangs die algebraische Unabhängigkeit zweier holomorpher Funktionen $f, g : \mathbb{C} \to \mathbb{C}$ ergab (Seite 400). Dann das Lemma von SIEGEL, das uns über eine ziemlich scharfe Abschätzung mit ausgeklügelten Methoden der linearen Algebra und algebraischen Zahlentheorie ein gut kontrollierbares Polynom Q_{mt} lieferte, sodass $Q_{mt}\big(f(z), g(z)\big)$ auf m Punkten mindestens Ordnung t hat (Seite 404 ff). Wenn nun m und t (weitgehend unabhängig voneinander) immer größer gewählt werden können, verkraftet das Polynom Q_{mt} unter den Voraussetzungen über die Algebraizität gewisser Funktionswerte die Annahme $Q_{mt}\big(f(z), g(z)\big) \not\equiv 0$ nicht mehr, was durch zwei sich widersprechende Abschätzungen gezeigt wird – eine nach unten mit klassischer Algebra (über die Norm ganz-algebraischer Elemente $\neq 0$) und eine nach oben über die CAUCHYsche Integralformel aus der Funktionentheorie. Die Aussage $Q_{mt}\big(f(z), g(z)\big) \equiv 0$ zeigt dann die widersprüchliche Abhängigkeit von f und g und ergibt auf diese Weise die Transzendenz von α^{β} und widersprüchlich $\mathrm{e}^{i\pi} = -1$ unter der (dann falschen) Annahme, dass π algebraisch wäre.

Trotz der Bedeutung des Satzes von GELFOND-SCHNEIDER konnten viele Fragen immer noch nicht beantwortet werden. So ist über Produkte der Form $2^{\sqrt{2}}\,3^{\sqrt{3}}$ mit den bisherigen Mitteln noch keine Aussage möglich. Einen Durchbruch an dieser Stelle schaffte ALAN BAKER durch die Untersuchung von Linearformen in Logarithmen, was im nächsten Kapitel (unter anderem) noch kurz skizziert wird.

19 Weitere Ergebnisse zu transzendenten Zahlen

Sie haben eine große Rundreise durch die Mathematik hinter sich. Angefangen bei den elementaren Grundlagen, welche schon in den ersten Schuljahren vermittelt werden, haben wir uns in mehreren Stationen aufgeschwungen bis hin zum siebten HILBERTschen Problem, wonach zum Beispiel die Zahlen $2^{\sqrt{2}}$ oder e^{π} transzendent sind, oder zu der Transzendenz von π selbst, dem vielleicht bedeutendsten Einzelresultat im Reich der Zahlen. Dabei haben Sie viele Sehenswürdigkeiten genießen können und durch die lückenlosen Beweise erlebt, wie Mathematiker arbeiten und Mathematik letztlich funktioniert.

Durch die ausführliche Darstellung der Beweise mussten wir natürlich auf viele Resultate verzichten, die in einem Buch über das „Geheimnis der transzendenten Zahlen" eigentlich nicht fehlen dürfen. In diesem abschließenden Kapitel sei daher eine kleine Auswahl an wichtigen Ergebnissen aufgezeigt, die nach dem Satz von GELFOND-SCHNEIDER kamen und mit dem bisher erarbeiteten Wissen zumindest skizzierbar sind. Auch möchte ich auf einige Fragestellungen hinweisen, die noch immer ungeklärt sind.

19.1 Der Satz von Thue-Siegel-Roth

Das erste Jahrhundert-Resultat nach dem Satz von GELFOND-SCHNEIDER führt uns in das Jahr 1955. Thematisch müssen wir dazu in die Pionierzeit der transzendenten Zahlen zurückgehen, in die Zeit von LIOUVILLE und der Entdeckung der ersten transzendenten Zahlen. Dort spielten die diophantischen Approximationen von irrationalen Zahlen eine Rolle (Seite 228 ff). Hier noch einmal – in leichter Umformulierung – die zwei zentralen Erkenntnisse aus dem Kapitel über die LIOUVILLEschen Zahlen.

Diophantische Approximation irrationaler Zahlen
Für jede irrationale Zahl $\alpha \in \mathbb{R}$ gibt es unendlich viele rationale Zahlen p/q, $p, q \in \mathbb{Z}$, $q > 0$, mit

$$\left| \alpha - \frac{p}{q} \right| < \frac{1}{q^2},$$

welche die Zahl α approximieren, wenn man sie in einer Folge mit wachsenden Nennern anordnet.

Approximationssatz von Liouville
Für jede irrationale algebraische Zahl $\alpha \in \mathbb{R}$, die einen Grad d über $\mathbb{Q}$ hat, gibt es nur endlich viele solche rationalen Zahlen p/q mit

$$\left| \alpha - \frac{p}{q} \right| < \frac{1}{q^{d+\epsilon}},$$

falls $\epsilon > 0$ ist.

F. Toenniessen, *Das Geheimnis der transzendenten Zahlen*,
https://doi.org/10.1007/978-3-662-58326-5_19

Dabei ist die zweite Formulierung etwas schwächer als der originale Satz von LIOUVILLE (Seite 230), was hier aber nicht von Belang ist. Während also eine irrationale algebraische Zahl α stets mit der Qualität $1/q^2$ rational approximiert werden kann, geht das in keinem Fall mit der Qualität $1/q^{d+\epsilon}$, wenn also der Exponent (auch nur eine winzige Kleinigkeit) größer als der Grad d von α über $\mathbb{Q}$ ist. Dies führte zur Entdeckung der ersten transzendenten Zahlen, den sogenannten LIOUVILLEschen Zahlen (Seite 235).

Wie die meisten Pionierleistungen in der Mathematik warf auch diese Erkenntnis neue Fragen auf. Denn für algebraische Zahlen von sehr hohem Grad wird die LIOUVILLEsche Aussage schwach. Dies war dann auch der Grund, weswegen die daraus gewonnenen transzendenten Zahlen so seltsam aussehen.

Es dauerte über 60 Jahre, bis es dem Norweger AXEL THUE im Jahr 1909 gelang, die Aussage erstmals signifikant zu verbessern, [56]. Er konnte den Exponenten auf etwa die Hälfte drücken und bewies, dass es für irrational algebraisches α nur endlich viele rationale Zahlen p/q geben kann mit

$$\left|\alpha - \frac{p}{q}\right| < \frac{1}{q^{1+d/2}}.$$

Nun war die Jagd eröffnet. Der nächste große Schritt kam wahrlich überraschend. Es war das Jahr 1916. In Berlin studierte ein Zwanzigjähriger im dritten (!) Semester Astronomie, Physik und Mathematik, als er seinen Lehrer FROBENIUS mit einer weiteren Verbesserung dieser Abschätzung überraschte. Der Student war kein Geringerer als der schon aus dem vorigen Kapitel bekannte CARL LUDWIG SIEGEL. 1921 veröffentlichte er dieses Resultat neben anderen in seiner Dissertation, [50][52]. Hier zeigt sich einmal mehr nicht nur das Genie einer Person, sondern auch die ungebrochene Faszination dieser Theorie – denn wenn man die richtige Idee hat, gelingen hier auch ohne großes Vorwissen Resultate von historischem Wert. Freilich liegen diese Ideen oft tief im Verborgenen. SIEGEL erreichte eine Reduktion des Exponenten von q auf

$$\min_{k=1,\ldots,d}\left(\frac{d}{k+1} + k\right) + \epsilon \quad \text{für beliebiges } \epsilon > 0.$$

Dieser Wert ist bei genügend kleinem ϵ kleiner als $2\sqrt{d}$, weswegen man die neue Abschätzung vergröbert, aber suggestiver schreiben kann: Es gibt nur endlich viele rationale Zahlen p/q mit der Eigenschaft

$$\left|\alpha - \frac{p}{q}\right| < \frac{1}{q^{2\sqrt{d}}}.$$

Bemerkenswert war die Reduktion auf $\sqrt{d}$, womit erstmals eine geringere Wachstumsordnung des Exponenten erreicht wurde. Im Jahre 1947 verbesserte FREEMAN JOHN DYSON den Wert abermals, [14], und kam auf die Abschätzung

$$\left|\alpha - \frac{p}{q}\right| < \frac{1}{q^{\sqrt{2d}}}.$$

All diesen Ergebnissen, so beeindruckend sie waren, haftete ein Makel an. Die Exponenten wuchsen mit d über alle Grenzen. Dabei war immer noch kein einziges Beispiel für eine irrationale algebraische Zahl gefunden, welche besser als mit dem Exponenten 2 approximierbar war. Diese uralte DIRICHLETsche Abschätzung schien eine unüberwindbare Schranke zu sein.

Tatsächlich kristallisierte sich schon länger die Vermutung heraus, dass sich keine irrationale algebraische Zahl besser als mit der Qualität $1/q^2$ rational approximieren ließe. Die DIRICHLETsche Abschätzung wäre demnach scharf und der LIOUVILLEsche Satz endgültig und optimal verbessert. Dieses sensationelle Resultat gelang schließlich im Jahr 1955 dem deutsch-britischen Mathematiker KLAUS FRIEDRICH ROTH, [46]. Im Jahre 1958 erhielt er dafür die FIELDS-Medaille, die bedeutendste Auszeichnung für mathematische Leistungen, quasi der Nobelpreis in der Mathematik. In Anerkennung der Vorarbeiten von THUE und SIEGEL ist dieses Resultat als der Satz von THUE-SIEGEL-ROTH bekannt.

Der Satz von Thue-Siegel-Roth

Wir betrachten eine irrationale algebraische Zahl α, sowie eine beliebige reelle Zahl $\epsilon > 0$. Dann gibt es nur endlich viele ganze Zahlen p, q mit $q > 0$ und

$$\left| \alpha - \frac{p}{q} \right| < \frac{1}{q^{2+\epsilon}} .$$

Der Beweis dieses Satzes ist um ein Vielfaches komplizierter als alle bisher besprochenen Herleitungen. Wenn ich ihn in der hier gebotenen Ausführlichkeit darstellen wollte, würde er einen Umfang von weit über 50 Seiten haben. Ich verweise daher auf die sehr prägnante Darstellung in [5] oder die ausführliche, etwas verallgemeinerte Form in [49] und motiviere lieber eine interessante Anwendung dieses Satzes.

Die originären LIOUVILLEschen Zahlen wie beispielsweise

$$\tau = \sum_{k=1}^{\infty} 10^{-k!} = 0{,}110001000000000000000001000 0...$$

sind ja ganz seltsame Gebilde, deren Partialsummen

$$\begin{aligned} s_1 &= 0{,}1 \\ s_2 &= 0{,}11 \\ s_3 &= 0{,}110001 \\ s_4 &= 0{,}110001000000000000000001 \\ s_5 &= 0{,}110001000000000000000001000 \ldots (90 \text{ Nullen}) \ldots 0001 \\ \ldots \end{aligned}$$

als Dezimalbrüche in der Länge schneller als jede Potenz x^n wachsen. Dies war nötig, um der originären, sehr groben Abschätzung mit der Qualität $1/q^d$ für beliebigen Grad d widersprechen zu können.

Mit dem Satz von THUE-SIEGEL-ROTH genügt es jetzt, eine Approximierbarkeit besser als mit der Qualität $1/q^2$ nachzuweisen, um die Transzendenz einer Zahl aufzudecken. Beeindruckend ist das zum Beispiel bei der kuriosen Zahl

$$\tau_{\mathbb{N}} = 0{,}1\,2\,3\,4\,5\,6\,7\,8\,9\,10\,11\,12\,13\,14\,15\,16\,17\ldots,$$

welche durch Aneinanderreihung der natürlichen Zahlen entsteht. Mit einer länglichen Rechnung, in welcher der Bauplan dieser Zahl in eine Reihendarstellung gepackt wird, kann nachgewiesen werden, dass es tatsächlich eine Folge von Zahlen $p_n, q_n \in \mathbb{Z}$ gibt, sodass die Differenz

$$\tau_{\mathbb{N}} - \frac{p_n}{q_n}$$

gegen 0 konvergiert, und zwar schneller als $1/q_n^{2+\epsilon}$, solange $\epsilon < 1$ ist. Nach dem obigen Satz ist $\tau_{\mathbb{N}}$ dann transzendent.

Auf ähnliche Weise kann gezeigt werden, dass $\tau_{\mathbb{N}}$ keine LIOUVILLEsche Zahl ist. Auch diese Rechnung möchte ich nicht im Detail ausführen, sondern die Aussage durch eine zwar ungenaue, aber anschauliche Argumentation zumindest plausibel machen. Wir haben oben bei τ gesehen, dass die Partialsummen von τ, welche der Reihendarstellung entspringen, in der Länge sehr schnell wachsen. Damit konnten wir sehen, dass diese Folge in der Genauigkeit der Approximation ihres Grenzwerts jede Schranke der Form $1/q^d$ für ein festes $d > 0$ übertrifft, also tatsächlich eine LIOUVILLEsche Zahl darstellt.

Bei $\tau_{\mathbb{N}}$ hingegen wächst die Länge der Partialsummen nicht schnell genug, um dem LIOUVILLEschen Satz zu widersprechen:

$$\begin{aligned}
s_1 &= 0{,}1\\
s_2 &= 0{,}1\,2\\
&\ldots\\
s_{15} &= 0{,}1\,2\,3\,4\,5\,6\,7\,8\,9\,10\,11\,12\,13\,14\,15\\
s_{16} &= 0{,}1\,2\,3\,4\,5\,6\,7\,8\,9\,10\,11\,12\,13\,14\,15\,16\\
&\ldots
\end{aligned}$$

Damit kann man zeigen, dass diese Zahl keine LIOUVILLEsche Zahl ist. Der Satz von THUE-SIEGEL-ROTH bringt hier also einen echten Mehrwert. Das gilt auch für Zahlen dieser Bauart, welche nicht auf dem Zehnersystem basieren. So ist zum Beispiel auch die entsprechende Zahl im Dreiersystem transzendent:

$$\tau_{\mathbb{N},3} = 0{,}1\,2\,10\,11\,12\,20\,21\,22\,100\,101\,102\,110\,111\,112\ldots.$$

Der Vollständigkeit halber sei noch gesagt, dass man den ganzen Satz von THUE-SIEGEL-ROTH für den Beweis der Transzendenz von $\tau_{\mathbb{N}}$, welche schon 1937 von KURT MAHLER aufgedeckt wurde, nicht unbedingt braucht, [37].

Mit diesem Satz war also die Frage nach der Qualität diophantischer Approximationen irrationaler algebraischer Zahlen endgültig geklärt und die damals über 100 Jahre alte DIRICHLETsche Formel (Seite 226) als bestmögliche Aussage für solche Zahlen ausgewiesen. Auch die Kettenbrüche, die ja solch gute Approximationen liefern (Seite 245), bekommen dadurch eine universale Bedeutung.

Der Satz von THUE-SIEGEL-ROTH, so vollkommen er ist, hat den Nachteil, dass er nicht konstruktiv ist. Mit seinem Beweis lassen sich keine konkreten Approximationen an algebraische Zahlen errechnen. In diesen Fragen erzielte ALAN BAKER in den 60-er Jahren große Fortschritte, für die er 1970 ebenfalls mit der FIELDS-Medaille ausgezeichnet wurde. Seine Arbeit zu Linearformen von Logarithmen aus dem Jahr 1966 war ein weiterer Meilenstein, gewissermaßen das bis jetzt letzte Universalresultat zu transzendenten Zahlen. Es verallgemeinert auch den Satz von GELFOND-SCHNEIDER signifikant (Seite 400).

19.2 Die Arbeiten von Baker zu Logarithmen

Sehen wir uns an, wie sich die bisherigen Resultate auf Logarithmen auswirken. Wir verwenden dabei wieder die Zweige des komplexen Logarithmus auf den komplexen Zahlen, die in Teilmengen von $\mathbb{C} \setminus \{0\}$ existieren, aus denen zusätzlich ein Halbstrahl vom Nullpunkt entfernt ist (Seite 383).

Falls dann eine algebraische Zahl $\alpha \neq 0$ vorliegt, ist $\log \alpha$ transzendent, falls es nicht verschwindet. Sonst wäre ja $e^{\log \alpha} = \alpha$ transzendent (Seite 400). Anders interpretiert: Falls $\log \alpha$ bei algebraischem $\alpha \neq 0$ linear unabhängig über $\mathbb{Q}$ ist (weil $\neq 0$), sind 1 und $\log \alpha$ sogar linear unabhängig über dem Körper der algebraischen Zahlen. In der Tat: Wenn es eine Linearkombination $\beta_1 + \beta_2 \log \alpha = 0$ mit algebraischen $\beta_i \neq 0$ gäbe, so hätten wir sofort die Algebraizität von $\log \alpha$.

Eine interessante Beobachtung. Die lineare Unabhängigkeit von $\log \alpha$ über $\mathbb{Q}$ impliziert also die lineare Unabhängigkeit von 1 und $\log \alpha$ über dem viel größeren Körper der algebraischen Zahlen. Wie steht es mit zwei algebraischen Zahlen $\alpha_1, \alpha_2 \neq 0$, deren Logarithmen $\log \alpha_1$ und $\log \alpha_2$ über $\mathbb{Q}$ linear unabhängig sind?

Die Logarithmen sind dann tatsächlich auch linear unabhängig über den algebraischen Zahlen. Denn falls es nicht verschwindende algebraische Zahlen β_1, β_2 gäbe mit $\beta_1 \log \alpha_1 + \beta_2 \log \alpha_2 = 0$, wäre $\log_{\alpha_2} \alpha_1 = \log \alpha_1 / \log \alpha_2$ algebraisch – aber auch irrational, da die Logarithmen über $\mathbb{Q}$ linear unabhängig sind. Daher wäre

$$\alpha_2^{\log_{\alpha_2} \alpha_1} = \alpha_1$$

nach dem Satz von GELFOND-SCHNEIDER transzendent (Seite 400), im Widerspruch zur Voraussetzung. Wieder ein interessantes Ergebnis, erneut folgt eine lineare Unabhängigkeit über den algebraischen Zahlen aus der linearen Unabhängigkeit über den rationalen Zahlen.

Schon lange kristallisierte sich die Vermutung heraus, dass eine solche Aussage ganz allgemein für n Logarithmen gelten könnte. Im Jahre 1966 gelang ALAN BAKER der große Wurf und damit das bis zum heutigen Tag (vorläufig) letzte universelle Transzendenzresultat, [1].

Mit ähnlichen Methoden wie bisher bewies er den folgenden Satz (der sogar mehr zeigt als das vorige Beispiel mit $\log \alpha_1$ und $\log \alpha_2$).

Der Satz von Baker über Linearformen in Logarithmen
Falls $\alpha_1, \ldots, \alpha_n$ algebraische Zahlen $\neq 0$ sind und $\log \alpha_1, \ldots, \log \alpha_n$ über den rationalen Zahlen linear unabhängig, sind die Zahlen $1, \log \alpha_1, \ldots, \log \alpha_n$ über den algebraischen Zahlen linear unabhängig.

Dieser Satz hat enorme Konsequenzen und liefert eine Reihe interessanter Bauanleitungen für transzendente Zahlen.

Folgerung 1: Jede nicht verschwindende Linearkombination von Logarithmen algebraischer Zahlen mit algebraischen Koeffizienten ist transzendent. Damit ergibt sich zum Beispiel die Transzendenz der Zahlen $\sqrt{2} \ln 3 + \sqrt{3} \ln 5$ oder $\sqrt{2} \ln \sqrt{7} + \sqrt{7} \ln 8$. Aber auch von $\pi + \sqrt{2} \ln 7 + \sqrt{3} \ln 3$, was Sie auf den ersten Blick vielleicht überrascht. Wegen $\mathrm{e}^{i\pi} = -1$ ist aber $\pi = -i \log(-1)$, letztere Zahl fällt also auch in den Wirkungsbereich des Satzes von BAKER.

Der Beweis der Folgerung ist relativ einfach. Sie überlegen sich schnell, dass sie äquivalent ist zu dieser Aussage: Für algebraische Zahlen $\alpha_1, \ldots, \alpha_n \neq 0$ und algebraische Zahlen $\beta_0, \beta_1, \ldots, \beta_n$ mit $\beta_0 \neq 0$ ist stets

$$\beta_0 + \beta_1 \log \alpha_1 + \ldots + \beta_n \log \alpha_n \neq 0 .$$

Diese äquivalente Formulierung sieht man durch vollständige Induktion nach n, wobei der Fall $n = 0$ trivial ist.

Die Aussage gelte jetzt für $n - 1$ und wir beobachten den Auftritt des Satzes von BAKER. Falls $\log \alpha_1, \ldots, \log \alpha_n$ über $\mathbb{Q}$ linear unabhängig sind, folgt die Aussage direkt aus diesem Satz. Wir können also die lineare Abhängigkeit annehmen und erhalten eine Darstellung der Form

$$\rho_1 \log \alpha_1 + \ldots + \rho_n \log \alpha_n = 0$$

mit nicht sämtlich verschwindenden rationalen Zahlen ρ_ν. Wir dürfen $\rho_n \neq 0$ annehmen. Dann haben wir

$$\rho_n \big(\beta_0 + \beta_1 \log \alpha_1 + \ldots \beta_n \log \alpha_n \big) = \gamma_0 + \gamma_1 \log \alpha_1 + \ldots \gamma_n \log \alpha_n ,$$

wobei $\gamma_0 = \rho_n \beta_0 \neq 0$ und $\gamma_\nu = \rho_n \beta_\nu - \rho_\nu \beta_n$ ist ($\nu \geq 1$). Beachten Sie, dass die Darstellung der γ_ν durch Subtraktion von $0 = \beta_n \big(\rho_1 \log \alpha_1 + \ldots + \rho_n \log \alpha_n \big)$ entsteht. Damit ist $\gamma_n = 0$ und wir haben die Aussage auf $n - 1$ Zahlen zurückgeführt. Daher ist $\rho_n \big(\beta_0 + \beta_1 \log \alpha_1 + \ldots \beta_n \log \alpha_n \big) \neq 0$. □

Folgerung 2: Für alle nicht verschwindenden algebraischen Zahlen $\alpha_1, \ldots, \alpha_n$, $\beta_0, \beta_1, \ldots, \beta_n$ ist die Zahl

$$\mathrm{e}^{\beta_0} \, \alpha_1^{\beta_1} \cdots \alpha_n^{\beta_n}$$

transzendent. Beispiele hierfür sind die Zahlen $\mathrm{e}\, 2^{\sqrt{2}}$ oder auch $\mathrm{e}^{\sqrt{2}}\, 2^{\sqrt{2}}\, 3^{\sqrt{3}}$.

Das ergibt sich sofort aus Folgerung 1, denn falls $\alpha_{n+1} = \mathrm{e}^{\beta_0}\,\alpha_1^{\beta_1} \cdots \alpha_n^{\beta_n}$ algebraisch wäre, dann hätten wir durch logarithmieren

$$\beta_0 + \beta_1 \log \alpha_1 + \ldots + \beta_n \log \alpha_n - \log \alpha_{n+1} \;=\; 0\,,$$

ein direkter Widerspruch zu Folgerung 1. □

Auf die gleiche Weise ergibt sich eine Verallgemeinerung des Satzes von GELFOND-SCHNEIDER (Seite 400), der als Spezialfall für $n = 1$ darin enthalten ist:

Folgerung 3: Für alle algebraischen Zahlen $\alpha_1, \ldots, \alpha_n \notin \{0,1\}$ ist die Zahl

$$\alpha_1^{\beta_1} \cdots \alpha_n^{\beta_n}$$

transzendent, falls die Zahlen $\beta_1, \ldots, \beta_n$ algebraisch und $1, \beta_1, \ldots, \beta_n$ linear unabhängig über den rationalen Zahlen sind. Damit folgt zum Beispiel die Transzendenz von $2^{\sqrt{2}}\, 3^{\sqrt{3}}$, da $1, \sqrt{2}, \sqrt{3}$ über $\mathbb{Q}$ linear unabhängig sind (einfache **Übung**).

Folgerung 3 ist das Analogon zu Folgerung 2 für $\beta_0 = 0$. Man zeigt daher zunächst, dass für $\alpha_1, \ldots, \alpha_n \notin \{0,1\}$ und über $\mathbb{Q}$ linear unabhängige und algebraische $\beta_1, \ldots, \beta_n$ stets

$$\beta_1 \log \alpha_1 + \ldots + \beta_n \log \alpha_n \;\neq\; 0$$

ist. Die Beweise verlaufen analog zu denen der obigen beiden Folgerungen.

19.3 Weitere Resultate und offene Fragen

Die Transzendenz von $\sin \alpha$ und $\cos \alpha$ bei algebraischem $\alpha \neq 0$

Einige Transzendenzaussagen sind durch relativ einfache Überlegungen aus den bisher besprochenen Sätzen zu gewinnen, obwohl man ihnen das auf den ersten Blick gar nicht ansieht. Ein Beispiel sind die Zahlen $\sin \alpha$ und $\cos \alpha$ bei algebraischem Argument $\alpha \neq 0$. Sie sind ebenfalls transzendent, und der Beweis ist eine Anwendung wichtiger Erkenntnisse, die wir bisher gesammelt haben. Zunächst gelten wegen des Identitätssatzes für ganze Funktionen (Seite 394)

$$\mathrm{e}^{i\alpha} \;=\; \cos \alpha + i \sin \alpha \qquad \text{und} \qquad \sin^2 \alpha + \cos^2 \alpha \;=\; 1$$

auch für alle $\alpha \in \mathbb{C}$. Das ist klar, denn alle vorkommenden Terme definieren holomorphe Funktionen auf $\mathbb{C}$ und die Gleichungen stimmen für $\alpha \in \mathbb{R}$. Wenn wir nun annehmen, $\sin \alpha$ sei algebraisch, so ist auch $\cos^2 \alpha = 1 - \sin^2 \alpha$ algebraisch (Seite 201). Klarerweise ist die Wurzel $\cos \alpha$ dann ebenfalls algebraisch und damit auch $\mathrm{e}^{i\alpha} = \cos \alpha + i \sin \alpha$ (wieder mit Seite 201). Dies kann nach dem Satz aus dem vorigen Kapitel (Seite 400) aber nicht sein, denn $\alpha \neq 0$ war algebraisch. □

Nun schließt sich auch hier der Kreis zu den Fragen der Antike, denn mit dem Satz über die Dreiteilung eines Winkels (Seite 298) können wir festhalten:

Beobachtung: Ein (im Bogenmaß) algebraischer Winkel $\alpha \neq 0$ kann mit Zirkel und Lineal nicht dreigeteilt werden.

Die Zahlen $\mathrm{e}+\pi$ und $\mathrm{e}\pi$

Man weiß auch, dass die Zahlen $\mathrm{e}+\pi$ und $\mathrm{e}\pi$ nicht beide algebraisch sein können. Das ist einfach: Wenn beide algebraisch wären, dann bilden wir den Körper

$$K = \mathbb{Q}(\mathrm{e}+\pi, \mathrm{e}\pi),$$

der eine algebraische Erweiterung von $\mathbb{Q}$ darstellen würde. Das Polynom

$$P(x) = (x-\mathrm{e})(x-\pi)$$

hätte dann Koeffizienten in K, weswegen e und π algebraisch über K wären. Aus der Dimensionsformel für Körpererweiterungen (Seite 205) würde dann auch die Algebraizität über $\mathbb{Q}$ folgen, ein Widerspruch. □

Es gibt mittlerweile eine ganze Reihe von Aussagen dieses Typs. Immer wieder werden mehrere Zahlen vorgestellt, von denen mindestens eine transzendent sein muss. Mit der GELFONDschen Methode kann beispielsweise gezeigt werden, dass bei rationalem $r \neq 0$ wenigstens eine der Zahlen

$$\mathrm{e}^{\mathrm{e}^r}, \; \mathrm{e}^{\mathrm{e}^{2r}}, \; \mathrm{e}^{\mathrm{e}^{3r}}$$

transzendent sein muss, [49].

Offene Fragen

Dem gegenüber stehen viele ungeklärte Fragen, deren Lösung SCHNEIDER bereits im Jahre 1957 „beim derzeitigen Stande der Theorie völlig aussichtslos" erschien. Er räumte aber ein, dass „der nächste methodische Fortschritt auch hier ein völlig neues Bild erwirken kann".

Zu diesen Rätseln gehört die EULER-MASCHERONIsche Konstante (Seite 327):

$$C = \lim_{n\to\infty}\left(\sum_{k=1}^{n}\frac{1}{k} - \int_1^n \frac{1}{x}\,\mathrm{d}x\right) = 0{,}577\,215\,664\,901\,532\ldots .$$

Von ihr weiß man noch gar nichts. Es ist nicht einmal bekannt, ob sie irrational ist, geschweige denn transzendent. Offen ist auch die Frage nach der Transzendenz der Zahlen e^{e}, $\mathrm{e}^{\mathrm{e}^2}$, π^{e} oder π^{π}, um nur einige Beispiele zu nennen.

Auch die berühmte RIEMANNsche Zetafunktion (Seite 337) liefert Stoff für ungelöste Probleme bei den transzendenten Zahlen. Während EULER bereits 1735 die Frage nach den Werten von

$$\zeta(s) = \sum_{n=1}^{\infty}\frac{1}{n^s}$$

für gerade Exponenten ≥ 2 beantwortete (Seite 336) – all diese Werte sind als rationale Vielfache einer Potenz von π transzendent – wusste man über die ungeraden Exponenten $s \geq 3$ lange Zeit noch gar nichts. Bis ins Jahr 1979 konnte man nicht einmal sagen, ob sie rational oder irrational sind. Dann gab es plötzlich einen Silberstreif am Horizont. Der Franzose ROGER APÉRY trat kurz vor seinem Ruhestand ganz plötzlich ins Rampenlicht der mathematischen Öffentlichkeit, als er die Irrationalität von $\zeta(3)$ beweisen konnte.

Die Zahl wird seitdem auch als APÉRY-Konstante bezeichnet. APÉRY lieferte dabei einen sehr klassischen Beweis, von dem SIEGEL (laut mündlicher Überlieferung) behauptet hat, man könne ihn nur „wie einen Kristall vor sich her tragen". Ein schönes Bild. Das Resultat macht Hoffnung, obwohl die Fälle aller übrigen ungeraden Exponenten ≥ 5 noch immer ungeklärt sind, geschweige denn die Frage nach der Transzendenz dieser Zahlen beantwortet ist.

Schließlich ist auch die algebraische Abhängigkeit der Zahlen e und π noch ein Rätsel, also die Frage, ob es ein nichtverschwindendes Polynom $P(x,y)$ mit algebraischen Koeffizienten gibt, für das $P(\mathrm{e},\pi) = 0$ ist. Wie wenig man hier über die beiden berühmten Zahlen weiß, wird auch an folgender Tatsache deutlich: Man kann bis heute nicht einmal ausschließen, dass e/π rational ist. Was wäre es für eine gewaltige Sensation, wenn eines Tages zwei natürliche Zahlen n_1 und n_2 auftauchen würden, welche die Gleichung $n_1\pi = n_2\mathrm{e}$ erfüllten! Auch bei der Zahl $\mathrm{e} + \pi$ ist die Frage nach der Irrationalität noch offen.

Die algebraische Unabhängigkeit von e und π würde aus einer sehr mächtigen Vermutung folgen, der SCHANUEL-Vermutung. Sie ist benannt nach STEPHAN SCHANUEL, der sie kurz nach seiner Dissertation im Jahr 1963 aufstellte, [47].

Schanuel-Vermutung
Für komplexe Zahlen $\alpha_1, \ldots, \alpha_n$, die über den rationalen Zahlen linear unabhängig sind, gibt es im Körper

$$K = \mathbb{Q}\big(\alpha_1, \ldots, \alpha_n, \mathrm{e}^{\alpha_1}, \ldots, \mathrm{e}^{\alpha_n}\big)$$

mindestens n algebraisch unabhängige Zahlen. Man sagt dazu auch, der **Transzendenzgrad** von K – definiert als die Maximalzahl algebraisch unabhängiger Elemente in K – ist mindestens gleich n.

Ein Beweis hierfür ist derzeit nicht in Sicht. Das Interessante an der SCHANUEL-Vermutung ist, dass aus ihr neben neuen Ergebnissen (wie zum Beispiel der algebraischen Unabhängigkeit von e und π, das zeigt man mit $\alpha_1 = 1$ und $\alpha_2 = i\pi$) fast alle bedeutenden Resultate über transzendente Zahlen folgen würden. Unter anderem sogar der klassische Satz von LINDEMANN-WEIERSTRASS, [59], wonach für paarweise verschiedene algebraische Zahlen $a_1, \ldots, a_n$ und alle nicht sämtlich verschwindenden algebraischen Zahlen $b_1, \ldots, b_n$ stets

$$b_1\mathrm{e}^{a_1} + \ldots + b_n\mathrm{e}^{a_n} \neq 0$$

ist. LINDEMANN hat diesen Satz in der Originalarbeit „*Über die Zahl* π" aus dem Jahr 1882 für $n = 2$ bewiesen (mit $a_1 = 0$, $a_2 = i\pi$ und $b_1 = b_2 = 1$ folgte die Transzendenz von π). Den allgemeinen Satz hat er nur kurz erwähnt und einen Beweis angekündigt, den er jedoch schuldig blieb. Erst im Jahre 1885 veröffentlichte KARL WEIERSTRASS einen einwandfreien Beweis für diesen Satz.

Aus der SCHANUEL-Vermutung würde aber sogar eine verstärkte Form des Satzes von BAKER über Logarithmen folgen (der wiederum den Satz von GELFOND-SCHNEIDER enthält, Seite 425), weswegen ein methodisch durchsichtiger Beweis eine große Vereinfachung der Theorie über transzendente Zahlen bedeuten würde.

Das Jahr 1974: War die Zeit reif für eine sensationelle Entdeckung?

In der Zeitschrift *Scientific American* erschien im April des Jahres 1975 ein Artikel des Wissenschaftsautors MARTIN GARDNER, der die größten mathematischen Entdeckungen des Vorjahres würdigte. Dort waren, sinngemäß übersetzt, die folgenden Worte zu lesen:

> „In der Zahlentheorie ist die aufregendste Entdeckung des vergangenen Jahres, dass die Zahl $e^{\pi\sqrt{163}}$ eine ganze Zahl ist. Der indische Mathematiker SRINIVASA RAMANUJAN hatte die Ganzheit von $e^{\pi\sqrt{163}}$ in einer Bemerkung des *Quarterly Journal of Pure and Applied Mathematics* vermutet.
>
> Durch manuelle Rechnungen fand er ein Ergebnis von
>
> $$262\,537\,412\,640\,768\,743{,}999\,999\,999\,999\ldots.$$
>
> Die Rechnungen waren mühsam und er war damals nicht in der Lage, die nächste Dezimalstelle zu ermitteln ...
>
> Im Mai 1974 fand JOHN BRILLO von der University of Arizona einen genialen Weg, die EULER-MASCHERONIsche Konstante in die Rechnungen einzubringen, um zu zeigen, dass die Zahl exakt gleich
>
> $$262\,537\,412\,640\,768\,744$$
>
> ist. Wie es die Primzahl 163 schafft, den Ausdruck in eine ganze Zahl zu verwandeln, ist noch nicht vollständig verstanden."

Nun denn, was halten Sie von der Aussage? Sie ist wahrlich beeindruckend, aber beim näheren Hinsehen merken Sie vielleicht, dass der Artikel das genaue Datum 1. April 1975 tragen musste. Versuchen Sie einmal, sich der Aussage mit dem Satz von GELFOND-SCHNEIDER zu nähern (Seite 400).

Ein tiefsinniger Aprilscherz. Zum einen ist die Referenz auf RAMANUJAN gerechtfertigt. Der geniale Mathematiker war sich selbstverständlich der Tatsache bewusst, dass $e^{\pi\sqrt{163}}$ nur sehr nahe bei einer ganzen Zahl liegt und fand eine ganze Reihe solcher Zahlen. Die Bemerkung von GARDNER am Schluss ist auch wohl durchdacht. Denn man weiß mittlerweile genau, warum die Zahl 163 den Ausdruck so nahe – bis auf 12 Stellen nach dem Komma – an eine ganze Zahl heranführt.

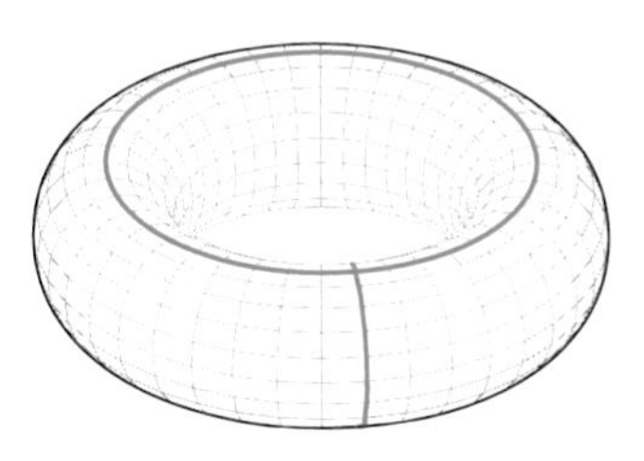

Das wiederum würde uns direkt zu weiteren Gebieten der Mathematik bringen, in denen überraschende Querverbindungen warten: Die Lösung liegt tief im Zusammenspiel der algebraischen Geometrie elliptischer Kurven und der algebraischen Zahlentheorie verborgen. Eine elliptische Kurve können Sie sich wie einen Fahrradschlauch (ohne Ventil) vorstellen. Rund um diese „Schläuche" wurde eine wahrlich faszinierende Theorie entwickelt, die hier leider nicht mehr genauer besprochen werden kann.

Die Zahl 163, so viel sei doch noch gesagt, stammt übrigens aus der klassischen algebraischen Zahlentheorie, die bereits von GAUSS begründet wurde. Für ganze Zahlen $d > 0$, deren Primfaktorzerlegung keinen Primfaktor mehrfach besitzt (die nennt man **quadratfrei**), enthält ein **imaginärquadratischer Zahlkörper**

$$K = \mathbb{Q}(\sqrt{-d})$$

den Ganzheitsring $\mathcal{O}_K$ aus den ganz-algebraischen Zahlen in K (Seite 206). Die Zahl 163 ist dabei die größte quadratfreie ganze Zahl, für die $\mathcal{O}_K$ noch ein Hauptidealring ist (Seite 51). Das hat bereits GAUSS in seinen *Disquisitiones Arithmeticae* als sein berühmtes **Klassenzahl-1-Problem** vermutet, [19], wonach dieser Ganzheitsring $\mathcal{O}_K$ nur für die Zahlen $d = 1, 2, 3, 7, 11, 19, 43, 67$ und 163 ein Hauptidealring ist. Erst Mitte des 20. Jahrhunderts wurde diese Vermutung von K. HEEGNER und H. M. STARK bewiesen, [24][54].

Ein historisches Detail hierzu sollte auch noch erwähnt werden, um zu verstehen, wie schwierig mathematische Fortschritte auf höchstem Niveau sein können. HEEGNERs Beweis von 1952 hatte nämlich eine kleine Lücke, die STARK erst 1969 rückblickend beheben konnte, nachdem er das Theorem 1967 selbst mit ähnlichen Ideen bewiesen hatte, [53]. Kurz zuvor allerdings, im Jahr 1966, konnte BAKER mit seiner bereits besprochenen Arbeit zu den Logarithmen algebraischer Zahlen ([1], Seite 424) einen überraschenden Querbezug zu diesem Problem herstellen und war somit der Erste, der die Fragestellung rund um die Zahl 163, mithin das GAUSSsche Klassenzahl-1-Problem vollständig gelöst hat (er bekam für den gesamten Themenkomplex 1970 auch die FIELDS-Medaille).

HEEGNER selbst starb Anfang 1965 und hat die späte Anerkennung seiner Arbeit durch STARK nicht mehr erlebt. Eine Reihe namhafter Mathematiker, darunter auch SIEGEL, setzten sich dann dafür ein, dass die Lösung des GAUSSschen Klassenzahl-1-Problems heute oft als HEEGNER-STARK-Theorem bezeichnet wird (obwohl natürlich BAKER-HEEGNER-STARK-Theorem ebenfalls berechtigt wäre und manchmal zu lesen ist). Die Zahlen $d = 1, 2, 3, 7, 11, 19, 43, 67$ und 163 nennt man mittlerweile auch die neun **Heegner-Zahlen**.

Leider kann ich, wie oben erwähnt, auf all diese großartigen Resultate nicht mehr genauer eingehen, sie würden den hier vorgegebenen Rahmen sprengen. Vielleicht sind Sie aber neugierig geworden, Ihre Reise in das faszinierende Gebiet der algebraischen Zahlentheorie fortzusetzen, um eines Tages auch dem Geheimnis der transzendenten Zahl $e^{\pi\sqrt{163}}$ auf die Spur zu kommen ...

Literaturhinweise

Ausgewählte Lehrbücher über die Grundlagen

G. Fischer, *Lineare Algebra*, Vieweg-Teubner (2008)

G. Fischer, *Lehrbuch der Algebra*, Vieweg-Teubner (2008)

W. Fischer, I. Lieb, *Funktionentheorie*, Vieweg-Teubner (2005)

O. Forster, *Analysis 1–3*, Vieweg-Teubner (2008–2013)

J. Neukirch, *Algebraische Zahlentheorie*, Springer (1992)

L. Bieberbach, *Theorie der geometrischen Konstruktionen*, Birkhäuser (1952)

Spezialliteratur über transzendente Zahlen

A. Baker, *Transcendental number theory*, Cambridge Univ. Press (1990)

E. B. Burger, R. Tubbs, *Making transcendence transparent*, Springer (2004)

A. Gelfond, *Transcendental and Algebraic Numbers*, Dover reprint (1960)

K. Mahler, *Lectures on Transcendental Numbers*, Lecture Notes in Math. (1976)

T. Schneider, *Einführung in die transzendenten Zahlen*, Springer (1957)

A. B. Shidlovskii, *Transcendental numbers*, deGruyter Studies in Math. (1989)

C. L. Siegel, *Transzendente Zahlen*, Mannheim Bibliogr. Inst. (1967)

Die Referenzen im Text

[1] A. Baker. *Linear forms in the logarithms of algebraic numbers, I-III.* Mathematika 13/14, 1966/67.

[2] S. Banach and A. Tarski. *Sur la décomposition des ensembles de points en parties respectivement congruentes.* Fundamenta Mathematicae, Band 6, 1924.

[3] E. Bombieri and J. Vaaler. *On Siegel's lemma.* Inventiones Mathematicae. 73 (1), 1983.

[4] G. Cantor. *Über eine elementare Frage der Mannigfaltigkeitslehre.* Jahresbericht der Deutschen Mathematiker-Vereinigung. Bd. 1, 1890/1891.

[5] J. Cassels. *An introduction to diophantine approximation.* Cambridge, Univ. Press, 1957.

[6] A. L. Cauchy. *Mémoire sur les intégrales définies, prises entre des limites imaginaires.* Paris, De Bure 1825, 1814.

[7] A. L. Cauchy. *Œuvres complètes.* Gauthier-Villars, Paris (publ. 1882-1974), 1814-29.

[8] A. L. Cauchy. *Mémoires sur les fonctions complémentaires.* Œuvres complètes d'Augustin Cauchy, 1, 8, Paris: Gauthiers-Villars (publ. 1882), 1844.

F. Toenniessen, *Das Geheimnis der transzendenten Zahlen*,
https://doi.org/10.1007/978-3-662-58326-5

[9] P. Cohen. *Set Theory and the Continuum Hypothesis.* Benjamin, New York, 1963.

[10] P. J. Cohen. *The independence of the continuum hypothesis II.* Proceedings of the National Academy of Sciences of the United States of America. 51 (1), 1964.

[11] G. Cramer. *Introduction à l'Analyse des lignes Courbes algébriques.* Geneva: Europeana, 1750.

[12] R. Dedekind. *Vorlesungen über Zahlentheorie von P.G. Lejeune Dirichlet (2 ed.), Ergänzung X.* Vieweg Verlag, 1871.

[13] L. Dirichlet. *Gesammelte Werke 1.* Berlin: Reimer, 1889.

[14] F. J. Dyson. *The approximation to algebraic numbers by rationals.* Acta Mathematica, 79, 1947.

[15] G. Eisenstein. *Über die Irreductibilität und einige andere Eigenschaften der Gleichung, von welcher die Theilung der ganzen Lemniscate abhängt.* Journal für die reine und angewandte Mathematik, Band 39, 1850.

[16] L. Euler. *De Summis Serierum Reciprocarum.* Commentarii academiae scientiarum Petropolitanae 7, 1740.

[17] J.-B. Fourier. *Théorie analytique de la chaleur.* Firmin Didot, Père e Fils, Paris, 1822.

[18] É. Galois. *Écrits et mémoires mathématiques.* Gauthier-Villars, Paris, 1962.

[19] C. F. Gauß. *Disquisitiones Arithmeticae.* Verlag Gerh. Fleischer jun., Leipzig, 1801.

[20] C. F. Gauß. *Vier Beweise zum Fundamentalsatz aus den Jahren 1799-1849.* Carl Friedrich Gauß Werke, Band III, Königliche Gesellschaft der Wissenschaften zu Göttingen, 1866.

[21] A. Gelfond. *On Hilbert's seventh problem.* Doklady Akademii Nauk SSSR. Izvestija Akedemii Nauk, Moskau 2, 1934.

[22] K. Gödel. *Über formal unentscheidbare Sätze der Principia Mathematica und verwandter Systeme I.* Monatshefte für Mathematik und Physik. 38, 1931.

[23] K. Gödel. *The consistency of the axiom of choice and of the generalized continuum-hypothesis.* Proceedings of the U.S. National Academy of Sciences, Band 24, 1938.

[24] K. Heegner. *Diophantische Analysis und Modulfunktionen.* Math Z. 56, 1952.

[25] C. Hermite. *Extrait d'une lettre de* M. C. HERMITE *à* M. BORCHARDT *sur le nombre limité d'irrationalités auxquelles se réduisent les racines des équations à coefficients entiers complexes d'un degré et d'un discriminant donnés.* Crelle's Journal, 53, 1857.

[26] C. Hermite. *Sur la fonction exponentielle.* Comptes Rendus Acad. Sci. Paris 77, 1873.

[27] D. Hilbert. *Über die Transcendenz der Zahlen e und π.* Mathematische Annalen 43, 1893.

[28] I. Kant. *Metaphysische Anfangsgründe der Naturwissenschaft.* Fischer Verlag, 1984.

[29] F. Kasch. *Grundbegriffe der Mathematik.* Fischer, München, 1991.

[30] A. I. Khintchine. *Kettenbrüche.* Teubner Verlag, 1956.

[31] R. O. Kusmin. *On a new class of transcendental numbers.* Izvestiya Akademii Nauk SSSR (math.). 7, 1930.

[32] J. H. Lambert. *Mémoires sur quelques propriétés remarquables des quantités transcendantes, circulaires et logarithmiques.* Mémoires de l'Académie royale des sciences de Berlin, 1768.

[33] G. W. Leibniz. *Nova Methodus pro Maximis et Minimis.* Acta Eruditorum, 1684.

[34] C. L. F. Lindemann. *Über die Zahl π.* Mathematische Annalen 20, 1882.

[35] J. Liouville. *Nouvelle démonstration d'un théoreme sur les irrationalles algébriques, inséré dans le compte rendu de la derniére séance.* Compte Rendu Acad. Sci. Paris. Band 18, 1844.

[36] J. Liouville. *Leçons sur les fonctions doublement périodiques.* Journal für die Reine und Angewandte Mathematik (publ. 1879), 88, 1847.

[37] K. Mahler. *Arithmetische Eigenschaften einer Klasse von Dezimalbrüchen.* Proc. Konin. Neder. Akad. Wet. Ser. A. 40, 1937.

[38] I. Newton. *De analysi per aequationes numero terminorum infinitas, Methodus fluxionum et serierum infinitarum cum eisudem applicatione ad curvarum geometriam[20].* Opuscula mathematica, philosophica et philologica by Marcum-Michaelem Bousquet, 1666, veröffentlicht posthum 1744.

[39] I. M. Niven. *A simple proof that π is irrational.* Bulletin Amer. Math. Soc. 53, 1947.

[40] O. Perron. *Die Lehre von den Kettenbrüchen.* Teubner Verlag, 1977.

[41] J. F. Pfaff. *Methodus generalis, aequationes differentiarum partialium, necnon aequationes differentiales vulgares, utrasque primi ordinis, inter quotcunque variabiles complete integrandi.* Abhandlungen der königl. Akademie der Wissenschaften zu Berlin, 1814/15.

[42] J. Plemelj. *Die Irreduzibilität der Kreisteilungsgleichung.* Publications mathématiques de l'université de Belgrade. Bd. 2, 1933.

[43] P. Ribenboim. *Meine Zahlen, meine Freunde.* Springer Verlag Berlin Heidelberg, 2009.

[44] B. Riemann. *Grundlagen für eine allgemeine Theorie der Funktionen einer veränderlichen komplexen Grösse.* H. Weber, Riemann's gesammelte math. Werke, Dover (publ. 1953), 1851.

[45] B. Riemann. *Über die Anzahl der Primzahlen unter einer gegebenen Größe.* Monatsberichte der Königlichen Preußischen Akademie der Wissenschaften zu Berlin, 1859.

[46] K. F. Roth. *Rational approximations to algebraic numbers and Corrigendum.* Mathematika. Bd. 2, 1955.

[47] S. Schanuel. *Schanuel-Vermutung.* Dissertation an der Columbia University, 1963.

[48] T. Schneider. *Transzendenzuntersuchungen periodischer Funktionen. Bd. I. Transzendenz von Potenzen.* Journal für die reine und angewandte Mathematik. de Gruyter, Berlin 172, 1934.

[49] T. Schneider. *Einführung in die transzendenten Zahlen.* Springer Verlag Berlin Heidelberg, 1957.

[50] C. L. Siegel. *Approximation algebraischer Zahlen.* Mathematische Zeitschrift, 10 (3), 1921.

[51] C. L. Siegel. *Über einige Anwendungen diophantischer Approximationen.* Abh. Preuss. Akad. Wiss. Phys. Math. Kl.: 41-69, 1929.

[52] C. L. Siegel. *Gesammelte Abhandlungen I.* Springer Verlag Berlin Heidelberg, 1966.

[53] H. M. Stark. *A complete determination of the complex quadratic fields of classnumber one.* Mich. Math. J. 14, 1967.

[54] H. M. Stark. *On the gap in the theorem of Heegner.* Journal of Number Theory, 1, 1969.

[55] J. Stirling. *Methodus Differentialis: sive Tractatus de Summatione et Interpolatione Serierum Infinitarum.* G. Strahan, London, 1730.

[56] A. Thue. *Über Annäherungswerte algebraischer Zahlen.* Journal für Reine und Angewandte Mathematik, Band 135, 1909.

[57] S. Wagon. *The Banach-Tarski Paradox.* Cambridge, Univ. Press, 1985.

[58] J. Wallis. *Arithmetica Infinitorum.* Opera Mathematica, Tho. Robinson, 1657.

[59] K. Weierstraß. *Zu Lindemann's Abhandlung „Über die Ludolph'sche Zahl".* Sitzungsberichte der Königlich Preußischen Akademie der Wissenschaften zu Berlin 5, 1895.

[60] H. Wußing. *6000 Jahre Mathematik: Eine kulturgeschichtliche Zeitreise, Band 1 und 2.* Springer Verlag, Berlin Heidelberg, 2008/09.

Index

F. Toenniessen, *Das Geheimnis der transzendenten Zahlen*,
https://doi.org/10.1007/978-3-662-58326-5

Printed in the United States
By Bookmasters